한국방송통신전파진흥원(www.cq.or.kr)의 출제 기준에 따른

무선설비 & 통신기기기능사

실기

무선통신 문제연구회 엮음

Craftsman
Radio Telecommunication Equipment
& Communication Apparatus

핵심내용 요약 · 최신 출제경향 대비

머리말

빠르게 변화하는 사회의 여건에도 불구하고 나날이 발전하는 전자 통신 분야의 기술 교육과 그에 따른 기술 습득을 위하여 노력하는 모든 분들에게 이 책이 조그마한 밑거름이 되고자 합니다.

그간 교육일선에서 많은 격려와 질타를 아낌없이 보내주신 많은 분들과 저의 책을 이용하여 무선설비와 통신기기기능사에 도전하신 모든 분들에게 감사드리며, 앞으로는 보다 알찬 내용으로 거듭날 수 있도록 노력을 경주하고자 하오니 많은 관심과 질타를 부탁드립니다.

시대의 조류가 어려운 일을 기피하는 가운데에서도 묵묵히 기능인의 길을 걷고자 노력하시는 모든 분들이 희망과 꿈이 이루어지기를 간절히 바라며, 산업사회가 요구하는 전문지식과 기능에 맞추어 이 책은 전자 통신 분야의 기초 지식과 국가기술자격 시험의 공개 과제에 충실하게 구성하였으며, 이 책의 특징을 간단히 살펴보면

모든 회로도면은 CAD를 이용하여, 깨끗하게 작도하였으며, "무선설비와 통신기기기능사 실기"의 교육에 필요한 내용과 무선설비기능사와 통신기기기능사 회로의 해설에 많은 부분을 할애하여 모두 4편과 부록으로 구성하였습니다.

-제1편 기초이론 및 각 장비사용법
-제2편 기초회로의 실험과 실습
-제3편 무선설비기능사 국가기술자격 실기문제 해설
-제4편 통신기기기능사 국가기술자격 실기문제 해설
-부록으로 각종 부품의 규격을 포함하였습니다.

보다 효율적인 무선설비와 통신기기기능사 자격취득을 위하여 공개도면의 이해를 돕고자 관련 내용을 쉽게 상세히 설명하였습니다. 또한 기초기술을 무시할 수 없으므로 그에 따른 내용을 상세하게 다루어 전자나 통신 분야의 기술을 익히는 분들에게도 쉽게 접할 수 있도록 하였으며, 앞으로 추가 공개되는 과제와 미흡한 부분은 보완 수정하도록 하겠습니다.

본서를 적극 활용하여 국가기술자격 취득의 영광이 함께하시기를 진심으로 기원하며, 원고의 작업을 마무리하는 시점에서 어머님과 사랑하는 아내 정숙과 두 아들 기문, 기원에게 먼저 고마움과 감사의 마음을 전합니다.

또한 늘 함께 학생들의 교육에 최선을 다하시는 동료 교사 여러분에게도 감사드리며, 특히 이 책이 출판될 수 있도록 많은 노력과 고생을 함께한 엔플북스의 김주성 사장님에게도 감사드립니다.

끝으로 보잘 것 없는 이 책이 교육의 일선에서 전자·통신 분야의 교육을 담당하시는 모든 선생님들과 무선설비와 통신기기기능사의 국가기술자격을 준비하는 모든 분들에게 조금이나마 길잡이가 되기를 기원합니다.

무선통신 문제연구회

출제기준

▶ 출제기준(실기)

직무분야	정보통신(21)-방송·무선(212)	자격종목	무선설비기능사	적용기간	2021.01.01 ~2024.12.31

○ 직무내용 : 무선통신에 관한 제반지식과 전파관계법령 등을 바탕으로 무선설비의 시공, 운용 및 유지보수 등의 업무를 수행하는 직무
○ 수행준거
  1. 무선설비 구축을 위한 시스템 계통도와 성능, 기술규격을 파악할 수 있어야 한다.
  2. 무선설비의 회로를 제작하고 회로의 이상 유무 검증과 오류 시 보완할 수 있어야 한다.
  3. 무선설비 공사 및 감리업무를 수행할 수 있어야 한다.

실기 검정방법	작업형	시험시간	3시간 10분
실기 과목명	주요 항목	세부항목	세세항목
	1. 무선통신 시스템 시험	1. 통합 시험하기	1. 일반 공구의 종류와 규격 및 용도에 대해 이해하고 설명할 수 있다.
			2. 부품의 심볼을 이해할 수 있다.
			3. 부품의 식별 및 판별을 할 수 있다.
			4. 기판에 부품을 배치하고 상태를 점검할 수 있다.
			5. 납땜상태 및 청결성을 점검할 수 있다.
			6. 점퍼선 연결 및 배선을 할 수 있다.
			7. 하드웨어 및 기능에 대한 개별시험을 수행할 수 있다.
			8. 측정점(Test point)에서 동작 특성을 측정할 수 있다.
			9. 시스템의 요구기능에 따른 전체적인 회로 동작 이상유무를 확인할 수 있다.
			10. 측정용 장비(신호발생기, 오실로스코프, 주파수 카운터, 레벨메터 등)를 조작하여 제작된 회로를 시험, 측정할 수 있다.
			11. 무선설비의 고장위치, 고장내용 등을 파악할 수 있다.
			12. 무선설비의 시스템 점검, 교체, 긴급복구를 지원하고 수행할 수 있다.

▶ 출제기준(실기)

직무분야	정보통신(21)-통신(213)	자격종목	통신기기기능사	적용기간	2019.01.01~2022.12.31

○ 직무내용 : 정보통신기기(단말기기, 전송기기, 교환기기 등)에 관한 제작, 설치, 시험, 운용 및 유지보수를 수행하는 직무

○ 수행준거 :
1. 공구의 종류, 규격 및 용도를 구별할 수 있다.
2. 부품의 심볼을 이해하고 부품을 식별 및 판별할 수 있다.
3. 부품을 기판에 배치하고 배선·납땜 등을 할 수 있다.
4. 통신기기 설비용 측정장비를 조작하고 시험, 고장 수리할 수 있다.
5. 통신기기 설비를 설치하고 조작 및 시험할 수 있다.

실기검정방법	작업형		시험시간	3시간 30분 정도
실기과목명	주요 항목	세부항목	세세항목	
통신기기 설비작업	1. 통신기기설비의 조립 (단말기, 변복조기 등 관련 회로)	1. 공구 사용하기	1. 공구의 종류를 구분할 수 있어야 한다. 2. 공구를 규격과 용도에 맞게 사용할 수 있어야 한다.	
		2. 부품 검사하기	1. 부품의 심볼을 구분할 수 있어야 한다. 2. 부품을 식별하고 판별할 수 있어야 한다.	
		3. 부품 배치하기	1. 기판에 부품을 소자특성에 맞도록 배치할 수 있어야 한다.	
		4. 납땜하기	1. 납땜을 양호하게 할 수 있어야 한다. 2. 납땜의 상태를 확인할 수 있어야 한다.	
		5. 배선하기	1. 배선을 간결하게 할 수 있어야 한다. 2. 회로도에 맞도록 배선할 수 있어야 한다.	

실기과목명	주요 항목	세부항목	세세항목
통신기기 설비작업	2. 통신기기 설비의 측정, 시험, 고장수리	1. 특성 시험하기	1. 부품 및 모듈의 특성을 시험할 수 있어야 한다.
		2. 조정하기	1. 설비의 시험, 조정할 수 있어야 한다.
		3. 측정기 사용하기	1. 측정기를 용도에 따라 구분할 수 있어야 한다. 2. 측정기를 사용할 수 있어야 한다.
		4. 고장 판별하기	1. 고장부분을 판단할 수 있어야 한다. 2. 고장부분을 수리할 수 있어야 한다.
	3. 통신기기 설비의 설치 및 동작 시험	1. 통신기기 설비 설치하기	1. 통신기기의 특성을 이해할 수 있어야 한다. 2. 통신기기를 설치할 수 있어야 한다.
		2. 동작 시험하기	1. 동작이 규격에 맞는지 확인할 수 있어야 한다. 2. 주요 포인트를 측정 및 시험할 수 있어야 한다.

목 차

01 PART 기초이론 및 장비사용법

CHAPTER 1 전자·통신 분야의 기초지식 2

1.1 기초 관련지식 2
1.2 전자기기용 심벌 5
1.3 배선 작업용 공구 10
1.4 전자기기의 조립 15

CHAPTER 2 부품의 구조와 성능 21

2.1 저항(Resistor) 21
2.2 커패시터(Capacitor) 32
2.3 스피커(Speaker) 38
2.4 스위치(Switch) 38
2.5 D-sub용 커넥터(Connector) 40
2.6 릴레이(Relay) 43
2.7 수정발진기(Crystal Oscillator) 46

CHAPTER 3 반도체 소자 51

3.1 다이오드(Diode) 51
3.2 트랜지스터(Transistor) 56
3.3 FET(전계효과트랜지스터 : Field Effect Transistor) 60
3.4 특수 반도체 65
3.5 적외선 송·수신모듈(Infrared Recever Module) 75
3.6 포토 커플러(Photo Coupler) 78

CHAPTER 4 **측정기와 그 사용법 84**

4.1 회로시험기(Multitester : HC-260TR) 84
4.2 직류전원장치(ED-200E) 91
4.3 오실로스코프(DS-8040B) 97
4.4 오실로스코프(HM-1004-3) 118
4.5 SWEEP/FUNCTION GENERATOR(FG-1883) 180
4.6 주파수 카운터(FC-1130B) 186
4.7 LOGIC LAB(ED-1000B) 207
4.8 AC 레벨 미터(LM-0102B) 212

CHAPTER 5 **기초 디지털 IC 회로 217**

5.1 디지털 IC 사용의 일반 217
5.2 기본 논리(logic)회로 223
5.3 전자 논리회로 226
5.4 플립플롭회로 229

PART 02 **기초회로 실험·실습**

CHAPTER 1 **정류회로 실험하기 236**

1.1 반파 정류회로(Half-wave rectifier) 237
1.2 전파 정류회로 240
1.3 브리지 정류회로 245
1.4 배전압 정류회로 247
1.5 제너 다이오드를 이용한 정전압회로 250
1.6 3단자 레귤레이터 IC를 이용한 정전압 전원회로 252

CHAPTER 2 증폭회로 실험하기 258

2.1 RC 결합 증폭회로 259
2.2 트랜스 결합 푸시풀(Push Pull) 증폭회로 263
2.3 OTL(Output Trans Lsss) 증폭회로 269
2.4 FET 전치 OTL 증폭회로 274
2.5 OCL(Output Capacitor Less) 증폭회로 277
2.6 연산증폭기를 이용한 증폭회로 281

CHAPTER 3 발진회로(Oscillator) 285

3.1 비안정 멀티바이브레터 292
3.2 논리 게이트를 이용한 비안정 멀티바이브레터 296
3.3 타이머(Timer) IC를 이용한 비안정 멀티바이브레터회로 299
3.4 이상 추이 발진(Phase shift OSC) 회로 303
3.5 빈 브리지 발진회로 306
3.6 연산증폭기(OPAM)를 이용한 비안정 멀티 바이브레터(M/V) 308
3.7 단안정 멀티바이브레터 실험하기 312
3.8 UJT 발진을 이용한 쌍안정 멀티바이브레터 313
3.9 슈미트트리거(Schmitt Trigger)회로 315

CHAPTER 4 향상 실습 318

4.1 기본 논리 회로의 실험 318
4.2 JK F/F(플립플롭) 실험하기 321
4.3 분주회로의 실험 322
4.4 포토 트랜지스터를 이용한 발진회로의 실험 324
4.5 톱니파 발생회로 조립하기 326
4.6 D/A 변환회로 조립하기 327
4.7 2×4 해독기(DECODER) 329
4.8 멀티플렉서(MUX : 채널선택)회로 330

4.9 시프트레지스터(Shift Resistor)　331
4.10 구형파 변환회로　332
4.11 10진 카운터　333
4.12 10진 디코더(1 of 10)　335
4.13 7세그먼트 LED 디스플레이(FND)의 실험　336

 PART **무선설비기능사 실기**

1. 2음 경보회로　341
2. 2음 발진회로　354
3. 2음 전환 경보회로　364
4. 5음색 발진회로　374
5. OP 발진 및 증폭회로　385
6. VCO 단속 경보기　393
7. 교차 발진회로　402
8. 단속음 발진회로　412
9. 단속음 변환회로　422
10. 디지털입력 AM 변조회로　433
11. 발진음 선택회로　445
12. 발진음 전환회로　456
13. 시퀀셜 타이머회로　465
14. 우선선택 표시회로　476
15. 주파수 혼합회로　486
16. 터치 경보회로　498
17. 통화 신호회로　508

 PART **통신기기기능사 실기**

1. 10진 순차점멸회로　523
2. 가변 카운터회로　535
3. 감산기회로　547
4. 디코더회로　557
5. 펄스음 발진회로　568
6. ID 비교회로　578
7. UP DOWN 카운터회로　589
8. 전가산기회로　602
9. 순차점멸회로　617

 PART **부 록**

74시리즈 TTL & HC-MOS
4000/4500 시리즈 C-MOS
마이컴 주변용 LSI & 메모리 IC
마이크로프로세서
A-D/D-A 컨버터
OP 앰프, 레귤레이터, 콤퍼레이터, 기타

Part 01 기초이론 및 장비사용법

1. 전자·통신 분야의 기초지식

1.1 기초 관련 지식

 전기·전자·통신 분야에서 사용하는 단위

종 류	기 호	단 위	명 칭
전력(electric power)	P	W	와트(watt)
전하(electric charge)	Q	C	쿨롬(coulomb)
정전용량(electrostatic capacity)	C	F	패럿(farad)
인덕턴스(inductance)	L	H	헨리(henry)
주파수(frequency)	f	Hz	헤르츠(hertz)
전류(current)	I	A	암페어(ampere)
전압(voltage)	V	V	볼트(volt)
저항(resistance)	R	Ω	옴(ohm)
콘덕턴스(conductance)	G	℧	지멘스(siemens) & 모(mho)
에너지(energy)	W	J	줄(joule)

1. 전자·통신 분야의 기초지식

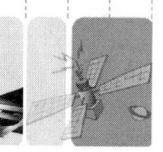

2 전기·전자·통신 분야에 사용되는 그리스 문자

명칭	대문자	소문자	명칭	대문자	소문자
알파(alpha)	A	α	뉴(nu)	N	ν
베타(beta)	B	β	크사이(ksi)	Ξ	ξ
감마(gamma)	Γ	γ	오미크론(omicron)	O	o
델타(delta)	Δ	δ	파이(pi)	Π	π
엡실론(epsilon)	E	ε	로(rho)	P	ρ
지타(zeta)	Z	ζ	시그마(sigma)	Σ	σ
이타(eta)	H	η	타우(tau)	T	τ
세타(theta)	Θ	θ	입실론(upsilon)	Υ	υ
요타(iota)	I	ι	파이(phi)	Φ	ϕ
카파(kappa)	K	κ	카이(khi)	X	χ
람다(lambda)	Λ	λ	프사이(psi)	Ψ	ψ
뮤(mu)	M	μ	오메가(omega)	Ω	ω

3 전기·전자·통신용 부품의 크기나 용량을 나타내는 단위

명칭	기호	크기	명칭	기호	크기
테라(tera)	T	10^{12}	센티(centi)	c	10^{-2}
기가(giga)	G	10^{9}	밀리(milli)	m	10^{-3}
메가(mega)	M	10^{6}	마이크로(micro)	μ	10^{-6}
킬로(kilo)	k	10^{3}	나노(nano)	n	10^{-9}
헥토(hecto)	h	10^{2}	피코(pico)	p	10^{-12}
데카(deca)	da	10	펨토(femto)	f	10^{-15}
데시(deci)	d	10^{-1}	아토(atto)	a	10^{-18}

4 단위의 환산표

분류	환산	분류	환산
길이	1m=3.28ft=39.37in	체적	$1ft^3=2.832\times10^{-2}m^2$
	1in=2.54cm		$1gal(갈론)=3.8\times10^{-3}m^3$
	1ft=0.3048m		$1in^3=1.64\times10^{-5}m^3$
	1mile=1.609km		$1l=10^{-3}m^3$
질량	$1g=10^{-3}kg$	힘(중량)	$1N=10^5dyn$
	1slug=14.59kg		1lb=4.448N
			1kgf=9.8N
속도	1m/sec=3.6km/h	에너지(열, 일)	1Btu=1,054J
			$1J=10^7erg$
			1cal=4.186J
	1mile/sec=0.447m/sec		1ft.lb=1.356J
			$1kWh=3.6\times10^6J$
가속도	$1ft/sec^2=0.3048m/sec^2$	일률	1Btu/sec=1,054W
			1ft.lb/sec=1.356W
			1hp=746W
	$g=9.807m/sec^2$		1ps=736W
면적	$1acre(에이커)=4,047m^2$	압력	$1atm=1.013\times10^5Pa$
	$1ft^2=9.29\times10^{-2}m^2$		$1bar=10^5Pa$
	$1mile^2=2.59\times10^6m^2$		1mmHg=1torr=133.32Pa
			$1lb/in^2(psi)=6.895Pa$
밀도	$1g/cm^2=10^3kg/m^3$		$1dyn/cm^2=10^{-1}Pa$
	$1slug/ft^3=515.4kg/m^3$		$1lb/ft^2=47.88Pa$

5 기호에 대한 설명

기 호	설 명	기 호	설 명
±	플러스 또는 마이너스	≥	~보다 크거나 같다.
∓	마이너스 또는 플러스	≤	~보다 작거나 같다.
=	같다.	~	닮다.
≠	같지 않다.	≈	거의 같다.
×	곱하기	∝	비례한다.
÷, /	나누기	∞	무한대
<	~보다 작다.	→	접근한다.
>	~보다 크다.	⊥	수직이다.

1.2 전자기기용 심벌

1 일반 심벌

명 칭	심 벌	비 고
직류	———	보기 : Ⓐ 직류 전류계, Ⓥ 직류 전압계
교류	⊙	보기 : Ⓐ 교류 전류계, Ⓥ 교류 전압계
도선의 접속	—•—	배선의 접속 상태
도선의 교차	—+—	접속되어 있지 않은 상태(JUMPER)
접지	(a) 지면 접지 (b) 파워 접지	케이스의 접지에는 특히 (b)를 사용한다.
가 변 표 시	(a) (b)	(b)는 특히 반고정을 표시한다.
연 동 표 시	— — — —	보기: C_1과 C_2가 연동
저 항 기	(a) (b)	(b)는 특히 무유도성일 경우에 사용된다.
반고정 저항	반고정 저항	(a) (b) (c) (a)는 가변저항을 나타낸다.

명 칭	심 벌	비 고
가변 저항기(VR)	가변저항	(a) (b) (c) (b)와 (c)는 반고정형을 나타낸다.
인덕터	인덕터(코일)	(a) (b) (c) (b)는 철심, (c)는 압분철심이 들어 있는 경우이다.
가변 인덕터		
커패시터		무극성의 마일러, 세라믹 커패시터
가변 커패시터		왼쪽과 가운데 심벌은 가변 커패시터이고, 오른쪽 심벌은 반고정 커패시터이다.
전해 커패시터		※ 최근 많이 사용되는 탄탈 커패시터도 전해 커패시터와 같이 표시한다.
상호 인덕터 (변성기)	(a) (b) (c)	(a)는 공심, (b)는 철심이 들어 있는 것을 나타낸다.
전지(직류전원)	건전지	긴 선을 (+), 짧은 선을 (-)로 한다.
교류 전원		상수 및 주파수를 표시할 때 보기 : $\phi 3 \sim 60Hz$
정류기		삼각형의 화살표는 직류가 지나는 방향을 표시한다.
퓨즈	퓨즈 / 온도 퓨즈	개방형 퓨즈

1. 전자·통신 분야의 기초지식

명 칭	심 벌	비 고
개 폐 기		스위치
전원 플러그	(a) (b)	(a)는 2극, (b)는 3극을 표시한다.
전환 계폐기	로터리 스위치	로터리 스위치
수정 진동자	크리스털	수정 진동자(발진자)
안 테 나	안테나	(a) 일반 안테나 (b) 루프 안테나
스 피 커	피에조 스피커 / 스피커	
이 어 폰	(a) (b)	(a)는 크리스털 이어폰, (b)는 헤드폰을 표시한다.
마이크로폰	마이크로폰	
증 폭 기		블록 다이어그램에 사용된다.

2 반도체소자 심벌

명칭	심벌	비고	명칭	심벌	비고
다이오드	다이오드	검파, 정류용	SCR	SCR	N Gate
제너 다이오드	제너 다이오드	정전압 다이오드	DIAC	다이액	
터널 다이오드	터널 다이오드	에사키 다이오드	TRIAC	트라이액	
발광 다이오드	발광 다이오드(LED)	LED	UJT (단접합 트랜지스터)	N형 UJT / P형 UJT	
가변용량 다이오드	가변용량 다이오드	버랙터 Varactor	PUT	PUT	실리콘 제어정류 소자
쇼트키 다이오드	쇼트키 다이오드(SCHOTTKY)		배리스터	배리스터	대칭형
전파브리지 정류기	브리지 다이오드		CDS	CDS	황화카드뮴
트랜지스터	PNP형 트랜지스터 / NPN형 트랜지스터		포토 커플러	포토 커플러	

명칭	심벌	비고	명칭	심벌	비고
서미스터	NTC PTC		증가형 금속산화물 전계효과 트랜지스터 (EMOS형 FET)	P채널 EMOS FET N채널 EMOS FET	
광전 트랜지스터	포토 트랜지스터				
접합형 전계효과 트랜지스터 (FET)	P채널 JFET N채널 JFET		공핍형 금속산화물 전계효과 트랜지스터 (DMOS형 FET)	P채널 DMOS FET N채널 DMOS FET	
SSS	SSS				

3 전자관 심벌

명칭	심벌	비고	명칭	심벌	비고
2극관	(a) (b)	(a) 방열형 (b) 직열형	네온관		
3극관			정전압 방전관		
가스봉입 3극관			냉음극 3극 방전관		
5극관			광전관		
브라운관 (CRT)		정전 편향형	브라운관 (CRT)		전자 편향형

1.3 배선 작업용 공구

명칭 및 모양	용 도
니퍼	1. 배선용 전선 및 부품의 리드선 절단에 사용한다. 2. 코드선, 비닐전선의 피복을 벗기는 데 사용한다.
롱노즈 플라이어(Long-Nose Pliers)	1. 소형 너트의 조임에 사용한다. 2. 전선의 피복을 벗기는 데 사용한다. 3. 동선 및 철선의 절단 및 라디오, 통신기기의 조립 및 수리용으로 사용 4. 전선의 스트립, 압착, 절단 등 다용도로 사용가능
뻰찌(Side Cutting Pliers)	1. 굵은 전선의 절단, 구부림 등에 사용한다.
1. 미니 니퍼 2. 미니 롱노즈 플라이어 3. 미니 굴곡 플라이어 4. 미니 평 플라이어 5. 미니 원형 플라이어	전자 통신기기의 조립, 수리용 및 학교의 실습용 수공구로 사용한다.
정밀 드라이버(Micro Driver)	정밀한 기기의 나사를 조이거나 풀 때 사용한다.

1. 전자·통신 분야의 기초지식

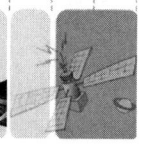

명칭 및 모양	용 도
전공 드라이버(Ball Grip Driver)	기기의 나사를 회전시켜 풀거나 조일 때 사용하며, 나사의 크기에 맞추어 사용한다.
세라믹 드라이버 (Ceramic Adjustable Driver)	조정용 드라이버로 전자기기 및 측정기기 등의 회로와 고주파 회로의 조정에 사용하며, 일반적으로 +, -형과 육각형이 있다.
전기통전식 검침 겸용 전자용 드라이버	+, - 끝을 전기가 흐르는 곳에 고정시킨 후 접지부에 손가락이 살짝 닿으면 램프가 발광한다.
납땜 인두(일자형 및 권총형)	납땜의 작업에 사용하며, 사용하는 용도와 목적에 따라 적당한 모양 및 정격의 인두를 사용하도록 한다. 일반적으로 전자 및 통신 분야의 실습용으로는 20~30W의 일자형 인두가 적당하다.
육각 렌치	측정기의 노브 및 전자제품 등의 육각 구멍의 나사를 풀거나 조일 때 사용하며, 육각나사의 크기에 맞는 것을 선택하여 사용한다.

명칭 및 모양	용 도
와이어 스트리퍼	사용자가 원하는 배선의 피복을 벗기는 데 사용하며, 배선의 두께에 해당하는 곳을 선택하여 사용한다.
케이블 피복 제거기	랜 케이블(UTP, STP)의 피복을 원하는 부분까지 피복을 제거하는 데 사용하며, 케이블을 피복 제거기의 중심에 물고 회전하면 랜 케이블의 피복이 제거된다.
핀셋	손이나 롱노즈 플라이어로 잡거나 이동하기 어려운 소형부품을 잡거나 이동할 때 사용하며, 사용목적에 따라 사양한 형태의 핀셋을 선택하여 사용토록 한다.
주물형 인두 스탠드	납땜 인두의 사용 시 인두 팁 부분의 온도에 의하여 화상을 입는 것을 보호하고, 안전한 상태에서의 작업을 위하여 사용한다. 하단부에는 인두 팁의 청결을 위하여 물에 적신 헝겊을 사용하도록 한다.
납 흡입기	회로의 수리를 위하여 동박 부분의 납땜을 제거하고자 할 때 전기인두 등으로 납땜 부분을 녹인 후 흡입하여 납을 제거하는 역할을 한다.
몽키 스패너(Adjustable angle Wrenches)	볼트, 너트를 회전시키는 데 사용되는 공구로서 플랜트 건설, 자동차 제조 및 정비 시에 사용한다.

1. 전자·통신 분야의 기초지식

명칭 및 모양	용도
플라이어(Slip Joint Pliers)	작은 부품이나 금속편을 잡고, 잡아당기며, 절단, 구부리거나 각종 기계 등의 조립용으로 사용되며 물리는 범위의 차이를 조정할 수 있다. 철선류의 꼬임 및 굽힘작업, 철선류의 절단작업, 평평한 물건을 집는 작업에 주로 사용하며 물리는 범위의 차이가 심할 때 입의 조절 사용이 가능하다.
압착기(Crimping Pliers)	연선, 동선의 절단 및 터미널 압착 수리 시에 사용한다.
바이스그립 플라이어(Vise Grip Pliers)	너트를 풀고 조일 때, 머리 없는 못을 뽑을 때, 파이프를 풀고 조일 때, 배관 및 환봉, 철판 등의 고정, 회전, 꼬기 뽑기 등의 작업에 주로 사용되는 공구이다.
휴대용 전기드릴	금속이나 알루미늄 등 철재와 베이클라이트판 또는 아크릴판 등의 구멍을 뚫을 때 사용한다. 현재는 다용도로 나사를 풀거나 조일 수 있는 기능 등을 갖는 드릴도 있다.
충전용 전기드릴	전선의 연결이 없는 전기드릴로 충전에 의하여 금속이나 알루미늄 등의 철재와 베이클라이트판 또는 아크릴판 등의 구멍을 뚫는 데 사용한다.

명칭 및 모양	용도
줄	홑줄날 / 겹줄날, 평줄, 삼각줄, 사각줄, 반원줄, 둥근줄 왼쪽부터 평, 반원, 원, 사각, 삼각, 가는끝, 사다리형, 타원, 부채형, 칼형, 양볼록, 조개형 등으로 분류하며, 금속 및 비금속 재료의 가공(세공) 등에 사용되며, 용도에 따라 선택 사용한다.
랜 툴(LAN Tool)	UTP 케이블 종단의 RJ45 잭을 결합하여 케이블을 접속할 때 사용한다.
바이스	1. 금속판의 구부림 작업 및 금속 재료의 줄질 등의 가공을 할 때 고정용으로 사용한다. 2. 작업대 등에 고정하여 사용한다.
쇠톱	금속 및 비금속의 판이나 관 또는 베클라이트판 등의 절단에 사용한다.
미니 드릴	베클라이트 기판이나 얇은 철판 등에 작은 구멍을 뚫고자 할 때 사용한다.

1. 전자·통신 분야의 기초지식

명칭 및 모양	용도
시계 드라이버	전자기기 및 측정기기 등의 작은 나사를 조이거나 풀 때 사용한다.
핸드 리머(Hand Reamer)	드릴로 뚫은 구멍을 정확한 치수로 넓히거나, 진원(眞圓)으로 다듬질하거나, 지름을 정밀하게 다듬질하는 데 사용하는 공구이다.
센터 펀치(Center Punch)	드릴 작업 등을 할 때 중심점을 잡아주거나 PCB 등의 수동 리베팅 작업 등에 사용한다.

1.4 전자기기 및 통신기기의 조립

트랜지스터나 IC 등을 사용하는 전자기기 회로의 배선 조립은 소형이고 가벼우면서도 견고하며 기기의 동작 특성 등을 해치지 않아야 하는 등의 여러 가지 까다로운 제약을 받게 된다. 실기 검정에서는 수검자의 회로 이해력, 조립과 수리 및 측정 능력 등의 기능을 알고자 하는 것이므로 회로의 부품 배치 및 배선에는 출제의도에 맞도록 세심한 주의가 필요하다.

1 부품배치 요령

(1) 주어진 회로의 동작 및 요구사항 등을 생각하며 부품의 양부 및 수량 등을 확인한다.
(2) 기판과 회로를 비교하여 방안지에 실물 크기의 배치도(패턴)을 그려서 이상적인가를

생각해 본다. 이때 동박면에서 회로도와 같은 배치가 되도록 하면 작업 후에 회로의 점검이나 조정 및 측정 시에 편리하다.

(3) 입력측과 출력측의 간섭이 없도록 부품을 안배하여 배선의 교차가 없도록 하고 기판 전체에 균형과 안정감이 있도록 직각 평행으로 배치한다.

(4) VR(볼륨)이나 푸시버튼 스위치(PB switch) 등을 부착할 때와 같이 기판을 가공해야 할 경우에는 가공될 면적을 고려하여 배치하고 외부 단자는 기판의 가장자리에 오도록 한다.

(5) IC나 수정진동자 등의 소켓을 사용하는 경우에는 소켓의 크기와 면적을 고려하여 배치한다.

(6) 외부 단자의 지정이 있을 때에는(IC 기판의 커넥터 단자의 +, - 및 입·출력 단자 등) 반드시 지정된 규정에 맞도록 배치해야 한다.

2 부품의 리드선 구부리기와 실장

(1) 리드선의 시작 부분에서 1.5mm 이상 떨어진 곳을 적당한 곡선 반경을 두고 구부리며, 양쪽 리드 선은 부품에 대해서 평행 직각이 되게 프린트 기판(또는 만능기판)의 구멍에 맞춰서 구부린다.

(2) 열에 약한 부품이나 부품 본체의 과열로 기판의 손상 등이 우려되는 경우에는 그림과 같이 구부려서 실장하면 좋다.

(3) 솔리드 저항이나 다이오드와 같이 직선 반대쪽으로 리드선을 갖는 부품이나 전해커패시터와 같이 동일 방향으로 리드선이 나와 있는 부품은 그림과 같이 실장한다.

(4) 부품의 실장 방향은 지정된 프린트 기판의 기준 방향에 따라 표시를 읽을 수 있도록 수평 또는 수직으로 실장하며, 이때 다이오드나 커패시터 등의 극성에 주의해야 한다.

(5) 도면의 동작 특성이나 지시사항 등에서 부품의 발열 등을 고려하여, 기판과 부품 또는 부품 상호간의 간격을 떼어서 실장하는 경우의 간격은 3~5mm 정도가 적당하다.

(6) 실장 후의 리드선 구부림은 그 구멍에서 회로의 방향으로 하며, 너무 세게 구부려서 부품과 프린트 기판에 장력이 걸려 부품이 파손되지 않도록 한다.

(7) 실장된 리드선의 끝은 니퍼를 사용하여 중심에서 2~3mm의 길이로 비스듬히(약 45°) 자른다.

(8) 기판의 구멍 속에까지 동박이 입혀진 경우에는 리드선을 구부릴 필요가 없으나 납땜

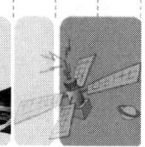

1. 전자·통신 분야의 기초지식

시 부품이 빠지거나 밀리지 않도록 주의해야 한다.

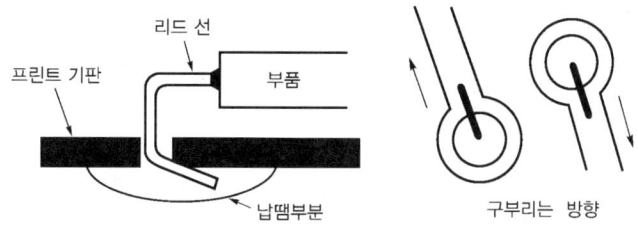

 납땜 작업

납땜(Soldering brazing)이란 접합하여야 할 금속 사이에 녹은 납이 흘러 들어가 납과 금속의 합금을 만들어 접합시키는 것으로서, 전자기기 및 통신기기 등의 회로를 구성하는 접속 기능을 실행하는 작업이다. 이 작업이 불완전하면 기기의 확실한 동작을 기대할 수 없으며 접촉 불량 등의 고장을 일으켜서 수명을 단축시키는 요인이 된다. 따라서 납땜은 전자 기술의 입문이면서도 그 기능상 가장 어려운 기술이므로 충분한 이론과 실습으로 올바른 납땜을 할 수 있도록 노력하여야 한다.

(1) 땜납과 플럭스

① 땜납 : 주석(Sn)과 납(Pb)의 융점(녹는점)은 약 320℃와 230℃이나, 이들을 합금하여 그 혼합 비율을 적절하게 하면 더욱 낮은 온도에서 녹는 성질이 있다. 일반 전기 통신용 땜납은 녹는 온도와 납땜 강도 등을 고려하여 주석 60%, 납 40%의 합금이 주로 쓰이고, 대개 200℃ 이하에서 녹는다. 실제 납땜의 온도는 이보다 50℃ 정도 높은 약 250℃에서 1~5초 동안에 하는 것이 가장 좋다.

② 플럭스(flux) : 전자기기에는 송진이 들어 있는 실납이 많이 사용되며 직경 0.8~3.0mm의 굵기로 여러 종류가 있고 송진이나 활성화 수지로 된 플럭스가 납 속에 들어 있다. 플럭스는 모재의 표면에 붙어 있는 산화물 등을 제거하고 표면을 깨끗하게 함과 동시에 모재의 표면을 덮어 산화를 방지한다. 또 납의 표면 장력을 낮추어 납이 퍼지기 쉽게 하고 모재와 납이 잘 융합되도록 한다. 즉 납땜을 할 때 납보다 플럭스가 먼저 흐르고 그 위로 납이 충분히 퍼져 완전한 합금 층을 만들 수 있게 되는 것이다. 플럭스는 이와 같은 작용이 약 70℃~270℃ 정도에서 이루어지며 납이 녹아 퍼진 후 수지화되어 고착된다.

좋은 플럭스는 납의 퍼짐이 좋고, 녹이나 부식이 발생하지 않으며, 절연 저항이 높고, 수분을 흡수하지 않으며 유독 가스가 발생되지 않아야 한다. 반면에 송진이 들어 있는 납, 액상의 플럭스, 페이스트 등은 납땜을 아무리 잘 해도 후일 부식하거나 절연 저항이 낮아지는 일이 있으므로 반드시 지정의 것을 사용하여야 하며 꼭 필요한 경우에만 사용하고 가급적 피하는 것이 바람직하다.

(2) 납땜 인두(Soldering Iron)

① 납땜 인두 : 인두는 납땜할 부분을 납이 녹는 온도까지 가열하는 공구로서 사용 목적에 따라 소비전력과 팁(tip)의 크기를 선별하여 사용한다. 보통 전자기기의 조립 수리에는 30~40W, 직경 4~5mm 정도의 것으로 팁의 길이를 조정할 수 있는 것이 좋으며 납땜할 모재의 면적보다 인두 끝(팁)의 면적이 크지 않은 것이 좋다.

② 인두 끝의 적정온도 : 인두 끝의 온도는 너무 높으면 플럭스의 작용이 없어지며 프린트면의 패턴이 들뜨거나 파손되며, 냉납이 되어 광택을 잃게 되고, 온도가 너무 낮으면 작업 능률이 저하하고 각종 납땜 불량을 일으키기 쉽다. 적정온도를 유지하기 위해서는 전원측에 온도 제어장치를 부가하거나 인두 끝의 길이를 조절하는 등의 방법이 필요하다.

③ 인두 끝의 청소 : 인두 끝이 충분한 온도로 사용 상태에 도달하면 인두 끝의 더러움을 깨끗이 닦고 납을 약간 인두 끝에 묻혀(도금한다) 작업을 시작한다. 납땜이 1회 끝나면 다음 작업을 시작하기 전에 여분의 납을 털어버리고, 물을 적신 면으로 팁을 청소하여 청결상태를 유지하여 실습에 임한다.

(3) 납땜 작업의 실제

납땜 인두와 납은 납땜하는 개소의 위치 및 부품의 실장 방향 등에 따라 다소 다르지만 어느 경우에나 안정된 상태로 인두 끝이 프린트 기판과 수평으로 닿을 수 있도록 하는 것이 좋다.

1. 전자·통신 분야의 기초지식

① 납땜 작업의 5공정

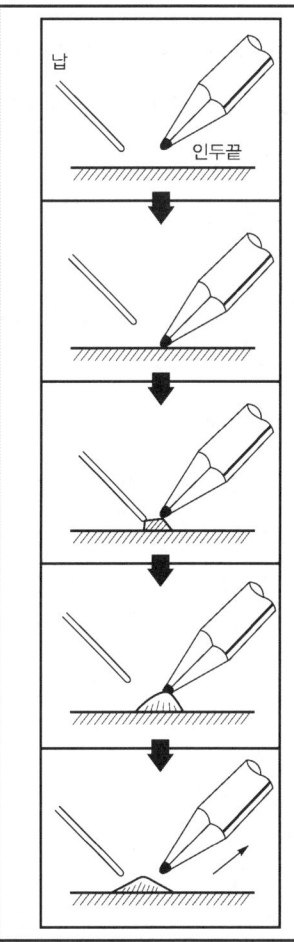

1. 인두 끝과 납을 가까이 하고 납땜 준비를 한다.

2. 인두 끝으로 모재를 가볍게 누르며 모재(프린트 기판)를 가열한다.

3. 납땜할 위치에 납을 대고 적량 녹인다. 이때 납이 곧 녹지 않으면 인두의 가열 부족이다.

4. 적량의 납이 녹으면 납을 뗀다. 납의 양은 약간 퍼졌을 때가 적량이다.

5. 납이 빛나고 약간 퍼질 때까지 기다렸다가 2~3초 후에 인두를 뗀다. 이때 인두 끝이 흔들리면 마무리가 잘 안된다.

② 알맞은 납의 양과 납땜 후의 경사각

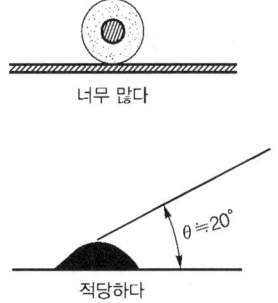
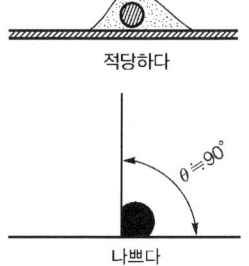
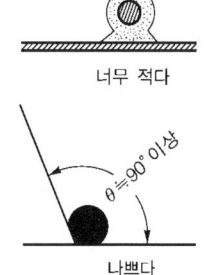

 納땜 작업시의 주의사항

(1) 납땜 인두의 팁은 작업 시작 전에 견고하게 조여서 작업 시 흔들리지 않게 한다.
(2) 납땜 인두로 모재(납땜할 동판 부위)를 세게 문지르거나 한 곳에 너무 오래 대고 있으면 회로의 박리(들뜸)나 미즐링(measling : 흰 반점)의 원인이 된다.
(3) 열에 약한 부품(트랜지스터나 IC 등)의 납땜에는 히트 싱크(롱노즈 플라이어나 핀셋 등의 방열기)를 사용한다.
(4) MOS FET나 C-MOS IC 등은 정전기에 약하므로 납땜 시에는 접지가 있는 납땜 인두를 사용하는 것이 좋다.
(5) 프린트 기판 회로에 상처가 생기지 않도록 한다. 이 상처 부분에는 납땜 시 납이 잘 흐르지 않아 납땜 불량의 원인이 된다.

2. 부품의 구조와 성능

2.1 저항(Resistor)

저항은 전자기기의 내부에서 전류에 의한 전압 강하를 이용하기 위한 회로 소자로서 용도에 따라 고정 저항, 반고정 저항 및 가변 저항으로 구분 사용된다.

1 고정 저항

고정 저항은 그 저항치가 설정(고정)되어 있는 것으로 여러 종류가 있는데, 탄소피막 저항, 금속피막 저항 및 권선 저항 등으로 대별된다.

(1) 탄소피막 저항(Carbon Film Resistor)

탄소피막 저항은 카본 저항기라고도 하며 고온의 열을 이용하여 세라믹 소체에 탄소피막을 입혀 만들어지며 경제적이면서도 신뢰성이 높아 자동 삽입 제조의 일반 부품으로 널리 쓰이고 있으며, 특히, 기계적 강도와 열전도성이 뛰어난 세라믹 소체, 피막의 안정을 보장하는 착막과 절삭 기술, 그리고 내열성과 내후성이 높은 도료를 이용하여 만들어지는 탄소피막 저항은 전기적 특성이 안정적이다.

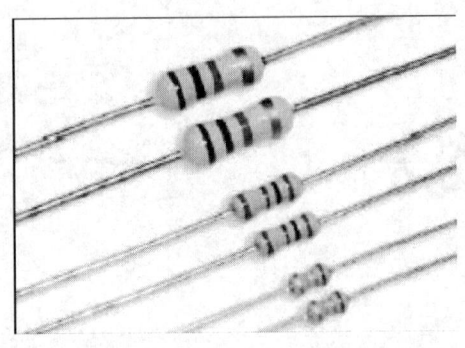 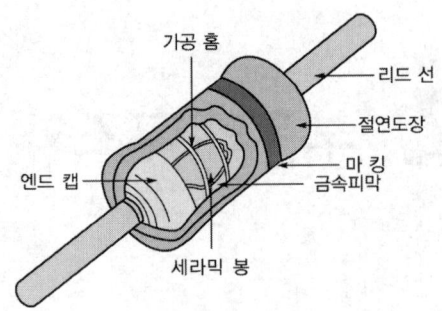

(2) 금속피막 저항(Metal Film Resistor)

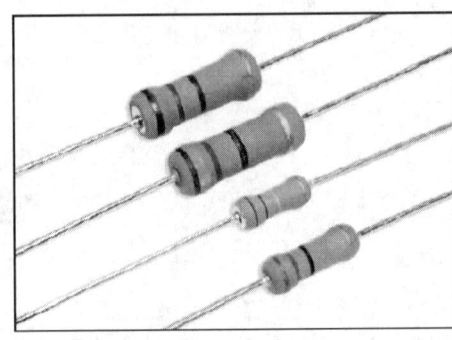 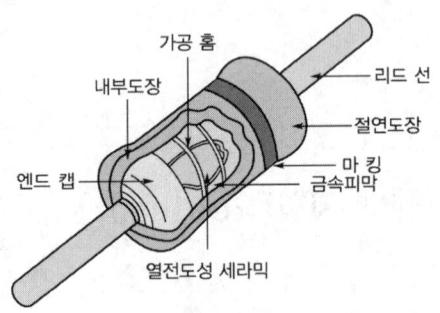

금속피막 저항은 몰드 저항이라고도 하며 세라믹 소재에 니켈-크롬(Ni-Cr)계의 금속을 증착하여 만들어져 주파수 특성이 뛰어나며 저잡음이며 온도변화에 따른 안정성도 우수하다. 특히, 기계적 강도와 열전도성이 뛰어난 세라믹 소체, 피막의 안정성을 보장하는 증착과 절삭기술, 그리고 내열성과 내후성이 높은 도료를 이용하여 만들어지는 금속피막 저항은 장기적인 안정성과 신뢰성이 요구되는 고성능 회로에 적합하다.

(3) 시멘트 저항(Power Type Wire Wound Cement Resistor)

권선형 또는 산화금속피막 저항의 유닛을 세라믹으로 만든 케이스에 넣어 실리콘 계통의 불연성 수지(Cement)로 씌운 것으로 고온에도 발화하지 않고 절연성이 풍부하여 장착이 쉽다.

일반적인 전력 회로에 사용하며, 외형으로는 같아 보여도 저항기에 따라 특징이나 결점이 다르기 때문에 제조회사의 사양을 살펴보아야 하며, 고전력에서는 기판과의 이격거리를 유지하여 장착하여야 한다.

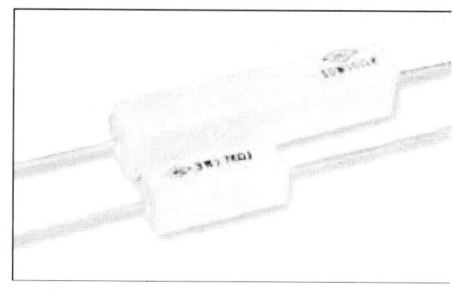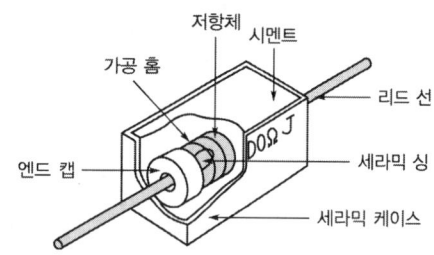

(4) 칩 저항(Thick Film Chip Resistors)

전자 및 통신기기의 소형화와 경량화에 대한 욕구의 증가에 따라 회로 내에서 전류를 조절하고, 전압을 강하시키는 역할을 하는 수동부품으로 표면실장을 위한 저항이다. 소형, 박형, 경량화하여 표면실장에 적합하여 일반 가전제품(DVD, 디지털 TV, 캠코더, VCR, 디지털 카메라, 오디오 등)과 컴퓨터 및 통신기기(노트북, 메모리 모듈, 핸드폰, 네트워크 장비 등)에 사용한다.

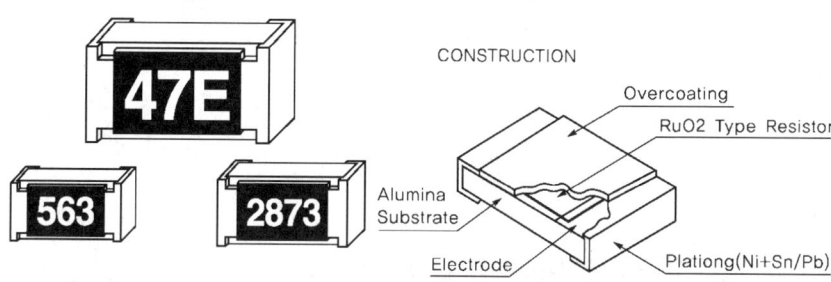

DIMENSION Type	L	W	H	L1	L2
ACR32(0402)	0.10 1.00±0.05	0.50±0.05	0.30±0.05	0.20±0.10	0.25±0.10
ACR16(0603)	1.55±0.10	0.10 0.80±0.05	0.45±0.10	0.30±0.15	0.30±0.15
ACR10	2.00±0.10	1.25±0.10	0.50±0.10	0.30±0.20	0.35±0.15
ACR08	3.10±0.10	1.55±0.10	0.10 0.55±0.05	0.45±0.20	0.35±0.15
ACR04	3.10±0.10	2.55±0.10	0.55±0.10	0.50±0.20	0.50±0.20
ACR02	5.00±0.10	2.50±0.10	0.55±0.10	0.60±0.20	0.60±0.20
ACR32	6.30±0.10	3.20±0.10	0.55±0.10	0.60±0.20	0.60±0.20

[칩 저항의 표준 저항값 표]

• For 2%, 5%(E-24)

10	11	12	13	15
16	18	20	22	24
27	30	33	36	39
43	47	51	56	62
68	75	82	91	

• For 1%(E-96)

100	102	105	107	110	113	115	118	121	124	127	130
133	137	140	143	147	150	154	158	162	165	169	174
178	182	187	191	196	200	205	210	215	221	226	232
237	243	249	255	261	267	274	280	287	294	301	309
316	324	332	340	348	357	365	374	383	392	402	412
422	432	442	453	464	457	487	499	511	523	536	549
562	576	590	604	619	634	649	665	681	698	715	732
750	768	787	806	825	845	866	887	909	931	953	976

(5) 어레이(네트워크) 저항(Thick Film Resistors Networks)

최근의 디지털 회로 등에는 동일한 저항값의 저항을 대량으로 사용하는 경우가 많은데, 그림과 같이 공통 접속되는 경우(공통형)와, 각각의 저항기가 독립되어 있는 것(독립형)과 다양한 형태의 네트워크(어레이) 저항이 있다.

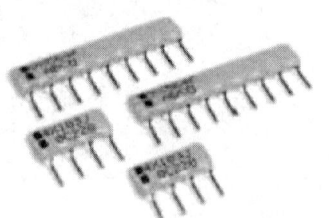
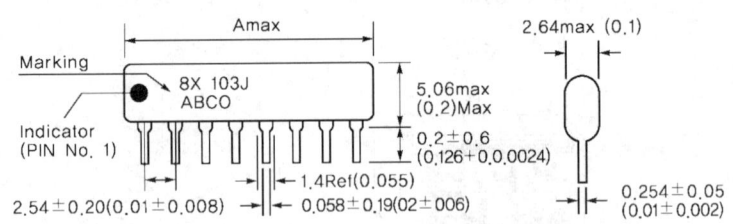

[네트워크 저항의 모양과 규격]

[네트워크 저항의 내부 구조에 따른 분류]

Circuit Symbol	X	Y	C
Number of Pins	4-14	4-14	4-14
Circuit Construction	R1 R2 R3 R4 ... / 1 2 3 4 n+1 / R1-R2----R3	R1 R2 ... R1 / 1 2 3 4 ... 2n-1 2n / R1-R2----R3	R1 R2 ---R3 / 1 2 3 ---n+1 n+2 / R1-R2-----R3
Type Designation	ANR 8×472J	ANR 8Y 472J	ANR 8C 472J
Circuit Symbol	G	H	L
Number of Pins	5-11	4-14	5-11
Circuit Construction	R1 R1 / R2 R2 R2 / 1 2 3 4 5 n+1 / R1-R2 or R1ØR2	R2 R2 R2 / R1 R1 R1 R1 / 1 2 3 4 n2+2 / R1-R2 or R1ØR2	a-bit R 2R type / 2R 2R 2R 2R / 1pin GND(LSB) IMSBlout / 8R-2×8
Type Designation	ANR 8G 103/103J	ANR 8H 221/331J	ANR 8L 103/203J

[네트워크 저항의 값]

Type		X · Y						H · (R1/R2)	
R	22	100	330	1K2	3K9	12K	82K		
	33	120	390	1K5	4K7	15K	100K	180/390	330/470
	47	150	470	1K8	5K6	22K	220K	220/270	330/680
	56	180	680	2K2	6K8	33K	390K	220/330	3K/6.2K
	68	220	220	2K7	8K2	47K	470K	330/330	
	82	270	270	3K3	10K	68K	680K		

(중간 1M 값은 H·(R1/R2) 열 아래 위치)

(6) 권선 저항

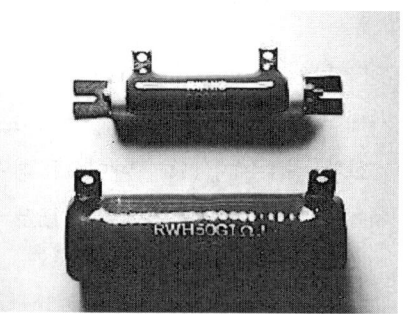
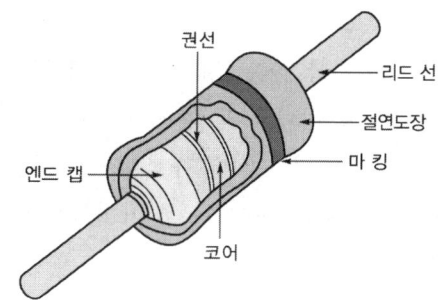

자기 등의 절연물 위에 저항선이 감겨 있는 구조로, 큰 전류가 흐르는 부분에 사용되며 이 저항은 권선 간의 분포용량 때문에 고주파용으로는 부적당하나 안정성이 좋고 오차가 적은 정밀 저항으로 계측기에 주로 사용된다.

[저항기 종류 표시의 기호(KS C 5111^{-1990})]

기 호	주요 저항체	관련 KS 규격
RD	탄소 피막	KS C 6413^{-1987} , KS C 6417^{-1990}
RN	금속 피막	KS C 6433^{-1990} , KS C 6434^{-1990}
RS	산화 금속 피막	KS C 6371^{-1990}
RC	탄소계 혼합체	KS C 6412^{-1990}
RK	금속계 혼합체	KS C 6433^{-1990} , KS C 6434^{-1990}
RW	저항선(전력용)	KS C 6416^{-1990} , KS C 6419^{-1990}
RB	저항선(정밀용)	KS C 6416^{-1990} , KS C 6419^{-1990}

2 저항의 컬러 코드

저항의 저항값 및 그 허용 오차는 형체가 큰 경우에는 직접 인쇄되나 소형의 경우에는 뒤에 나오는 표(색 띠와 5색 띠에 의한 저항값의 표시)와 같은 컬러 코드(색띠)로 표시되며, 저항값은 등비수열을 기본으로 E 표준수에서 정의하고 있다.

E-24 계열이란 1~10까지를 유효숫자를 2행으로 12로 등비분할(等比分割)한 것을 기초로 하고, 정수비(整數比) 분할의 나누기를 고려하여 일부를 재편성하여 조정한 것이다(2.7~4.7의 부분). 또한 E-12는 E-24에, E-6은 E-12에 각각 내포되어 있지만 E-96은 순수한 등비수열(비=10의 96제곱근=1.024…)을 유효숫자 3행으로 반올림한 것이므로 E-24와는 다르다. 또한 상위의 E계열을 구입할 수 있는 품종에서도 하위의 E계열 쪽이 구입하기 쉬운 경향이 있다.

비교적 큰 저항기에는 저항값이 직접 씌어진 경우가 많지만 작은 것에서는 써넣기가 곤란하므로 약자 숫자(이후 약 숫자)가 컬러 코드로 표시되는 것이 일반적이며, 숫자를 표시하는 방법은 E 표준수 부속서에 규정한 E 표준수를 기호화할 경우는 옴(Ω), 마이크로패럿(μF), 피코패럿(pF) 또는 마이크로헨리(μH)를 단위로 하며, 3숫자법 또는 4숫자법으로 나타낸다.(KSC5109-1998)

(1) 3숫자법(3문자법)

E3, E6, E12 및 E24에 적용하며, 제1숫자 및 제2숫자는 E 표준수로 나타낸 공칭치의 유효숫자 2자리를 나타내고, 제3숫자는 이에 이어지는 영의 수를 나타낸다. 또한 소수점이 있을 경우는 소수점을 R로 나타낸다.

[3숫자법의 보기]

기호	저항기	커패시터	고주파 코일
R10	0.10Ω	0.10μF 또는 pF	0.10μH
R47	0.47Ω	0.47μF 또는 pF	0.47μH
1R0	1.0Ω	1.0μF 또는 pF	1.0μH
4R7	4.7Ω	4.7μF 또는 pF	4.7μH
100	10Ω	10μF 또는 pF	10μH
471	470Ω	470μF 또는 pF	470μH
472	4.7kΩ	4700μF 또는 pF	4700μH

(2) 4숫자법(4문자법)

E48, E96 및 E192에 적용하며, 제1숫자, 제2숫자 및 제3숫자는 E 표준수로 나타낸 공칭치의 유효숫자 3자리를 나타내며, 제4숫자는 이에 이어지는 영의 수를 나타낸다. 또는 소수점이 있을 경우는 소수점을 R로 나타낸다.

[4숫자법의 보기]

기호	저항기	커패시터	고주파 코일
R100	0.100Ω	0.100μF 또는 pF	0.100μH
R475	0.475Ω	0.475μF 또는 pF	0.475μH
1R00	1.00Ω	1.00μF 또는 pF	1.00μH
4R75	4.75Ω	4.75μF 또는 pF	4.75μH
10R0	10.0Ω	10.0μF 또는 pF	10.0μH
4750	475Ω	475μF 또는 pF	475μH
1001	1.00kΩ	1000μF 또는 pF	1000μH

(3) 허용차의 기호화

공칭치에 대한 허용차를 퍼센트로 나타내는 경우의 기호는 1개의 영문자로 나타낸다.

기호	B	C	D	F	G	J	K	L	M	N	Q	S	T	Z
허용차(%)	±0.1	±0.25	±0.5	±1	±2	±5	±10	±15	±20	±30	+30 / −10	+50 / −20	+50 / −10	+80 / −20

[E 표준수(E48, E96, E192)에 의한 저항값의 표현]

Resistance Tolerance(± %)															
2% 5% 10%	1%	0.% 0.25% 0.5%	2% 5% 10%	1%	0.% 0.25% 0.5%	2% 5% 10%	1%	0.% 0.25% 0.5%	2% 5% 10%	1%	0.% 0.25% 0.5%	2% 5% 10%	1%	0.% 0.25% 0.5%
1.00	1.00	1.00	1.47	1.47	1.47	2.15	2.15	2.15	3.16	3.16	3.16	4.64	4.64	4.64	6.81	6.81	6.81
−	−	1.01	−	−	1.49	−	−	2.18	−	−	3.20	−	−	4.70	−	−	6.90
−	1.02	1.02	−	1.50	1.50	−	2.21	2.21	−	3.24	3.24	−	4.75	4.75	−	6.98	6.98
−	−	1.04	−	−	1.52	−	−	2.23	−	−	3.28	−	−	4.81	−	−	7.06
1.05	1.05	1.05	1.54	1.54	1.54	2.26	2.26	2.26	3.32	3.32	3.32	4.87	4.87	4.87	7.15	7.15	7.15

[E 표준수(E48, E96, E192)에 의한 저항값의 표현]

Resistance Tolerance(± %)																		
−	−	1.06	−	−	1.56	−	−	2.29	−	−	3.36	−	−	4.93	−	−	7.23
−	1.07	1.07	−	1.58	1.58	−	2.26	2.32	−	3.32	3.40	−	4.87	4.99	−	7.15	7.32
−	−	1.09	−	−	1.60	−	−	2.34	−	−	3.44	−	−	5.05	−	−	7.41
1.10	1.10	1.10	1.62	1.62	1.62	2.37	2.37	2.37	3.48	3.48	3.48	5.11	5.11	5.11	7.50	7.50	7.50
−	−	1.11	−	−	1.64	−	−	2.40	−	−	3.52	−	−	5.17	−	−	7.59
−	1.13	1.13	−	1.65	1.65	−	2.43	2.43	−	3.57	3.57	−	5.23	5.23	−	7.68	7.68
−	−	1.14	−	−	1.67	−	−	2.46	−	−	3.61	−	−	5.30	−	−	7.77
1.15	1.15	1.15	1.69	1.69	1.69	2.49	2.49	2.49	3.65	3.65	3.65	5.36	5.36	5.36	7.87	7.87	7.87
−	−	1.17	−	−	1.72	−	−	2.52	−	−	3.70	−	−	5.42	−	−	7.96
−	1.18	1.18	−	1.69	1.74	−	2.55	2.55	−	3.65	3.74	−	5.36	5.49	−	7.87	8.06
−	−	1.20	−	−	1.76	−	−	2.58	−	−	3.79	−	−	5.56	−	−	8.16
1.21	1.21	1.21	1.78	1.78	1.78	2.61	2.61	2.61	3.83	3.83	3.83	5.62	5.62	5.62	8.25	8.25	8.25
−	−	1.23	−	−	1.80	−	−	2.64	−	−	3.88	−	−	5.69	−	−	8.35
−	1.24	1.24	−	1.82	1.82	−	2.67	2.67	−	3.92	3.92	−	5.76	5.76	−	8.45	8.45
−	−	1.26	−	−	1.84	−	−	2.72	−	−	3.97	−	−	5.83	−	−	8.56
1.27	1.27	1.27	1.87	1.87	1.87	2.74	2.74	2.74	4.02	4.02	4.02	5.90	5.90	5.90	8.66	8.66	8.66
−	−	1.29	−	−	1.89	−	−	2.77	−	−	4.07	−	−	5.97	−	−	8.76
−	1.30	1.30	−	1.91	1.91	−	2.74	2.80	−	4.02	4.12	−	6.04	6.04	−	8.87	8.87
−	−	1.32	−	−	1.93	−	−	2.84	−	−	4.17	−	−	6.12	−	−	8.98
1.33	1.33	1.33	1.96	1.96	1.96	2.87	2.87	2.87	4.22	4.22	4.22	6.19	6.19	6.19	9.09	9.09	9.09
−	−	1.35	−	−	1.98	−	−	2.91	−	−	4.27	−	−	6.25	−	−	9.20
−	1.37	1.37	−	2.00	2.00	−	2.87	2.94	−	4.32	4.32	−	6.34	6.34	−	9.31	9.31
−	−	1.38	−	−	2.03	−	−	2.98	−	−	4.37	−	−	6.42	−	−	9.42
1.40	1.40	1.40	2.05	2.05	2.05	3.01	3.01	3.01	4.42	4.42	4.42	6.49	6.49	6.49	9.53	9.53	9.53
−	−	1.42	−	−	2.08	−	−	3.05	−	−	4.48	−	−	6.57	−	−	9.65
−	1.43	1.43	−	2.10	2.10	−	3.09	3.09	−	4.53	4.53	−	6.65	6.65	−	9.76	9.76
−	−	1.45	−	−	2.13	−	−	3.12	−	−	4.59	−	−	6.73	−	−	9.88
E-24	E-96	E-192	E-24	E-96	E-192	E-24	E-96	E-192	E-24	E-96	E-192	E-24	E-96	E-192	E-24	E-96	E-192

1) 4 컬러 코드(색띠)에 의한 저항의 판독법

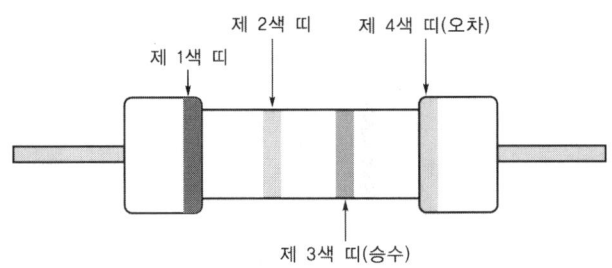

[저항의 4색 띠(컬러 코드)에 의한 표시법]

색상(COLOR)	2자리의 유효숫자(KSC0806)		제3색 띠(승수)	제4색 띠	
	제1색 띠	제2색 띠		오차	문자
검정색(흑색)	0		$10^0 = 1$	± 20%	
갈색(갈색)	1		$10^1 = 10$	± 1%	F
빨강색(적색)	2		$10^2 = 100$	± 2%	G
주황색(등색)	3		$10^3 = 1000(\times 1K)$	± 3%	
노랑색(황색)	4		$10^4 = 10000(\times 10K)$	−	
녹색(녹색)	5		$10^5 = 100000(\times 100K)$	±0.5%	
파랑색(청색)	6		$10^6 = 1000000(\times 1M)$	−	
보라색(자색)	7		$10^7 = 10000000(\times 10M)$	−	
회색(회색)	8		−	−	
흰색(백색)	9		−	−	
금색	−		$10^{-1} = 0.1$	±5%	J
은색	−		$10^{-2} = 0.01$	±10%	K
무색	−		−	±20%	M

[주의] KSC0806에서는 금색 및 은색의 표시가 좋지 못할 경우에는 허용오차 ±5%에는 녹색, ±10%에는 흰색을 사용한다.

2) 5 컬러 코드(색띠)에 의한 저항의 판독법

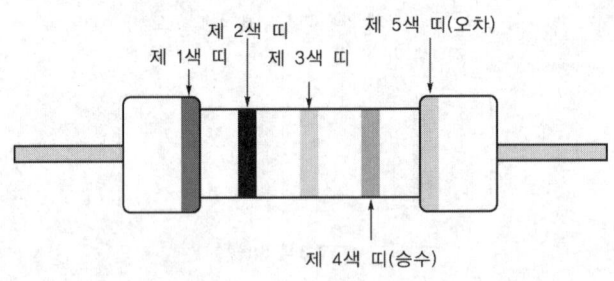

[저항의 5색 띠(컬러 코드)에 의한 표시법]

색 상 (COLOR)	3자리의 유효숫자(KSC0806)			제4색 띠(승수)	제5색 띠	
	제1색 띠	제2색 띠	제3색 띠		오차	문자
검정색(흑색)	0			$10^0 = 1$	± 20%	
갈색(갈색)	1			$10^1 = 10$	± 1%	F
빨강색(적색)	2			$10^2 = 100$	± 2%	G
주황색(등색)	3			$10^3 = 1000(\times 1K)$	± 3%	
노랑색(황색)	4			$10^4 = 10000(\times 10K)$	−	
녹색(녹색)	5			$10^5 = 100000(\times 100K)$	±0.5%	D
파랑색(청색)	6			$10^6 = 1000000(\times 1M)$	±0.25%	C
보라색(자색)	7			−	±0.1%	B
회색(회색)	8			−	−	
백색(흰색)	9			−	−	
금색	−			$10^{-1} = 0.1$	±5%	J
은색	−			$10^{-2} = 0.01$		K
무색	−			−		M

3 가변 저항

가변 저항은 저항에 의한 전압 강하나 전류 등을 분배할 때 사용하는 것으로 실제로는 음량의 조정 등에 많이 사용되므로 볼륨(Volume)이라고도 한다.

[다양한 종류의 가변저항]

가변 저항기(볼륨)란 문자 그대로 저항을 가변할 수 있도록 되어 있는 부품으로, 구조적으로는 저항체의 위를 가동편이 슬라이드하게 되어 있고 가동편이 있는 위치에 따라 저항이 변화하게 되어 있으며, 저항체 위를 접촉자가 접촉하면서 직선으로 이동하는 것과 회전하면서 이동하는 회전식이 있는데, 회전식이 많이 쓰인다. 단계식은 여러 개의 저항기를 하나의 케이스에 넣고, 각각 탭에 연결하여 노치로 전환하는 것인데, 정확성을 필요로 할 때, 짧은 시간에 큰 저항값의 변화가 요구될 때 사용된다. 가변 저항기는 탄소피막, 금속피막과 코일을 이용한 것이 많이 사용되고 있다.

- 탄소피막 : 가격이 싸며 특성도 어느 정도 좋기 때문에 가장 많이 사용되고 있으나 피막이 점차 적어지고 떨어지는 현상이 발생하여 내구성이 떨어진다.
- 금속피막 : 내구성과 잡음 특성이 우수하여 고급 스테레오나 측정기 등에 사용된다.
- 코일 : 코일 저항을 사용한 것으로 대전류에 사용할 수 있으나 비교적 작은 저항값을 갖는다.

AMP, CD 플레이어, 라디오, 카세트 등의 음향 음질 밸런스 조정용으로 많이 사용된다.

(1) 반고정 저항

원리적으로는 가변 저항(VR)과 동일하나 한번만 조정하면 다시 조정하지 않는 것으로, 사용된 기기의 특성의 변동이나 경년 변화시 다시 조정할 수 있도록 한 저항이다. 샤프트를 외부에 내고 손잡이로 변화시키는 형태와 드라이버 등으로 돌리는 형태 등으로 구분하며, 한번 조정하면 변경하지 않는 경우에 사용하며 주로 회로의 특성 조정용에 쓰인다.

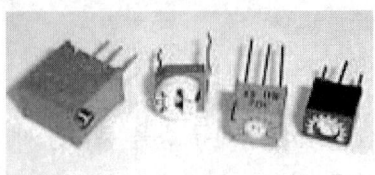

[반고정 저항]

(2) 가변 저항의 특성

가변 저항의 축의 회전각(이동 위치)에 의한 저항치의 변화 특성은 아래의 곡선과 같이 규정되어 있어서 A형과 D형은 음량조정(Volume control)에, B형은 음질조정(tone control)에 쓰이는 등 용도에 따라 구별해서 사용된다. 또 저항체에 따라 탄소계 가변 저항은 RV30N, RV24N 등으로, 권선형 가변 저항은 RA30Y 등의 규격이 정해져 있다.

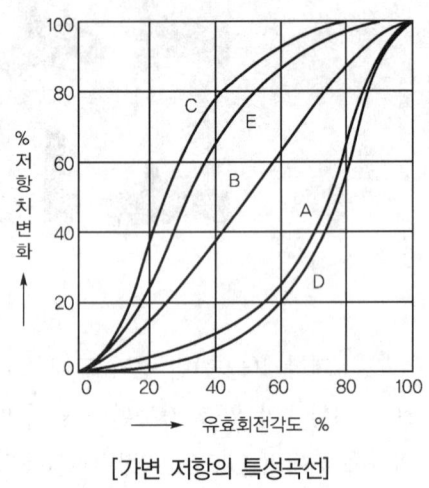

[가변 저항의 특성곡선]

2.2 커패시터(Capacitor)

전자기기에 사용되는 커패시터(Capacitor)는 전기를 축적하는 기능을 갖는다. 그러나 일반적으로 직류 전류를 저지하고 교류 전류만을 흐르게 하거나 공진 회로를 이루어 어느 특정 주파수만을 취급하는 곳 등에 쓰이며 고정 커패시터, 반고정 커패시터 및 가변 커패시터로 분류한다.

1 고정 커패시터

고정 커패시터는 유전체의 종류, 용도, 특성 등에 따라 여러 가지가 있으나 대개의 경우 유전체의 종류에 의하여 분류하며, 커패시터의 용량을 나타내는 단위는 패럿(F : farad)을 사용하나, 일반적으로 커패시터에 축적되는 전하량이 작기 때문에 μF(마이크로패럿 : $10^{-6}F$), 또는 pF(피코패럿 : $10^{-12}F$) 단위로 환산하여 사용한다.

(1) 마일러(Mylar) 커패시터(Plastic Film Capacitors : 플라스틱 필름 커패시터)

마일러 커패시터는 폴리에스테르의 일종인 폴리에스터, 폴리프로필렌을 유전체로 사용하여 2매의 전극 사이에 끼운 기본 구조로 되어 있으며, 절연 저항이 높고 온도 변화에 따른 정전용량 변화가 작고 정전용량 허용차가 작고 기계적으로 강하고, 내열성도 우수하여 얇은 필름으로 가공이 용이하며, 무극성이므로 교류, 직류 회로에 사용 가능하여 일반 통신기기(필터 또는 결합 회로)와 다양한 산업기기에 현재 많이 사용되고 있다.

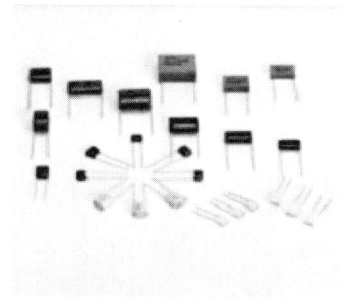

[마일러 커패시터]

 마일러 커패시터의 용량 판별법

커패시터의 용량을 표시하는 방법은 저항의 판별법과 비슷하나 색깔에 의한 표시법이 아니라 수치에 의한 표시를 하는 것만 차이가 있다.

일반적으로 마일러 커패시터의 용량 표시에는 여섯 자리의 숫자와 문자의 혼합으로 표기하거나, 그대로 환산된 용량을 표기하기도 한다. 첫째 자리 숫자와 둘째 자리 문자는 커패시터의 내압을 나타내고, 셋째, 넷째, 다섯째 자리의 숫자로서 커패시터의 용량을 나타내며, 여섯째 자리의 문자로 오차를 나타낸다.

첫째 자리 숫자	둘째 자리 문자	셋째 자리 숫자	넷째 자리 숫자	다섯째 자리 숫자	여섯째 자리 문자
내압		용량		승수	오차
1	H	1	0	3	K

마일러 커패시터의 내압 구분

	A	B	C	D	E	F	G	H	J	K
0	1	1.25	1.6	2.0	2.5	3.15	4.0	5.0	6.3	8.0
1	10	12.5	16	20	25	31.5	40	50	63	80
2	100	125	160	200	250	315	400	500	630	800
3	1000	1250	1600	2000	2500	3150	4000	5000	6300	8000

 1H103K로 표기되어 있는 커패시터의 용량을 판독한다면

1H는 커패시터의 내압을 나타내는 것으로 50V의 내압을 나타내는 것이고, $10 \times 1,000 = 10,000$ pF가 된다. 이를 단위 환산하면 $0.01 \mu F$ 가 된다. K는 허용오차로 ±10%이다.

(2) 세라믹 커패시터(Ceramic Capacitors)

세라믹 커패시터는 유전율이 큰 재료인 티탄산바륨(Titanium-Barium : $BaTiO_3$), TiO_2 및 $SrTiO_3$ 등의 소결체를 유전체로 은전극을 소부시켜 제조한 무극성, 무기질의 커패시터로 특성에 따라 온도보상용과 고유전율계, 반도체계로 구분되며, 인덕턴스(코일의 성질)가 적어 고주파 특성이 양호하다는 특징을 가지고 있어, 고주파의 바이패스(고주파 성분 또는 잡음을 어스로 통과시킨다)에 많이 사용된다.

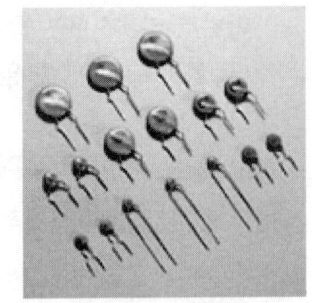

[세라믹 커패시터]

모양은 원반형으로 되어 있으며, 용량이 비교적 작고, 유전율의 온도 의존성과 정전용량 허용차가 적고 온도에 따른 용량변화가 직선적이고 높은 유전율값을 갖고 있으므로, 선택도(Q)가 높은 주파수 대역에서 사용 가능하여 TV, 모니터, 비디오, 오디오 등 민생용 정보통신기기, 사무기기, 계측제어기기 등에 사용된다.

 **세라믹 커패시터의 용량 판별법**

커패시터의 용량을 표시하는 방법은 저항의 판별법과 비슷하나 색깔에 의한 표시법이 아니라 수치에 의한 표시를 하는 것만 차이가 있다.
일반적으로 세라믹 커패시터의 용량 표시에는 세 자리의 숫자로 표기하거나, 그대로 용량을 표기하기도 하며 100pF 이하의 커패시터는 용량을 그대로 표기한다. 그러므로 두 자리의 수로 표현되는 용량은 그대로 판독하면 된다. 예를 들어 22라고 표기되어 있다면 22pF를 나타내는 것이다.

 103K로 표기되어 있는 커패시터의 용량을 판독한다면

제1자리 수	제2자리 수	제3자리 수	문자	
용량을 표시		(승수)	허용오차	
1~9	0~9	$1=10^0$	B	± 0.1
			C	± 0.25
			D	± 0.5
		$10=10^1$	F	± 1
			G	± 2
			J	± 5
		$100=10^2$	K	± 10
			M	± 20
			N	± 30

제1자리 수	제2자리 수	제3자리 수	문자	
용량을 표시		(승수)	허용오차	
1~9	0~9	$1,000=10^3$	V	+20 −10
			X	+40 −10
		$10,000=10^4$	Z	+80 −20
			P	+100 −0

$10 \times 1,000 = 10,000$pF가 되며, 단위 환산하면 $0.01\mu F$가 되고 허용오차는 ±10%이다.

(3) 알루미늄 전해 커패시터(Aluminum Electrolytic Capacitors)

고순도 알루미늄박의 표면에 붕산계통의 전해액을 사용하여 양극산화 화성한 산화피막(Al_2O_3)을 유전체로 하고, 전해질로서 전해액을 사용하는 알루미늄 전해커패시터와 유기반도체나 전도성 고분자를 사용하는 고체형 전해 커패시터로 구분되며, 정전용량이 크기 때문에 에너지 축적능력이 크고 평활효과가 뛰어나고 전압범위 및 용량범위가 다양하며, 다른 커패시터에 비해 가격이 저렴하여 전원단의 평활 회로, 연결(Coupling) 및 바이패스 회로와 인버터 회로, 정류기, 충전기, 포토 플래시, 오디오 회로 등에 사용된다.

[전해 커패시터]

전해 커패시터는 알루미늄박의 표면에 전해 작용(화성)에 의해 얻어지는 매우 얇은 피막을 만들어 아래의 그림과 같이 (−)극으로 되는 알루미늄박과 대향시키고, 그 중간에 전해액을 먹인 거즈나 종이를 끼워 넣은 구조로 되어 있으며, 산화피막을 (+), 전해질의 종이를 (−)로 하여 사용하는 극성이 있는 커패시터이다.

전해 커패시터는 매우 얇은 산화 피막을 유전체로 하기 때문에 소형이고 대용량의 것이 얻어지지만, 화학 작용을 이용하고 있으므로, 사용시에는 산화피막을 만들 때 걸어준 직류 전압의 극성과 같은 방향의 전압을 걸어주어야 한다. 또한 무극성의 전해 커패시터는 전해질 종이의 전극을 화성에 의해 산화 피막을 만든 것으로 교류용으로 사용할 수 있다.

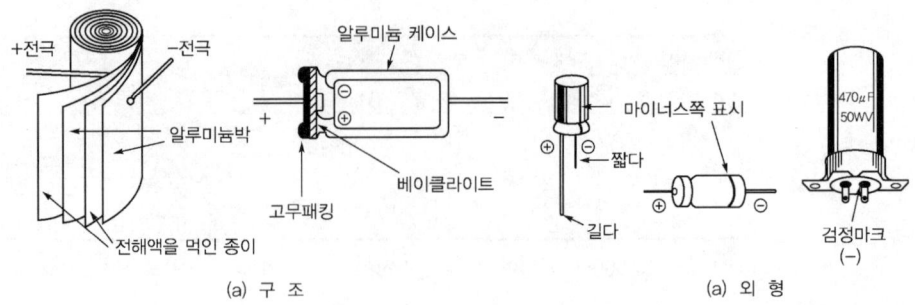

[전해 커패시터의 구조 및 외형에 따른 극성의 표시]

(4) 탄탈륨 커패시터(tantalum Capacitor)

탄탈륨 커패시터는 반도체 작용을 하는 탄탈금속의 산화물(Ta_2O_5) 유전체와 이산화망간(MnO_2)의 고체전해질을 이용하는 커패시터이다. 온도 특성과 주파수 특성이 전해 커패시터보다 우수하며 수명이 반영구적이기 때문에 일반전자기기, 이동통신단말기 및 유무선 전화기, 통신기기, DC-DC 변환부, AC-DC 변환부, 결합 회로(Coupling Circuit)와 고주파 회로 등에 광범위하게 사용된다. 탄탈 커패시터도 극성이 있으므로 절대로 극성을 잘못 접속해서는 안되며, 일반적으로 커패시터 자체에 +의 기호로 극성을 표시하고 있다.

탄탈 커패시터는 탄탈의 산화막을 유전체로 한 것으로 정격 전압은 비교적 낮지만 누설 전류가 매우 적고 소형으로 대용량의 것이 만들어 진다.

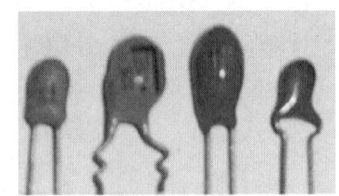

[탄탈 커패시터]

(5) 어레이(네트워크) 커패시터(Network Capacitor)

최근의 디지털 회로 등에는 동일한 커패시터값의 정전용량을 대량으로 사용하는 경우가 많은데, 그림과 같이 공통 접속되는 경우(공통형)와, 각각의 커패시터가 독립되어 있는 것 (독립형)과 다양한 형태의 네트워크(어레이) 커패시터가 있다.

 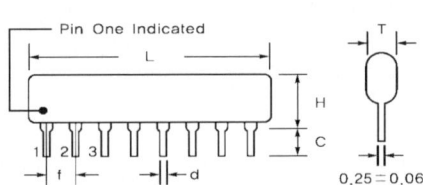

[네트워크 커패시터의 모양과 규칙]

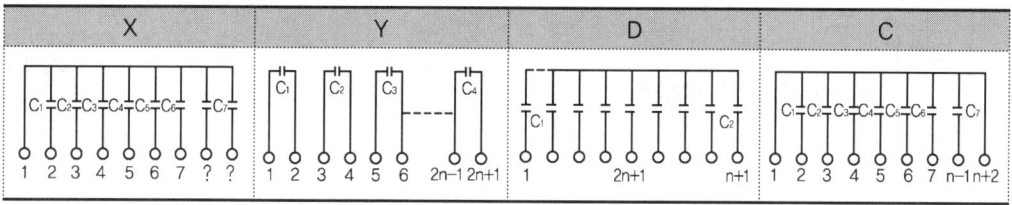

[어레이(네트워크) 커패시터의 내부구조 형태]

2 가변 커패시터

(1) 가변 커패시터(Variable Capacitor)

가변 커패시터는 서로 마주 보고 있는 고정판과 회전판이 2조로 이루어져 전극 판의 대향 면적을 바꿈으로써 정전용량을 연속적으로 변화시키는 커패시터로서 통상 바리콘이라고 한다. 바리콘은 송수신기나 발진기의 동조 회로 등에 사용되는데, 공기를 유전체로 하는 에어 바리콘과 양 전극 간의 틈에 폴리에틸렌을 넣은 폴리 바리콘이 실용되고 있다.

[가변 커패시터(바리콘)]

(2) 반고정 커패시터(트리머 : Trimmer)

전자통신기기에 사용되는 반고정 커패시터는 트리머라고도 하며 고주파 회로나 국부 발진회로의 동조 주파수의 미세 조정에 사용되는데, 유전체로서 마이카나 폴리스티롤 등을 사용한 트리머(TC)와 패딩 커패시터(PC)가 있으며 나사의 조임을 이용하여 커패시터의 용량을 바꿀 수 있다.

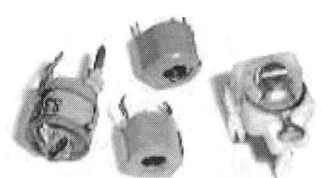

[반고정 커패시터]

용량 조정용 나사를 돌릴 때 보통 드라이버로 사용하면 드라이버의 금속에 의해 용량에 영향을 주기 때문에 조정용의 드라이버로 조정하여야 하며, 용량은 수 pF에서부터 수십 pF 정도이다.

2.3 스피커(Speaker)

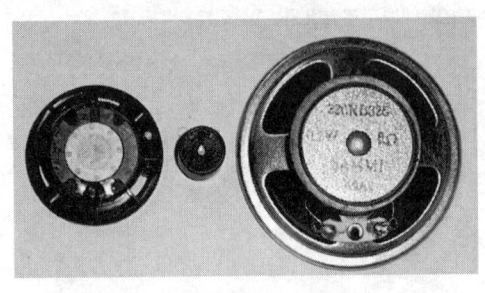
[스피커의 모양]

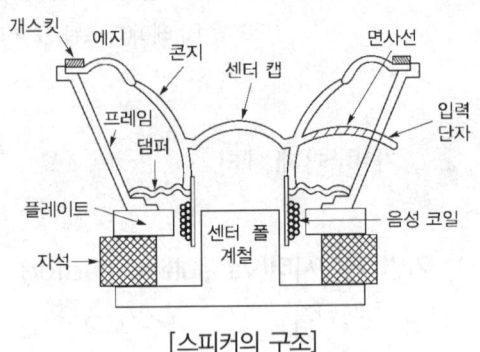
[스피커의 구조]

스피커는 음성 전압(전류)을 음성(음파)으로 만드는 것으로 다이내믹 스피커는 그림과 같이 영구 자석의 자극상에 자유롭게 움직일 수 있는 보이스 코일을 넣은 것이다. 이 코일에 음성 전류가 흐르면 그 주파수와 전류의 크기에 비례해서 코일이 전류로 움직이고, 이 코일 끝에 진동자가 붙어 있어 이것이 공기를 진동시켜 소리를 낸다. 또 고급의 하이파이(HiFi)용 스피커는 재생 주파수 영역에 따라 저음용(Woofer), 중음용(Squaker) 및 고음용(Twetter)이 분류되어 있으므로 접속 네트워크 등에 조립하여 사용된다.

2.4 스위치(Switch)

스위치는 그 종류가 많은데 한번 움직이면 ON 또는 OFF의 상태가 계속되는 토글 스위치나 슬라이드 스위치와 한번 움직이게 한 후 손을 떼면 원상태로 되돌아가는 푸시버튼 스위치 및 접속되는 회로의 전환에 사용되는 로터리 스위치 등이 있다.

1 토글(Toggle) 스위치

손잡이(knob)를 밀어 제치면 스위치 내의 스프링의 힘으로 가동 접점이 움직여서 ON, OFF가 된다. 접점은 2p(단극 단 투입)에서 6p(쌍극 쌍 투입)까지 있고, 전압 전류의 허용 용량은 케이스에 프린트되어 있다.

[토글 스위치]

2 슬라이드(Slide) 스위치

손잡이를 좌우(또는 상하)로 미끄러지게 하면 접점이 미끄러져서 접촉하거나 전환된다. 간단한 것은 3p(전환형)인데 접점을 부착한 판이 2 또는 3매로 되어 6p 또는 18p의 것이 있으며 특수한 용도(카세트 녹음기 등)에는 더 많은 핀이 있다.

TV, 비디오, 카세트기기, 측정기, 자동판매기, 악기, 사무기기 등에 사용된다.

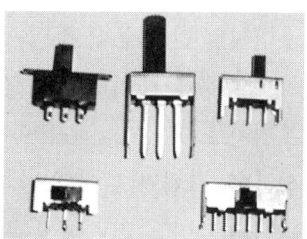

[슬라이드 스위치]

3 푸시버튼 (Push Button) 스위치

푸시버튼 스위치는 누르면 접점이 접촉하고 떼면 떨어지거나 결선 회로가 전환된다. 또 슬라이드 스위치에 푸시버튼 스위치를 조합시킨 것은 록(lock)식으로 되어 한번 누른 손을 떼어도 되돌아가지 않고 다시 한번 누르면 되돌아가게 되어 있다.

[다양한 푸시버튼 스위치]

음향기기, TV, VCR 등 가전용, 산업용 전자기기의 절환 스위치로 폭넓게 사용되고, 특히 택트(Tact) 스위치는 전자화에 대응하는 각종 오디오기기, 사무기기, 통신기기, 계측기, TV, VCR 등의 조작용 스위치로 사용된다.

로터리(Rotary) 스위치

로터리 스위치는 일명 셀렉터 스위치라고도 하며 접점이 절연판(고정판)에 부착되어 있고 회전축을 돌리면 회전판(접점)이 고정판의 접점이 접촉되는 구조이다. 접점의 수가 많으므로 스테레오 장치의 입력 소스 선택 스위치 등에 사용된다.

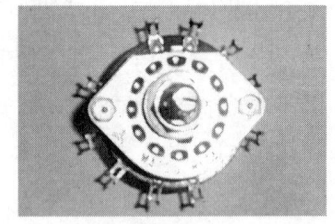

[로터리 스위치]

DIP(Dual Inline Package) 스위치

디지털 및 컴퓨터 등의 회로에서 다수의 스위치를 이용한 데이터를 설정할 때 많이 사용되는 스위치로 DIP(Dual Inline Package) 형태로 구성하며, 그림과 같이 일반적인 형태는 슬라이드 방식과 피아노 건반과 같은 푸시 방식을 사용한다.

[딥 스위치의 구조와 종류]

2.5 D-Sub용 커넥터(Connector)

EIA-RS232C 인터페이스는 미국의 EIA(Electronic Industries Association)에 의해 규격화된 것으로, 전기적 특성, 기계적 특성, 인터페이스 회로의 기능 등을 규정하고 있다. 이들 규격은 2개의 송수신 신호선과 5개의 제어선, 그리고 3개의 어스선이 필요하며, 이때 사용하는 커넥터가 D-Sub용 DB-9 커넥터(암, 수)이다.

D-Sub용 케이블 연결용 커넥터(암, 수)

수(♂) 커넥터와 암(♀) 커넥터 사이를 케이블을 통한 결선을 하고자 할 때 사용하는 D-Sub용 커넥터이다.

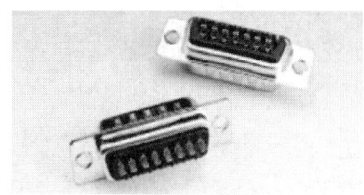

[케이블 연결용 D-Sub 커넥터]

2 D-Sub용 기판 고정용 커넥터(암, 수)

수(♂) 커넥터와 암(우) 커넥터 사이를 케이블을 통하여 결선된 케이블을 PCB에 연결(납땜)하고자 할 때 사용하는 D-Sub용 커넥터이다.

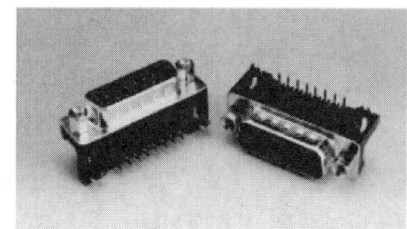

[기판 고정용 D-Sub 커넥터]

3 DB-9 RS232 커넥터의 연결

RS232C 인터페이스 규격은 본래 데이터 단말장치와 모뎀(Modulator DEModulator : 변·복조기)을 접속하기 위한 것으로, 이 경우 캐리어 수신의 확인 등 송신측과 수신측이 모뎀의 상태를 1 대 1로 대응시켜서 접속하여야 한다. 통상, 퍼스널 컴퓨터 등에서는 RS232C의 규격의 일부를 사용하여 그 접속을 간략화하고 있다. 그러나 모뎀에 접속하는 경우에는 (DTE와 DCE의 접속) 접속방법이 다르므로 주의하여야 한다.

컴퓨터 간(DTE와 DTE 간)의 통신에서는 모든 제어선을 사용하지 않아도 최소 3개의 송신 데이터선(SD), 수신 데이터선(RD) 및 시그널 그라운드선(SG)이 있으면 통신이 가능하다.

핀 번호		핀 번호	
1	TXD-Transmit Data	6	DTR-Data Terminal Ready
2	RXD-Receive Data	7	DSR-Data Set Ready
3	RTS-Ready To Send	8	DCD-Data Carrier Detect
4	DTR-Data Terminal Ready	9	RI-Ring Indicator
5	Signal Ground		

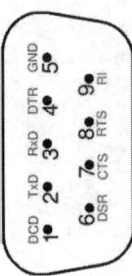

 신호선에 대한 설명

(1) TXD-Transmit Data : 비동기식 직렬통신장치가 외부장치로 정보를 보낼 때 직렬통신 데이터가 나오는 신호선이다.

(2) RXD-Receive Data : 외부장치에서 들어오는 직렬통신 데이터를 입력받는 신호선이다.

(3) RTS-Ready To Send : 컴퓨터와 같은 DTE 장치가 모뎀 또는 프린터와 같은 DCE 장치에게 데이터를 받을 준비가 되었음을 나타내는 신호선이다.

(4) CTS-Clear To Send : 모뎀 또는 프린터와 같은 DCE 장치가 컴퓨터와 같은 DTE 장치에게 데이터를 받을 준비가 되었음을 나타내는 신호선이다.

(5) DTR-Data Terminal Ready : 컴퓨터 또는 터미널이 모뎀에게 자신이 송수신 가능한 상태임을 알리는 신호선이며 일반적으로 컴퓨터 등이 전원 인가 후 통신 포트를 초기화한 후 이 신호를 출력시킨다.

(6) DSR-Data Set Ready : 모뎀이 컴퓨터 또는 터미널에게 자신이 송수신 가능한 상태임을 알려주는 신호선이며 일반적으로 모뎀에 전원 인가 후 모뎀이 자신의 상태를 파악한 후 이상이 없을 때 이 신호를 출력시킨다.

(7) DCD-Data Carrier Detect : 모뎀이 상대편 모뎀과 전화선 등을 통해서 접속이 완료되었을 때 상대편 모뎀이 캐리어 신호를 보내오며 이 신호를 검출하였음을 컴퓨터 또는 터미널에 알려주는 신호선이다.

(8) RI-Ring Indicator : 상대편 모뎀이 통신을 하기 위해서 먼저 전화를 걸어오면 전화벨이 울리게 된다. 이때 이 신호를 모뎀이 인식하여 컴퓨터 또는 터미널에 알려주는 신호선이며 일반적으로 컴퓨터가 이 신호를 받게 되면 전화벨 신호에 응답하는 프로그램을 인터럽트 등을 통해서 호출하게 된다.

2.6 릴레이(Relay)

전자계전기(Relay)는 코일에 전류가 흐르면 전기의 자기 작용의 의해 코일이 여자되어 접점이 이동하는 장치로 전기적으로 독립된 회로를 연동시킬 수 있어 전기, 전자분야의 회로가 디지털 집적회로로 구성되기 이전엔 많이 사용하였으나, 현재는 제한적으로 사용되고 있다. 릴레이는 기계적인 접점의 개폐로 인한 유효 사용 횟수나 부정확성 및 일반적으로 고속 동작은 할 수 없는 등의 특징을 갖고 있으며, 보통 엘리베이터, 공압 장치 등과 같은 분야에 많이 사용되며, 릴레이는 다양한 용도에 따른 여러 종류가 있으며, 코일에 가하는 전압(구동전압), 접점용량 등에 따라, 적절한 것을 선택할 필요가 있다.

[여러 종류의 릴레이 모습]

1 릴레이(Relay) 동작 원리

릴레이는 자기장을 발생하는 코어 및 요크, 아마추어 공간과 접점 및 복귀 스프링 등으로 구성되며, 릴레이의 코일 양 단자에 전압이나 전류를 인가하면, 자기장의 생성으로 아마추어가 코어로 이동하여 상시폐로형 접점(b접점 : NC)을 개방하거나 상시개로형 접점(a접점 : NO)을 단락하게 하며, 코일 양단에 인가된 전압 및 전류가 동작전압 이하로 낮아지면, 기계적인 복귀력(스프링의 힘)이 전자기적 흡입력보다 커지게 되어 아마추어가 원상태로 돌아오며 접점은 초기상태로 돌아온다.

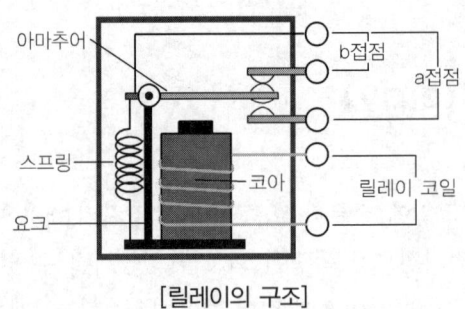

[릴레이의 구조]

2 동작원리에 따른 분류

릴레이는 동작원리, 크기, 보호특징, 접점부하, 제품 적용 등에 따라 분류하며, 동작원리에 따른 릴레이는 전자기 릴레이, 솔리드스테이트 릴레이, 타임 릴레이, 온도 릴레이, 속도 릴레이, 풍속 릴레이 등으로 분류한다.

(1) 전자기 릴레이

입력부의 전류적인 영향으로 그 내부의 기계적인 부품들이 움직여서 출력을 만들어내는 것을 전자기 릴레이라 하며, DC 릴레이, AC 릴레이, 마그네틱-래칭 릴레이 등이 있다.

① DC 릴레이 : 코일에 직류(DC)를 인가하여 동작하는 릴레이를 말한다.

② AC 릴레이 : 코일에 교류(AC)를 인가하여 동작하는 릴레이를 말한다.

③ 마그네틱 – 래칭 릴레이 : 릴레이의 코일에 전류를 공급 후 차단하여도 내부의 전자석 때문에 아마추어가 움직이지 않고, 처음의 전류가 인가된 상태를 유지하고 있는 릴레이를 말한다.

④ 유극성 릴레이 : 입력신호의 극성에 따라 출력의 상태를 바꾸는 릴레이를 말한다.

⑤ Reed 릴레이 : 전자관 내부의 구성된 reed의 동작에 따라 접점 reed와 아마추어 전자석이 전류의 도통과 차단, 또는 회로를 개폐하는 릴레이를 말한다.

(2) Solid-state 릴레이

릴레이의 입출력 기능이 어떤 기계적인 움직임이 없이 오로지 전자적 요소로만 수행되는 릴레이을 말한다.

(3) Time 릴레이

입력신호가 공급되거나 차단되었을 때 출력신호가 지연되거나 일정시간 경과 후에 회로의 동작 상태를 결정하는 릴레이를 말한다.

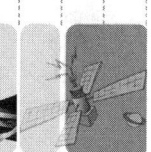

(4) 기타 릴레이
그 밖의 다른 용도의 릴레이 종류에는 온도, 속도 등의 릴레이가 있다.

 릴레이의 전기적인 기술사항

(1) 정격 제어용량 : 접점의 성능을 정하는 기준이 되는 값이고 접점전압과 접점전류조합으로 표현
(2) 접점 최대허용전류 : 접점개폐전류의 최댓값
(3) 접점 최대허용전압 : 점점개폐전압의 최댓값
(4) 접점 최대허용전력 : 아무런 지장 없이 개폐할 수 있는 최댓값으로, 사용할 때에는 이 값을 넘지 않도록 주의한다.
(5) 접점 통전전류 : 접점을 닫은 채로 릴레이의 접점단자, 또는 기타 부분의 온도 상승한계를 넘는 일 없이 연속으로 개폐부에 통전할 수 있는 전류

접점기호	내 용	약 호
SPST(NO)	단극단투상시개로(單極單投常侍開路)	1A
SPST(NC)	단극단투상시폐로(單極單投常侍閉路)	1B
SPDT	단극쌍투(單極雙投)	1C(1A 1B)
DPDT	쌍극쌍투(雙極雙投)	2C(2A 2B)

(6) 코일정격전압 : 릴레이를 통상 사용하기 위한 코일에 가하는 기준이 되는 전압
(7) 동작전압 : 복귀상태의 릴레이에 전압을 증가시켜 릴레이가 동작상태가 될 때의 전압치
(8) 복귀전압 : 동작상태의 릴레이에 전압을 감소시켜 릴레이가 복귀상태가 될 때의 전압치
(9) 최대연속인가전압 : 코일에 인가할 수 있는 조작 허용 범위 전압의 최대치

(10) 정격여자전류 : 코일에 코일 정격전압을 인가했을 때에 흐르는 전류치

(11) 정격소비전력 : 코일에 코일 정격전압을 인하했을 때에 소비되는 전력치

2.7 수정발진기(Crystal Oscillator)

수정 결정체에 물리적 압력을 가하면 유전분극이 발생하여 압력에 비례하는 전하가 나타나는 압전 현상을 이용한 수정진동자를 발진주파수 소자와 결합한 형태의 제품으로 안정도가 높은 발진주파수(신호)를 발생시키는 능동소자로서, 수정이 온도 및 주변 환경의 영향에 매우 안정적이기 때문에 안정적인 신호출력을 요하는 곳에는 다른 발진기보다 많이 사용되어지고 있다.

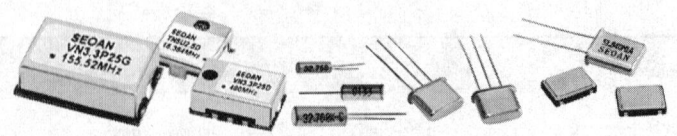

1 수정진동자의 구성 요소

수정진동자는 크게 수정편(Quartz Blank), 전극(Electrodes), 지지계(Base)의 세 가지로 구성되며, 전극형성 물질로는 은(Ag)을 가장 많이 사용하며, 제품에 따라서는 금(Au), 알루미늄(Al), 크롬(Cr), 니켈(Ni) 또는 두 가지 이상의 혼합 층도 사용되고 있다.

수정발진회로는 주파수를 발생시키는 수정편과 Rf(Feedback Resistor), 증폭소자와 커패시터로 결합된 회로로 구성된다.

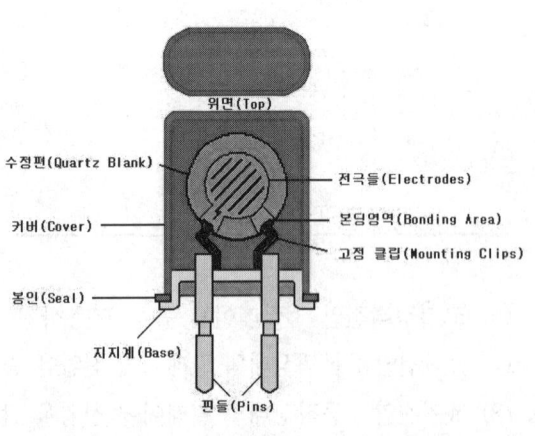

[크리스털 진동자의 구조]

2 크리스털 진동자의 분류

(1) 수정진동자(Crystal Unit)

크리스털(Crystal) 진동자는 수정편 자체로 발진이 이루어지지 않는 수동발진소자로 미세한 주파수가 조정이 필요할 때는 커패시터 대신에 트리머(반고정 커패시터)를 사용하여 미세한 주파수 조정이 가능하고 저렴한 반면에 발진회로가 필요한 소자로서 텔레비전, 컴퓨터, 마이크로프로세서, 무선전화기, 시계, 장난감, 오디오 시스템 등을 비롯한 모든 가전제품, 각종 통신기기 및 전자기기에서 주파수 제어환경에 필수 부품으로 주변온도 및 환경 변화, 장기간 사용 등의 경우에도 매우 안정되고 정밀한 주파수를 공급하는 기능을 갖는다.

(2) 수정발진기(Crystal Oscillators)

오실레이터(Oscillator)는 수정진동자와 IC 및 기타 회로로 구성한 발진회로를 내장하여 전원만 공급하면 발진이 되도록 만든 능동발진소자로 소형이면서도 주변회로가 필요 없고 주파수를 조정할 필요가 없어 편리하고 외부 환경 변화에 대해서도 안정된 주파수를 얻을 수 있는 반면에 가격이 다소 높으나 가격이 높더라도 신뢰성을 요하거나, 수십 MHz 이상의 발진 주파수가 필요한 전자제품, 통신기기 및 OA기기, 특히 컴퓨터 등의 클록 발생용으로 사용된다.

1) 전압제어형 수정발진자(VCXO : Voltage Controlled X-tal Oscillators)

Oscillator와 같이 발진회로를 내장하고 있으며, 가변 제어되는 전압의 변화에 따라 주파수가 허용 규격치 사양을 만족할 수 있도록 하는 발진소자로 전압을 제어함으로써 출력되는 주파수가 변한다는 차이점을 가지고 있다. 전압제어형 수정발진자(VCXO)는 디지털 음성영상문자서비스 시스템(ISDN), 전화선을 이용한 고속 데이터통신시스템(ADSL), 휴대용 또는 차량용 이동통신 시스템, 기지국외 가전통신 제품 등에 사용된다.

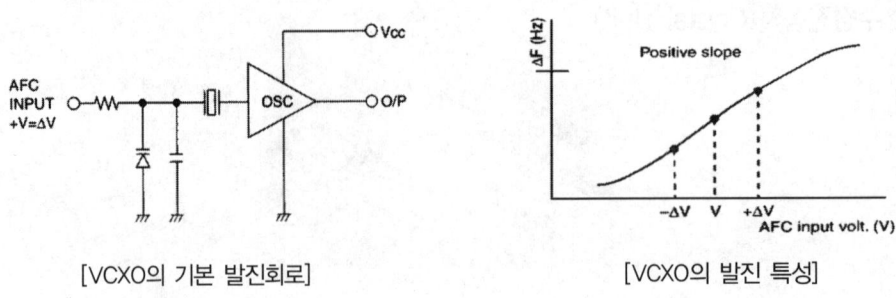

[VCXO의 기본 발진회로]   [VCXO의 발진 특성]

2) 온도보상형 수정발진기(TCXO : Temperature Compensated X-tal Oscillator)

온도 보상회로를 추가 구성하여 온도에 대한 주파수 안정도가 우수하며 주파수 안정도를 사용온도 범위 내에서 사용가능한 발진소자로 휴대용 또는 차량용 이동통신 시스템, 기지국, 정밀계측기 등에 사용한다.

① 간접 온도 보상형 수정발진기(Non-Directed Temperature Compensated X-tal Oscillator)

온도 변화에 대하여 가변용량 다이오드(Varactor Diode)를 사용하여 간접적으로 수정발진기에 영향을 주어 온도 보상을 하는 발진소자로 품질이 우수하고, 안정도가 매우 높은 장점에 비하여 고가에 크기가 크고, 소비전류가 큰 단점이 있다.

② 직접 온도 보상형 수정발진기(Directed Temperature Compensated X-tal Oscillator)

온도 변화에 대하여 직접적으로 수정발진기에 영향을 주어 온도 보상을 하는 발진소자로 크기와 소비전류가 작고, 저가인 특징이 있으며, 안정도가 간접온도 보상형 보다 다소 떨어진다.

③ 디지털 온도제어 수정발진기(Digital Temperature Controlled X-tal Oscillator)

TCXO와 유사한 기능을 가지고 있으나 차이점은 발진회로에 내장되는 수정의 온도 특성을 수치화하여 메모리 IC에 기록한 후 온도가 변화될 때마다 메모리에서 이에 상응하는 수치를 출력하여 보상해주는 방식이며, TCXO보다도 더욱 출력 주파수 오차가 낮다.

3) 항온조정형 수정발진기(OCXO : Oven Controlled X-tal Oscillator)

수정이 온도에 민감하게 변화하는 특성을 역이용한 것으로 Oven을 사용하여 수정 주변의 온도를 일정하게 유지시켜 오차가 발생하지 않도록 해주는 방식이며, 수정 응용 제품 중에서 가장 정밀도가 높지만 부피가 크고 위에서 열거한 제품들이 일반적으로 3.3V 또는 5V의 단일 전원을 사용하는데 비하여 12V, 24V, 30V 등 다양한 전원을 사용하고 있어 개일 휴대통신보다는 Repeator(중계기) 등이나, 위성통신 등에 주로 사용된다. 활용분야 전자기기의 디지털화를 실현시킨 것은 수정 부품이라고 해도 과언이 아닐 정도로 전자기기의 모든 분야에 걸쳐 사용되어지고 있다.

(3) 수정필터(MCF : Monolithic Crystal Filter)

수정필터란 일정 대역폭을 가짐으로써 원하는 주파수만을 통과시켜주는, 즉 크리스털을 소재로 하여 여과기 역할을 하여 주는 필터를 말하며, 수정진동자를 응용한 제품으로 하나의 수정편에 두 개의 전극을 만들어 두 개의 대칭된 주파수를 형성하게 함으로써
여러 개의 주파수를 분리하여 필요한 주파수만 선택적으로 통과시키고 원하지 않는 주파수는 저지시켜 통신기기의 혼선과 잡음을 없애고 송수신 강도를 높이는 기능을 가진다.

보편적으로 보급된 휴대용 개인전화가 작아지면서도 깨끗한 통화품질을 가질 수 있는 것은 이러한 수정필터의 덕분이라 할 수 있다. 수정필터는 무선통신, 인공위성, 페이저[삐삐], 어군탐지기, 무선전화기 등의 각종 통신기기 및 전자기기에 사용되어지고 있다.

- 통과대역(Passband Width) 필터링하고자 하는 주파수의 최소한계대역으로, 특성 파형의 최고치에서 -3dB 지점을 측정한 값을 말한다.
- 차단대역(Stopband Width) 필터링하고자 하는 주파수의 최대한계대역으로, 통상적으로 -18dB 지점, -20dB을 주로 사용한다.

3 수정발진기(크리스털)의 특성 기본 용어

(1) 주파수 안정도(Frequency Stability) : 온도, 전압, 출력 부하 등의 변화에 따른 중심 주파수로부터의 편차(단위 : ppm)

(2) 동작온도 범위(Operating Temperature Range) : 발진기(OSC) 제품이 사용되는 설정의 환경적인 온도 범위에서 주파수와 출력파형 특성이 안정적으로 동작하는 범위(단위 : ℃)

(3) 상승시간(Rise Time : Tr) : 출력파형이 로우 레벨에서 하이 레벨까지 걸리는 시간을 말한다. 즉, 10%에서 90%까지 상승하는데 걸리는 시간(단위 : ns)

(4) 하강시간(Fall Time : Tf) : 출력파형이 하이 레벨에서 로우 레벨까지 걸리는 시간을 말한다. 즉, 90%에서 10%까지 하강하는데 걸리는 시간(단위 : ns)

(5) 파형대칭비(Duty Cycle, Symmetry) : 파형의 1주기에서 기준 레벨(TTL : 1.4V, CMOS : 0.4V[dd])에서 파형의 시간 간격의 비율(%)

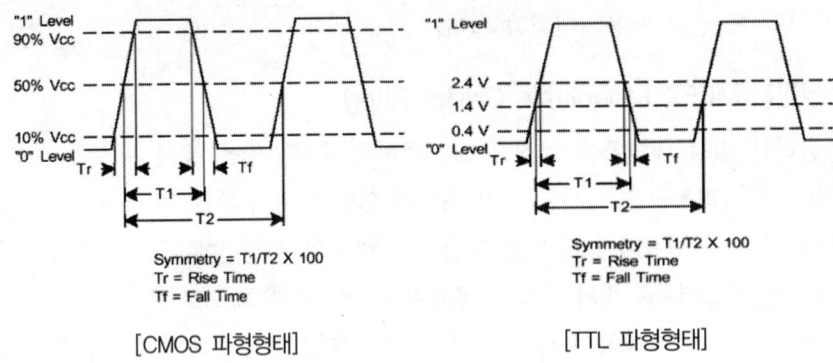

[CMOS 파형형태]   [TTL 파형형태]

(6) 소비전류(Input Current) : OSC 제품이 측정회로 지그에 탑재되어 동작될 때 걸리는 소모되는 전류량(단위 : mA)

(7) 트라이 스테이트 기능(Standby Function, E/D, Tri-state) : 오실레이터의 옵션 기능으로서 외부의 작용에 의해 발진 중 일시적으로 동작을 멈추게 하는 기능

(8) 스타트 타임 : 전압의 인가에 따라 연속 파형이 최종 파형의 90%가 될 때까지의 시간 (단위 : ms)

3. 반도체 소자

3.1 다이오드(Diode)

1 PN 접합

P형 반도체와 N형 반도체를 접합하고 전압을 가하면 N형 반도체의 전자는 P형 반도체 쪽으로, P형 반도체의 정공은 N형 반도체 쪽으로 이동하게 되어 N형 반도체의 에너지 준위는 P형 반도체 에너지 준위 eV만큼 높아지므로, 에너지 장벽이 낮아져 N형 반도체의 전자는 이를 뛰어넘어 확산한다.

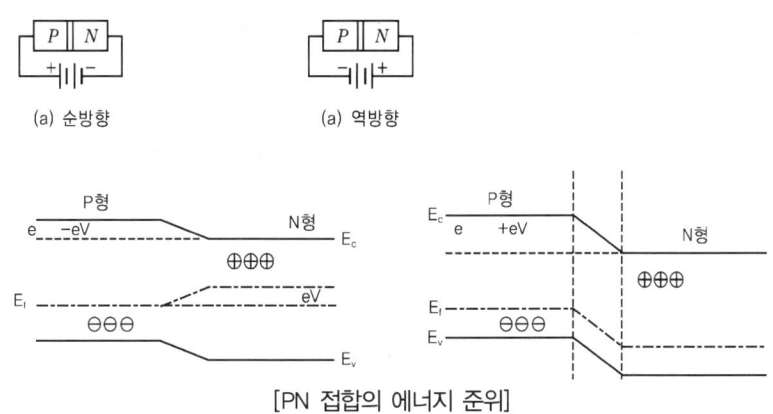

[PN 접합의 에너지 준위]

P형에 −전압을 N형에 +전압을 가하면 페르미 준위는 P형 반도체보다 N형 반도체가 eV만큼 낮아져, 에너지 장벽은 더욱 높아져 캐리어 이동은 거의 없어 전류가 흐르지 않게 된다.

2 다이오드(Diode)

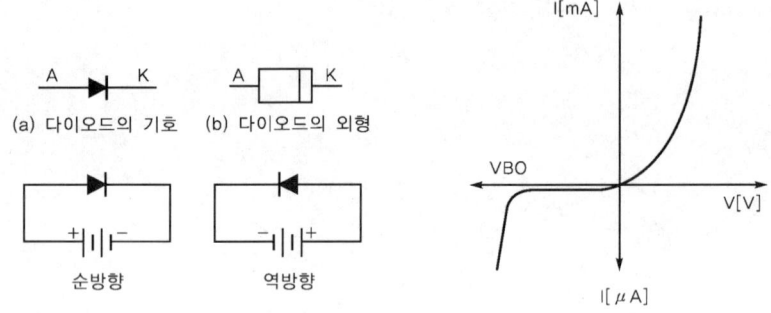

[다이오드의 기호와 외형 및 전류곡선]

(1) 다이오드는 전압을 가하는 방법에 따라 어느 한 방향(순방향)으로는 전류가 많이 흐르고, 반대방향(역방향)으로는 전류가 흐르지 않는다.

(2) 항복전압(Breakdown Voltage) : 역방향 전압을 점점 크게 가하면 급격히 전류가 흐르는데 이때의 전압을 항복전압이라 한다.

(3) 다이오드의 용도는 정류, 검파, 발진, 증폭, 전압안정용 등이다.

(4) 다이오드의 분류

① 검파 다이오드(점 접촉형 다이오드)

N형 게르마늄(Ge)의 작은 조각에 텅스텐선 또는 백금합선의 탐침을 점 접촉시켜 만든 소자로서, 고주파를 차단하고 저주파를 통과시키는 검파용에 주로 사용된다.

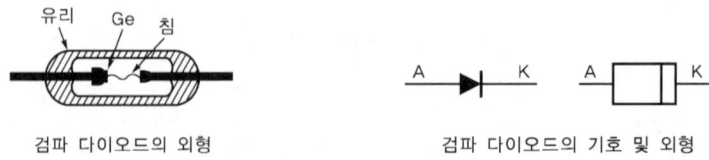

② 정류 다이오드

전류를 한 방향(순방향)으로 흐르는 성질을 이용하여, 교류(AC)를 직류(DC)로 바꾸는 정류의 용도로 사용된다.

Reference 다이오드의 극성 판별 측정

① 회로시험기의 레인지를 R×10의 위치에 놓고, 적색 리드봉을 캐소드에 흑색 리드봉을 애노드에 접촉하면 순방향이 되어 다음의 그림 (a)와 같이 저항을 지시하게 된다.
② 회로시험기의 레인지를 R×10의 위치에 놓고, 적색 리드봉을 애노드에 흑색 리드봉을 캐소드에 접촉하면 역방향이 되어 아래의 그림 (b)와 같이 무한대를 지시하게 된다.

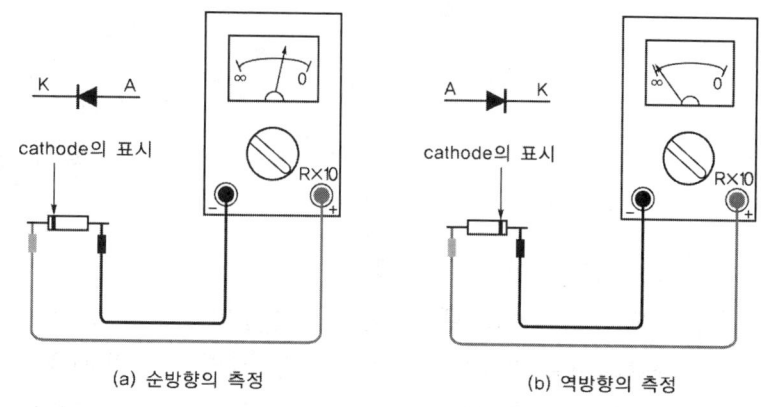

(a) 순방향의 측정   (b) 역방향의 측정

③ 제너 다이오드(정전압 다이오드)

전압이 어떤 값에 도달했을 때 캐리어가 급증하여 역방향으로 큰 전류가 흐르는 효과를 이용하여, 전압을 일정하게 유지하기 위한 전압제어소자로 정전압 회로에 이용된다.

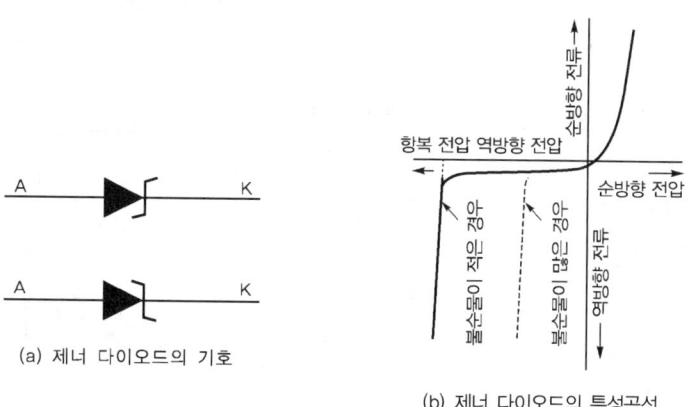

(a) 제너 다이오드의 기호

(b) 제너 다이오드의 특성곡선

④ 터널 다이오드(에사키 다이오드)

불순물의 농도를 매우 크게 하여 전압이 낮은 범위에서는 전류가 증가하고, 어떤 전압 이상이 되면 전류가 감소하는 부성 저항 특성을 갖도록 한 소자로서, 마이크로파 대의 발진이나 전자계산기 등의 고속 스위칭 회로에 사용된다.

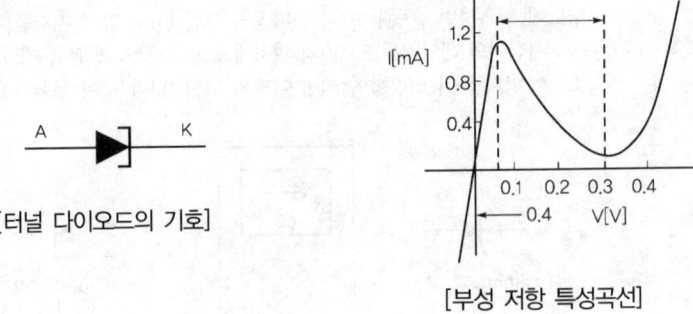

[터널 다이오드의 기호]

[부성 저항 특성곡선]

⑤ 가변용량 다이오드(바리캡)

PN 접합 다이오드에 역방향 전압을 걸면 전자와 정공은 각기 접합부에서 멀어지고, 접합부에는 전자와 정공의 작은 절연영역(즉 공핍층)을 경계로 하는 정전용량이 생성되고, 이 정전용량을 이용하는 소자로, 가해지는 전압에 따라 정전용량이 변하는 다이오드이다. 가변용량 다이오드는 자동주파수제어(AFC) 회로나 TV 수상기의 무접점 튜너의 동조 회로 등에 사용된다.

[가변용량 다이오드의 기호]   [발광 다이오드의 기호]

⑥ 발광 다이오드(Light Emitting Diode : LED)

순방향 전압이 인가되면 PN 접합의 N형 반도체 내의 전자가 PN 접합층으로 이동하고 P형 반도체 내의 정공이 PN 접합층으로 이동하여 전자와 정공이 재결합을 하면서 빛을 발산하도록 하는 소자이며, LED의 빛은 결정과 반도체 불순물에 따라 결정되고 적색, 녹색, 황색, 백색이 이용되고 있다.

LED로부터 나오는 빛의 영역은 적색(Red : 630~700nm)으로부터 Blue-Violet(400nm)

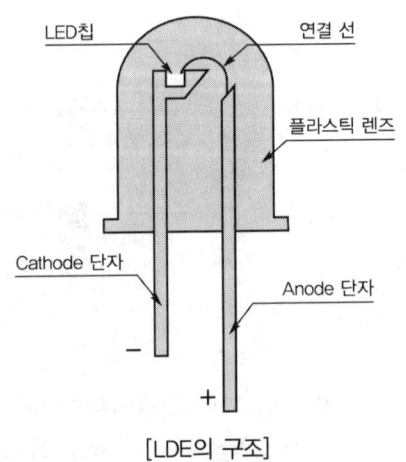

[LDE의 구조]

까지로 Blue, Green 및 White까지도 포함하며, LED는 백열전구와 같은 기존 광원에 비해 저전력, 고효율, 고수명, 고신뢰성의 장점을 갖는 소자로 전광판, 전자기기, 자동차, 신호등 및 사인 등에 널리 사용되고 있다.

Reference 발광 다이오드(LED)의 극성 판별

① 회로시험기의 레인지를 R×10의 위치에 놓고, 적색 리드봉을 캐소드에 흑색 리드봉을 애노드에 접촉하면 순방향이 되어 그림 (a)와 같이 저항을 지시하게 되며, LED는 점등된다.
② 회로시험기의 레인지를 R×10의 위치에 놓고, 적색 리드봉을 애노드에 흑색 리드봉을 캐소드에 접촉하면 역방향이 되어 그림 (b)와 같이 무한대를 지시하게 되며, LED는 소등된다.

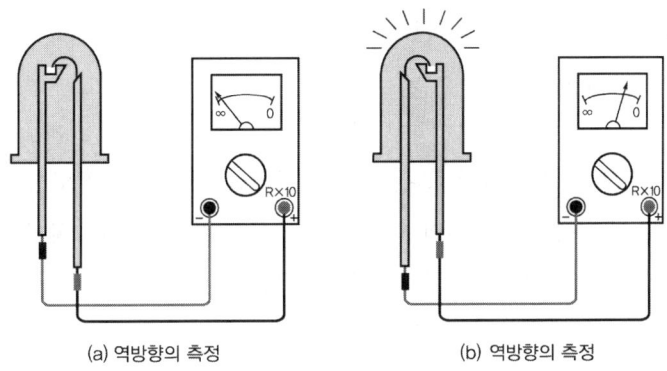

(a) 역방향의 측정   (b) 역방향의 측정

⑦ 포토 다이오드(Photo Diode)

규소의 PN 접합을 이용하여 빛의 입사를 광전류로 검출하는 소자로서, 빛을 강하게 하면 저항값이 감소하고 전류는 증가하며, 빛이 약하면 저항값이 증가하고 전류는 감소하는 동작을 하는 소자로 계수 회로 등에 사용한다.

[포토 다이오드의 기호]

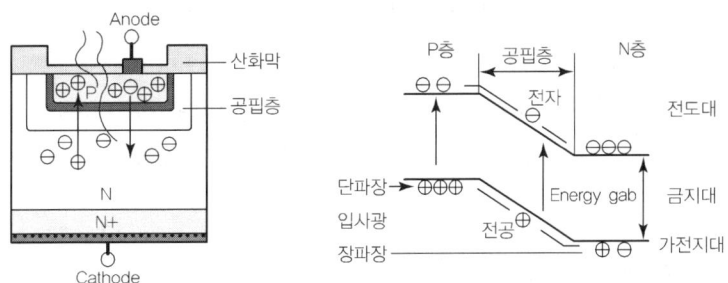

[포토 다이오드의 구조]

포토 다이오드에 빛이 조사되면 실리콘 결정속의 전자가 여기되고, 그 에너지가 실리콘의 밴드갭(Eg)보다 크면 전자는 전도대로 올라간다. 포토 다이오드에 조사되는 빛의 강도를 증가시키면 빛의 강도에 비례하여 다이오드의 광전류가 다이오드의 역방향으로 흐른다.

3.2 트랜지스터(Transistor)

1 트랜지스터의 구조

(1) 트랜지스터는 3층으로 된 반도체 소자로 NPN형과 PNP형으로 구분한다.
(2) 2층의 N형 층과 1층의 P형 층으로 구성된 것을 NPN형이라 하고, 2층의 P형 층과 1층의 N형 층으로 구성된 것을 PNP형이라 한다.

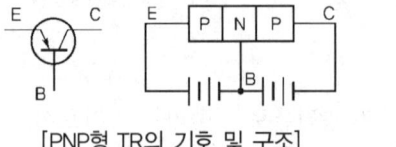

[PNP형 TR의 기호 및 구조]

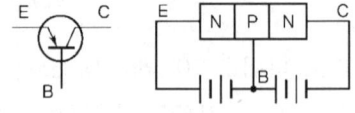

[NPN형 TR의 기호 및 구조]

2 트랜지스터의 동작

(1) npn형 트랜지스터의 동작

① 이미터(E)와 베이스(B) 사이의 순방향 전압 V_{be}에 의해 이미터(E)의 전자가 베이스(B)로 이동한다.
② 컬렉터(C)와 베이스(B) 사이의 역방향 전압 V_{cb}에 의해 이미터(E)에서 베이스(B) 쪽으로 이동하던 전자의 대부분이 컬렉터(C) 쪽의 높은 전압에 끌려서 전류가 흐르게 된다.

(2) pnp형 트랜지스터의 동작

① 이미터(E)와 베이스(B) 사이의 순방향 전압 V_{be}에 의해 이미터(E)의 정공이 베이스

(B)로 이동한다.

② 컬렉터(C)와 베이스(B) 사이의 역방향 전압 V_{cb}에 의해 이미터(E)에서 베이스(B) 쪽으로 이동하던 정공의 대부분이 컬렉터(C)쪽의 높은 전압에 끌려서 전류가 흐르게 된다.

[NPN TR의 동작]   [PNP TR의 동작]

(3) 트랜지스터 동작의 전원 관계

	이미터(E)-베이스(B)	이미터(E)-컬렉터(C)
NPN형	역방향 전원	순방향 전원
PNP형		

(4) 트랜지스터의 전류증폭률

① 트랜지스터에서의 전류 관계(키르히호프의 법칙에 의해)

$$I_e = I_c + I_b$$

② 이미터(E)와 컬렉터(C) 사이의 전류증폭률(베이스 접지 전류증폭률)

$$\alpha = \frac{\Delta I_c}{\Delta I_E}(V_{CB}\ \text{일정})$$

③ 베이스(B)와 컬렉터(C) 사이의 전류증폭률(이미터 접지 전류증폭률)

$$\beta = \frac{\Delta I_c}{\Delta I_B}(V_{CB}\ \text{일정})$$

④ α와 β 사이의 관계 : $\alpha = \dfrac{\beta}{1+\beta}$, $\beta = \dfrac{\alpha}{1-\alpha}$

⑤ $0 \leq \alpha \leq 1$로서 α의 값이 되도록 1에 가까운 것이 이상적이다. 실제 α의 값은 0.98~0.997 정도이고, β는 20~100 정도이다.

3 트랜지스터의 명칭

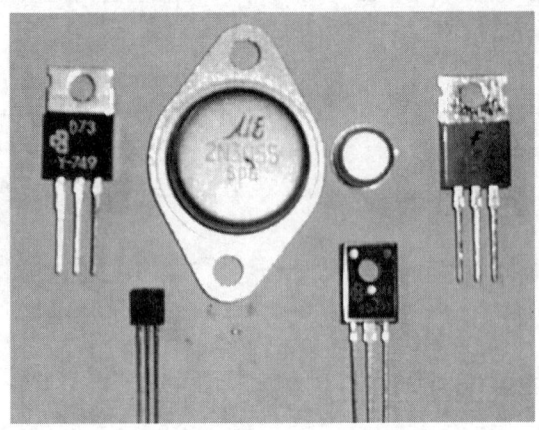

[다양한 형태의 트랜지스터의 모양]

(1) 트랜지스터의 명칭

반도체 소자의 종류를 표시	반도체를 표시 (Semiconductor)	용도를 표시	제품 등록순서를 표시	개량형을 표시 (h_{fe})
2	S	C	1815	Y

- 0 : 포토 트랜지스터
- 1 : 다이오드
- 2 : 트랜지스터
- 3 : 2게이트 FET

- A : PNP형 고주파용
- B : PNP형 저주파용
- C : NPN형 고주파용
- D : NPN형 저주파용
- J : P채널 FET
- K : N채널 FET
- F : SCR(P 게이트)
- G : SCR(N 게이트)
- M : 트라이액(TRAIC)
- N : UJT

- O : 70~140
- Y : 120~240
- GR : 200~400
- BL : 350~700

(2) 트랜지스터의 전극 표시

PNP형 트랜지스터　　　NPN형 트랜지스터

 트랜지스터의 극성 판별 측정

① 베이스 전극을 찾는다.

　회로시험기를 R×100 또는 R×1000의 레인지로 맞추고 임의의 리드봉을 트랜지스터의 핀에 댄 다음 남은 회로시험기의 리드봉을 트랜지스터의 나머지 두 핀에 대어본다.
　이때 순방향을 지시하는 상태(저항값이 0[Ω] 부근의 작은 상태)에서 NPN형 트랜지스터이면 흑색 리드봉이 닿은 쪽이 베이스전극, PNP형이면 적색 리드봉이 닿은 핀이 베이스 전극이다.

② 컬렉터 전극을 찾는다.

　회로시험기를 R×10000 레인지로 하고 베이스를 제외한 나머지 두 핀의 저항값을 번갈아 측정하여 순방향 지시 상태로 했을 때 NPN형이면 적색 리드봉이 닿은 쪽이 컬렉터 전극이며, PNP형이면 흑색 리드봉이 닿은 핀이 컬렉터이다.

③ 위의 측정에서 남는 핀 전극이 이미터이다.

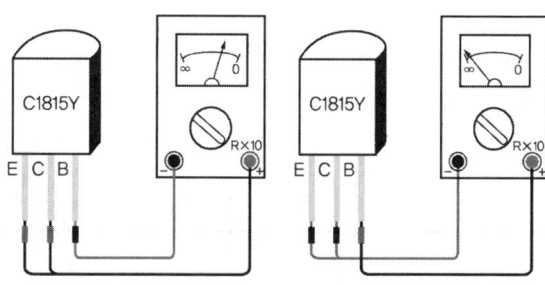

(a) NPN형에서의 베이스 찾기

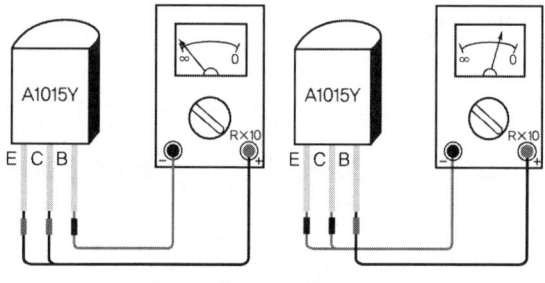

(b) PNP형에서의 베이스 찾기

3.3 FET(전계효과 트랜지스터 : Field Effect Transistor)

게이트에 역전압을 걸어주어 출력인 드레인 전류를 제어하는 전압제어 소자로서, 다수 캐리어인 자유전자나 정공 중 어느 하나에 의해서 전류의 흐름이 결정되므로 극성이 1개만 존재하는 단극성 트랜지스터(unipolar transistor)이다. 5극 진공관과 같은 특성을 지니며, 입력 임피던스가 매우 높다.

1 FET의 분류

제조방법에 따른 분류	접합형 전계효과 트랜지스터(Junction-FET)		N채널 J-FET
			P채널 J-FET
	금속산화물 전계효과 트랜지스터(Metal Oxide Semiconductor FET)	증가형(enhancement)	N채널 증가형 MOS-FET
			N채널 증가형 MOS-FET
		공핍형(depletion)	n채널 공핍형 MOS-FET
			P채널 공핍형 MOS-FET

2 FET의 특징

(1) 전자나 정공 중 하나의 반송자에 의해서만 동작하는 단극성 소자이다.
(2) 전압제어 소자로 다수 캐리어에 의해 동작하며, 게이트의 역전압에 의해 드레인 전류가 제어된다.
(3) 트랜지스터(BJT)에 비하여 입력 임피던스가 높아 전압 증폭기로 사용한다.
(4) 전력소비가 적고, 소형화에 유리하여 대규모 IC에 적합하다.

접합형 전계효과 트랜지스터(J-FET)

다수 캐리어는 채널을 통하여 흐르며, 이 전류는 게이트에 인가되는 전압에 의해 제어된다.

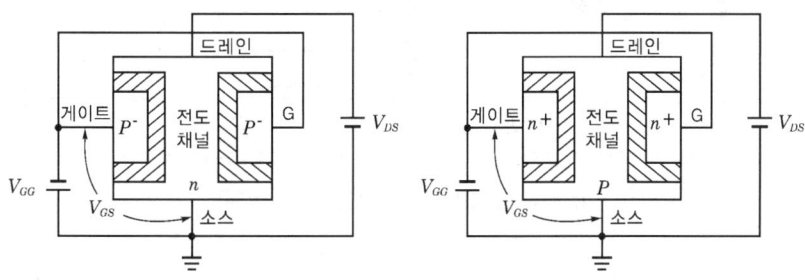

[접합형 FET의 구조]

(a) P채널 JFET의 기호   (b) N채널 JFET의 기호

[접합형 FET의 기호]

 금속산화물 전계효과 트랜지스터(MOS-FET)

(1) 증가형 금속산화물 전계효과 트랜지스터(Enhancement MOS FET)

게이트 전압이 0일 때 전도채널이 없다.

(a) P채널 JFET의 기호   (b) N채널 JFET의 기호

[EMOS FET의 기호]

① N채널 EMOS FET의 구조 및 특성

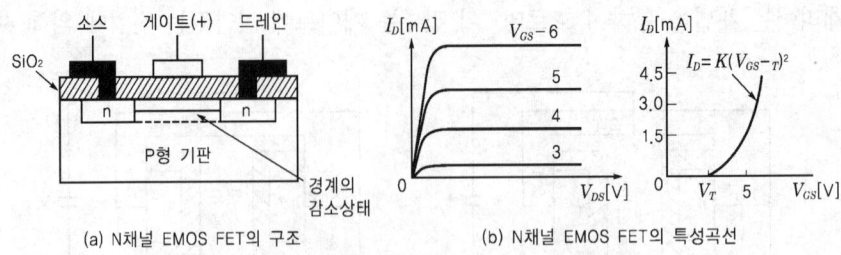

(a) N채널 EMOS FET의 구조　　(b) N채널 EMOS FET의 특성곡선

[N채널 EMOS FET의 구조와 특성곡선]

② N채널 EMOS FET의 동작
　㉠ 게이트의 역전압이 0V이면 전도채널이 없다.
　㉡ 게이트에 +전압을 가하면 P형 기판에 −전하에 의해 전도채널이 형성된다.
　㉢ 드레인에서 소스로 전도채널을 따라 전류가 흐른다.

③ P채널 EMOS FET의 구조 및 특성

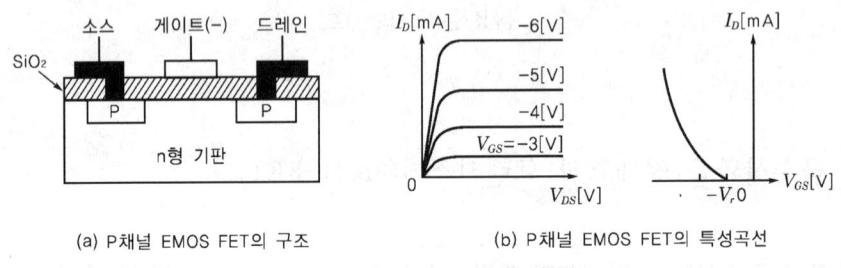

(a) P채널 EMOS FET의 구조　　(b) P채널 EMOS FET의 특성곡선

[P채널 EMOS FET의 구조와 특성곡선]

④ P채널 EMOS FET의 동작
　㉠ 게이트의 역전압이 0V이면 전도채널이 없다.
　㉡ 게이트에 −전압을 가하면 N형 기판에 +전하에 의해 전도채널이 형성된다.
　㉢ 드레인에서 소스로 전도채널을 따라 전류가 흐른다.

(2) 공핍형 금속산화물 전계효과 트랜지스터(Depletion MOS FET)

게이트 전압이 0일 때 전도채널이 있다.

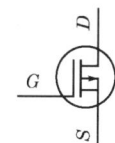
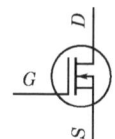

(a) P채널 DMOS FET의 기호   (b) N채널 DMOS FET의 기호

[DMOS FET의 기호]

① N채널 DMOS FET의 구조 및 특성

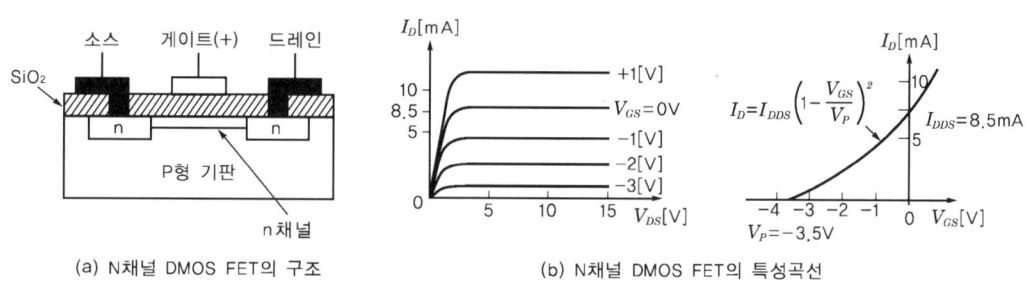

(a) N채널 DMOS FET의 구조   (b) N채널 DMOS FET의 특성곡선

[N채널 DMOS FET의 구조와 특성곡선]

② N채널 DMOS FET의 동작

  ㉠ 게이트 전압이 0V일 때 전도채널이 형성되어 있다.
  ㉡ V_{GS}(게이트-소스 전압)가 0V일 때 V_{DS}(드레인-소스 전압)가 증가하면 전자가 채널을 통해 흐른다.
  ㉢ 전류를 줄이기 위해서는 게이트 전압을 -로 증가시켜야 한다.

③ P채널 DMOS FET의 구조 및 특성

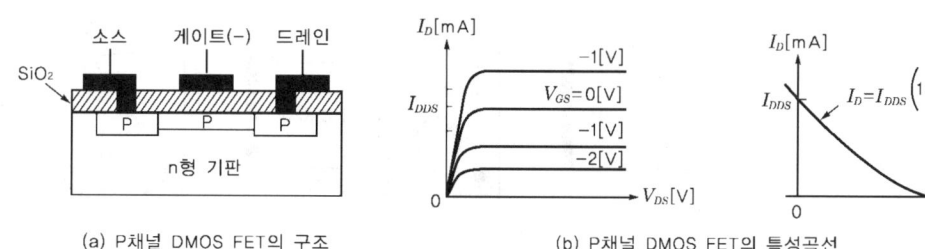

(a) P채널 DMOS FET의 구조   (b) P채널 DMOS FET의 특성곡선

[P채널 DMOS FET의 구조 및 특성곡선]

④ P채널 DMOS FET의 동작

  ㉠ 게이트 전압이 0V일 때 전도채널이 형성되어 있다.

ⓛ V_{GS}(게이트-소스 전압)가 0V일 때 V_{DS}(드레인-소스 전압)가 증가하면 정공이 채널을 통해 흐른다.
ⓒ 전류를 줄이기 위해서는 게이트 전압을 +로 증가시켜야 한다.

(3) FET의 전달 컨덕턴스

드레인 전류의 변화량에 대한 게이트 전압의 비

$$g_m = \frac{\Delta I_D}{\Delta V_{GS}} \ [\mho]$$

(4) 증폭정수

드레인과 소스 사이의 전압 변화량에 대한 게이트와 소스 사이의 전압 변화량의 비

$$\mu = \frac{\Delta V_{DS}}{\Delta V_{GS}}$$

(5) 드레인 저항(rd)

$$rd = \frac{\Delta V_{DS}}{\Delta I_D}$$

(6) 세 정수(컨덕턴스, 증폭정수, 드레인 저항)와의 관계

$$\mu = g_m \cdot rd$$

Reference 전계효과 트랜지스터(FET)의 극성

① 회로시험기를 R×10 레인지로 하여 트랜지스터의 베이스를 찾는 방법으로 게이트(G)를 찾는다(순방향, 역방향의 공통 단자를 찾는다.)

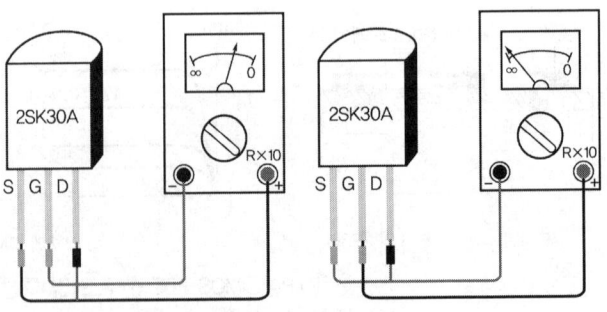

② 게이트-소스 간의 순방향 저항값이 게이트-드레인 간의 저항값보다 약간 작게 지시되는 것이 보통이며 같은 값일 때는 소스와 드레인은 바꾸어도 좋다.
③ 소스-드레인 간은 R×1000 또는 R×10000 레인지로 측정하면 드레인에 순방향 극성이

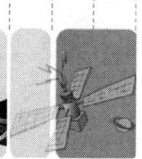

3. 반도체 소자

가해질 때의 저항값이 작다.
④ 테스터의 저항계를 드레인과 소스 간에 대고 게이트에 손가락을 대어 보았을 때 지침이 흔들리면 대체로 양호하다고 본다.

3.4 특수 반도체

1 사이리스터

전력 제어용으로 사용되는 소자로, 하나의 스위칭 작용을 하도록 PN 접합을 여러 개 결합하고 있다.

(1) 실리콘 제어 정류기(SCR : Silicon Controlled Rectifier)

SCR은 역저지 3극 사이리스터의 단방향 전력제어 소자로서, 다이오드와 같이 역바이어스 때는 차단상태가 되며, 순방향 바이어스가 애노드(A)와 캐소드(K) 양단에 걸렸을 때 게이트에 전류가 흘러야만 도통된다.

게이트에 전류를 흐르게 해서 ON 상태가 되면 게이트 전류를 0으로 하여도 도통 상태가 유지되며, 차단상태로 변환하려면 애노드(A) 전압을 유지전압 이하 또는 역방향으로 전압을 가해야 한다. SCR은 전류제어 능력을 갖는 소자로, 모터의 속도제어, 전력제어 등에 사용된다.

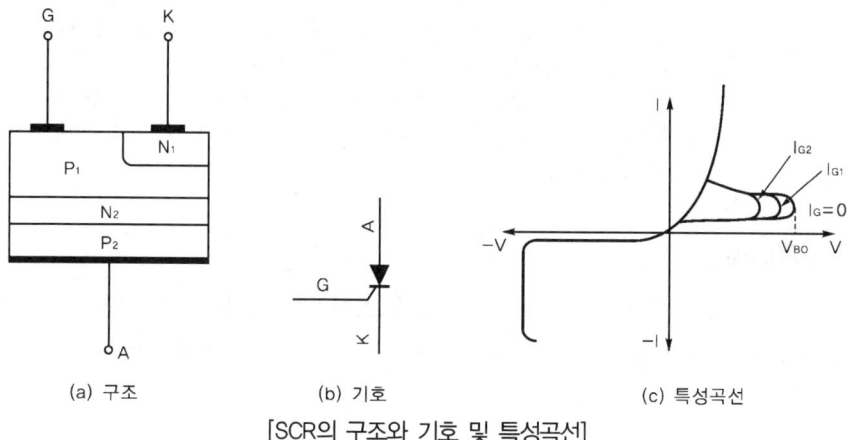

[SCR의 구조와 기호 및 특성곡선]

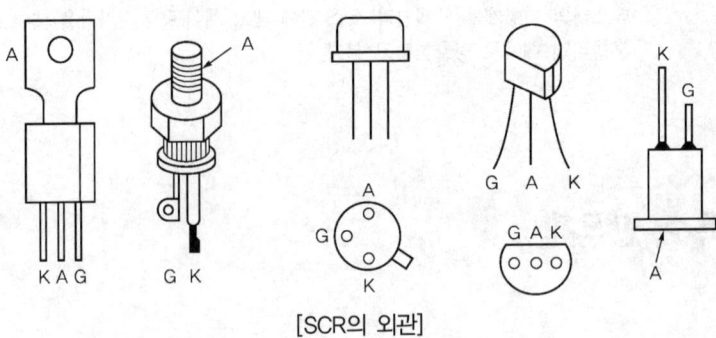

[SCR의 외관]

 SCR의 극성 판별 측정

① 회로시험기를 R×10의 레인지로 하고 각 단자간의 순방향 저항값을 측정해보면 도통되는 단자가 있는데 이것이 캐소드(K)와 게이트(G)이다.

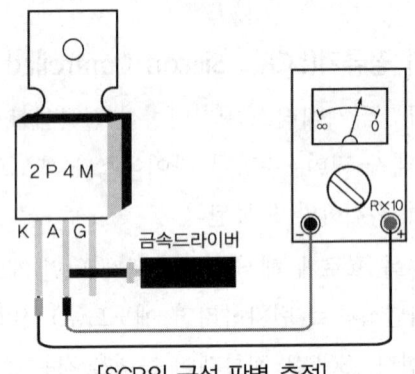

[SCR의 극성 판별 측정]

② 위의 도통 상태에서 흑색 리드봉이 닿은 전극이 게이트이고, 적색 리드봉이 닿아 있는 전극이 캐소드이며 남는 전극이 애노드(A)이다.
③ R×10의 레인지로 K에 적색 리드봉을, A에 흑색 리드봉을 대고 애노드(A)와 게이트(G)를 순간적으로 단락시켰다가 떼면 캐소드(K)와 애노드(A)간의 도통이 유지되어야 한다. 즉 게이트(G)에 (+)의 펄스를 순간적으로 공급하면 다이오드로 작용한다.
④ 만약 게이트를 단락시켜도(A와 G의 순간 단락) A와 K간이 도통 상태가 되지 않으면 SCR은 불량이다.

(2) 다이액(DIAC)

3극의 다이오드 교류 스위치로서, 과전압 보호회로에 사용되기도 하며 트라이액 등의 트리거 소자로 이용된다. 트리거 펄스 전압은 약 6~10V 정도가 된다.

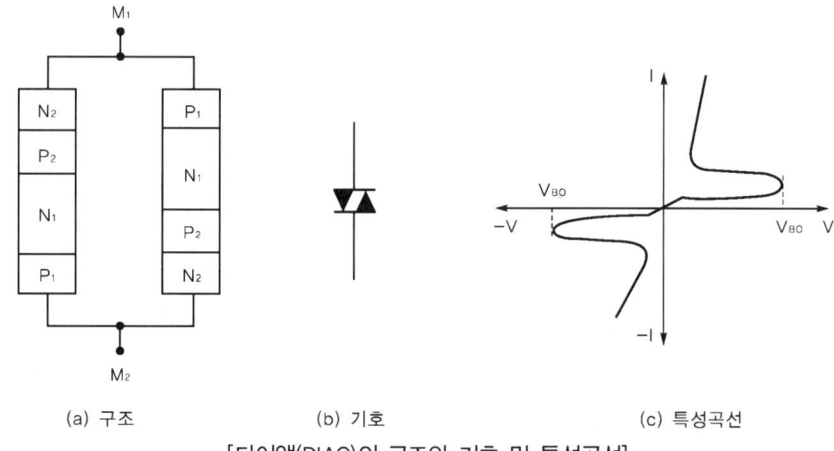

(a) 구조　　　　　　(b) 기호　　　　　　(c) 특성곡선

[다이액(DIAC)의 구조와 기호 및 특성곡선]

Reference 다이액(DIAC)의 극성 판별 측정

다이액은 양 단자(M_1과 M_2)의 저항값이 무한대(∞)를 지시하면 정상 상태이고, 어느 한 방향이라도 저항값을 지시하면 불량 상태이다.

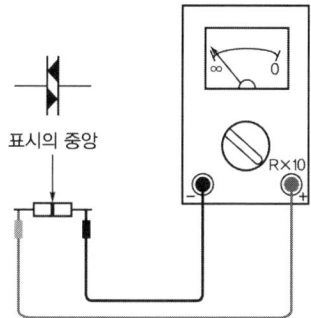

(3) 트라이액(TRIAC)

2개의 SCR을 역병렬로 접속한 형태의 3단자 교류 스위치로서 양방향 전력제어에 다이액과 함께 사용한다. SCR은 단방향 제어를 하는 데 반하여, 트라이액은 양방향 제어를 하는 소자로 전력제어와 모터제어 등에 사용한다. 트라이액은 아래 그림과 같이 M_1과 M_2 단자 사이의 영역에 두 개의 PNPN 스위치가 서로 반대 방향으로 배치되어 있어 마치 SCR을 역병렬로 접속한 것과 같은 특성을 나타내며, 게이트와 M_1, M_2 사이에서 어느 방향으로 작은 전류를 흘려도 트리거된다.

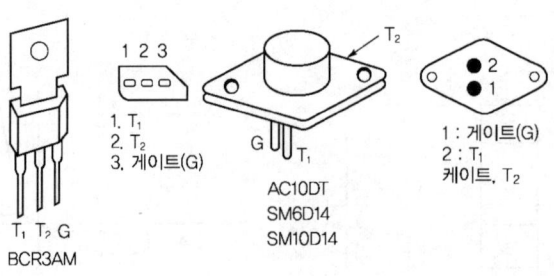

[트라이액의 모양]

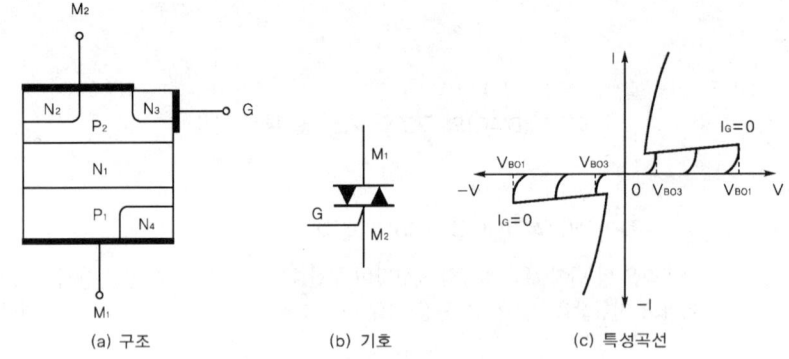

[트라이액(TRIAC)의 구조와 기호 및 특성곡선]

Reference ▶ 트라이액의 접속

트라이액은 M_1, M_2 양 단자의 어느 쪽을 (+), 또는 (-)로 하든, 게이트를 (+)로 하든 (-)로 하든 도통시킬 수 있다. 그러나 전원의 접속 극성에 따라서 게이트 감도가 달라 아래의 그림과 같이 통상의 SCR 사용과 같은 접속으로 M_1에 대해서 (+)로 했을 때가 가장 감도가 좋다. 가장 감도가 나쁜 접속은 M_2를 (-), M_1을 (+), G를 M_1에 대해서 (+)로 했을 때이다.

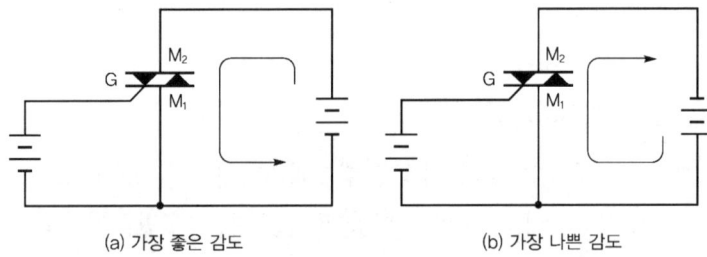

Reference ▶ 트라이액(TRIAC)의 극성 판별 측정

① 회로시험기의 레인지를 R×10에 놓고 게이트와 T_1 사이에 리드봉을 접속시키면 극성에 관계없이 15~20Ω 정도의 저항값을 지시하고, 일반적으로 게이트는 실물에 표시되어 있으며, 방열판과 연결된 단자가 T_2 단자이다.
② T_1(적색 봉)과 T_2(흑색 봉) 사이에는 저항값이 무한대를 지시하며, 이 상태에서 게이트에 "+" 전압을 인가하면 T_1과 T_2 사이에 도통 상태가 되며, 게이트의 전압 공급을 중단하여도 도통 상태는 유지된다.

3. 반도체 소자

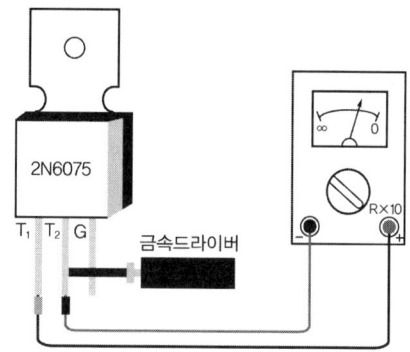

③ T_1(흑색 봉)과 T_2(적색 봉)의 리드봉을 ②의 상태에서 바꾸어 접속하면 저항값이 무한대를 지시하며, 이 상태에서 게이트에 "+" 전압을 인가하면 T_1과 T_2 사이에 도통 상태가 되며, 게이트의 전압 공급을 중단하여도 도통 상태는 유지된다.
④ T_1(적색 봉)과 T_2(흑색 봉) 사이에는 저항값이 무한대를 지시하며, 이 상태에서 게이트에 "−" 전압을 인가하면 T_1과 T_2 사이에 도통 상태가 되며, 게이트의 전압 공급을 중단하여도 도통 상태는 유지된다.
⑤ T_1(흑색 봉)과 T_2(적색 봉)의 리드봉을 ②의 상태에서 바꾸어 접속하면 저항값이 무한대를 지시하며, 이 상태에서 게이트에 "−" 전압을 인가하면 T_1과 T_2 사이에 도통 상태가 되며, 게이트의 전압 공급을 중단하여도 도통 상태는 유지된다.
⑥ 상기와 같은 동작상태가 되면 정상적인 트라이액(TRIAC)이고, 그 외에는 불량품이다.

2 단접합 트랜지스터(UJT : Unijunction Transistor)

접합부가 1개뿐인 트랜지스터로 2개의 베이스와 1개의 이미터로 구성되며, PN 접합부가 순방향 전압이 되어야 동작하며, 부성저항 특성을 이용하여 펄스를 발생하는 회로에 사용된다. 온도가 변하면 PN 접합부의 순방향 전압의 크기가 변동하므로 B_2(베이스 2)에 안정저항을 연결하여야 한다.

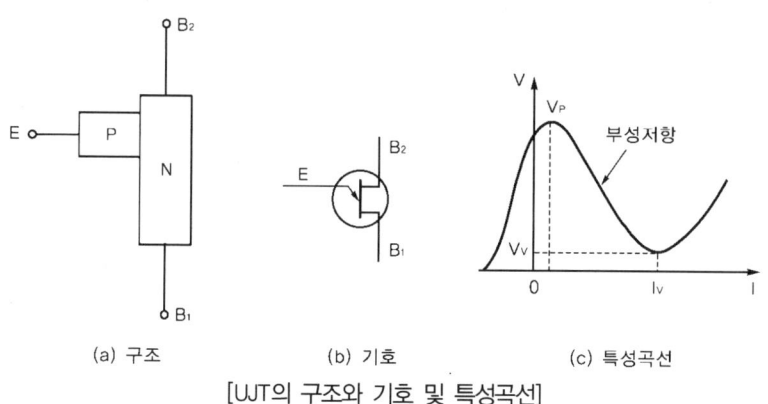

[UJT의 구조와 기호 및 특성곡선]

UJT의 발진

① UJT를 아래의 그림과 같이 접속하여 V_{cc}(전원 전압)을 가하면 E점(이미터)은 C_1의 충전 전류가 있으므로 0으로부터 R_1을 통해서 충전되어 이미터 전압(V_E)이 상승한다.
② 이 전압(V_E)이 충분히 상승하면 E와 B_1 사이는 도통(ON)되고, C_1의 충전 전하는 R_2를 통해서 방전하므로
③ R_2 양단에 순간 전압 강하를 일으켜 그림과 같이 순간 상승하고 C_1의 방전 전하가 없어지면 R_2의 전압 강하도 없어져 다시 C_1을 충전하고 R_2의 재차 방전 전류가 흘러 연속된 펄스가 발생된다.

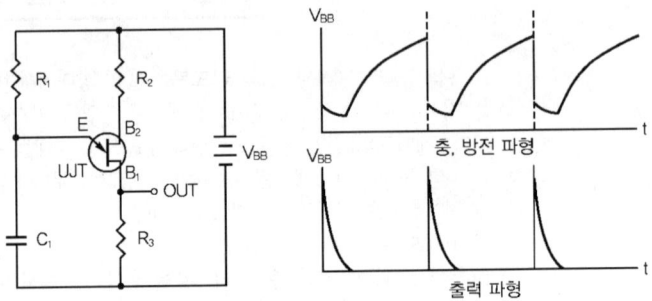

단접합 트랜지스터(UJT)의 극성 판별 측정

① 회로시험기를 R×10 레인지로 하여 트랜지스터의 베이스 단자를 찾는 방법으로 이미터(E) 단자를 찾는다. 즉 회로시험기를 R×10 또는 R×1000의 레인지로 맞추고 임의의 리드봉을 단접합 트랜지스터의 단자에 댄 다음 남은 회로시험기의 리드봉을 단접합 트랜지스터의 나머지 두 단자에 가까이 대어 본다. 이때 순방향을 지시하는 상태(저항값이 0Ω 부근의 작은 상태)에서 N형 단접합 트랜지스터이면 흑색 리드봉이 닿은 쪽이 이미터(E) 단자, P형이면 적색 리드봉이 닿은 핀이 이미터(E) 단자이다.

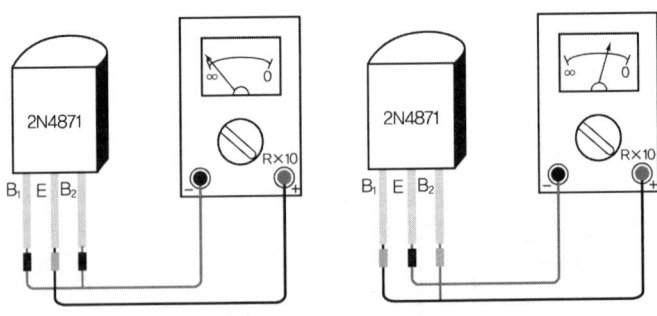

② 이미터를 중심으로 B_1과 B_2 단자 사이의 순방향 저항값을 측정하면 $E-B_2$ 간의 저항값이 $E-B_1$ 단자 사이의 저항값보다 크게 지시된다.
③ 회로시험기의 레인지 또는 극성에 관계없이 B_1-B_2 단자 사이의 저항값이 5~9kΩ 정도로 대체로 양호하다.

3 PUT(Programmable Unijunction Transistor)

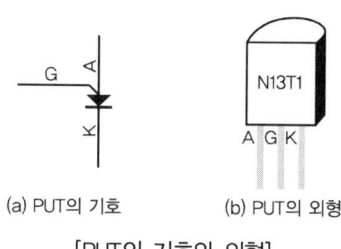

(a) PUT의 기호　　(b) PUT의 외형

[PUT의 기호와 외형]

PUT는 플레이너형 N게이트 콤플리멘터리와 SCR로서 UJT와 비슷한 트리거 소자로서, 그림과 같은 구조로 되어 있어 매우 적은 게이트 전류로 게이트할 수 있다.

Reference ▶ PUT의 동작

① 그림의 등가 회로에서 애노드의 전압을 높여서 ZD 양단이 제너 전압(급격히 전류가 흐르기 시작할 때의 전압)에 도달하면
② PNP형의 Q_1이 도통하여 증폭된 전류가 NPN형의 Q_2를 도통시켜 순식간에 포화 전류가 흐르게 되어 애노드(A)와 캐소드(K)간은 도통(ON)상태가 된다.
③ 일단 도통되면 AK 간의 전압은 0.6~0.7V 정도로 되고 게이트 전압에 관계없이 이 상태가 계속 유지된다.

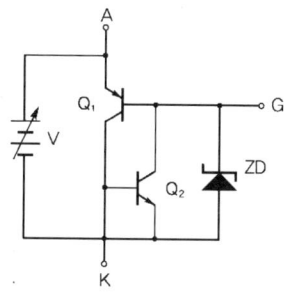

④ 또 게이트와 캐소드 간에 저항(VR)을 접속하여 가변시키면 AK간이 도통되기 시작하는 전압이 변화한다.
⑤ 실제의 PUT는 애노드에 대해서 게이트를 부(-)로 함으로써 턴 온(turn-on)하며 이미터 전압 개방비(η)를 변화시킬 수 있어, 감도가 높고, 미소 전력의 동작이 가능하고 출력 펄스의 상승이 빠른 특징이 있다.

Reference ▶ PUT의 극성 판별 측정

① 회로시험기 R×10의 레인지로 하고 A에 흑색 리드봉을, G에 적색 리드봉을 대면 500Ω 정도의 저항값을 지시하고 반대로 접속하면 무한대(∞) 저항값이 지시된다.

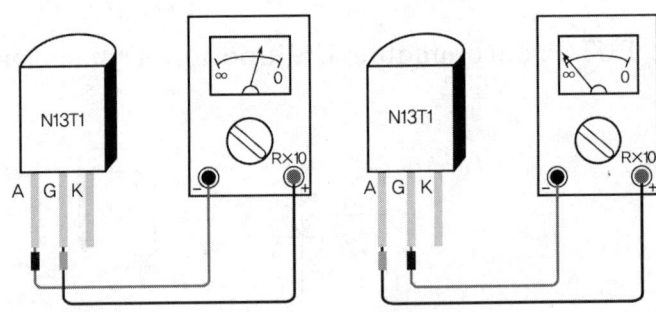

② A에 흑색 리드봉을, K에 적색 리드봉을 접속하여도 500Ω 정도의 순방향 저항값이 지시되지만, A와 G를 동시에 접속시키면 무한대(∞)의 저항값이 지시된다.

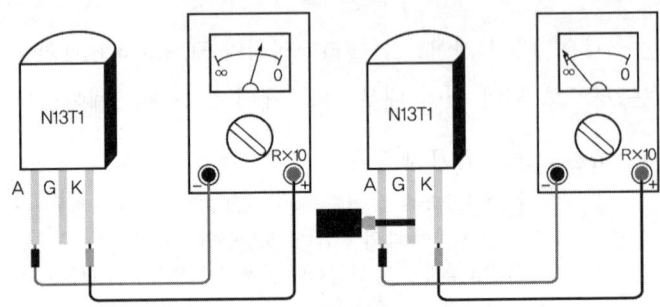

4 서미스터(Thermistor)

부(-)의 온도계수를 갖고 있으며 저항값이 변하는 소자로서, 온도 변화의 보상, 자동제어, 온도계 등에 많이 사용된다.

[서미스터의 기호]

5 배리스터(Varistor)

탄화규소(SiC)를 주원료로 한 분말에 탄소 등을 혼합 소결한 구조의 반도체로서, 전압에 의해 저항값이 비직선적으로 변화한다. 온도에 의한 저항값의 변화는 서미스터보다는 작지만 과부하에 강하다.

일정한 전압 이상에서 갑자기 전류가 증가하고 저항은 감소되므로 계전기 등의 불꽃, 잡

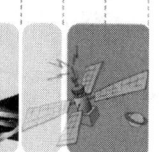

3. 반도체 소자

음의 흡수 조정, 전화 교환기나 전화기, 피뢰기, 네온의 보호 장치로 사용된다.

 광전 변환 소자

(1) 포토 트랜지스터(Photo Transistor)

빛의 유무를 감지하여 광 강도에 대한 전류로 변환하는 소자로, 트랜지스터의 베이스와 컬렉터 사이의 P-N접합에 빛을 조사하면 전자와 양공이 발생하고, 전기장을 따라서 이동하여 광전류를 발생시킨다. 이 광전류를 직접 트랜지스터 작용으로 증폭시킨 것이 포토 트랜지스터인데, 특히 수광 면이 넓게 만들어져 있다. 포토 트랜지스터는 보통의 트랜지스터와 마찬가지로 3단자로 쓰는 것과 베이스 전극을 제거한 외견상 2단자인 것이 있는데, 양자 모두 동작은 거의 비슷하다.

1) 구조

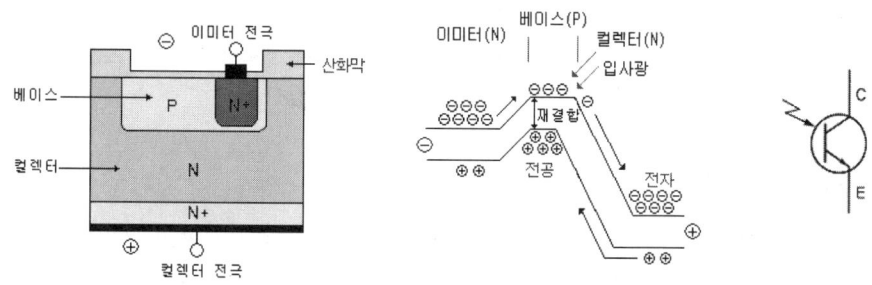

[포토 TR의 구조와 기호]

포토 트랜지스터의 일반 구조는 NPN(또는 PNP) 트랜지스터와 유사한 구조를 가지고 있지만 광전류를 크게 취하기 위하여 수광부인 베이스 영역을 크게 가지고 있다.

2) 동작 특성

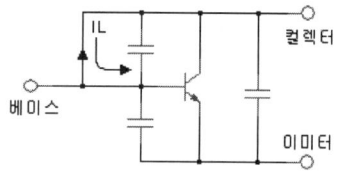

[PhotoTransistor 구조적 등가회로]

포토 트랜지스터의 베이스와 컬렉터는 포토 다이오드로 동작하여 입사된 광에 의하여 베이스 단자를 (+) 바이어스 됨으로써 트랜지스터의 기능을 수행하게 된다. ($Ic = IL \times hfe$)

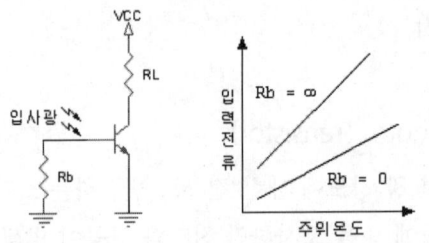

[베이스 단자를 갖는 포토 트랜지스터의 동작특성]

① 베이스 단자를 갖는 포토 트랜지스터의 동작특성
　㉠ 온도에 의한 생성캐리어(컬렉터 입력전류)를 바이패스 시킴으로써 안정된 특성
　㉡ 잉여캐리어를 Rb를 통해 방전시킴으로써 응답속도의 향상

Reference 포토 트랜지스터의 극성 판별 측정
　회로시험기를 R×1의 레인지로 하여 흑색 리드봉을 컬렉터에, 적색 리드봉을 이미터에 대고 소자 상단의 창을 가리거나 빛을 비추면 지침이 움직인다.

(2) CDS(황화카드뮴)

광전도 물질에 빛을 비추면, 그 빛의 양에 따라 물질의 전기저항이 변화하는 특성을 이용한 소자로서, CDS는 카메라의 노출계, 가로등의 자동점멸기, 가정용기기, 산업용기기 등에 사용된다.

[CDS의 기호]

7 세그먼트 디스플레이어(FND)

숫자 표시기(FND : LED 디스플레이)는 아라비아 숫자를 나타내는 부품으로 그림 (a)는 -공통(common cathode)의 숫자표시기 구조를 나타내고, 그림 (b)는 +공통(common Anode)의 구조를 나타낸 것이며, FND의 양부 및 핀 번호는 회로시험기의 R×1 레인지에서 점등시험을 하여 찾으며, FND의 용도는 계수기, 계측기 등 다양한 분야에 사용되고 있다.

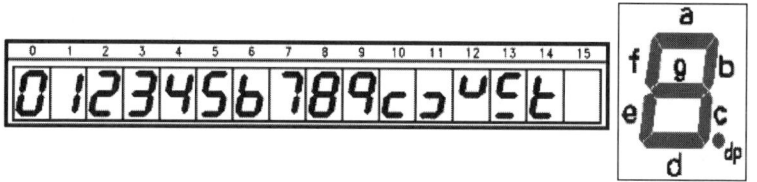

(a) 7-세그먼트 LED 숫자 표시의 형태 (b) 7-세그먼트 LED의 구조

[7세그먼트 LED 숫자 표시의 형태]

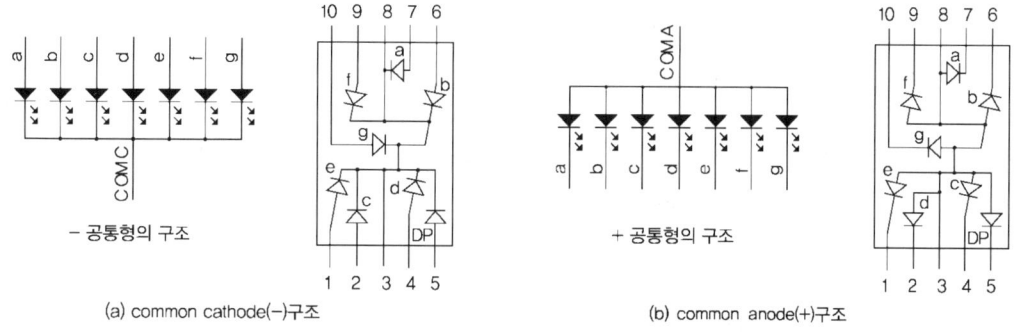

(a) common cathode(-)구조   (b) common anode(+)구조

[7세그먼트 LED 숫자 표시기의 구조]

3.5 적외선 송·수신 모듈(Infrared Receiver Modules)

적외선은 짧은 거리에서의 통신에 주로 많이 사용되며, 가까운 거리의 기계나 장치를 직접 신체의 접촉을 통하여 조작하지 않고, 어떤 장치를 사용해 간접적으로 조작하는 것을 원격제어, 또는 리모트 컨트롤(remote control)이라 하며, 일상생활에서 쉽게 접할 수 있는 원격 조정 장치는 텔레비전이나 오디오, 냉·난방기 등의 모든 가전기기나 공업용기기 등을 켜고 끌 때, 채널을 바꾸거나 음량을 조정할 때에 사용하는 적외선을 이용한 리모컨이다.

리모컨을 이용한 원격제어의 핵심적인 부품이 반도체 적외선 레이저로서 리모컨의 버튼을 누르면 전자회로의 칩이 2진 부호화된 신호의 적외선(파장 940nm) 빔을 방출하면, 부호화된 신호로 전달하며 누르는 버튼에 따라 부호는 0과 1의 2진수 조합으로 이루어져 있다.

1 적외선 발광 다이오드(Infrared Emitting Diodes : GaAS, GaAIAs)

광센서의 광원으로 고출력의 CL 형태(880nm), FL 형태(830nm) 등이 있다. FL 형태는 고속응답으로 통신용으로 최적이다. 패키지는 캔(can)의 수지 몰드 형태, 세라믹 형태 등 다양한 종류와 형상이 있어 용도에 따라 선택하여 사용할 수 있다.

적외선을 출력하기 위한 적외선 LED는 빔(beam)의 각도가 예리하여 광 리모컨용 발광부, 광통신 등으로 많이 사용되며, 적외선 송신부에서는 대략 37kHz(이 주파수는 외부의 적외선이나 조명의 영향을 거의 받지 않고 해당 코드를 전송할 수 있다.)의 신호가 코드와 함께 변조되어 송신부의 적외선 LED를 통해 발산된다.

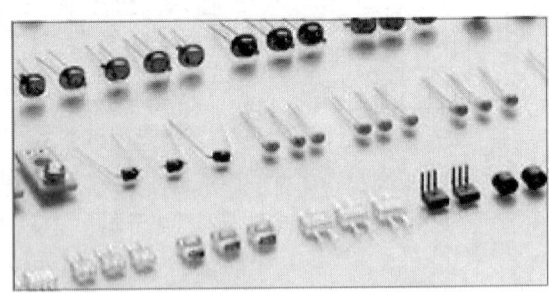

[한국고덴시(주)의 발광소자]

 2 적외선 리모컨 코드 개요

모든 적외선(Infra Red : IR) 리모트 컨트롤(리모컨 : Remocon)은 여러 종류의 적외선 (IR) 신호들을 사용하며, 이 리모트 신호들은 리시버(Receiver)에 시그널을 전송하기 위해서 IR의 펄스를 전송한다. 적외선 발광 다이오드(IR LED)는 30~40kHz 주파수 범위에서 사용하며, 리시버에 전송된 신호들을 정확하게 수신하는 것을 다른 광원(Light Source)이 간섭하지 않도록 하며, 이 신호는 이진 코드(Binary Code)의 형태로 적외선 발광 다이오드(IR LED)를 통하여 전송된다.

적외선 통신방법은 PPM(Pulse Position Modulation)방법을 사용하고, 리모컨은 크게 송신부와 수신부로 나누어진다.

• User Data Code Type(= Transmitter Burst Signal Format)

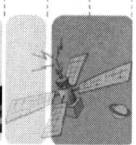

3. 반도체 소자

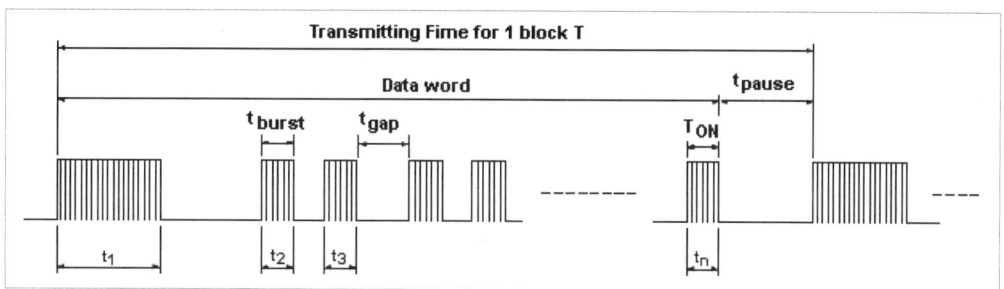

[한국고덴시(주)의 데이터 코드 자료]

적외선 수신 모듈

적외선 수신부에서는 37kHz의 변조된 신호만 인식하는 적외선 수신 센서를 통해서 데이터를 리시버(receiver)하며, 적외선 수신을 검출하기 위해서는 일반적으로 리모컨용의 PIN 포토 다이오드가 내장되어있는 모듈을 사용하며, 보통 수신 모듈은 수광 면적이 넓고 수광부에 집광 렌즈가 부착되어 있는 부품을 사용한다. 이 적외선 센서는 수신된 적외선만 증폭하고 38kHz대의 B.P.F(Band Pass Frequency)로 38kHz대의 적외선만 받아 외란광의 영향을 받지 않는다.

[한국고덴시(주)의 적외선 수신 모듈]

● Terminal description

Pin No.	Pin name	Function
1	R_OUT	OUTPUT TERMINAL
2	GND	GROUND
3	V_CC	POWER SUPPLY

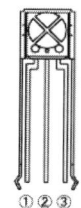
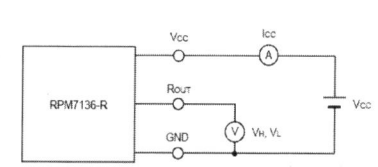

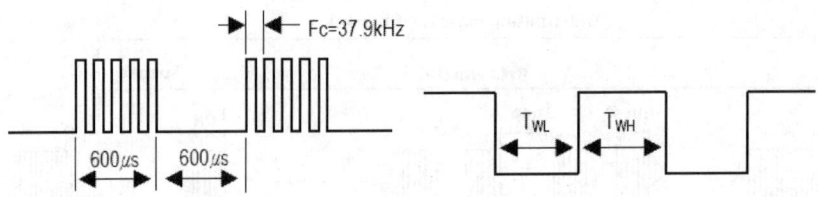

[전송출력 캐리어 주파수 (듀티비 50%)와 리모컨 출력 펄스]

3.6 포토 커플러(Photo Coupler)

포토 커플러(Photo Coupler)는 갈륨비소(GaAs)를 재료로 한 고출력 적외선 발광 다이오드와 포토 트랜지스터를 서로 마주보게 하고 발광 다이오드에서 나온 빛이 포토 트랜지스터에 전달될 수 있도록 투명 실리콘이나 광섬유로 그 사이를 채우고 흰색이나 흑색 플라스틱으로 몰딩한 구조로서 입력 전기 신호와 출력 전기 신호를 "빛"으로써 전달하는 역할을 하는 소자로서, 일반적으로 발광 소자와 수광소자를 하나의 패키지에 결합하여 입·출력 간을 전기적으로 절연시켜 광으로 신호를 전달하는 광결합 소자로 포토 아이솔레이터(Photo Isolator), 옵토 커플러(Opto Coupler), 옵토 아이솔레이터(Opto Isolator)라고도 한다.

일반적인 용도의 포토 커플러의 발광 소자에는 발광효율이 높은 갈륨비소(GaAs) 적외선 발광 다이오드를 사용하고 고속용에는 갈륨알루미늄비소(GaAlAs), 갈륨비소인(GaAsP) 등이 사용되고, 수광소자에는 출력 효율이 좋은 포토 실리콘 트랜지스터, 고속용에는 로직 IC, 그 밖에 포토 다이오드(Photo Diode), 포토 트라이액(Photo Triac), 포토 실리콘제어정류소자(Photo SCR) 등이 사용된다.

포토 커플러는 이러한 입·출력 간의 전기적 절연 특성으로 전위나 임피던스가 다른 회로 사이의 신호전달용으로 사무기기, 통신기기, 가정용 가전제품 등의 전자기기에 광범위하게 응용되고 있다.

1 Photo Coupler의 특징

(1) Photo Coupler의 일반적 특징

① 입·출력 간이 전기적으로 완전히 절연되어 전위차가 다른 두 회로 간의 신호전달에

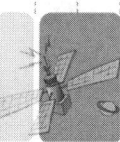

사용한다.

② 신호전달이 단일 방향이므로 출력으로부터 입력에 대한 영향이 없다.

③ 논리 소자와의 인터페이스가 용이하고 응답속도가 빠르다.(일반적인 용도는 수 μs, 고속용은 수 ns임)

④ 소형, 경량이므로 실장밀도를 높일 수 있다.

⑤ 수명이 반영구적이며, 높은 신뢰성을 갖는다.

⑥ 포토 커플러는 빛을 이용하여 신호전달을 하기 때문에 잡음에 강하다.

(2) 포토 커플러(Photo Coupler)의 출력단 형태별 종류와 특징

출력단의 형태	특 징
Single TR	• 범용으로 가장 많이 사용하고 있으며, 전류 전달효율(CTR)에 따라 등급이 구분된다. • AC, DC 입력 형태로 나눠진다.
Darlington TR	• 저 전류의 인가로 높은 출력전류를 갖는 형태로 CMOS IC와의 인터페이스가 용이하나 스위칭 속도가 늦다. • AC, DC 입력 형태로 나눠진다.
Logic IC	• 출력 효율은 낮지만 고속의 스위칭 속도가 요구되는 TTL과의 인터페이스가 용이하다.

포토 커플러(Photo Coupler)의 구조 및 기본 동작

(1) 구조

포토 커플러는 일반적으로 발광 소자와 수광소자 사이에 고절연 물질을 넣어 광학적으로 결합시켜 접지 전위가 다른 회로 간의 신호 인터페이스로 사용하는 절연 트랜스나 전자 릴레이를 대체하는 소자이다.

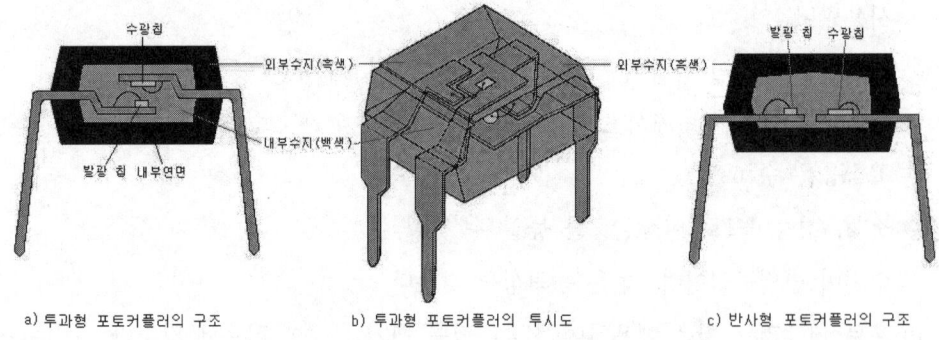

[투과형과 반사형 포토 커플러의 구조 및 투과형 포토커플러의 투시도]

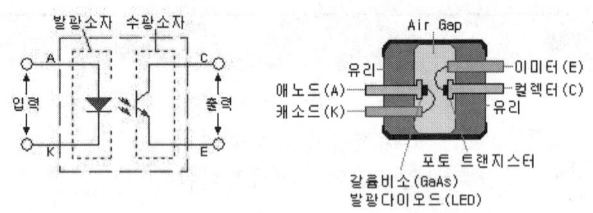

[Photo Coupler 구성 및 구조 예]

포토 커플러의 구조는 DIP, SOP, CAN SEAL 등의 여러 형태의 패키지 내에 위와 같이 결합 구성하는데 대개 범용으로 플라스틱 DIP(Dual Inline Package) 형태가 많이 사용되고 있다.

위의 그림은 DIP Type의 여러 종류의 외부 형태 중 하나이며 내부 구조는 발광소자 및 수광소자가 서로 마주 보도록 배치되어 입·출력 간의 신호 전달을 광(光)을 매개체로 하는 구조이다.

제조방법은 적외선 이미팅 다이오드(Infrared Emitting Diode)와 포토 트랜지스터의 칩을 독립된 리드 프레임(Lead Frame)에 실장하고 각 칩의 전극을 금실을 사용하여 다른 리드 프레임(Lead Frame) 간을 연결하여 절연성 수지로 모체를 구성한다.

포토 커플러는 제조 회사에 따라 투과형, 반사형 등의 방식을 사용하고 있다.

(2) 기본 동작

포토 커플러의 기본 동작은 트랜지스터와 비슷하나 차이점으로는 트랜지스터에서는 베이스 전류를 인가하는 반면, 포토 커플러는 IRED 광출력을 포토 트랜지스터에 신호로 인가하는데 그 차이점이 있다.

3 Photo Coupler 기본 Parameter 및 결정법

(1) 절대정격(Absolute Maximum Ratings)

절대정격이란 순간이라도 동작 중에 넘어서는 안 되는 정격치로 두 가지 이상의 정격이 설정되어 있을 때도 절대정격을 초과하여 공급해서는 안 된다.

최대정격을 넘어 사용하는 경우 소자가 갖는 특성을 회복하지 못하는 경우가 있으므로 회로설계에 있어 공급전압의 변동, 전기부품의 특성 편차, 회로조정 시의 조건 변화와 주위 온도의 변화, 입력신호의 변동 등에 유의하여 최대정격 중 하나라도 정격치를 넘어 사용되는 것을 피해야 한다.

주된 항목으로 각 입·출력단의 전류, 전압, 전력손실과 온도조건 등이다.

① 절연전압(V_{iso} : Isolation Voltage) : 입력단(IRED)과 출력단(Photo TR)과의 절연 정도로 RH=40~60%에서 1분간 규정전압을 인가 시 절연이 파괴되지 않고 견딜 수 있는 전압

패키지 형태	절연 전압(실효값 : rms)
DIP	AC 2,500V, AC 3,750V, AC 5,000V
Mini Flat	AC 2,500V, AC 3,750V

② I_F(Continuous Forward Current) : 입력단(IRED)의 애노드에 연속적으로 인가할 수 있는 최대전류로 IRED의 신뢰성과 밀접한 관계가 있음에 따라 규정된 I_F(Max) 이상의 전류가 흐르지 않도록 주의하여야 한다.

③ 최대역전압(V_R : Reverse Voltage) : 입력단(IRED) 애노드와 캐소드 사이의 방전(Breakdown) 방지를 위하여 허용할 수 있는 최대역전압으로 갈륨비소(GaAs)계의 IRED의 경우 통상 4~6V 정도로 규정되어 있다.

④ 최대전력손실(Pc : Power Dissipation) : 각 입·출력단에서 허용 가능한 최대전력 손실치로 SET에 적용 시에는 주위온도 및 조건변화에 대한 허용가능 손실치를 고려하여야 하며 각 온도조건에서의 허용가능 손실치는 정격출력 계수(Derating Factor)에 의하여 계산되어진다.

⑤ V_{CEO}(Collcetor-Emitter Breakdown Voltage) : 베이스 단자 개방 시의 컬렉터와 이미터 사이의 방전(Breakdown)을 방지하기 위한 최대허용전압

⑥ V_{ECO}(Emitter-Collector Voltage) : 베이스 단자 개방 시의 이미터와 컬렉터 사이에 인가 가능한 최대허용전압

⑦ I_C(Collector Current) : 포토 트랜지스터의 컬렉터 단자에 흘릴 수 있는 최대허용전류

⑧ 온도조건

   ㉠ T_{opr}(Operating Temperature) : 포토 커플러를 정상동작 시킬 수 있는 주위의 온도범위

   ㉡ T_{stg}(Storage Temperature) : 포토 커플러의 특성 변화 없이 보관 가능한 온도범위

   ㉢ T_{sol}(Soldering Temperature) : 포토 커플러를 인쇄회로기판(PCB)에 실장 시 납땜온도의 규정범위

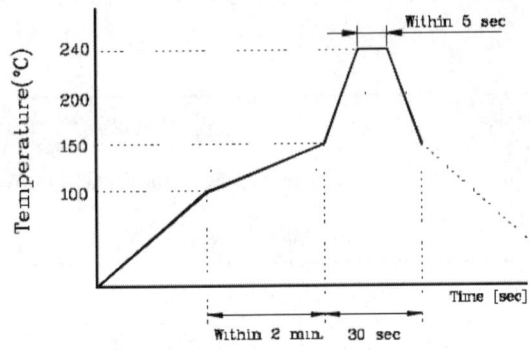

   ㉣ 납땜 시간은 가능한 최단 시간에 실시하되, 포토 커플러의 단자(Lead)를 직접 납땜 시는 260℃(최대)에서 10초 이내, 몰드 패키지에 근접하게 납땜 시는 240℃(최대)에서 10초 이내에 실시한다.

(2) 전기적 특성(Electrical Characteristics)

① 입력 특성(I_F vs V_F 특성)

포토 커플러의 입력단은 Forward Current(I_F)의 증가에 따라 Forward Voltage(V_F)의 증가의 형태를 나타내는 비례 특성을 갖는다.

응용 시 서지(Surge)가 큰 경우에 사용될 때에는 IRED와 병렬로 보호 다이오드나 서지 흡수

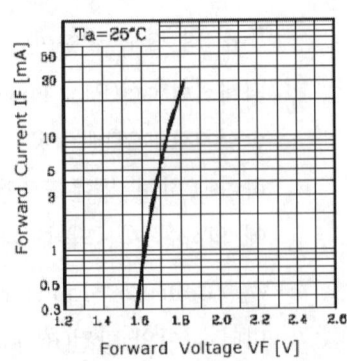

용 커패시터를 연결하는 등의 설계가 필요하다.

② $V_{CE}(sat)$ (Collector-Emitter 간 포화 전압)

컬렉터-이미터 사이의 포화 전압은 낮을수록 다음 단 회로에 미치는 영향이 적고 전력손실도 적다. 이 $V_{CE}(sat)$ 특성은 포토 트랜지스터의 구조에 따라 달라지며, 달링톤 트랜지스터의 경우 Single TR보다 V_{be}(약 0.6V)만큼 크게 되기 때문에 TTL 회로를 직접 구동할 수가 없으므로 설계 시 주의가 필요하다.

③ 전류 전송비(CTR : Current Transfer Ratio)

CTR이란 입력측(IRED)에 인가한 전류(I_F)에 대한 출력측(Photo TR)의 컬렉터 전류(I_C)의 비율을 백분율(%)로 나타낸다.

$$CTR = \frac{I_C}{I_F} \times 100[\%]$$

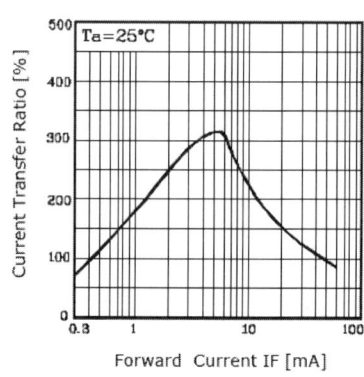

CTR을 결정하는 요인은 여러 가지가 있으나 출력측(Photo TR)의 전류증폭률(h_{fe})에 따라 가장 크게 결정되며 입력측(IRED)에 인가되는 전류(I_F)에 따라서도 변화된다.

④ I_{CEO}(Collector Dark Current)

포토커플러의 입력단을 완전히 차단한 상태에서 출력단에 흐르는 누설전류로 포토 트랜지스터 출력의 경우 일반적으로 수 nA~수십 nA 수준이며 주위 온도의 상승에 대해 누설전류의 증가를 가져오며, I_{CEO}는 V_{CE}의 조건에도 변화한다.

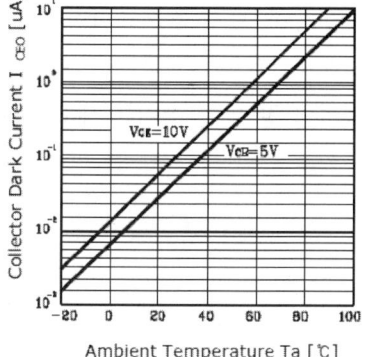

⑤ 응답속도(Switching Speed)

포토 커플러에 사용되는 포토 트랜지스터는 컬렉터와 베이스 간 접합 면적이 넓고 전류증폭률이 높기 때문에 컬렉터의 접합용량도 크게 된다. 따라서 포토 커플러의 응답속도(t_f)는 시간이 가장 길어지며, 이 특성은 근사적으로 다음과 같이 계산되어진다. (h_{fe} : 포토 트랜지스터의 전류증폭률, R_l : 부하 저항, C_{cb} : C-B 간 정전용량)

$$t_f = 2.2 \times C_{cb} \times h_{fe} \times R_l$$

4. 측정기와 그 사용법

4.1 회로시험기(Multitester : HC-260TR)

 회로시험기를 멀티테스터(Multitester)라 부르기도 하며, 고감도 직류 전류계에 분류기, 배율기, 정류기 등을 조합하여 직류 전압, 직류 전류, 교류 전압, 저항값, 회로의 단락 여부와 트랜지스터의 극성과 양부 판별, 전자회로의 점검, 측정, 고장 수리 등에 사용되며 전자 분야에서 가장 많이 쓰이는 대표적인 계기이다.

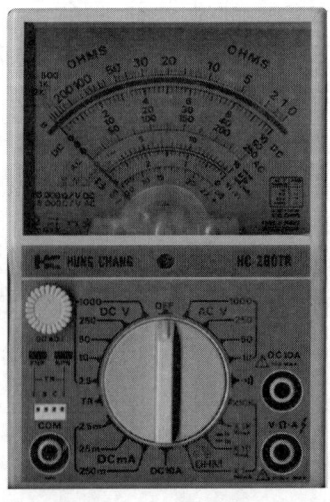

[HC-260TR 회로시험기의 외형]

4. 측정기와 그 사용법

1 각 부위별 명칭 설명

(1) 트랜지스터 검사 소켓

트랜지스터 검사 시 소켓에 표시된 각 극성 간의 정확한 위치에 시험할 트랜지스터의 극성을 맞추어 삽입한다.

(2) 트랜지스터 판정 지시장치

적색 및 녹색 램프(LED)로 되어 있어 적색이 켜지면 양품의 PNP 극성의 트랜지스터이고 녹색이 켜지면 양품의 NPN 극성의 트랜지스터이다. 2개의 램프가 점멸되면 측정 트랜지스터 극간의 단선 상태의 고장을 알려주며 둘 다 점멸되지 않으면 컬렉터-이미터 간의 단락 고장 상태를 뜻한다.

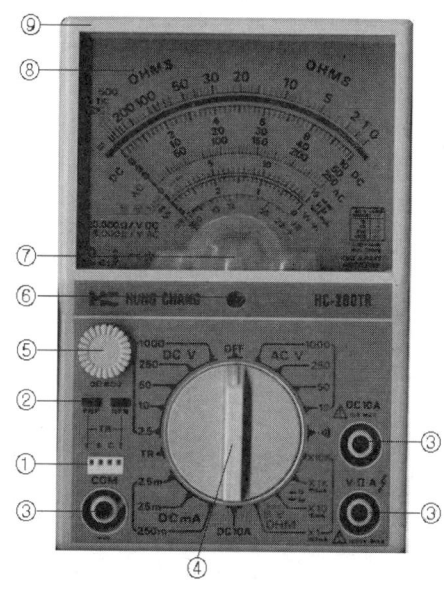

(3) 입력 소켓

입력 소켓은 안전장치로 되어 있어 시험봉의 플러그 삽입 시 손에 접촉되지 않게 되어 있어 매우 안전하다.(이것은 UL1244 및 VDE0411의 규정에 준한 설계이다.)

(4) 레인지 선택 스위치

명확한 레인지 선택이 가능한 스위치 방식으로 20레인지의 선택이 가능하다.

(5) 0 옴 조정기

옴 미터로 사용 시 지침이 옴 눈금의 0점에 정확히 오도록 조정해야 한다.

(6) 지침 0점 조정기

측정 전, 반드시 지침이 왼쪽 0점에 있는지 확인하고 필요 시 조정한다.

(7) 내장형 가동 코일형 미터

고감도, 고직선성 및 1% 미만의 정밀도로 세계 특허품이다.

(8) 눈금판

약 90mm($3\frac{1}{2}$인치) 90° 원호 및 날카로운 지침의 눈금판은 판독하기가 쉬우며 눈금간의 간격이 넓어 정밀 측정이 가능하다.

(9) 케이스

고충격성 플라스틱 사용

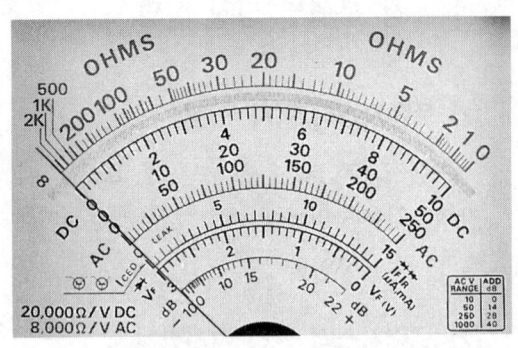

[회로시험기의 눈금판]

전기적 규격

(1) 직류 전압

① 레인지 : 2.5, 10, 50, 250, 1000V

② 감도 : 20,000Ω/V

③ 정밀도 : 최대 눈금 치수의 ±3%

(2) 교류 전압

① 레인지 : 10, 50, 250, 1000V

② 감도 : 8,000Ω/V

③ 지시치 : 전파 정류 평균치 감응치를 정현파 실효치로 교정된 지시치

④ 주파수 감응 : 정격 정밀도는 50V까지는 10kHz
　　　　　　　　정격 정밀도는 250V까지는 20kHz 눈금 치수의 ±3%

⑤ 정밀도 : 최대 눈금 치수의 ±4%

(3) 직류 전류

① 레인지 : 2.5, 10, 50, 250mA

② 전압 강하 : 0.25V

　　※ 10A 측정 소켓은 별도 전용 소켓으로 사용됨

③ 정밀도 : 최대 눈금 치수의 ±3%

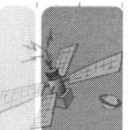

(4) 저항

R×1	0~2000Ω	(20Ω 중앙 눈금)
R×10	0~20,000Ω	(200Ω 중앙 눈금)
R×1K	0~2MΩ	(20kΩ 중앙 눈금)
R×10K	0~20MΩ	(200kΩ 중앙 눈금)

정밀도 ±3% Arc

단락 전류 및 개방 전압(정상전지일 경우)

R×1	150mA	3V	R×10	15mA	3V
R×1K	150μA	3V	R×10K	60μA	3V

(5) 데시벨

−10dB~+22dB	(AC 10V 레인지)
+4dB~+36dB	(AC 50V 레인지)
+18dB~+50dB	(AC 250V 레인지)
+30dB~+62dB	(AC 1000V 레인지)

0dB : 600Ω, 1mW 기준

(6) 사용 전지

1.5V×2개, 9V×1개

(7) 과부하 보호회로

① 미터 보호용 다이오드 2개

② 퓨즈 0.5A/250V 1개

(8) 사용 온도

① 정격 정밀도 유지 : 23℃± 5℃

② 0℃~18℃, 28℃~50℃ 범위 내에서 4% 오차가 부가될 수 있다.

(9) 크기

102mm×150mm×45mm, 370g

3. 제품 사용 방법

(1) 작동 설명

① 고압 측정 시 계측기 사용 안전 규칙을 준수한다.
② 측정하기 전에 계측기의 지침이 0점에 있는지 확인한다.
③ 측정하기 전에 레인지 선택 스위치와 시험봉이 적정 위치에 있는지 확인한다.
④ 측정 위치를 잘 모르면 제일 높은 레인지에서부터 선택한다.
⑤ 측정이 끝나면 피측정체의 전원을 끄고 반드시 레인지 선택 스위치를 OFF에 둔다.

(2) 직류전압 측정

① 흑색 시험선을 −COM, 적색 시험선을 V.Ω.A에 삽입한다.
② 피측정 개소에 시험봉의 탐침을 접촉, 연결한다.
③ 피측정치에 전원을 넣는다.
④ 이때 지침이 눈금판의 0점 이하로 가면 피측정 개소의 전원을 꺼버린 다음에 시험봉의 탐침을 바꾸어 접촉한다. 눈금판의 흑색 전류 직류 전용 눈금선에서 지시치를 읽는다.
⑤ 10, 50, 250의 레인지 선택에서는 눈금판의 해당 눈금을 직접 읽고 2.5는 250 눈금선에서 100으로 나누고 1000에서는 10 눈금선에 100을 곱하여 준다.

(3) 교류전압 측정

① 측정 순서는 직류와 동일하다.
② 지시치를 판독할 때는 AC 전용 눈금선에서 지시치를 읽는다.
③ 피측정 개소에 시험봉의 탐침을 접촉, 연결한다.
④ 피측정치에 전원을 넣는다.
⑤ 눈금판의 적색 교류 전용 눈금선에서 지시치를 읽는다.

(4) 데시벨 측정

 참고

교류 전압 측정 레인지에서 전력 손실 및 이득분을 측정할 수 있다.
데시벨은

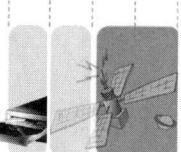

$$dB = 10\log\frac{Power_1}{Power_2} \quad \text{또는} \quad dB = 20\log\frac{E_1}{E_2} \quad (R_1=R_2 일 \text{ 때})$$

600Ω에서 측정되는 E_1 전압을 각 교류 전압 레인지에서 읽으면 눈금판에 교정된 dB 지시치를 직접 측정할 수 있다. 이 dB 눈금선은 교류 10V에서만 직접 측정할 수가 있고 타 교류 레인지에서는 다음 표를 이용하여 지시치에서 더하여 준다.

[dB 눈금 보는 표]

10V	눈금판에서 직접 읽음
50V	+14dB
250V	+28dB
1000V	+40dB

(5) 저항 측정

① 레인지 선택 스위치를 저항 측정 레인지에 둔다.
② 흑색 시험선을 -COM 소켓에, 적색 시험선을 V.Ω.A 소켓에 삽입한다.
③ 시험선의 탐침을 상호 접촉시켜 지침이 저항 눈금선의 0에 정확히 오도록 0 옴 조정기를 조정한다.

 참고

조정기를 시계 방향으로 돌려도 0 눈금에 오지 않으면 옴 미터의 전지 수명이 다 된 것으로 ×1, ×10, ×1K에서는 1.5V, ×10K에서는 9V 건전지를 교체한다.

(6) 직류 전류 측정

① 흑색 시험선을 -COM 소켓에, 적색 시험선을 V.Ω.A 소켓에 삽입한다.
② 레인지 선택 스위치를 전류 레인지에 둔다.
③ 피측정 개소의 전원을 차단하고 측정기와 직렬로 연결한다.

절대로 실험선을 전원 또는 전압이 있는 피측정체에 연결하지 말고 반드시 직렬연결로 하여 사용한다.

(7) DC 10A 측정

① 흑색 시험선을 -COM 소켓에, 적색 시험선을 V.Ω.A 소켓에 삽입한다.
② 레인지 선택 스위치를 10A에 둔다.
　이하 직류전류 측정 방식에 따라 행한다.

(8) 트랜지스터 양, 부 판정 및 극성 측정

① 레인지 선택 스위치를 TR에 둔다.
② 시험할 트랜지스터를 TR 소켓의 이미터(E), 베이스(B), 컬렉터(C)에 극성에 맞추어 삽입한다.
③ LED가 동작되기 시작하면 아래 사항을 보고 판독한다.
   적색 등이 켜지면 양품의 PNP 트랜지스터이고, 녹색 등이 켜지면 양품의 NPN 트랜지스터이고, 적·녹색이 다 점멸되면 측정 트랜지스터가 개방이 불량이고, 적·녹색이 다 꺼진 상태에서는 측정 트랜지스터가 단락된 불량이다.

(9) 다이오드(DIODE) 및 LED 측정

① 흑색 시험선을 -COM 소켓에, 적색 시험선을 V.Ω.A 소켓에 삽입한다.
② 레인지 선택 스위치를 옴 레인지의 ×1K(0~150μA) 또는 ×10(0~15mA)에 놓는다.
③ 흑색 시험선의 탐침을 다이오드 (+)에, 적색 시험선을 (-)에 접속시켜 다이오드의 순방향 전류(I_F)를 I_F, I_R 눈금판에서 직독한다.

 참고
최대 지시치에 가까우면 양품이다.

④ 적색 시험선의 탐침이 다이오드의 (+)에, 흑색 시험선의 탐침을 다이오드의 (-)에 접속시켜 다이오드의 역방향 전류(I_R)를 I_F, I_R 눈금판에서 직독한다.

 참고
지침이 왼쪽 0점에 가까우면 양품이다.

⑤ 순방향 전류(I_F) 판독 시에 눈금판의 V_F 눈금을 동시에 판독하면 바로 시험 다이오드의 순방향 전압을 알 수 있다.

 참고
일반적으로 게르마늄(Ge) 다이오드는 0.1~0.2V를 지시하고, 실리콘(Si) 다이오드는 0.5~0.8V를 지시한다.

(10) 트랜지스터의 누설 전류 측정

① 레인지 선택 스위치를, 중소형 트랜지스터일 경우 저항 레인지의 ×10Ω에, 대형인 것은 ×1Ω에 둔다.

② 시험할 트랜지스터가 NPN인 경우 -COM의 시험선에 컬렉터, V.Ω.A의 시험선에 이미터를 연결한다. PNP일 경우, -COM에 이미터, V.Ω.A에 컬렉터를 연결한다.

③ 눈금판의 I_{CEO} 눈금선에 지침이 오면 실리콘 트랜지스터인 경우 양품이다.

④ 게르마늄 트랜지스터는 소형인 경우 0.1~2mA, 대형은 1~5mA의 누설 전류를 지시한다.

(11) 정비

전자 부품 및 퓨즈의 교체를 위해서는 하부 케이스에 있는 2개의 나사를 풀고 미터 뒷면에 고정되어 있는 전지 상자 및 퓨즈 홀더에서 간단히 분리 교체할 수 있다. 특히 전지 교체시는 전지 상자에 표시된 극성에 맞추어 삽입하고 퓨즈는 반드시 정격을 사용한다.

4.2 직류 전원장치(ED-200E)

ED-200E는 3개의 출력, 70W의 선형/직류조정 전원 공급기이다. 입력 전압은 AC 110/220 60Hz에서 사용하게 되어 있으며, 출력 전압은 10~20V까지 연속 가변되는 두 개의 출력과 고정 전압 5V(2A)의 출력을 가지고 있다. 출력 전류는 0~0.5A로 일정한 전류 조정이 되며 옵션 모델의 경우는 최대 1.5A로 제한되어 만약 과부하(over load)가 될 경우에는 경보가 작동하게 되어 있다.

이들 2개의 가변출력 전압과 전류는 2개의 CVM(디지털 미터)에 의하여 전압을 나타나게 되며 전류는 아날로그 전류계에 의하여 나타나게 하였다. 특히, 고정 5V의 DC 출력은 과열 차단이 되게 되어 있다. 이 DC 5V 출력은 주로 TTL 논리회로에서 사용할 수 있다.

ED-200E이 갖고 있는 2개의 디지털 전압 미터는 전면 패널 디지털 전압 미터(DVM) 스위치(INT/EXT)에 의하여 외부의 전압측정을 할 수 있게 한다(옵션). 그리고 0~20V의 출력은 접지로부터 변동될 수 있으므로 만약 2개의 출력단자를 직렬로 연결하면 최대 40V까지 출력전압을 얻을 수 있게 된다.

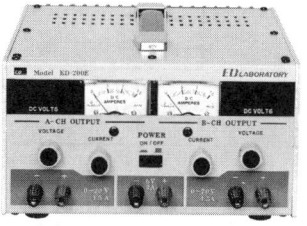

[ED-200E 외형]

제1편 기초이론 및 장비사용법

1 각 부위별 명칭 설명

(1) 전면 패널

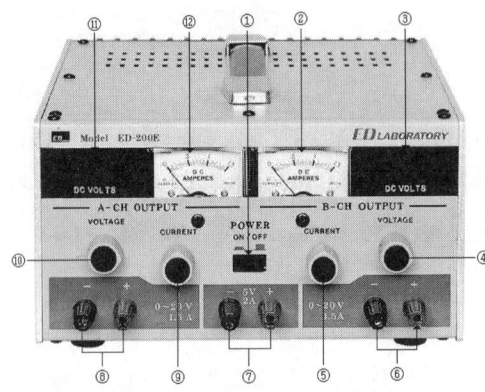

① 전원스위치(푸시 ON/OFF)	⑦ 고정 전압(+5V, 2A)출력 터미널
② B-전원(B-채널) 출력전류계	⑧ A-전원 출력 터미널
③ B-전원 디지털 전압 미터	⑨ A-전원 고정 전류 조정 노브
④ B-전원 전압 조정 노브	⑩ A-전원 전압 조정 노브
⑤ B-전원 고정 전류 조정 노브	⑪ A-전원 디지털 전압 미터
⑥ B-전원 출력 터미널	⑫ A-전원 출력전류계

(2) 후면 패널

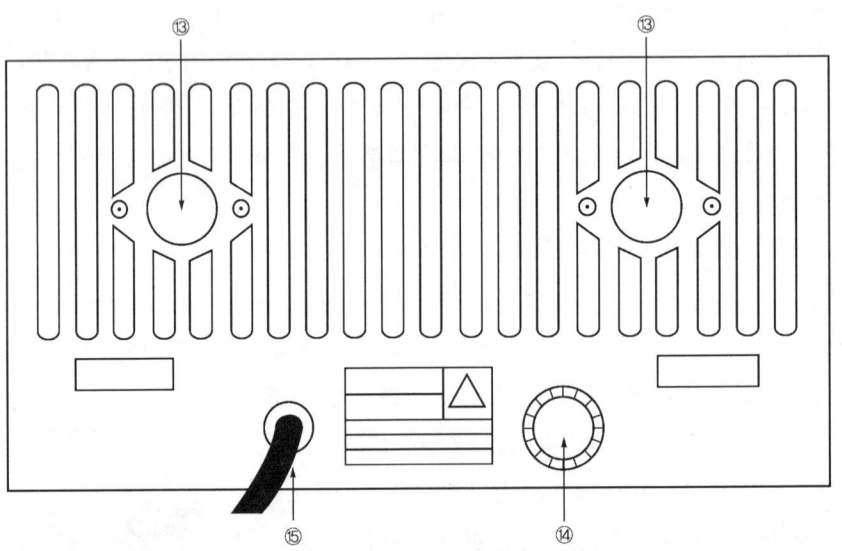

⑬ A-전원의 조절 트랜지스터, B-전원의 조절 트랜지스터	⑭ 입력전원 퓨즈-홀더
⑭ 입력전압선택 플러그 (110V/220V)	⑮ 입력전원 코드

① 전원스위치를 OFF하라.

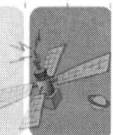

② 전원 입력전압 선택기가 입력전압과 같게 선택되었는가 확인하라.(장비의 뒷면에 있음)

③ AC 전원 입력 플러그를 AC 파워 콘센트에 연결하라.

④ 전압 조정기(A-CH, B-CH)를 반시계방향 최소로 돌려놓아라.

⑤ DVM 스위치를 "INT"로 하라(옵션).

⑥ 전원스위치를 "ON"하라.

⑦ 디지털 전압 미터를 보면서 필요한 전압을 지시하도록 전압을 조정하라.

⑧ 출력 코드를 필요한 DC 출력 터미널에 연결하라.

⑨ 출력 코드를 잠깐 단락(쇼트)시키고 C.C를 적당히 조정하여 놓아라.

1. 2개의 가변전압 출력 A, B채널은 완전히 절연되어 출력되고 있으므로 만약 (+)와 (-)의 Common이 필요시에는 외부적으로 연결시켜 주어야 한다.
2. 이 장비를 사용할 때에는 적절한 지식을 가진 후 사용하기를 바라며, 이를 위하여 다음 사항을 유의하여 주기 바란다.
   ① 이 장비를 사용하기 전에 이 책자 내용을 읽은 후 여기에 지시된 동작 절차와 장비에 입력되는 입력전압이 적절한가 확인한 후 연결하여야 한다.
   ② 전원 코드의 접지 플러그는 접지되어야 하며, DC 출력 터미널은 필요에 따라 (-) 또는 (+)단자를 접지 터미널에 연결시켜야 한다. 만약 그렇지 않은 상태에서 사용할 때에는 정전기에 의한 문제점이나 접지의 변동전압에 의한 위험성에 주의하여야 한다.

2 장비의 특성 및 규격

(1) 교류(AC) 입력

① AC 전압 : 100V~240Vrms (보통 220V) 60Hz 사인파

② AC 전류 : 1.1A

(2) 가변 DC 출력

① 전압 범위 : 0~20V 두 개의 출력

② 조정 변동률 : 0.1V

③ CV 부하 변동률 : 0.03%+5mV 미만

④ CV 라인 변동률 : 0.03%+1mV 미만

⑤ CV 리플과 잡음 : 0.03%+2mVrms 미만 (0.05% +6mVp-p 미만)

⑥ 온도 계수 : 0.05% +2mV/C 미만 예열 후에

(3) 출력전류

최대 1.5A(제한) (또는 0~1.5A C.C)

(4) 고정 출력

① 출력전압 : 5V(4.9V~5.1V)

② 출력전류 : 2A

③ 부하 변동 : 6mV

④ 라인 변동 : 3mV

⑤ 리플 : 0.05%+7mVrms (0.1%+25mVp-p)

(5) 계기(표시기)

① 전압 표시기 : 2-DVM(3자리) 2개의 가변 전압 출력

② 전류 표시기 : 2-아날로그 전류 미터(2.5 클래스)

③ 과부하 : 전류 제한과 부저

④ 외부 표시기 : 0~±99.9V DC in "EXT"
　　(옵션)　　DVM 스위치 위치

(6) 치수

206(폭)× 105(높이)× 270(길이)mm

(7) 무게

약 7.2kg

3 제품 사용 방법

(1) 전기적 점검

① 장비의 입력전압 선택상태를 확인하라. 입력전압 선택기는 장비의 뒷면 하반부에 위치하고 있다.

② 전원 스위치가 OFF되어 있도록 한다.

③ 교류(AC) 입력 전원이 장비의 입력사양과 같은가 확인한다.

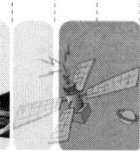

④ 장비의 교류(AC) 입력 코드를 교류(AC) 전원에 연결한다.

⑤ DVM 스위치를 모두 "INT"로 하고 출력 ON/OFF 스위치는 모두 ON으로 한다(옵션).

⑥ 전압조정 노브를 반시계방향으로 모두 돌려놓고 전원스위치를 ON한다.

⑦ 전압조정 노브를 서서히 시계방향으로 돌려가면서 전압 미터가 출력 전압 변화에 따라 지시하는가 확인한다.

⑧ 이번에는 출력단자를 출력 코드로 단락(쇼트)시켜 본다.
전류계의 지시가 최대(1.5A)를 지시하는가 확인하라. 만약 미달 시는 전류 노브를 시계방향 최대로 한다.

⑨ (A-CH 및 B-CH) 모두에 대하여 점검한다.

⑩ 고정 5V 출력점검 : 별도의 전압계를 사용하든가 ED-200E의 DVM을 이용하여 출력전압을 점검한다. 이는 4.9~5.1V이면 정상이다.

(2) 사용 전 준비

ED-200E 전원공급기를 사용하기 전에 먼저 다음과 같은 조건과 환경을 갖도록 하라.

① 전원공급기의 뒷면 방열판에서는 열이 많이 나게 되므로 열이 방열될 수 있도록 통풍이 잘 되어야 한다.

② 전원공급기의 밑과 위로는 공기가 유통되도록 가능하면 전원공급기 위에는 다른 장비를 올려놓지 않도록 한다.

③ 열이 많이 나는 장소나 습기가 많은 곳에 설치해서는 안 된다.

④ 진동이 있거나 먼지가 많은 장소를 피하여 설치한다.

⑤ 필요한 입력 전원을 연결할 수 있어야 한다.

⑥ 출력 코드의 길이가 길면 코드 저항에 의한 전압강하로 인하여 변동특성이 나쁘게 된다.

 코드선의 저항이 0.1Ω이라면
부하전류 0.1A일 때 0.1Ω × 0.1A = 10mV 전압강하
부하전류 1A일 때 0.1Ω × 1A = 100mV 전압강하

(3) 출력전압의 직렬연결 사용

모델 ED-200E는 2개의 0~20V 출력은 서로 직렬 연결하여 사용할 수 있으며 이와 같이 사용할 경우 출력전압은 최대 40V까지 증가시킬 수 있게 된다. 즉 A 출력(20V)+B 출

력(20V)=직렬출력(40V)을 얻게 된다. (그림 참조)

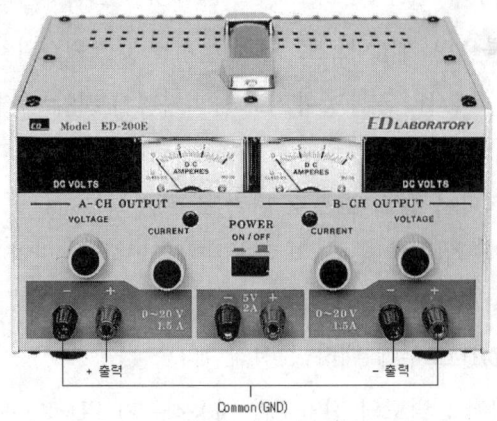

① 전원 스위치를 OFF시켜 놓아라.
② A-CH 출력단자의 (-)를 B-CH 출력단자의 (+)에 연결하라.
③ 출력전압 조정 노브를 모두 반시계방향으로 돌려놓고 전원 스위치를 ON하라.
④ 먼저 A-CH 출력과 B-CH 출력이 각각 필요한 전압의 반이 되도록 출력전압을 조정하라. 그러면 두 채널 출력의 합이 필요한 전압으로 출력될 것이다.

> **Note**
> 두 채널의 출력전압이 필요한 전압의 반씩 꼭 되어야 할 필요는 없다. 약간 다르더라도 두 채널 출력의 합이 필요한 전압이 될 수 있으면 된다. 그러나 각 채널의 출력 효율이 같은 것이 좋으므로 가능한 비슷하게 한다.

(4) +, - 전압의 사용

Op-Amp 등과 같은 회로에서는 (+)전압과 (-)전압이 필요하게 된다. 이는 다음과 같이 연결하여 사용할 수 있다.

① A-CH를 (+)전압 출력으로, B-CH는 (-)전압 출력으로 정하여 놓고 A-CH의 (-)출력단자와 B-CH의 (+)출력단자를 연결 Common시켜라.
② 각 채널의 전압조정 노브를 반시계방향으로 돌려놓아라.
③ Common된 단자에 +, - 출력전압의 Common 출력 코드를 연결하라.
④ 전원 스위치를 ON시키고 각 채널의 출력전압을 필요한 전압이 되도록 조정하라.

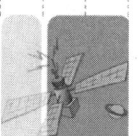

4. 측정기와 그 사용법

4.3 오실로스코프(DS-8040B)

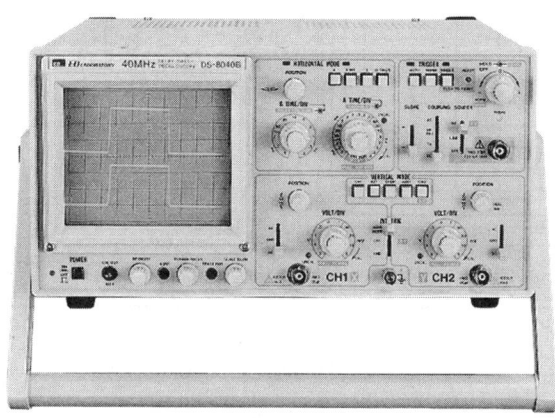

[DS-8040B의 외형]

   DS-8040B 오실로스코프는 Dual Trace의 고감도 오실로스코프로서 40MHz의 수직 입력 주파수 특성을 갖고 있으며, 2개의 Sweep Time Base를 갖고 있으므로 A-Time Base (Main Time Base)에 의한 Trace 파형에 B-Time Base에 의한 휘도 변조(Intensity Mod.)를 시킬 수 있다. 따라서 CRT상에 나타나는 파형의 임의 부분만을 휘도 변조하여 이를 확대시켜 볼 수 있게 한다. Display Mode는 A, A INT, B, B TRIG'D로 나타낼 수 있으며 Vertical Mode로는 CH-1, CH-2, ALT, CHOP, ADD의 동작 Mode를 갖고 있으므로 파형 관찰을 편리하게 한다.

1 사용법

(1) 조작부 기능 설명

   DS-8040B의 전면과 후면의 조작부 및 입출력 Connector의 배치 상태를 보여주고 있으며 이들의 각 기능은 다음과 같다.(그림의 번호와 관련)

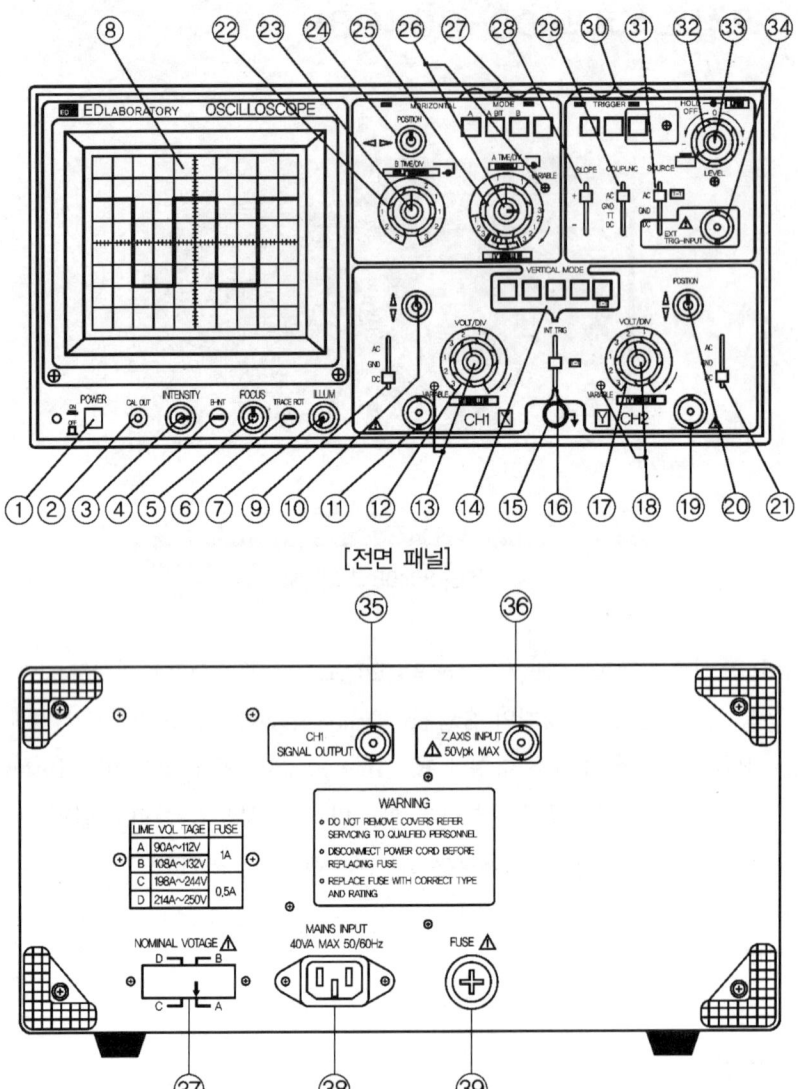

[전면 패널]

[후면 패널]

1) 전원과 CRT부

① POWER 스위치 : 전원 스위치로서 PUSH-ON/PUSH-OFF된다. 그리고 ON이 되면 스위치 좌측의 녹색 LED에 불이 들어온다.

② CAL OUT : Probe 보정과 수직 증폭기의 교정을 위한 구형파 출력단자이다. 출력은 0.5V, 1kHz이다.

③ INTENSITY : CRT의 휘도를 조절할 수 있게 하며 시계방향으로 돌릴 때 밝기가 증가한다.

④ B-INT : B-Trigger의 Trace Intensity를 조정하는 것으로 이는 (-)형 Screw Driver를 사용 조절할 수 있다.

⑤ FOCUS : CRT의 Screen에 나타나는 화면의 초점을 조정할 수 있게 한다.

⑥ TRACE ROT : CRT에 나타나는 휘선이 수평 눈금과 일치하도록 Trace의 기울기를 바로잡도록 하며, 이는 Screw Driver에 의하여 조정된다.

⑦ ILLUM : CRT의 Screen상의 Scale 눈금 밝기를 조절하는 것으로 대개는 사진 촬영시 사용한다.

⑧ CRT : CRT Display와 눈금(Scale)판

2) 수직 증폭부

⑨ AC, GND, DC : CH-1 Input Connector에 입력되는 신호와 CH-1 수직 증폭단의 연결 방법을 선택할 때 사용한다.

　㉠ AC : 수직입력 Connector(BNC)와 수직증폭기 간을 Capacitor로 연결되게 하여 DC는 입력되지 않게 하고 있다.

　㉡ GND : 수직 증폭기의 입력단을 접지시킴으로써 GND의 기준점을 갖게 한다.

　㉢ DC : 수직 증폭기에 DC 입력이 될 수 있도록 한다.

⑩ POSITION (↕) : CH-1 입력의 수직축 파형을 상하로 이동시킬 수 있게 한다.

⑪ CH-1(X) INPUT CONNECTOR : 수직축 CH-1(또는 X축) 증폭기의 신호입력 Connector(BNC)

⑫ VOLT/DIV : H-1의 수직편향 감도를 선택하는 감쇠기로서 10단계로 되어 있다.(입력 Range : 5V/DIV~5mV/DIV)

⑬ VARIABLE 기능 : CH-1의 수직 편향 감도를 연속적으로 조정할 수 있게 하는 Knob로서 VOLT/DIV ⑫의 Step과 Step 사이의 감도를 임의 조절할 수 있게 한다. 이때 이 손잡이는 반시계방향으로 돌리게 되면 UN-CAL Lamp에 불이 들어오게 된다.

 참고

　　VOLT/DIV의 각 Step이 Calibrated 상태로 있게 하기 위해서는 13의 손잡이는 시계방향 최대로 돌려 UN-CAL Lamp에 불이 들어오지 않게 한다.
　　[×5 MAG 기능] : 13의 손잡이를 Pull시키면 CRT에 나타나는 파형의 상하 진폭은 5배로 확대시킬 수 있게 된다.

⑭ VERTICAL MODE : 이 연동의 Push Button 스위치는 수직축의 표시 형태를 선택하는 데 사용된다.

　㉠ CH-1 : CH-1에 입력된 신호만을 CRT상에 나타낸다.

　㉡ ALT : CH-1과 CH-2를 교대로 Tracing되도록 하며 이는 Chop Mode와 달리 고주파 파형 관측에 편리하다.

　㉢ CHOP : CH-1과 CH-2에 입력된 신호가 Sweeping Time에 관계없이 두 입력이 시분할적으로(250kHz) Chopping되어 나열된 각각의 파형이 CRT상에 나타나게 된다.

　㉣ ADD : CH-1과 CH-2의 화면이 합쳐져 나타나게 된다.

　㉤ CH-2 : CH-2에 입력된 신호만을 CRT상에 나타낸다.

⑮ ⏚ : 접지단자

⑯ INT TRIG : Internal Trigger Source로서 CH-1, CH-2 및 Vert Mode를 선택한다. 특히 Vert Mode에 놓으며 Dual Trace(ALT, CHOP)로 사용할 때에 CH-1, CH-2의 Source 선택에 관계없이 동기 신호를 각각 얻게 한다.

⑰ VOLT/DIV : CH-2의 수직 편향 감도를 선택하는 감쇠기로서 10단계로 되어 있다. (입력 Range : 5V/DIV~5mV/DIV)

⑱ VARIABLE 기능 : CH-2의 수직 편향 감도를 연속적으로 조정할 수 있게 하는 Knob로서 ⑰ VOLT/DIV의 Step과 Step 사이의 감도를 임의 조절할 수 있게 한다. ⑬번의 Variable 기능 설명 참조

⑲ CH-2(Y) INPUT CONNECTOR : 수직축 CH-2(또는 Y축) 증폭기의 신호입력 커넥터(BNC)

⑳ POSITION (↕) : CH-2 입력의 수직축 파형을 상하로 이동시킬 수 있게 한다.

㉑ AC, GND, DC : CH-2 Input Connector로 입력되는 신호와 CH-2 수직 증폭단의 연결 방법을 선택할 때 사용한다. ⑨번의 AC, GND, DC 기능 설명 참조

3) 수평부와 TRIGGER부

㉒ B-TIME/DIV : 교정된 지연 B 시간축의 Sweep Time을 선택하며 $0.2\mu s$~$0.5ms$/DIV를 11단계로 선택된다.

㉓ DELAY POSITION : A-INT MOD로 확대될 A Sweep Waveform의 Position(위치)을 선택한다.

㉔ POSITION (↔) : CRT에 나타난 화면을 좌우 수평 이동시킬 수 있게 한다.

㉕ A-TIME/DIV : 교정된 주시간축(Main Time Base)의 Sweep Time을 선택하며 0.2 μs~0.5s/DIV를 20Step으로 선택한다.

㉖ VARIABLE 기능 : TIME/DIV의 Step과 Step 사이의 시간 간격을 연속적으로 조절할 수 있게 하는 것으로 이 Knob를 반시계방향으로 돌리면 UNCAL Lamp에 불이 들어오고 Time은 느려진다.

> TIME/DIV의 각 Step이 Calibrated 상태로 있게 하기 위해서는 ㉖의 손잡이는 시계방향으로 최대로 돌려 UN-CAL Lamp에 불이 들어오지 않게 해야 한다.
> [×10 MAG 기능] : ㉖의 손잡이를 Pull시키면 CRT에 나타나는 파형의 좌우 파장의 간격은 10배로 확대된다.

㉗ HORIZONTAL MODE : 연동의 푸시버튼 스위치의 Sweep 상태는 다음과 같이 나타낸다.

㉠ A : A-TIME/DIV의 Sweep에 의한 파형을 나타낸다. 이는 일반적인 사용이다.

㉡ A INT : A-TIME에 의한 파형을 나타내지만 B-TIME에 의한 휘도 변조로 B Sweep분은 밝은 Intensity를 나타내게 한다.

㉢ B : B-TIME/DIV의 설정에 의해 휘도 변조된 부분을 확대시켜 화면에 나타낸다.

㉣ B-TRIG'D : Delay Sweep가 첫번째 Trigger 펄스에 의해 동기된다.

㉘ SLOPE : Sweep의 시작이 상승 Slope에서 Triggering을 시킬 때는 "+"를, 그리고 하강 Slope에서 Triggering을 시킬 때는 "-"를 선택한다.

㉙ COUPLING : Trigger 회로 결합에 의해 주파수 특성별로 선택할 수 있다.

㉠ AC : Trigger 회로부에 큰 용량의 Capacitor가 연결되어 있어 동기신호 중에 DC 성분을 제거하고 AC 성분만으로 동기시킬 경우에 사용한다.

㉡ HF REJ : Trigger 회로부에 고주파 제거 Filter가 구성되어 있어 약 50kHz 이상의 신호를 제거할 수 있게 한다.

㉢ TV : TV 영상신호 중의 동기신호에 동기되어 관측한 경우 사용한다.
A-TIME/DIV의 선택이 0.1ms~0.5s인 경우는 TV-H에 0.2μs~50μs인 경우는 TV-H에 동기된다.

㉣ DC : 여기에 선택되면 신호를 DC 성분까지도 통과시킨다.

㉚ TRIGGER : Trigger Mode 스위치는 Sweep를 위한 SYNC 형태를 선택한다.

㉠ AUTO : Auto에서는 수직으로부터의 동기신호가 없어도 Sweep 신호가 발생되며 그리고 수직이나 외부로부터 동기신호를 얻게 되면 그 신호에 동기된 Sweep

신호를 얻게 된다. 이는 50Hz 이상의 주파수에서 동기되며 이 이하이거나 신호가 없을 시는 Free Running하게 된다.

 ⓛ NORM : 여기에서는 수직이나 외부로부터 동기신호를 얻을 수 없을 때에는 CRT 상에 파형은 나타나지 않게 된다.

 ⓒ SINGLE : 사진 촬영 등을 위해 화면에 1회 Sweep된 파형만 나타나게 한다. 즉 Button을 누르면 그때마다 TIME-DIV Range 시간에 의한 Single Sweep 를 한다.(LED가 들어오면 준비된 상태를 나타낸다.)

㉛ SOURCE : Trigger Source를 임의로 선택할 수 있으며 다음과 같이 선택할 수 있다.

 ㉠ INT : 여기에서는 ⑯번 INT TRIG의 CH-1, CH-2 및 Vert Mode로부터의 Trigger 신호를 얻게 한다.

 ⓛ LINE : 이는 AC 전원 주파수에 동기되는 신호를 관측하는 데 사용하며 측정 신호에 포함된 전원에 의한 성분을 안정되게 관측할 수 있다.

 ⓒ EXT : 외부로부터 동기신호를 얻을 경우에 선택한다. 즉 수직측의 신호 크기와 관계없이 동기시킬 때 사용한다.

㉜ HOLD OFF : Main Sweep(A-TIME)의 Hold Off 시간을 변경시킴으로써 잡힌 신호를 확실하게 동기시킬 수 있다. 가능한 서서히 조정한다.
Sweep Time을 늘려서 고주파 신호나 불규칙한 신호 또는 Digital 신호 등의 복잡한 신호를 동기시키는 데 효과가 있다. 이는 일반적인 때에는 반시계방향 최대 위치에 (NORM) 돌려놓는다.

㉝ LEVEL : 동기신호의 시작점을 선택할 수 있도록 Trigger Level을 조정한다.
이를 시계방향으로 돌리면 동기되는 시작점이 + 최고치 쪽으로 움직이고 반대로 돌리면 동기점이 - 최고치 쪽으로 움직인다.

㉞ EXT TRIG-INPUT : 외부 동기신호를 위한 입력 커넥터(BNC)

4) 장비의 뒷면 조작부

㉟ SIGNAL OUTPUT(CH-1) : CH-1에 입력된 신호를 일정 Level로 하여 출력하고 있다. 이는 주파수 카운터 등 다른 관련 측정기나 기록기의 연결을 위한 커넥터이다.(BNC)

㊱ Z-AXIS INPUT : CRT의 휘도 변조를 위한 신호 입력단자이다. 이는 + 신호 입력 시 휘도는 어두워지고 - 신호 입력 시 휘도는 밝아진다.

㊲ 전원 전압 선택 : 입력 전원 전압에 따라 A, B, C, D 중 맞는 전압에 선택하여 사용한다.

㊳ MAIN INPUT : 전원을 공급할 수 있는 Inlet으로 정격의 코드를 사용한다.
㊴ FUSE : 장비의 뒷면에 표시한 대로 정격의 Fuse를 사용한다.

입력 전압 범위	선택 전압	사용 Fuse
90V~110V	110V	1A, 125V
108V~132V	120V	1A, 125V
198V~242V	220V	0.5A, 250V
216V~250V	240V	0.5A, 250V

(2) 동작 준비

1) 전원의 연결과 FUSE 선택

전원 코드의 플러그는 일반적으로 AC 250V에서 사용되는 규격으로 되어 있다. 따라서 AC 220V 이상에서 사용 시에는 먼저 장비의 뒷면에 있는 입력 전원전압 선택 Plug를 입력 전압에 맞추어 꽂아놓고 AC 250V용 Plug에 그림과 같이 Adapter를 끼운 후 전원 Cord를 전원 Outlet에 연결될 수 있도록 하여야 할 것이다. 특히 주의할 것은 125V(또는 125V 이하)용 AC Cord를 장비에 연결하였을 때에는 반드시 장비의 입력 전압 선택 Plug는 117V로 해 놓아야 한다.

그림에서 입력 전압 선택 Plug가 A 또는 B에 선택되었을 때에는 1A, 125V의 퓨즈를 사용하지만 C 또는 D에 선택되었을 때에는 퓨즈는 0.5A, 250V의 것으로 교체해 주어야 한다.

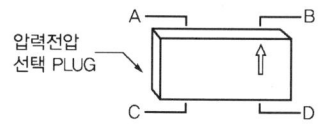

A : AC 90~112V, B : AC 108~132V
C : AC 196~244V, D : AC 214~250V

2) 측정 신호의 연결

① 일반 배선 사용

오실로스코프의 신호 입력은 BNC 커넥터로 되어 있으므로 일반 전선으로 연결해야 하는 경우에는 접지선 등의 연결이 불편할 것이다. 그러나 전용의 Oscilloscope Probe의 길이는 제한되어 있으므로 불가피하게 사용해야 할 때는 외부 Noise에 유의하여야 한다. 즉, 1V 이하의 낮은 Level의 신호 측정 시나 또는 높은 임피던스로부터의 출력신호를 측정할 때에는 Noise 신호가 함께 입력되어 측정하고자 하는 신호의 파형을 정상적으로 측정할 수 없게 된다. 이러한 경우에는 가능한 한 Shield 배선을 사용하여 입력을 시켜준다.

② OSCILLOSCOPE용 PROBE 사용

DS-8040B에 공급되는 Oscilloscope용 Probe는 Cord의 길이가 약 1.5m이며 Probe 자체 내에 10 : 1의 입력 감쇠기가 들어 있다.

따라서 1×(직렬연결)과 10×(감쇠)를 스위치로 선택 사용할 수 있다. 예를 들어 500mV의 입력을 10 : 1 Probe(즉 10×위치)로 측정했을 경우 입력 전압은 Vertical 입력 Range(VOLT/DIV) 손잡이에 표시된 전압에 10배를 하여 CRT 화면에 나타난 Level을 읽어야 할 것이다.

특히 동축 Cable를 사용하여 측정하고자 할 때에는 신호원의 임피던스, 최고주파수, Cable의 용량 등을 정확히 알아야 하는데 이러한 것들을 알 수 없을 때에는 10 : 1의 감쇠기 Probe를 사용하는 것이 좋을 것이다.

아래의 그림은 본 장비에 함께 공급되는 Probe의 설명과 Probe 특성으로 인해 (b), (c)와 같이 나타나는 파형을 보정용 Trimmer에 의해 (a)와 같이 보정됨을 보여주는 그림이다.

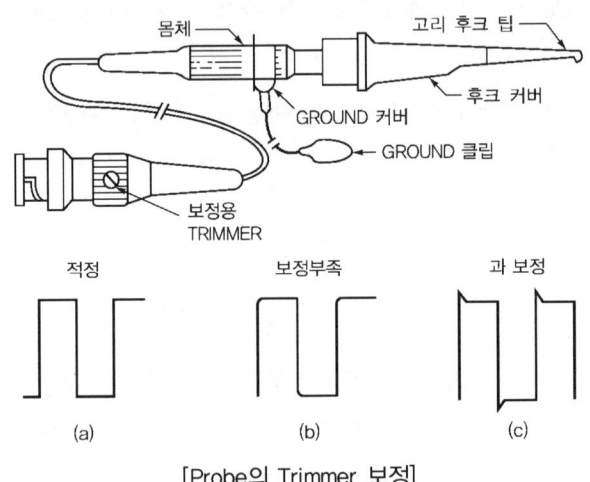

[Probe의 Trimmer 보정]

3) 초기 작동 체크

① 먼저 다음과 같이 초기 동작을 위한 오실로스코프 패널상의 각 조작부를 조작해 놓는다. 번호는 전면 조작부 패널의 설명도 번호이다.

ⓐ POWER 스위치 ① : OFF(Button이 나온 상태)

ⓑ INTENSITY ③ : 좌우 중앙위치

ⓒ FOCUS ⑤ : 좌우 중앙위치

ⓓ AC-GND-DC ⑨, ㉑ : AC

ⓔ VOLT/DIV ⑫, ⑰ : 0.2V

ⓕ 수직 POSITION ⑩, ⑳ : 좌우 중앙위치

ⓖ VARIABLE ⑬, ⑱ : 누른 상태에서 시계방향 최대(즉, CAL 상태)

ⓗ VERTICAL MODE ⑭ : CH-1

ⓘ INT TRIG ⑯ : VERT MODE

ⓙ HORIZONTAL MODE ㉗ : A

ⓚ A-TIME/DIV ㉕ : 0.5ms

ⓛ A-VARIABLE ㉖ : 누른 상태에서 시계방향 최대(즉, CAL 상태)

ⓜ 수평 POSITION ㉔ : 좌우 중앙위치

ⓝ TRIGGER MODE ㉚ : AUTO

ⓞ TRIGGER COUPLING ㉙ : AC

ⓟ TRIGGER SOURCE ㉛ : INT

ⓠ TRIGGER LEVEL ㉝ : 좌우 중앙위치

ⓡ HOLD OFF ㉜ : 반시계방향 최대(즉, NORM 상태)

ⓢ PROBE 연결 : 먼저 Probe를 CH-1 입력 11 BNC에 연결시켜 놓는다. 그리고 Probe의 감쇠기 1×, 10× 중 "1×"로 한 후 Probe의 후크 팁을 CAL OUT 단자에 연결시켜 놓는다.

ⓣ POWER 연결 : 전원 Cord를 Main Input 38에 연결시킨 후 장비의 선택된 입력 전압 전원의 Outlet에 연결시켜 놓는다.

② 이상으로 SET되었으면 다음과 같은 순서로 조작한다.

㉠ POWER ① ON : Power 스위치를 눌러 ON시킨다. 이때 ON LED에 불이 들어오게 되며 이어서 약 10~20초 후에 CRT 화면(Screen)에 파형이 나타날 것이다. 그러면 먼저 Intensity 손잡이를 시계방향으로 돌리면서 적당한 밝기로 조절한다.

CRT 화면의 Intensity가 너무 밝은 상태에서 오랜 시간 그대로 방치해 두면 CRT 화면(Screen)이 손상될 우려가 있다. 그러므로 화면이 나오게 되면 즉시 적당한 밝기로 조절해 놓아야 한다. 만약 대기상태로 둘 때에는 화면을 좀더 어둡게 해 두는 것이 좋다.

ⓛ FOCUS ⑤ 조정 : Focus 손잡이를 좌우로 돌려 보면서 화면에 나타나는 Tracing Beam이 가장 가늘고 선명하도록 한다.

ⓒ CH-1 POSITION ⑩ 조정 : 화면의 CH-1 입력 파형이 눈금 측정에 적당한 위치가 되도록 상하를 조정한다. 그리고 만약 파형이 수평 눈금과 평행이 안 되고 기울 때에 6번의 Trace ROT를 Screw Driver로 돌려 수평 눈금선과 평행이 되도록 한다.

ⓔ 수평 POSITION ㉔ 조정 : 화면에 나타난 파형의 좌측 끝이 눈금의 좌측 끝 눈금부터 시작되도록 이 손잡이를 조정한다.

③ DUAL TRACE 체크

ⓐ CH-1 입력과 같이 CH-2의 BNC 입력에도 Probe를 연결시킨 후 Probe의 후크 팁을 역시 CAL OUT 단자에 함께 연결한다.

ⓑ CHOP MODE 선택 : Vertical Mode 14를 CHOP으로 한다.

ⓒ CH-2 POSITION 조정 : 역시 앞서 CH-1 Position 조정 시와 같이 CH-2의 Tracing이 CH-1과 적당히 분리된 위치가 되도록 CH-2의 상하 Position을 조정한다.(대개 CH-1은 상부에 CH-2는 하부에 나타나도록 하고 있다.)

ⓓ CRT 화면에 나타난 구형 파형이 다음과 같은가 확인한다. 아래 그림의 (a)는 Single Tracing으로 동작시킨 경우이고, (b)는 Dual Tracing으로 동작시킨 경우이다.

CH-1 및 CH-2의 VOLT/DIV : 0.2V(CAL)

수평축의 A-TIME/DIV : 0.5ms(CAL)이다.

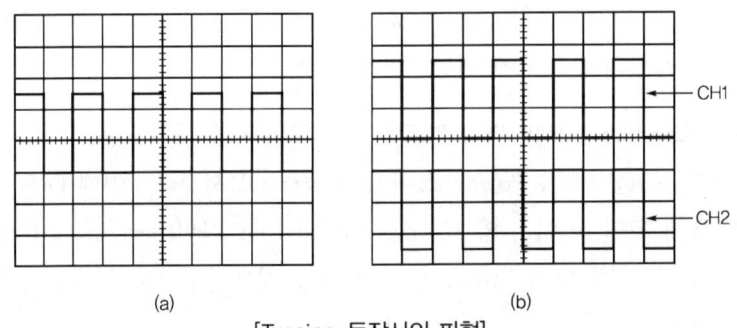

[Tracing 동작시의 파형]

(3) 기능별 사용법

1) SINGLE TRACING(1현상) 기본 작동

DS-8040B 오실로스코프를 가지고 2개의 Channel(CH-1, CH-2)을 가지고 있다. 여기

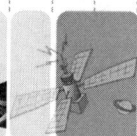

서 1개 Channel에만 입력될 때 1현상으로의 기본 동작을 시키게 되며 그 동작은 다음과 같이 한다.

편의상 CH-1에 입력될 때의 설명이다. 번호는 전면 조작부패널의 설명도 번호이다.

① 기본적인 설정
    ㉠ CH-1의 VOLT/DIV ⑫ : 예측 입력전압에 가까운 Range 입력 선택기를 선택한다. 그리고 입력 선택기는 시계방향 최대(CAL)에 둔다.
    ㉡ POWER ① : ON
    ㉢ INTENSITY ③ 및 FOCUS ⑤ : (2) 3)의 ②항 ㉠, ㉡ 참조
    ㉣ VERTICAL MODE ⑭ : CH-1
    ㉤ AC-GND-DC ⑨ : AC
    ㉥ TRIGGER COUPLING ㉙ : AC
    ㉦ TRIGGER SOURCE ㉛ : INT
    ㉧ HORIZONTAL MODE ㉗ : A
    ㉨ A-TIME/DIV ㉕ : 입력주파수 F에 대한 시간(T=1/F)에 가까운 시간 Range를 선택한다.
    ㉩ TRIGGER MODE ㉚ : AUTO
    ㉪ TRIGGER LEVEL ㉝ : 좌우 중앙
    ㉫ HOLD OFF ㉜ : NORM

② 보안 및 보조적인 조정
    ㉠ CH-1 POSITION ⑩ : 수직위치를 적절히 조정
    ㉡ 수평 POSITION ㉔ : 수평위치를 적절히 조정
    ㉢ CH-1 입력 조정 ⑫, ⑬ : 편의에 따라 VOLT/DIV Range를 올리거나 내릴 수 있다. 아울러 VOLT/DIV의 눈금으로 입력전압을 측정 시에는 가변 손잡이 ⑬을 시계방향 최대 (CAL)에 두지만 그렇지 않을 때에는 이 손잡이를 UN-CAL 상태로 하여 적절히 조절 사용한다.
    ㉣ 시간축 조정 ㉕, ㉖ : 편의에 따라 TIME/DIV Range를 올리거나 내릴 수 있다. 그리고 TIME/DIV의 눈금으로 입력의 주파수나 시간을 측정 시에는 가변 손잡이 ㉖을 시계방향 최대(CAL)에 두지만 그렇지 않을 때에는 필요에 의해 UN-CAL 상태로 하여 적절히 조절 사용한다.
    ㉤ TRIG LEVEL ㉝ : 화면에서 파형의 정지가 잘 안 되고 흐름이 생길 때에는 이 손잡이를 돌려 파형이 정지되도록 한다.

ⓗ TRIG MODE ㉚ : 만약 입력신호 주파수가 약 50Hz 이하의 낮은 주파수일 경우에는 이 Mode의 선택을 Auto로 하지 말고 Normal에 한다.

 참고

> Trigger Mode를 Normal에 했을 경우 입력 Level이 작거나 없을 때에는 화면에 아무것도 나타나지 않는다.

2) DUAL TRACING(2현상) 기본 작동

DS-8040B 오실로스코프를 가지고 2개의 다른 신호파형을 측정하거나 관찰하기 위해서는 다음과 같이 조작한다.

① 기본적인 설정

ⓐ VOLT/DIV ⑫, ⑰ : 예측 입력전압에 가까운 Range 및 가변기 ⑬, ⑱을 각각 선택한다. 그리고 입력 선택기는 모두 CAL에 둔다.

ⓑ POWER ① : ON

ⓒ INTENSITY ③ 및 FOCUS ⑤ : (2) 3)의 ②항 ⓐ, ⓑ 참조

ⓓ VERTICAL MODE ⑭ : ALT 또는 CHOP 선택

ⓔ AC-GND-DC ⑨, ㉑ : 입력신호에 따라 AC 또는 DC 선택

ⓕ TRIGGER COUPLING ㉙ : AC

ⓖ TRIGGER SOURCE ㉛ : INT

ⓗ HORIZONTAL MODE ㉗ : A

ⓘ A-TIME/DIV ㉕ : 입력주파수 F에 대한 시간(T=1/F)에 가까운 Range를 선택

ⓙ TRIGGER MODE ㉚ : AUTO

ⓚ TRIGGER LEVEL ㉝ : 좌우 중앙

ⓛ HOLD OFF ㉜ : NORM

② 보안 및 보조적 조정

ⓐ 수직 POSITION ⑩, ⑳ : 편의상 CH-1은 화면의 상부에 CH-2는 하부에 나타나도록 적절히 조절한다.

ⓑ 수평 POSITION ㉔ : 수평위치를 적절히 조정

ⓒ 수직 VOLT/DIV ⑫, ⑰ : 편의에 따라 VOLT/DIV Range를 채널별로 올리거나 내린다.

ⓓ 입력 조절 ⑬, ⑱ : 일단 CAL에 둔 것을 필요에 따라 UN-CAL 상태에서 적절히 조절 사용한다.

ⓔ 시간축 조정 ㉕, ㉖ : CH-1과 CH-2의 입력 주파수가 다를 경우 주 입력의 주

파수에 따라 적절히 Range를 재조정한다. 그리고 가변 손잡이 ㉖은 필요에 따라 사용한다.

ⓗ INT TRIG ⑯ : 일반적으로 Vert Mode를 ALT나 CHOP으로 했을 경우 이 INT TRIG는 Vert Mode에 놓아두면 된다. 그러나 필요에 의해서는 Trigger Source를 CH-1 또는 CH-2에 선택 사용한다.

ⓢ TRIG LEVEL ㉝ : 화면에서 파형의 정지가 잘 안 되고 흐름이 생길 때에는 이 손잡이를 돌려 흐름이 정지되도록 한다.

ⓞ TRIG MODE ㉚ : (3) 1)의 ②항 ⓗ 참조

3) TRIGGER의 선택

① AUTO

일반적으로 입력이 없는 상태에서는 Power를 ON시켜도 화면에는 아무것도 나타나지 않을 수 있다. 그러나 Trigger Mode를 Auto로 해 놓으면 화면에 휘선(소인 Line)이 나타나게 된다. 이는 입력이 없어도 Time Base(A-TIME/DIV 또는 B-TIME/DIV)에 의한 수평적인 소인(즉, Sweep)이 되고 있음을 의미한다.

여기서 입력이 있게 되면 입력신호에 동기된 Trigger 신호를 발생, 이에 의한 소인이 이루어지게 된다. 따라서 오실로스코프를 Power ON시킬 때에는 우선은 Trigger의 선택을 Auto로 해 놓으면 입력이 없어도 화면을 볼 수 있어 편리할 것이다. 다만 사전에 알고 있어야 할 것은 입력신호 주파수가 약 50Hz 이하인 경우 동기 소인은 되지 않는다.

② NORMAL

일반적으로 정상적인 입력신호가 있을 때에는 Trigger 선택은 Normal에 있게 한다. 그러나 이 경우 입력신호가 없을 때에는 화면에는 휘선조차도 나타나지 않게 된다.

③ SINGLE

Reset 버튼을 누르면 1주기 Sweeping 기간만이 화면에 나타나게 되며 이 기간 동안 Ready Indicator에 불이 들어온다. 따라서 TIME /DIV Range 설정에 따라 Single Sweep Time은 짧을 수도 있고 길 수도 있을 것이다. 이 기능은 화면에 나타나는 Tracing 파형을 사진기로 찍으려 할 때 사용된다.

4) 수직 및 수평 MAG 기능 사용

① 수직(×5 MAG) 기능

CH-1 및 CH-2의 VOLT/DIV 손잡이의 중앙에 있는 손잡이 ⑬, ⑱을 앞으로 잡아당기면 화면의 수직을 5배로 확대할 수 있게 된다. 그러나 일반적으로는 누른 상태에

서 사용한다.

② 수평(×10 MAG) 기능

A-TIME/DIV 손잡이의 중앙에 있는 손잡이 ㉖을 앞으로 잡아당기면 화면에 나타나는 파형의 좌우 수평 폭을 10배로 확대시켜 볼 수 있게 한다.

특히 TIME/DIV의 가장 빠른 Range가 $0.2\mu s$까지이므로 만약 5MHz 이상의 신호입력에서는 이 기능을 이용하면 파형을 정밀히 관찰할 수 있게 된다.

 참고

구형파 등의 Rise Time이나 Fall Time의 시간을 측정하는 경우에는 10배 기능을 사용하면 보다 정밀한 측정이 가능해진다.

5) B-TIME/DIV 및 DELAY POSITION 기능 사용

① B-TIME/DIV

Horizontal Mode를 A-INT로 했을 경우에는 A-TIME/DIV Sweep에 의하여 나타나는 파형 상에 B-TIME 설정 시간만큼 밝은 B-INT를 나타내게 한다.

Horizontal Mode를 B로 했을 경우에는 A-INT에서 파형의 B-INT된 부분만을 확대시켜 준다. 즉, B-TIME/DIV의 설정된 속도로서 B-INT된 부분만을 확대시켜 준다. 그리고 이때 B-TRIG'D 버튼을 누르면 지연 소인 부분이 첫째 Pulse에 의해 Trigger되어 확대된 부분의 Start가 화면 눈금의 좌측 끝으로부터 시작된다.

 참고

B-TIME/DIV의 설정은 사용 목적상 A-TIME/DIV의 설정보다 항상 빠르게 설정된다.

② DELAY POSITION

B-TIME/DIV 손잡이의 중앙에 있는 손잡이 ㉓으로 B-TIME 소인의 시작점을 지연시켜서 출발점을 임의 조정할 수 있다. 따라서 Horizontal Mode를 A-INT로 했을 경우 A-TIME 소인 상에 B-TIME에 의한 B-INT 부분을 임의 이동시키거나 확대시켜 나갈 수 있게 한다.

③ A-INT

그림 (a), (b)는 1kHz의 구형파 신호를 다음과 같이 A-TIME/DIV와 B-TIME/DIV를 갖고 화면에 나타나게 한 것이며 그림 (c)는 Horizontal Mode A-INT에서 화면에 나타나게 한 것이다.

㉠ 입력 : 1kHz, 0.5V 구형파를 CH-1 입력

㉡ VOLT/DIV : 0.2V

ⓒ A-TIME/DIV : 0.5ms(CAL)

ⓔ B-TIME/DIV : 0.1ms

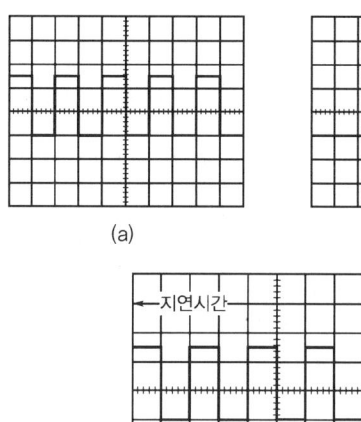

(a)　　　　　　　　(b)

(c)

그림 설명을 간단히 한다면 A-TIME이 0.5ms/DIV 속도로 Sweep할 때 B-TIME은 그 1/5 시간인 0.1ms/DIV의 빠른 속도로 B-Intensity를 가지게 된다. 따라서 그림 (c)와 같이 B-INT 부분은 수평 10DIV 시간의 1/5 기간만 나타낸다.

그리고 B-INT의 시작점은 Delay Position ㉓에 의해 좌우로 이동시킬 수 있게 된다.

6) X-Y 모드로의 동작

X-Y 모드로 동작 시는 내부 시간축(A-TIME/DIV 및 B-TIME/DIV)은 사용하지 않는다. 수평축도 수직축과 마찬가지로 외부 신호에 의해 동작된다. 따라서 이때에는 CH-1 입력이 X축(수평축)이 되고 CH-2 입력은 본래의 기능대로 수직축으로 동작된다. 그리고 Horizontal Mode의 기능과 Trigger 선택 기능들은 모두 사용하지 않게 된다. 동작 순서는 다음과 같이 한다.

ⓐ A-TIME/DIV ㉕ : 반시계방향 최대(X-Y)로 돌려놓는다.

ⓑ VERTICAL MODE ⑭ : CH-2(X-Y)

ⓒ Y축(CH-2) 입력 : 수직축 입력을 연결하고 입력의 크기에 따라 VOLT/DIV ⑰ Range를 적절히 설정한다. 그리고 Variable Knob ⑱은 CAL 위치에 두든가 아니면 필요에 따라 조정한다.

ⓔ X축(CH-1) 입력 : 수평축 입력을 연결하고 입력의 크기에 따라 VOLT/DIV ⑫ Range를 적절히 설정한다. 그리고 Variable Knob ⑬은 CAL 위치에 두든가 아니면 필요에 따라 조정한다.

ⓜ 리사주 도형의 화면 : 두 입력의 위상차가 90°이고 입력의 크기가 같게 되면 화면에는 정원이 나타난다. 그러나 X, Y 입력의 위상차 값이 다를 때에는 그림과 같이 나타난다. 그림에서 두 입력 주파수는 같고 입력 위상만이 다른 경우이다.

[리사주 도형]

(4) 측정

1) 전압 및 진폭 측정

최근의 오실로스코프의 화면눈금은 Calibrated Division 눈금이므로 입력 Attenuator(VOLT/DIV)의 Range에 따라 눈금수를 계산하면 입력 전압의 peak to peak 전압을 측정할 수 있게 된다. 이를 위해서는 VOLT/DIV와 함께 있는 Variable Knob는 반드시 CAL 위치에 있어야 한다.

① 최댓값(p-p) 전압 측정

ⓐ (3) 1) ① Single Tracing의 ① 기본적인 설정 절차와 같이 한다.
(만약 Dual Tricing 경우에는 (3) 2) ① 참조)

ⓑ TIME/DIV ㉕는 2~3주기 정도의 파형이 되도록 조정하고 VOLT/DIV 스위치는 CRT 화면 내에 파형이 들어오도록 적당히 조정한다.

ⓒ 수직 Position ⑩을 적당히 조정하여 파형의 끝부분을 CRT 관면의 수평 눈금과 일치시킨다.(그림 참조)

ⓓ 수평 Position ㉔를 적당히 조정하여 CRT 관면의 중앙 수직선상에 파형의 끝부분이 오도록 조정한다.(이 선에는 0.2칸 간격의 눈금이 그어져 있다.)

ⓔ 파형의 위쪽 끝부분과 아래쪽 끝부분의 눈금을 세어서 그 값에 VOLT/DIV 스위치의 값을 곱하면 최댓값(p-p)이 된다. 예를 들면 아래 그림과 같은 파형을 측정하여 그때 VOLT/DIV값이 2V라면 실제는 8.0Vp-p가 된다.(4.0DIV×2.0V=8.0V)

ⓑ 만약 수직 확대 표시가 ×5 모드이면 측정값에서 5를 나누어 준다. 그리고 Probe 가 10 : 1이면 10배를 곱해 주어야 한다.

ⓢ 100Hz 이하의 정현파나 1kHz 이하의 구형파를 측정할 때는 AC/GND/DC 스위치를 DC에 놓는다.

고전위의 DC 전압이 실려 있는 파형에서는 상기의 측정이 곤란하다. 이때는 AC/GND/DC 스위치를 AC에 놓고 측정하기 바란다. (교류성분 측정이 필요할 시)

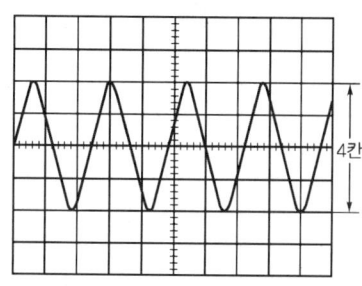

[최댓값(p-p) 측정]

파형이 Sine Wave인 경우 p-p값을 가지고 실효값으로의 환산은 다음 식으로 계산한다.

$$V_{rms} = \frac{V(p-p)}{2 \cdot \sqrt{2}} \fallingdotseq \frac{V(p-p)}{2.83}$$

② DC 또는 느린 속도의 구형파 전압 측정

㉠ (3) 1) ① Single Tracing의 ① 기본적인 설정 절차와 같이 한다.

㉡ TIME/DIV ㉕는 완전한 파형이 되도록 조정하고 VOLTS/DIV 스위치는 4~6칸이 되도록 조정한다.(다음 페이지의 그림 참조)

㉢ AC/GND/DC ⑧을 GND에 놓는다.

㉣ 수직 Position ⑨를 돌려 CRT상 수평눈금의 맨 아래(+신호일 때)나 맨 위쪽(-신호일 때)에 일치시킨다.

수직 Position 조절기는 측정이 끝날 때까지는 움직여서는 안 된다.

㉤ AC/GND/DC 스위치를 DC에 놓는다. +신호이면 GND 설정지점 위로 파형이 나타나고 -신호이면 GND 설정지점 아래로 파형이 나타날 것이다.

파형에 비해 DC 전압이 크게 실려 있을 경우에는 AC/GND/DC 스위치를 AC에 놓고 AC 부분만을 따로 측정한다.

ⓑ 수평 Position ㉔를 움직여 CRT면의 수직 눈금 중앙에 측정하고자 하는 지점을 일치시켜 그때의 진폭을 VOLT/DIV값에 곱해 준다. 수직 중앙 눈금은 0.2칸마다 눈금이 매겨져 있어 측정이 용이하다. 다음 페이지 그림의 예에서 VOLT/DIV 스위치가 0.5V에 위치해 있으면 그 값은 2.5V가 된다.(5.0DIV×0.5V=2.5V)

ⓐ 만약 ×5 확대 측정 시에는 상기 ⓑ항에서 측정한 값에서 5를 나누어주고 ×10 Probe를 사용했을 경우에는 그 값에 10을 곱해 준다.

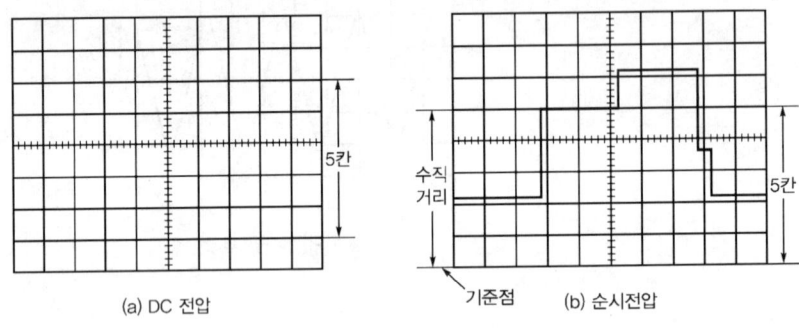

[DC 및 순시전압의 측정]

2) 시간 및 주파수 측정

수평 시간축의 눈금이 Calibrated Division으로 되어 있을 경우 이 눈금에 의하여 나타난 파형의 파형 간 시간이나 대략적인 주파수를 측정할 수 있게 된다.

① 기본적인 설정

　㉠ (3) 1) ① Single Tracing의 ① 기본적인 설정 절차와 같이 한다.

　㉡ A TIME/DIV ㉕를 파형이 될 수 있는 한 크게 화면에 나오도록 설정한다. TIME/VARIABLE ㉖은 잠김 소리가 날 때까지 시계방향 최대로 돌린다. 만약 이렇게 하지 않으면 측정값이 부정확하게 되므로 주의하기 바란다.

　㉢ 수직 Position ⑩을 조정하여 수평 눈금 중앙에 측정하고자 하는 파형을 일치시킨다.

　㉣ 수평 Position ㉔를 돌려 파형의 왼쪽을 수직눈금에 일치시킨다.

　㉤ 측정하고자 하는 지점까지의 눈금을 센다. 수평 중앙 눈금에는 0.2칸까지의 눈금이 매겨져 있다.

　㉥ 위의 ㉤에서 측정한 눈금에 TIME/DIV 스위치가 설정한 값을 곱하면 구하고자 하는 시간이 된다. 만약 A VARIABLE ㉖이 당겨져 있으면(×10 확대 모드)

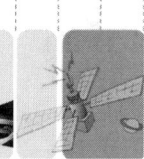

측정값에서 10을 나누어 준다.

② 주기, 펄스폭, DUTY CYCLE 측정

기본적인 설정에서의 측정을 잘 이용하면 펄스의 주기, 펄스폭, 듀티 사이클 등을 측정할 수 있게 된다. 신호의 완전한 주기가 화면에 표시될 때 그때의 주기를 측정할 수 있는데, 예를 들어 다음 그림 (a)에서 A와 C의 1주기의 측정값은 TIME/DIV 스위치가 10ms에 설정되어 있다면 10ms×7=70ms의 주기를 갖는 파형이 된다. 펄스폭은 A와 B의 시간을 말한다. 그림 (a)에서 1.5칸이므로 1.5DIV×10ms=15ms이 된다. 그런데 여기서 1.5칸은 거리가 짧기 때문에 TIME/DIV 스위치를 2ms에 놓게 되면 그림 (b)와 같이 확대되어 보게 된다. 그러면 짧은 펄스라도 측정 정확도는 더욱 좋아진다.

TIME/DIV 스위치로도 작게 보일 경우는 A Varibale ㉖을 당겨 ×10 확대된 상태에서 측정하여도 좋다. 펄스폭과 주기를 알면 듀티 사이클을 계산해 낼 수 있게 된다. 듀티 사이클은 펄스의 주기(ON 시간과 OFF 시간의 합)의 ON 시간에 대한 백분율을 말하고 있다. 아래 그림에서의 듀티 사이클은 다음과 같다.

$$듀티\ 사이클(\%) = \frac{펄스\ 폭}{주기} \times 100 = \frac{A \to B}{A \to C} \times 100$$

Example $듀티\ 사이클 = \frac{15\text{ms}}{70\text{ms}} \times 100 = 21.4\%$

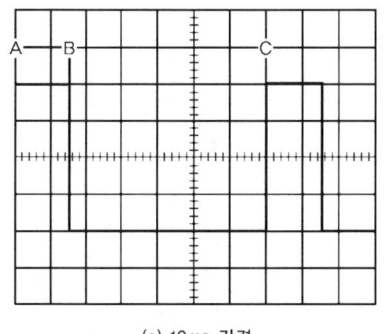

(a) 10ms 간격

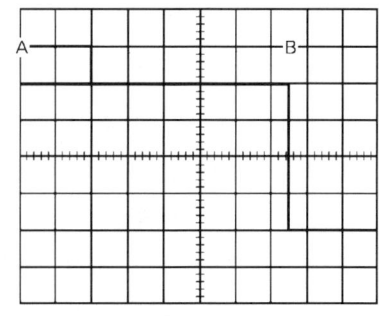

(b) 2ms 간격

[듀티 사이클의 측정]

③ 주파수 측정

주파수는 주기와 상호관련이 있다. 우선 주기측정에서와 같이 시간 간격 측정에서 나오는 주기 t를 알았다고 한다면 주파수는 1/t로 계산하여 간단히 구할 수 있다. 1/t의 공식을 적용하여 주기가 초일 때는 주파수는 Hz가 되고, 주기가 밀리초(ms)이면 주파수는 kHz, 주기가 마이크로초(μs)이면 주파수는 MHz가 된다. 주파수의 정확도는 시간축의 정확한 교정과 세밀한 주기측정에 의해 결정된다.

3) 위상각 및 위상차 측정

2개 입력 상호간의 위상차나 위상각 측정은 Dual Tracing 측정법과 리사주 패턴(Lissajous Pattern)의 2가지 방법이 있다.

① 2현상 측정법

㉠ (3) 2) ② Dual Tracing 측정 절차의 ① 기본적인 설정과 같이 스위치들을 설정한다.

㉡ 2개의 입력신호를 CH-1 및 CH-2 입력 Connector에 연결한다. 이때 Probe의 특성은 같은 것으로 연결해야 한다.

㉢ INT TRIG ⑯을 안정된 파형 쪽으로 설정한다. 이때 다른 파형은 수직 Position 조절기를 조정하여 파형이 보이지 않게 위나 아래로 보낸다.

㉣ 수직 Position을 조정하여 파형을 중심에 이동시킨다. VOLT/DIV ⑫와 Variable ⑬을 조정하여 파형이 6칸을 차지하도록 잘 맞춘다.

㉤ Trigger Level ㉝을 적절히 조정하여 수평눈금의 시작점에 파형의 시작점을 정확히 맞춘다.

㉥ A TIME/DIV ㉕, TIME Variable ㉖, 수평 Position ㉔를 적절히 조정하여 파형의 1주기가 7.2칸이 되도록 조정한다. 그러면 수평눈금 하나는 50°가 되고 작은 눈금 하나는 10°가 된다.

㉦ 보이지 않게 움직여 놓은 다른 파형도 수평 눈금 중앙에 오도록 위의 ㉢에서와 같은 절차를 수행한다.

㉧ 두 파형의 수평축상에서의 시작점 사이의 거리가 곧 위상차가 된다. 예를 들면, 아래 그림에서 보이는 위상차는 1.2칸이므로 60°가 된다.

㉨ 만약 위상차가 50° 이내이면 ×10 확대 모드를 이용하여 세밀히 측정할 수도 있다. 이때의 한 칸은 5°를 나타내는 데 유의하기 바란다.

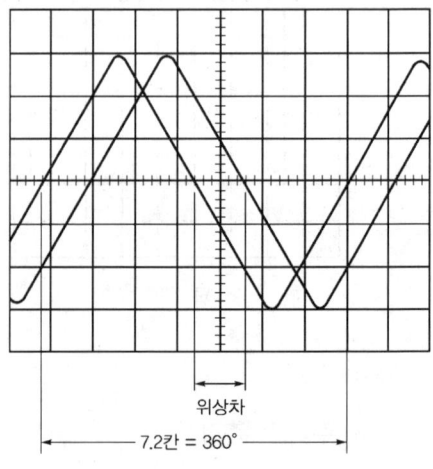

[위상차 및 위상각의 측정]

② LISSAJOUS PATTERN에 의한 측정법

이 측정법은 신호주파수가 대개 100kHz 이하에서 정확도를 유지할 수 있게 된다. 그리고 주의할 것은 CRT의 휘도가 너무 밝아 형광면을 손상시키는 일이 없도록 적당히 휘도를 낮추어 놓는다.

㉠ (3) 6) X-Y 모드로의 동작 절차 ㉠~㉣과 같이 스위치들을 설정한다. 그리고 두 입력 연결용 Probe의 특성은 같은 것을 사용해야 한다.

㉡ CH-2 수직 Position ⑳으로 파형이 관면의 중앙에 오도록 조정하고 CH-2 VOLTS/DIV ⑰과 Variable ⑱을 함께 조정하여 파형이 6칸이 되도록 조정한다.(파형은 100%와 0% 눈금선상에 존재한다.)

㉢ CH-1 VOLTS/DIV ⑫와 Variable ⑬으로 ㉡항과 같이 수평으로 6칸이 되도록 조정한다.

㉣ 수평 Position ㉔로 정확하게 조정하여 파형이 수평 중앙에 오도록 조정한다.

㉤ 파형이 수직 중앙 눈금에서 몇 눈금을 지시하는가를 센다. 만약 세밀한 측정을 위해서는 CH-2 Position으로 움직이면서 세어도 무방하다.

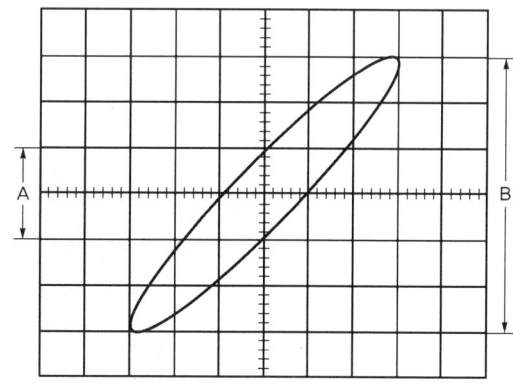

위상차(각도 θ) = $\sin^{-1} \dfrac{A}{B}$

[리사주 도형법에 의한 위상측정]

㉥ 두 신호의 위상차(각도 θ)는 A÷B (㉤항에서 6으로 나눈 수)의 아크사인값과 같다. 예를 들어 아래 그림과 같은 파형일 때 ㉤항에 의해서 계산하면 2÷6=0.3334의 아크사인값인데, 각도로 환산하면 19.5°가 된다.

4.4 오실로스코프(HM-1004-3)

일반사항(General information)

이 오실로스코프는 누구나 쉽게 조작할 수 있도록 모든 조절 버튼을 논리적으로 배열해 두었다. 하지만, 숙련된 사용자들도 모든 기능을 이해하도록 이 설명서를 꼭 읽어보기 바란다.

포장을 개봉한 후 즉시, 장비에 기계적인 손상이나 느슨한 부분이 있는지 확인하기 바란다. 만일 운송으로 인한 손상이 있다면 즉시 공급자에게 알리고 장비는 절대 작동시키지 않는다.

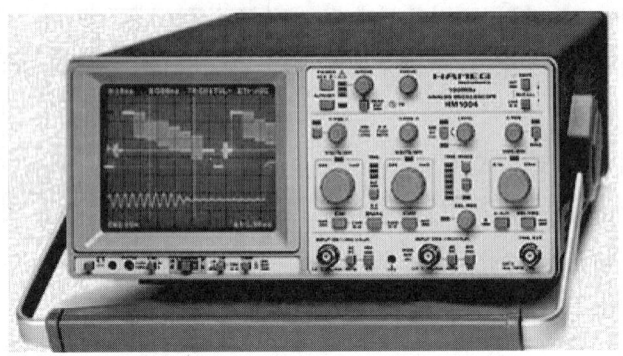

[오실로스코프(HM-1004-3)의 외형]

기호(Symbols)

⚡ 주의 : 사용 설명서 참고 표시

⚠ 위험 : 고전압

⏚ 접지 단자

손잡이 사용(Use of tilt handle)

　이 장비는 가장 좋은 각도에서 화면을 보기 위한 세 가지의 방법이 있다. 장비를 운반한 후 바닥에 놓게 되면 핸들은 A와 같이 자동적으로 위쪽을 향하게 된다. 장비를 다시 수평으로 놓으려면 C처럼 오실로스코프의 위쪽으로 핸들을 꺾어 놓아야 한다. 이 상태에서 10° 정도의 기울기를 갖는 D 포지션으로 설정하려면 핸들을 반대 방향으로 꺾어 장비의 아래쪽에 자동적으로 고정되게 하면 된다. D 포지션에서 핸들을 잡아당기면 다시 핸들이 움직일 수 있게 되는데 이 핸들을 뒤로 더 돌려 한 번 더 잠기게 하면 더 높은 각도(20°)의 E 포지션이 된다. 장비의 수평 이동을 위해서는 장비를 눕힌 상태에서 핸들을 B와 같이 설정할 수도 있다. 그렇지 않으면 핸들이 뒤로 꺾이기 때문에 장비를 동시에 들어올려야 한다.

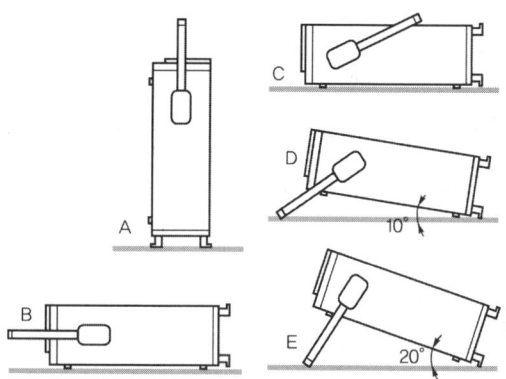

안전성(Safety)

　이 장비는 IEC Publication 1010-1(overvoltage category Ⅱ, pollution degree 2), 측정, 조절, 실험을 위한 전자 장비에 대한 안전 요구 조건(Safety Requirements)에 따라 설계되고 테스트되었으며 CENELEC 규정 EN 61010-1의 표준을 만족한다. 또한 본 장비는 안전한 상태로 제조공장에서 출하되었다. 이 설명서에는 안전하게 오실로스코프를 사용하고 유지하기 위해 사용자가 지켜야 할 주의 사항과 중요한 정보가 들어 있다.
　케이스와 본체 그리고 모든 측정 단자들은 장비 후미의 보호 접지 단자로 연결되어 있다. 본 장비는 Safety Class I에 따라 접지 단자가 있는 플러그와 보호 접지 단자가 있는 3단 전원 코드를 사용하여 동작시킨다.
　전원 플러그는 보호 접지 단자가 있는 소켓 아웃렛으로 연결해야 한다. 접지 단자가 없는 전원 확장 코드를 사용하면 이 장비의 안전을 위한 보호동작을 무실하게 만든다.

> **Note** 항상 전원 플러그를 먼저 연결한 후 측정회로를 연결한다.

사용자가 직접 접촉할 수도 있는 금속부분(케이스, 소켓, 잭)은 접지되어 있으며 전원 단자(line/live, neural)는 DC 2200V로 내전압 테스트를 받았다.

서로 다른 전원이 인가되고 있는 장비와 연결하면 측정회로에 50Hz 또는 60Hz의 험 전압이 발생하는 수가 있다. 이것은 전원 아웃렛과 플러그 사이에 절연 트랜스포머(Safety Class Ⅱ)를 사용하여 막을 수 있다. 대부분의 음극선관은 X선을 발현하지만 등가율은 최대 36pA/kg(0.5mR/h)보다 더 떨어진다.

의도하지 않은 조작은 장비의 안전을 해칠 수도 있는데 이러한 작동을 방지하기 위해 다음과 같은 경우에 대하여 안전을 보장하고 있다.

- 눈으로 관측되는 손상
- 의도한 측정의 수행이 실패할 때
- 케이스 없이 또는 습한 환경처럼 나쁜 조건 아래에서 오랫동안 보관되었을 때
- 운송 중 스트레스를 받았을 때(예, 느슨한 포장)

동작조건(Operation conditions)

이 장비는 전기 계측 시 발생 가능한 위험 요소를 숙지하고 있는 숙련된 전문가에 의해서만 사용되어야 한다.

장비는 이미 설치되어 있는 전원 아웃렛으로 연결되는데 이때 안전을 위해 보호 접지 단자를 갖추고 있다. 따라서 보호 접지 단자가 파손되어서는 안 된다. 테스트 장치가 연결되어 있는 동안 전원 플러그는 항상 전원 아웃렛에 끼워져 있어야 한다.

이 장비는 실내 사용에 맞도록 설계되었다. 동작 시 허용 주변 온도 범위는 +10℃(+50℉)~+40℃(+104℉)이다. 보관이나 운송을 위한 주변 온도 범위는 -40℃(-40℉)~+70℃(+158℉)이고 최대 동작 진폭은 2200m(부동작 시 15000m) 최대 동작 습도는 80%이다.

만일 장비 내에 응축된 물이 있으면 건조시킨 후 전원을 인가하여야 한다. 예를 들어, 극도로 차가운 오실로스코프의 경우에는 장비를 작동하기 전에 두 시간 정도 건조시킨 후 사용한다. 장비는 항상 깨끗하고 건조한 곳에서 보관하고 폭발, 부식, 먼지 또는 습한 환경에서 작동시키지 말아야 한다. 오실로스코프는 어떠한 위치에서도 동작할 수 있어야 하지만, 열대류 냉각을 떨어뜨려서는 안 되고 통풍이 잘 되도록 해야 한다. 장비를 계속해서 동작시

키려면 수평 위치에서 사용하는 게 좋다.

사양 설명서에 표기된 허용오차들은 장비가 +15℃(+59℉)와 +30℃(+86℉) 사이의 온도에서 30분 정도 작동되었을 때에만 유효하다. 오차가 표기되지 않은 값들은 일반적 장비에 전형적인 값을 나타낸다.

EMC

이 장비는 전자파 적합성(electromagnetic compatibility)에 준한 유럽표준에 따른다. 적용 표준은, 일반적인 면제 표준 EN50082-2 : 1995(산업), 일반적인 발행 표준 EN 50081-1 : 1992(주거, 상가, 산업환경)으로 높은 표준으로 검증되었음을 의미한다.

강한 전자기장의 영향 아래에서 여러 신호들이 측정 신호에 중첩될 수가 있다. 작업환경에 따라 높은 입력 민감도(sensitivity), 높은 임피던스와 대역폭 때문에 이 영향을 피할 수는 없다. 이러한 영향은 테스트 하에서 차폐처리를 한 케이블과 장비의 차폐와 접지를 통해 감소시키거나 제거할 수 있다.

보증(Warranty)

HAMEG은 고객들에게 2년 동안 자재와 기술의 결함으로 인한 보상으로 제품 제조와 판매를 무상으로 해 줄 것을 보증한다. 하지만 소비자의 잘못된 사용이나 부적절한 유지・보수로 인한 결함과 손상에 대해서는 이 보증이 적용되지 않는다. 또한, HAMEG의 대리점이 아닌 다른 공급자에 의해 제품을 설치, 보수, 서비스한 결과로 인한 손상일 경우에도 이 보증은 적용되지 않는다. 소비자가 이 보증 아래서 서비스를 받기 위해서는 제품을 판매한 공급자에게 연락하고 통보해야 한다. 각 장비는 제조공장에서 출하되기 전에 10분 정도의 burn-in(신뢰성) 품질 검사를 받게 된다. 따라서 사실상 모든 불량은 이 과정에서 검출된다. 우편, 기차, 항공에 의한 수송의 경우, 오리지널 포장을 잘 보존해 두어야 한다. 왜냐하면 운송 중의 손상과 거친 부주의로 인한 손상 역시 보증하지 않기 때문이다. 불만 사항이 있을 때에는 발생한 결함을 간단히 설명한 라벨을 장비의 틀에 부착해 주기 바란다. 또한 서비스 제공자가 불량사항에 대하여 문의할 수도 있으므로 고객명과 전화번호를 적어준다면 보증 요구 절차를 좀더 신속하게 진행하는 데에 도움이 될 것이다.

유지방법(Maintenance)

오실로스코프의 여러 중요한 특성은 일정한 기간마다 신중히 체크해야 한다. 이러한 방법만이 모든 신호가 기술적 데이터 기반의 정확도를 가지고 출력되는 것을 보장한다. 이 매뉴얼의 테스트 플랜에 진술되어 있는 테스트 방법은 스코프 측정 장비를 사기 위한 큰 지출 없이도 수행이 가능하다. 하지만 필요하다면 저렴한 가격으로 이러한 작업에 매우 적합한 HAMEG의 스코프 테스터 HZ60을 추천한다.

오실로스코프의 외관은 브러시를 사용하여 정기적으로 손질해준다. 플라스틱과 알루미늄으로 된 케이스와 핸들의 제거하기 어려운 먼지는 물 99%+묽은 세제 1%로 적신 천을 가지고 제거하고 기름때를 제거할 때는 알코올이나 워시 벤젠을 사용한다. CRT 스크린은 물이나 워시 벤젠으로 손질한 후 깨끗이 마른 린트천으로 닦아준다. 알코올이나 완화제(solvent)는 사용하지 말아야 한다. 잘못하여 세정액이 장비 안으로 들어갈 수도 있으므로 다른 대용의 세정액은 사용을 금한다. 이는 장비의 부드러운 표면이나 플라스틱을 손상시킬 수 있기 때문이다.

안전 스위치 오프(Protective Switch-off)

이 장비는 스위치 모드 전원 공급기를 갖추고 있다. 스위치 모드는 소모 전력을 최소로 제한하여 공급하므로 과전압과 과부하 현상을 보호한다. 이 경우 똑딱거리는 소리가 날 수도 있다.

파워 서플라이(Power supply)

이 오실로스코프는 AC 100V부터 240V 사이에서 작동한다. 따라서 다른 입력 전압이 공급되는 스위칭 방법은 없다. 퓨즈는 3단 전원 소켓 위에 있는데 합성고무를 제거하여 전원 입력 퓨즈를 외부에서 삽입할 수 있게 되어 있다. 이 퓨즈 홀더의 오른쪽과 왼쪽을 작은 스크류 드라이버를 가지고 동시에 가운데 방향으로 누르면 플라스틱 리테이너가 분리된다. 그리고 나서 퓨즈를 교체하고 다시 양쪽이 잠길 때까지 눌러준다.

불량 퓨즈나 쇼트된 퓨즈는 사용을 금한다. 이러한 경우 HAMEG은 어떤 원인의 결과로 주어진 손상일지라도 책임지지 않으며 보증하지 않는다.

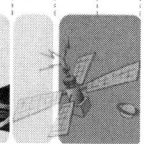

```
Fuse type:
Size 5×20mm; 0.8A, 250V AC fuse;
must meet IEC specification 127,
Sheet III (or DIN 41 662
or DIN 41 571, sheet 3).

Time characteristic: time-lag.


Attention!
There is a fuse located inside the instrument
within the switch mode power supply.

Size 5×20mm; 0.5A, 250V AC fuse;
must meet IEC specfication 127,
Sheet III (or DIN 41 662
or DIN 41 571, sheet 3).
Time characteristic: fast (F).

This fuse must not be replaced by the
operator!
```

 신호 유형(Type of signal voltage)

 HM1004-3은 DC 전압과 100MHz(-3dB)까지의 주파수 범위를 갖는 대부분의 AC 신호를 검사할 수 있다.

 입력단(Y-amplifier)은 최소의 오버슈트를 갖도록 설계되어 있으므로 실제 신호에 가까운 출력을 보여준다.

 대역폭 범위 내에서의 정현 신호 출력은 문제가 없지만, 높은 주파수 신호를 측정할 때에는 이득 감소로 인한 측정 에러가 증간된다. 이 에러는 약 40MHz에서 현저하게 드러난다. 약 80MHz에서 감소는 약 10%이고 실제 전압값은 11% 더 높다. 이득 감소 에러는 입력단의 -3dB 대역폭이 100MHz와 140MHz 사이에서 다르기 때문에 정확하게 정의되지 못한다.

 구형파(square wave)나 펄스파(pulse)를 검사할 때에는 그 신호에 함유된 고조파 성분에 주의해야 한다. 따라서 신호의 반복 주파수(기본 주파수)는 입력단의 상측 제한 주파수보다 확실히 더 낮아야 한다.

 특히 트리거링에 이용되는 더 높은 크기의 반복 신호 성분을 포함하지 않는다면 혼합 신호의 출력은 곤란하다. 예를 들면 파열의 경우이다. 이 경우, 잘 트리거된 출력을 얻기 위해서, 가변 홀드 오프나 딜레이 타임 베이스를 조절해야 한다. TV 신호는 내장된 TV 동기 신호분리기를 이용하면 비교적 트리거링이 쉽다.

 입력단의 DC 또는 AC 전압 인가를 위해서 DC/AC 스위치로 선택을 해 주어야 한다. DC 결합은 감쇠 프로브를 직렬로 연결하여 사용하거나 신호의 주파수가 매우 낮을 때 그리고 신호의 DC 전압 성분 측정이 꼭 필요할 때에만 이용된다.

매우 낮은 주파수 펄스를 출력할 때, 입력단이 AC 결합(AC 제한 주파수 1.6Hz, 3dB)이면 펄스 상부의 평면이 기울어질 수 있다. 이러한 경우에는 공급되는 신호 전압은 높은 DC 레벨에 중첩되지 않으므로 DC 동작이 더 낫다. 반면 적당한 커패시턴스를 갖는 커패시터가 DC 결합으로 입력단에 연결되어야 한다. 이 커패시터는 충분히 높은 항복(breakdown) 전압 등급을 가져야 한다. 로직 신호와 펄스 신호의 출력에 특히 펄스 듀티 계수가 계속해서 변한다면 DC 결합을 이용한다. 그렇지 않으면 펄스가 변할 때마다 출력이 위아래로 움직일 것이다. 깨끗한 다이렉트 전압은 DC 결합으로만 측정이 가능하다.

(1) 진폭 측정(Amplitude measurements)

일반적인 전기 공학에서, 교류 전압 데이터는 보통 실효값(rms=root mean-square value)으로 나타낸다. 하지만, 오실로스코프 측정에서 신호의 크기와 전압은 피크-피크(Vpp)값이 적용된다.

피크-피크값은 신호 파형의 양의 최댓값과 음의 최댓값 사이의 실제 전위차를 말한다.

만일 오실로스코프 화면에 디스플레이되는 정현파가 실효값으로 변환된 것이라면, 그 결과 피크-피크값은 $2 \times \sqrt{2} = 2.83$으로 나누어야 한다.

다시 말해, 정현 전압 Vrms(Veff)는 Vpp의 2.83배라는 것을 의미한다. 다음의 그림은 크기가 다른 전압 사이의 관계를 보여준다.

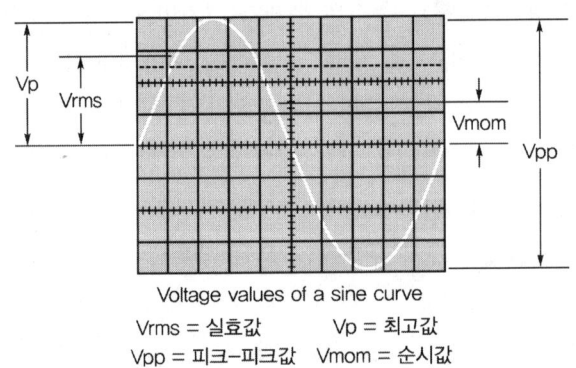

Voltage values of a sine curve
Vrms = 실효값   Vp = 최고값
Vpp = 피크-피크값   Vmom = 순시값

이 편향계수가 스크린에 디스플레이되고 가변 스위치를 끈 상태(VAR-LED 꺼짐)에서 1div. 높이에 해당하는 출력을 얻으려고 Y 입력에 인가되어야 할 최소 신호 전압은 1mVpp이다. 하지만, 출력되는 신호는 이보다 더 작을 수가 있다. 편향계수는 mV/div이나 V/div(피크-피크값) 내에서 표시된다.

인가전압의 최대치는 div당 수직 디스플레이 높이로 선택된 편향계수를 곱하여 확인한다. ×10 감쇠 프로브를 사용할 때는, 정확한 전압을 확인하기 위해 계수 10을 다시 곱해 주어야 하나, 이 계수는 자동적으로 계산이 되도록 오실로스코프의 메모리 안에 저장할 수 있다.

정확한 크기 측정을 위해 가변 컨트롤(VAR)은 CAL. 상태로 설정해 두어야 한다.

가변 컨트롤을 활성화시키면 편향 감도를 2.5대 1의 비로 감소시킬 수 있다. 그러므로 임의의 중간 값은 감쇠기의 1-2-5 순으로 이루어진다.

> 수직 입력단에 직접 연결하는 신호는 가변 컨트롤을 왼쪽 끝까지 돌리고(2.5 : 1) volts/div. 을 20V/div으로 설정했을 때 400Vpp까지 디스플레이 할 수 있다.

용어 지정 :

    H = div.의 높이

    U = 입력단에 인가되는 신호의 Vpp

    D = V/div.의 수직 편향계수

이 값들은 다음과 같은 관계가 있으므로 주어진 두 값으로 원하는 값을 얻을 수 있다.

$$U = D \cdot H \quad H = \frac{U}{D} \quad D = \frac{U}{H}$$

하지만, 이 세 값은 임의로 선택할 수 없으며 판독의 정확도를 위해 트리거 임계값은 다음의 제한 범위 내에 있어야 한다.

    H = 0.5div.~8div., 가능하면 3.2div.~8div.

    U = 0.5mVpp~160Vpp

    D = 1mV/div.~20V/div. (1-2-5 시퀀스에서)

편향계수 D=50mV/div. (0.05V/div.)
관측 표시 높이 H=4.6div.
필요 전압 U=0.05 · 4.6=0.23Vpp
입력 전압 U=5Vpp
편향계수 일정 D=1V/div.
필요 표시 높이 H=5 · 1=5div.
신호 전압 U=230Vrms · $2\sqrt{2}$ =651Vpp
(전압 > 160Vpp, 프로브 사용 10 : 1 : U=65.1Vpp)
희망 표시 높이 H=최소 3.2div, 최대 8div.
최대 편향계수 D=65.1 : 3.2=20.3V/div.
최소 편향계수 D=65.1 : 8=8.1V/div.

편향계수 조정 D=10V/div.

위의 예제들은 CRT의 계수선을 읽어서 계산한다. 또한 DV 커서를 가지고 측정할 수도 있다.

입력 전압은 극성에 관계없이 400V를 넘을 수 없다. DC 전압에 중첩된 AC 전압이 인가된다 하더라도 두 전압의 최대 피크값은 ±400V를 초과할 수 없다. 따라서 0V의 평균값을 가지는 AC 전압의 최대 Vpp값은 800Vpp이다.

> **Note**
> 더 높은 범위를 갖는 감쇠 프로브가 사용되면, 오실로스코프가 DC 입력 결합으로 설정될 때만 프로브의 제한 범위가 유효하다.

만일 AC 입력 결합 조건에서 DC 전압이 인가되면 오실로스코프의 최대 입력 전압은 400V를 유지한다. 프로브 저항과 오실로스코프의 입력 저항 1MΩ으로 구성되는 수직 입력단의 감쇠기는 AC 결합일 때 AC 입력 결합 용량에 의해 무력해진다. 또 AC 전압에 중첩된 DC 전압도 인가한다. 그것 역시 AC 입력 결합 커패시터의 용량성 저항 때문에 감쇠율이 신호 주파수에 의존하는 것에 주의해야 한다. 하지만 40Hz보다 더 높은 주파수의 정현파 신호에서는 이 영향을 무시할 수 있다.

위의 예외사항을 제외하고, HAMEG 10 : 1 프로브는 DC 600V까지 또한 1200Vpp의 AC 전압을 측정하는 데에 이용될 수 있다.

AC 최고값(peak value)은 주파수가 높아질수록 감쇠되는 것을 주의한다. 만일 일반적인 ×10 프로브가 높은 전압을 측정하는 데 사용된다면 감쇠기 직렬 저항에 브리지된 보상 트리머가 파괴될 위험이 있다. 이는 오실로스코프의 입력단을 손상시킨다. 하지만 예를 들어, 높은 전압의 리플 잔여 성분만 오실로스코프에 출력된다면 일반적인 ×10 프로브로도 충분하다. 이러한 경우에는 적당한 고전압 커패시터(22~68nF 정도)가 프로브의 팁과 직렬로 연결되어야 한다.

측정을 하기 전에 GND 결합으로 설정한 후 Y-POS.을 이용하면 수평선을 그라운드 전위 확인을 위한 기준선으로 사용할 수 있다. 수평선은 그라운드 전위로부터 양 또는 음의 편향에 따라 수평 중앙선의 위아래에 둘 수 있다.

(2) 입력 전압(Total value of input voltage)

점선은 0V 레벨에서의 교류 전압을 보여주고 있다. 만일 DC 전압이 중첩되면, 양의 피크값과 DC 전압의 합이 최대전압(DC+AC 피크)이 된다.

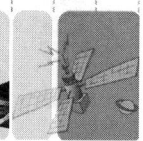

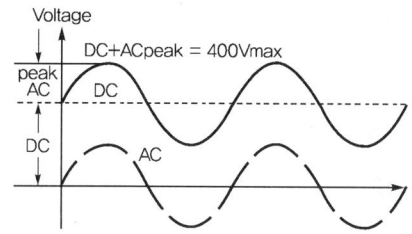

(3) 시간 측정(Time measurement)

일반적으로 디스플레이되는 대부분의 신호들은 주기적으로 반복 진행하는데 이를 주기라 하고, 초당 주기의 수가 반복 주파수이다. TIME/DIV.의 타임 베이스 설정에 따라 하나 또는 여러 개의 주기를 디스플레이하거나 한 주기의 일부분만을 디스플레이할 수도 있다. 시간 계수는 TIME/DIV.에서 s/div., ms/div. 그리고 μs/div.으로 설정된다. 다음 예는 CRT 계수선을 읽어서 계산할 수 있다. 또한 Δt와 1/Δt는 커서를 이용하여 측정할 수도 있다.

신호의 주기나 주기의 일부분은 설정한 시간 계수에 해당되는 div.의 수평 간격을 곱하여 얻는다.

교정되지 않은 조건에서 타임 베이스 속도는 최대 2.5의 계수에 이를 때까지 감소될 수 있다. 그러므로 임의의 값은 1-2-5 순서 내에서 가능하다.

용어 지정 :

    L = 한 주기에 해당되는 div. 간격

    T = 주기

    F = 주파수

    T_c = 시간 편향계수

$F = 1/T$의 관계가 있으므로 다음의 식으로 표현될 수 있다.

$$T = L \cdot T_c \qquad L = \frac{T}{T_c} \qquad T_c = \frac{T}{L}$$

$$F = \frac{1}{L \cdot T_c} \qquad L = \frac{1}{F \cdot T_c} \qquad T_c = \frac{1}{L \cdot F}$$

X-MAG.(×10) 버튼을 누르면 T_c의 값은 10으로 나뉜다.

하지만, 이 값은 다음의 제한 범위 내에 있어야 한다.

    $L = 0.2$div. ~ 10div. 가능하면 4div. ~ 10div.

$T = 0.01\mu s \sim 2s$

$F = 0.5Hz \sim 30MHz$

$T_c = 1-2-5$ 시퀀스로 $0.1\mu s/div. \sim 0.2s/div.$

X-MAG.(×10) 설정했을 때는 1-2-5 시퀀스에서 $10ns/div. \sim 20ms/div.$

파형 기간(길이) 표시 L=7div.
시간 계수 설정 $T_c = 0.1\mu s/div.$
필요 배율 $T = 7 \times 0.1 \times 10^{-6} = 0.7\mu s$
필요 레코드 주파수 $F = 1 : (0.7 \times 10^{-6}) = 1.428MHz$

신호 배율 T=1s
시간 계수 설정 $T_c = 0.2s/div.$
필요 파형 기간(길이) L=1 : 0.2=5div.

리플 파형 기간(길이) 표시 L=1div.
시간 계수 설정 $T_c = 10ms/div.$
필요 리플 주파수 $F = 1 : (1 \times 10 \times 10^{-3}) = 100Hz$

TV-라인 주파수 F=15625Hz
시간 계수 설정 $T_c = 10\mu s/div.$
필요 파형 기간(길이) $L = 1 : (15625 \times 10^{-5}) = 6.4div.$

사인파형기간(길이) L=min.4div., max.10div.
주파수 F=1kHz
최대 시간 계수 $T_c = 1 : (4 \times 10^3) = 0.25ms/div.$
최소 시간 계수 $T_c = 1 : (10 \times 10^3) = 0.1ms/div.$
시간 계수 설정 $T_c = 0.2ms/div.$
필요 파형 기간(길이) $L = 1 : (10^3 \times 0.2 \times 10^{-3}) = 5div.$

파형 기간(길이) 표시 L=0.8div.
시간 계수 설정 $T_c = 0.5\mu s/div.$
X-MAG.(×10) 버튼의 누름 $T_c = 0.05\mu s/div.$
필요 레코드 주파수 $F = 1 : (0.8 \times 0.05 \times 10^{-6}) = 25MHz$
필요 배율 $T = 1 : (25 \times 10^{-6}) = 40ns$

시간이 전체 신호 주기에 비해 상대적으로 짧다면 X-MAG.×10을 설정하여 시간 눈금을 확대시킨다. 이 경우, X-POS.을 사용하여 보고자 하는 간격을 화면 가운데로 이동시킬 수도 있다.

(4) 상승시간(Rise time) 측정

펄스나 구형파를 검사할 때 중요한 특징은 전압 스텝의 상승시간이다. 과도현상, 램프 오프, 대역폭 제한으로 인한 영향에도 정확한 측정을 보장하기 위해서, 일반적으로 상승시간은 펄스 높이의 10%와 90% 사이에서 측정된다. 상승시간을 측정하기 위해 Y-POS.과 VOLTS/DIV.을 조절하여 펄스 높이를 내부 눈금의 0%와 100% 표시선 사이에 정밀하게 맞춘다. 그러면 신호의 10%와 90% 위치도 내부 눈금의 10%와 90% 계수선에 일치될 것이다. 일치된 이 두 위치 사이의 수평 div. 거리와 설정된 시간 계수를 곱하여 상승시간을 구할 수 있다. 펄스의 하강시간 역시 이 방법으로 측정할 수 있다.

다음의 그림은 상승시간 측정을 위한 트레이스의 정확한 위치를 보여준다.

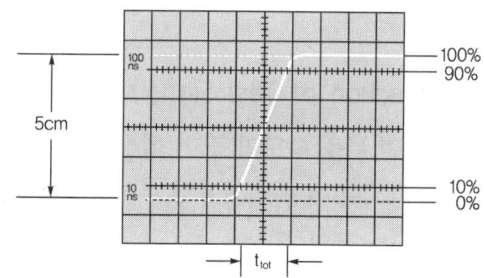

X-MAG.×10 버튼을 눌러서 시간 계수가 10ns/div.일 때 위 그림 예에서의 전체 상승시간은 다음과 같은 계산 결과를 얻는다.

$$t_{tot} = 1.6 \text{div.} \times 10 \text{ns/div.} = 16 \text{ns}$$

매우 빠른 상승시간이 측정될 때, 오실로스코프의 수직 입력단과 프로브의 상승시간은 측정된 시간 값에서 제외되어야 한다. 따라서 신호의 상승시간은 다음의 식을 통해 얻을 수 있다.

$$t_r = \sqrt{t_{tot}^2 - t_{osc}^2 - t_p^2}$$

여기서 t_{tot}는 측정된 전체 상승시간이고, t_{osc}는 오실로스코프 입력단의 상승시간(10ns 정도), t_p는 프로브의 상승시간(예=2ns)이다. 한편 t_{tot}가 100ns보다 더 크다면, 그때의 t_{tot}를 펄스의 상승시간으로 간주하여도 된다.

위 그림의 신호에서 상승시간을 계산하면 $t_r = \sqrt{32^2 - 10^2 - 2^2} = 30.3 \text{ns}$가 된다.

상승시간 또는 하강시간의 측정은 위 다이어그램이 보여주는 트레이스의 간격에 제한되지 않는다. 이러한 점에서 측정은 매우 간단한 편이다. 원칙적으로 어떠한 디스플레이 위치와 어떤 진폭을 갖는 신호에서도 측정이 가능하다. 다만 원하는 신호의 에지(모서리)의 기울기가 지나치게 급격하지 않아서 전체 길이를 알아볼 수 있고 진폭의 10%와 90% 사이의 수평 간격을 측정할 수 있어야 한다.

만일 에지가 라운딩이나 오버슈트를 보인다면 100%의 위치는 피크값으로 하지 않고 평균 펄스 높이로 한다. 그리고 edge 근처의 글리치(glitch)와 같은 브레이크나 피크는 계산에 이용하지 않는다. 따라서 매우 심한 순간 왜곡을 가지는 상승시간과 하강시간의 측정은 당연히 별 의미가 없다. 수직 입력단의 증폭기가 거의 일정한 그룹 지연을 갖는 양호한 펄스를 전송하기 위해서 상승시간과 대역폭 B(MHz) 사이에 다음의 수적인 관계가 적용된다.

$$t_r = \frac{350}{B}, \ B = \frac{350}{t_r}$$

(5) 테스트 신호 연결(Connection of Test Signal)

대부분의 경우, AUTOSET 버튼을 누르면 장비 설정에 맞는 신호가 잡힌다. 특별한 응용과 신호에 대한 다음 설명은 수동적인 설정을 요구한다. 각 컨트롤에 대한 설명은 조작과 판독(controls and readout)에 있다.

> **Note**
> 임의의 신호가 오실로스코프에 연결되고 있을 때는 항상 자동 트리거링을 사용하고 입력 결합은 AC로 설정한다. 그리고 volts/div.은 초기에 20V/div.으로 설정해 둔다.

가끔 입력신호가 인가된 후에 트레이스가 나타나지 않을 때가 있다. 이때는 신호의 높이가 3~8div.이 되도록 편향계수를 높여준다(VOLTS/DIV.을 왼쪽으로 돌린다). 진폭이 160Vpp보다 큰 신호를 검사할 때는 감쇠 프로브를 이용해야 한다. 그리고 나서도 트레이스가 잘 보이지 않는다면 신호의 주기가 설정한 time/div.보다 훨씬 더 길기 때문이다. 이때는 TIME/DIV.을 적당히 왼쪽으로 돌려 편향계수를 높여준다.

출력하고자 하는 신호는 HZ32나 HZ34와 같은 차폐 테스트 케이블(shielded test cable)이나 ×10 또는 ×100 감쇠 프로브를 통해 오실로스코프의 입력단으로 직접 연결할 수 있다. 높은 임피던스를 갖는 테스트 케이블은 비교적 낮은 주파수(50kHz 이하)에서만 사용된다. 좀 더 높은 주파수에서는 신호원이 케이블의 특성저항(일반적으로 50Ω)에 정합된 낮은 임피던스를 가져야 한다. 특히 구형파나 펄스 신호를 전송할 때는, 케이블의 특성저항과 동일한 저항소자가 오실로스코프의 입력단과 케이블 사이에 연결되어야 한다. 예를 들면 HAMEG의 HZ34와 같은 50Ω 케이블을 사용할 때, 50Ω 부하 형태인 HZ22를 사용한다. 짧은 상승시간의 구형파를 전송할 때, 정확한 부하(termination)가 사용되지 않

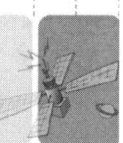

으면 신호의 에지와 상부에 과도전류현상이 나타날 수도 있다. 종단 부하는 때에 따라 정현파 신호에도 사용된다. 연결 케이블이 규정된 저항으로만 연결된다면 증폭기와 발생기 또는 감쇠기가 주파수와 관계없이 공칭 출력 전압(nominal output voltage)을 유지하게 된다. 부하 저항 HZ22는 최대 2와트까지만 사용할 수 있다는 것에 유념하여야 한다. 이 전력은 정현파 신호에서 10Vrms(28.3Vpp)에 도달된다. ×10 또는 ×100 감쇠 프로브를 사용할 때는 부하 저항이 없어도 된다. 이 경우, 연결 케이블이 오실로스코프 입력단의 높은 임피던스에 직접 정합된다. 감쇠 프로브를 사용하면 내부의 높은 임피던스원도 쉽게 부하된다(약 10MΩ∥16pF 또는 100MΩ∥9pF 정도). 프로브의 감쇠로 인한 전압 손실이 더 높은 진폭을 설정함에 따라 보상될 수만 있다면 감쇠 프로브는 항상 사용하는 것이 바람직하다. 프로브의 직렬 임피던스는 Y 증폭기의 입력단을 상당 부분 보호한다. 프로브들의 구별된 제조로 인해 모든 감쇠 프로브는 부분적으로만 보상되므로 정확한 보상은 오실로스코프에서 수행되어야 한다.(3. (2) "프로브 보상 및 사용" 참고)

일반적으로 표준 감쇠 프로브는 오실로스코프에서 대역폭을 감소시키고 상승시간은 증가시킨다. 그러므로 모든 상황에서 오실로스코프의 대역폭은 충분히 이용되어야 하므로 프로브 HZ51(×10), HZ52(×10HF), HZ54(×1/×10)의 사용을 강력히 권한다. 이것은 더 넓은 대역폭을 갖는 오실로스코프를 구매하는 데 드는 비용을 줄일 수 있다.

언급된 프로브들은 저주파 교정뿐만 아니라 고주파 교정 기능도 갖고 있다. 그러므로 오실로스코프의 상측 제한 주파수에 대한 그룹 딜레이의 정확도는 HZ60과 같은 1MHz 눈금 측정을 이용하면 가능하다. 사실 이러한 프로브를 사용한다고 해서 오실로스코프의 대역폭과 상승시간이 눈에 띄게 달라지지 않으나 프로브가 오실로스코프 개개의 펄스 응답으로 정합되므로 파형 재생 충실도는 개선된다.

DC 입력 결합에서 ×10 또는 ×100 감쇠 프로브를 사용한다면 항상 400V 이상의 전압이 이용되어야 한다. 저주파 신호의 AC 결합에서 감쇠는 더 이상 주파수에 의존하지 않으며 펄스는 경사(기울기)를 보일 수 있다. 이때 다이렉트 전압은 억제되지만 오실로스코프의 입력 결합에 영향을 주는 커패시터는 충전된다. 그리고 전압 범위는 최대 400V (DC+ACpeak)이다. 그러므로, DC 입력 결합은 보통 최대 1200V(DC+ACpeak)의 전압 범위를 갖는 ×100 감쇠 프로브와 함께 매우 중요하다. 용량과 전압율이 적합한 커패시터가 DC 전압을 차단하기 위해 감쇠 프로브 입력단에 직렬로 연결될 수도 있다(예를 들어, 험 전압 측정).

감쇠 프로브를 사용하므로 AC 최대 입력 전압은 보통 20kHz 이상의 주파수에서 감쇠되어야 한다. 그러므로 관련된 감쇠 프로브 타입의 감쇠된 커브가 계산되어야 한다.

작은 신호 전압을 검사할 때는 테스트 대상의 접지 포인트 선택이 중요하다. 가능하면 이 포인트는 항상 측정 포인트와 단절되어야 한다. 그렇지 못하면 접지 리드나 본체 부분을 통한 스퓨어리스 전류로 인해 심각한 왜곡이 발생할 수도 있다. 감쇠 프로브의 접지 리드는 짧고 굵을수록 좋다. 감쇠 프로브가 BNC 소켓에 연결될 때, 보통 프로브 액세서리로 공급되는 BNC 어댑터를 사용해야 그라운드와 정합 문제가 해결된다. 측정 회로 내의(특히 편향계수가 작을 때) 험 전압이나 간섭은 차폐 테스트 케이블에 균등한 전류가 흐르면서 다수의 그라운드가 발생할 가능성이 있기 때문이다.(보호 커패시터의 간섭을 갖는 신호 발생기처럼 보호 컨덕터 연결 사이의 전압 강하는 전원으로 연결되는 외부장비에 의해서이다.)

2 조작과 판독(Controls and Readout)

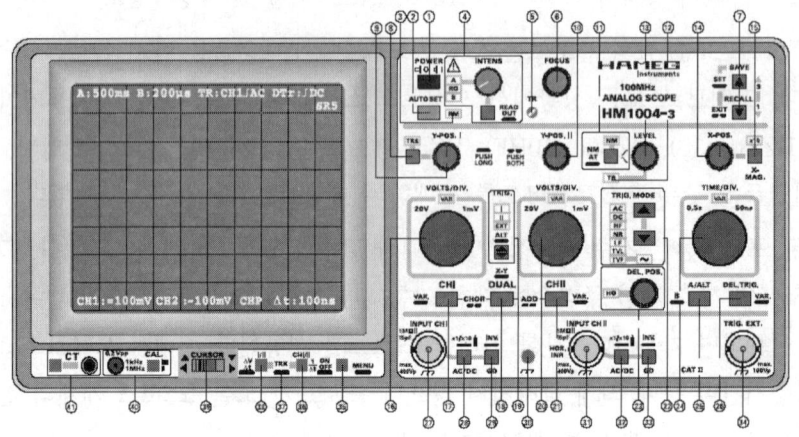

다음 조건을 전제한다.

(1) "부품 테스터" 모드는 끈 상태이다.
(2) 다음 설정들은 MAIN MENU > SETUP&INFO > MISCELLANEOUS에서 이루어진다.
   ① CONTROL BEEP과 ERROR BEEP은 활성(X)
   ② QUICK START는 비활성
(3) 화면의 리드아웃은 표시된다.

모든 LED들은 장비 설정이 쉽도록 부가적인 정보를 알려준다. 또한 모든 컨트롤들의 전기적 한계점은 "삐-" 하는 음향신호를 통해 알려준다.

전원 스위치를 제외한 모든 컨트롤들은 전자적으로 설정되었다. 그러므로 전자적으로 설정한 모든 기능과 현재 설정 상태는 저장할 수도 있고 원격으로 제어할 수도 있다.

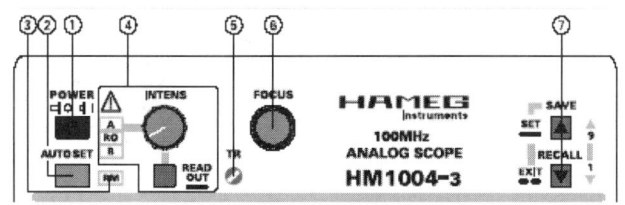

HAMEG 오실로스코프는 하나의 버튼이 여러 기능을 갖도록 하여 다양한 기능을 가지면서도 간단하고 논리적인 배열이 이루어지도록 하였다. 버튼 옆의 기호는 다음을 의미한다.

— : (push long) : 해당버튼을 길게 눌러라.

‥ : (push both) : 양쪽의 두 버튼을 동시에 눌러라.

위와 같이 수행하면 기호와 함께 표시된 기능이 동작된다. 각 기능은 다음과 같다.

(1) POWER-전원 스위치

전원을 켜면 모든 LED에 불이 들어오면서 내부테스트를 시작한다. 이때 화면에는 HAMEG 로고와 소프트웨어 버전이 표시된다. 내부테스트가 성공적으로 끝나면 오버레이는 사라지고 일반 동작모드가 되는데 이 모드는 마지막으로 사용했던 설정이 활성화되고 한 개의 LED에만 불이 들어올 것이다.

"MAIN MENU"에서는 몇몇 모드의 기능을 변경(SETUP)시킬 수도 있고 자동적인 교정 절차(CALIBRATE)를 불러들여 실행시킬 수도 있다.(자세한 것은 "MENU" 설명 참고)

(2) 자동설정(AUTOSET)

이 버튼을 누르면 모든 환경이 자동적으로 다음과 같이 전환된다.

동작 모드 : Yt 모드

타임베이스 모드 : A 타임 베이스 모드

채널설정 : 마지막으로 사용했던 Yt 모드에서의 설정(CH I, CH II, DUAL)

전압 측정을 위해 커서를 이용할 때 AUTOSET을 눌러주면 자동적으로 커서가 신호의 상하 피크값에 맞추어진다. 이 기능의 정확도는 신호의 주파수에 따라 달라지고 펄스 듀티 계수에도 영향을 받는다. 한편 신호의 크기가 충분하지 않으면 AUTOSET을 눌러도 커서의 위치는 변하지 않는다. DUAL 모드에서 AUTOSET을 누르면 커서는 내부 트리거링에 이용되는 신호에 맞추어진다.

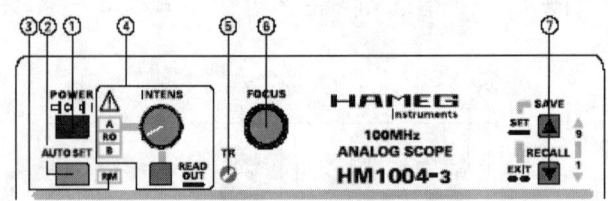

(3) 원격 제어 모드(RM)

원격 제어 모드(Remote Control Mode)는 RS232 인터페이스를 통해 설정 및 해제할 수 있다. RM 모드가 되면 "RM" LED에 불이 들어오면서 AUTOSET을 제외한 모든 버튼과 노브 사용이 불가능해진다.

AUTOSET 버튼을 눌러서 해제시킬 수 있다.

(4) INTENS-READOUT

트레이스와 리드아웃의 밝기를 조절해 주는 노브로서, 시계방향으로 돌리면 점점 밝아지고 반시계방향으로 돌리면 어두워진다. 리드아웃 버튼은 누르는 방법에 따라 두 가지 기능을 갖는다.

먼저 짧게 누르면, 누를 때마다 밝기를 조절하고자 하는 타임베이스(A나 B)나 리드아웃(RO)이 다음과 같은 순서로 선택된다.

A 타임베이스 모드일 때	A ↔ RO
교번(Alternate)의 타임베이스 모드일 때	A → RO → B → A
B 타임베이스 모드일 때	B ↔ RO
XY 모드일 때	A → RO → B
CT 모드일 때	A ↔ RO

LED를 통해 확인할 수 있다.

반대로 길게 누르면, 리드아웃 표시 기능을 설정/해제한다. 따라서 리드아웃 OFF 상태에서는 밝기 선택 기능도 "RO"을 지정할 수 없게 되므로 A 또는 B 타임베이스 모드에서는 이 버튼을 짧게 눌러도 "삐"하는 에러 소리만 들릴 것이다. 교번 타임베이스 모드에서는 A와 B로 전환된다.

리드아웃 OFF는 신호에 간섭으로 인한 왜곡이 보일 때 요구된다. 초퍼 DUAL 모드일 때, 초퍼 제너레이터(chopper generator)로부터 그러한 왜곡이 생길 수 있다. XY 모드의

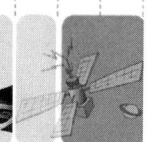

경우, 신호에 대해서는 A만 선택할 수 있고 리드아웃 OFF만 아니면 RO도 선택할 수 있다. 이때 A LED만 점등된다.

부품테스트(CT) 모드가 되면 리드아웃은 자동적으로 사라지고 A LED를 제외한 모든 LED는 점멸된다. 또 장비의 전원을 끄더라도 기존의 밝기 설정은 저장된다.

한편, AUTOSET 설정은 기본적으로 리드아웃을 ON시키고 A 타임베이스를 선택한다. 또 각 기능에 대한 밝기는 이전에 낮은 밝기로 사용했을 경우 중간 밝기로 설정해 준다.

(5) TR

휘선의 기울기가 틀어졌을 때에는 작은 스크류 드라이버를 이용하여 교정할 수 있다.

(6) 초점(FOCUS)

트레이스와 리드아웃의 선명도 및 초점을 조절해 준다.

(7) 저장/재호출(SAVE/RECALL)

이 장비는 9개의 비휘발성 메모리를 갖고 있다. 이 메모리는 사용자가 장비의 설정을 저장하거나 저장된 설정을 불러내어 쓸 수 있게 해준다. 전자적으로 선택된 모든 설정이 해당된다.

저장을 하려면 먼저 SAVE 버튼을 짧게 누른다. 그러면 리드아웃에 "S"자와 함께 1~9 사이의 숫자 중 하나가 나타난다. 숫자는 메모리 위치를 알려준다. 여기서 SAVE/RECALL 버튼을 짧게 누르면 메모리 위치 전환이 이루어지고, 길게 누르면 저장 및 호출을 하게 된다. SAVE는 누를 때마다 메모리 번호가 증가하고 RECALL은 감소한다. 원하는 메모리 위치에서 SAVE를 3초 정도 길게 눌러주면 해당 메모리에 현재의 장비 설정이 저장되면서 리드아웃의 "S◇"가 사라진다.(◇는 1~9 사이의 숫자)

저장된 설정을 불러낼 때에는 먼저 RECALL 버튼을 짧게 눌러준다. 그러면 리드아웃에 "R"자와 메모리 번호가 나타난다. 저장할 때와 마찬가지로 필요한 경우 메모리 위치를 바꾸어 주고, 원하는 위치에서 RECALL을 약 3초간 눌러주면 해당 메모리의 설정이 호출된다.

만일 부주의로 SAVE나 RECALL 버튼을 눌렀더라도 두 버튼을 동시에 짧게 눌러주거나, 두 버튼 모두 누르지 않은 채 약 10초 정도가 경과하면 SAVE/RECALL 모드에서 해제된다.

> **Note**
> 만일 현재 신호의 크기와 주파수가 저장할 때의 것과 다르면 왜곡된 디스플레이가 이루어질 것이다. 그러므로 현재 신호의 설정이 저장될 때의 것과 동일한지 확인하라.

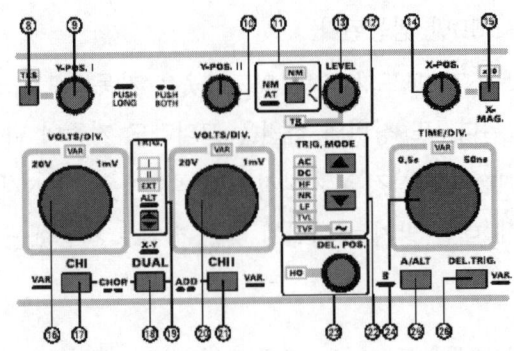

(8) TRS

이 장비는 교번 타임베이스 모드에서 수직방향으로 A 타임베이스로부터 B 타임베이스를 식별해내기 위해 요구되는 트레이스 식별 기능(trace separation function)을 갖고 있다. 따라서 이 기능은 교번 타임베이스 모드에서만 쓸 수 있다. TRS를 한 번 누르면 이와 관련된 LED에 불이 들어온다. 이때 Y.POS. I 조절노브가 B 트레이스의 수직 이동에 사용된다. 이동 가능한 최대 위치는 약 ±4div.이다. Y-POS. I 노브를 10초 정도 조절하지 않으면 트레이스 식별 기능은 자동적으로 해제된다. 물론 이 기능은 TRS 버튼을 눌러서 해제시킬 수도 있다.

(9) Y-POS. I

채널 I 의 수직 위치를 조절해 준다. ADD 모드에서는 Y-POS. I과 Y-POS. II 모두 활성이 된다. 교번 타임베이스 모드에서 이 노브는 A 타임베이스로부터 B 타임베이스를 식별하는 데 사용되기도 한다(TRS 기능 참고).

① DC 전압 측정

자동 트리거링(AT)에서 입력을 그라운드(GD)로 설정하면, 입력단의 전압은 0V(기준위치)가 된다. 이때 Y-POS. I 을 이용하여 0V 위치를 원하는 곳에 설정할 수 있다. 그리고 나서 그라운드 설정을 해제하고 DC 결합을 선택하면 설정해 둔 0V의 위치를 기준으로 현재 신호의 DC 전압을 확인할 수 있다.

② "0V" 기호

"SETUP" 메뉴의 "MISCELLANEOUS"로 들어가서 "DC REFERE-NCE=ON"으로 설정한 후, 리드아웃이 ON이면 기호 "⊥"가 0V 위치를 표시해 준다. 채널 I 신호가 화면 안에 위치하고 있으면 채널 I 에 대한 이 기호가 중앙수직선의 왼쪽에 나타난다. 따라서 사용자가 원하는 0V 기준 위치를 결정할 수 있다.

> **Note**
> XY 모드와 ADD 모드에서 기호 ⊥는 자동적으로 사라진다.

(10) Y-POS. II

채널 II 신호의 수직이동에 이용된다. ADD 모드에서는 두 노브 모두 활성이다. 하지만 XY 모드가 되면 이 노브는 비활성되고, 대신 X-POS. 노브가 수평이동에 사용된다. GD를 이용한 0V 기준 위치 설정 및 DC 전압 측정은 Y-POS. I과 동일하다.

① Y-POS. II 심벌

채널 II에 대하여 Y-POS. I과 디스플레이 조건은 동일하되, 디스플레이 위치는 왼쪽이 아니라 오른쪽이 된다.

(11) NM-AT- ⎍(SLOPE)

다음 설명은 Yt 모드에 해당된다.

1) NM-AT 선택

이 버튼을 길게 누르면 자동과 일반 트리거링 중 하나를 선택한다. 일반 트리거링이 되면 버튼 위의 NM-LED에 불이 들어오고 자동 트리거링이 되면 LED가 꺼진다. 자동 트리거링에서 자동적인 피크값 검출로 안정된 신호가 디스플레이 되느냐의 여부는 트리거 결합 설정(TRIG.MODE)이 무엇이냐에 달려 있다. 또한, 트리거 레벨 설정이 잘못되었을 때에는 다음과 같은 방법으로 트리거링이 이루어진다.

① 신호가 인가되지 않거나 인가되는 신호의 크기가 충분하지 않아서 트리거 기호(레벨)가 수직방향으로 움직일 수 없을 때 : 피크값 검출로 트리거링

② 신호가 수직방향으로 화면을 벗어나 더 이상 트리거 기호가 움직일 수 없을 때 : 피크값 검출로 트리거링

③ 트리거 위치가 이미 신호의 최대 피크값을 벗어났을 때 : 피크값 검출이 불가능하므로 트리거되지 않은 신호가 나타난다.

2) ⎍ 기울기 선택(Slope selection)

이 버튼을 짧게 누르면 타임베이스를 트리거링하는 데 이용되는 신호의 기울기를 선택한다. 버튼을 누를 때마다 트리거 위치가 하강 에지에서 상승 에지로 또는 그 반대로 전환된다. 설정된 기울기는 리드아웃에 기호로 표시된다. 교번 타임베이스 모드나 B 타임베이스가 선택되어도 이전에 마지막으로 사용하던 A 타임베이스에서의 기울기가 유지된다.

하지만, DEL.TRIG. 기능을 사용한다면, B 타임베이스에 대한 기울기 설정은 다르게 할 수도 있다. 여기서 선택된 기울기는 리드아웃의 "DTR : "에 표시된다.

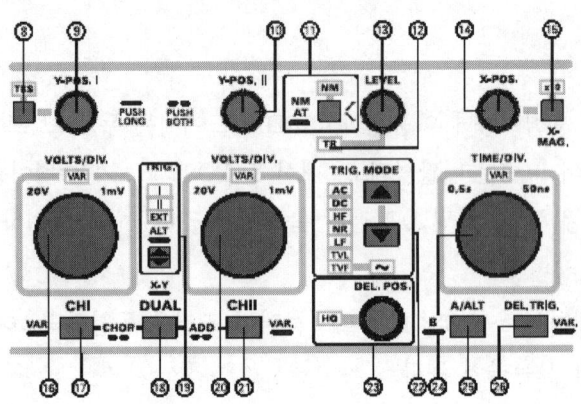

(12) TR

트리거 조건이 만족되면 "TR" LED가 점등된다. LED가 깜박이느냐, 계속 켜져 있느냐는 트리거 신호의 주파수에 달려 있다.

(13) LEVEL

이 노브를 이용해서 트리거 위치(전압)를 바꿔줄 수 있다. 트리거 신호의 에지가 트리거 포인트를 교차할 때 트리거 유닛이 타임베이스를 출발하게 된다. Yt 모드에서는 스크린 왼쪽에 기호로 트리거 위치가 표시된다. 트리거 포인트 기호가 다른 리드아웃 정보와 겹쳐지거나 트리거 위치가 스크린을 벗어나서 아예 볼 수 없게 되면, 이 기호는 화살표로 바뀌고 스크린을 벗어난 트리거 위치의 방향을 알려준다.

트리거 신호와 디스플레이되는 신호 사이에 직접적인 관계가 없는 모드에서는 트리거 포인트 기호가 자동적으로 사라진다. A 타임베이스 모드에서의 마지막 트리거 위치는 저장되며 교번 타임베이스와 B 타임베이스가 선택되어도 계속 유지된다.

트리거 기울기와 마찬가지로, DEL.TRIG 기능에서는 B 타임베이스에 대한 트리거 레벨을 다르게 설정할 수 있다. 이 조건에서 "B"자가 트리거 포인트 기호에 추가된다.

(14) X-POS.

Yt 모드와 XY 모드에서 신호의 수평(X축) 이동에 사용된다. 또 X MAG. ×10의 기능을 이용하면 신호에 대하여 임의의 위치로 이동할 때 이용된다.

(15) X-MAG.×10

 이 버튼을 누르면 버튼 위의 ×10 LED가 점등된다. 이 LED가 점등되면 모든 Yt 모드와 타임베이스 모드에서의 신호가 수평중앙선으로부터 10배 확대된다. 따라서, 전체 디스플레이의 10분의 1에 해당되는 부분만 볼 수 있다. X.POS 컨트롤을 이용하면 보고 싶은 부분으로 이동할 수가 있다. X축이 확대되면 타임베이스의 속도가 더 빨라지기 때문에 시간과 주파수값이 변하게 된다. 이 설정은 X축을 확대시키므로 교번 타임베이스 모드에서 진하게 표시되는 부분이 보이지 않을 수도 있다. 한편 XY 모드에서는 사용할 수 없다.

(16) VOLTS/DIV.

 채널 I 에 대하여 이 노브는 두 가지 기능을 가진다.

 다음 설명은 입력 감쇠 기능에 관한 것이다(VAR LED-OFF). 이 노브를 시계방향으로 돌리면 감도가 1-2-5 순으로 증가하고 반대방향(ccw)으로 돌리면 감소한다. 사용할 수 있는 범위는 1mV/div~20V/div이다. 해당 채널이 OFF되거나 입력 결합이 GD로 설정되면 이 노브도 자동적으로 비활성이 된다.

 활성 채널과 관련된 편향계수와 부가정보들은 "Y1 : 편향계수, 입력결합"과 같이 리드아웃에 나타난다. ":" 기호는 교정 측정조건을 의미하고, 비교정 조건에서는 ":" 대신 ">" 기호가 표시된다.

(17) CH I -VAR.

① CH I 모드

 짧게 누르면 CH I 모드가 된다. 리드아웃에 나타나는 편향계수가 현재 설정을 알려준다. 외부 트리거링이나 라인(mains) 트리거링만 아니면 자동적으로 내부 트리거원은 채널 I 으로 전환된다("TR : Y1 ..."). VOLTS/DIV.의 마지막 설정은 변경되지 않고 유지된다. INPUT CH I (27)이 GD로 설정되지만 않는다면 이 채널과 관련된 모든 컨트롤들이 활성된다.

② VAR.

 길게 눌러주면 VOLTS/DIV. 조절 노브 기능이 감쇠에서 버니어(vernier) 기능으로 전환되면서 노브 위의 VAR-LED가 점등된다. 즉 volt/div을 가변할 수 있게 된다. 금방 가변 기능으로 전환한 후에도 편향계수는 여전히 교정 상태이나 노브를 시계방향으로 돌리기 시작하면 신호의 높이가 감소하면서 편향계수가 비교정 상태가 된다. 이때 리드아웃에는 "Y1 :..." 대신 비교정 상태를 말해 주는 "Y1>..."가 디스플레이

된다. CHⅠ 버튼을 다시 길게 누르면 LED가 꺼지면서 편향계수는 교정 상태가 되며 감쇠 기능이 활성화된다. 먼저 사용했던 가변 설정은 저장되지 않는다.

(18) DUAL

① DUAL

이 버튼을 누르면 DUAL 모드로 전환한다. 이때는 두 편향계수가 모두 디스플레이 된다. 그 전의 트리거 설정은 그대로 유지되고 변경할 수도 있다. 두 입력이 모두 GD 설정만 아니라면 두 채널과 관련된 모든 컨트롤이 활성화된다. ALT. 스위칭이냐, CHP. 스위칭이냐는 사용하는 타임베이스에 따라 달라진다.

② ALT(Alternated Channel Switching)

교번의 채널 선택, 즉 교대 반복적으로 이루어지는 채널 전환을 말한다. 타임베이스의 한 스위프가 끝날 때마다 장비 내부적으로 CHⅠ에서 CHⅡ로 다시 그 반대로 반복하여 채널 전환이 이루어진다. 200μs/div~50ns/div 사이의 시간계수가 선택되면 자동적으로 ALT 채널 스위칭 모드가 선택된다.

③ CHP

초퍼(chopper) 모드로서, 매 스위프(sweep)를 하는 동안에도 CHⅠ과 CHⅡ 사이의 채널 전환이 계속해서 이루어진다. 이 채널 스위칭 모드는 500ms/div~500μs/div 사이의 타임베이스 설정이 이루어지면 발생한다.

동작 중인 채널 스위칭은 CHⅠ(17)과 DUAL(18)을 동시에 짧게 눌러주면 반대 모드로 전환된다. 나중에 시간계수가 변경되면 자동적으로 시간계수에 해당되는 모드로 전환된다.

④ ADD

합성(addition) 모드로 DUAL(18)과 CHⅡ(21) 버튼을 동시에 눌러주면 된다. 위상관계와 INV (29)(33)의 설정에 따라, 디스플레이되는 두 입력신호의 합성(sum)이나 차동(difference)이 이루어진다. 결과적으로 두 신호가 한 신호처럼 디스플레이된다. 정확한 측정을 위해서는 두 채널에 대한 편향계수가 동일해야 한다. ADD 모드가 되면 두 채널의 편향계수 사이에 "+"가 표시되고 트리거 위치 기호는 사라진다. Y축 위치는 두 Y-POS. (9)와 (10)으로 움직일 수 있다.

⑤ XY 모드

DUAL 버튼을 길게 누르면 XY 모드를 설정/해제할 수 있다.

XY 모드에서 편향계수는 채널Ⅰ이 "Y..."로, CHⅡ가 "X..."로 디스플레이된다. 트리거 위치 기호를 포함한 리드아웃의 모든 정보들은 사라진다. 단, 커서는 사라지지 않는다.

그리고 트리거와 타임베이스에 관련된 모든 컨트롤과 Y-POS.Ⅱ(10)와 INV.(33) 버튼은 비활성이 된다. X축 위치 변경을 위해서는 X-POS.(14)를 사용한다.

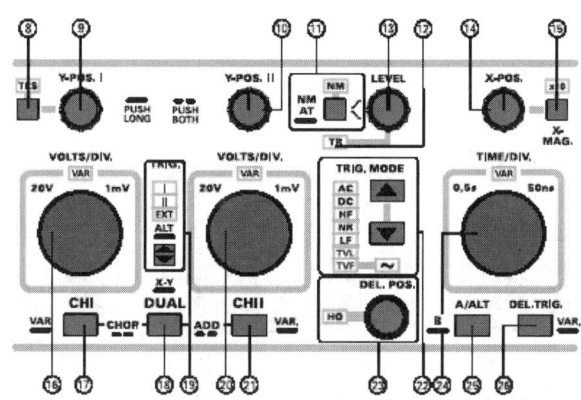

(19) TRIG.

XY 모드나 라인(mains) 트리거링에서는 버튼과 LED 모두 동작되지 않는다.

이 버튼은 트리거원을 선택하기 위해 사용된다. 선택할 수 있는 트리거원은 CHⅠ, CHⅡ, TRIG.EXT(34)로 모두 세 가지이다. 사용 중인 채널 모드에 따라 내부 트리거원이 선택되고 이에 관련된 설정들은 LED와 리드아웃을 통해 표시된다.

버튼을 짧게 누를 때마다 다음과 같은 순서로 전환된다.

DUAL 모드 : Ⅰ-Ⅱ-EXT-Ⅰ 순

CH Ⅰ 모드 : Ⅰ-EXT-Ⅰ 순

CH Ⅱ 모드 : Ⅱ-EXT-Ⅱ 순

선택된 트리거원은 LED로 표시되며 리드아웃에 각각 "TR : Y1...", "TR : Y2...", "TR : EXT..."로도 표시된다. 외부 트리거 상태에서는 트리거 위치 기호가 나타나지 않는다.

① ALT

DUAL 모드에서 버튼을 길게 누르면 ALT 모드가 된다. 이 모드가 되면 Ⅰ과 Ⅱ LED가 모두 점등되고 리드아웃은 "TR : ALT..."로 표시된다. ALT 트리거링은 교번 채널 동작을 요구하므로 자동적으로 교번 채널 스위칭이 설정된다. 이때 시간계수 변경은 관련된 채널 스위칭 모드에 영향을 주지 않는다. 편향계수와 함께 "CHP" 대신 "ALT"가 함께 디스플레이된다.

한편 다음과 같은 조건에서는 ALT 트리거링을 쓸 수 없으며 자동적으로 해제된다.

ADD(합성) 모드

교번(alternate = A & B) 타임베이스 모드

B 타임베이스 모드

TVL, TVF, 라인(mains) 트리거 결합

(20) VOLTS/DIV.

CHⅡ에 대하여 VOLTS/DIV.(16)과 동일한 기능을 가진다.

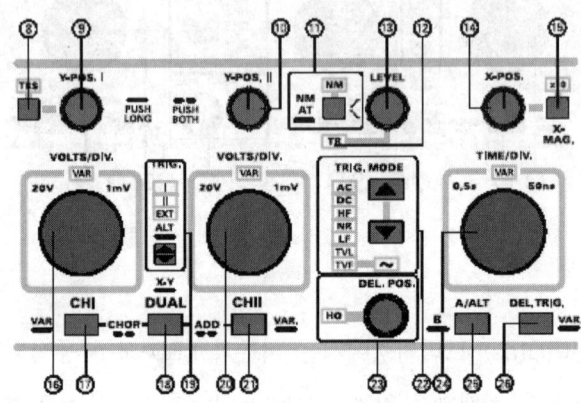

(21) CHⅡ

CHⅡ에 대하여 CHⅠ(17)과 동일한 기능을 가진다.

(22) TRIG.MODE

상/하향 버튼을 이용하여 트리거 결합(trigger coupling)을 선택한다. 동작 중인 설정은 LED와 리드아웃으로 표시된다("TR : 트리거원, 기울기, 트리거 결합").

하향 버튼을 누르면 다음 순서로 트리거 결합이 변경된다.

    AC : DC 성분 억제

    DC : 피크값 검파 비활성

    HF : HPF(50kHz 이하 성분 억제), 트리거 위치 기호 OFF

    NR : 고주파 잡음 제거

    LF : LPF(1.5kHz 이상 성분 억제),

    TVL : TV 신호, 라인 펄스 트리거링, 트리거 위치 기호 OFF

    TVF : TV 신호, 프레임 펄스 트리거링, 트리거 위치 기호 OFF

    ~ : line/mains 트리거링, 트리거 위치 기호와 TRIG.-LED OFF

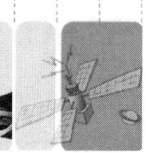

4. 측정기와 그 사용법

> **Note**
> 딜레이(delay) 트리거 모드(B 타임베이스)가 되면 자동적으로 normal 트리거링 모드와 DC 트리거 결합이 설정된다. 하지만 "NM" LED나 TRIG.MODE의 "DC" LED로도 표시되지는 않는다. 먼저 사용하던 A 타임베이스에 대한 트리거 설정들이 바뀌지 않은 채 (11)과 (22)의 LED에 의해 표시된다.

ALT 트리거링과 같은 트리거 모드에서 몇몇 트리거 결합은 자동적으로 사용할 수가 없고 선택되지도 않는다.

(23) DEL.POS. -HO

이 컨트롤 노브는 타임베이스 모드에 따라 두 가지 다른 기능을 가진다.

① A 타임베이스

A 타임베이스 모드일 때 이 노브는 홀드오프 시간을 조절하는 데 사용된다. LED가 꺼져 있을 때 홀드오프 시간은 최소 상태이다. 그러나 컨트롤 노브를 시계방향으로 돌리면 LED가 켜지면서 홀드오프 시간이 점점 증가하여 최댓값에 이르게 된다(5.(10) "Hold-Off 시간 조정" 참고).

타임베이스의 설정이 변경되면 LED가 꺼지면서 홀드오프 시간은 다시 최소가 된다. 또 교번 타임베이스나 B 타임베이스 모드로 전환하여도 A 타임베이스에서 사용하던 홀드오프 시간이 저장되면서 그대로 유지된다.

② 교번(A & B) 타임베이스와 B 타임베이스 모드

교번 타임베이스 모드와 B 타임베이스 모드에서 이 노브는 딜레이 시간을 조절하는 데 이용된다. 교번 타임베이스 모드일 때 A 트레이스에서 트레이스가 시작하여 진하게 표시되는 부분이 시작되는 데까지가 딜레이 시간이 된다. B 타임베이스가 비동기 조건일 때, 즉 딜레이 트리거가 동작하지 않을 때에도 대략적인 딜레이값("Dt :...")이 리드아웃에 표시되는데 이것은 진한 부분이 매우 작을 때 그 위치를 찾는 데 도움이 된다. 만일 B 타임베이스만을 작동시키면 딜레이 시간도 가변시킬 수 있다. 다만 A 트레이스를 볼 수 없기 때문에 진하게 표시되는 부분도 없다.

(24) TIME/DIV.

이 설명은 타임베이스 전환 기능에 대한 것이며 가변 기능은 사용하지 않아야 한다.

① 타임베이스 전환

시계방향으로 돌리면 1-2-5 시퀀스로 시간 계수가 증가하고 반대로 돌리면 감소한다. 이 시간계수는 리드아웃에 디스플레이된다.

A 타임베이스 모드에서 X.MAG. ×10의 기능이 비활성일 때, 시간 편향계수가 500

ms/div~50ns/div의 범위에서 1-2-5 시퀀스로 변한다. 교번 타임베이스나 B 타임베이스 모드 동작일 때는 B 타임베이스가 1-2-5 시퀀스로 변한다. 범위는 20ms/div ~50ns/div(X.MAG. ×10 비활성)이지만 그 효용은 A 타임베이스 설정에 달려 있다. B 편향계수가 A 편향계수보다 크면 감도를 떨어뜨리게 되므로 장비 내부적으로 이를 막아준다. 만일 A 타임베이스가 200μs/div이면 B 타임베이스는 20ms/div~500μs /div의 범위를 쓸 수 없고 B의 최대 시간계수는 200μs/div이 된다. 이때 A 타임베이스가 200μs/div에서 100μs/div으로 변하면 B 타임베이스도 100μs/div으로 전환한다. 하지만 A 타임베이스가 500μs/div으로 설정되면 B 타임베이스는 변하지 않는다.

DUAL(18)항에서 말한 대로 채널전환은 시간 편향계수 설정에 따라 이루어진다. 500ms/div~500μs/div의 범위에서는 타임베이스가 스위프하는 동안 계속해서 전환이 이루어지므로 자동적으로 chopped 채널 스위칭이 선택된다. 따라서, 그 이외의 범위(200μs/div~50ns/div)에서는 ALT 채널 스위칭이 선택된다. 이 스위칭은 한 스위프가 끝난 후 현재 활성 채널이 OFF되면서 비활성이던 채널이 ON되기를 반복한다. CHP 모드에서 간섭(interference)을 피하기 위해, 또는 두 채널을 동시에 볼 수 있도록, 리드아웃에 디스플레이되는 현재 설정(ALT 또는 CHP)이 가려질 수 있고 반대 모드로 전환될 수도 있다. 이것은 CH I (17)과 DUAL(18)을 동시에 길게 눌러주면 된다.

(25) A/ALT- B

이 장비는 A와 B라고 지칭된 두 개의 타임베이스를 갖고 있다. B 타임베이스는 A 타임베이스에 의해 디스플레이되는 신호의 일부분을 X축으로 확대시켜 볼 수 있게 해준다. 이 확대율은 두 타임베이스의 시간 편향계수의 비에 따른다("A : 100μs", "B : 1μs" =100). 확대율이 높을수록 B 타임베이스의 트레이스 밝기가 증가한다.

A/ALT 버튼을 짧게 누를 때마다, 타임베이스 모드는 A-ALT-A와 B-A 순서로 변하게 된다.

① A 타임베이스 모드이면 TIME/DIV(24)은 당연히 A 타임베이스에 대해서만 동작한다. 이때 리드아웃은 A 시간 편향계수만을 표시해 준다. 만일 타임베이스 모드가 변경되면 현재 A 타임베이스의 설정값들은 저장된다.

② ALT : 교번(ALT=A & B) 타임베이스 모드가 되면 TIME/DIV(24)은 B 타임베이스 조절에 이용된다.

ALT 타임베이스 모드는 두 타임베이스의 트레이스가 모두 디스플레이될 때 B 타임베이스의 부기능을 한다. 따라서 리드아웃은 두 시간 편향계수를 모두 디스플레이한다(예, "A : 100μs, B : 1μs"). 이전의 A 타임베이스 모드와 같지 않으면, A 트레이스에는 진하게 표시되는 부분이 나타난다. 이 부분이 B 타임베이스에 의해 표시되는 부분이다. 만일 B 타임베이스가 비동기 조건에서 동작 중이라면 DEL.POS(23) 노브를 이용해서 이 진한 부분을 수평으로 이동시킬 수 있다. A 타임베이스에서 트레이스가 출발하여 진한 부분이 시작되는 부분까지가 "딜레이 시간"이 된다. 이 딜레이 시간값은 교정된 A 시간 계수에 의한 대략적인 값(예, Δt : 2.5ms)으로 리드아웃에 나타난다(비교정값일 경우, Δt>2.5ms). B 시간계수가 더 낮은 값으로 설정되면 편향 속도가 빨라지므로 이 부분의 폭은 줄어든다. TRS(8)의 기능을 이용하여 B 트레이스를 수직으로 움직이면 좀 더 쉽게 알아볼 수 있다.

ALT 타임베이스는 매 스위프마다 클록이 A와 B 타임베이스를 교대 반복하여 디스플레이가 이루어진다. 그러므로 DUAL 모드에서 ALT 타임베이스 모드를 이용하면, 스위프 순서는 A 타임베이스의 CHⅠ, B 타임베이스의 CHⅠ, A 타임베이스의 CHⅡ, B 타임베이스의 CHⅡ로 이루어진다.

③ B : 버튼을 길게 누르면 A 타임베이스나 ALT 타임베이스 모드에서 B 타임베이스 모드로 전환한다. 반대로 B 타임베이스 모드에서 길게 누르면 ALT 타임베이스 모드가 되고, 짧게 누르면 A 타임베이스 모드가 된다.

B 타임베이스 모드에서는 A 트레이스 및 진한 부분 그리고 A의 시간계수는 표시되지 않는다. 따라서 트레이스 식별 기능(TRS)이 더 이상 필요하지 않으므로 이 기능은 해제된다. 따라서 B 시간계수만이 리드아웃에 나타난다.

ALT 또는 B 타임베이스 모드로 전환한 후, B 타임베이스가 비동기 조건이 되느냐 동기 조건이 되느냐는 이전의 설정이 무엇이냐에 따라 달라진다.

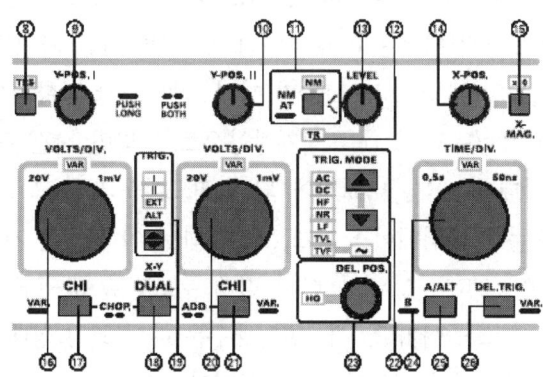

(26) DEL.TRIG. VAR

① DEL.TRIG. 기능

ALT 또는 B 타임베이스 모드에서 이 버튼을 짧게 누르면 B 타임베이스의 트리거 조건을 바꿔준다.

리드아웃에는 현재 설정이 표시되는데, 비동기 조건에서는 대략적인 딜레이 시간 ("$\Delta t:...$")이 표시되는 반면, 동기 조건에서는 "ΔTr : 기울기, DC(트리거 결합)"가 표시된다. 동기 조건이 되면, 먼저 사용하던 A 타임베이스의 트리거 설정, 즉 트리거 모드(자동 또는 일반), 트리거 결합, 기울기, 트리거 레벨 등은 저장되면서 여전히 활성이 된다. 딜레이 트리거가 활성화되면 자동적으로 B 타임베이스에 대해 일반 트리거 모드에 DC 트리거 결합이 설정된다. 이 장비는 B 타임베이스를 위해 별도의 트리거 유닛을 갖고 있으므로 A 타임베이스의 트리거 설정을 위해 사용했던 컨트롤을 이용하여 B 타임베이스의 트리거 레벨과 기울기도 독립적으로 설정해 줄 수 있다. 트리거 포인트도 다시 표시되지만 "B"자에 겹쳐 나타난다.

딜레이 트리거 모드에서는 먼저 딜레이 시간만큼 경과한 후, 적절한 기울기(높이와 방향)의 신호가 B 타임베이스를 출발한다. 하지만 이러한 기본적인 조건들을 만족하지 못하면, B 트레이스는 사라지고 만다. ALT 타임베이스 모드에서 딜레이 부분이 경과한 후 신호가 여러 개의 기울기를 가지면, 한 기울기에서 다른 기울기로 전환하기 위해 현재 딜레이 시간(DEL.POS.)이 진하게 표시되는 것을 볼 수 있다.

② VAR.

DEL.TRIG.-VAR을 길게 누르면 VAR-LED에 불이 들어오면서 TIME/DIV.의 가변 기능이 설정된다. 이 기능은 A나 B 타임베이스에 대하여 모두 활성화될 수 있으며 각 설정은 구별하여 저장된다. 다만, ALT 타임베이스 모드는 B 타임베이스의 서브 모드이므로 ALT 조건에서는 B 타임베이스에 대해서만 가변 기능을 한다.

㉠ A 타임베이스일 때 : VAR-LED가 켜진 직후 시간 편향계수는 여전히 교정된 상태이지만 TIME/DIV. (24)을 시계방향으로 돌리면 시간 편향계수가 증가하면서 비교정된 상태가 된다. 비교정이 되면 리드아웃의 "A : $10\mu s$"는 >$10\mu s$로 바뀐다. ALT 또는 B 타임베이스 모드로 전환하면 이 설정은 저장된다. A 타임베이스 모드에서 DEL.TRIG-VAR을 다시 길게 누르면 VAR-LED가 꺼지면서 타임베이스 전환기능으로 돌아가고, 시간편향계수는 다시 교정 상태로 되돌아온다.

㉡ LT 또는 B 타임베이스일 때 : B 타임베이스는 물론이고 ALT 타임베이스 모드에서 DEL.TRIG.를 길게 누르면 TIME/DIV.은 B 타임베이스에 대하여 가변 기능을

갖게 된다.

> **Note**
> 앞서 설명한 대로 CRT 아랫부분에는 BNC 소켓과 4개의 버튼이 위치해 있다.

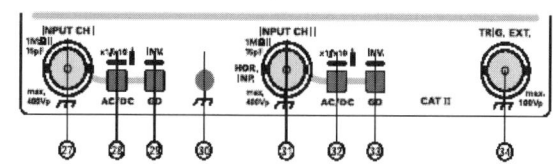

(27) INPUT CH I

이 BNC 소켓은 CH I 에 해당되는 신호의 입력단자이다. XY 모드의 경우에는 이 단자가 Y축 신호로 이용된다. 아우터(그라운드)는 전기적으로 장비의 그라운드와 연결되어 있으므로 전원 플러그의 접지단자로 연결된다.

(28) AC/DC

① 입력 결합(Input coupling)

버튼을 짧게 눌러서 입력 결합을 AC(~)와 DC(=) 중 하나로 선택해 준다. 물론 그라운드가 설정되지 않았을 때 해당되며 설정한 입력 결합은 편향계수와 함께 리드아웃에 표시된다.

② 프로브 계수(Probe factor)

길게 누르면 프로브 계수에 따른 편향계수 디스플레이값을 결정해준다. 즉 1 : 1인지 10 : 1인지를 선택한다. 프로브 계수가 10 : 1이면 리드아웃의 채널정보 앞에 프로브 기호가 나타난다(ex. "프로브 심벌", "Y1..."). 커서로 전압을 측정할 경우 프로브 계수는 자동적으로 사라진다.

> **Note**
> a×10(10 : 1) 프로브를 사용하지 않으면서 프로브 기호가 나타나게 해서는 안 된다. 즉 10 : 1로 설정해서는 안 된다.

(29) GD-INV.

① GD : 짧게 누르면 활성이던 CH I 이 비활성, 즉 그라운드 설정이 된다. 그라운드 설정이 되면 리드아웃의 편향계수와 ~(AC) 또는 =(DC) 기호 대신 접지 기호가 표시된다. 또한 입력신호는 물론이고 AC/DC(28), VOLTS/DIV.(16)은 모두 활용되지 못한다. 이때 자동 트리거 모드였다면 편향되지 않은 트레이스가 "0V" 위치에 나타날

것이다. Y-POS.(9)를 참고하라.

② INV. : 길게 누르는 것은 반전 기능으로, CHⅠ의 신호를 180° 반전시켜준다. 반전 ("ON")이 설정되면 리드아웃의 "Y1"(Yt 모드일 때)이나 "Y"(XY 모드일 때) 위에 바( )로 표시된다.

(30) 접지 소켓(Ground socket)

전기적으로 안전 접지에 연결된 4mm의 바나나 잭(banana jack)으로서, DC 또는 저주파 신호 측정 그리고 부품 테스트 모드에 대한 기준 전위를 연결할 때 사용한다.

(31) INPUT CHⅡ

CHⅡ에 대해 (27)과 동일하다.

(32) AC/DC

CHⅡ에 대해 (28)과 동일하다.

(33) GD-INV.

CHⅡ에 대하여 (29)와 동일하다.

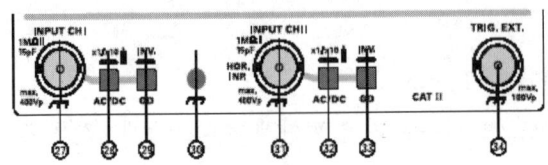

(34) TRIG.EXT.

이 BNC 소켓은 외부 트리거용 입력단자이다. TRIG.(19)을 이용하여 외부 트리거로 설정하면 EXT-LED가 점등되면서 리드아웃에는 "TR : EXT, 기울기, 결합"이 표시된다.

트리거 결합 선택은 TRIG.MODE(22)를 이용한다. 아우터 연결은 전기적으로 장비의 그라운드에 연결되므로 전원 플러그의 안전접지단자로 연결된다.

1. CRT 아래에는 리드아웃 관련 컨트롤과 부품 테스터, 구형파 교정기(square wave calibrator) 출력단자가 있다.
2. 커서 관련 컨트롤에 대한 다음 설명은 리드아웃이 ON이고 부품 테스터가 비활성일 때 해당된다.

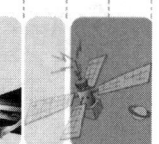

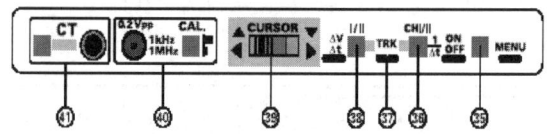

(35) ON/OFF

길게 눌러서 커서 기능을 설정/해제할 수 있다. 커서도 리드아웃에 포함되므로 리드아웃이 ON일 경우에만 커서도 사용할 수 있다.

(36) CH I / II - 1/Δt

다음 설명은 커서 기능이 활성일 때에 대한 설명이다.

① CH I / II : CH I 과 CH II 의 수직 편향계수는 각각 설정하므로 차이가 있을 수 있다. 따라서 DUAL 모드나 XY 모드에서 ΔV(37)를 측정할 때는 이 버튼을 짧게 눌러서 측정하고자 하는 채널을 선택해 준다. DUAL 모드에서 CH I 이 선택되면 "ΔV1..."으로 표시되고, CH II 가 선택되면 "ΔV2..."로 표시된다. 물론, 커서는 측정하고자 하는 신호에 제대로 위치해 있어야 한다. XY 모드에서는 자동적으로 ΔV 가 설정된다.

인가되는 두 신호는 X축과 Y축으로 편향된다. 역시 각 채널에 대한 편향계수가 다를 수 있으므로 DUAL 모드에서처럼 채널 선택이 요구된다. 채널 I (Y축 신호) 측정에는 수평 커서와 함께 "ΔVY..."가 디스플레이되고, CH II (X축 신호) 측정에는 수직 커서와 "ΔVX..."가 디스플레이된다.

CH I 또는 CH II 모드에서는 하나의 편향계수만 존재하므로 다른 편향계수를 선택할 필요가 없다. 따라서 CH I 모드나 CH II 모드에서 ΔV 를 측정할 때에 이 기능은 동작되지 않는다.

② 1/Δt : ΔV 측정 기능이 아닐 때 이 버튼을 짧게 누르면, 시간(Δt)으로 표시할 것인지 주파수(1/Δt = f)로 표시할 것인지를 선택해 준다. 따라서 XY 모드에서는 쓸 수 없다. 수직 커서는 활성 중인 타임베이스를 기준으로 측정이 이루어진다. 교정 타임베이스 조건에서 시간 측정을 하면 "Δt..."가 표시되고, 주파수 측정을 선택하면 "f :..."가 디스플레이된다. 타임베이스가 비교정 상태라면 리드아웃은 "Δt >..." 나 "f<..."로 표시된다.

(37) TRK

(35)와 (37) 버튼을 동시에 누르면 트래킹(tracking) 모드가 된다. 트래킹 모드가 되면

두 커서가 모두 활성이 되어 동시에 같이 움직이게 된다.

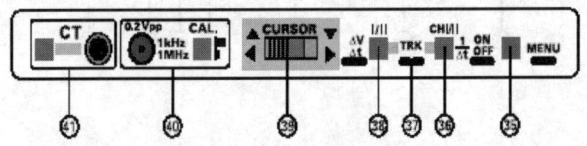

(38) I/Ⅱ - ΔV/Δt

① I/Ⅱ : 트래킹 모드는 해제시킨 후, 이 버튼을 짧게 누르면 두 커서 중 움직일 수 있는 커서를 바꿔준다. 활성된 커서는 직선으로 나타나고, 비활성 커서는 점선으로 표시된다.

② ΔV/Δt : 길게 누르면 커서를 이용하여 전압을 측정할 것인지 시간(주파수) 측정을 할 것인지를 선택한다. XY 모드에서는 모든 타임베이스가 비활성이므로 자동적으로 ΔV가 설정된다.

③ ΔV : Item 1

㉠ CHⅠ, CHⅡ, DUAL, ADD 모드 : 커서를 이용하여 전압을 측정할 때 커서는 수평으로 디스플레이되고 측정값은 리드아웃에 표시된다.

ⓐ 모노 채널 모드(CHⅠ 또는 CHⅡ) : 모노 채널에서의 ΔV는 자동적으로 활성 중인 채널의 편향계수에 의한 값이다. 채널에 따라 "ΔV1..."이나 "ΔV2..."를 디스플레이한다.

ⓑ DUAL 모드 : 이때 두 커서는 CHⅠ과 CHⅡ 신호 중 하나에 위치해 있어야 한다. 두 채널의 편향계수가 다를 수 있으므로 CHⅠ과 CHⅡ의 편향계수 중 하나로 선택해 주어야 한다(36 참고).

ⓒ ADD 모드 : 일반적인 ADD 모드에서는 두 입력신호가 하나의 신호로 나타난다. 이때 ΔV 측정값은 두 채널의 교정된 편향계수가 같아야만 하므로 CHⅠ/Ⅱ 선택 기능은 비활성되고, 리드아웃은 다른 부가정보 없이 "ΔV..."를 표시한다. 한편, 편향계수 설정이 다르거나 비교정 편향계수가 설정된 경우에는 "Y1◇Y2"가 디스플레이된다.

㉡ item 2 : XY 모드 : XY 모드에서는 자동적으로 ΔV가 설정된다. 이때도 두 채널의 편향계수는 다를 수 있으므로 채널 선택을 해주어야 한다. 대신 채널Ⅰ이 선택되면 커서는 수평으로 디스플레이되면서 "ΔVY..."가 표시되고, 채널Ⅱ가 선택되면 커서가 수직으로 디스플레이되면서 "ΔVX..."가 표시된다.

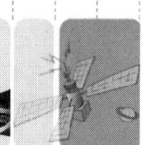

> **Note**
> 모든 ΔV 측정 조건에서는 프로브의 축소비(division ratio)가 계산되어야 한다. 예를 들어, a×100(100 : 1) 프로브를 사용한다면, 리드아웃에 디스플레이되는 전압값에 100을 곱해주어야 한다. 그러나 ×10(10 : 1) 프로브를 사용할 경우에는, (28)과 (32)의 "프로브 계수" 기능을 이용하면 자동적으로 프로브 계수가 포함되어 계산되므로 10을 곱하지 않아도 된다.

④ Δt : 시간이나 주파수를 측정할 때에는 두 개의 커서가 수직으로 디스플레이된다. 시간 측정은 "Δt:..."로, 주파수 측정은 "f:..."로 표시된다.

> **Note**
> 정확한 주파수 측정을 위해 커서의 간격은 신호의 한 주기에 정확히 일치해야 한다. 한편, XY 모드에서는 타임베이스가 OFF되므로 시간이나 주파수 측정이 불가능하다.

(39) 커서(CURSOR)

활성 커서는 스크린 내에서 원하는 방향으로 이동할 수 있다. 커서 방향은 프론트 패널에 표시되어 있으며 무엇을 측정하느냐에 따라 상하 또는 좌우로 이동한다. 커서 레버(lever)를 어떻게 누르냐에 따라 두 가지 속도를 가지는데, 레버를 살짝 누르면 커서는 느리게 움직이고 충분하게 눌러주면 빨리 움직인다. 레버를 놓으면 레버는 다시 중앙으로 되돌아오고, 커서 이동은 멈추게 된다.

(40) CAL.

이 소켓에는 두 가지 주파수를 갖는 0.2Vpp±1%의 구형파(square wave) 신호가 나오는데, 버튼이 이완 상태이면 1kHz 신호가 나오고 눌려지면 1MHz 신호가 나오게 된다. 이 신호를 이용하여 프로브 교정을 할 수 있다. 프로브 교정을 위한 신호이므로 펄스 듀티 계수는 정확히 1 : 1이 아니어도 된다.

(41) CT

이 버튼을 누르면 오실로스코프 기능에서 부품테스터 모드로 전환한다.

부품테스트 모드가 되면 CT 버튼, AUTOSET(2), INTENS(4)를 제외한 모든 컨트롤이 비활성이 된다. 그리고 "A"를 제외한 모든 LED도 꺼지고 리드아웃에는 "CT"만 표시된다.

테스트 리드 하나는 CT 소켓에 연결하고 다른 하나는 그라운드 소켓(38)에 연결하여 확인한다. 최대 테스트전압은 개방회로에서 20Vpp이고, 최대 테스트전류는 단락회로에서 20mApp이다.

"소자 테스트(시험)"를 참고하여라.

1) MENU

이 오실로스코프의 소프트웨어는 여러 가지 메뉴를 포함하고 있다.

MENU 버튼을 길게 누르면 메뉴 모드로 들어갈 수 있다. 이 메뉴를 이용하여 동작에 관련된 디폴트값이나 교정 옵션을 바꾸어줄 수 있다.

메뉴 모드로 들어갔을 때 이용되는 버튼들이다.

① SAVE & RECALL(7) : 메뉴가 열렸을 때 버튼을 짧게 누르면 위아래로 이동되면서 원하는 메뉴를 선택할 수 있다.

② SAVE(7)-SET 기능 : SAVE와 RECALL 버튼을 이용하여 원하는 메뉴로 이동한 후, SAVE 버튼을 길게 누르면 메뉴가 실행되거나 선택된 메뉴의 서브메뉴가 열린다. ON/OFF가 표시된 메뉴의 경우 ON 또는 OFF 중 하나로 설정해 준다.

어떤 메뉴는 기능이 바로 실행되지 않고 경고 메시지가 먼저 나타나는 경우가 있다. 이는 우연히 SAVE(7)가 길게 눌려졌을 경우를 대비한 것으로서 AUTOSET을 누르면 빠져나올 수 있다.

③ 자동설정(AUTOSET(2)) : 메뉴 모드에서 AUTOSET 버튼을 누르면 메뉴가 한 단계씩 빠져나온다. 마지막으로 MAIN MENU가 디스플레이될 때 AUTOSET을 누르면 메뉴 모드가 사라지면서 AUTOSET 버튼은 원래 기능으로 돌아간다.

다음은 각 메뉴에 대한 설명이다.

① 주메뉴

　㉠ 교정(CALIBRATE) : 교정을 위한 메뉴로 "서비스 지침"의 "7. 교정" 항을 참고하면 된다.

　㉡ 설정(SETUP) : 사용 중 장비동작에 관련된 디폴트값(default settings)을 바꿀 때 이용된다. 셋업 메뉴는 "MISCELLANEOUS"와 "FACTORY"의 서브메뉴를 포함하고 있다.

　　ⓐ MISCELLANEOUS

　　　- 제어 비프음(CONTROL BEEP) ON/OFF : OFF로 설정되면 컨트롤 작동 한계점에서 "삐삐"하는 소리가 들리지 않게 된다. 기본적으로 이 값은 ON으로 설정되어 있다. 이 기능을 원하지 않을 때는 항상 오실로스코프의 전원을 켠 후 설정을 바꾸어주어야 한다.

　　　- 에러 비프음(ERROR BEEP) ON/OFF : 오작동을 알려주는 음향 신호의 ON/OFF 설정 메뉴이다. 주어진 환경에서 필요 없는 컨트롤을 조작할 때 "삐

삐"하는 소리로 알려주는 기능으로 기본 설정값은 ON이다. 이 기능도 원치 않을 때에는 항상 오실로스코프를 켠 후 바꾸어주어야 변경된 설정으로 이용할 수 있다.

- 빠른 시작(QUICK START) ON/OFF : 이 장비는 전원을 켜면 HAMEG 로고와 메뉴가 디스플레이되면서 내부테스트가 이루어진 후 동작모드로 들어가게 되어 있다. 그러나 이 기능을 OFF로 설정하면 이 과정이 생략되고 바로 동작모드로 들어가게 된다.
- TRIG-SYMBOL ON/OFF : Yt 모드에서는 트리거 위치 기호가 리드아웃에 나타나는데, OFF로 설정해 두면 이 기호가 표시되지 않는다.
- DC REFERENCE ON/OFF : Yt 모드에서 0V 기준위치를 알려 주는 그라운드 기호(⊥)의 표시 여부를 선택해 준다.

ⓑ FACTORY

이 메뉴 내의 기능들은 모두 오실로스코프 조정을 위해 HAMEG 서비스 센터에서만 쓸 수 있는 기능이다.

측정 전 수행 작업(First Time Operation)

다음 설명들은 이 매뉴얼의 "안전" 부분을 주의 깊게 읽고 이해했음을 전제한다.

장비를 동작시키기 전에는 항상 오실로스코프가 안전접지단자로 연결되어 있는지 확인한다. 이를 위해 먼저 전원 케이블을 오실로스코프와 전원 출력단자에 연결시킨다. 그리고 테스트 리드를 오실로스코프 입력단에 연결시킨다. 테스트할 장비가 꺼져 있는지 확인하고 테스트 리드를 테스트 포인트에 연결한다. 그리고 나서 오실로스코프, 테스트할 장비의 순으로 전원을 켠다.

적색 전원 버튼을 누르면 오실로스코프에 전원이 들어온다. 몇 초 후 HAMEG 로고와 오실로스코프의 소프트웨어 버전이 화면에 디스플레이될 것이다. 이때 오실로스코프는 스스로 몇 가지의 내부 테스트를 하게 된다. 내부 테스트가 성공적으로 이루어지고 나면 가장 최근에 사용했던 동작 모드로 설정된다.

스크린에 아무 트레이스도 보이지 않으면 AUTOSET 버튼을 짧게 눌러주어라. 그러면 Yt 모드가 설정되고 트레이스와 리드아웃의 밝기는 중간으로 설정될 것이다. 트레이스는 Y POS. I과 X POS. 컨트롤을 이용하여 베이스 라인의 중앙으로 조정한다. 트레이스가 가장 알맞은 밝기와 최적의 선명도를 갖도록 INTENS.와 FOCUS를 조절한다. 이제 오실로스코프를 사용할 준비가 된 것이다.

만일 AUTOSET 기능을 이용하지 않고 반점만 보이면, CRT의 인광체가 손상될 수 있으므로 즉시 밝기를 줄이고 XY 모드가 아닌지 확인하기 바란다.

음극선관의 최대 수명을 얻기 위해서 주변의 밝기 조건을 이용하여 측정에 필요한 최소 밝기로 설정하기 바란다.

XY 모드에서와 같이 단 한 개의 반점만 디스플레이될 때 밝기 설정이 너무 높으면 CRT의 형광 스크린이 손상될 수 있으므로 특별한 주의가 요구된다. 짧은 시간 간격으로 전원을 껐다 켜는 것도 CRT의 음극선에 해가 되므로 주의하여 사용하기 바란다.

이 장비는 오작동으로 인한 치명적인 손상을 입지 않도록 잘 설계되어 있다.

(1) 휘선 조절(Trace Rotation - TR)

CRT의 Mumetal(뮤합금)-차폐에도 불구하고 수평 트레이스에 대한 지구 자기장의 영향을 완전히 피할 수는 없다. 또 오실로스코프의 사용 환경에 따라서도 달라진다. 따라서 트레이스는 수평 계수선 가운데에 정확히 일치하지 못할 수도 있다. 이때는 전면 패널의 "TR"이라 표시된 포텐셔미터(가변 저항)를 이용하여 기울어진 각을 수평으로 조정해 준다.

(2) 프로브 보상 및 사용(Probe compensation and use)

오실로스코프에 왜곡 없는 파형을 디스플레이하기 위해서는 프로브가 각 수직 입력단의 임피던스와 정합되어야 한다. 이를 위해 매우 빠른 상승시간과 최소의 오버슈트를 갖는 구형파가 이용된다.

내장된 교정용 발진기는 CRT 스크린 아래의 출력 소켓을 통해 매우 빠른 상승시간(<4ns)을 갖는 구형파 신호를 공급한다. 출력 주파수는 1kHz~1MHz 사이의 정해진 주파수 중에서 선택할 수 있다.

이 구형파는 프로브 보상을 위한 것이므로 주파수나 펄스 듀티 계수는 그리 정확하지 않아도 된다. 출력은 10 : 1 프로브에 대하여 0.2Vpp±1%(tr<4ns)를 공급한다. 따라서 Y 편향계수가 5mV/div.로 설정되었을 때 10 : 1 프로브를 사용하면 교정 전압(calibration voltage)은 4div. 안에 디스플레이된다.

출력 소켓은 국제적으로 공인되는 프로브 차폐 튜브 직경 조건(shielding tube diameter of modern Probes and F-series slim line probes)에 부합하도록 4.9mm의 내부 직경을 갖는다. 이러한 구조 타입만이 비정현적인 고주파 신호 파형을 왜곡 없이 재생하는 데에 꼭 필요한 극도로 짧은 그라운드 연결을 보장한다.

(3) 1kHz에서의 교정(Adjustment at 1kHz)

　C-트리머 조정(저주파)은 오실로스코프 입력단의 용량성 부하를 보상해 준다. 이 조정에 의하여, 용량성 분배가 DC에서 고주파와 저주파에 같은 분배비를 보장하는 저항성 전압 분배기(ohmic voltage divider)와 같은 비를 갖는다고 전제한다.(1 : 1 프로브를 사용하거나 겸용 프로브를 1 : 1로 설정하고 사용할 때에는 이 조정은 필요하지도 않고 가능하지도 않다.) 정확한 프로브 조정을 위해서는 베이스라인을 수평 계수선에 정확히 평행하도록 조정하는 것이 중요하다.(위의 (1) "Trace rotation" 참고)

　그리고 10 : 1 프로브를 채널 입력단에 연결하여 조정한 후에는 항상 조정 시 연결했던 채널과 프로브를 함께 사용하도록 한다.

　1kHz의 신호를 이용하여 프로브 보상을 해보자. 입력 결합은 DC로, VOLTS/DIV.은 5mV/div., TIME/DIV.은 0.2ms/div.로 설정하고 모든 가변 컨트롤은 OFF 상태에 둔다. 그리고 교정용 발진기의 출력 소켓 안으로 프로브 팁을 꽂는다.

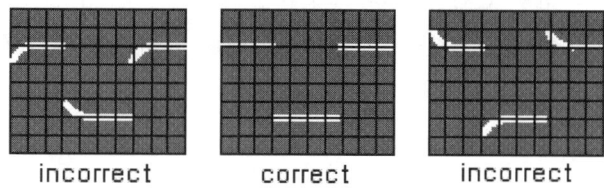

　대략 두 개의 완전한 파형 주기가 CRT 스크린에 보일 것이다. 저주파 보상 트리머의 위치는 프로브 정보 시트에 있다. 구형파의 평평한 상부 수평 계수선에 정확하게 평행할 때까지 절연된 스크루 드라이버로 트리머를 조절한다. 이때 신호의 높이는 4div.±0.16 div.(=4% : 오실로스코프 3%+프로브 1%)이 되어야 한다. 이때 신호의 에지는 보이지 않을 것이다.

(4) 1MHz에서의 교정(Adjustment at 1MHz)

　프로브 HZ51, HZ52, HZ54는 고주파 보상도 가능하다. 이 프로브들은 오실로스코프의 수직 입력단의 상측 제한 주파수 범위 내에서 프로브 보상이 허용되는 resonance de-emphasing network(R- trimmer in conjunction with capacitors)를 병합한다. 이 보상 조정만이 고주파 끝에서 그룹 지연이 일정하도록 하여 전체 대역폭을 충분히 이용할 수 있게 해준다. 이것에 의하여 상승 에지 부분의 순간적인 왜곡들(overshoot, rounding, ringing, holes or bumps)이 최소로 감소한다.

HZ51, HZ52, HZ54를 사용하면, 불필요한 파형 왜곡의 우려 없이 오실로스코프의 전 대역을 충분히 활용할 수 있다.

이러한 고주파 보상을 위한 필수 조건은 빠른 상승 타임(보통 4ns)과 낮은 출력 임피던스(50Ω)를 가지고 1MHz의 주파수에서 0.2V를 공급하는 구형파 발생기(square wave generator)이다. 이 오실로스코프의 교정용 발진기 출력은 이러한 요구조건을 만족한다.

이제 1MHz의 신호를 가지고 프로브 교정을 해보자. 먼저 1kHz 조정 때 사용했던 입력단에 프로브를 연결하고 출력 주파수 1MHz를 선택한다. 역시 입력 결합은 DC로, volts/div.은 5mV/div.으로 설정하고 time/div.만 0.2μs/div.으로 바꾸어 준다. 그리고 출력 소켓에 프로브를 연결해 준다. 그러면 상승 및 하강 에지가 깨끗한 파형이 디스플레이될 것이다. 이제 고주파 조정을 위해 수행해야 할 것은 펄스의 상부는 상측 왼쪽 코너와 함께 상승 에지를 관찰하는 것이다. 고주파 보상 트리머의 위치 역시 프로브 정보 시트를 참고한다. 이러한 R-트리머들은 펄스의 시작이 가능한 한 일직선이 되도록 조정되어야 한다. 오버슈트나 과도한 라운딩이 있어서는 안 된다. 프로브의 조정 포인트가 하나만 있을 때에는 비교적 조정이 간편하다. 그러나 조정 포인트가 여러 개 있을 경우에는 조정이 약간 더 어려워지는 한편 더 좋은 결과를 얻을 수 있다. 상승 에지는 가능한 한 곧고 펄스의 상부는 수평을 유지하면서 급격히 상승하도록 조정해야 한다. 고주파 조정이 끝난 후, CRT 스크린에 디스플레이되는 신호의 진폭은 1kHz 조정 때와 같은 값을 가져야 한다.

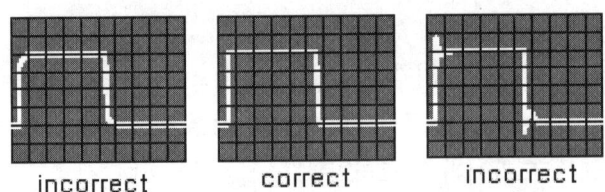

앞에서 언급하지 않은 다른 프로브들은 일반적으로 팁 직경이 더 커서 교정기 출력 소켓에 맞지 않을 수도 있다. 한편 숙련된 사람이 적합한 어댑터를 설계하는 것은 그리 어렵지 않다. 이는 이러한 대부분의 프로브들이 프로브가 연결된 스코프의 전체 대역폭이 오실로스코프만의 대역폭보다 더 낮아지게 하여 상승시간을 줄여주기 때문이다. 게다가 고주파 조정의 특징은 파형 왜곡을 완전히 제거할 수는 없으므로 거의 항상 놓친다는 것이다.

정확하고 쉬운 프로브 조정을 위해 먼저 해야 할 것은, 편향계수 확인과 함께 곧은 수평 펄스의 상부와 교정된 펄스 진폭, 그리고 펄스의 하부에서는 영전위이다. 주파수와 듀티 사이클은 그리 중요하지 않다. 순간적인 반응을 해석하기 위해, 바른 상승시간과 낮은 임피던스를 갖는 펄스 제너레이터 출력이 매우 중요하다.

이 오실로스코프의 교정용 발진기는 출력 주파수를 선택할 수 있는 것과 마찬가지로 광대역 감쇠기나 증폭기를 테스트하고 보상할 때 동일한 조건 아래에서의 값비싼 구형파 발생기를 대신하여 이러한 필수적인 특징들을 제공할 수 있다. 그러한 경우, 사용하는 회로의 입력은 적합한 프로브를 통해 교정용 발진기의 출력으로 연결될 것이다.

프로브에 의하여 고임피던스(1MΩ ∥ 15~30pF) 입력단에 공급되는 전압은 사용하는 프로브(10 : 1=20mVpp)의 분배비에 부합될 것이다. 적합한 프로브로는 HZ51, HZ52, HZ54가 있다.

4 수직 입력단의 동작 모드(Operating modes of the Y amplifiers in Yt mode)

수직 입력단의 동작모드와 관련된 대부분의 컨트롤들(CHⅠ, DUAL, CHⅡ)은 푸시버튼(push button)으로 되어 있다. 이들의 기능은 "2. 조작과 판독"을 참고하면 된다.

오실로스코프는 일반적으로 Yt 모드에서 신호를 본다. 이때 신호의 진폭은 수직방향의 빔(beam)을 편향하고 동시에 타임베이스는 왼쪽에서 오른쪽으로 X축 편향을 한다. 그리고 나서 빔이 사라졌다가 다시 재생된다.

다음과 같은 Yt 동작 모드를 이용할 수 있다.

    CHⅠ의 한 채널 동작 : Mono CHⅠ

    CHⅡ의 한 채널 동작 : Mono CHⅡ

    CHⅠ과 CHⅡ의 두 채널 동작 : DUAL

    CHⅠ과 CHⅡ의 두 채널의 합/차 동작 : ADD

DUAL 모드에서 결정되는 채널 스위칭 방법은 타임베이스 설정에 의존한다. 자세한 것은 "2. 조작과 판독"을 참고하기 바란다.

ADD 모드에서는 두 채널의 신호를 대수적으로 합하여 한 신호처럼 보여준다. 따라서 두 신호의 위상 관계나 극성 그리고 반전 기능을 이용하면 합성(sum)과 차동(difference)을 선택할 수 있다.

- 입력 전압의 위상이 같을 때

    채널Ⅱ의 반전 기능 설정=sum(합성)

    채널Ⅱ의 반전 기능 해제=difference(차동)

- 입력 전압의 위상이 반대일 때

채널Ⅱ의 반전 기능 설정=difference(차동)

채널Ⅱ의 반전 기능 해제=sum(합성)

ADD 모드에서 수직 디스플레이 포지션은 두 채널의 Y 포지션 설정에 의한다. 일반적으로 같은 Y 편향계수가 두 채널에 이용된다.

Note
Y 포지션 설정은 더해지지만 반전 기능에 의한 영향은 없다.

그리고 이와 다른 측정 방법들은 부동 부품(floating components)을 통한 전압강하의 직접 측정을 허용한다. 두 입력단에는 두 개의 동일한 프로브를 사용해야 하며 그라운드 루프(ground loop)를 피하기 위해 프로브 그라운드 리드나 케이블 실드 대신 구별된 그라운드 커넥션을 사용한다.

(1) X-Y 모드 동작

이 모드는 DUAL MENU(18) 버튼을 가지고 설정할 수 있고 타임베이스는 비활성이다. 채널Ⅱ 입력단에 인가된 신호가 X 편향이 된다. 따라서 채널Ⅱ와 관련된 컨트롤(AC/DC/GND와 VOLTS/DIV)들도 X축 편향에 이용된다. Y-POS.Ⅱ는 자동적으로 비활성이 되므로 X 포지션 변경을 위해서는 X-POS. 컨트롤을 이용한다. X×10은 XY 모드에서 활성화되지 않으므로 입력 편향계수 범위는 두 채널 모두 동일하다.

X축 증폭단의 대역폭은 Y축 증폭단보다 낮고 주파수가 높아질수록 증가하는 위상각이 계산되어야 한다.

XY 모드에서 다음과 같은 측정 과제를 수행할 때 리사주 도형이 나타난다.

① 서로 다른 주파수의 두 신호를 비교하거나 한 신호를 다른 신호의 주파수에까지 이르게 할 때(이때는 신호 주파수의 정수배나 분수배가 적용된다.)

② 주파수가 같은 두 신호 사이의 위상을 비교할 때

(2) 리사주 도형을 통한 위상 비교

다음의 다이어그램은 주파수와 진폭은 같고 위상각만 다른 두 정현파 신호를 보여준다.

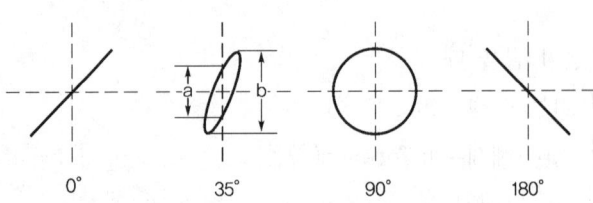

위상각이나 X와 Y 입력 전압 사이의 위상차 계산(스크린에서 a와 b의 간격 측정)은 다음과 같은 공식으로 구할 수 있는데 삼각공식이 지원되는 계산기만 있으면 간단히 구할 수 있다. 판독의 정확도와는 별개로 신호의 높이는 결과에 영향을 주지 않는다.

$$\sin\phi = \frac{a}{b}$$
$$\cos\phi = \sqrt{1-(\frac{a}{b})^2}$$
$$\phi = \arcsin\frac{a}{b}$$

다음 사항을 유념하라.
① 삼각공식의 주기성 때문에 계산은 90° 이하의 각으로 한정된다. 이것이 이 방법의 이점이기도 하다.
② 위상차 때문에, 너무 높은 테스트 주파수는 사용하지 않는다.
③ 테스트 전압이 기준 전압을 초과하거나 또는 기준 전압보다 뒤쳐지면 당연히 화면 디스플레이는 볼 수 없다. 이것은 오실로스코프의 테스트 전압 입력단 앞에 RC 회로를 연결하여 해결할 수 있다. 1MΩ 입력 저항이 R로서 제공되고 적합한 커패시터 C가 직렬로 연결되어야 한다. 만약 타원의 폭이 넓어진다면(C 단락회로와 비교하여), 테스트 전압이 기준 전압을 초과하게 되므로 이 과정을 반복하여 해결한다. 이것은 단지 90°의 위상차 범위 내에서 허용된다. 그러므로 C는 충분히 커야 하며 상대적으로 작은, 즉 관찰 가능한 위상차를 만들어야 한다.

XY 모드에서 두 입력 전압을 놓치게 되면 화면에는 매우 밝은 반점만 나타나게 된다. 이 때 INTENS. 설정이 지나치게 높으면 밝기 손실이 계속되고 극도의 경우 이 부분의 인광체가 완전히 파괴되기 때문에 반점이 인광체 안으로 타들어가는 수가 있다.

(3) DUAL 모드(Yt)에서의 위상차 측정

주파수와 형태가 같은 두 입력신호 사이의 위상차는 DUAL 모드에서 매우 간단히 측정할 수 있다. 타임베이스는 기준신호(phase position 0)에 의해 트리거된다. 이때 다른 한 신호는 기준신호의 위상각을 앞지르거나 뒤쳐지게 된다. 교번 트리거 조건에서는 위상차를 측정할 수 없다.

정확한 측정을 위해 타임베이스는 한 주기를 조금 넘게 조정하고 두 신호의 높이는 거의 같도록 설정하여라. 이 조정은 Y 편향계수와 시간 편향계수 그리고 트리거 레벨을 조절하여 이루어지며 결과값에는 영향을 주지 않는다. 측정을 하기 전에는 먼저 두 베이스 라인을 Y POS. 노브를 이용하여 수평 계수선 중앙에 맞추어 둔다. 정현 신호의 최고값 위치는 정확하지 못하므로 영점 천이 위치를 이용한다. 정현 신호가 고조파로 인해 현저히 왜곡되었거나 DC 전압이 존재한다면, 두 채널은 AC 결합으로 설정되어야 한다. 동일한 형태의 펄스로 인한 문제가 있을 때에는 급격한 에지에서 눈금을 읽는다.

그림의 예에서, t=3div.이고 T=10div.이면 위상차는

$$\varphi° = \frac{t}{T} \cdot 360° = \frac{3}{10} \cdot 360° = 108°$$로 계산된다. 또는

$$\mathrm{arc}\varphi° = \frac{t}{T} \cdot 2\pi = 1,885 \mathrm{rad}$$와 같이 라디안으로 표현

된다.

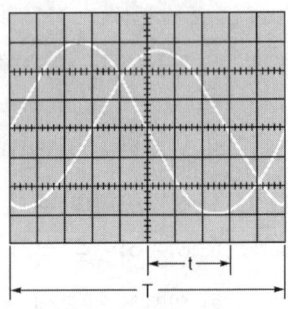

[DUAL 모드에서의 위상차 측정]

t = 제로점 이동 간격(div.)
T = 한 주기의 수평 간격(div.)

그리 높지 않은 주파수에서는 상대적으로 작은 위상각이 X-Y 모드에서 리사주 도형을 통해 좀더 정확하게 측정될 수 있다.

(4) 진폭 변조 측정

HF 반송파의 시간 t에서의 순시 진폭 u는 다음 식에 따라 정현 AF 전압에 의해 왜곡 없이 진폭 변조된 것이다.

$$u = U_t \cdot \sin\Omega t + 0.5m \cdot U_t \cdot t\cos(\Omega - \omega)t - 0.5m \cdot U_t \cdot \cos(\Omega + \omega)t$$

여기서,

U_t = 변조되지 않은 반송 진폭
$\Omega = 2\pi F$ = 반송 주파수
$\omega = 2\pi f$ = 변조 각주파수
m = 변조 지수(≤100%)

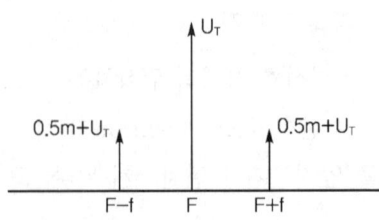

[AM 디스플레이를 위한 진폭과 주파수 스펙트럼(m=50%)]

하측파대 주파수 F-f와 상측파대 주파수 F+f는 반송 주파수 F와 함께 변조 후 상승하

게 된다. 진폭 변조된 HF 오실레이션의 디스플레이는 오실로스코프 대역폭 내에서 주파수 스펙트럼이 제공되는 오시로스코프로 산출할 수 있다. 타임베이스는 변조 주파수의 여러 사이클을 볼 수 있도록 설정된다. 엄밀히 말해 트리거링은 변조 주파수와 함께 외부 (AF 제너레이터나 복조기)에서 들어온다. 하지만, 내부 트리거링은 적합한 레벨 설정과 시간 계수를 조절하여 일반 트리거링과 함께 가능하다.

다음 신호에 대하여 오실로스코프는 다음과 같이 설정한다.

① Y : CHⅠ ; 20mV/div. ; AC

② TIME/DIV. : 0.2ms/div.

③ 트리거링 : NM(normal) ; with LEVEL-setting ;
   내부(또는 외부) 트리거링

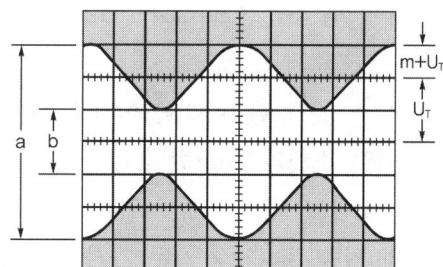

진폭 변조 오실레이션
F=1MHz ; f=1kHz
m=50% ; U_T=28.3mVrms

스크린의 파형에서 a와 b의 값을 읽어 다음과 같이 변조지수를 계산한다.

$$m = \frac{a-b}{a+b} \text{resp.} \text{이므로 } m = \frac{a-b}{a+b} \cdot 100\%$$

여기서, $a = U_T(1+m)$ 이고 $b = U_T(1-m)$ 이다.

변조지수를 측정할 때 진폭과 시간을 위한 가변 컨트롤은 결과에 영향을 주지 않으므로 임의적인 설정이 가능하다.

5 트리거링과 타임베이스

트리거 및 타임베이스와 관련된 모든 컨트롤들은 VOLTS/DIV. 노브의 오른쪽에 위치해 있다.

Yt 모드에서 시간은 출력되는 측정 신호(AC 전압)의 진폭변화와 관련된다. 신호의 전압은 수직방향으로 빔을 편향하는 반면 타임베이스 제너레이터는 스크린의 왼쪽에서 오른쪽으로 빔이 이동한다(시간 편향계수=1).

일반적으로 디스플레이되는 파형은 주기적으로 반복하고 있다. 따라서 타임베이스도 주기적으로 시간 편향을 반복해야 한다. 안정된 출력을 얻기 위해서는 신호 높이와 기울기 조건이 앞선 타임베이스의 출발 위치와 일치할 때에 타임베이스가 트리거되어야 한다. DC 전압 신호는 기울기가 없으므로 트리거될 수 없다.

트리거링은 측정 신호 자신에 의한 내부 트리거링과 외부에서 공급되는 동조 신호에 의한 외부 트리거링이 있다. 트리거 전압은 일정한 최소 진폭을 가지는데 이 값을 트리거 임계값(threshold)이라고 하고 정현 신호를 이용하여 측정한다. 트리거 전압이 테스트 신호로부터 내부적으로 취해질 때, 즉 내부 트리거에서 기준 시간 발생기를 출발하여 안정된 디스플레이와 함께 트리거 LED가 점등될 때 div. 안의 수직 디스플레이 높이가 트리거 임계값이 된다.

이 오실로스코프의 내부 트리거 임계값은 0.5div. 이하로 주어져 있다. 트리거 전압이 외부에서 공급될 때에는 TRIG.EXT. 소켓의 Vpp 범위 내에서 측정된다. 일반적으로, 트리거 임계값은 최대 계수 20을 초과할 수도 있다.

이 장비는 자동 피크(최대)와 일반 트리거링의 두 가지 트리거 모드를 갖고 있다.

(1) 자동 피크(Automatic Peak(Value)) 트리거링

AUTOSET 버튼을 누르면 자동적으로 이 모드가 선택된다. 그러나 DC와 TV(television) 신호에서 피크값 검파란 있을 수 없으므로 교번 트리거 모드에서처럼 DC, TVL, TVF 트리거 결합 조건에서 이 모드는 자동적으로 꺼지게 된다. 이러한 경우 자동은 계속 유지되지만 잘못된 트리거 레벨 설정으로 트리거되지 않은 신호가 출력된다.

자동 트리거 모드에서 스위프 발진기는 입력신호나 외부 트리거 전압 없이 진행이 가능하므로 베이스 라인은 인가되는 신호가 없어도 항상 출력이 된다. 피크(최대)값 트리거링은 사용자가 트리거 레벨 컨트롤을 이용하여 인가된 AC 신호상에 트리거 포인트를 지정할 수 있게 한다. 조절 범위는 신호의 peak to peak 값 범위 내이다. 그래서 이 모드를 자동 피크(최댓값) 트리거링이라고 한다.

안정된 트레이스를 보기 위해 스코프에 요구되는 작동은 알맞은 진폭과 타임베이스를 설정하는 것이다. 자동 모드는 복잡하지 않은 측정 과제에 이용되지만, 자동 트리거링은 테스트 신호의 진폭과 주파수 또는 형태를 알 수 없을 때와 같이 곤란한 측정 과제에 적당한 동작 모드이다. 이 모드를 통해 모든 파라미터를 미리 조정할 수 있다. 그리고 나서 일

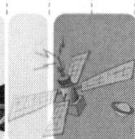

반 트리거링으로 전환한다. 자동 트리거링은 20Hz 이상에서 작동한다. 20Hz 이하의 주파수에서는 자동 트리거링이 실패할 수 있다. 하지만, 트리거 표시기 LED에 의해 표시되지는 않는다. 트리거링이 실패되면 매 트레이스마다 트레이스의 출발 위치가 달라지므로 트리거링의 실패 여부는 화면 왼쪽 에지에서 가장 쉽게 판별할 수 있다.

자동 피크(최댓값) 트리거링은 20Hz 이상의 테스트 신호의 모든 파동과 변동에서 동작한다. 하지만, 구형파의 펄스 듀티 계수가 100 : 1의 비를 초과하면 일반 트리거링으로의 전환이 필요하다. 자동 트리거링은 내부와 외부 트리거 전압을 가지고 실행할 수 있다.

(2) 일반(Normal) 트리거링

일반 트리거링에서 스위프는 트리거 결합에 따라 정해지는 주파수 범위 내의 AC 신호에 의해 시작된다.

알맞은 트리거 신호가 없거나 트리거 컨트롤들이 잘못 조정되었을 때에는 아무 트레이스도 보이지 않는다.

내부 일반 트리거링 모드를 사용할 때, 신호 형태가 매우 복잡하더라도 트리거 레벨 조절을 이용하여 신호 에지의 임의의 위치에서 트리거링이 가능하다. 따라서 내부 트리거링의 경우 레벨 조절 범위는 최소한 0.5div.이 되어야 하는데 신호의 디스플레이 높이에 직접적으로 의존하게 된다. 디스플레이 높이가 1div.보다 작을 때에는 매우 미세하게 레벨을 조절해야 한다. 외부 일반 트리거링 모드에서의 외부 트리거 전압 진폭은 약 0.3Vpp 정도인가한다.

매우 복잡한 신호를 트리거하기 위한 다른 방법으로 타임베이스 가변 컨트롤과 HOLD OFF 타임 컨트롤을 다음과 같이 사용할 수 있다.

(3) 기울기(Slope) / ₩

기울기는 리드아웃에 표시되고 AUTOSET 설정에도 변하지 않는다. 지연 모드에서 지연 트리거 기능이 동작중일 때 기울기는 지연 타임베이스의 트리거 단위를 바꿀 수 있다.

자동 트리거링과 수동 트리거링에서 기준 시간 발진기는 테스트 신호의 상승 에지나 하강 에지에 의해 트리거 된다. 어느 에지가 트리거링에 이용되느냐 하는 것은 기울기 설정 방향에 따른다. 즉, /는 음의 전위에서 양의 전위로 상승하는 에지를 말하며 신호의 음의 부분에 놓일 수도 있다.

한편 레벨 조절을 이용하면 트리거 위치를 선택된 에지의 제한범위 내에서 변화시킬 수 있다. 기울기 방향은 항상 반전되지 않은 입력신호에 맞춰진다.

(4) 트리거 결합

20Hz 이하에서는 자동 트리거링이 동작하지 않으며 일반 트리거링은 DC와 LF 트리거 결합 모드에서 사용되어야 한다. 트리거 신호의 주파수 범위에 따라 각 결합 모드는 다음과 같은 요구조건을 만족해야 한다.

① AC : 일반적으로 가장 많이 사용하는 트리거 모드. 데이터 시트에 나타난 주파수 범위를 벗어나면 트리거 임계값이 증가한다.

② DC : 이 결합 모드에서 일반 트리거링이면 트리거 신호는 트리거 단위와 결합한다. 그러므로 저주파 제한이 없다.
신호가 매우 느린 변화로 트리거되거나 계속해서 듀티 계수가 변하는 펄스 신호가 디스플레이 되어야 할 때 이용된다.

③ HF : 이 결합 모드에서의 전송 범위는 고역필터와 마찬가지로 트리거 신호의 DC 성분과 저주파를 차단한다.

④ LF : LF 트리거 결합은 저역 필터의 특성을 가진다. DC 트리거 결합처럼 일반 트리거링일 때 통과 주파수의 제한이 없다. 신호에 포함되어 있는 잡음 성분이 강력히 억제되므로 저주파 신호에는 DC 트리거 결합보다 LF 트리거 결합이 더 적합하다. 따라서, 매우 낮은 신호 전압과 함께 두드러지게 나타나는 지터나 더블 트레이스(double traces)는 경계선 아래에서 피할 수 있거나 감소하게 된다. 통과 대역보다 높은 범위에서 트리거 임계값은 계속해서 증가한다.

⑤ TvL : 내장된 TV 동기신호 분리기는 영상신호의 수평동기신호(line sync pulse)를 구별해 낸다. 왜곡된 영상신호도 안정되게 트리거되고 디스플레이할 수 있다.

⑥ TvF : 내장된 TV 동기신호 분리기는 영상신호의 수직동기신호(frame sync pulse)도 구별해 낸다.

⑦ ~ : line/mains 트리거링을 의미한다.

(5) 영상신호 트리거링(Triggering of video signals)

TvL과 TvF 트리거 결합 모드에서 이 장비는 자동적으로 자동 트리거링으로 설정되고 트리거 포인트는 사라진다. 구별된 동기 펄스만이 트리거링에 이용되므로 출력되는 신호와 트리거 신호 사이의 관련은 없다. 초퍼 DUAL 모드 상태이거나 리드아웃이 켜져 있으면 TvF 모드에서의 간섭이 발생할 수도 있다.

영상신호는 자동 모드에서 트리거된다. 내부 트리거링은 실질적으로 디스플레이 높이

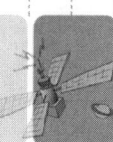

에 의존하게 되는데 동기 펄스는 0.5div.을 넘어야 한다. 동기 펄스의 극성은 기울기 선택에 중요하다. 출력되는 동기 펄스가 영상(field) 성분보다 위에 있을 때, 기울기는 상승 에지에 설정해야 한다. 반대로 동기 펄스가 필드/라인보다 아래에 있는 경우 상승 에지는 네거티브이므로 기울기는 하강 에지에 설정해야 한다. 반전 기능은 잘못된 상승 디스플레이를 야기할 수 있으므로 활성화하지 않는다.

TvF 트리거링과 2ms/div. 설정에서 50fields/s 신호가 인가되면 1필드를 볼 수가 있다. 홀드오프 컨트롤을 충분히 ccw 포지션으로 개개의 라인을 인식할 수 있도록 X-MAG.×10 기능을 이용하여 디스플레이를 확대시킨다. 프레임 동기 펄스의 시작은 TIME/DIV.으로 출력을 확대시킬 수 있다. 하지만 각 프레임 트리거로 인해 외관상 동기되지 않은 출력을 만들어 낼 수 있음을 기억해야 한다. 이는 프레임 간 라인 중간의 오프셋(offset) 때문이다.

수직 동기 펄스로부터 트리거 펄스를 형성하는 통합망의 영향은 일정한 조건하에서 볼 수 있다.

TvL 트리거링에서 $10\mu s$/div.일 때, 약 $1\frac{1}{2}$ 라인을 볼 수 있다. 이 라인들은 홀수/짝수 필드로부터 마구잡이로 가져온 것이다.

동기신호 분리기 회로는 외부 트리거링과 함께 동작한다. 외부 트리거링을 위한 전압 범위(0.3Vpp~3Vpp)에도 유의해야 한다. 정확한 기울기 설정을 다시 해주어야 하는데, 왜냐하면 외부 트리거 신호는 CRT에 디스플레이되는 테스트 신호와 같은 극성 또는 같은 펄스 에지를 가지지 않을 수도 있기 때문이다. 이것은 외부 트리거 전압이 먼저 디스플레이될 때 확인할 수 있다. 대부분의 경우에, 혼합영상신호는 높은 DC 성분을 가진다. 이러한 DC 성분은 테스트 패턴이나 컬러 바 발진기와 같은 일정한 영상 정보를 가지고, 오실로스코프 입력단을 AC 입력 결합으로 설정하면 간단히 억제시킬 수 있다. 영상 성분이 변할 때는 DC 입력 결합이 요구된다. 영상 성분의 각 변화에서 AC 입력 결합과 함께 스크린의 수직 포지션이 변하기 때문이다. 신호의 디스플레이가 격자 범위 내에 놓이도록 Y POS.을 이용하면 DC 성분이 보상될 수 있다. 이때 혼합영상신호의 높이가 6div.을 초과해서는 안 된다.

(6) Line/Mains 트리거링(~)

이 모드에서는 READOUT에 트리거원, 기울기, 결합에 대한 정보 대신 "~" 기호가 나타난다. 트리거 전압과 신호 전압 사이의 직접적인 진폭 관계는 없으므로 트리거 포인트 기호는 비활성이다.

트리거링에는 mains/line(50Hz~60Hz)에서 가져오는 전압이 이용된다. 이 트리거 모드는 Y 신호의 진폭과 주파수에 의존하고 모든 mains/line 동기신호에 대해 이용된다. 또한 line 주파수의 정수배나 분수배로 일정한 범위 내에 적용된다. line 트리거링은 트리거 임계값 이하의 출력신호에도 이용될 수 있다. 그러므로 회로 내의 mains/line 정류기나 누설 자기의 작은 리플 전압 측정에 적합하다. 이 모드에서 기울기 방향 버튼으로 line/mains 정현파의 포지티브나 네거티브 부분을 선택한다. 트리거 레벨 컨트롤은 트리거 포인트 조정에 이용된다.

자기 누설(예를 들어 전원 트랜스포머로부터)은 search나 코일을 이용하여 방향과 크기를 알 수 있다.

코일은 얇은 래커 와이어(lacquered wire)를 최대로 감은 작은 포머(former)에 손상을 입히며 차폐(shielded) 케이블을 통해 BNC 커넥터(스코프 입력을 위한)로 연결된다. 케이블과 BNC 중심 단자 사이에 최소한 100Ω의 저항이 직렬로 연결되어야 한다(RF decoupling). 이것은 코일 표면을 정전기적으로 차폐하기 위해 필요하다. 하지만, 단락된 권선은 허용되지 않는다. 최댓값, 최솟값 그리고 자기원으로의 다이렉션은 코일을 감고 이동한 것에 의한 측정 위치에서 검파될 수 있다.

(7) 교번(Alternate) 트리거링

DUAL 모드에서 TRIG.SOURCE를 이용하여 선택할 수 있다. 초퍼 DUAL 모드에서 교번 트리거 모드를 선택하면 자동적으로 교번 DUAL 모드가 된다. TvL, TvF 그리고 line/mains 트리거링 조건에서 교번 트리거링은 선택할 수 없다. 따라서 교번 트리거 모드에서는 AC, DC, HF, LF 트리거 결합 모드만 이용할 수 있다. 트리거 포인트 기호는 디스플레이되지 않는다. 교번 트리거링을 이용하면 서로 다른 주파수를 가진 두 신호를 트리거할 수 있다. 이 경우 오실로스코프는 내부 트리거링과 함께 DUAL 교번 모드에서 동작해야 하고 각 입력신호는 트리거가 가능하도록 충분한 크기가 되어야 한다. 다른 DC 전압 성분으로 인한 트리거 문제를 피하려면, 두 채널 모두 AC 입력 결합이 설정되어야 한다. DUAL 교번 모드에서의 채널 스위칭 시스템과 같은 방식으로 교번 트리거 모드에서 내부 트리거원이 전환된다. 이 모드에서의 트리거 레벨과 기울기 설정은 두 채널이 모두 같기 때문에 위상차 측정이 불가능하다. 두 신호 간에 180° 위상차가 있다고 하더라도 두 신호는 같은 기울기로 디스플레이된다.

만일 신호가 고주파비와 함께 인가되면 이때 트레이스는 더 낮은 시간 계수(빠른 스위프)로 설정될수록 밝기가 감소한다. 왜냐하면 낮은 주파수 신호에 의존하고 빠른 스위프를 가진 인광체는 거의 움직이지 않게 되므로 스위프의 수가 증가하지 않기 때문이다.

(8) 외부(External) 트리거링

트리거 결합이 line/mains 결합만 아니라면 TRIG.SOURCE 버튼을 이용하여 외부 트리거 입력이 가능하다. 이때 내부 트리거원은 비활성이다. 외부 트리거 신호가 TRIG.EXT 소켓에 인가되므로 보통 디스플레이되는 신호의 크기와는 상관이 없고 따라서 트리거 포인트 기호도 사라진다. 외부 트리거 전압은 최소한 0.3Vpp 이상을 가져야 하며 3Vpp보다 커서도 안 된다. TRIG.EXT 소켓의 입력 임피던스는 1MΩ ∥ 20pF이다. 입력회로의 최대 입력 전압은 100V(DC+피크 AC)이다. 외부 트리거 신호는 테스트 신호와 완전히 다른 형태를 가질 수도 있지만 동기는 테스트 신호와 맞아야 한다. 트리거링은 테스트 신호의 정수배나 분수배의 일정 범위 내에서도 가능하다. 측정 신호와 트리거링 신호 사이의 위상각이 다르면 기울기 설정이 일치하지 않는 디스플레이를 만들어 낼 수가 있다. 외부 트리거링 모드에서도 트리거 결합 선택을 이용할 수 있다.

(9) 트리거 지시(Trigger Indicator) "TR"

"TR" LED가 점등되면 자동 트리거링과 일반 트리거링에서 트리거 신호가 충분한 크기를 갖고 트리거 레벨 설정은 바르게 되었다는 것을 의미한다.

일반 트리거링에서 일반적으로 매우 낮은 신호 주파수의 경우 이 LED를 보면서 민감한 트리거 레벨 조정을 하게 된다. 표시 펄스의 존속 시간은 100ms뿐이다. 따라서 빠른 신호의 경우에는 LED가 계속해서 점등되어 있고 낮은 반복 신호에 대해서는 스크린의 왼쪽 에지에서 스위프가 출발할 때뿐만 아니라 각 신호 주기에서 LED가 깜빡거리게 된다.

자동 트리거 모드에서 스위프 발진기는 테스트 신호나 외부 트리거 전압이 없어도 반복적으로 출발한다. 만일 트리거 신호의 주파수가 증가하면 스위프 발진기는 트리거 펄스를 기다리지 않고 출발한다. 이 경우 트리거되지 않은 신호가 출력되고 LED(TR)는 깜빡거리게 된다.

(10) Hold off=time 조정

트리거 레벨 조절을 조정한 후에도 복잡한 신호 위에 트리거 포인트가 보이지 않는다면 HOLD OFF 컨트롤을 이용하여 안정된 출력을 얻을 수 있다. 10 : 1의 비로 두 스위프 주기 사이에서 hold-off 시간이 변한다. 이 off 주기 동안 나타나는 펄스나 다른 신호 파형들은 타임베이스를 트리거할 수 없다. 일반적으로 왜곡된 신호나 진폭이 같은 비주기 펄스열을 이용하여 스위프의 출발을 최적으로 또는 원하는 만큼 지연시킬 수 있다.

이따금 잡음이 심하거나 더 높은 간섭 주파수를 갖는 신호가 이중으로 디스플레이된다.

레벨 조정으로 상호간의 위상 이동을 조절하는 것만이 가능할 뿐 이중 디스플레이는 불가능하다. 따라서 관찰하고자 하는 한 신호만을 안정되게 디스플레이하고자 할 때는 hold off 시간을 확대하면 쉽게 얻을 수가 있다. 이를 위해 한 신호만 디스플레이될 때까지 HOLD OFF를 천천히 오른쪽으로 돌린다. 펄스들이 peak 진폭의 작은 차이를 교대로 보여주므로 이중 디스플레이는 일정한 펄스 신호를 가지고 가능하다. 아주 정확한 레벨 조정만이 한 신호의 디스플레이를 가능하게 한다.

HOLD OFF를 사용하면 적절한 조정을 간단히 할 수 있다.

특정한 사용 후 HOLD OFF를 다시 교정 위치(ccw)로 재설정하는 한편, 디스플레이의 밝기는 현저하게 감소된다. 그 기능은 다음의 그림에서 보여준다.

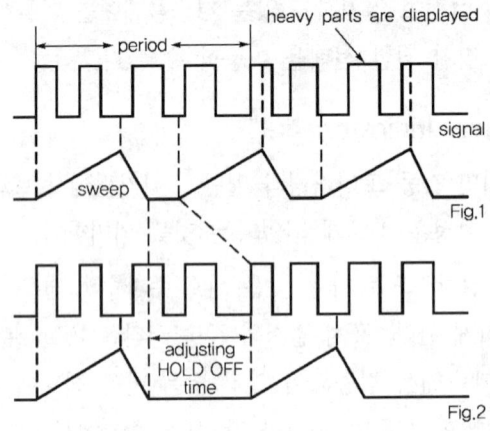

Fig.1 HOLD OFF는 최소 포지션이고 여러 파형이 스크린에 겹쳐졌을 때의 경우, 신호 관찰은 실패한다.
Fig.2 신호의 원하는 부분만이 안정하게 디스플레이된 경우

(11) 지연/지연 후(Delay / After Delay) 트리거링

이전에 말했듯이 트리거링은 타임베이스 스위프가 CRT에 디스플레이 되는 빔을 출발한다. 최대 X 편향을 오른쪽으로 한 후, 빔이 사라졌다가 다시 출발 위치(왼쪽)로 되돌아온다. 홀드오프 주기 이후 스위프는 자동 트리거나 다음 트리거 신호에 의해 자동적으로 출발된다. 일반 트리거링 모드에서 자동 트리거는 꺼지고 트리거 신호를 받는 즉시 출발할 것이다.

트리거 포인트는 항상 트레이스 출발 위치에 있으므로, 타임베이스를 이용한 X축 방향의 트레이스의 확대는 트레이스의 왼쪽 디스플레이에 제한된다. 신호를 확대하고자 할 때 타임베이스의 속도가 증가하면 스크린의 오른쪽 부분, 즉 트레이스의 끝부분은 화면에서

사라지게 된다.

지연 기능은 가변 시간에 따라 트리거 포인트에서부터 트레이스의 출발을 지연시킨다. 따라서 신호의 임의의 위치에서 스위프가 출발할 수 있다. 이때 X축 방향으로 디스플레이를 확대하려면 타임베이스의 속도를 증가시켜야 한다. 확대율이 높으면 밝기가 감소하는데 일정한 범위 안에서 밝기를 좀더 높게 설정하여 이를 보정해 준다. 만일 출력에 지터가 보인다면, 지연 시간이 경과된 후에 제2 트리거링을 선택한다("dTr"). 앞에서 말한 것처럼, TvF를 이용하여 영상 신호를 디스플레이한다. 지연 시간을 설정한 후에 다음 라인 동기 펄스나 라인 성분이 트리거링에 이용될 수 있다. 따라서 데이터 라인과 테스트 라인이 분리되어 출력된다.

지연 기능 조작은 비교적 간단하다. 지연 기능을 설정하지 않은 상태에서 신호의 주기가 1개에서 3개까지 되도록 시간 편향계수를 설정한다. 2개 이하의 주기가 디스플레이될 때는 확대하고자 하는 부분의 선택 범위가 제한되므로 피하는 것이 좋다. 시작할 때는 X MAG(15)이 꺼져 있어야 하고 나중에 활성화될 수는 있다. 신호는 트리거되고 안정되어야 한다. 다음 설명은 트레이스가 왼쪽 수직 계수선에서 출발함을 전제로 한다.

1) Photo 1(혼합 영상 신호)

① 모드 : "DEL" OFF
② Time/div. : 5ms/div.
③ 트리거 결합 : TvF
④ 트리거 기울기 하강(-)

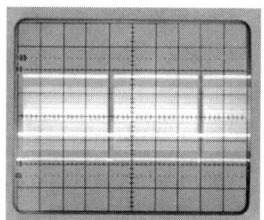

기본 타임베이스에서 딜레이 타임베이스로 전환하면 자동적으로 홀드오프 시간이 최소로 설정되고 HO LED는 점멸된다. DEL.POS 노브의 기능은 홀드오프 타임 조절에서 딜레이 타임 조절로 바뀌고 리드아웃에는 "sea"가 표시된다.

sea 모드가 되면 트레이스의 일부가 사라지게 된다. 사라진 부분은 딜레이 타임 설정에 따라 기본 트레이스의 출발 위치로부터 약 2~7division 정도 위치에서 시작한다. 따라서 트레이스의 전체 길이는 감소한다. 만일 최대 딜레이 타임이 충분하지 않으면 시간 계수를 좀 더 증가시키고 DEL.POS.는 출발 위치(왼쪽)에 설정한다. 이 모드에서 사라진 부분은 "del" 또는 "dTr" 선택 후 활성화되는 딜레이 타임을 보여주기 위한 것이므로 실제 트레이스의 시작 위치가 지연된 것은 아니다.

2) Photo 2

① 모드 : SEARCH

② Time/div. : 5ms/div.

③ 트리거 결합 : TvF

④ 트리거 기울기 : falling(-)

⑤ 지연 시간 : 4DIV×5ms = 20ms

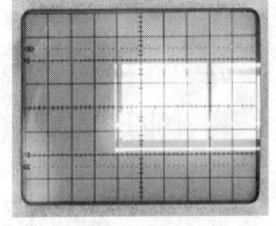

Photo 2에서 보듯 딜레이 타임은 트레이스가 사라진 부분이 된다. 즉, 시간 편향계수와 사라진 부분을 곱하여 계산한다. "sea" 모드에서 "del" 모드로 전환하면 화면 전체에 트레이스가 보이는데 이는 검색(search)에서 선택되었던 부분에서 시작되고 저장되어 있던 시간 편향계수는 너무 작지 않도록 공급한다.

확대율이 너무 커서 트레이스가 잘 보이지 않는다면 시간 편향계수를 증가시켜야 하는데 "sea" 모드보다 더 크게는 설정할 수 없다.

 Photo 2에서 선택된 SEARCH 설정은 5ms/cm이다. "del" 모드의 디스플레이는 5ms/div.으로 디스플레이되지만 확대되지는 않는다. 10ms/div.과 같이 편향계수를 좀 더 증가시키는 것은 별 의미가 없으므로 자동적으로 설정되지 않는다.

"del"과 "dTr" 모드에서 사용했던 시간 계수는 저장되고 나중에 다시 이 모드 중 하나를 열면 자동적으로 저장되었던 시간 계수로 설정된다. 만일 "del" 또는 "dTr" 모드에서 저당된 시간 계수가 "sea" 모드에서의 사용값보다 더 높았다면, "del"/"dTr" 모드의 시간 계수는 자동적으로 "sea" 모드에서 사용했던 값으로 설정된다.

3) Photo 3

① 모드 : DELAY

② Time/div. : 5ms/div.

③ 트리거 결합 : TvF

④ 트리거 기울기 : falling(-)

⑤ 지연 시간 : 4DIV×5ms/div. = 20ms

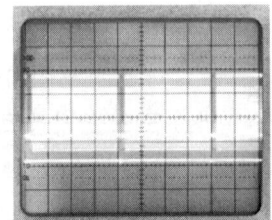

시간 계수를 감소시키면 신호가 확대된다. 만일 신호의 시작 위치가 최적의 값으로 설정되지 못하면, 딜레이 타임의 변화에 따라 시작 위치가 X축 방향으로 계속 이동될 수 있다.

photo 4는 시간 계수를 0.1ms/div.]로 설정함에 따라 50배 확대(5ms/div. : 0.1ms/div =50)된 신호를 보여준다. X축 확대율이 높을수록 더 정확히 읽을 수 있다.

4) Photo 4

① 모드 : DELAY
② Time/div. : 0.1ms/div.
③ 트리거 결합 : TvF
④ 트리거 기울기 : 하강(-)
⑤ 지연 시간 : 20ms

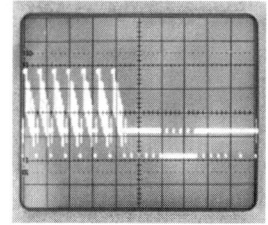

지연시키고 확대한 신호도 딜레이 타임 이후에 트리거링에 적합한 신호 기울기가 나타난다면 다시 트리거할 수 있다. 이를 위해, "dTr" 모드로 설정해야 한다. 전환하기 전에 선택했던 설정들, 즉 자동 피크(최대)값 트리거링/일반 트리거링, 트리거 결합, 트리거 레벨 그리고 기울기는 계속 유효하며 딜레이 타임의 시작을 트리거한다.

"지연 후(After delay)" 트리거링은 자동적으로 일반 트리거링과 DC 트리거 결합으로 전환한다. 이러한 조건들은 바뀔 수 없다. 하지만 트리거 레벨과 트리거 기울기 방향은 원하는 신호 위치에서 트리거링이 가능하도록 변경이 가능하다. 신호의 진폭이 트리거링하기에 충분하지 않거나 트리거 레벨 설정이 잘못되면 트레이스는 출발하지 않고 화면에는 아무것도 보이지 않는다.

확대된 디스플레이는 적합한 설정에서 딜레이 타임의 변화에 따라 X축 방향으로 이동된다. 하지만, 분명하지 않은 대부분의 신호에서 이 이동은 트리거되지 않은 "del" 동작처럼 연속적이지 않고 트리거 기울기에서 다른 곳으로 띄엄띄엄 이동하게 된다. 이것은 TV 트리거링의 경우, 라인 동기 펄스뿐만 아니라 라인 내에서 발생한 적합한 기울기에서도 트리거가 가능하다는 것을 의미한다. 물론 확대비가 위의 예처럼 50배로 제한되지는 않는다. 다만 확대비가 증가할수록 트레이스의 밝기는 감소하므로 이에 따라 제한된다.

딜레이 타임의 미세한 조정은 일정한 경험이 요구되며 특히 복잡한 결합 신호의 디스플레이가 매우 어렵다. 반면 단순한 신호의 일부분 디스플레이는 매우 쉽다. 딜레이 타임 디스플레이는 dual, add, 차동 모드에서도 가능하다. chopped DUAL 모드에서 "del"에서 "dTr"로 전환한 후 시간 편향계수가 작아지면 채널 스위칭 모드는 자동적으로 ALT.로 바뀌지 않는다.

초퍼 DUAL 모드이면서 "del" 모드일 때 높은 확대율을 사용하면 불규칙 간섭(방해)이 나타날 수 있다. 이것은 교번 DUAL 모드를 선택하면 억제할 수 있다. 리드아웃에 의해 야기될 수 있는 비슷한 영향으로 CHⅠ, CHⅡ, DUAL 모드에서 디스플레이되는 신호의 일부가 사라지는데 이 경우 리드아웃은 꺼야 한다.

(12) 자동설정(AUTO SET)

이 기능에 대한 설명은 "2. 조작과 판독"에 있다. 여기서 말했듯이, 전원을 제외한 모든 컨트롤들은 전자적으로 선택된다.

그러므로 Yt 모드에서 신호와 관련된 장비 설정이 자동적으로 이루어질 수 있다. 이러한 대부분의 경우 추가적인 수동 조작은 하지 않아도 된다.

자동설정을 짧게 누르면 오실로스코프의 CHⅠ, CHⅡ, DUAL 모드와 관련된 설정이 마지막으로 사용했던 Yt 모드로 전환된다. 만일 장비가 Yt 모드에서 동작되었다면 현재 설정은 영향을 받지 않는다. 다만 ADD 모드는 꺼지게 된다. 동시에 VOLTS/DIV.도 자동적으로 전환되는데 모노 채널 모드에서는 약 6div.으로, DUAL 모드에서는 각 채널이 약 4div.으로 설정된다. 시간 계수 결정은 입력신호의 펄스 듀티 계수가 약 1 : 1이라고 가정한다. 시간 계수 역시 자동적으로 신호의 2개 주기가 디스플레이 되도록 설정된다. 영상 신호와 같은 여러 주파수가 혼합된 복잡한 신호가 입력되면 타임베이스 설정은 임의적으로 이루어진다. 커서 전압 측정 시에는 커서의 위치도 자동설정에 의해 재배치된다.

자동설정은 다음과 같은 동작 조건으로 설정한다.

① 입력 결합은 마지막으로 사용했던 설정
② 내부 트리거링
③ 자동 트리거링
④ 트리거 레벨은 중간 위치로
⑤ 5mV~20mV의 측정계수를 Y 편향계수로
⑥ 측정계수를 시간 편향계수로
⑦ AC 트리거 결합(DC 트리거 결합을 마지막으로 사용한 경우 제외)
⑧ 기본 타임베이스 모드
⑨ X/Y 포지션 설정은 최적으로
⑩ 트레이스와 리드아웃을 화면에서 볼 수 있게

이전에 DC 트리거 결합을 사용했을 때는, AC 트리거 결합이 선택되지 않고 피크(최대) 값과 관계없는 자동 트리거가 작동된다.

채널Ⅰ과 채널Ⅱ 모드에서 X축 포지션과 Y축 포지션은 CRT의 가운데에 설정된다. 그리고 DUAL 모드에서 채널Ⅰ의 트레이스는 CRT를 중심으로 위에, 채널Ⅱ의 트레이스는 아래에 위치한다. 이러한 설정에서 대역폭은 감소되므로 1mV/div.과 2mV/div. 편향계수는 자동설정에 의해 선택되지 않을 것이다.

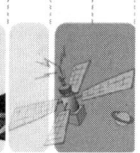

 만일 약 400 : 1 또는 그 이상의 펄스 듀티 계수를 갖는 신호가 인가되면, 자동적인 신호 디스플레이는 수행되지 못한다. 펄스 듀티 계수는 너무 낮은 Y 편향계수와 너무 높은 시간 편향계수를 가져오므로 베이스 라인의 신호만 볼 수 있게 된다.
그러한 경우에는 일반 트리거링을 선택하고 트리거 포인트는 트레이스의 위아래 0.5div. 정도로 설정한다. 이러한 조건 중 하나에서 TR LED가 점등된다면 이는 신호가 존재하고 있음을 의미한다. 이때 시간 계수와 Y 편향계수는 감소되어야 한다. 물리적인 제한이 이루어졌을 때 밝기가 감소하고 화면엔 아무것도 보이지 않을 수도 있다.

(13) 저장/재호출(Save/Recall)

이 장비는 장비의 설정 환경을 저장할 수 있는 9개의 비휘발성 메모리를 갖고 있다. FOCUS, TR, 교정 주파수(1kHz/MHz) 버튼을 제외한 모든 설정값들을 저장하고 불러낼 수 있다.

6 부품 테스터

(1) 일반 정보

이 장비는 부품 테스터가 내장되어 있는데, 부품에 결점 여부를 표시하기 위해 테스트 패턴의 순간 디스플레이에 이용된다. 다이오드나 트랜지스터와 같은 반도체, 저항, 커패시터 그리고 인덕터의 신속한 검사에 이용된다. 확실한 검사는 완전한 회로를 권할 수 있게 한다. 이러한 모든 부품들은 개별적으로 또는 전원이 인가되지 않은 회로 내에서도 테스트가 가능하다.

테스트 방식은 매우 간단하다. 내장된 제너레이터가 정현 전압을 공급하는데 이 전압이 테스트될 부품과 내장된 고정 전압을 흐르면서 인가된다. 테스트 대상을 흐르는 정현 전압은 수평 편향에 이용되며 저항을 흐르면서 생긴 전압강하는 오실로스코프의 Y 편향에 이용된다. 테스트 패턴은 테스트 대상의 전류/전압 특성을 보여준다.

부품 테스터의 측정 범위는 제한되고 테스트 전압과 전류의 최댓값에 의존하게 된다. 테스트 부품의 임피던스는 약 20Ω에서 4.7kΩ 사이의 범위로 제한된다. 이 범위 밖의 값들에 대한 테스트 패턴은 단락 회로인지 개방회로인지만을 보여준다. 디스플레이되는 테스트 패턴의 해석을 위해, 이러한 제한을 항상 기억해 두기 바란다. 하지만, 대부분의 전자 부품들은 일반적으로 임의의 제한 없이 테스트될 수 있다.

(2) 부품 테스터의 사용

부품 테스터를 켜면 Y 입력단과 타임베이스 제너레이터가 비활성이 된다. 단축된 수평 트레이스를 보게 될 것이다. 회로 내의 측정이 아니라면 스코프에 연결된 입력 케이블을 분리할 필요는 없다. 부품 연결을 위해 4mmϕ 바나나 플러그와 테스트봉, alligator clip (악어 클립)이나 sprung hook을 갖춘 테스트 리드 두 개가 필요하다.

(3) 테스트 절차(Test Procedure)

Note
동작 중인 회로, 그라운드가 제거된 회로, 전원과 신호가 연결된 회로 내의 부품을 테스트해서는 안 된다. 위에 진술한 대로 부품 테스터를 세팅하고 테스트할 부품 양쪽에 테스트 리드를 연결한다. 그리고 오실로스코프의 디스플레이를 관찰한다.
항상 방전된 커패시터를 테스트해야 한다.

(4) 테스트 패턴 디스플레이

① 개방회로는 수평선에 의해 표시된다.
② 단락회로는 수직선에 의해 표시된다.

(5) 저항 테스트

만일 테스트 대상이 선형 저항 특성을 가진다면, 두 편향 전압은 같은 위상을 갖는다. 그러므로 저항의 테스트 패턴은 기울어진 직선으로 나타난다. 기울기 정도는 테스트 저항의 저항값에 따라 달라지는데 저항값이 높으면 기울기가 수평축으로 치우치고, 저항값이 낮으면 수직방향으로 치우친다. 대체로 20~4.7kΩ 사이의 저항값이 테스트되는데 실제 값은 경험으로 또는 이미 값을 알고 있는 저항과 직접 비교하여 결정할 수 있다.

(6) 커패시터와 인덕터 테스트

커패시터와 인덕터는 전압과 전류 사이의 위상차를 가져온다. 따라서 X축과 Y축 편향 사이에 타원 형태의 디스플레이가 나타난다. 타원의 위치와 폭은 테스트 부품의 임피던스값 (50Hz에서)에 따라 달라진다.

수평으로 넓은 타원은 임피던스값이 높음을 말해 준다. 다시 말해, 상대적으로 인덕턴스 성분은 높고 커패시턴스 성분은 작다는 것을 의미한다. 반대로 수직으로 긴 타원은 임피던스값이 낮은 경우로 커패시턴스 성분이 높고 인덕턴스 성분이 낮다.

한편 테스트 부품이 리액턴스 성분뿐만 아니라 저항 성분까지 포함하고 있으면 타원은 포함된 저항 성분만큼 기울어진 형태로 나타난다.

0.1μF~1000μF 사이의 일반 커패시터나 전해 커패시터가 디스플레이 가능하며 대략적인 값을 얻게 된다. 이미 값을 아는 커패시터와 테스트할 커패시터를 비교하면서 측정하면 좀 더 좁은 범위의 정밀한 측정을 할 수 있다. 코일이나 트랜스포머와 같은 유도성 부품들도 검사할 수 있다. 인덕터는 보통 더 높은 직렬 저항 성분을 가지고 있으므로 인덕턴스값을 검사할 때는 약간의 경험이 요구된다. 하지만, 20Ω~4.7kΩ 범위에서 인덕터의 임피던스값(50Hz에서)은 쉽게 구하거나 비교할 수 있다.

(7) 반도체 테스트

다이오드나 제너 다이오드, 트랜지스터, FET와 같은 대부분의 반도체를 검사할 수 있다. 테스트 패턴은 다음 그림에서 보여주는 것처럼 부품 타입에 따라 다양하다.

반도체 테스트의 디스플레이는 통전 상태에서 통전되지 않는 상태로의 정합 변화에 의해 야기되는 knee 전압 특성이다. 순방향과 역방향 특성이 동시에 나타난다. 이 부품 테스터는 2단자이므로 트랜지스터의 증폭 검사는 할 수가 없다. 그러나 정합 검사만은 쉽고 간편하게 할 수 있다. 인가되는 테스트 전압은 매우 낮으므로 대부분의 반도체를 손상 없이 테스트할 수 있다. 하지만, 고전압 반도체의 차단(breakdown) 영역 또는 역방향 전압 검사는 불가능하다. 좀더 중요한 것은 개방회로나 단락회로에서의 부품 검사인데, 이것은 가장 많은 경험이 요구된다.

(8) 다이오드 테스트

일반적으로 다이오드는 순방향 특성에서 최소의 문턱 전압을 보여준다. 하지만 고전압 다이오드 타입은 여러 다이오드의 직렬연결을 포함하고 있으므로 문턱 전압의 작은 일부만을 볼 수 있을 것이다. 제너 다이오드는 항상 순방향 무릎 전압을 보여주고 테스트 전압에 의존하여 차단영역은 반대편 방향에 제2의 무릎 전압을 형성한다. 만일 항복 전압이 테스트 전압의 +/- 피크 전압보다 높으면 디스플레이 되지 못한다.

다이오드의 극성 판단은 이미 극성을 알고 있는 다이오드와 비교하여 확인한다.

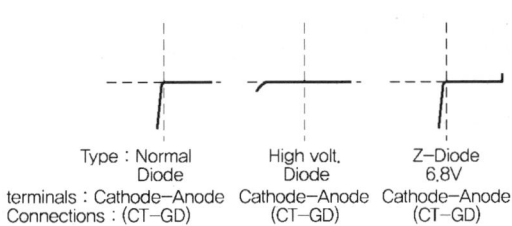

(9) 트랜지스터 테스트

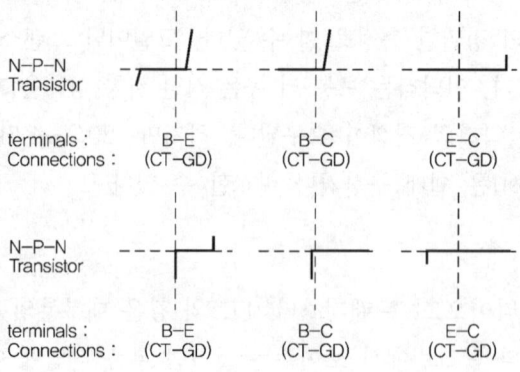

트랜지스터에는 베이스-이미터, 베이스-컬렉터, 이미터-컬렉터의 세 가지 다른 테스트를 할 수 있다. 등가적으로 BJT의 베이스-이미터 단자는 제너 다이오드와, 베이스-컬렉터 사이는 역바이어스된 일반 다이오드와 동일하다. 트랜지스터에서는 B-E와 B-C가 중요하다. E-C는 변할 수 있는데 수직선은 단락회로 조건만을 보여준다.

이러한 트랜지스터 테스트 패턴들은 대부분의 경우에 유효하지만 예외(달링턴, FET)가 있다. COMP.TESTER를 이용하면 트랜지스터의 P-N-P 타입과 N-P-N 타입을 구별해 낼 수 있다. 타입을 잘 모를 때에는 이미 알고 있는 타입과 비교하면 쉽게 알 수 있다. 이 때는 꼭 동일한 단자와 소켓을 연결(COMP.TESTER나 그라운드)해야 한다. 반대로 연결하면 스코프 계수선의 중심에서 180° 회전된 테스트 패턴이 나타난다.

> 정전기 방전이나 마찰전기와 상관있는 단일 MOS 부품 테스트는 항상 주의를 기울여야 한다.

(10) 회로 내부 테스트(In Circuit Test)

회로 내부 테스트를 할 때 회로는 반드시 동작하지 않아야 한다. main/line이나 배터리로부터 인가되는 전원이 없고 신호 입력도 허용되지 않는다. Safety Earth(전원 플러그 제거)를 포함한 모든 그라운드 연결을 제거한다. 또한 오실로스코프와 테스트 회로 사이의 프로브를 비롯하여 모든 측정 케이블도 제거한다. 반면 두 COMP.TESTER 리드는 테스트 회로와 분리되어서는 안 된다.

회로 내부 테스트는 여러 경우에 가능하지만 잘 규정되지는 않는다. 테스트 부품에 단락 연결이나 복잡한 임피던스(특히 50Hz에서의 상대적으로 낮은 임피던스)가 연결되면 단일 부품과 비교해 볼 때 굉장히 다른 결과를 가져온다. 잘 모를 때에는, 부품 단자의 납땜을 떼어낸다. 이때 이 단자가 테스트 패턴의 힘 잡음을 피하는 그라운드 소켓으로 연결되어서는 안 된다.

다른 방법은 동작 내용을 알고 있는 동일한 회로(마찬가지로 전원과 외부 연결이 없는)와 테스트 패턴을 비교하는 것이다. 테스트봉을 사용하여 각 회로의 동일한 포인트를 비교하면서 확인하므로 결함을 빠르고 쉽게 찾을 수 있다.

테스트 장치는 자기 스스로 기준 회로(예, 2개의 스테레오 채널, 푸시풀 증폭기, 대칭의 브리지 회로)를 갖고 있다. 이 기준 회로들은 결함이 없으므로 기준 회로로 이용할 수 있다.

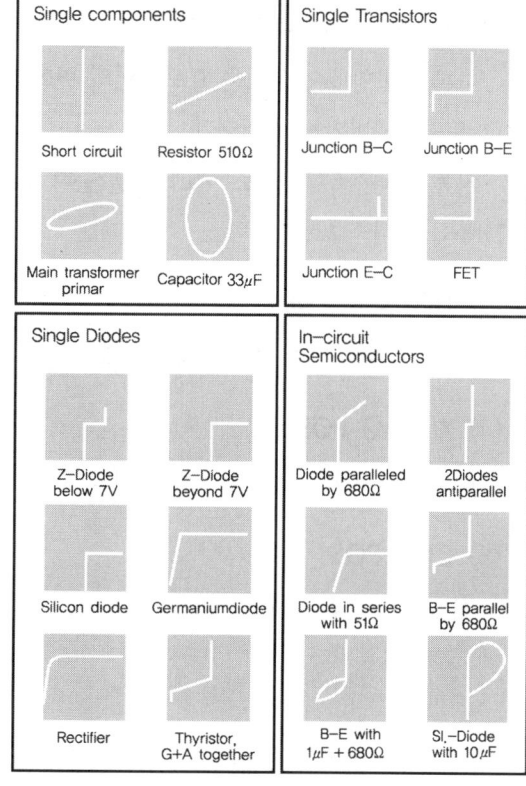

교정(Adjustments)

MAIN MENU > ADJUSTMENT > AUTO ADJUSTMENT를 열면 여러 가지 메뉴들이 나타난다. 여기에 해당되는 메뉴들은 자동적으로 교정이 이루어진다.

모든 항목은 주변 온도 조건에 대하여 반응하고 결과 값은 비활성 메모리에 저장된다. 과도한 전압이 인가되면 장비 내부 부품에 결함이 발생할 수 있다. 이 결함으로 인해 잘못된 교정 설정이 야기되므로 이 때는 자동적인 교정 절차에 따라 보정이 이루어지지 못한다.

자동 교정(automatic adjusting)을 시작하기 전에 20분 정도의 준비 시간을 가져야 한다. 그리고 자동 교정을 하는 동안 아무 신호도 인가하지 말아야 한다.

각 메뉴는 다음과 같이 활용된다.

(1) SWEEP START POSITIONS

Yt 모드에서 트레이스의 출발 위치는 타임베이스 설정에 따라 달라지는데 자동 교정이 이를 교정한다. 이 메뉴가 수행되는 동안 리드아웃에는 "WORKING"이 표시된다.

(2) Y AMP(CH I과 CH II)

다른 Y 편향계수 설정은 Y 포지션의 변화를 가져온다. ±0.2div.(5mV/div.~20V/div.)보다 더 높은 변화는 정확하게 된다.

자동 교정은 두 채널 모두에 영향을 준다. 교정이 끝나면 리드아웃은 AUTO ADJUSTMENT MENU를 디스플레이한다.

(3) TRIGGER AMP

이 교정은 트리거 증폭단의 DC 오프셋을 최소로 줄여준다.

(4) X MAG POS

이 교정은 확대/비확대 조건에서의 X-POS 컨트롤 설정 범위와 동일하다.

(5) CT X POS

이 교정은 "부품 테스트(시험)"와 Yt(X-MAG ×1) 모드에서 X-POS 컨트롤 설정 범위에 맞게 교정된다.

8 RS232 인터페이스 - 원격제어 모드

(1) 안전성(Safety)

RS232 인터페이스의 모든 단자들은 오실로스코프에 연결된 후 안전한 보호 접지 전위에 연결된다.

높은 레벨 기준 전위에서의 측정은 장비, 인터페이스, 주변 장치 그리고 사용자에게 해를 끼칠 수 있으므로 허용하지 않는다. 이 매뉴얼에 포함된 안전사고에 대한 주의를 무시할 경우 HAMEG은 장비로 인한 상해나 장비 손상에 대한 어떠한 책임도 지지 않을 것이다.

(2) 작동(Operation)

이 오실로스코프는 원격제어를 위한 시리얼 인터페이스가 제공된다. 이 인터페이스 커넥터(9핀 D SUB female)는 장비 후면에 위치해 있다. 이 포트를 통해 장비의 파라미터 설정이 전송되거나 PC로부터 받을 수도 있다.

(3) RS-232 케이블(cable)

연결 케이블의 최대 길이는 3m이며 1 : 1로 연결된 9개의 선을 포함하고 있어야 한다.

오실로스코프의 RS232 연결은 이 포트를 통해 장비의 파라미터 설정이 전송되거나 PC로부터 받을 수도 있다.

(4) 핀(pin)

① 2 TX 데이터(오실로스코프에서 외부 장치로 전송)

② 3 RX 데이터(외부 장치에서 오실로스코프로 전송)

③ 7 CTS(전송 응답)

④ 8 RTS(전송 요구)

⑤ 5 Ground(기준 전위)

⑥ 9 외부 장치에 대하여 +5V 공급(최대 400mA)

⑦ 2, 3, 7, 8번 핀의 최대 전압은 ±12V이다.

(5) RS-232 프로토콜(protocol)

N-8-2(8개의 데이터 비트, 2개의 정지 비트, RTS/CTS 하드웨어 프로토콜, 동기비트는 없음)

(6) 보율(Baud-Rate) 설정

우선 POWER UP, 즉 오실로스코프의 전원을 켜고 첫번째 명령 SPACE CR(20hex, 0Dhex)이 PC로부터 전송된 후, 보율이 인식되고 자동적으로 110baud와 115200baud 사이에 설정된다. 이때 오실로스코프는 원격제어 모드로 전환된다. 그리고 오실로스코프는 RETURNCODE : 0 CR LF를 PC로 전송한다. 이 상태에서 모든 설정은 인터페이스만을 통해 조절할 수 있다.

원격 모드를 해제하는 방법은 다음과 같다.

① 오실로스코프의 전원을 끈다.

② PC에서 오실로스코프로 RM=0 명령을 전송한다.

③ 오실로스코프의 AUTOSET(LOCAL) 버튼을 눌러준다.

원격 모드가 해제되고 나면 RM LED도 꺼진다.

RM=1(on 상태)와 RM=0(off 상태) 두 명령 사이에는 아주 짧은 시간이 경과되고 반복되는데 이 시간은 다음과 같은 식으로 계산된다.

$$t_{\min} = 2 \times (1/\text{baud rate}) + 60 \mu s$$

(7) 데이터 통신(Data Communication)

성공적으로 원격제어 모드가 설정되면, 오실로스코프는 명령을 받을 준비가 된다.

프로그래밍 예와 명령어 리스트 그리고 윈도우 95, 98, Me, 2000, NT4.0에서 실행할 수 있는 프로그램을 가진 소프트웨어는 장비와 함께 제공된다.

4.5 SWEEP/FUNCTION GENERATOR(FG-1883)

FG-1883은 발진 주파수 범위가 0.02Hz에서 2MHz인 보급형 Sweep/Function Generator이다. 이 Function Generator는 정현파, 삼각파 및 구형파를 얻을 수 있고, 주파수 가변은 전면 패널에서 뿐 아니라 외부의 제어 전압에 의하여 가변시킬 수 있으므로 FM 변조를 시킬 수 있다.

스위프 발진기로 사용할 경우 스위프 범위는 내부의 Ramp Generator에 의하여 100 : 1 이상의 주파수 스위프 변화 범위를 갖고 있으며 스위프 비율(스위프 주파수)과 스위프 폭을 조정할 수 있도록 되어 있다.

이 발진기의 출력 전압은 출력 파형에 관계없이 50Ω 부하 시 10Vp-p가 출력된다. Lo 출력에서는 Hi에서보다 20dB 적은 1Vp-p(50Ω 부하 시)로 출력된다.

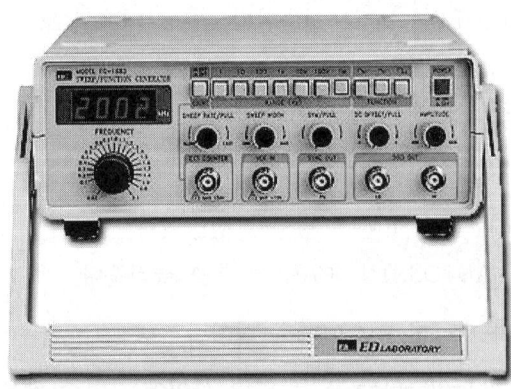

[FG-1883의 외형]

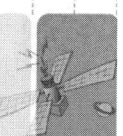

4. 측정기와 그 사용법

1 각 부의 명칭

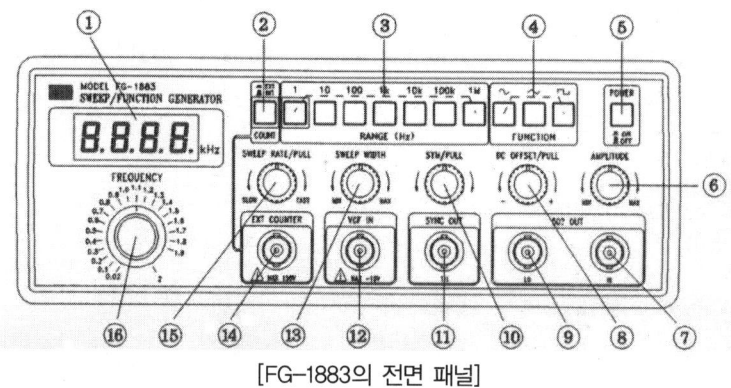

[FG-1883의 전면 패널]

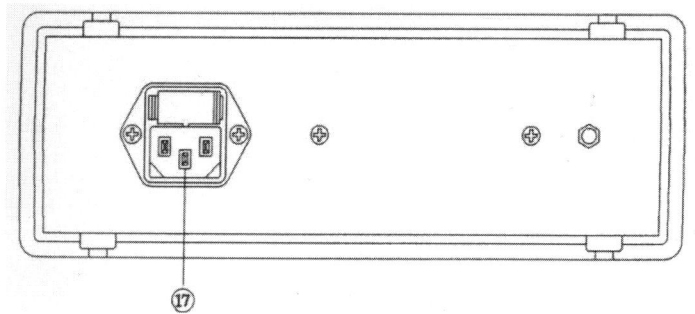

[FG-1883의 후면 패널]

(1) 패널 설명

① 주파수 표시 창 : 4자리의 주파수 표시창이다.

내부/외부(INT/EXT) 선택 스위치(②)가 INT(내부 입력)로 되어있을 때는 내부 발진 주파수를 표시하고, EXT(외부 입력)로 선택되었을 때는 외부 카운터 입력 커넥터 (⑭)에 입력되는 신호의 주파수를 표시한다.

② 내부/외부(INT/EXT) 선택 스위치 : 주파수 카운터의 입력신호를 선택한다.

③ 주파수 레인지 스위치 : 발진 주파수의 범위를 선택하는 스위치로 주파수 조절 손잡이(⑯)가 가리키는 눈금에 선택한 스위치의 숫자를 곱하면 발진 주파수가 된다. 즉 1K를 선택하면 발진주파수의 범위는 20Hz~2kHz가 된다.

④ 출력파형 선택 스위치 : 출력파형을 선택하는 스위치이다.

⑤ 전원 스위치 : 전원을 on/off한다.

⑥ 출력전압 조절 가변 저항 : 출력 전압을 조절하는 손잡이이다.
⑦ 높은(Hi) 출력전압 커넥터 : 0~±10V의 출력 BNC 커넥터이다.
⑧ DC 오프셋 조정 가변 저항/스위치 : 출력 오프셋 전압을 조절하는 손잡이로 손잡이를 누른 상태에서는 오프셋 전압이 0V이고, 손잡이를 당기면 오프셋 전압이 -10V에서 +10V까지 조절할 수 있다.
⑨ 낮은(Lo) 출력전압 커넥터 : 0~±1V의 출력 BNC 커넥터이다.
⑩ 듀티비(균형)조정 가변 저항/스위치 : 손잡이를 당기면 대칭(균형)을 1 : 4까지 조절할 수 있고, 누르면 1 : 1로 고정된다.
⑪ Sync. 출력 커넥터 : TTL 레벨의 출력신호 커넥터이다.
⑫ VCF 입력 커넥터 : 발진기의 주파수 제어 전압 입력 커넥터이다. 외부의 신호 주파수로 제어하거나 스위프할 수 있다.
⑬ 스위프 폭 조절 가변 저항 : 스위프 폭을 조절하는 손잡이이다.
⑭ 외부 카운터 입력 커넥터 : 외부 신호 주파수 측정 시 신호입력 커넥터이다.
⑮ 스위프 비율(정도 조정) 가변 저항/스위치 : 내부 스위프 신호의 주파수를 조절하는 손잡이로 손잡이를 당기고 돌리면 조절이 되고 손잡이를 누르면 스위프 신호는 off 된다.
⑯ 주파수 조절 가변 저항 : 발진기의 주파수를 조절하는 손잡이이다. 발진 주파수는 주파수 표시창(①)의 표시를 보며 맞춘다. 주파수 레인지 스위치(③)가 1Hz~10Hz의 낮은 주파수로 설정되어 있을 때는 이 손잡이가 지시하는 눈금을 이용하여 주파수를 맞추는 것이 더 편리하다.
⑰ AC 입력 : AC 전원 연결구로 퓨즈 홀더가 일체형으로 되어 있다.

2 장비의 특성 및 규격

주파수 범위	0.02Hz~2MHz(in 7ranges)	
파형	사인파, 구형파, 삼각파, Ramp and Pulse	
	사인파의 왜율	Less than 1%(5Hz~20kHz)
	구형파의 상승/하강시간	Less than 100ns(at Max. Output)
출력 레벨	Hi	20Vp-p(10Vp-p into 50Ω)
	Lo	20Vp-p(1Vp-p into 50Ω)
	출력 임피던스	50Ω±5%
	DC 오프셋 조정	±10V(±5V into 50Ω)
	듀티비 가변	20 : 80 ~ 80 : 20(0.02Hz~100kHz)
VCF 입력	0~-10V	
Triangle Wave Linearity	99% (to 100kHz)	
Sweep Rate	0.5Hz~50Hz	
스위프 폭	100 : 1	
주파수 표시	4digits LED(0.001kHz~2000kHz)	
외부 주파수 카운터	Range	0.005kHz~1000kHz
	Sensitivity	100mV
	입력 임피던스	1MΩ, 25pF
	최대 입력 전압	150Vp-p
	Accuracy	0.01% ± 1Count
입력 전압	AC 220V, 50/60Hz	
크기	225(폭)×100(높이)×270(D)mm	
동작 조건(상태)	0~45℃, 85% or Less RH	
무게	2.2kg	
악세사리	BNC 클립 코드 1개	
	AC 전원 코드 1개	
	사용 설명서 1권	

(1) 사용 전 주의 사항

① 장비를 개봉하였을 때에는 우선 외관상 파손이 있는지 확인하라.(즉 전면 패널의 각종 손잡이, 커넥터 등과 후면 패널의 파워 인입 부분 등)

② 이 장비는 다양한 출력파형을 얻을 수 있고 출력신호 주파수를 스위프시킬 수 있다. 그러나 이와 같은 기능을 이용하려면 장비 사용법을 확실히 알고 있어야 할 것이다.

③ 전원을 연결하기 전에 전원 전압과 장비의 선택된 전압이 같은가를 확인하라.

④ 장비의 출력단자에는 외부에서 어떠한 전압도 가하여서는 안 된다.

⑤ 장비의 각 입력단자에는 표시된 범위 이외의 전압을 가하여서는 안 된다.

⑥ 장비를 태양광선에 직접 노출하거나 먼지가 많은 곳, 고온다습한 장소에 보관하지 않도록 한다.

(2) 동작의 개요

Function Generator의 일반적 조작 순서는 다음과 같다.

① 전원 스위치(⑤)를 ON한다.

② 주파수 카운터의 입력신호 선택 스위치(②)를 INT로 한다.

③ 출력 파형 선택 스위치(④)로 출력파형을 선택한다.

④ 스위프 비율(정도 조정) 가변 저항/스위치(⑮)를 눌러 Sweep 신호를 OFF한다.

⑤ 듀티비(균형) 조정 가변 저항/스위치(⑩)를 눌러 놓는다.

⑥ DC 오프셋 조정 가변 저항/스위치(⑧)를 눌러 Offset을 0으로 한다.

⑦ 주파수 레인지 스위치(③)와 주파수 조절 가변 저항(⑯)으로 출력주파수를 맞춘다.

⑧ 출력전압 조절 가변 저항(⑥)으로 높은(Hi) 출력전압 커넥터와 낮은(Lo) 출력전압 커넥터(⑦, ⑨)의 출력 Level을 맞춘다.

3 동작 설명

(1) 기본 파형의 출력(사인파, 삼각파, 구형파)

① 출력파형 선택 스위치(④)로 필요한 파형을 선택한다.

② 주파수 카운터 입력신호 선택 스위치(②)를 INT로 한다.

③ 스위프 비율(정도 조정) 가변 저항/스위치(⑮)를 눌러 스위프 신호를 OFF한다.

④ 듀티비(균형)조정 가변 저항/스위치(⑩)를 눌러 놓는다.

⑤ DC 오프셋 조정 가변 저항/스위치(⑧)를 필요에 따라 사용한다. 필요시에는 손잡이를 당겨서 ON한 후 오프셋 값을 적당히 조정하여 사용한다.

⑥ 주파수 레인지 스위치(③)과 주파수 조절 가변 저항(⑯)으로 출력주파수를 맞춘다.

⑦ 높은(Hi) 출력전압 커넥터를 연결한다.

HI 출력 커넥터 (⑦) : 20Vp-p (무부하시)

LO 출력 커넥터 (⑨) : 2Vp-p (무부하시)

⑧ 출력 전압 조절 가변 저항(⑥)으로 필요한 출력 Level로 맞춘다.

(2) 주파수 스위프 되는 신호의 출력

① 출력파형 선택 스위치(④)로 필요한 파형을 선택한다.

② 주파수 카운터 입력신호 선택 스위치(②)를 INT로 한다.

③ 스위프 비율(정도 조정) 가변 저항/스위치 손잡이(⑮)를 눌러 스위프 신호를 OFF한다.

④ 주파수 레인지 스위치(③)와 주파수 조절 가변 저항(⑯)으로 스위프 상한주파수를 설정한다.

⑤ 스위프 비율(정도 조정) 가변 저항/스위치 손잡이(⑮)를 당겨 스위프 되게 한다.

⑥ 스위프 폭 조절 가변 저항(⑬)을 돌려 스위프 하한 주파수를 맞춘다.

⑦ 스위프 비율(정도 조정) 가변 저항/스위치(⑮)를 돌려 스위프 속도를 적당히 조절한다.

(3) 출력파형의 듀티비(Symmetry)

출력파형의 듀티비 조정으로 파형의 정부 듀티비를 임의로 조정할 수 있으므로 구형파나 삼각파 등을 펄스 또는 Saw-tooth wave로 변화시킬 수도 있다. 이는 듀티비(균형)조정 가변 저항/스위치(⑩)를 당겨 놓고 돌리면 듀티비가 변하며 20 : 80에서 80 : 20까지 그 비를 조정할 수 있다.(일반적으로 사용할 때는 듀티비(균형) 조정 가변 저항/스위치(⑩)를 눌러 놓는다.)

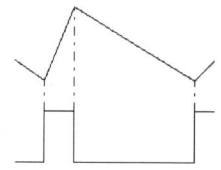 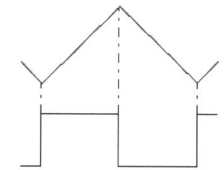 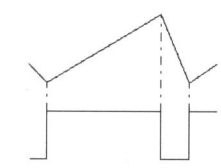 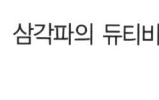

듀티비의 최소(20 : 80)   듀티비의 중간(50 : 50)   듀티비의 최대(80 : 20)

삼각파의 듀티비

구형파의 듀티비

(4) DC 오프셋

DC 오프셋 조정 가변 저항/스위치(⑧)를 당겨놓고 돌리면 DC 오프셋을 조절할 수 있다.

DC 오프셋은 50Ω 부하 시 ±5V까지, 무부하 시는 ±10V까지 가변된다. 출력파형 선택 스위치(④)를 모두 선택하지 않은 상태에서는 DC 오프셋 전압만이 출력된다.

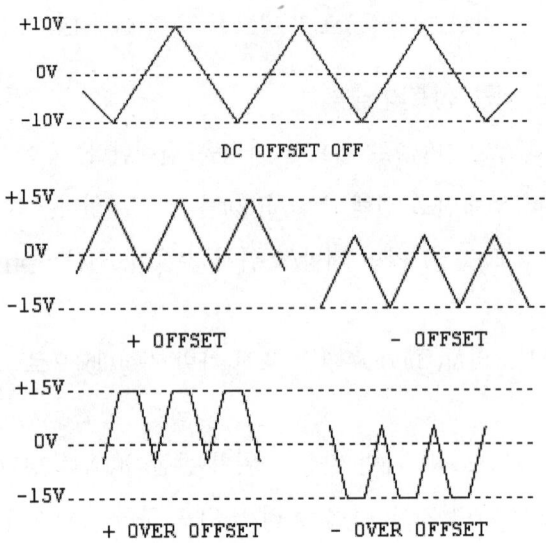

(5) VCF 기능

전압 제어 주파수(Voltage Controlled Frequency : VCF) 입력의 전압에 의하여 출력주파수를 변경시킬 수 있는 기능으로 주파수 조절 가변 저항(⑯)의 눈금을 "0.02~2"로 놓았을 경우 최대 100배까지 주파수 변경이 가능하다. VCF 입력 전압은 0~-10V이다.

(6) 외부 신호의 주파수 측정

주파수 카운터 입력신호 선택 스위치(②)를 EXT로 하고 외부 카운터 입력 커넥터(⑭)에 측정할 신호를 연결한다. 측정 가능 주파수는 5Hz부터 1MHz까지이다.

4.6 주파수 카운터(FC-1130B)

 제품 설명

(1) 개요

FC-1130B는 주파수 측정, 주기 측정, 비율(Ratio) 측정, 누계 측정, 시간 간격 기능, 자체 검사 기능, RS-232C 인터페이스 기능을 갖고 있는 8자리의 범용 카운터의 일종으로

Audio와 RF 분야의 생산 라인과 연구개발, 교육용 등의 광범위한 분야에서 사용 가능한 계측기이다.

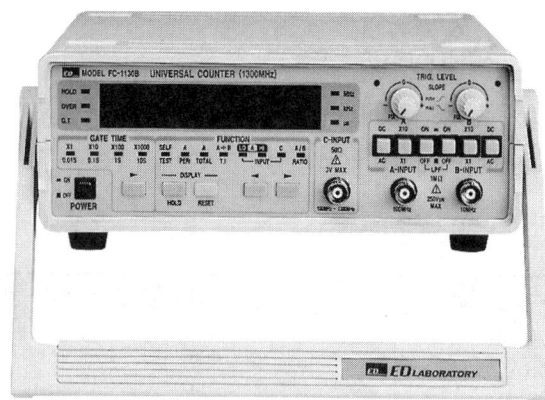

[FC-1130B의 외형]

(2) 특징

① 0.1Hz~1300MHz의 넓은 측정 주파수 대역
② 높은 정밀도와 고감도
③ 다기능 측정 및 자체 검사 기능
④ RS-232C 인터페이스에 의한 키(Key) 조작 및 측정 데이터 표시
⑤ 고선명의 8자리 7세그먼트 채용
⑥ 높은 안정도의 TCXO 내장
⑦ 10MHz 출력단자
⑧ 마이크로프로세서(Microprocessor) 내장

(3) 장비 사양

1) 입력 A(낮은 주파수 / 높은 주파수)

① 주파수 범위

낮은 형태(mode)	높은 형태(Mode)	결합
0.1Hz ~ 10MHz	10MHz ~ 100MHz	DC 결합
10Hz ~ 10MHz	10MHz ~ 100MHz	AC 결합

② 감도 : 25mVrms~1Vrms(0.1Hz~100MHz)

③ 결합 : AC 또는 DC

④ 임피던스 : 약 1MΩ, < 40pF

⑤ 감쇠기 : ×1 또는 ×10

⑥ 저역 통과 필터 : 약 100kHz

⑦ 트리거 레벨 : -350mV~+350mV(자동고정 0V)

⑧ 기울기 포지티브 또는 네거티브

⑨ 배율

낮은 형태(mode)	높은 형태(Mode)
100Hz/0.01s	1kHz/0.01s
10Hz/0.1s	100Hz/0.1s
1Hz/1s	10Hz/1s
0.1Hz/10s	1Hz/10s

⑩ 정확도 : ±기준 시간 에러 ±1카운트

⑪ 최대 입력 전압 레벨 : 250V(DC+AC 피크)

⑪ 단위 : kHz(낮은 형태(Mode)), MHz(높은 형태(Mode))

2) 입력 B

① 주파수 범위 : 0.1Hz~10MHz

② 감도 : 25mVrms~1Vrms

③ 결합 : AC 또는 DC

④ 임피던스 : 약 1MΩ, < 40pF

⑤ 감쇠기 : ×1 또는 ×10

⑥ 저역 통과 필터 : 약 100kHz

⑦ 트리거 레벨 : -350mV~+350mV(자동고정 0V)

⑧ 기울기 : 포지티브 또는 네거티브

3) 입력 C

① 주파수 범위 : 100MHz~1.3GHz

② 감도 : 15mVrms(100MHz~800MHz), 60mVrms(800MHz~1.3GHz)

③ 결합 : AC

④ 임피던스 : 약 50Ω

⑤ 최대 입력 레벨 : 3Vrms 사인파

⑥ 배율

10kHz/0.0128s
1kHz/0.128s
100Hz/1.28s
10Hz/12.8s

⑦ 정확도 : ±기준 시간 에러 ±1카운트

⑧ 단위 : MHz

4) 측정 비율(A/B)

① 범위 : 10MHz~100MHz(입력 A), 0.1Hz~10MHz(입력 B)

② 분해능 : ±입력 B÷(입력 A×배율)

③ 정확도 : 입력 B 트리거 에러÷(입력 B×게이트 시간)±1카운트

④ 배율 : 1, 10, 100, 1000 (게이트 시간 : 0.01s, 0.1s, 1s, 10s)

5) 측정 주기 : 입력 A

① 범위 : 200ms~0.5μs(5Hz~2MHz)

② 최소 펄스폭 : 250ns

③ 정확도 : ±기준 시간 에러 ±1카운트 ±입력 A 트리거 에러 ±배율

④ 배율

100ns/0.01s
10ns/0.1s
1ns/1s
100ps/10s

⑤ 단위 : μs

6) 시간 차(A → B)

① 범위 : 200ms~0.5μs(5Hz~2MHz)

② 최소 펄스폭 : 250ns

③ 정확도 : ±기준 시간 에러 ±1카운트 ±입력 A 트리거 에러 ±배율

④ 배율

100ns/×1
10ns/×10
1ns/×100
100ps/×1000

⑤ 승수(배율) : 1, 10, 100, 1000

⑥ 단위 : μs

7) 종합

① 범위 : Dc~10MHz

② 용량 : 0~99999999(오버플로)

③ 제어 : RESET과 HOLD 1(Key)

8) 자체 검사(Self Check)

① 표시 : 10MHz

② 게이트 시간 : 0.01s, 0.1s, 1s, 10s(오버플로)

③ 단위 : kHz

9) 기준 시간의 특징

① 형태 : TCXO

② 주파수 : 10.000000MHz

③ 안정도 : 25℃±0.5℃에서 ±0.5PPM

④ 라인 전압 안정도 : DC +5V±5%에서 ±0.5PPM

⑤ 온도 안정도 : ±1.5PPM from 0℃ to 50℃

⑥ 최대 노화 비율 : 1년에 ±1PPM

⑦ 내부 표준

10) 출력 주파수 : 10MHz

11) 출력 레벨 : TTL 호환

12) 표준 주파수 출력

① 출력전압(Open) : 1MΩ에서 최소 1Vp-p

② 출력전압(50Ω) : 최소 500mVp-p

13) 일반적인 설명

① 사용온도 : 0℃~40℃, 85% R.H. 또는 작은 습도 범위(정확도는 25℃±5℃의 조건에서)

② 입력전압 : AC 100V/120V/220V/240V±10%, 50/60Hz

③ 전력 소모 : 약 최대 20VA

④ 최대 치수 : 230(W)×80(H)×256(D)mm

⑤ 무게 : 약 2kg

14) 부속품

① AC 파워 코드 : 1개   ② BNC 케이블 : 1개

③ 예비 퓨즈 : 2개   ④ 프로그램 디스켓 : 3장

⑤ RS-232C 케이블 : 1개   ⑥ 사용 설명서 : 1개

(4) 사용 전 점검 사항

1) **전원 점검** : 본 제품은 출하 시 AC 220V로 입력전압이 설정되어 있다. 따라서 만약 사용 전압이 다를 때에는 후면 패널에 있는 입력전압 선택 플러그 방향과 퓨즈를 표와 같이 바꾸어 주어야 한다.

공칭 전압	범위	퓨즈
100V	90 ~ 110V	0.5A, 250V
120V	108 ~ 132V	
220V	198 ~ 242V	0.2A, 250V
240V	216 ~ 264V	

 사용법

(1) 조작부의 기능 설명

그림은 FC-1130B의 전면과 후면의 조작부 및 입출력 커넥터의 배치상태를 보여주고 있으며 이들의 각 기능은 다음과 같다.

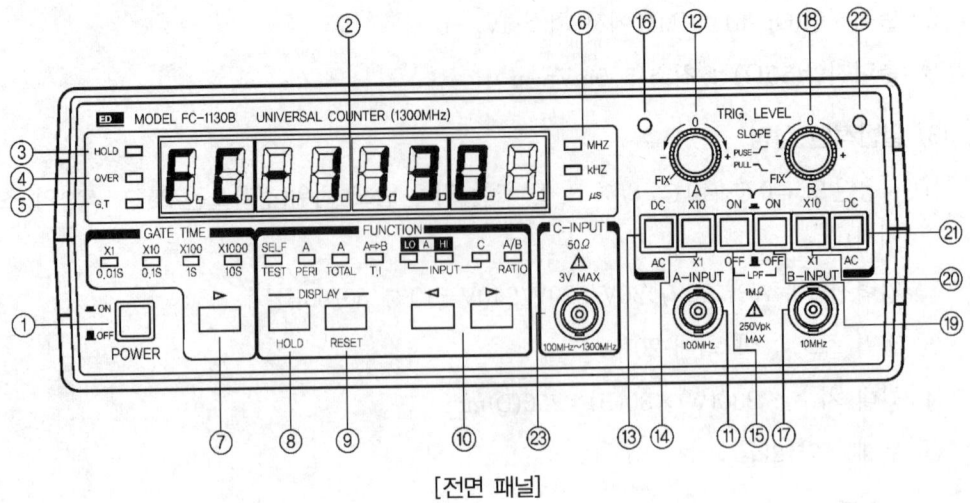

[전면 패널]

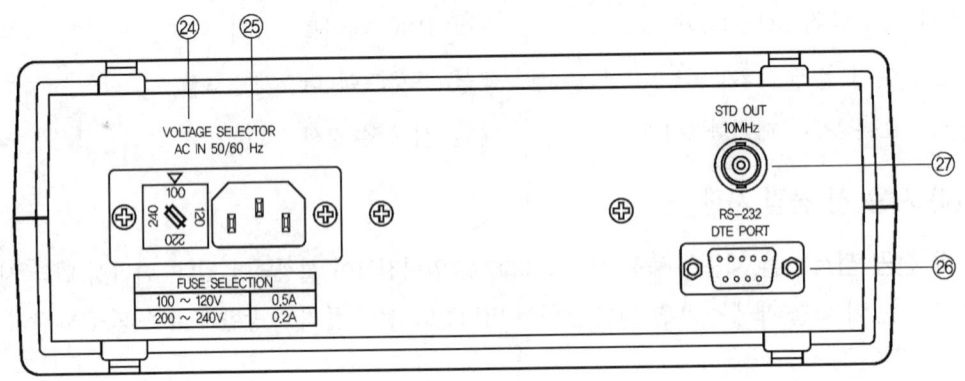

[후면 패널]

1) 전면 패널

① 전원 스위치 : 전원 스위치로 푸시 ON/OFF된다.

② 표시 패널 : 8개의 대형 고휘도형 7세그먼트로 측정 결과를 표시한다.

③ 표시 유지 LED : ⑧의 Key를 1회씩 누를 때마다 ON(Hold ON)/OFF(Hold OFF)를 반복한다. HOLD ON은 최후에 측정된 값을 정지하여 표시하고, TOTAL 모드에서 카운터가 정지(HOLD ON 또는 무입력 시)되어도 Reset되지 않으며 HOLD OFF인 경우에 계속해서 카운트된다.

④ 표시 초과 LED : 측정결과가 표시항수를 초과한 경우 ON된다.

⑤ 표시 G.T LED : 계수시간 중에 ON된다.

⑥ 표시 단위 LED : 100MHz 이상의 측정 시에 MHz LED, 100MHz 이하의 측정 시에 kHz LED, 주기 및 Time Interval 측정 시에 μs LED가 ON된다.

⑦ GATE TIME : 게이트 시간(Self Check, Frequency, Period)과 배율(T.I, A → B, RATIO A/B)의 레인지를 선택하는 데 사용된다. ▶ Key를 1회씩 누를 때마다 LED가 우측으로 1개씩 이동하고 맨 우측 다음에는 맨 좌측으로 이동한다.

⑧ HOLD Key : 유지 기능을 선택하는 키(Key)이다.

⑨ RESET Key : 초기화 기능을 선택하는 Key로 0으로 표시된다.

> **Note**
> T.I A → B 모드에서 단발 펄스를 측정할 때는 반드시 RESET Key를 누르고 측정한다.

⑩ 기능(FUNCTION) : 8개의 기능을 선택하는 Key이다. ▶ Key를 누르면 LED가 우측으로 1개씩 이동하여 기능이 선택되고, ◀ Key를 누르면 LED가 좌측으로 1개씩 이동하여 기능이 선택된다.

맨 우측 LED가 선택된 경우 ▶ Key를 누르면 맨 좌측으로 이동한다.

⑪ A 입력 커넥터 : 측정 신호의 입력단자(BNC 형태)로 임피던스는 1MΩ이다.

> **Note**
> 최대입력전압 이상의 신호를 인가시킬 경우 특성이 변하거나 장비 고장이 발생되므로 절대로 규정된 입력전압 이상은 입력하지 않도록 한다.

⑫ 입력 A 트리거 레벨 & 기울기 노브

입력 A에 인가된 신호의 트리거 전압을 설정하는 노브로 시계방향으로 돌리면 동기되는 시작점이 + 최고치 쪽으로 움직이고 반대로 돌리면 동기점이 - 최고치 쪽으로 움직인다. 노브를 반시계방향으로 회전시키면 자동 고정(트리거 레벨 : 0V)에 설정된다. 그리고 트리거 기울기는 노브를 PULL하면 -, 일반적인 경우는 +로 설정된다.

⑬ 입력 A 결합 스위치 : AC와 DC 결합을 선택하는 스위치이다.

⑭ 입력 A 감쇠기 스위치이다. : 1/10(20dB) 감쇠기를 선택하는 스위치이다.

⑮ 입력 A LPF 스위치 : LPF(약 100kHz)를 선택하는 스위치이다.

⑯ 입력 A 트리거 표시기 : 동기가 되었을 경우 LED가 ON된다.

⑰ B 입력 커넥터 : 측정 신호의 입력단자(BNC 형태)로 임피던스는 1MΩ이다.

> **Note**
> 최대입력전압 이상의 신호를 인가시킬 경우 특성이 변하거나 장비 고장이 발생되므로 절대

로 규정된 입력전압 이상은 입력하지 않도록 한다.

⑱ 입력 B 트리거 레벨 & 기울기 노브

입력 B에 인가된 신호의 트리거 전압을 설정하는 노브를 시계방향으로 돌리면 동기되는 시각점이 + 최고치 쪽으로 움직이고 반대로 돌리면 동기점이 – 최고치 쪽으로 움직인다. 노브를 반시계방향으로 회전시키면 자동고정(트리거 레벨 : 0V)에 설정된다. 그리고 트리거 기울기는 노브를 PULL하면 -, 일반적인 경우는 +로 설정된다.

⑲ 입력 B LPF 스위치 : LPF(약 100kHz)를 선택하는 스위치이다.

⑳ 입력 B 감쇠기 스위치 : 1/10(20dB) 감쇠기를 선택하는 스위치이다.

㉑ 입력 B 결합 스위치 : AC와 DC 결합을 선택하는 스위치이다.

㉒ 입력 B 트리거 표시기 : 동기가 되었을 경우 LED가 ON된다.

㉓ C 입력 커넥터 : 측정 신호의 입력단자(BNC 형태)로 임피던스는 50Ω이다.

Note
최대입력전압 이상의 신호를 인가시킬 경우 특성이 변하거나 장비 고장이 발생되므로 절대로 규정된 입력전압 이상은 입력하지 않도록 한다.

2) 후면 패널

㉔ 전압 & 퓨즈 선택기

입력전압에 따라 100V/120V/220V/240V 중 알맞은 전압은 선택하고 퓨즈는 정격 퓨즈를 사용한다.

㉕ 전원 입력 소켓 : AC 전원을 공급하는 소켓으로 정격의 코드를 사용한다.

㉖ RS-232C DTE 포트 : PC와 인터페이스를 하기 위한 9핀 커넥터이다.

㉗ STD 출력 커넥터 : 기준 주파수 10MHz가 출력되는 단자이다.

(2) 동작 준비

1) 전원의 연결과 퓨즈 선택

전원 코드의 플러그는 일반적으로 AC 220V에서 사용되는 규격으로 되어 있다. 본 제품은 출하 시 입력전압이 AC 220V로 설정되어 있으므로 AC 100V 또는 120V 사용할 때에는 먼저 장비의 뒷면에 있는 전압 & 퓨즈 선택기(㉔)의 설정을 맞춘 후 전원 코드를 전원 아웃렛에 연결될 수 있도록 한다.

입력전압 선택 플러그를 100V 또는 120V로 선택한 경우 0.5A(250V)의 퓨즈를 사용하

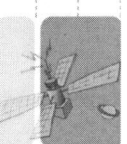

지만, 220V 또는 240V를 선택한 경우 0.2A(250V)용으로 교체해 주어야 한다.

2) 초기 동작 점검

전원의 연결이 맞게 설정되었다면 아래 그림의 순서대로 진행하면서 동작을 점검한다.

> **Note** 고정밀 측정이나 안정된 동작을 얻기 위해서는 약 30분간 예열할 필요가 있다.

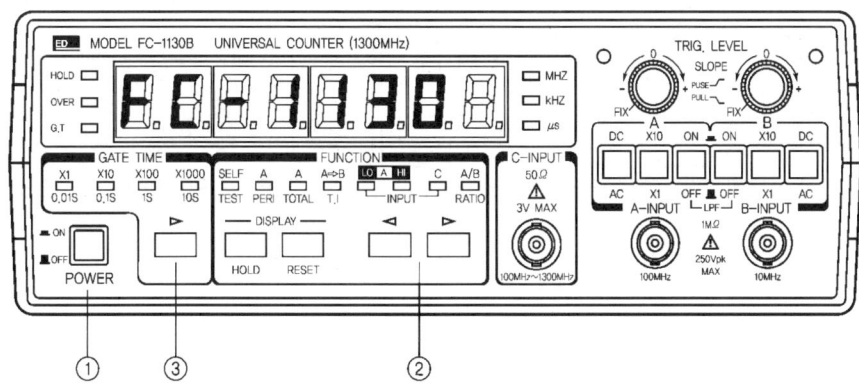

① 전원 스위치를 눌러 ON시킨다.

② 기능(FUNCTION)을 자체 검사(Self Check)로 선택한다.

③ 게이트 시간(GATE TIME) 설정에 따라 표시는 다음과 같다.

GATE TIME	DISPLAY			
	OVER LED	표시	오차	단위
0.01s	OFF	10000.0	± 0.1	kHz
0.1s	"	10000.00	± 0.01	"
1s	"	10000.000	± 0.001	"
10s	ON	0000.0000	± 0.0001	"

(3) 측정 예

1) 입력 A 주파수 측정(0.1Hz~100MHz)

① 기능(FUNCTION)을 측정 주파수가 10MHz 이하인 경우는 입력 A-LOW, 10MHz 이상인 경우는 입력 A-HIGH에 설정한다.

② HOLD Key로 HOLD LED가 OFF되도록 설정한다.

③ 입력 A 커넥터에 피측정 신호를 입력한다.

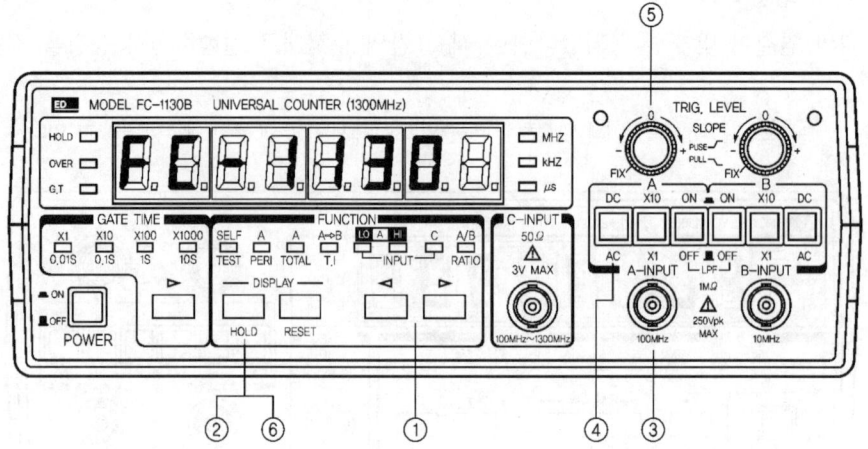

④ 필요한 경우 GATE TIME, SLOPE, LPF, COUPLING, ATT를 선택한다.
⑤ 입력 A 트리거 레벨 노브를 자동 고정 또는 +, -방향으로 돌리면 측정 신호가 동기되어 주파수가 표시된다. 피측정 신호가 구형파 이외의 파형에서는 안정한 주파수 상태에 DC 레벨을 맞춘다.
⑥ 필요에 따라 HOLD Key로 표시를 고정시킬 수 있다.

2) 입력 C 주파수 측정

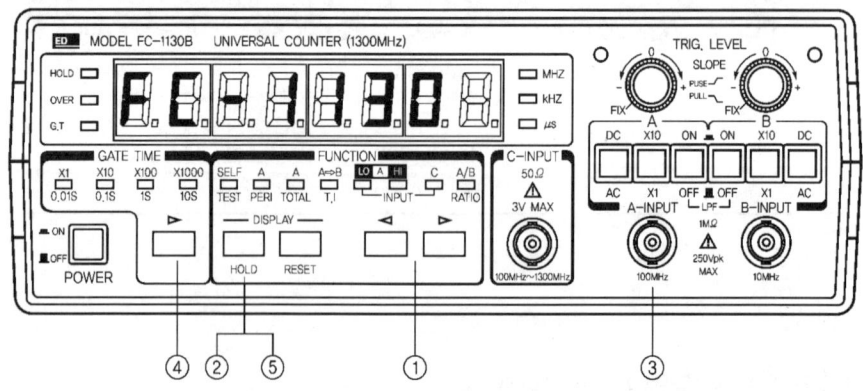

① 기능(FUNCTION)은 입력 C를 선택한다.
② HOLD Key로 HOLD LED가 OFF되도록 설정한다.
③ 입력 C 커넥터에 피측정 신호를 입력한다.

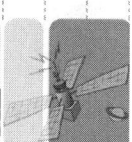

>
> 1Vp-p 이상의 신호를 인가시 외부에 감쇠기를 사용하여 측정한다.

④ 필요한 경우 게이트 시간을 선택한다.

> 입력 C의 게이트 시간은 0.0128s/0.128s/1.28s/12.8s이다.

⑤ 필요에 따라 HOLD Key로 표시를 고정시킬 수 있다.

3) 입력 A 배율(PERIOD) 측정

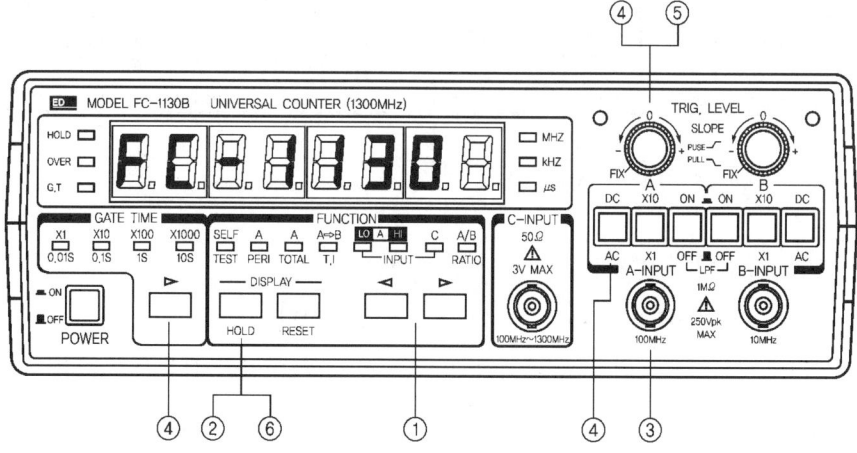

① 기능(FUNCTION)을 PERIOD로 선택한다.
② HOLD Key로 HOLD LED가 OFF되도록 설정한다.
③ 입력 A 커넥터에 피측정 신호를 입력한다.
④ 필요한 경우 GATE TIME, SLOPE, LPF, COUPLING, ATT를 선택한다.

> 게이트 시간과 분해능의 관계

GATE TIME	0.01s	0.1s	1s	10s
분해능	100ns	10ns	1ns	100ns

⑤ 입력 A 트리거 레벨 노브를 자동 고정(Auto Fix) 또는 +, - 방향으로 돌리면 측정 신호가 동기되어 주기가 표시된다. 피측정 신호가 구형파 이외의 파형에서는 안정한 주파수 상태에 DC 레벨을 맞춘다.

⑥ 필요에 따라 HOLD Key로 표시를 고정시킬 수 있다.

4) TIME INTERVAL 측정

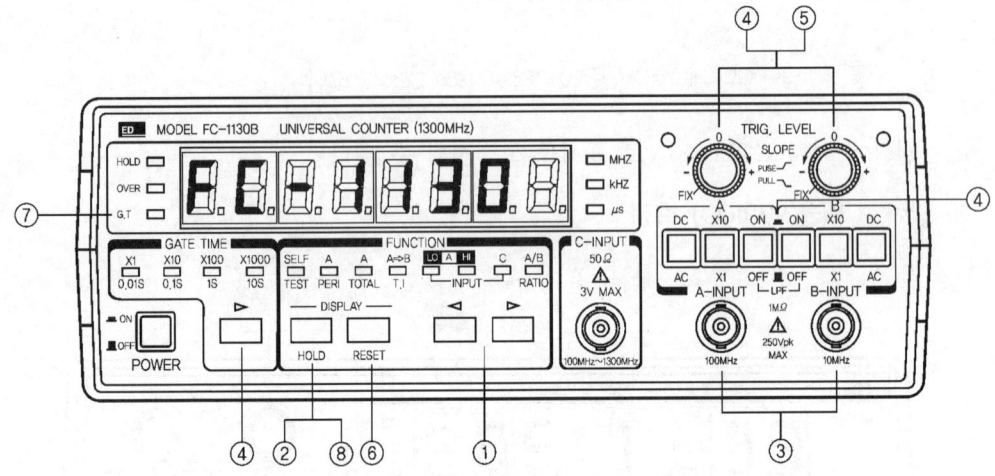

① 기능(FUNCTION)은 T.I A → B를 선택한다.

② HOLD Key로 HOLD LED가 OFF되도록 설정한다.

③ 입력 A 커넥터와 입력 B 커넥터에 피측정 신호를 입력한다.

④ 필요한 경우 배율(GATE TIME), 입력 A와 입력 B의 SLOPE, LPF, COUPLING, ATT를 선택한다.

⑤ 입력 A와 입력 B의 트리거 레벨 노브를 자동 고정(Auto Fix) 또는 +, - 방향으로 돌리면 측정 신호가 동기되어 시간 간격이 표시된다. 피측정 신호가 구형파 이외의 파형에서는 안정한 주파수 상태에 DC 레벨을 맞춘다.

⑥ 측정 신호가 단발 펄스인 경우 RESET Key를 누른 후 ①을 재설정한다.

⑦ 입력 A와 입력 B에 측정 신호를 입력할 때 동기가 이루어지면 G. T의 LED가 ON된 후 OFF가 표시된다.

⑧ 필요에 따라 HOLD Key로 표시를 고정시킬 수 있다.

Note 배율 분해능의 관계

MULTIPLIER	1	10	100	1000
분해능	100ns	10ns	1ns	100ns

5) RATIO A/B 측정

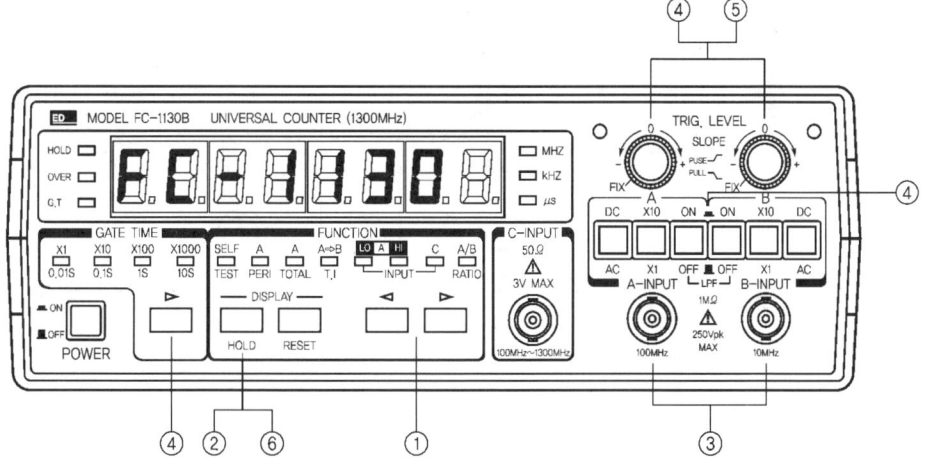

① 기능(FUNCTION)은 RATIO A/B를 선택한다.

② HOLD Key로 HOLD LED가 OFF되도록 설정한다.

③ 입력 A 커넥터와 입력 B 커넥터에 피측정 신호를 입력한다.

④ 필요한 경우 게이트 시간, 입력 A와 입력 B의 SLOPE, LPF, COUPLING, ATT를 선택한다.

측정 신호가 동기되어 A/B의 Ratio가 표시된다. 피측정 신호가 구형파 이외의 파형에서는 안정한 주파수 상태에 DC 레벨을 맞춘다.

⑤ 필요에 따라 HOLD Key로 표시를 고정시킬 수 있다.

   배율과 분해능의 관계
   ±입력 B÷(입력 A×배율)
   배율 : 1, 10, 100, 1000

6) TOTAL 측정

① 기능(FUNCTION)을 TOTAL로 선택한다.

② HOLD Key로 HOLD LED가 OFF되도록 설정한다.

③ 입력 A 커넥터에 피측정 신호를 입력한다.

④ 필요한 경우 입력 A의 SLOPE, LPF, COUPLING, ATT를 선택한다.

⑤ 입력 A의 트리거 레벨 노브를 자동 고정(Auto Fix) 또는 적당한 위치에 맞춘다.

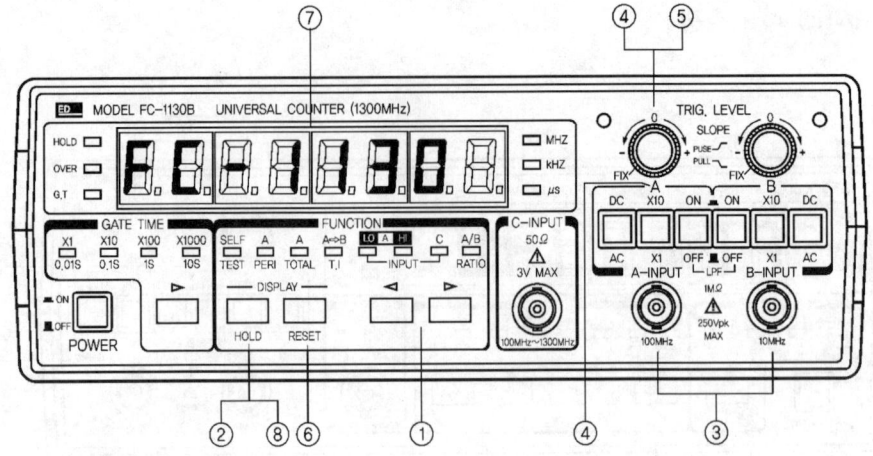

⑥ RESET Key를 눌러 표시가 0이 되도록 한 후, ①을 재설정한다.

⑦ 측정신호를 입력할 때 동기가 이루어지면 가산 계수가 표시된다.

⑧ 필요한 경우 HOLD Key를 누르면 카운터가 정지되고, HOLD Key를 OFF하면 카운터가 정지한 값부터 측정을 계속한다.

3 교정과 유지

(1) 교정

측정의 정확도를 유지하기 위해서 매 1,000시간 이상 또는 1년 정도 되었을 때 교정을 해야 하며 비정기적으로 사용한 경우 매 6개월마다 교정을 하는 것이 좋다. 또한 고장으로 수리를 하였을 경우 반드시 재교정하도록 한다.

(2) Fuse 교환

입력전원부의 퓨즈 홀더는 장비의 후면에 있으며 고장시 퓨즈를 교환할 때는 다음 순서에 따라 교환한다.

① 전원 커넥터에서 전원 코드를 분리한다.

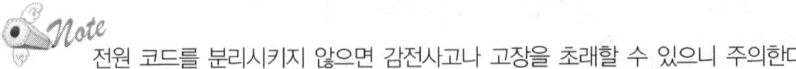

② 전압 선택기의 우측면의 홈에 (-)형 드라이버를 사용하여 뚜껑을 연다.

③ 끊어진 퓨즈를 교환한다.

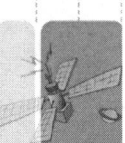

4. 측정기와 그 사용법

퓨즈는 반드시 아래의 표와 같은 정격용량과 동일한 크기를 사용해야 한다.

[퓨즈의 정격용량과 크기]

사용 전압	퓨즈 정격	크기(mm)
100V, 120V	0.5A, 250V	6.3φ×30
220V, 240V	0.2A, 250V	6.3φ×30

④ 전원 코드를 다시 연결하고 전원 스위치를 ON한다. 만일 퓨즈가 다시 끊어질 경우는 고객지원센터에 문의한다.

4 조정

본 장비 조정의 기준 시간 발진 주파수, 트리거 레벨의 조정으로 제한되어 있다.

조정을 하기 위해서는 약 30분간 예열(Warming-up)해야 한다.

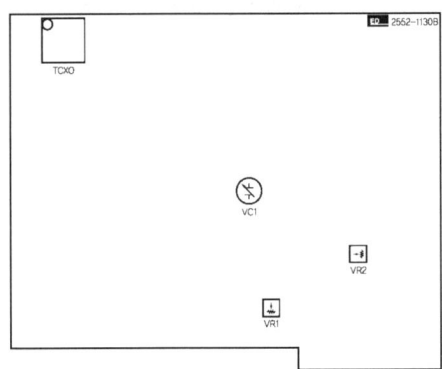

(1) 필요 장비

① Quartz Oscillator : 10MHz(정밀도 ≤ 1×10^{-9})

② S.S.G : 0.1Hz~1.3GHz

(2) TCXO의 조정

① 전원 스위치를 ON한다.

② 입력 A-LOW에 FUNCTION을 설정한다.

③ 입력 A에 표준 신호 10MHz를 입력한다.

④ 장비를 다음과 같이 설정한다.
　　㉠ 게이트 시간(GATE TIME) : 1s
　　㉡ 트리거 레벨(TRIGGER LEVEL) : 자동 고정(AUTO FIX)
　　㉢ 저역 통과 필터(LPF): OFF
　　㉣ 결합(COUPLING) : AC
　　㉤ 감쇠기(ATT): ×1

⑤ 7세그먼트에 10000.000±1자리가 표시되도록 TCXO를 조정한다.

(3) 입력 A의 트리거 레벨 조정

① 전원 스위치를 ON한다.

② 입력 A-HIGH에 FUNCTION을 설정한다.

③ 입력 A에 100MHz 20mVrms를 입력한다.

④ 장비를 다음과 같이 설정한다.
　　㉠ 게이트 시간(GATE TIME) : 1s
　　㉡ 트리거 레벨(TRIGGER LEVEL) : 자동 고정(AUTO FIX)
　　㉢ 저역 통과 필터(LPF): OFF
　　㉣ 결합(COUPLING) : AC
　　㉤ 감쇠기(ATT): ×1

⑤ 7세그먼트에 100000.00±1 자리가 표시되도록 VR1을 조정한다.

(4) 입력 B의 트리거 레벨 조정

① 전원 스위치를 ON한다.

② RATIO A/B에 FUNCTION을 설정한다.

③ 입력 A에 100MHz 50mVrms, 입력 B에 10MHz 20mVrms를 입력한다.

④ 장비를 다음과 같이 설정한다.
　　㉠ 게이트 시간(GATE TIME) : 1s
　　㉡ 트리거 레벨(TRIGGER LEVEL) : 자동 고정(AUTO FIX)
　　㉢ 저역 통과 필터(LPF): OFF
　　㉣ 결합(COUPLING) : AC
　　㉤ 감쇠기(ATT): ×1

⑤ 7세그먼트에 10.00±2자리가 표시되도록 VR2를 조정한다.

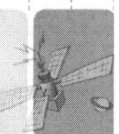

(5) 입력 C의 기준 시간 조정

① 전원 스위치를 ON한다.

② 입력 C에 FUNCTION을 설정한다.

③ 입력 C에 1300MHz 60mVrms를 입력한다.

④ 장비를 다음과 같이 설정한다.

　㉠ 게이트 시간 : 1s

⑤ 7세그먼트에 1300.0000±1자리가 표시되도록 VC1을 조정한다.

RS-232C 인터페이스

디스켓 3/3로 구성되어 있으며 Window95 환경에서 실행된다.
FC-1130B의 동작 상태를 보여준다.

(1) 특징

① 표시기 도구는 FC-1130B의 전면 패널과 동일시하여 보다 쉽게 접근할 수 있도록 하였다.

② 표시기 하단에 위치한 버튼으로 FC-1130B를 직접 제어할 수 있다.

③ SAVE/CALL 기능으로 데이터를 비교할 수 있도록 하였다.

(2) 인스톨 프로그램

시스템 환경에 의해 오류 메시지를 출력할 수 있다. 이 경우 5. (5)항을 참조한다.

① 디스켓 1번을 플로피 디스크 드라이브에 삽입한다.

　setup.exe [Enter↵]

② OK를 클릭한다.

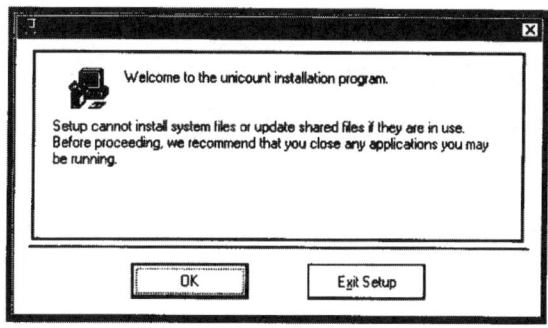

③ 아이콘을 1회 클릭한다.

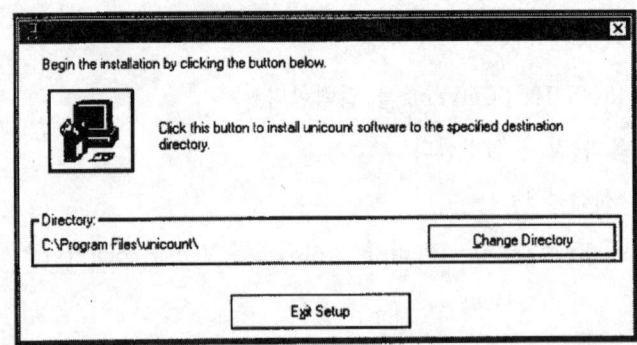

④ 메시지 상자의 지시에 따라 디스켓을 3번까지 삽입하면 프로그램이 자동으로 인스톨된다.

⑤ MS-DOS MODE에서 c:\program files\unicount\로 커서를 이동한다.
REGOCX32 c:\windows\system\counter.ocx [Enter↵] Key를 누른 후 Window95 모드로 복귀한다.

(3) 실행

C:\UniCoun\UniCount.EXE [Enter↵]

RS-232C에 해당하는 포트 번호를 입력한 후 OK를 클릭한다.

만약 "전송거부" 메시지가 출력된다면 Com 포트가 맞지 않는 경우이므로 포트를 확인한 후 재실행하여야 한다.

(4) 표시기 구성

① RS-232C를 통해 측정 데이터가 표시된다.

② 저장(SAVE)된 데이터가 표시된다.

③ 저장(SAVE)된 순서를 표시한다.

④ >> 을 클릭하면 게이트 시간을 제어할 수 있으며, RS-232C를 통해 FC-1130B를 직접 접근한다.

⑤ Function이 좌·우로 이동하며 FC-1130B의 Function을 직접 접근한다.

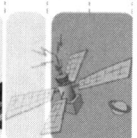

4. 측정기와 그 사용법

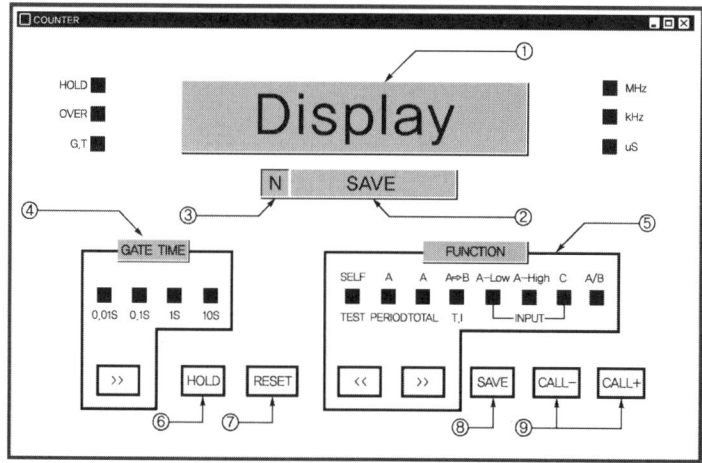

⑥ 1회 클릭하면 FC-1130B가 HOLD 상태로 되며 이때 표시기 좌측 상단에 HOLD ■가 적색으로 표시된다. HOLD를 해제하고자 하면 ⑥을 다시 클릭한다.

⑦ FC-1130B의 RESET 기능

⑧ 표시기 데이터가 저장되며 이때 HOLD 상태에서 저장하면 보다 정확한 데이터를 저장할 수 있다.

⑨ 저장된 데이터를 인출하여 ②에 표시한다.

종료 시에는 우측 상단에 있는 ⊠를 클릭한다.

(5) 에러 메시지

①

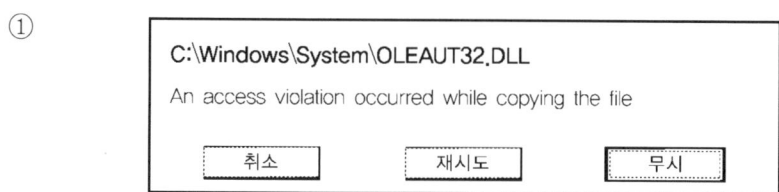

②

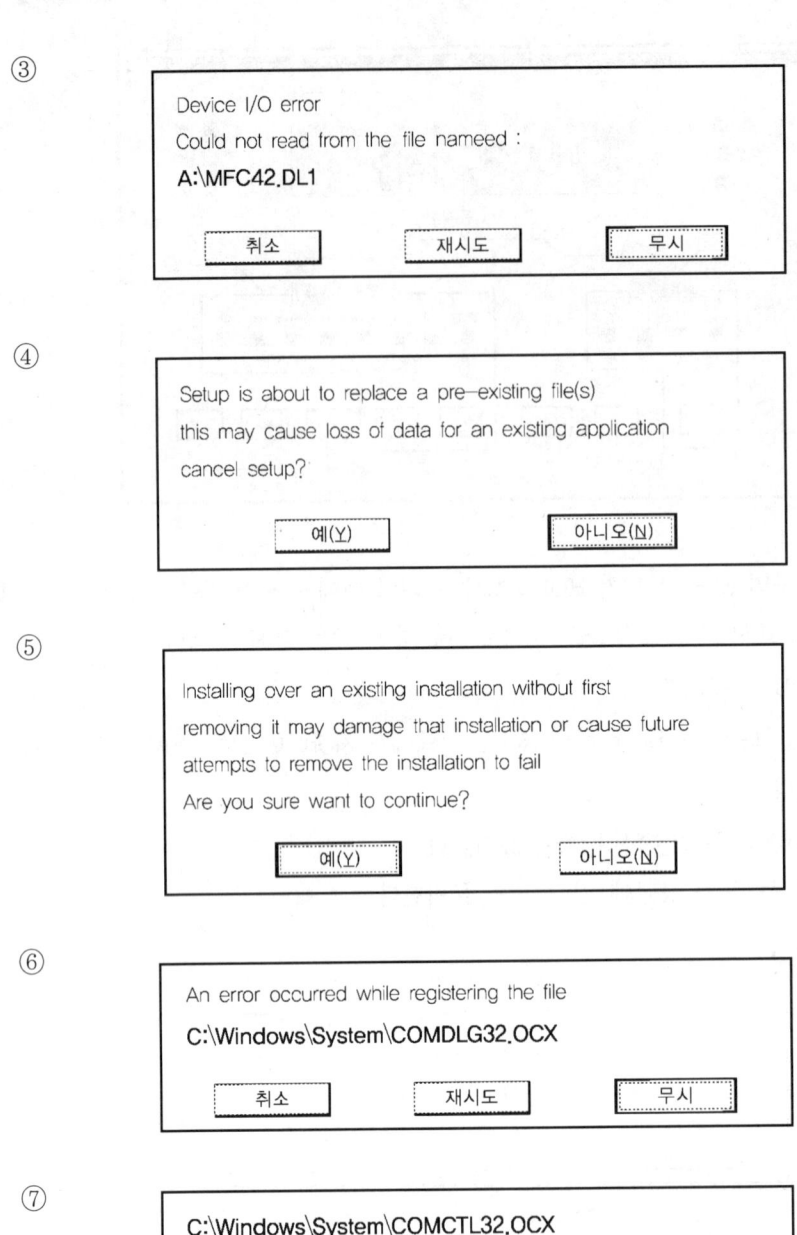

4. 측정기와 그 사용법

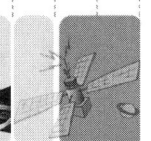

4.7 LOGIC LAB(ED-1000B)

MODEL ED-1000B LAB UNIT은 각종 디지털 IC를 사용한 회로의 설계 및 실험을 위하여 제작된 장비로서 디지털 회로뿐만 아니라 트랜지스터 및 리니어 IC 회로의 설계와 실험에도 사용할 수 있다. 이 로직 랩 유닛의 특징은 디지털 회로의 실험에 필요한 각종 주변장치를

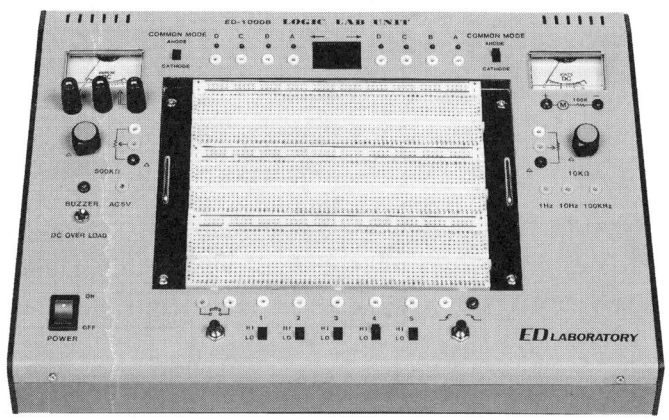

[ED-100B의 외형]

갖추고 있으며 모든 장치들의 부착 위치는 능률적인 실험을 할 수 있도록 고안되어 있다.

전원은 AC110V 및 220V 중 어디서나 사용 가능하며 실험 시에 필요한 DC 전원 공급 장치를 내장하고 있다.

1 각부 명칭

(1) 패널의 기능 배치도

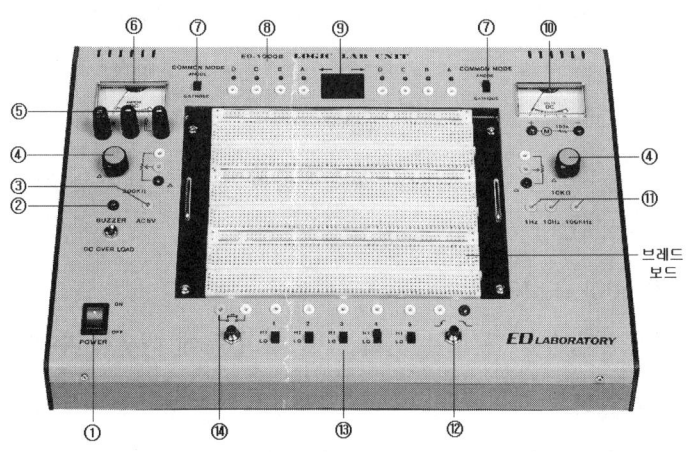

(2) 브레드 보드(BREAD BOARD) 설명

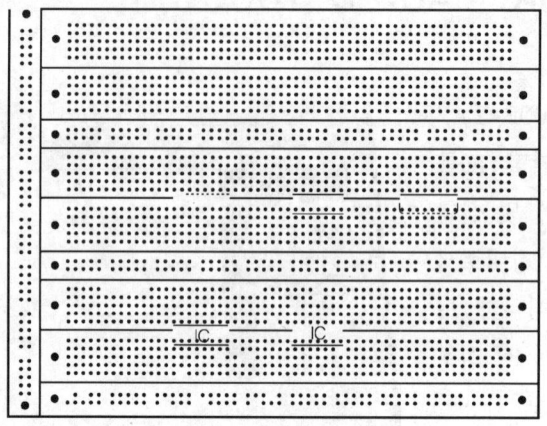

(a) IC를 위와 같이 삽입해 놓는다.

(b) 내부에 5구멍씩 한 점으로 연결되어 있다.

1) 전원 스위치

이 스위치는 AC 전원 입력(110V 또는 220V)을 ON-OFF한다.

2) 부저(BUZZER)

부저 입력 잭으로 2~5V, 1mA 이하의 드라이브 전력에 의하여 동작한다. 즉 CMOS와 같은 적은 드라이브 출력으로 동작한다.

3) ~60Hz

AC 4.5Vrms가 출력되며 이는 AC 60Hz를 이용하여 클록 신호 및 기준 시간 등으로 사용할 수 있도록 하였다.

4) 가변 저항기 500kΩ, 10kΩ

회로 실험 시에 시정수 가감 또는 입력 레벨 가변 등에 이용할 수 있다.

5) +5V 및 -5V 출력

DC 전원 공급 출력으로 디지털 회로에 필요한 +5V의 전원을 공급한다. -5V는 Op

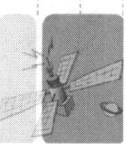

Amp 등 +, - 전원이 필요할 때 사용한다.

6) 전류계

이 전류계는 +5V 출력회로에 직렬로 들어 있으며 이는 +5V의 부하 전류를 지시한다.

7) COMMON MODE 스위치

LED 표시기의 입력 극성을 선택하는 스위치다. 즉 입력이 0일 때 또는 TTL의 오픈 컬렉터 출력에서 LED에 불이 들어오게 하려면 이 COMMON MODE 스위치를 "ANODE"에 두고, 입력이 1일 때 LED가 점등되게 하려면 이 스위치를 "CATHODE"에 두어야 한다.

8) LED 표시기

이는 좌우 4개씩 8개로서 BCD 입출력이나 8비트 바이너리 입출력 또는 개별적으로 디지털회로의 출력이나 입력상태를 표시해 볼 수 있게 한다.

9) 10진수 표시기

2자리로서 바이너리 입력에 따라 16진수 0~9 및 A~F까지 지시한다.

10) 전압계

내부 저항 100kΩ으로 0~15V 범위를 지시한다.

11) 펄스 출력

디지털 회로에 필요한 연속 클록을 제공할 수 있다. 이는 1Hz, 10Hz 및 100kHz의 구형파 출력이 동시에 출력된다.

12) 푸시버튼 로직 스위치

이 스위치는 제어 로직 입력 등을 제공할 수 있다. 이 스위치를 누르면 상승 에지(Pogitive Edge : ⌐)와 하강 에지(Negative Edge : ⌐)의 출력을 나타낸다.

13) 데이터 스위치

5개의 슬라이드 스위치들은 0과 1(즉 L과 H)의 로직 레벨을 출력한다. 이들은 디지털 회로의 데이터 입력이나 제어 입력을 조작하면서 실험할 수 있게 한다. 이들 로직 레벨을 출력하는 모든 스위치는 접점 Debounce 회로를 가지고 있다.

14) 푸시버튼 스위치

푸시버튼 스위치의 접점은 Ground Common이 되지 않은 변동 상태의 접점 출력을 나타낸다. 회로의 중간에 직렬 삽입하여 ON-OFF 조작 등을 시킬 수 있다.

2. 장비의 특성 및 규격

(1) 전원 +5V, -5V, 0.5A(최대 리플 10mV)
(2) 숫자 표시 2자리(Hexadecimal number indicator)
(3) 극성 선택 Anode/Cathode Common 선택 형태
(4) 클록 펄스 출력 1Hz, 10Hz, 100kHz(약 H : 4.5V, L:0.2V)
(5) 로직 스위치 5 슬라이드 스위치(Bounceless Out Put)
(6) 제어 스위치 1 푸시 스위치 Floating Contact
(7) 부저(Buzzer) 낮은 전압 드라이브(+2, 7V 1mA or Less)
(8) 입력 전원 AC 110V/220V 50Hz 또는 60Hz
(9) 치수 346(W)×72(H)×240(D)mm

3. 제품 사용 설명

(1) 사용 전 주의사항

① AC 입력 전원 전압이 110V 또는 220V인가 확인하고 LAB UNIT의 뒤에 있는 입력 전압 선택기로 사용 전압에 선택하여 둔다.

② 본 LAB UNIT을 보관할 때에는 먼지가 많은 장소나 열이 많은 곳에 두지 말아야 한다.

③ LAB UNIT의 브레드 보드에 사용되는 점퍼선은 선의 직경이 0.6~0.8mm 내의 굵기를 사용하여야 한다.

④ LAB UNIT에 회로 조립이 완료되었을 때에는 배선 상태를 재확인하고 IC의 1번 핀의 위치와 IC의 Vcc(또는 Vdd) 전압의 극성을 확인한다. 그리고 전원 스위치를 "ON"시키고 이때 전류계의 지시가 과전류를 지시하지 않는지 확인한다.

(2) 동작 순서

① 전원 스위치를 OFF시켜 둔다.
② 브레드 보드의 전원 BUS Strip에 전원 +5V와 GND를 연결시켜둔다.

대개 IC의 Vcc(또는 Vdd) 전압 입력 핀은 대개 14번 또는 16번 핀이고 핀은 7번 또는 8번 핀이므로 전원 BUS (+), (-)의 위치를 아래의 그림과 같이 연결되도록 하면 편리하다.

4. 측정기와 그 사용법

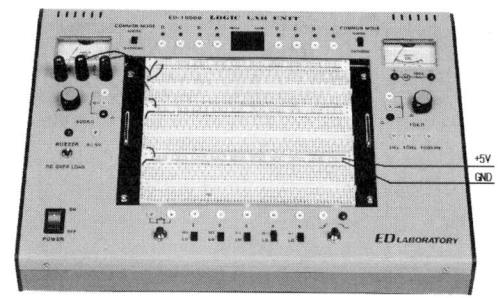

[전원 BUS STRIP에 +5V와 GND를 연결하여 놓은 모양]

③ 브레드 보드상에 먼저 IC 및 기타 부품을 적당한 간격과 상호간 연결이 쉽게 진행될 수 있도록 배치해 둔다.

④ IC 및 부품들의 배치가 끝났으면 점퍼선을 사용하여 배선을 해나간다.

배선의 색깔을 기능별로 구분하여 사용한다면 나중에 회로 점검시 대단히 편리하다.
① +5V : 적색　　　　　② 출력 : 백색
③ GND : 검정색　　　　④ 입력 : 황색
⑤ 기타 : 녹색

⑤ 이상 회로 조립이 끝난 후에는 다시 한번 배선 상태를 점검한다. 그리고 이상이 없다면 전원 스위치를 "ON"한다. 이때 주의할 것은 어떤 연결의 잘못이나 합선 등으로 DC 전원이 합선되거나 IC의 출력이 그라운드(접지)될 수도 있기 때문에 전류계의 부하 전류의 지시가 과부하(Over Load)가 아닌지 확인하여야 한다. 만일 과전류를 지시한다면 전원 스위치를 끄고 회로를 점검한다.

⑥ 모든 점검이 끝났으면 데이터 스위치 및 기타 표시기들을 적절히 이용하여 실험을 진행시킨다.

4.8 AC 레벨 미터(LM-0102B)

1 개요

(1) 일반 사항

LM-0102B는 AC 신호를 측정할 수 있는 레벨미터로서 측정전압 범위는 100μV~300V[실효값 : RMS]이며, 측정 레벨 범위는 -80dB~+50dB이다.

LM-0102B로 측정 가능한 주파수는 5Hz~1MHz로서 일반적인 AF대 및 RF대의 신호 레벨들을 측정할 수 있는 능력을 갖고 있다.

장비의 특징으로 회로방식은 양 전원을 사용하므로 직류 바이어스가 안정되고, 과대 입력에 대한 회복 시간이 빠르다. 또한 감쇠기는 릴레이와 FET 스위치로 변환되므로 신뢰도 및 신호 대 잡음비(S/N)가 양호하다. 또한 이 레벨 미터에 내장된 증폭기는 약 60dB의 이득을 갖고 있으며 레인지는 12레인지로 구성되어 있다.

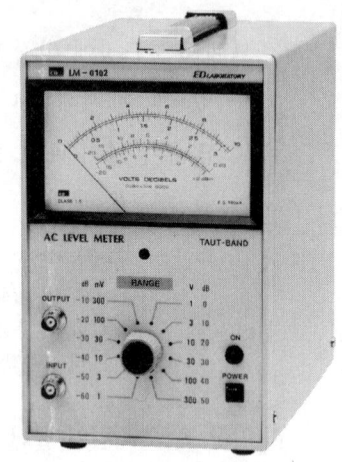

[LM-0102의 외형]

입력 전원은 AC 110V/220V 겸용으로 5~60Hz 단상 전원에서 사용할 수 있다.

(2) 장비 사양

■ 전압 측정	
- 레인지	전압 : 1mV~300V 최대 눈금의 12레인지 dB : -80dB~+50dB(0dB=1V) dBm : -80dBm~+52dBm(0dBm=1mW, 600Ω)
- 정밀도	1kHz의 ±3% 최대 눈금범위 내에
- 주파수 변환	5Hz~1MHz에서 ±10%, 20Hz~200kHz에서 ±3% 1kHz 주파수 기준
- 안정도	전압 변동률 ±10%에서 ±0.5% 내외
- 입력 임피던스	병렬용량 45pF에서 10MΩ ±5%
- 사용 온도범위	0℃~+50℃
- residual(잔류) 전압	입력 단락 시 1mV 범위에서 15μV 미만

■ 증폭기	
− 회로 이득	약 60dB
− 출력 전압	1Vrms(최대 눈금) ±20%
− 출력 임피던스	600Ω ±20%
− 주파수 응답	5Hz~500kHz에서 ±3dB 내외
− 왜율	최대 눈금의 1% 미만
− 신호/잡음 비	최대 눈금의 40dB 이상
■ 일반사항	
− 입력전압	AC 110V 또는 220V, 60Hz
− 소비전력	4W
− 치수	135(폭)×200(높이)×240(길이)

 작동 준비와 점검

(1) 전원 연결

　LM-0102B AC 레벨미터의 입력 전원은 AC 단상(50Hz~60Hz) 110V±10% 또는 220V±10%에서 사용할 수 있게 되어 있다.

　이 장비의 뒷면에 있는 입력 전압 선택 조정자를 입력 전압에 따라 110V 또는 220V 중 선택하여 전원을 연결한다.

(2) 시작을 위한 점검

　먼저 파워 스위치를 켜기 전에 레벨 미터의 바늘이 정확히 0을 지시하도록 레벨 미터의 영점 조정기를 조정한 후에 저주파 발진기를 연결하고 다음과 같은 순서로 점검한다.

> 정상적인 장비일지라도 레벨 미터의 레인지를 1mV(-60dB)에 선택하여 놓고 입력 프로브를 개방한 상태에서는 입력신호가 없어도 레벨 미터의 바늘이 지시될 수 있다. 이는 입력 임피던스가 높은 관계로 주위의 잡음을 지시하는 것이다.

1) 저주파 발진기의 설정

① 출력주파수를 1kHz(사인파형)로 설정한다.

② 출력 레벨을 Vrms 30mV(실효값 : RMS)가 되도록 조정한다.

2) LM-0102B의 점검 순서

① 저주파 발진기의 출력을 레벨미터의 입력단자에 연결하고 레인지를 100V(-40dB)로 설정한다. 이때 피측정 입력전압이 미지의 값일 때는 레인지를 제일 높은 레인지로 맞춘다.

② 전원 스위치를 누르면, 전원이 인가되어 파일럿 램프가 점등된다.

③ 레벨미터의 레인지를 30mV(-30dB)로 설정하면, 전압 눈금이 "3"을 지시한다. 이때 저주파 발진기의 출력과 동일하게 지시하지 않으면 출력을 점검하도록 한다.

④ 저주파 발진기의 출력을 0.3V 및 3V로 하고, 레벨미터의 레인지를 300mV, 3V로 돌리면 전압눈금이 "3"을 지시한다.

⑤ 순서 ③, ④와 같은 점검을 저주파 발진기의 출력 주파수를 5Hz, 50Hz, 500Hz, 5kHz, 50kHz, 500kHz, 1MHz로 변화시켜 가면서 역시 1kHz 때와 같은 지시를 하는가를 검사한다. 정상일 경우에는 ±10% 이내의 지시를 할 것이다.

⑥ 레벨미터의 레인지를 1mV(-60dB)로 전환하고, 전압 눈금이 "10"을 지시하도록 저주파 발진기의 출력을 낮추도록 한다. 필요시는 외부 감쇠기(600 : 600Ω)를 연결하여 1mV가 되도록 한다.

⑦ 저주파 발진기, 레벨미터, 오실로스코프를 연결하고 출력을 측정하면 1Vrms, 약 2.8Vp-p를 지시할 것이다. 또한 이때 오실로스코프의 파형이 입력파형과 동일한 파형인가 확인한다.

3 동작 설명

(1) 패널 설명

① 전원 스위치 : LM-0102B의 입력 전원 스위치

② 레인지 스위치 : 입력 레벨에 따라서 그 레벨을 측정할 수 있도록 하는 레인지 변환 스위치

③ 입력 BNC 커넥터 : BNC 커넥터에 측정할 입력을 연결한다.

④ 출력 BNC 커넥터 : 출력 커넥터에서는

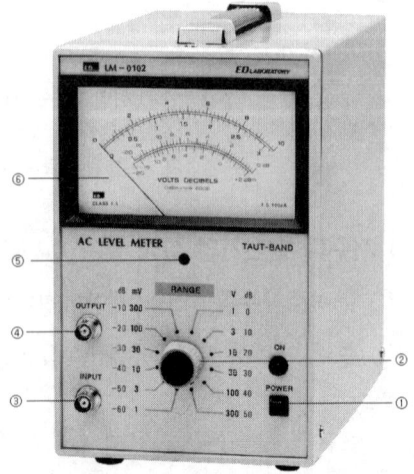

LM-0102B 증폭기의 출력 전압이 출력된다. 증폭기의 출력은 설정 레인지와 관계없이 미터가 최대 눈금을 지시할 때 1Vrms로 증폭된 입력파형이 출력된다.

⑤ 미터 0점 조정자 : 무조정시의 미터의 지침이 0에 있지 않을 경우 0점 조정자를 "−"형 드라이버로 0을 지시하도록 조정한다.

⑥ 미터 : 상부에 전압 눈금(FS 10 및 3)이 있고 그 아래에 dB 눈금이 있으며, 제일 밑 부분에 dBm 눈금이 그려져 있다.

(2) 사용법

LM-0102B는 최대입력전압이 1mV~300mV의 레인지에서 100V(DC+ACPeak), 1V~300V의 레인지에서 500V(DC+ACPeak)가 넘지 않도록 한다.

① 입력 BNC 커넥터에 입력 케이블을 연결한다.

② 전원 스위치를 "ON"한다.

③ 레인지 변환 스위치의 레인지를 300V(+50dB)로 설정한다.

위와 같이 선택하는 것은 직류와 중첩된 교류전압을 측정하는 경우에 직류 전압에 의해 큰 서지(surge) 전압이 걸려 장비를 훼손할 염려가 있기 때문이다.

④ 측정용 케이블을 측정할 점에 연결 또는 접속한다.

⑤ 미터의 지시가 미터의 최대 눈금의 1/3 이하를 지시할 경우에는 레인지를 1단 낮은 레벨로 낮추어 측정한다. 이는 측정 정확도(accuracy)를 올리기 위함이다.

① 출력 BNC 커넥터에 출력 케이블을 연결한다.
② 출력전압이 1Vrms의 ±20% 이상으로 출력될 경우에는 레인지를 1단 높은 레벨로 전환한다. 이는 출력전압이 1Vrms의 +20% 이상이 되면 출력 파형이 찌그러지게 되기 때문이다.

(3) 증폭기와 출력

① LM-0102B AC 레벨미터는 미소한 신호를 증폭할 경우에 표준 증폭기로 사용할 수 있다.

② 증폭기의 출력 전압은 1Vrms이며, 그 특징은 다음과 같다.

㉠ 입력 임피던스 : 10MΩ±5%, 병렬용량 45pF 이하

㉡ 출력 임피던스 : 600Ω±20%

㉢ 증폭기의 주파수 특성 : 5Hz~500kHz(±3dB 이내)

㉣ 최대이득 : 약 60dB

ⓜ 왜율(일그러짐률) : 최대 눈금의 1% 이내

③ 다음은 각 레인지별 증폭기의 입력 대 출력의 이득을 나타내고 있다.

[입력 대 출력 이득표]

입력 레인지		입력 : 출력		증폭기 이득
전압	데시벨	입력신호(실효값)	출력(실효값)	데시벨
0~1mV	−60dB	1mV	1V	약 60dB
0~3mV	−50dB	3mV	1V	약 50dB
0~10mV	−40dB	10mV	1V	약 40dB
0~30mV	−30dB	30mV	1V	약 30dB
0~100mV	−20dB	100mV	1V	약 20dB
0~300mV	−10dB	300mV	1V	약 10dB
0~1V	0dB	1V	1V	약 0dB
0~3V	+10dB	3V	1V	약 −10dB
0~10V	+20dB	10V	1V	약 −20dB
0~30V	+30dB	30V	1V	약 −30dB
0~100V	+40dB	100V	1V	약 −40dB
0~300V	+50dB	300V	1V	약 −50dB

# 5. 기초 디지털 IC 회로

5.1 디지털 IC 사용의 일반

1 반도체 IC의 분류

반도체 IC(Intergrated Circuit)는 보통 실리콘의 단결정에서 잘라낸 한 장의 얇은 판 (wafer) 위에 많은 소자를 만들고, 이것들을 금속 막으로 결선하여 전자회로를 구성한 것이다. 모놀리딕(monolithic)으로 표와 같이 분류되지만 현재 주종을 이루고 있는 것은 트랜지스터를 주체로 한 TTL IC와 MOS-FET를 주체로 하는 C-MOS IC이다. TTL IC의 사용전원은 DC 5V±5%로 좀 엄격하고 소비 전류도 IC 1개당 8~100mA로 큰 편인데, C-MOS IC는 DC 3~16V로 매우 넓은 범위로 사용할 수 있고, 소비 전류는 극히 작으며 TTL에 비하여 LSI(Large Scale Integration)화가 용이하다. 그러나 C-MOS는 전기적인 응답 속도가 느리고 사용주파수 범위가 2~5MHz 정도로 낮으며 취급상 정전기에 주의해야 하는 등의 단점이 있다.

반도체 집적회로			
바이폴러형	DTL	유니폴러형	PMOS
	TTL		
	쇼트키 TTL		NMOS
	ECL		
	HTL		CMOS
	CTL		

2 IC의 외형과 핀 번호

IC의 외형은 여러 종류가 있는데, 가장 널리 쓰이는 것은 DIP(Dual Inline Package)형으로 패키지는 세라믹이나 플라스틱 수지이다. 이 외에 금속케이스에 IC를 봉해 넣은 TO-5형, 파워 트랜지스터와 같은 TO-3형과 TO-220(플라스틱 몰드)형 등의 패키지가 있다.

(1) SIP(Single In-line Package)

한쪽 측면에만 리드가 있는 패키지 형태이다.

(2) ZIP(Zigzag In-Line Package)

한쪽 측면에만 리드가 있으며 리드가 지그재그로 엇갈린 패키지 형태이다.

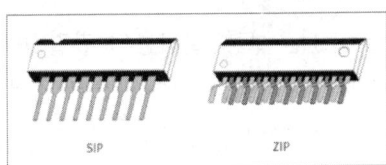

(3) DIP(Dual Inline Package)

스루 홀 형태로 칩 크기에 비해 패키지의 크기가 크고 우수한 열 특성을 갖는 반면 핀 수에 비례하여 패키지 크기가 커지기 때문에 다(多) 핀 패키지 대응이 곤란하다. 저가 인쇄회로기판(PCB)을 이용해야 하는 응용 부분에 널리 쓰인다.

5. 기초 디지털 IC 회로

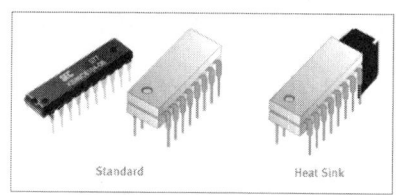

(4) SOP(Small Outline Package)

SMT(Surface Mount Type) 패키지로 Gull Wing Shape의 리드 형태로 패키지의 두께에 따라 TSOP 플라스틱 규격에 따라 SSOP로 구분되며 가장 널리 쓰이는 플라스틱 패키지이다.

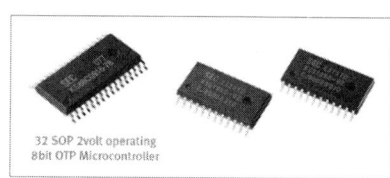

(5) QFP(Quad Flat Package)

SMT(Surface Mount Type) 패키지로 Gull Wing Shape의 리드 형태로 패키지의 두께에 따라 TQFP, LQFP, QFP 등이 있으며, 300pin까지 가능하여 플라스틱 패키지로는 최대 핀수가 가능하며 방출을 유리하게 하는 열 발산의 내장형으로 가장 널리 쓰이는 플라스틱 패키지 형태 중 하나이다.

(6) 트랜지스터 패키지(TO Package)

가장 오래 된 패키지의 일종으로, 최근의 패키지 형태는 Metal 금속캔 패키지에서 플라스틱 패키지로 변화하고 있으며 SMT도 보편화되어 있다. 핀의 수에 관계없이 IC를 위(메이커명, 형 번호, 품명 등이 인쇄된 면)에서 보았을 때 "표시"에서 시작하여 반시계방향으로 1, 2, 3, ... 번이라는 식으로 붙여 나간다. 실제로는 IC를 밑에서 보는 경우가 많은데, 이때는 방향이 반대가 되므로 주의해야 한다.

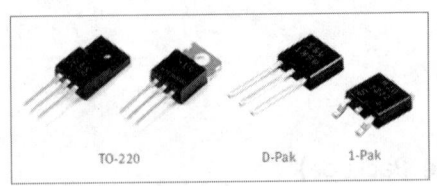

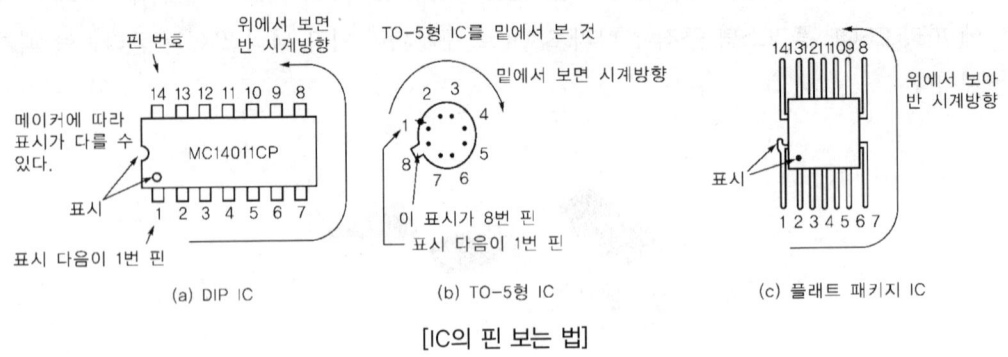

[IC의 핀 보는 법]

3 논리회로의 특성

(1) 논리 전압 레벨(logic level)

디지털 논리회로는 입·출력 관계를 비직선적으로 스위치(전환)하면 "ON" 또는 "OFF", 전압이 "높다" 또는 "낮다", 전압이 "있다" 또는 "없다"의 두 상태 중 어느 한쪽을 나타내는 동작으로 이루어진다. 이 전압이 "높다" 또는 "있다"의 상태를 "H" 또는 "L"의 상태라 하고, 반대로 전압이 "낮다" 또는 "없다"의 상태를 "L" 또는 0의 상태라 한다. 실제의 디지털 IC 회로에 있어서 1과 0의 전압은 그림과 같이 TTL과 C-MOS가 각기 다르다. TTL은 전원전압이 5V이고 그때의 핀 전압이 2.4~5V의 범위일 때가 1의 상태, 0~0.4V의 범위일 때가 0의 상태이다. 또한 C-MOS의 경우는 전원전압의 범위가 3~16V로 넓은데 이 전 영역에 걸쳐서 전원전압(VDO) 2/3~전원전압의 범위일 때가 1의 상태, 0~전원 전압의 1/3 범위일 때가 0의 상태가 된다. 이와 같이 핀 전압이 "어느 범위 내"에 있기만 하면 그것이 아무리 변동해도 확실히 1 또는 0으로 통용되는 것이 디지털 회로의 특징이며, 이 1 또는 0이 되는 전압의 상태를 논리 레벨이라 한다.

5. 기초 디지털 IC 회로

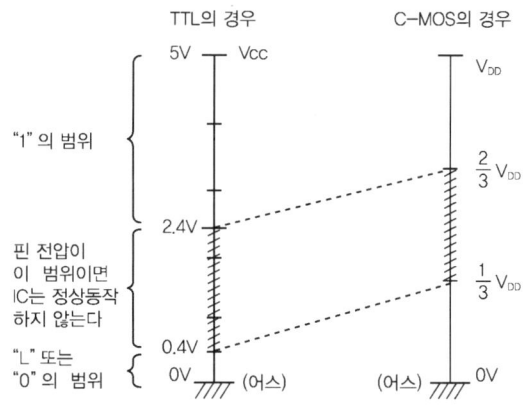

[IC 핀 전압의 "1"과 "0"의 범위]

전압 레벨 \ 파형	출력 파형	입력 파형
L 레벨	VOL(최대)=0.2V	VIL(최대)=0.8V
H 레벨	VOH(최소)=3.4V	VIO(최소)=2V

(2) 전류원과 전류 흡입

① 전류원 : 논리 회로에서 출력단의 게이트 출력이 "H" 상태일 때 다음 단의 게이트에 공급될 수 있는 전류

② 전류 흡입 : 논리 회로에서 출력단의 게이트 출력이 "L" 상태일 때 다음 단의 게이트에 공급받을 수 있는 전류

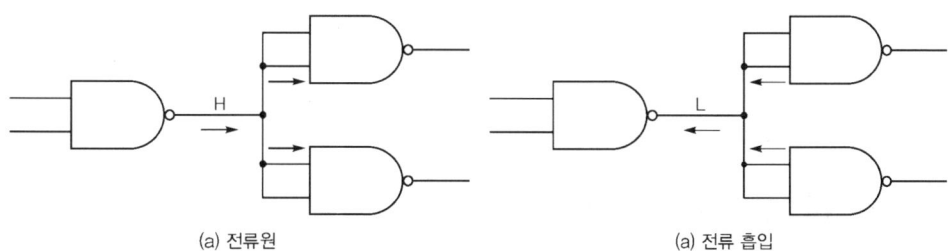

(a) 전류원　　　　　　　　(a) 전류 흡입

(3) 잡음 여유도

논리 레벨이 "H", "L"일 때 어느 정도까지 잡아줄 수 있는가를 말한다.

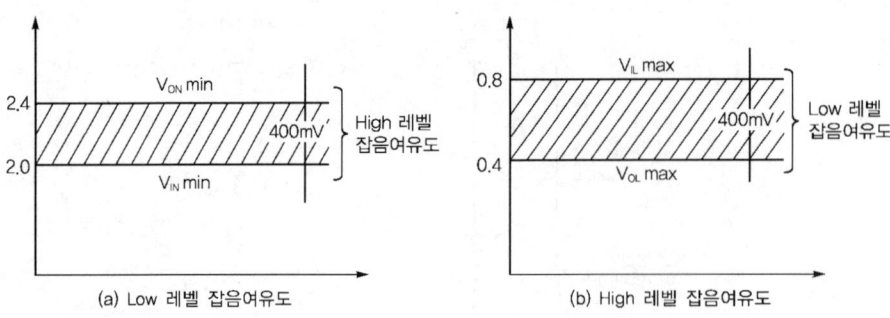

(a) Low 레벨 잡음여유도 (b) High 레벨 잡음여유도

(4) 팬 아웃(FAN OUT)

하나의 게이트 출력단에 접속할 수 있는 최대 병렬 부하의 수를 말한다.

RTL : 5개, DTL : 8개, HTL : 10개, TTL : 10개, ECL : 7개, CMOS : 150개, MOS : 20개

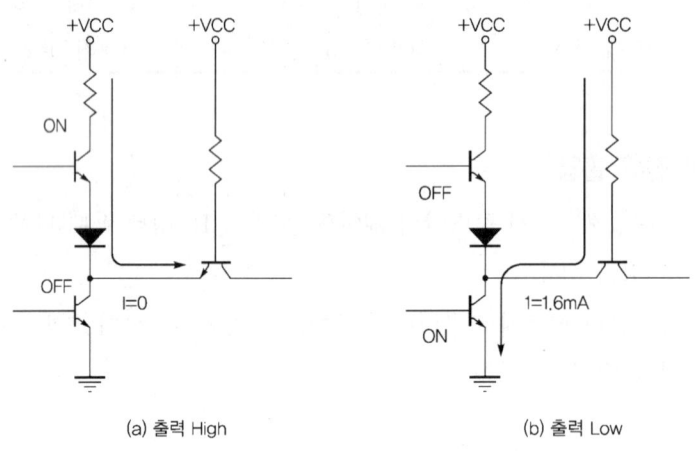

(a) 출력 High (b) 출력 Low

4 전원의 접속

IC의 전원 핀의 접속은 그 메이커의 규격표에 표시되는데, 전원 핀은 원칙적으로 IC 1개당 2개이지만 IC 내부의 구조상 Vcc 핀이 2개이거나(이 경우는 외부에서 서로 접속해야 한다.) 또는 마이크로컴퓨터의 CPU와 같이 복잡한 기능의 LSI 등은 +5V, GND, +12V, -5V 등의 여러 핀을 갖는 경우도 있다. 일반적으로 회로도에서는 전원의 배선은 생략하고 있으므로 실제의 조립 배선에서는 전원을 찾아 접속해 주어야 한다.

5 IC 취급상의 주의 사항

(1) IC는 열에 약하므로 납땜은 3~5초 내에 끝내도록 한다.
(2) 과전압 또는 역전압이 가해지지 않아야 한다.
(3) 입력 핀은 전원전압의 범위이면 어디에 접속해도 상관이 없지만 출력 핀은 절대로 어스 또는 (+)에 접속해서는 안 된다.
(4) IC의 핀은 기계적으로 약하므로 취급에 주의를 요한다.
(5) MOS IC의 경우는 정전기에 특별히 주의하여야 한다.(MOS IC를 보존할 때는 알루미늄 호일로 싸든가 도전성의 스폰지에 핀을 꽂아 둔다.)
(6) PCB 상에서의 IC의 장착 및 제거에는 전용의 공구를 사용하는 것이 좋다.

5.2 기본 논리(logic)회로

기본 논리회로에서 AND(논리곱)회로, OR(논리합)회로, NOT(부정)회로의 3가지가 있지만 최근의 IC 논리회로에서는 NAND(논리곱 부정)회로 및 NOR(논리부정합)회로가 기본회로로 사용되고 있다.

1 OR회로

A, B 2개의 입력단자 중 어느 하나라도 1이 입력되면 출력이 1이 되는 논리회로

OR(논리합) F = A + B

[OR 게이트의 기호]

A	B	F
0	0	0
0	1	1
1	0	1
1	1	1

[OR 게이트의 진리치표]

2 AND회로

A와 B 2개의 입력 단자에 동시에 1이 입력될 때에만 출력이 1이 되는 논리회로

AND(논리곱) : $F = A \cdot B$

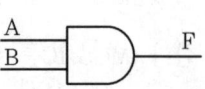

A	B	F
0	0	0
0	1	0
1	0	0
1	1	1

[AND 게이트의 기호]   [AND 게이트의 진리치표]

3 NOT회로(인버터)

입력이 1일 때 출력이 0이 되고, 입력이 0일 때 출력이 1로 반전되는 논리회로

NOT(논리부정) : $F = \overline{F}$

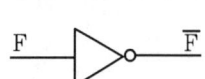

F	$\overline{F}$
0	1
1	0

[NOT 게이트의 기호]   [NOT 게이트의 진리치표]

4 NOR회로(OR의 부정 연산)

입력 A, B가 모두 0일 때는 OR의 출력인 0을 부정하여 출력은 1로 되고, 입력 A, B 중 어느 하나가 1인 때는 OR의 출력 1을 부정하여 출력이 0이 되며, 입력 A, B가 모두 1인 때에도 OR의 출력 1을 부정하여 출력은 0이 되는 논리회로

NOR(부정 논리합) : $F = \overline{A + B}$

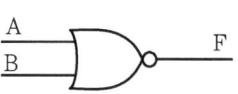

A	B	F
0	0	1
0	1	0
1	0	0
1	1	0

[NOR 게이트의 기호]   [NOR 게이트의 진리치표]

5 NAND회로(AND의 부정 연산)

입력 A, B 중 하나라도 0이면 AND의 출력인 0을 부정하여 출력은 1이 되며 입력 A, B가 모두 1이 되면 AND의 출력인 1을 부정하여 출력은 0이 되는 논리회로

NAND(부정 논리곱) : $F = \overline{A \cdot B}$

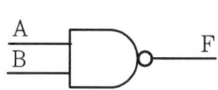

A	B	F
0	0	1
0	1	1
1	0	1
1	1	0

[NAND 게이트의 기호]   [NAND 게이트의 진리치표]

6 EX-OR회로(배타 논리합 회로)

2개의 입력을 가질 경우 그 입력이 모두 일치할 때는 논리가 0이 되고 입력이 서로 다를 때에는 논리가 1이 되는 논리회로로서 반일치 동작을 하므로 반일치회로라고도 한다.

EXCLUSIVE-OR(배타적 논리합) : $F = A \oplus B = A\overline{B} + \overline{A}B$

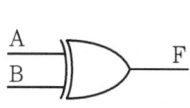

A	B	F
0	0	0
0	1	1
1	0	1
1	1	0

[EX-OR 게이트의 기호]   [EX-OR 게이트의 진리치표]

5.3 전자 논리회로

1 TTL(Transistor Transistor Logic)회로

TTL회로는 DTL의 여러 다이오드가 멀티 이미터 트랜지스터로 바뀐 것인데 그림은 NAND회로를 구성하고 있는 경우의 예이다. TTL의 특징은 동작 속도가 빠르고 DTL과 혼용할 수 있으며 집적도가 높고 소비 전력이 비교적 작으나, 잡음 여유도가 낮아서 온도의 영향을 많이 받는다. TTL은 여러 가지 품종이 많이 만들어지고 있으며 현재는 디지털 IC의 주류를 이루고 있다.

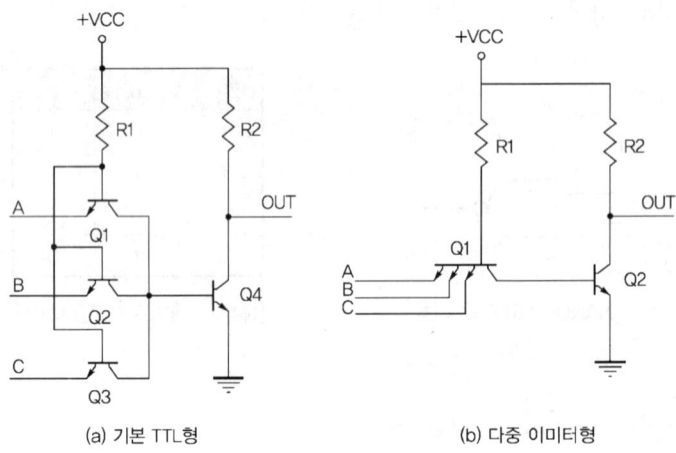

(a) 기본 TTL형   (b) 다중 이미터형

(1) TTL NAND의 동작

A, B, C의 세 입력이 다같이 V_{CC} 레벨이 되면, Q_1의 베이스와 컬렉터 사이는 다이오드와 같은 작용을 하게 되어 전류는 V_{CC} 전원으로부터 Q_1의 베이스를 통해 컬렉터 방향으로 흘러서 Q_2의 베이스와 이미터를 순방향으로 바이어스시키므로 Q_4가 도통된다. 이때의 Q_2 컬렉터 전위는 낮아지므로 Q_3는 차단 상태가 되어 출력은 0레벨이 된다.

한편, 입력 A, B, C의 어느 한쪽 또는 다 같이 0레벨이 되면 V_{CC}로부터 저항 R_1을 통해서 Q_1의 베이스와 이미터로 입력전류가 흐르기 때문에 Q_2의 베이스 전류는 흐르지 않게 되어 출력은 V_{CC} 레벨이 된다.

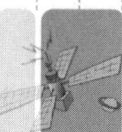

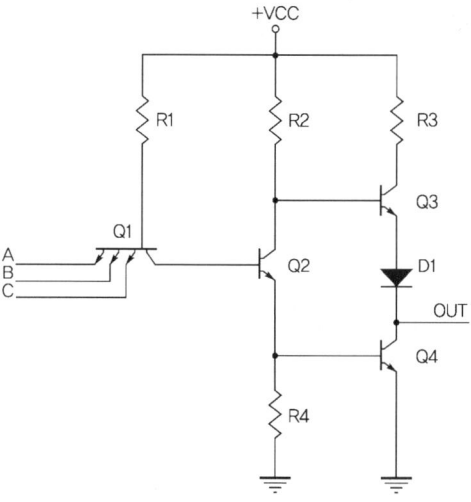

[토템 폴 TTL 회로]

(2) 오픈 컬렉터(Open Collector) 방식의 TTL

일반의 토템 폴(totem pole) 출력의 TTL로 와이어드(wired) OR하는 경우(출력 결합 구성 방법에서)는 각 회로의 출력이 반대의 레벨로 되면 TTL의 출력 임피던스가 낮기 때문에 한쪽의 출력에서 다른 한쪽의 출력으로 과대 전류가 흘러 출력 트랜지스터가 파괴된다. 그래서 출력단을 그림과 같이 오픈 컬렉터 방식으로 하여 출력 결합을 가능하게 한 것이 시판되고 있는데 풀업(pull up) 저항이라고 하는 것을 그 외부에 접속해 주면 와이어드 OR이 가능하게 된다.

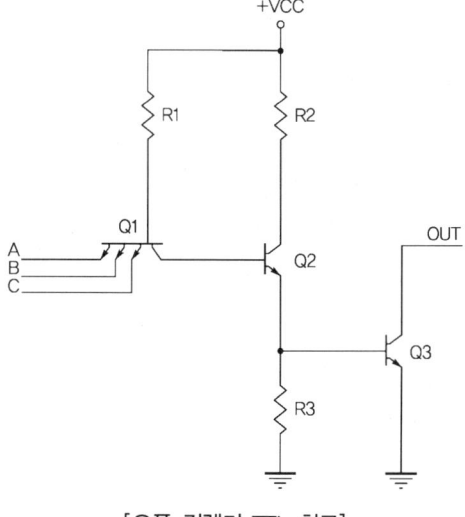

[오픈 컬렉터 TTL 회로]

(3) TTL 시리즈의 종류

TTL은 TI(텍사스 인스트루먼트)사가 제품의 제조를 시작하여 현재는 각 사에서 제조되고 있으며, 그 종류는 다음과 같이 분류된다.

표준 TTL	Transistor & Transistor Logic SN74XX
저전력 TTL	Low Power Schottky TTL SN74LSXX
고속 TTL	High Speed TTL SN74HXX
쇼트키 TTL	Schottky Barrier Diode TTLSN74SXX
저전력 쇼트키 TTL	Low Power B.D TTL SN74LXX
고속 TTL	Pin Compatible with TTL 74CXX
〃	High Speed and Pin Compatible with TTL 74HCXX
〃	High Speed and electrically compatible with TTL 74HCTXX

2 C-MOS IC의 구성

C-MOS IC는 P채널 MOS형 FET와 N채널 FET를 조합(상보적 결합)하여 서로 부하의 기능을 갖게 하였으므로 C-MOS(Complementary Metal Oxide Semiconductor) IC라고 한다. 이 C-MOS IC는 출력 임피던스가 높고 동작 스피드가 늦다는 결점은 있으나 잡음의 여유도가 크고, 팬 아웃이 크며 소비 전력이 극히 적다는 특징이 있으므로 속도를 중요시하지 않는 기기에서는 많이 사용되고 있다.

(1) C-MOS IC의 인버터 기본회로

그림은 C-MOS형 인버터 회로의 예로서 입력은 게이트 G_1과 G_2의 공통부분에 가하고, 출력은 Q_1과 Q_2의 드레인 전극을 공통으로 한 출력단자에서 얻으며, P채널 MOS형 FET Q_1 소스에 가해진 전원전압(+) VDD에 의해서 직렬 동작을 한다. 지금 입력에 1의 상태가 가해지면 N채널 MOS형 FET Q_2는 ON이 되고 P채널 MOS형 FET Q_1은 OFF되므로 출력단자에서는 0의 상태가 출력된다. 다음, 입력에 0의 상태가 입력되면 P채널 MOS형 FET Q_1은 ON되고, N채널 MOS형 FET Q_2는 OFF되어 출력에는 1의 상태가 출력된다.

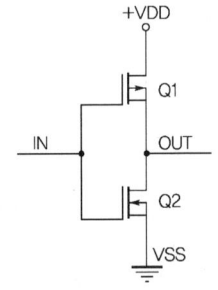

[C-MOS 인버터(NOT) 회로]

(2) C-MOS IC의 NAND 기본회로

C-MOS의 NAND 회로로서 이 회로는 P채널 MOS형 FET인 Q_1, Q_2를 병렬로 하고 N채널 MOS형 FET 2개를 직렬로 접속하여 각각의 게이트가 입력 A, B로서 나와 있다.

회로의 입력 A, B에 모두 1의 상태가 입력되면, Q_3, Q_4는 ON되며 Q_1, Q_2는 OFF가 되므로 출력단자에는 0의 상태가 출력된다. 그리고 A에 1, B에 0의 상태가 가해지면 Q_3은 ON 되고 Q_4는 OFF가 되어 출력 단자는 1의 상태가 된다. Q_5, Q_6, Q_7, Q_8은 버퍼회로이다.

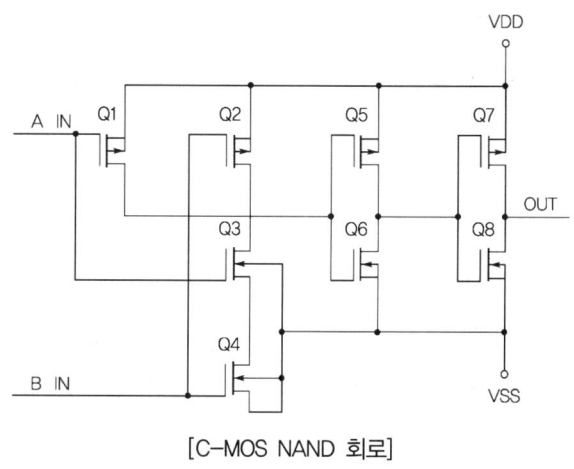

[C-MOS NAND 회로]

5.4 플립플롭회로

플립플롭(Flip Flop : FF)회로는 쌍안정 멀티바이브레이터라고도 하는 회로로서 1 및 0의 두 가지의 안정 상태를 가지며 입력신호의 내용에 따라 어느 쪽의 안정 상태를 취하는가가 결정되는 기억회로이다. 입력은 1개 또는 그 이상이며 출력은 2개로서 한쪽을 Q라 한다면 다음 한쪽은 그 부정인 $\overline{Q}$ 가 된다. 플립플롭은 전환한다는 뜻을 가지며 제어방식에 따라 여러 종류로 분류할 수 있다.

 R-S 플립플롭(R-S FF)

R-S FF는 2개의 입력 핀 S(Set)와 R(Reset) 및 2개의 출력 핀 Q와 $\overline{Q}$ 를 가지고 있으며, 입력에 따라서 상태가 결정되고 그 상태를 유지하는 회로이다. 그림은 R-S FF의 심벌과 진

리표(truth table)를 타나낸 것으로 R, S 두 입력의 조합으로 출력의 상태가 결정된 뒤 입력을 0로 해도 출력의 상태는 달라지지 않고 유지된다. 이 R-S FF는 쉽게 세트, 리세트가 되므로 레지스터나 메모리로서 이용된다.

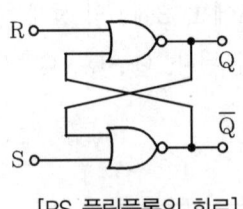

R	S	Q_{n+1}
0	0	Q_n
0	1	1
1	0	0
1	1	부정

[RS 플립플롭의 회로]   [RS F/F의 진리치표]

2 RST 플립플롭(RST-FF)

RST-FF은 그림과 같이 R-S FF의 입력단자에 시간적으로 순서 있게 되도록 일정한 주기를 갖는 클록 펄스 단자를 갖추고 있다. 따라서 이 RST-FF 회로는 입력 S와 R에 임의의 조건을 가해도 동작하지 않으며 Cp 입력을 가하여 동기했을 때만 입력조건에 따라 동작하게 되어 있다. 즉 Cp 입력이 가해졌을 경우 입력 S와 R이 0의 상태이면 출력 Q와 $\overline{Q}$는 Cp 입력에 클록 펄스가 가해지기 전의 상태를 유지하고 입력 S가 1, R이 0의 상태이면 출력 Q에는 1, $\overline{Q}$에는 0의 상태가 얻어진다. 또 입력 S가 0, R이 1의 상태일 때 출력 Q에는 0, $\overline{Q}$에는 1의 상태가 얻어지며 입력 S와 R이 모두 1의 상태이면 출력 Q 및 $\overline{Q}$는 서로 상보의 신호가 얻어져 1의 상태가 될 것인지 0의 상태가 될 것인지 정해지지 않으므로 이러한 사용은 금지된다.

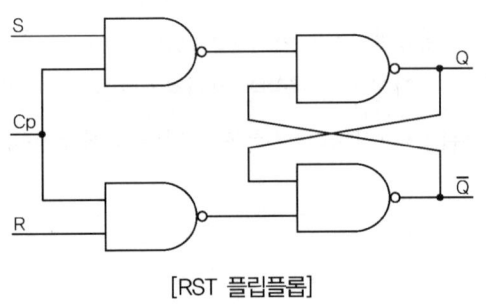

R	S	Q_{n+1}
0	0	Q_n
0	1	1
1	0	0
1	1	부정

[RST 플립플롭]   [RST 플립플롭의 진리치표]

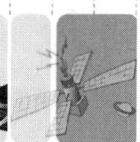

3 T 플립플롭(T-FF)

T-FF은 1개의 입력 핀 T와 2개의 출력 핀 Q, $\overline{Q}$를 가지고 있으며 T는 트리거 또는 토글을 의미한다. 이 회로는 하나의 입력신호가 들어오면 Q, $\overline{Q}$는 그때의 상태에서 반전하고 다음의 입력신호로 원래의 상태로 복귀하는 기능을 갖는다. 따라서 입력신호 펄스 2개가 들어올 때마다 원래의 상태로 되돌아오는 2진의 바이너리 카운터로서 동작하여 입력이 0에서 1로 바뀔 때는 출력의 변화가 없으므로 출력의 주파수가 입력의 1/2이 된다. 즉 입력 핀 T에 가해진 펄스 수의 반(1/2)이 Q 또는 $\overline{Q}$에서 출력되므로 카운터에 많이 이용되고 있다. 그림은 T-FF의 논리기호와 진리치표이다.

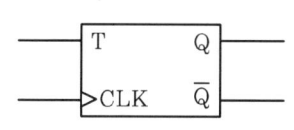

CLK	T	Q_{n+1}
0	0	Q_n
0	1	Q_n
1	0	0
1	1	$\overline{Q_n}$(toggle)

[T F/F의 도형]   [T F/F의 진리치표]

4 D 플립플롭(D-FF)

D-FF는 그림과 같이 입력 핀 2개와 출력 핀 2개를 가진 일종의 기억 회로로서 D는 지연의 뜻으로 지연형 플립플롭이라고도 한다.

이 회로는 Cp(clock pulse) 입력이 가해진 순간 D 입력의 1 또는 0의 상태가 그대로 Q 출력에 세트되고, 이 Q의 상태는 Cp 입력에 다음 펄스가 가해질 때까지 그대로 유지된다. 이때 $\overline{Q}$는 언제나 Q의 반대의 상태이다. 그림의 타이밍 차트에서 Cp 입력이 가해져 D가 0의 상태일 때 Q는 0의 상태, $\overline{Q}$는 1의 상태로 된다. 또 Cp 입력이 가해져서 입력 D가 1의 상태일 때는 출력 Q는 1의 상태, $\overline{Q}$는 0의 상태가 된다.

D-FF는 R-S FF와 마찬가지로 1회로에 대해서 1이나 0 어느 하나의 상태 밖에는 기억할 수 없으므로 실제의 디지털회로에서는 많은 수의 D-FF을 사용한다.

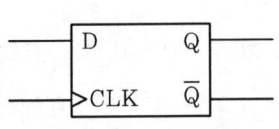

[D F/F의 도형]

CLK	D	Q_{n+1}
0	0	Q_n
0	1	Q_n
1	0	0
1	1	1

[D F/F의 진리치표]

J-K 플립플롭(J-K FF)

J-K FF는 T-FF와 R-S FF를 함께 묶은 것과 같은 기능을 가지므로 가장 널리 사용되고 있는데 그림과 같이 3개의 입력 핀과 2개의 출력 핀이 있으며 이 J, K, Cp 등 3개의 입력 상태의 조합에 따라서 출력의 상태가 결정된다.

J-K FF는 R-S FF에서는 금지되는 입력의 조합 J=K=1에서도 T-FF로 동작하여 (그림과 같이 J, K 입력단자를 하나로 묶으면 T-FF로 동작) Cp 입력에 펄스가 들어올 때마다 Q, $\overline{Q}$가 반전된다. 또 그림에서 J=0, K=1일 때 Cp 입력이 있으면 Q=0, $\overline{Q}$=1이 리세트되고 J=1, K=0에서 Cp 입력이 있으면 그때는 Q=1, $\overline{Q}$=0이 세트되는데 어느 경우나 J와 K의 상태만 정해져 있어서는 출력 핀의 상태는 변화하지 않고 Cp의 입력 펄스가 들어가서 비로소 출력이 정해진다.

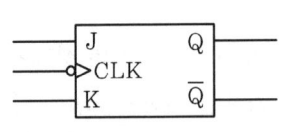

[JK F/F의 도형]

J	K	Q_{n+1}
0	0	Q_n(불변)
0	1	0
1	0	1
1	1	$\overline{Q}_n$(toggle)

[JK F/F의 진리치표]

J-K FF는 이와 같이 T-FF 동작, D-FF 동작 및 R-S FF 동작 등 많은 기능을 가지고 있어서 실용 범위가 넓으므로 메모리나 카운터 등 디지털 회로의 기초적인 회로에 널리 사용되고 있다.

6 마스터 슬레이브 플립플롭

J-K FF는 클록 펄스가 가해졌을 때 반전 출력이 입력측으로 양되먹임(정궤환)되어 발진을 일으키는 경우도 있으므로 실제로는 마스터 슬레이브 방식으로 사용하는 예가 많다.

마스터 슬레이브 방식은 master와 slave 즉 주종의 관계를 가지고 신호를 전송하는 것으로 그 심벌과 회로의 구성은 다음 그림과 같다.

이 방식은 모두 NAND 회로로 이루어져 있으며, ㉠, ㉡의 마스터 게이트와 ㉢, ㉣의 마스터 FF에 ㉤, ㉥의 슬레이브 게이트와 ㉦, ㉧의 슬레이브 FF가 접속되어 있고 여기에 클록 펄스를 반전시키는 ㉨의 NAND 회로가 붙어 있다.

이 마스터 슬레이브 FF는 클록 입력에 가하는 클록 펄스가 0에서 1의 상태로 바뀔 때 마스터 게이트가 ON으로 되어 마스터 FF에 입력으로 기억되며 이때 슬레이브 FF는 변화하지 않고 클록 입력 Cp가 1이나 0의 상태로 바뀔 때 마스터 FF에 기억된 것이 슬레이브 FF에 전송되어 출력으로 된다.

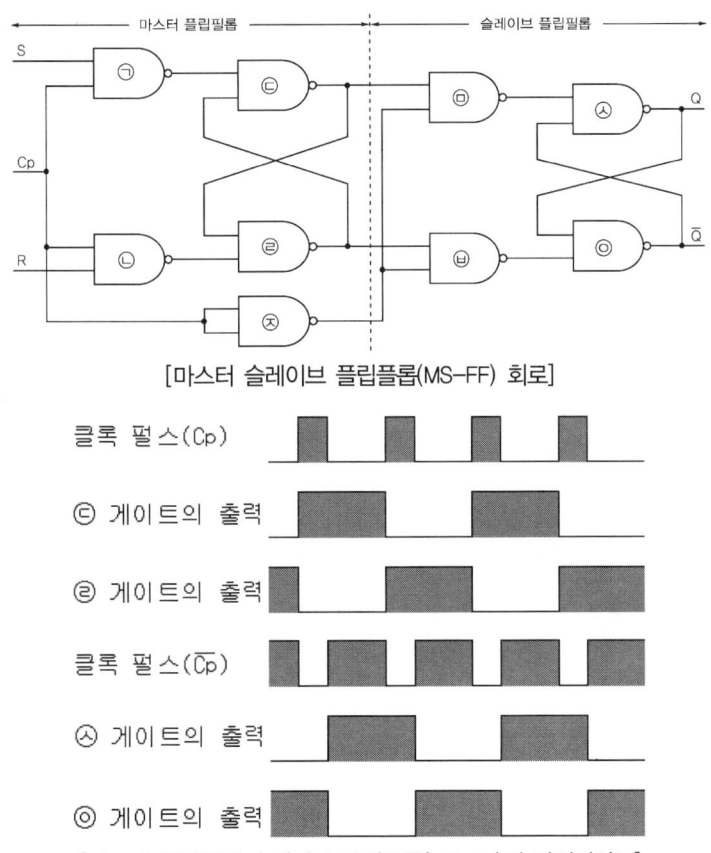

[마스터 슬레이브 플립플롭(MS-FF) 회로]

[마스터 플립플롭 슬레이브 플립플롭(MS-FF)의 타이밍차트]

그림은 마스터 슬레이브 FF의 타이밍 차트인데 그 동작은 다음과 같다.

① 클록 입력에 Cp 펄스가 가해지면 마스터 게이트 ㉠, ㉡은 ON 상태가 되어 마스터 FF의 출력 Q_1은 0의 상태에서 1의 상태로 바뀌고 또 $\overline{Q}$도 1의 상태에서 0의 상태로 바뀌어 꺼내진다.

② 다음 클록 입력이 0의 상태가 되면 마스터 게이트는 OFF 상태가 되어 출력 Q1과 $\overline{Q}$는 바뀌지 않고 또 $\overline{Cp}$는 1의 상태로 되어 있으므로 슬레이브 게이트 ㉤, ㉥은 ON 상태로 되어 마스터 FF의 출력 Q_1과 $\overline{Q_1}$ 신호는 슬레이브 FF로 보내지며 이 때문에 Q는 0의 상태로 바뀌게 된다.

③ 다시 클록 입력에 Cp 펄스가 가해져서 1의 상태가 되면 마스터 게이트는 ON의 상태가 되고 마스터 FF의 출력 Q는 1의 상태에서 0의 상태로 되돌아가며, 또 출력 $\overline{Q_1}$은 0의 상태에 1의 상태로 바뀌게 된다.

④ 클록 입력이 0의 상태가 되면 $\overline{Cp}$는 1의 상태가 되므로 슬레이브 게이트 ㉤, ㉥은 ON 상태가 되어 슬레이브 출력 Q는 1의 상태에서 0의 상태로 바뀌고 출력 $\overline{Q}$는 1의 상태에서 0의 상태로 바뀐 것이 꺼내진다.

이상과 같이 클록 펄스가 어떻게 가해지느냐에 따라서 차례로 마스터 FF의 출력이 바뀌고 또 슬레이브 FF 쪽으로 보내져서 출력이 정해진다.

Part 02 기초회로 실험·실습

1. 정류회로 실험하기

 교류 전원을 이용하여 전자회로를 동작시키기 위하여 변압기와 정류 장치를 이용하여 직류장치로 변환하는 회로를 정류회로라 한다. 정류회로에서는 정류소자(다이오드)를 이용하여 교류를 단방향의 전류로 변화시키고, 이 전류 속에 포함된 교류 성분(리플 : ripple)을 제거하여 직류로 변환한다. 다이오드는 역방향시는 거의 무한대의 저항값을 갖게 되고, 순방향시는 아주 작은 저항값을 갖게 되며, 이를 이용하는 것이다.
 전원이나 부하의 변동 등에 의하여 출력전압이 변동하기 때문에 제너 다이오드나 레귤레이터 IC 등을 이용하여 일정한 직류전압을 얻는 회로를 직류 정전압회로라 한다.

Reference 정류회로의 특성을 결정하는 요인

① 전압 변동률(ε) : 부하전류의 변화에 따른 직류출력전압의 변화 정도

$$\varepsilon = \frac{\text{무부하시 직류전압} - \text{부하시 직류전압}}{\text{부하시 직류전압}} \times 100\%$$

$$= \frac{V - V_o}{V_o} \times 100\%$$

　　V : 무부하 시 직류전압
　　V_o : 부하 시 직류전압

② 맥동률(γ) : 정류된 직류에 포함된 교류성분의 정도

$$\gamma = \frac{\text{출력파형에 포함된 교류성분의 실효치}}{\text{출력파형의 직류값(평균값)}} \times 100\%$$

$$= \frac{\Delta V}{V_d} \times 100\%$$

　　V_d : 직류전압
　　ΔV : 교류성분

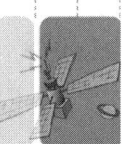

1. 정류회로 실험하기

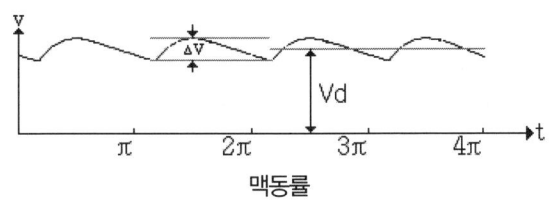

맥동률

③ 정류효율(η) : 교류입력전력에 대한 직류출력전력의 비

$$\eta = \frac{\text{직류부하전력}}{\text{교류입력전력}} \times 100\%$$
$$= \frac{P_d}{P_i} \times 100\%$$

P_i : 교류입력전력, P_d : 직류출력전력

④ 최대역전압(PIV : Peak Inverse Voltage) : 다이오드에 걸리는 역방향 전압의 최댓값

1.1 반파 정류회로(Half-wave rectifier)

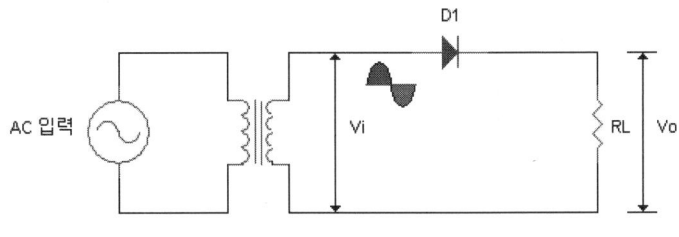

반파 정류회로

변압기를 통과한 입력전압이 "+"의 반주기 동안 순방향으로 정류 다이오드(D_1)를 통하여 커패시터에 충전되어 출력전압이 얻어지고, "-"의 반주기 동안은 정류 다이오드가 역방향이 되어 차단된다. 즉 "+"의 반주기 동안만 출력전압으로 사용되므로 반파 정류회로라 한다.

정규출력의 실효치전압 V_o라 하면 반파 최대치전압 V_m, 평균치 전압 V_a, 입력전압 V_i

$$V_o = \frac{V_m}{\sqrt{2}} \text{W}$$

$$V_a = \frac{V_m}{\pi} \text{W}$$

교류입력전압 $\quad \Pi = \frac{\left(\dfrac{V_m}{\sqrt{2}}\right)^2}{R_L} \text{W}$

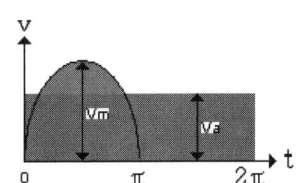

직류출력전력 $\quad P_o = \dfrac{\left(\dfrac{V_m}{\pi}\right)^2}{R_L}$ W

정류효율 $\quad \eta = \dfrac{P_o}{P_i} \times 100\% = 40.6\%$

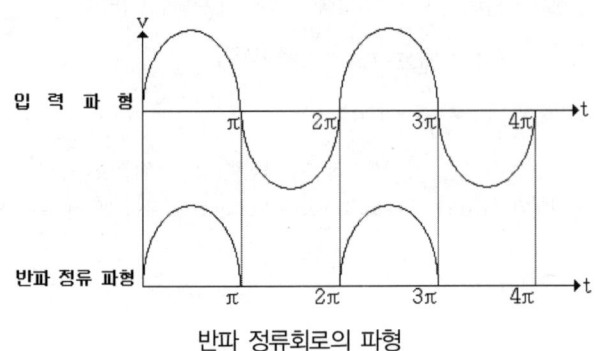

반파 정류회로의 파형

평활회로는 여파기(filter)라고도 하며, 교류를 정류한 파형의 교류성분을 작게 하여 직류로 바꾸는 기능을 하는 회로를 말한다. 평활회로는 코일과 저항 커패시터 등의 부품을 이용하여 회로를 구성하며, 역L형과 π형 평활회로가 많이 사용된다. 이때 부하에 직렬로 연결되는 부품으로는 저항보다는 코일을 사용하면 효과가 좋다. 이는 코일은 교류에 대하여 저항이 크고, 직류에 대해서는 저항이 작기 때문이다.

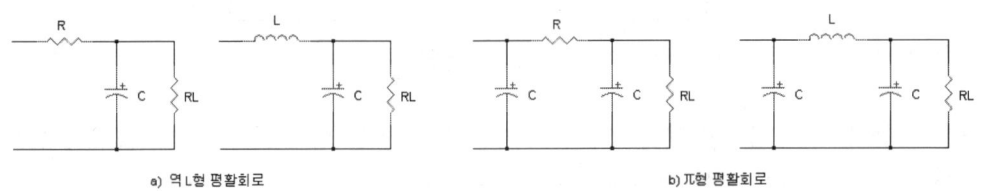

[평활회로의 종류]

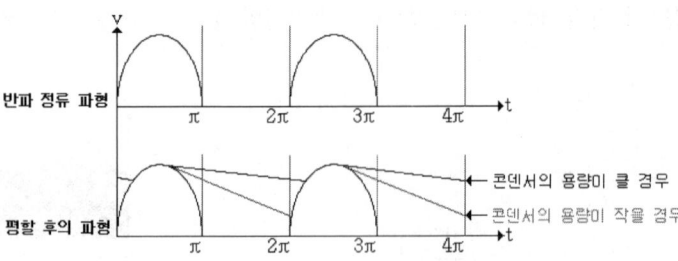

[반파 정류회로에서 커패시터의 용량에 따른 평활파형]

1. 정류회로 실험하기

반파 정류회로 실험하기

(1) 아래의 도면과 같이 반파 정류회로를 조립하고, 정류파형을 측정한다.
(2) SW_2를 ON하고 SW_1을 커패시터에 연결하지 않은 상태와 C_1, C_2, C_3, C_4로 전환 연결하여, 오실로스코프를 이용하여 부하시의 파형을 측정하여 아래의 표에 기록한다. 이 때 오실로스코프를 정확히 측정하여 측정오차를 줄이도록 한다.
(3) SW_2를 OFF하고 (2)의 과정을 반복하여 무부하시 전압을 측정하여 전압 변동률과 리플 함유율을 계산한다.
(4) 정리정돈을 실시한다.

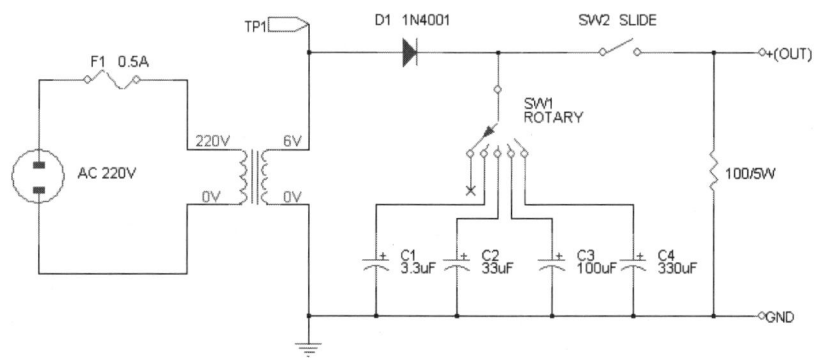

[반파 정류회로 실험도면]

[전압 변동률 측정표]

커패시터의 용량	측정전압		전압 변동률
	무부하시 전압	부하시 전압	
$3.3\mu F$			
$330\mu F$			

1.2 전파 정류회로

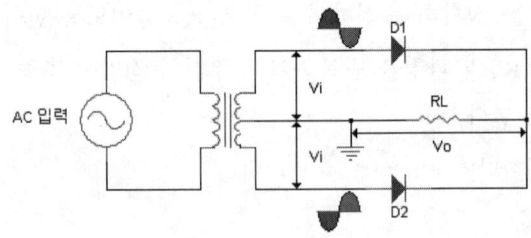

[전파 정류회로]

변압기를 통과한 입력전압이 +의 반주기 동안 순방향으로 정류 다이오드(D_1)를 통하여 커패시터에 충전되어 출력전압이 얻어지고, 정류 다이오드(D_2)에 대해서는 역방향으로 차단상태가 된다. -의 반주기 동안은 정류 다이오드(D_2)를 통하여 커패시터에 충전되어 출력전압이 얻어지고, 정류 다이오드(D_1)에 대해서는 역방향으로 차단상태가 된다. 즉 +와 -의 전주기에 대하여 출력전압을 얻으므로 전파 정류회로라 한다. 다이오드는 역방향시는 거의 무한대의 저항값을 갖게 되고, 순방향시는 아주 작은 저항값을 갖게 되며, 이를 이용하는 것이 정류이다.

교류입력전력 $\Pi = \dfrac{\left(\dfrac{V_m}{\sqrt{2}}\right)^2}{R_L}$ W

직류출력전력 $P_o = \dfrac{\left(\dfrac{2V_m}{\pi}\right)^2}{R_L}$ W

정류효율

$$\eta = \dfrac{P_o}{\Pi} \times 100\% = \dfrac{\dfrac{\left(\dfrac{2V_m}{\pi}\right)^2}{R_L}}{\dfrac{\left(\dfrac{2V_m}{\sqrt{2}}\right)^2}{R_L}} \times 100 = \dfrac{\left(\dfrac{2V_m}{\pi}\right)^2}{\left(\dfrac{V_m}{\sqrt{2}}\right)^2} \times 100 = \dfrac{2\sqrt{2}}{\pi} \times 100 = 81.2\%$$

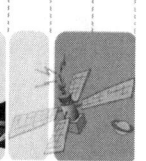

1. 정류회로 실험하기

맥동주파수 : $2 \times 60 = 120\,\text{Hz}$

측정점	출력파형	리플률		
		직류전압(V_d)	교류성분(ΔV)	리플률
TP_1	T/D : V/D : F :			
SW_1 OFF 시	T/D : V/D : F :			
$3.3\mu F$	T/D : V/D : F :			
$33\mu F$	T/D : V/D : F :			
$100\mu F$	T/D : V/D : F :			

측정점	출력파형	리플률		
		직류전압(V_d)	교류성분(ΔV)	리플률
330μF	T/D : V/D : F :			

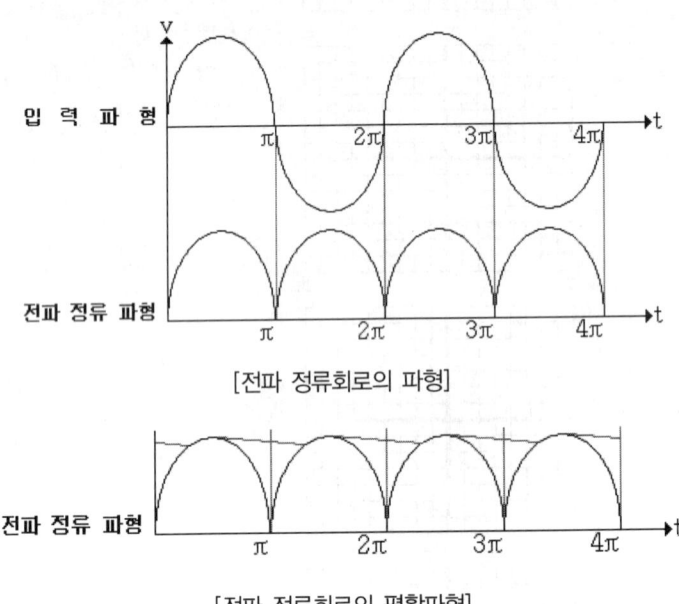

[전파 정류회로의 파형]

[전파 정류회로의 평활파형]

▶ 전파 정류회로 실험하기

(1) 아래의 도면과 같이 전파 정류회로를 조립하고, 정류파형을 측정한다.

(2) SW_2를 ON하고 SW_1을 커패시터에 연결하지 않은 상태와 C_1, C_2, C_3, C_4로 전환 연결하여, 오실로스코프를 이용하여 부하시의 파형을 측정하여 아래의 표에 기록한다. 이 때 오실로스코프를 정확히 측정하여 측정오차를 줄이도록 한다.

(3) SW_2를 OFF하고 (2)의 과정을 반복하여 무부하시 전압을 측정한다.

(4) 전압 변동률과 리플 함유율을 측정한다.

(5) 정리정돈을 실시한다.

1. 정류회로 실험하기

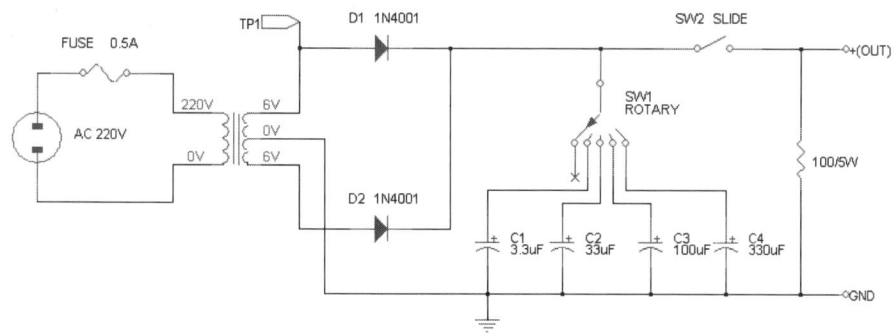

[전파 정류회로 실험도면]

[전압 변동률 측정표]

커패시터의 용량	측정전압		전압 변동률
	무부하시 전압	부하시 전압	
$3.3\mu F$			
$330\mu F$			

측정점	출력 파형	리플률		
		직류전압(V_d)	교류성분(ΔV)	리플률
TP_1	T/D : V/D : F :			
SW_1 OFF 시	T/D : V/D : F :			

측정점	출력 파형	리플률		
		직류전압(V_d)	교류성분(ΔV)	리플률
3.3μF	T/D : V/D : F :			
33μF	T/D : V/D : F :			
100μF	T/D : V/D : F :			
330μF	T/D : V/D : F :			

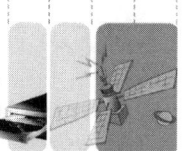

1. 정류회로 실험하기

1.3 브리지 정류회로

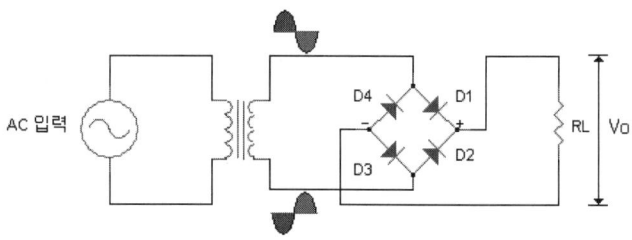

[브리지 정류회로]

브리지 정류회로는 각 다이오드의 최대역전압비가 작아 고압 정류에 적합하며, 변압기의 2차 측의 중간 탭이 필요 없이 소형으로 높은 전압을 전파 정류하는 회로로 전파 정류회로보다는 정류효율이 떨어진다.

"+" 반주기의 교류입력전압이 들어오면 D_1 다이오드를 통과하여, 부하(R_L)를 지나 D_3를 통과하고, "−" 반주기의 교류입력전압은 D_2 다이오드를 통과하여, 부하(R_L)를 지나 D_4를 통과한다. 즉 부하에는 전파 정류와 같은 정류파형의 전압이 얻어지게 된다.

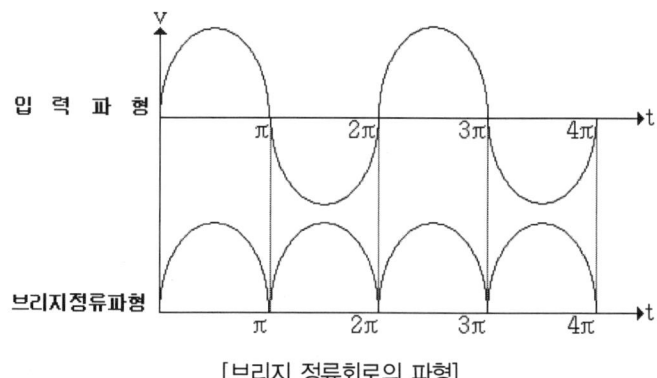

[브리지 정류회로의 파형]

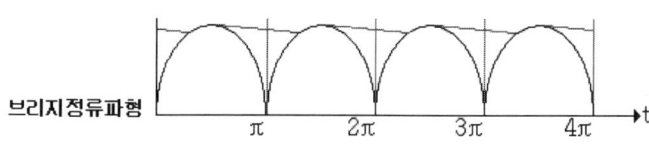

[브리지 정류회로의 평활파형]

브리지 정류회로 실험하기

(1) 아래의 도면과 같이 브리지 정류회로를 조립하고, 정류파형을 측정한다.
(2) SW_1을 ON하고 오실로스코프를 이용하여 부하시의 파형을 측정하여 아래의 표에 기록한다. 이때 오실로스코프를 정확히 측정하여 측정오차를 줄이도록 한다.
(3) SW_1을 OFF하고 무부하시 전압을 측정한다.
(4) 전압 변동률과 리플 함유율을 측정한다.
(5) 정리정돈을 실시한다.

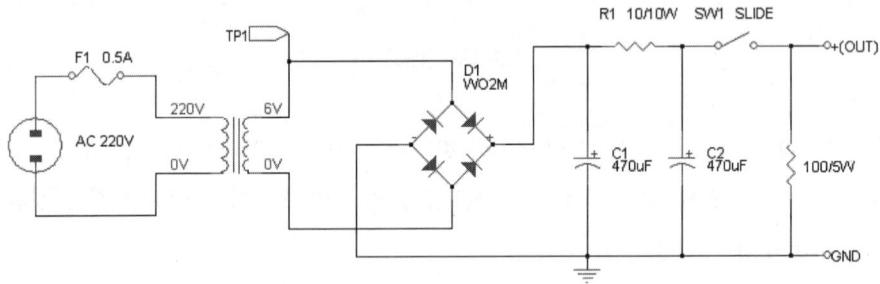

a) 브리지 다이오드를 이용한 경우

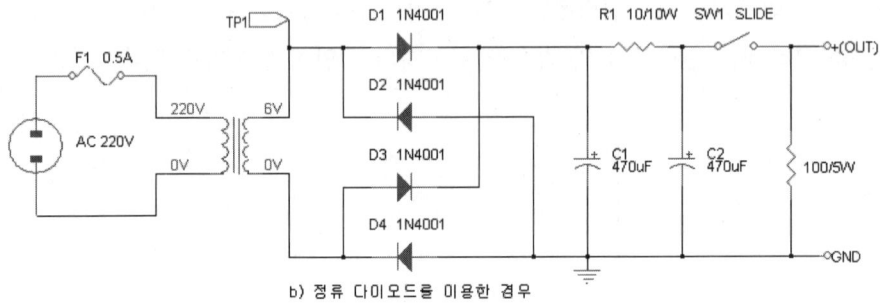

b) 정류 다이오드를 이용한 경우

[브리지 정류회로 실험도면]

[브리지 정류회로의 전압 변동률과 맥동률 측정표]

전압 변동률	측정전압		결과값
	무부하시 전압	부하시 전압	
맥동률	측정전압		결과값
	출력파형의 직류값 (V_d)	출력파형의 교류성분의 실효값 (ΔV)	

1. 정류회로 실험하기

[브리지 정류회로의 파형 측정표]

입력파형		T/D : V/D : F :
무부하시 출력파형		T/D : V/D : F :
부하시 출력파형		T/D : V/D : F :

1.4 배전압 정류회로

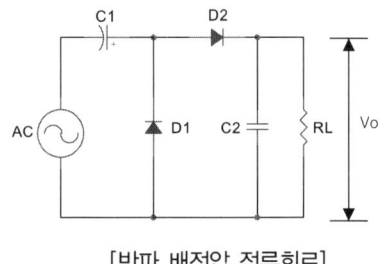

[반파 배전압 정류회로]

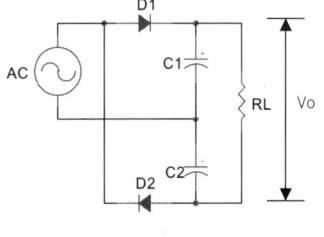

[전파 배전압 정류회로]

배압 정류회로의 출력전압(V_o)는 $V_o = 2V_i$ (여기서, V_i : 입력전압)

배전압 정류회로는 변압기를 사용하지 않고 정류 다이오드와 전해 커패시터를 입력교류전압의 2배 또는 3배 이상의 직류전압을 얻는 회로를 말한다. 반파 배전압은 입력교류전원의 "+" 반주기 에는 D_1이 도통되어 커패시터(C_1)에 교류입력의 최댓값까지 충전되며, 또한 D_2를 통하여 커패시터(C_2)에도 교류 입력의 최댓값까지 충전된다. 다음의 반주기 동안은 C_1과 D_2를 통하여(이때 D_1은 역방향이 되어 차단상태가 된다.) 커패시터 C_2에 C_1의 충전전압과 입력교류전압의 합인 2배의 전압이 충전된다. 그러므로 출력에는 2배의 전압이 얻어지게 된다.

▶ 배전압 정류회로 실험하기

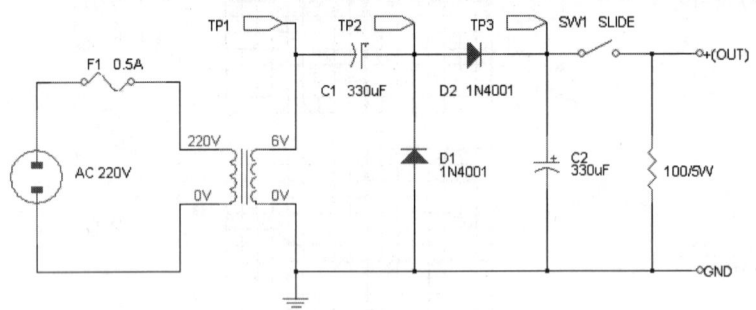

[반파 배전압 정류회로의 실험도면]

(1) 아래의 도면과 같이 반파 배전압 정류회로를 조립하고, 정류파형을 측정한다.
(2) SW_1을 ON하고 오실로스코프를 이용하여 부하시의 파형을 측정하여 아래의 표에 기록한다. 이때 오실로스코프를 정확히 측정하여 측정오차를 줄이도록 한다.
(3) SW_1을 OFF하고 무부하시 전압을 측정한다.
(4) 각 테스트 점(TP_1, TP_2, TP_3)의 파형을 오실로스코프로 측정하여 아래의 표에 기록한다.
(5) 전압 변동률과 리플 함유율을 측정한다.
(6) 정리정돈을 실시한다.

1. 정류회로 실험하기

[반파 배전압 정류회로의 전압변동률과 맥동률 측정표]

전압 변동률	측정전압		결과값
	무부하시 전압	부하시 전압	
맥동률	측정전압		결과값
	출력파형의 직류값(V_d)	출력파형의 교류성분의 실효값(ΔV)	

[반파 배전압 정류회로의 파형 측정표]

측 정 점	출력 파형	비 고
TP_1의 파형		T/D : V/D : F :
TP_2의 파형		T/D : V/D : F :
TP_3의 파형		T/D : V/D : F :

제2편 기초회로의 실험 실습

1.5 제너 다이오드를 이용한 정전압회로

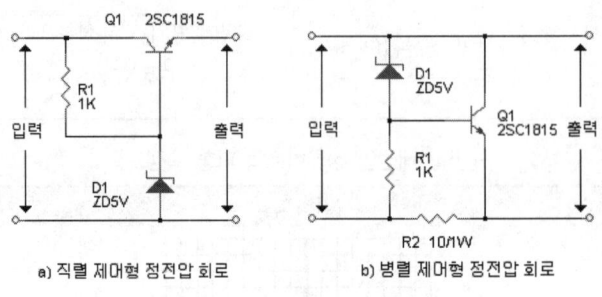

a) 직렬 제어형 정전압 회로   b) 병렬 제어형 정전압 회로

[정전압회로의 종류와 실험도면]

교류를 직류로 변환하는 정류회로와 평활회로를 사용하면 맥동이 적은 직류전압을 얻을 수 있으나, 전원전압이나 부하의 변동에 따른 전압의 변동을 안정화시키기 위한 회로를 정전압회로라 하며, 제너 다이오드를 이용한 정전압회로는 직렬 제어와 병렬 제어형으로 분류한다.

일반적으로 널리 사용되는 직렬 제어형은 제어용 트랜지스터와 부하가 직렬로 연결되며, 병렬 제어형은 트랜지스터와 부하가 병렬로 연결된다.

▶ 정전압 정류회로 실험하기

(1) 회로도와 같이 직렬형 정전압회로와 병렬형정전압 회로를 조립하고, 출력전압을 측정한다.

(2) 입력단에 직류전원 공급기를 연결하고, 입력전압을 아래의 표와 같이 가변하여 출력전압을 표에 기록한다.(직렬형 정전압회로와 병렬형 정전압회로에 대하여 동일한 방법으로 반복하여 측정하도록 한다.)

(3) 아래의 표에 측정된 값을 이용하여, 정전압회로의 특성곡선을 그리도록 한다.

1. 정류회로 실험하기

[정전압 회로의 출력전압 측정표]

입력전압[V]	출력전압[V]	
	직렬 제어회로	병렬 제어회로
1V	V	V
2V	V	V
3V	V	V
4V	V	V
5V	V	V
6V	V	V
7V	V	V
8V	V	V
9V	V	V
10V	V	V

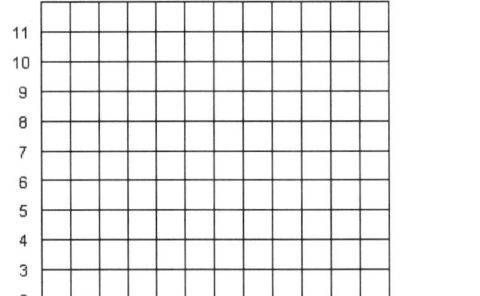

[정전압 회로의 특성곡선]

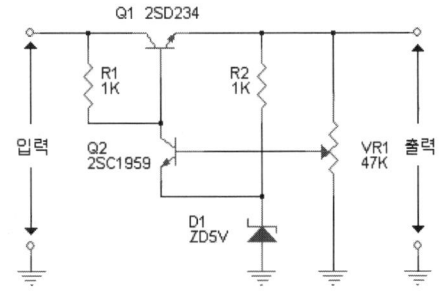

[가변형 정전압회로 실험도면]

(4) 도면과 같이 가변형 정전압회로를 조립하고, 출력전압을 측정한다.

(5) 입력단에 직류전원 공급기를 연결하여 10V를 공급하고, 가변 저항(VR_1)을 조정하여, 최소출력전압과 최대출력전압을 측정하여 아래 표에 기록하도록 한다.

(6) 정리정돈을 실시한다.

[가변형 정전압회로의 측정표]

사용전압V	가변형 직렬 제어회로
최소 전압	
최대 전압	

1.6 3단자 레귤레이터 IC를 이용한 정전압 전원회로

단일 칩으로 구성된 레귤레이터는 복잡한 정전압회로를 하나의 칩으로 단순화하고, 주변에 부품을 접속하여 전류의 증폭 등의 기능을 할 수 있도록 3단자로 구성한다.

출력전압(V_o)의 변화를 검출하여 기준전압(V_{ref})과 비교하여 오차증폭(기준전압과 검출전압의 차)된 전압이 제어회로로 공급되어 출력전압(V_o)은 항상 일정한 전압을 유지하게 된다.

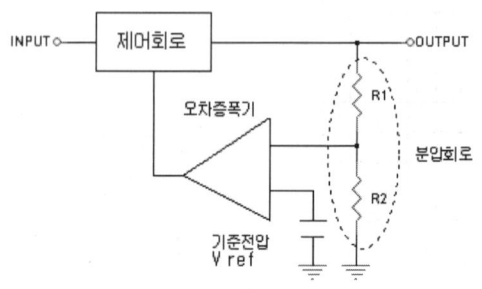

[정전압회로의 개요도]

1 3단자 레귤레이터의 외형과 종류

78XX 시리즈는 (+) 전압용 정전압 IC이다. 외형과 기본 구성은 다음과 같다.
78LXX 시리즈는 전류가 100mA의 정격을 갖는 레귤레이터 IC이고, 78MXX 시리즈는 전류가 0.5A의 정격을 갖는 레귤레이터 IC이고, 78XX 시리즈는 전류가 1A의 정격을 갖는 레귤레이터 IC이다.

1. 정류회로 실험하기

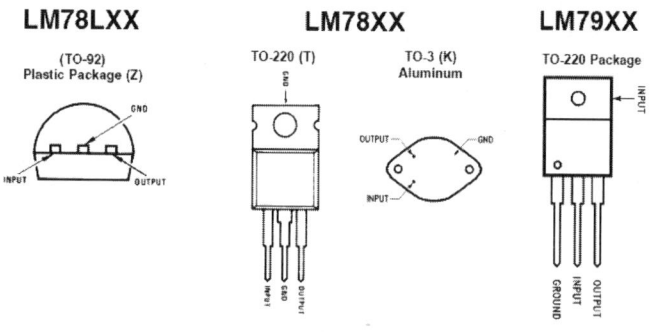

[3단자 레귤레이터의 외형]

3단자 레귤레이터 IC의 종류

3단자 정전압 IC에는 정(+)전압용의 KA78XX와 부(-)전압용의 KA79XX의 2종류의 IC가 있으며 XX는 제어 전압을 나타내는 수치가 표기된다.

[페어차일드코리아의 데이터 참조]

78LXX, 79LXX(100mA용)	78MXX, 79MXX(0.5A용)	78XX, 79XX(1A용)
5V	5V	5V
6V	6V	6V
8V	8V	8V
9V		9V
10V		10V
12V	12V	12V
15V	15V	15V
18V	18V	18V
24V	24V	24V

78 또는 79	L 또는 M	XX
78 : +의 전압용	L : 100mA용	전압을 표시
79 : -의 전압용	M : 0.5A용	
	문자 없음 : 1A용	

 정(+)전압 5V 100mA용의 경우 : KA78L05

부(-)전압 9V 1A용의 경우 : KA7909

3단자 레귤레이터 IC를 이용한 기본회로

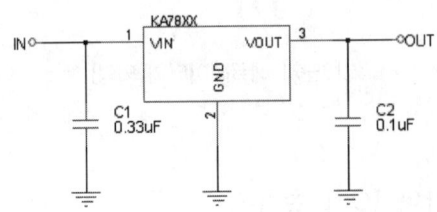

(1) 도면과 같이 3단자 레귤레이터 IC를 이용한 정전압회로를 조립하고, 출력전압을 측정한다.

(2) 입력단에 직류전원 공급기를 연결하고, 입력전압을 아래의 표와 같이 가변하여 출력전압을 측정하여 표에 기록한다.

(3) 정리정돈을 실시한다.

[3단자 레귤레이터 IC를 이용한 기본회로의 측정표]

입력전압	출력전압	입력전압	출력전압
1V	V	6V	V
2V	V	7V	V
3V	V	8V	V
4V	V	9V	V
5V	V	10V	V

4. 3단자 레귤레이터(정전압) IC를 이용한 출력전압 증가회로

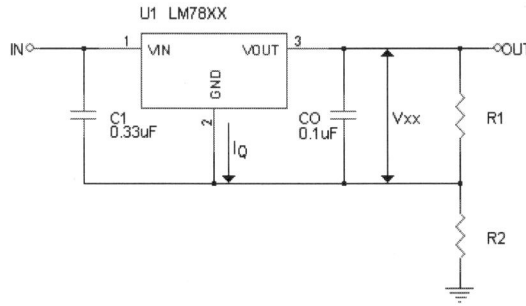

$$I_O = \frac{V_{XX}}{R_1} + I_Q \ (I_O\text{는 } R_2 \text{에 흐르는 전류})$$

$$V_O = V_{XX}\left(\frac{1+R_2}{R_1}\right) + I_Q R_2$$

5. 3단자 레귤레이터(정전압) IC를 이용한 전류의 증폭회로

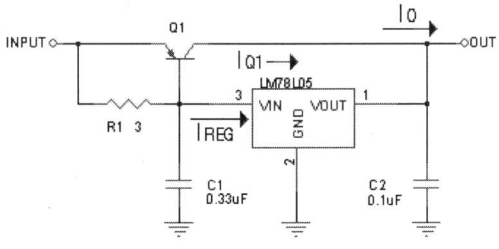

$$I_O = I_{REG} + \beta_{Q1}(I_{REG} - V_{BEQ1}/R_1)$$

$$R_1 = \frac{V_{REQ1}}{I_{REG} - I_{Q1}\beta_{Q1}}$$

6 과전류 제한회로(단락전류 보호용 정전압회로)

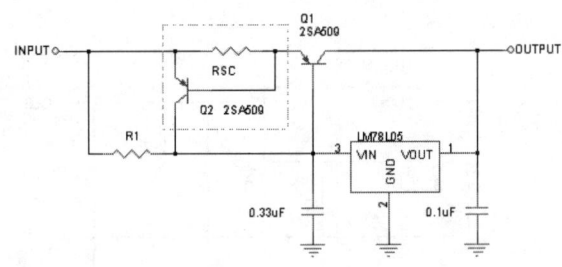

$$R_{SC} = \frac{V_{BEQ2}}{I_{SC}}$$

전원전압이 저항을 통하여 정전압 IC의 입력단자(3번 핀)에 공급되면 출력단자(1번핀)에는 +5V의 정전압을 얻게 된다.

정상 동작 시는 Q_2가 동작하여 정전압 IC의 입력에 전원을 공급하여 정전압을 얻으나, 부하의 단락 시는 Q_1, Q_2가 도통되어 정전압 IC의 입력전압이 낮아지므로 트랜지스터가 과전류를 제어하는 동작을 취한다. 점선부분의 회로가 단락전류 보호회로이다.

7 3단자 레귤레이터 IC를 이용한 출력전압 가변회로

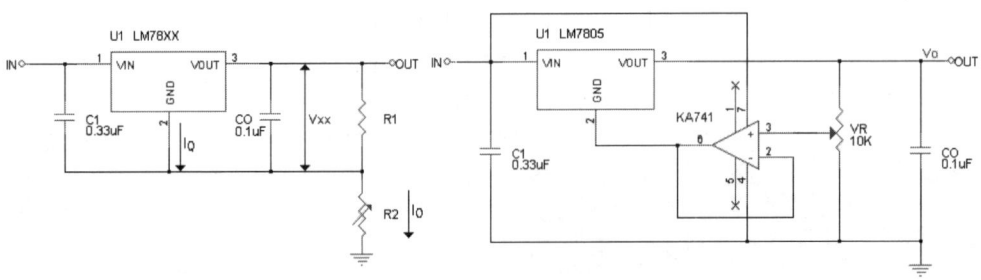

$$I_O = \frac{V_{XX}}{R_1} + I_Q$$

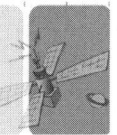

1. 정류회로 실험하기

8 3단자 레귤레이터 IC를 이용한 +, - 양 전원회로

연산증폭기(OP AMP)의 양(+, -) 전원으로 많이 사용된다.

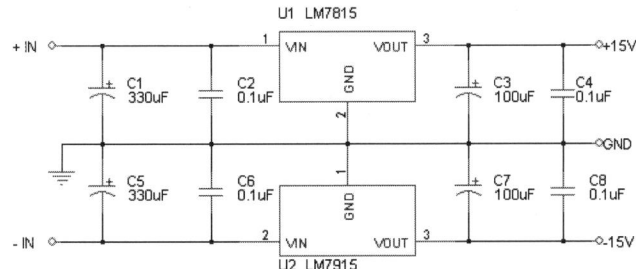

2. 증폭회로 실험하기

전류, 전압, 전력의 아주 적은 신호를 필요한 만큼의 진폭을 확대하는 것을 증폭이라 한다. 증폭회로는 출력에 스피커 등의 기기 등을 동작시켜야 하므로 큰 전류, 큰 전압 및 전력을 부하에 공급하여야 하므로, 효율이 높고, 왜곡이 작도록 출력전류를 선정하는 것이 중요하다.

[전력증폭기의 비교]

구 분	A급	B급	AB급	AB급
동작점 위치	중앙	차단점	A급과 B급 사이	차단점 이하
유통각	360°	180°	180° 이상	180° 이하
왜곡 정도	거의 없다	반파 정도 왜곡	반파 이하의 왜곡	많다
최대 효율	50%	78.5%	78.5% 이상	100%
용도	저주파증폭기, 완충증폭기	고주파전력증폭기, 푸시풀증폭기	고주파전력증폭기	무선주파 및 주파수체배기

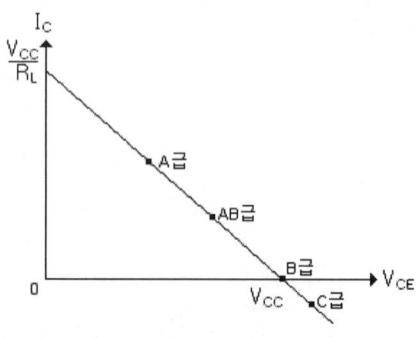

[부하 선에서 동작 점의 위치]

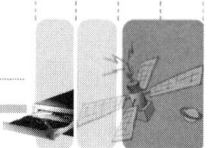

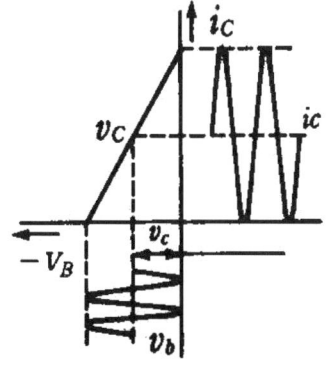

[A급 증폭기의 동작곡선]

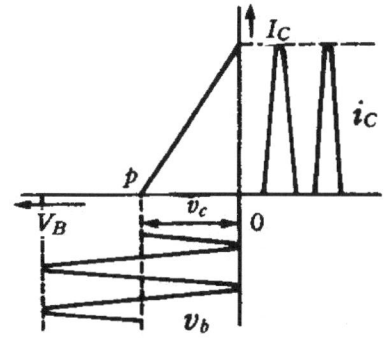

[B급 증폭기의 특성곡선]

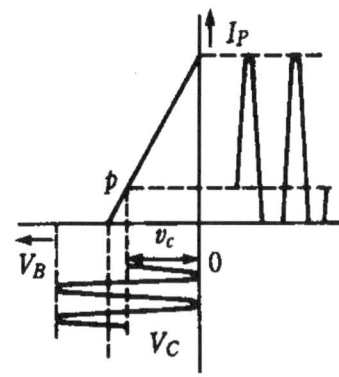

[AB급 증폭기의 특성곡선]

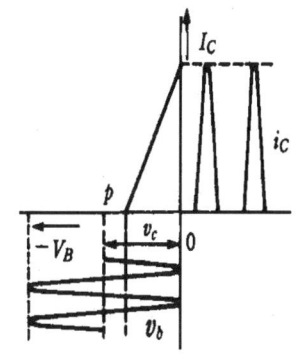

[C급 증폭기의 동작곡선]

2.1 RC 결합 증폭회로

1 직결합 A급 전력증폭기

바이어스 점(Q)을 부하선상의 중앙에 설정하여 입력 정현파의 전주기에 걸쳐 컬렉터 전류가 흐르도록 하는 바이어스 설정 방법이다.

입력직류전원에 대해 전달된 전력의 25%만이 교류부하에서 소모된다.

(1) 최대입력 직류전력

$$\Pi = V_{CC} \cdot I_{CQ} = V_{CC} \cdot \frac{V_{CQ}}{R_L}$$

$$= V_C \cdot \frac{\left(\frac{V_{CC}}{2}\right)}{R_L} = \frac{V_{CC}^2}{2R_L} \text{W}$$

(2) 최대출력 교류전력

$$P_o = \frac{Vrms^2}{R_L} = \left(\frac{V_{CC}}{2\sqrt{2}}\right)^2 \cdot \frac{1}{R_L}$$

$$= \frac{V_{CC}^2}{8R_L} \text{W}$$

(3) 효율

$$\eta = \frac{P_o(\text{출력전력})}{P_i(\text{입력전력})} = 25\%$$

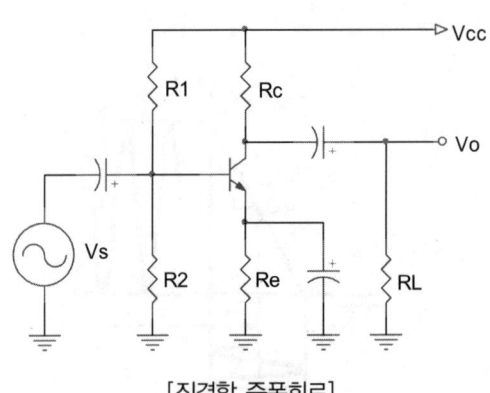

[직결합 증폭회로]

트랜지스터 회로는 접지방식에 따라 입·출력 임피던스가 다르므로, 서로 다른 트랜지스터의 결합시는 임피던스 정합(Impedance matching)을 시켜 최대전력이 전달되도록 하여야 한다.

아래의 회로는 RC 결합 2단 증폭회로로 커패시터에 의해 앞단의 출력이 다음 단의 입력에 결합되는 회로로 각 증폭단의 직류 바이어스는 독립적이고, 교류 신호만이 결합되는 방식으로 입·출력 간의 임피던스 정합이 어렵고 손실이 많으나, 주파수 특성이 평탄하여 저주파 증폭기에 많이 사용한다.

다단 증폭기에서 증폭도를 높이면 이득이 커지는 만큼 주파수 대역폭이 좁아지며, 잡음의 영향과 주위 온도의 변화와 전원의 변동 등의 요인이 발생하므로 귀환회로(음 되먹임)를 부가하여 회로의 안정도를 향상시킨다.

① 트랜지스터 Q_1의 베이스에 미약한 신호가 공급되면 증폭작용에 의하여 컬렉터에는 반전 증폭(역위상 : 180°)되어 나타난다.

② 트랜지스터 Q_1의 컬렉터에 반전 증폭된 신호는 결합 커패시터(C_2)를 통하여 다음 단 트랜지스터 Q_2의 베이스에 공급된다.

③ Q_2의 베이스에 공급된 신호는 트랜지스터의 증폭작용에 의하여 Q_2의 컬렉터에 더욱 더 큰 출력으로 반전 증폭(역위상 : 180°)되어 나타난다. 이 출력신호는 입력신호가

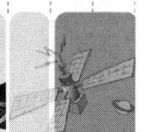

Q₁과 Q₂의 반전 증폭으로 동위상의 신호가 나타나는 것이다.

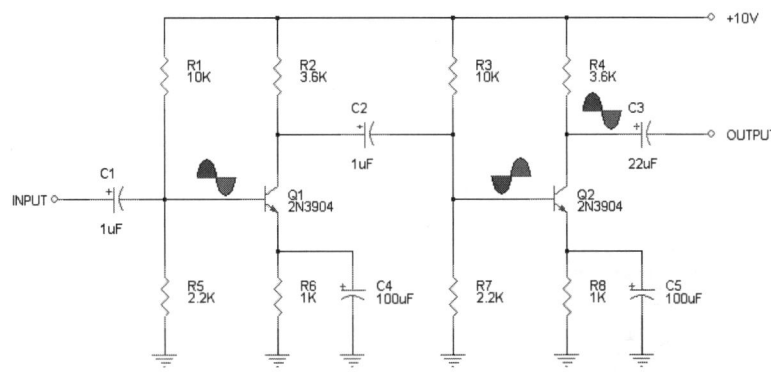

2 RC 결합 증폭회로 실험하기

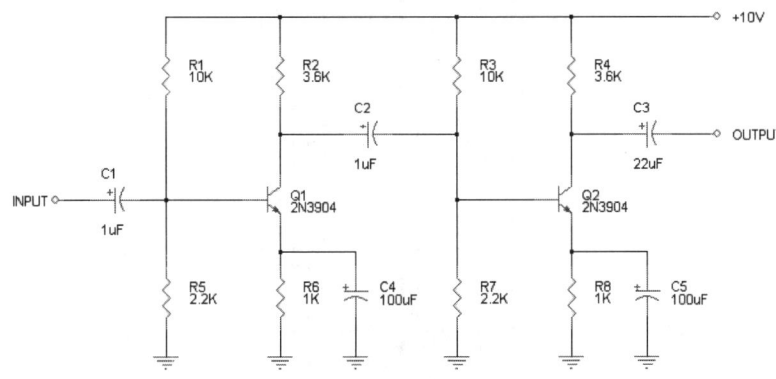

(1) 도면과 같이 RC 결합 증폭회로를 조립한다.
(2) RC 결합 증폭기의 입력에 신호를 가하지 않은 상태에서 무신호시 전류를 측정한다.
(3) 저주파 발진기의 출력 주파수를 1kHz에 맞추고 오실로스코프로 부하의 출력파형이 일그러짐이 없도록 입력이 최대가 되도록 조정한다.
(4) Q₁의 베이스와 컬렉터, Q₂의 컬렉터 파형을 아래의 표에 기록한다.
(5) 3)의 측정을 이용하여 전압증폭도(A_v)와 전압이득(G_v)을 구한다.

$$전압증폭도(A_v) = \frac{출력전압(V_o)}{입력전압(V_i)}$$

$$전압이득(G_v) = 20\log_{10}(전압증폭도)$$

(6) 정리정돈을 실시한다.

[전압이득과 증폭도의 계산 및 무신호시 전류의 측정]

무신호시 전류	
전압증폭도(A_v)	
전압이득(G_v)	

[RC 결합 증폭회로의 측정 파형]

측 정 점	파 형	비 고
Q_1의 베이스		T/D : V/D : F :
Q_1의 컬렉터		T/D : V/D : F :
Q_2의 컬렉터		T/D : V/D : F :

2.2 트랜스 결합 푸시풀(Push Pull) 증폭회로

 트랜스 결합 A급 증폭기

(1) 부하(R_L)의 교류저항(임피던스)

$$R_C = \left(\frac{n_1}{n_2}\right)^2 \cdot R_L$$

(2) 직류 최대입력전력

$$P_i = V_{CC} \cdot I_{CQ} = \frac{V_{CC}^2}{R_C}$$

(3) 직류 최대출력전력 : $P_o = \dfrac{V_{CC}^2}{2R_C}$

(4) 효율 : $\eta = \dfrac{P_o(출력전력)}{P_i(입력전력)} = 50\%$

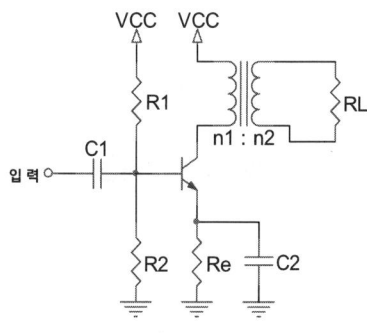

[트랜스 결합 A급 증폭기]

 A급 전력증폭기의 특징

(1) 회로가 비교적 간단하다.
(2) B급 푸시풀회로와 같이 온도의 영향을 적게 받는다.
(3) 수W 이하의 소전력증폭기에 사용한다.
(4) B급 증폭기의 드라이브 단으로 많이 사용된다.

 B급 푸시풀 전력증폭기

B급 및 AB급은 싱글로 사용할 수는 없고, 푸시풀 증폭으로 대출력을 요하는 전력증폭회로에 사용된다.

정의 반주기 동안 트랜지스터 Q_1이 ON되어 반주기(+)의 파형이 나타나고, 부의 반주기 동안 트랜지스터 Q_2가 ON되어 반주기(-)의 파형이 나타나게 되어 출력은 완전한 정현파가 나타나게 된다.

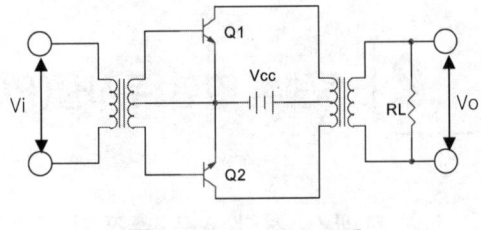

[B급 푸시풀 전력증폭기]

4 효율

(1) 부하에서 소모되는 교류전력

$$P_L = V_L \cdot I_L = \frac{V_{CEQ}}{\sqrt{2}} \cdot \frac{I_C}{\sqrt{2}} = \frac{V_{CEQ} \cdot I_C}{2} = \frac{V_{CC} \cdot I_C}{4} [\text{W}]$$

(2) 전원에서 공급되는 직류전력

$$P_{DC} = V_{CC} \cdot I_{CC} = V_{CC} \cdot \frac{I_C}{\pi} = \frac{V_{CC} \cdot I_C}{\pi} [\text{W}]$$

(3) 효율 : $\eta(효율) = \dfrac{교류출력}{직류입력전력} = \dfrac{P_O}{P_{DC}} = 78.5\%$

5 크로스오버(Crossover) 왜곡

차단점 근처의 입력특성이 비선형으로 되어 출력파형의 심한 일그러짐 현상

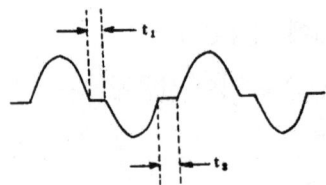

[크로스오버 왜곡(찌그러짐)]

6. B급 푸시풀 증폭회로의 특징

(1) B급 동작이므로 직류 바이어스 전류가 매우 작아도 된다.
(2) 입력이 없을 때의 컬렉터 손실이 작으며 큰 출력을 낼 수 있다.
(3) 짝수 고조파 성분은 서로 상쇄되어 일그러짐이 없는 출력단에 적합하다.
(4) B급 증폭기의 특징인 크로스오버 왜곡이 있다.

7. AB급 증폭기

AB급 증폭기는 A급과 B급 사이에 동작점을 취한 것으로, 입력파형과 출력파형이 비례하지 않으므로 저주파 전력 증폭에 B급과 함께 사용된다.

8. C급 증폭기

C급 증폭기는 B급 증폭기보다 동작점을 음(-)으로 잡아 출력전류는 반주기 미만의 사이에서만 흐르도록 한 것으로, B급과 함께 부하에 동조회로를 접속하여 그 공진성을 이용해 출력파형도 입력파형과 같은 정현파를 얻을 수 있어 고주파 전력 증폭에 쓰인다.

9. 동조된 C급 증폭기

컬렉터 단자의 L과 C는 공진회로(탱크회로)를 형성

(1) 공진 주파수 : $f = \dfrac{1}{2\pi\sqrt{LC}}[\text{Hz}]$

(2) 출력전력

$$P_o = \frac{\left(\dfrac{V_{CC}}{\sqrt{2}}\right)^2}{R_C} = \frac{0.5 \cdot V_{CC}^2}{R_C}[\text{W}]$$

(R_c : 컬렉터 탱크회로의 등가병렬 저항)

증폭기에 공급되는 총 전력은 $P_T = P_o + P_{D(avg)}[\text{W}]$

($P_{D(avg)}$는 증폭기에서 손실되는 평균전력을 의미)

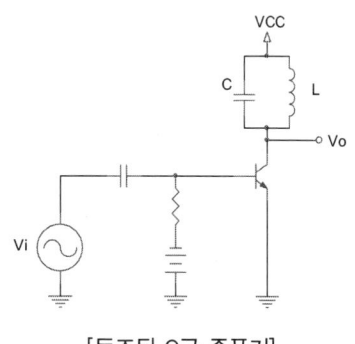

[동조된 C급 증폭기]

(3) 효율 : $\eta = \dfrac{P_o}{P_o + P_{D(avg)}}$

$P_o \gg P_{D(avg)}$이면 효율은 100%에 근접한다.

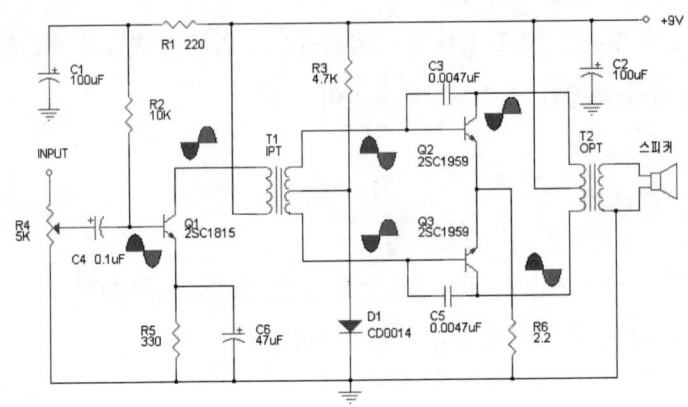

① 입력 트랜스(IPT) 1차 측에 Q_1 트랜지스터에서 증폭된 신호가 가해지면 2차 측에서는 이 신호가 유기되고, 유기된 신호는 중간 탭을 중심으로 Q_2와 Q_3의 베이스에 180°의 위상차를 갖는 신호가 공급된다.

② Q_2 트랜지스터의 베이스에 "−" 반주기가 되고, Q_3의 베이스에 "+" 반주기의 입력이 공급되면 Q_3의 컬렉터 전류는 증가되고 Q_2의 컬렉터 전류는 감소된다.

③ 출력 트랜스(OPT)의 1차 측 중간 탭으로부터 Q_3쪽의 전압은 증가하고, Q_2쪽의 전압은 감소하게 되어 출력 트랜스의 2차 측에는 입력신호에 비례한 큰 신호의 출력이 유도된다.

④ 반대로 Q_2 트랜지스터의 베이스에 "+" 반주기가 되고, Q_3의 베이스에 "−" 반주기의 입력이 공급되면 Q_2의 컬렉터 전류는 증가되고 Q_3의 컬렉터 전류는 감소된다.

⑤ 출력 트랜스(OPT)의 1차 측 중간 탭으로부터 Q_2쪽의 전압은 증가하고, Q_3쪽의 전압은 감소하게 되어 출력 트랜스의 2차 측에는 입력신호에 비례한 큰 신호의 출력이 유도된다.

⑥ 위와 같은 동작으로 A급 증폭기보다 약 3배 이상의 큰 출력을 얻을 수 있다.

⑦ D_1 다이오드는 온도변화에 따라서 출력 트랜지스터의 동작특성이 달라지는 것을 보상하는 역할을 한다.

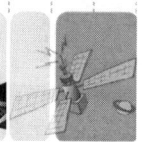

2. 증폭회로 실험하기

▶ 트랜스 결합 푸시풀(Push Pull) 증폭회로 실험하기

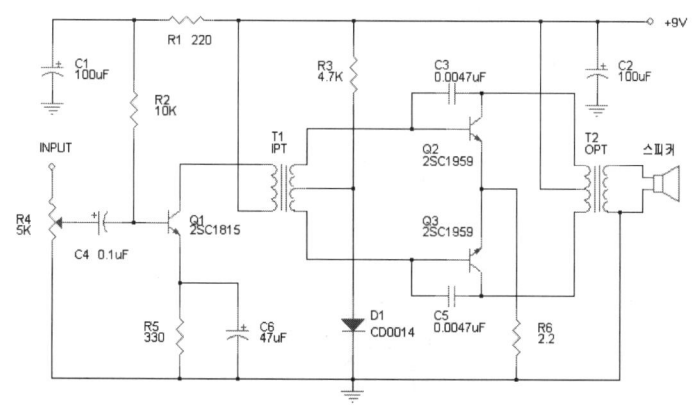

(1) 도면과 같이 트랜스 결합 푸시풀(Push Pull) 증폭회로를 조립한다.
(2) RC 결합 증폭기의 입력에 신호를 가하지 않은 상태에서 무신호시 전류를 측정한다.
(3) 저주파 발진기의 출력 주파수를 1kHz에 맞추고 오실로스코프로 부하의 출력파형이 일그러짐이 없도록 입력이 최대가 되도록 조정한다.
(4) Q_1과 Q_2 및 Q_3 베이스와 컬렉터의 파형을 아래의 표에 기록한다.
(5) (3)의 측정을 이용하여 전압증폭도(A_v)와 전압이득(G_v)을 구한다.

$$전압증폭도(A_v) = \frac{출력전압(V_o)}{입력전압(V_i)}$$

$$전압이득(G_v) = 20\log_{10}(전압증폭도)$$

(6) 정리정돈을 실시한다.

[전압이득과 증폭도의 계산 및 무신호시 전류의 측정]

무신호시 전류	
전압증폭도(A_v)	
전압이득(G_v)	

제2편 기초회로의 실험 실습

[트랜스 결합 증폭회로의 측정 파형]

측 정 점	파 형	비 고
Q_1의 베이스		T/D : V/D : F :
Q_1의 컬렉터		T/D : V/D : F :
Q_2의 베이스		T/D : V/D : F :
Q_2의 컬렉터		T/D : V/D : F :
Q_3의 베이스		T/D : V/D : F :

2. 증폭회로 실험하기

[트랜스 결합 증폭회로의 측정 파형 – 계속]

측 정 점	파 형	비 고
Q_3의 컬렉터		T/D : V/D : F :

2.3 OTL(Output Trans Less) 증폭회로

OTL 증폭방식은 출력단의 트랜지스터가 부하에 대하여 병렬로, 전원에 대해서는 직렬로 접속하여 출력을 변성기(Output Transformer)없이 직접 스피커를 구동시킬 수 있는 회로를 말한다. 즉 전력증폭기에서 변성기에 의한 주파수 특성저하를 방지하기 위하여 출력 트랜스를 사용하지 않고 부하를 직접 결합하는 방식이다.

1 DEPP(Double-Ended Push-Pull)회로

트랜지스터(TR)가 부하에 대해서는 직렬로 연결되고, 전원에 대해서는 병렬 연결된다.

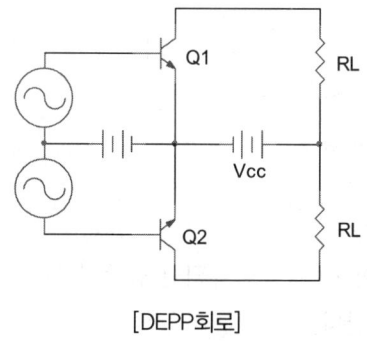

[DEPP회로]

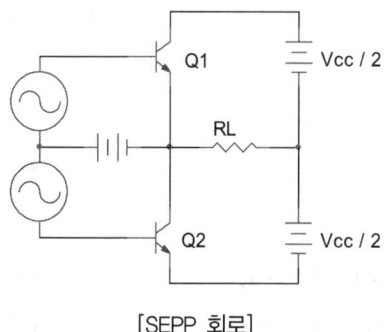

[SEPP 회로]

2. SEPP(Single-Ended Push-Pull)회로

트랜지스터(TR)가 부하에 대해서는 병렬로 연결되고, 전원에 대해서는 직렬 연결된다.

3. 상보대칭형 SEPP회로

특성이 같은 NPN 및 PNP TR을 상보대칭으로 하여 입력을 병렬로 접속한 회로

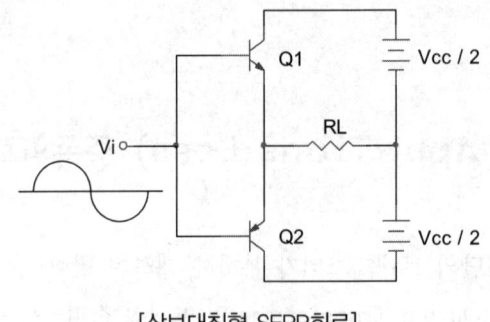

[상보대칭형 SEPP회로]

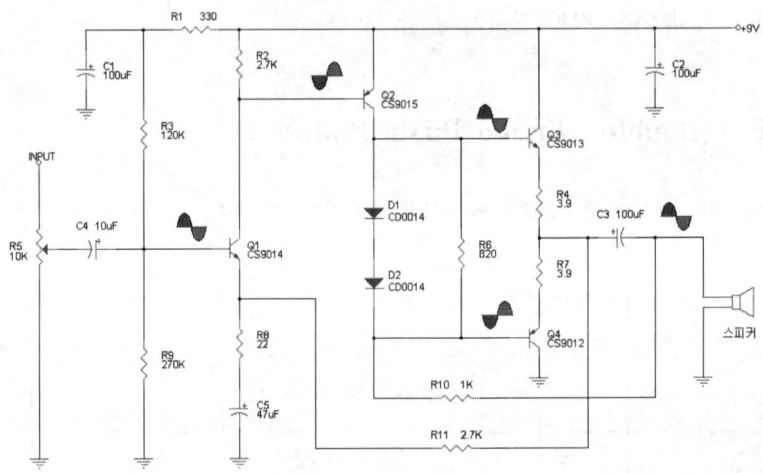

(1) 입력신호가 Q_1 트랜지스터의 베이스에 미약한 신호가 공급되면 증폭작용에 의하여 컬렉터에는 반전 증폭(역위상 : 180°)되어 나타난다.
(2) 트랜지스터 Q_1의 컬렉터에 반전 증폭된 신호는 다음 단 트랜지스터 Q_2의 베이스에 공급되고, Q_2의 베이스에 공급된 신호는 트랜지스터의 증폭작용에 의하여 Q_2의 컬렉터

에 더욱 더 큰 출력으로 반전 증폭(역위상 : 180°)되어 나타난다. 이 출력신호는 입력신호가 Q_1과 Q_2의 반전 증폭으로 동위상의 신호가 나타나는 것이다.

(3) Q_2의 컬렉터에 반전 증폭(역위상 : 180°)된 신호는 Q_3와 Q_4의 베이스에 180°의 위상차를 갖는 신호로 공급된다.

(4) "+"의 반주기에는 Q_3가 동작되고, "-"의 반주기에는 Q_4가 동작되어 출력측에는 입력신호에 비례한 큰 신호의 출력이 유도된다.

(5) D_1, D_2는 직류 바이어스를 안정화시키기 위하여 사용하며, 트랜지스터의 B-E 접합 다이오드 특성과 부합될 때 최대의 효과를 나타낸다. 또한 R_4, R_7은 V_{be}의 열 안정도를 완화시킨다.

(6) 출력 트랜지스터(Q_3와 Q_4)는 전기적 특성이 같고 그 종류가 다른 NPN형과 PNP형의 트랜지스터를 상보대칭 접속한 회로를 컴프리멘터리 푸시풀(SEPP : Complementary Single Ended Push Pull)증폭기라 한다.

▶ OTL(Output Transformer Less) 증폭회로 실험하기

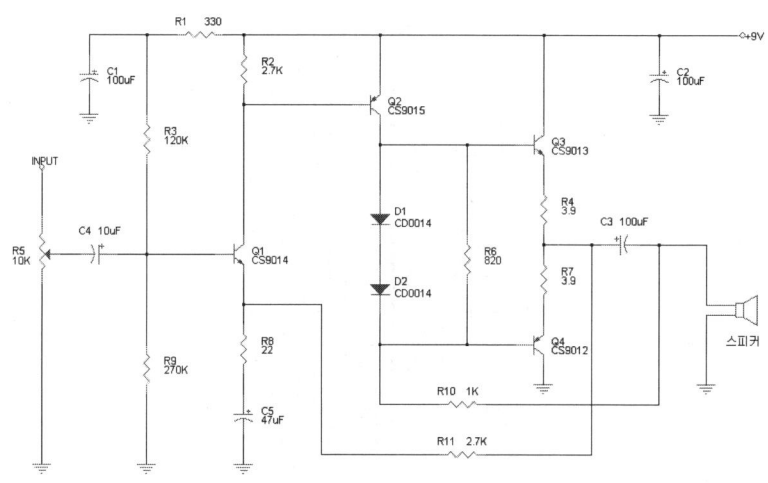

(1) 도면과 같이 OTL 증폭회로를 조립한다.

(2) RC 결합 증폭기의 입력에 신호를 가하지 않은 상태에서 무신호시 전류를 측정한다.

(3) 저주파 발진기의 출력주파수를 1kHz에 맞추고 오실로스코프로 부하의 출력파형이 일그러짐이 없도록 입력이 최대가 되도록 조정한다.

(4) Q_1, Q_2, Q_3, Q_4의 베이스와 컬렉터 파형을 측정하여 아래의 표에 기록한다.

(5) (3)의 측정을 이용하여 전압증폭도(A_v)와 전압이득(G_v)을 구한다.

$$전압증폭도(A_v) = \frac{출력전압(V_o)}{입력전압(V_i)}$$

$$전압이득(G_v) = 20\log_{10}(전압증폭도)$$

(6) 정리정돈을 실시한다.

[전압이득과 증폭도의 계산 및 무신호시 전류의 측정]

무신호시 전류	
전압증폭도(A_v)	
전압이득(G_v)	

[OTL 증폭회로의 측정 회로]

측 정 점	파 형	비 고
Q_1의 베이스		T/D : V/D : F :
Q_1의 컬렉터		T/D : V/D : F :
Q_2의 베이스		T/D : V/D : F :

2. 증폭회로 실험하기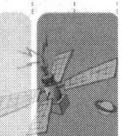

[OTL 증폭회로의 측정 회로]

측 정 점	파 형	비 고
Q_2의 컬렉터		T/D : V/D : F :
Q_3의 베이스		T/D : V/D : F :
Q_3의 컬렉터		T/D : V/D : F :
Q_4의 베이스		T/D : V/D : F :
Q_4의 컬렉터		T/D : V/D : F :

2.4 FET 전치 OTL 증폭회로

접합형 FET인 2SK30은 저잡음 증폭회로에 사용되며, FET를 사용하는 저주파 증폭회로의 특징은 입력 임피던스가 매우 높아 저잡음 특성이 우수하여 증폭회로의 입력단에 많이 사용된다.

FET는 통상 역방향 전압을 공급하여 게이트 전류를 흘리지 않은 상태에서 동작시키므로 회로에서 FET의 게이트 전위는 소스에 대하여 부 전위(-)이다.

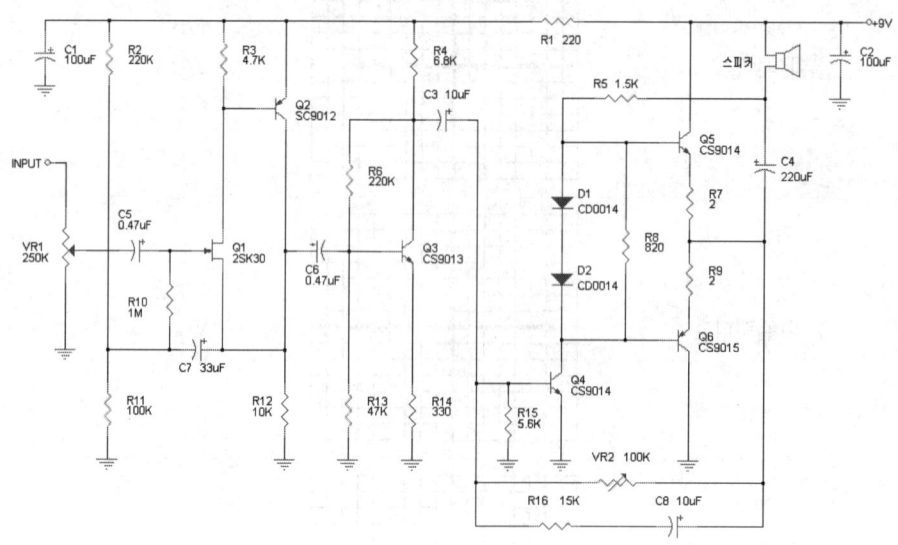

(1) 도면과 같이 FET 전치 OTL 증폭회로를 조립한다.

(2) R_7과 R_9 저항 교차점의 전압(중점전압)을 측정하여 VCC/2가 되지 않을 경우, VR_2 100[KΩ]을 조정하여 중점전압을 맞춘 후에 측정한다.

(3) FET 전치 OTL 증폭기의 입력에 신호를 가하지 않은 상태에서 무신호시 전류를 측정한다.

(4) 저주파 발진기의 출력 주파수를 1kHz에 맞추고 오실로스코프로 부하의 출력파형의 일그러짐이 없도록 입력이 최대가 되도록 조정한다.

(5) Q_1의 소스와 드레인, Q_2와 Q_3의 컬렉터, Q_4의 베이스와 컬렉터, Q_5와 Q_6의 이미터 파형을 측정하여 아래의 표에 기록한다.

(6) (4)의 측정을 이용하여 전압증폭도(A_v)와 전압이득(G_v)을 구한다.

$$전압증폭도(A_v) = \frac{출력전압(V_o)}{입력전압(V_i)}$$

$$전압이득(G_v) = 20\log_{10}(전압증폭도)$$

(7) 정리정돈을 실시한다.

[전압이득과 증폭도의 계산 및 무신호시 전류의 측정]

무신호시 전류	
전압증폭도(A_v)	
전압이득(G_v)	

측정점	파형	비고
Q_1의 소스		T/D : V/D : F :
Q_1의 드레인		T/D : V/D : F :
Q_2의 컬렉터		T/D : V/D : F :

측정점	파 형	비 고
Q_3의 컬렉터		T/D : V/D : F :
Q_3의 베이스		T/D : V/D : F :
Q_4의 컬렉터		T/D : V/D : F :
Q_5의 이미터		T/D : V/D : F :
Q_6의 이미터		T/D : V/D : F :

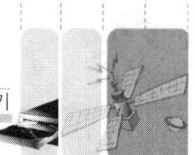

2.5 OCL(Output Capacitor Less) 증폭회로

　OCL(Output Capacitor Less) 증폭기는 양 전원(+, -)을 사용하여 중점 전위가 0이 되어 출력측에 커패시터가 없으므로 저역특성이 우수하며, 드리프트(drift)에 의한 잡음을 제거하기 위하여 입력단에 차동 증폭기를 사용한다.

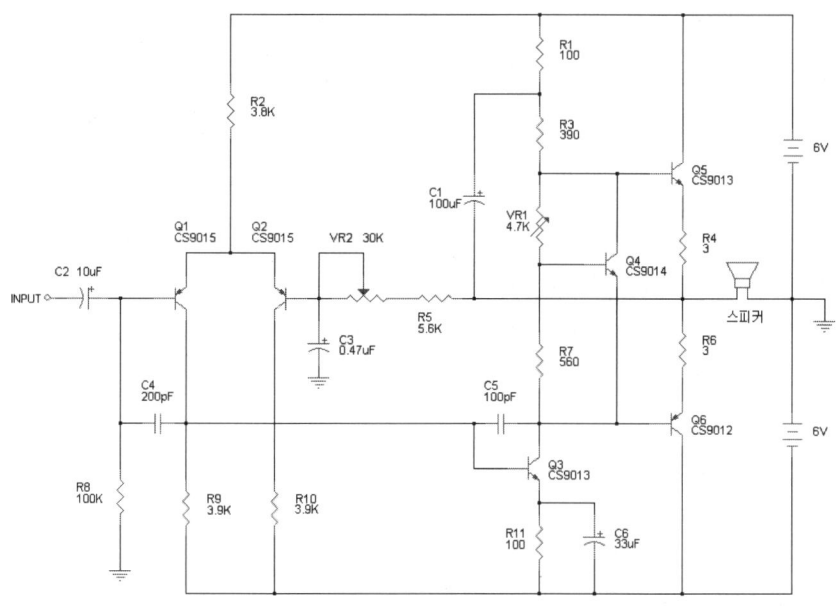

[OCL 증폭회로의 실습도면]

(1) 차동 증폭기(Differential amplifier)는 특성이 같은 트랜지스터 2개(Q_1, Q_2의 CS9015)의 이미터를 공통으로 접속하고, 두 트랜지스터의 베이스에 입력신호를 공급하여 그 신호의 차이를 증폭하여 출력을 얻는 회로이다.

(2) +, -의 양 전원을 사용하기 때문에 SEPP의 중점전위가 0V가 되어 출력단의 커패시터를 제거할 수 있다.

(3) Q_1의 베이스에 입력신호가 공급되면 컬렉터 측으로 반전된 신호가 드라이버인 Q_3의 베이스에 공급되어 증폭된 신호는 Q_5와 Q_6을 구동하게 된다.

(4) Q_4는 온도보상과 안정화를 위하여 사용되며, VR_1의 반고정 저항은 Q_5와 Q_6 트랜지스터의 전류를 조정하는 역할을 하며 이 저항값이 크게 되면 Q_5와 Q_6의 베이스와 베이스

사이의 전압이 커져 무신호시 전류가 커지게 된다.
(5) 반고정 저항 VR₂와 R₅저항(5.6kΩ)의 저항은 출력단의 중성점에 접속되어 직류적으로 부궤환이 되도록 하여 전위차가 없도록 한다. 전위차 발생시는 반고정 저항(VR₂)을 조정하여 0V가 되도록 한다.

▶ OCL(Output Capacitor Less) 증폭회로 실험하기

(1) 도면과 같이 OCL 증폭회로를 조립한다.
(2) R₄와 R₆ 저항의 교차점의 전압(중점전압)을 측정하여 전위차가 있으면 반고정 저항 VR₂ 30kΩ을 조정하여 전위차가 0V가 되도록 조정한 후 측정을 한다.
(3) OCL 증폭기의 입력에 신호를 가하지 않은 상태에서 무신호시 전류를 측정한다.
(4) 저주파 발진기의 출력 주파수를 1kHz에 맞추고 오실로스코프로 부하의 출력파형이 일그러짐이 없도록 입력이 최대가 되도록 조정한다.
(5) Q₁의 베이스와 컬렉터, Q₂의 베이스, Q₃의 컬렉터, Q₄와 Q₅의 베이스와 이미터의 파형을 측정하여 아래의 표에 기록한다.
(6) (4)의 측정을 이용하여 전압증폭도(A_v)와 전압이득(G_v)을 구한다.

$$전압증폭도(A_v) = \frac{출력전압(V_o)}{입력전압(V_i)}$$

$$전압이득(G_v) = 20\log_{10}(전압증폭도)$$

(7) 정리정돈을 실시한다.

[전압이득과 증폭도의 계산 및 무신호시 전류의 측정]

무신호시 전류	
전압증폭도(A_v)	
전압이득(G_v)	

2. 증폭회로 실험하기

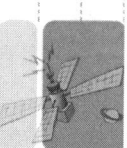

[RC 결합 증폭회로의 측정 파형]

측 정 점	파 형	비 고
Q_1의 베이스		T/D : V/D : F :
Q_1의 컬렉터		T/D : V/D : F :
Q_2의 베이스		T/D : V/D : F :
Q_2의 컬렉터		T/D : V/D : F :
Q_3의 컬렉터		T/D : V/D : F :

[RC 결합 증폭회로의 측정 파형 - 계속]

측 정 점	파 형	비 고
Q_4의 베이스		T/D : V/D : F :
Q_4의 이미터		T/D : V/D : F :
Q_5의 베이스		T/D : V/D : F :
Q_5의 이미터		T/D : V/D : F :

2. 증폭회로 실험하기

2.6 연산 증폭기를 이용한 증폭회로

1 연산 증폭기를 이용한 증폭회로(양 [+, -]전원 사용)

비반전 연산증폭기의 증폭도(A_v) : $A_v = \dfrac{1+R_2}{R_1}$

· 반전 연산증폭기의 증폭도(A_v) : $A_v = -\dfrac{R_1}{R_2}$

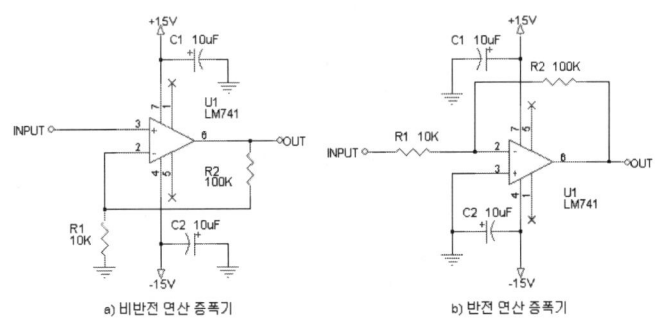

a) 비반전 연산 증폭기   b) 반전 연산 증폭기

▶ 반전 및 비반전 증폭회로 실험하기

(1) 회로도과 같이 양 전원(+, -)을 사용한 반전 및 비반전 증폭회로를 조립한다.

(2) 반전 및 비반전 증폭기의 입력에 신호를 가하지 않은 상태에서 무신호시 전류를 측정한다.

(3) 저주파 발진기의 출력 주파수를 사인파 1kHz 0.5Vp-p에 맞추고 오실로스코프로 입·출력파형을 측정한다.

(4) 반전 및 비반전 증폭기의 전압증폭도(A_v)와 전압이득(G_v)을 구한다.

$$\text{전압증폭도}(A_v) = \frac{\text{출력전압}(V_o)}{\text{입력전압}(V_i)}$$

$$\text{전압이득}(G_v) = 20\log_{10}(\text{전압증폭도})$$

(5) 정리정돈을 실시한다.

[전압이득과 증폭도의 계산 및 무신호시 전류의 측정]

무신호시 전류	
전압증폭도(A_v)	
전압이득(G_v)	

[반전 및 비반전 증폭회로의 입·출력파형 측정]

측 정 점	파 형	비 고
반전 증폭기의 입력	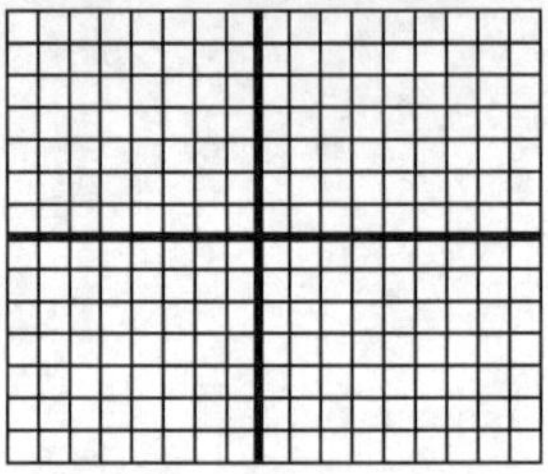	T/D : V/D : F :
반전 증폭기의 출력	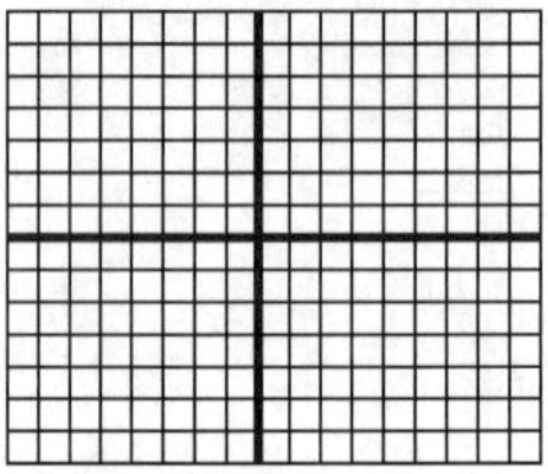	T/D : V/D : F :
비반전 증폭기의 입력	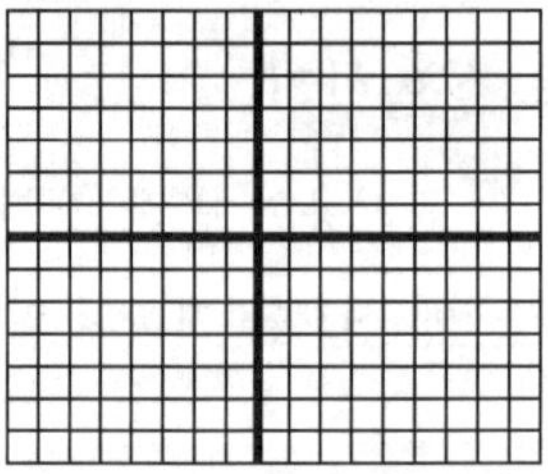	T/D : V/D : F :
비반전 증폭기의 출력	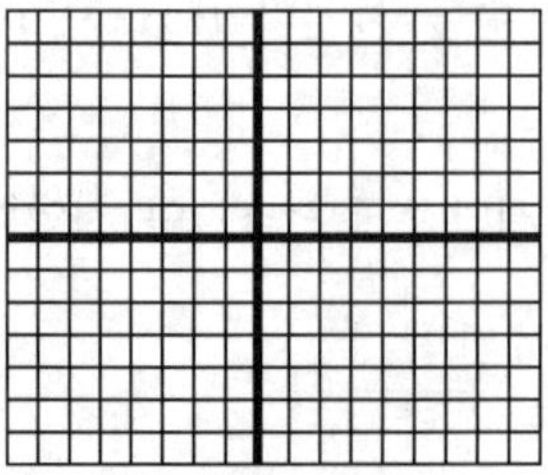	T/D : V/D : F :

2. 증폭회로 실험하기

 연산 증폭기를 이용한 증폭회로(단일전원 사용)

(1) 회로도과 같이 비반전 증폭회로를 조립한다.
(2) 증폭기의 입력에 신호를 가하지 않은 상태에서 무신호시 전류를 측정한다.
(3) 저주파 발진기의 출력 주파수를 사인파 1kHz 0.5Vp-p에 맞추고 오실로스코프로 입·출력파형을 측정한다.

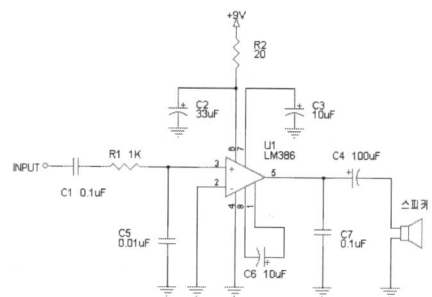

(4) 증폭기의 전압증폭도(Av)와 전압이득(Gv)을 구한다.

$$전압증폭도(Av) = \frac{출력\ 전압(V_o)}{입력\ 전압(V_i)}$$

$$전압이득(G_v) = 20\log_{10}(전압증폭도)$$

(5) 정리정돈을 실시한다.

[전압이득과 증폭도의 계산 및 무신호시 전류의 측정]

	반전 증폭기	비반전 증폭기
무신호시 전류		
전압증폭도(A_v)		
전압이득(G_v)		

[비반전 연산증폭회로의 입·출력 파형 측정]

측 정 점	파 형	비 고
연산증폭기의 입력		T/D : V/D : F :
연산증폭기의 출력		T/D : V/D : F :

3. 발진회로(Oscillator)

 연속해서 일정한 진폭, 일정한 주파수의 전기진동을 발생하는 것을 발진(oscillation)이라 하고, 트랜지스터 등의 능동소자와 저항, 코일, 커패시터 등의 수동소자로 회로를 구성하였을 때 외부로부터의 전기적인 신호가 없어도 회로 내부에서 교류의 전기진동을 발생하는 회로를 발진회로라 한다.

1 발진회로 개요

 귀환(Feedback)회로에서 β가 양수이면 정궤환(+), 음수이면 부궤환(-)이 된다.

$$A_{vf} = \frac{V_o}{V_i} = \frac{A}{1 - A \cdot \beta}$$

 여기서 $A\beta = 1$이면 A_{vf}가 무한대가 되어 발진한다. 이러한 발진조건을 바크하우젠(Barkhausen) 발진조건이라 한다.
 즉 $|1 - A\beta| > 1$ 일 때는 부궤환(증폭회로에 적용)
     $|1 - A\beta| \leq 1$ 일 때는 정궤환(발진회로에 적용)

2 발진회로의 기본형태

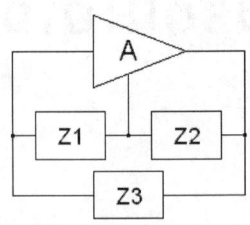

발진회로로 동작하는 것은 두 경우 뿐이다.

(1) $Z_1<0$(용량성), $Z_2<0$(용량성), $Z_3>0$(유도성)
(2) $Z_1<0$(유도성), $Z_2>0$(유도성), $Z_3<0$(용량성)

[정현파 발진기의 종류]

정현파 발진기	종 류	비 고
LC 발진회로	하틀리(Hartley) 발진회로	
	콜피츠(Colpitts) 발진회로	
RC 발진회로	동조형 반결합회로(컬렉터동조, 이미터동조, 베이스동조)	
	이상형(Phase shift) 발진회로	
	빈 브리지(Wien bridge) 발진회로	
수정발진회로	피어스(Pierce) B-E 발진회로	
	피어스 B-C 발진회로	
	무조정 발진회로	
부성저항 발진회로	터널다이오드 발진회로	
	단일접합 트랜지스터 발진회로	

[비정현파 발진기의 종류]

비정현파 발진기의 종류
멀티바이브레이터
블로킹발진기
톱날파 발진기

3 LC 발진회로

(1) 하틀리 발진회로

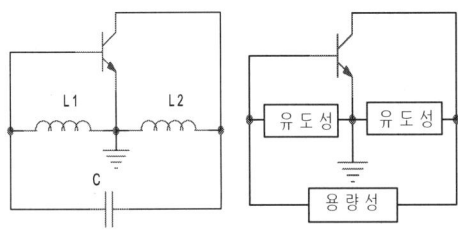

[하틀리 발진회로]

① 발진주파수 : $f = \dfrac{1}{2\pi\sqrt{(L_1 + L_2 + 2M)C}}$ [Hz]

(2) 콜피츠 발진회로

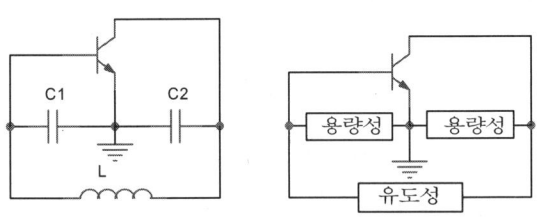

[콜피츠 발진회로]

① 발진주파수 : $f = \dfrac{1}{2\pi\sqrt{L\left(\dfrac{C_1 \cdot C_2}{C_1 + C_2}\right)}}$ [Hz]

(3) 컬렉터 동조형 발진회로

TR의 컬렉터 부분에 LC 동조회로를 결합하여 구성한 발진회로

① 발진주파수 : $f = \dfrac{1}{2\pi\sqrt{LC}}$ [Hz]

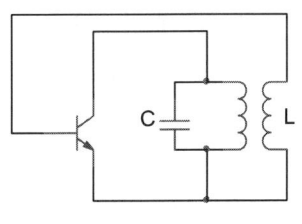

[컬렉터 동조형 발진회로]

4 RC 발진회로

(1) 이상형(Phase shift) 병렬 R형 발진기

① 발진주파수 : $f = \dfrac{1}{2\pi RC\sqrt{6}}[\text{Hz}]$

② 발진을 위한 최소 전류증폭률 $\beta \geq 29$, 즉 증폭도가 29 이상되어야 발진한다.

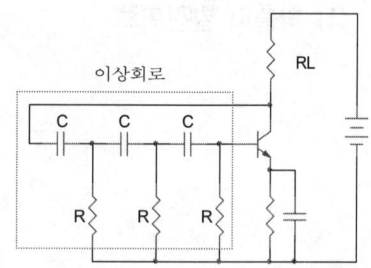

(2) 이상형(Phase shift) 병렬 C형 발진기

① 발진주파수 : $f = \dfrac{\sqrt{6}}{2\pi RC}[\text{Hz}]$

② 발진을 위한 최소 전류증폭률 $\beta \geq 29$, 즉 증폭도가 29 이상되어야 발진한다.

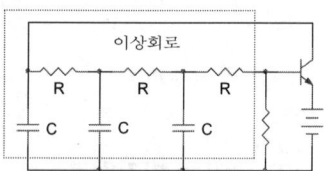

(3) 빈 브리지(Wien bridge)형 발진기

① 발진주파수 : $f = \dfrac{1}{2\pi\sqrt{C_1 C_2 R_1 R_2}}[\text{Hz}]$

만약 $C_1 = C_2 = C$, $R_1 = R_2 = R$ 이라면 발진 주파수는 $f = \dfrac{1}{2\pi RC}[\text{Hz}]$

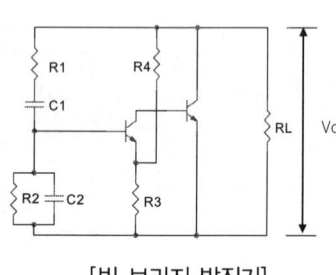

[빈 브리지 발진기]

5 수정발진회로

(1) 수정발진자의 구조

① 압전효과 : 수정편에 압력을 가하면 수정편의 양면에 전하가 발생하며, 장력을 가하면 반대의 전하가 발생하는 압전효과(Piezo effect)가 나타난다.

② 직렬공진주파수 : $f_s = \dfrac{1}{2\pi\sqrt{L_0 C_0}}[\text{Hz}]$

③ 병렬공진주파수 : $f_p = \dfrac{1}{2\pi\sqrt{L_0 \cdot \left(\dfrac{C_0 C_1}{C_0 + C_1}\right)}}$ [Hz]

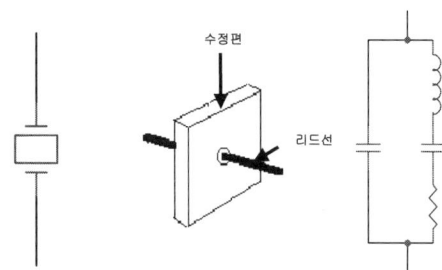

[수정발진기의 기호, 구조 및 등가회로]

(2) 수정발진회로의 종류

① 피어스(Pierce) B-E 수정발진회로

TR의 베이스와 이미터에 수정진동자를 삽입한 회로

② 피어스(Pierce) B-C형 수정발진회로

TR의 베이스와 콜렉터에 수정진동자를 삽입한 회로

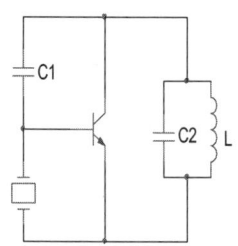 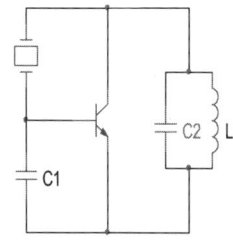

[피어스(Pierce) B-E 수정발진회로]   [피어스(Pierce) B-C형 수정발진회로]

Reference 발진안정 조건

발진기에서 특별히 중요한 것은 주파수의 안정도가 높아야 한다.

6 발진주파수 변동의 원인과 대책

(1) 주위 온도의 변화
① 수정진동자, 트랜지스터 등의 부품은 온도계수가 적은 것을 사용한다.
② 온도의 변화에 민감한 부품은 수정진동자와 함께 항온조에 넣는다.

(2) 부하의 변동
① 다음 단과의 사이에 완충 증폭기(buffer amp)를 추가한다.
② 다음 단과의 결합은 가능한 한 소결합으로 결합한다.

(3) 전원전압의 변동
정전압회로를 사용하여 안정전원을 유지한다.

(4) 습도에 의한 영향
방습을 위하여 타 회로와 차단하여, 습기와 멀리한다.

7 수정발진기의 특징

(1) 수정진동자의 Q(Quality factor)가 높기 때문에 주파수 안정도가 높다.
(2) 수정편에 항온조 등을 이용하므로 주위 온도의 영향이 적다.
(3) 발진주파수를 변경 시 수정자체를 바꿔야 하는 불편이 있다.
(4) 초단파 이상의 발진은 곤란하다.
(5) 수정발진주파수 변동의 원인을 제거하는 조건하에서 동작시켜야 한다.

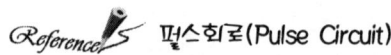 펄스회로(Pulse Circuit)

짧은 시간에 전압 또는 전류의 진폭이 불연속적으로 변화하는 파형을 펄스(pulse)라 한다.
① 펄스파형의 구성

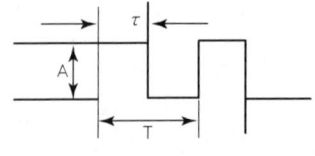

[펄스파형의 구성]

A : 진폭(Amplitude), T : 주기(Period), τ : 펄스폭(Pulse Width)

3. 발진회로(Oscillator)

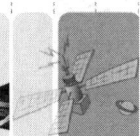

$$f(주파수 : frequence) = \frac{1}{T(주기)}[Hz]$$

주파수는 1초 동안 진동한 진동(펄스)의 수를 말한다.

$$듀티사이클(D) = \frac{\tau(펄스의 폭)}{T(펄스의 주기)}$$

② 펄스파형의 성질(응답 특성)

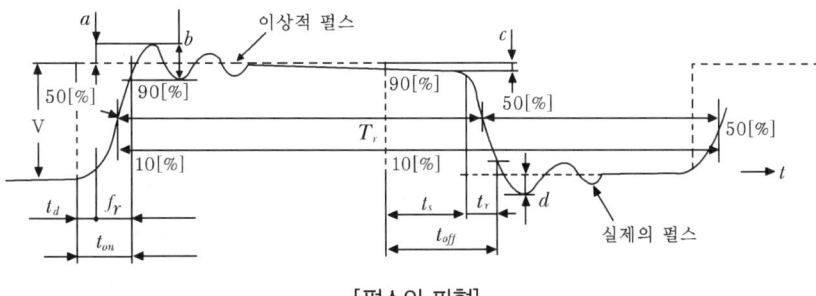

[펄스의 파형]

- 상승시간(t_r, rise time) : 진폭 전압(V)의 10%에서 90%까지 상승하는 데 걸리는 시간
- 지연시간(t_d, delay time) : 상승시각으로부터 진폭의 10%까지 이르는 실제의 펄스시간
- 하강시간(t_r, fall time) : 펄스가 이상적 펄스의 진폭 전압(V)의 90%에서 10%까지 내려가는 데 걸리는 시간
- 축적시간(t_s, storage time) : 하강시간에서 실제의 펄스가 전압(V)의 90%가 되기까지의 시간
- 펄스폭(τ_w, pulse width) : 펄스의 파형이 상승 및 하강의 진폭 전압(V)의 50%가 되는 구간의 시간
- 오버슈트(overshoot) : 상승파형에서 이상적 펄스파의 진폭 전압(V)보다 높은 부분의 높이 α 를 말하며, 이 양은 $\left(\frac{a}{V}\right) \times 100[\%]$로 나타낸다.
- 언더슈트(undershoot) : 하강파형에서 이상적 펄스파의 기준 레벨보다 아래 부분의 높이 d를 말하며 이 양은 $\left(\frac{d}{V}\right) \times 100[\%]$로 나타낸다.
- 턴온시간(t_{on}, turn-on time) : 이상적 펄스의 상승시각에서 전압(V)의 90%까지 상승하는 시간
  턴온시간(t_{on}) = 지연시간(t_d) + 상승시간(t_r)
- 턴오프시간(t_{off}, turn-off time) : 이상적 펄스의 하강시각에서 전압(V)의 10%까지 하강하는 시간
  턴오프시간(t_{off}) = 축적시간(t_s) + 하강시간(t_f)
- 새그(s, sag) : 내려가는 부분의 정도로서 낮은 주파수 성분이나 직류분이 잘 통하지 않기 때문에 생기는 것이다.

  새그 $S = \frac{c}{V} \times 100[\%]$

- 링깅(b, ringing) : 펄스의 상승 부분에서 진동의 정도를 말하며, 높은 주파수 성분에 공진하기 때문에 생기는 것이다.
- 시상수

$t=\tau=RC$에서 C의 전압 v_c : $v_c = V\left(1-\dfrac{1}{\varepsilon}\right) ≒ V(1-0.368) ≒ 0.632[\text{V}]$

전원전압의 약 63.2%에 도달하는 데 걸리는 시간 $\tau=RC\sec$가 시상수이다. 방전의 경우는 전원전압의 약 36.8%로 된다.

상승시간 : $t_r = t_2 - t_1 = (2.3-0.1)RC = 2.2RC[\sec]$

③ 미분회로 : 구형파(직사각형파)로부터 폭이 좁은 트리거(trigger) 펄스를 얻는 데 쓰인다.

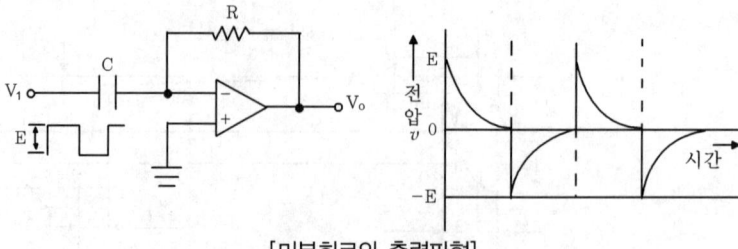

[미분회로와 출력파형]

④ 적분회로 : 시간에 비례하는 전압(또는 전류) 파형, 즉 톱니파 신호를 발생하거나 신호를 지연시키는 회로에 쓰인다.

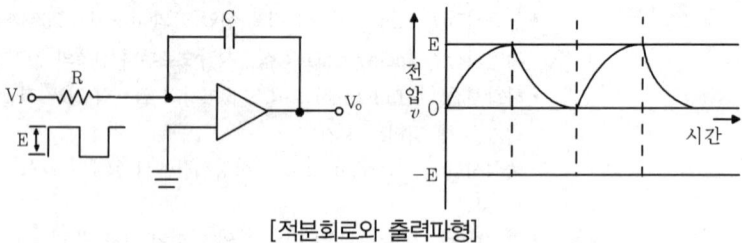

[적분회로와 출력파형]

3.1 비안정 멀티바이브레이터

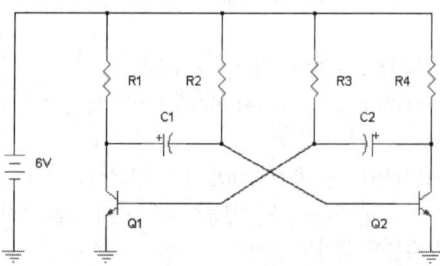

(1) 전원전압(E)에 의하여 최초에 Q_1이 동작한다고 하면, 이때 Q_2가 동작해도 상태는 같다.(Q_1, Q_2 중 어느 것이 먼저 동작해도 관계가 없다). 전원전압은 R_4와 C_2를 통하여 Q_1 트랜지스터의 베이스와 이미터로 전류가 흐른다. 이때 C_2가 충전하여 Q_1의 베이스

전위가 높아지고 베이스 전류 (I_b)가 많이 흐르게 되므로 Q_1의 컬렉터 전류 (I_{C1})가 증가하게 된다. 즉, Q_1의 상태는 도통 상태가 되어 컬렉터의 전위(V_{C1})는 거의 0V가 된다. (실제는 0.1~0.2V의 컬렉터 전위(V_{C1})가 된다.)

(2) 이때 C_1 커패시터는 R_2와 C_1을 통과하여 Q_1의 컬렉터를 통하여 방전하게 된다. (Q_1의 V_{C1}이 $\cong$ 0V이므로)

(3) Q_2 베이스의 전위는 R_2와 C_1의 경로에 의해서 충전하므로 베이스의 전위가 상승 하게 된다. 이때 R_1과 C_1을 경로로 Q_2의 베이스에 (+) 전압을 공급 Q_2가 통전 상태가 되어 Q_2의 컬렉터전위(V_{C2})가 0.1~0.2V로 낮아지게 되므로 C_2는 방전하게 된다.

(4) C_2는 R_3와 C_2를 경로로 Q_2의 컬렉터를 통하여 방전 후 재충전을 하여 위의 동작을 반복한다. 즉, Q_1의 베이스 전위가 상승하여 Q_1이 도통 상태가 된다.

(5) Q_1의 도통 상태(Q_1 ON 상태)에서 Q_1이 차단 상태(Q_1 OFF 상태)로 되는 시간을 T_1이라면 $T_1(Q_1$은 ON, Q_2는 OFF$)=R_3 C_2 \ln 2 = 0.69 R_3 C_2 \sec$

(6) Q_2가 도통 상태(Q_2 ON)에서 차단 상태로 되는 시간을 T_2라 하면 위와 같이
$$T_2 = R_2 C_1 \ln 2 = 0.69 R_2 \sec$$
회로에서 (T_2) → (Q_1 OFF, Q_2 ON)

(7) 반복 주기(T) : $T = T_1 + T_2 = 0.69(R_3 C_2) + 0.69 R_2 C_1 = 0.69(R_3 C_2 + R_2 C_1) \sec$

(8) 주파수(f) : $f = \dfrac{1}{T}[\mathrm{Hz}]$

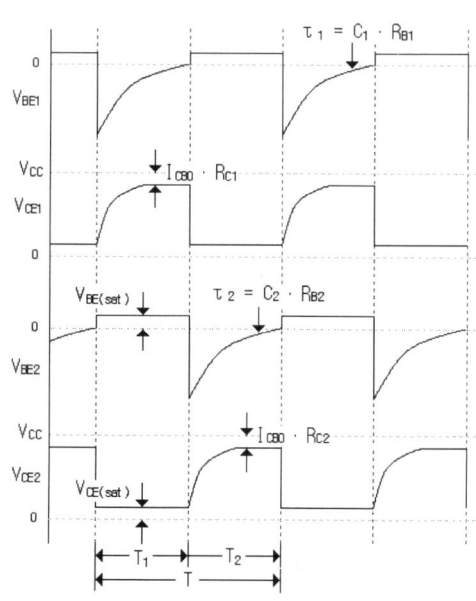

트랜지스터를 이용한 비안정 멀티바이브레이터의 실험

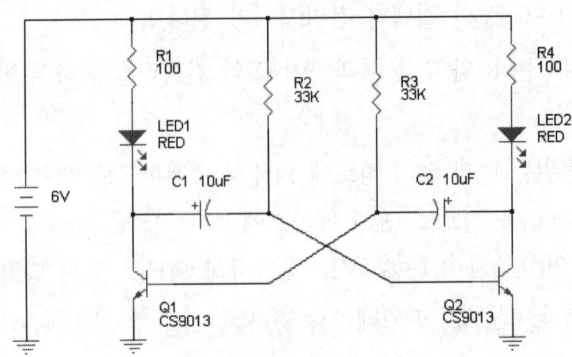

(1) 회로도와 같이 트랜지스터를 이용한 비안정 멀티바이브레이터를 조립한다.

(2) LED_1과 LED_2가 교번 점등하면, 오실로스코프를 이용하여 Q_1의 컬렉터와 베이스, Q_2의 컬렉터와 베이스의 파형을 측정하여 다음의 표에 기록한다.

(3) 오실로스코프로 측정된 파형의 주기와 주파수를 구한다.

(4) 정리정돈을 실시한다.

3. 발진회로(Oscillator)

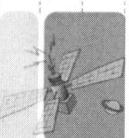

측정점	파 형	비 고
Q_1의 컬렉터		T/D : V/D : F :
Q_1의 베이스		T/D : V/D : F :
Q_2의 컬렉터		T/D : V/D : F :
Q_2의 베이스		T/D : V/D : F :

3.2 논리 게이트를 이용한 비안정 멀티바이브레이터

1 논리 게이트를 이용한 비안정 멀티바이브레이터-1

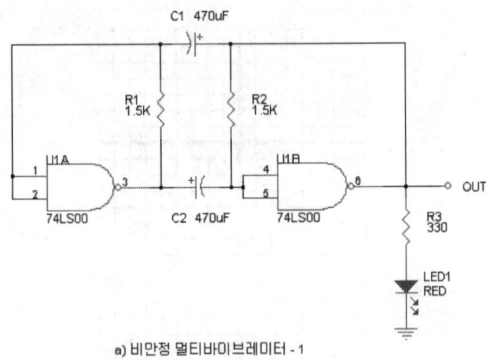

a) 비안정 멀티바이브레이터-1

(1) U_1A의 출력이 "H", U_1B의 출력이 "L"상태라면 C_2 커패시터가 R_2를 통하여 U_2B의 출력 방향의 충전경로를 그리게 된다. U_1B의 입력 레벨이 스레시홀드 전압(V_{TH}) 이하로 낮아지면 U_1B의 출력이 "L"에서 "H"로 전환된다.

(2) (1)의 동작으로 U_1B 출력의 "H"가 되면, C_1이 충전을 시작하는 순간 U_1A의 입력이 "H"가 되어 U_1A(U_1A는 NOT 게이트로 동작됨.)의 출력은 "L"로 바뀐다. 이때 C_2에 충전된 전하는 C_2와 R_2를 거쳐 U_1B의 출력으로 방전하게 되고, C_1 커패시터는 U_1B의 출력에서 C_1과 R_1을 거쳐 U_1A의 출력 방향으로 충전을 하게 된다. 커패시터 C_1의 충전으로 U_1A의 입력이 스레시홀드전압(V_{TH}) 이하로 낮아지면 U_1A의 출력이 "L"에서 "H"로 전환된다.

(3) (2)의 동작으로 U_1A의 출력이 "H", U_1B의 출력이 "L"가 되면 C_1 커패시터는 U_2A의 출력에서 C_1과 R_1을 통하여 U_1A의 출력 방향으로 충전을 하게 되고, 커패시터 C_2는 U_1A의 출력에서 C_2와 R_2를 통하여 U_1B의 출력으로 방전을 하게 된다. 커패시터 C_2의 충전으로 U_1B의 입력 레벨이 스레시홀드 전압(V_{TH}) 이하로 낮아지면 U_1B의 출력이 "L"에서 "H"로 바뀌게 된다.

(4) (2)와 (3) 과정의 반복으로 U_1B의 출력에는 구형파가 얻어지게 된다.

(5) 논리 게이트를 이용한 비안정 멀티바이브레이터의 발진주파수(f)는

$$f = \frac{1}{T} = \frac{1}{2.2R_2C_1}[\text{Hz}]$$

① 회로도와 같이 논리 게이트를 이용한 비안정 멀티바이브레이터를 조립한다.
② 오실로스코프를 이용하여 U_1A 게이트의 입·출력과 U_1B 게이트의 입·출력 파형을 아래의 표에 기록한다.
③ 오실로스코프로 측정된 파형의 주기와 주파수를 구한다.
④ 정리정돈을 실시한다.

측정점	파형	비고
U_1A의 입력		T/D : V/D : F :
U_1A의 출력		T/D : V/D : F :
U_1B의 입력		T/D : V/D : F :
U_1B의 출력		T/D : V/D : F :

2 논리 게이트를 이용한 비안정 멀티바이브레이터-2

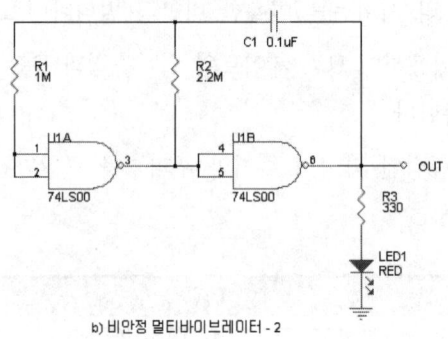

b) 비안정 멀티바이브레이터 - 2

(1) U_1A의 입력이 "H"이면 U_1A의 출력이 "L"가 되고, U_1B의 출력이 "H"상태가 된다. U_1B의 출력이 "H" 상태이면 U_1B의 "H" 상태의 전압과 C_1 커패시터에 충전된 전압은 2배의 V_{CC}가 된다. 이때 U_1B의 출력전압은 C_1과 R_2를 통하여 U_1A의 출력방향("L" 상태이므로)으로 방전을 하고, 방전이 끝나면 C_1은 반대로 충전을 하게 된다.

(2) U_1A의 입력이 "L" 상태가 되면 U_1A의 출력은 "H"가 되고, U_1B의 출력은 "L" 상태가 되므로 R_2와 C_1을 통하여 U_1B의 방향으로 충전을 하게 되고, U_1A의 입력전압이 스레시홀드 전압(V_{TH})에 이르면 U_1A의 입력은 "H" 상태로 전환이 된다.

(3) (1)과 (2)의 과정을 되풀이 하므로 출력에는 구형파가 출력되게 된다.

(4) 논리 게이트를 이용한 비안정 멀티바이브레이터의 출력주파수(f)는

$$f = \frac{1}{T} = \frac{1}{2.2R_2C_1} [\text{Hz}]$$

① 회로도와 같이 논리 게이트를 이용한 비안정 멀티바이브레이터를 조립한다.
② 오실로스코프를 이용하여 U_1A 게이트의 입·출력과 U_1B 게이트의 입·출력 파형을 아래의 표에 기록한다.
③ 오실로스코프로 측정된 파형의 주기와 주파수를 구한다.
④ 정리정돈을 실시한다.

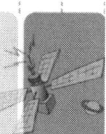

3. 발진회로(Oscillator)

측정점	파 형	비 고
U_1A의 출력		T/D : V/D : F :
U_1B의 출력		T/D : V/D : F :

3.3 타이머(Timer) IC를 이용한 비안정 멀티바이브레이터회로

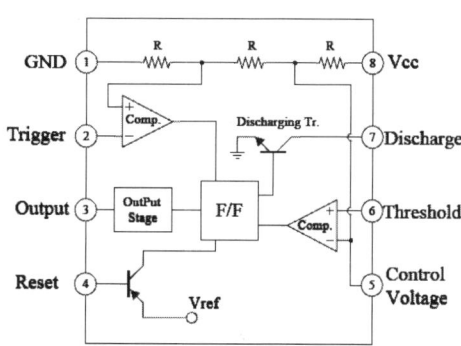

[NE555의 내부구조도]

(1) NE555는 단일 타이머 IC로 비안정 멀티바이브레이터(MV)과 단안정 멀티바이브레이터(MV)를 구성할 수 있다.
(2) 단일 전원으로 동작하는 리니어 IC로 전원 전압의 범위는 +4.5~16V(출력전류는 수

299

백 mA 정도이다.)

(3) NE555(MC14555 or KA555)를 이용해서 구성된 발진회로에서 얻을 수 있는 주파수는 최대 1MHz이나 300kHz 정도까지 이용하는 것이 적당하다.

(4) 최저의 발진주파수는 1/20~1/50Hz 정도가 안정하다.

(5) 설계식

   ① 충전 시간(출력 1) $T_1 = 0.693(R_1 + R_2)C$

   ② 발진 시간(출력 0) $T_2 = 0.693(R_2)C$

   ③ 주기 $T = T_1 + T_2 = 0.693(R_1 + 2R_2)C$

   ④ 주파수 $f = \dfrac{1}{T}[\text{Hz}]$ 또는 $f = \dfrac{1}{0.693(R_1 + 2R_2)C}[\text{Hz}]$

   ⑤ 제한 : 최대 $R_1 + R_2$ ··· $3.3M\Omega$

              최소 R_1 or R_2 ··· $1k\Omega$

              최저 C값 : 500pF

              최댓값 : C의 누설 전류에 의해 제한된다.

   Duty Cycle $= \dfrac{R_2}{R_1 + R_2} \times 100\%$

(6) R_1, R_2, C_1과 동작 주파수와의 관계

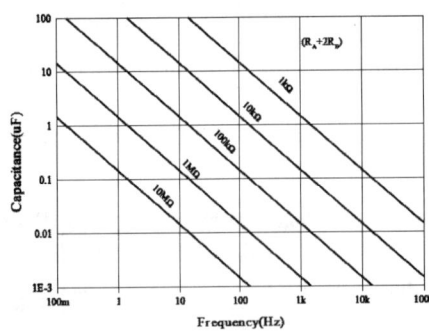

(7) 전원을 공급하는 순간 커패시터(C_1) 양단의 전압이 거의 0V가 되어 트리거 입력단자가 Low 상태가 되고, R_1, R_2를 통하여 커패시터에 충전하게 되고, 커패시터가 충전하는 동안 출력은 High 상태가 된다.

(8) C_1 양단의 전압이 Threshold 전압 이상이 되면 C_1은 R_2를 통하여 방전되며, C_1이 방전

하는 동안 출력은 Low 상태를 유지한다.

(9) 기본 회로

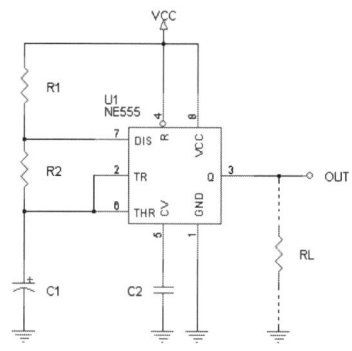

(10) 양단의 전압과 출력파형

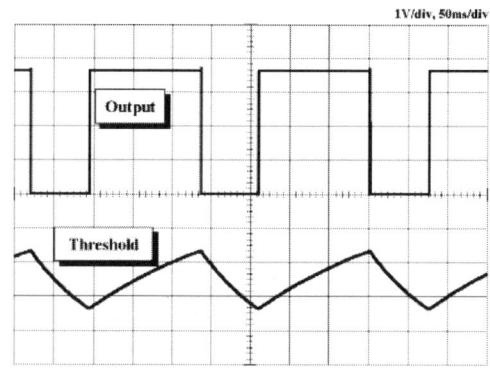

(11) 타이머 IC의 Reset 단자(4번 핀)를 High 상태로 하면 정상적인 타이머로 동작하나 Low 상태가 되면 출력은 Reset 상태가 된다.
(12) Optional by Capacitor 단자(5번 핀)는 회로 내에서 발생하는 급격한 전류 변화를 방출 또는 흡수하여 오동작을 방지하는 회로로, 보통 $0.1 \sim 0.01\mu F$ 의 커패시터를 사용한다.

타이머(Timer) IC를 이용한 비안정 멀티바이브레이터의 실험

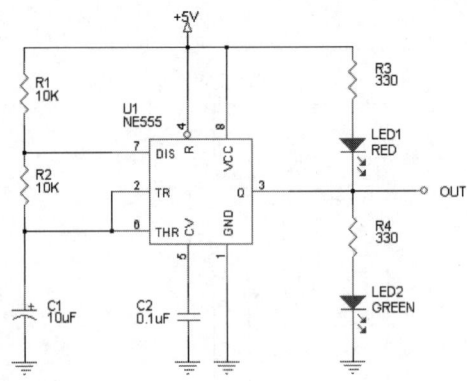

(1) 회로도와 같이 타이머(Timer) IC를 이용한 비안정 멀티바이브레이터를 조립한다.
(2) 오실로스코프를 이용하여 U_1 IC의 2번과 6번의 파형 및 U_1 IC의 출력파형을 아래의 표에 기록한다.
(3) 오실로스코프로 측정된 파형의 주기와 주파수를 구한다.
(4) 정리정돈을 실시한다.

측 정 점	파 형	비 고
U_1 IC의 파형 (2, 6번 핀)		T/D : V/D : F :
U_1 IC의 출력(3번 핀)		T/D : V/D : F :

3.4 이상추이 발진(Phase Shift OSC)회로

이상 발진이란 출력전압(전류)의 위상이 입력전압(전류)의 위상에 대하여 일정한 각도만큼 위상차가 생기도록 하여 발진을 시키는 회로를 말한다.

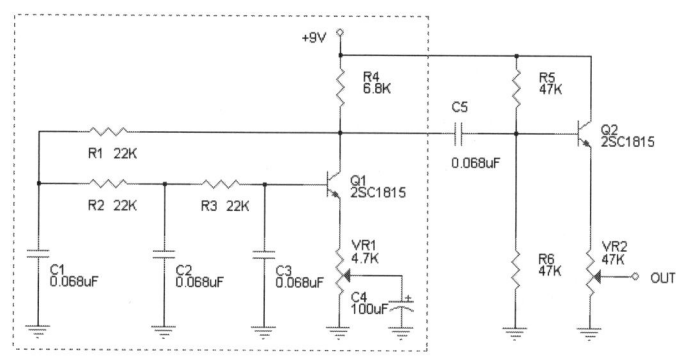

[이상추이 발진기(점선영역)와 완충 증폭기의 실습도면]

(1) 발진주파수(f)는 RC에 의해 결정되며

$$f = \frac{\sqrt{6}}{2\pi RC}[\text{Hz}] = \frac{\sqrt{6}}{2 \times 3.14 \times 22 \times 10^3 \times 0.068 \times 10^{-6}} \fallingdotseq 260[\text{Hz}]$$

(2) 발진주파수가 약 260Hz인 이상추이형 발진기이다.
(3) VR_1은 전류 궤환형 바이어스회로의 저항이며 가변 저항을 조정하여 정상발진이 되도록 한다.
(4) 이상추이형 발진회로에서 트랜지스터(Q_1)의 전압증폭도가 29배 이상이어야 발진을 하고 29배 이하가 되면 발진이 정지한다. 즉, A≥29이어야 한다.
(5) 이상형(지상[LPF]형, 적분형)에서

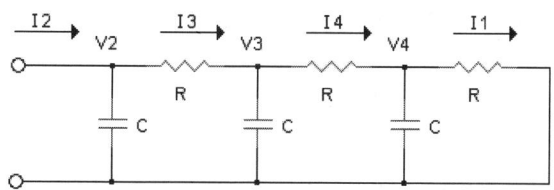

$$V_4 = RI_1$$
$$I_4 = I_1 + j\omega CV_4 = I_1 + J\omega CRI_1 = I_1(1+j\omega CR)$$
$$V_3 = V_4 + RI_4 = RI_1 + RI_4 = 2R+(j\omega CR^2)I_1$$
$$I_3 = I_4 + j\omega CV_3 = \{1+j3\omega CR+(j\omega CR)^2\}I_1$$
$$V_2 = V_3 + RI_3 = \{3R+j4\omega CR^2+(j\omega C)^2R^3\}I_1$$
$$I_2 = I_3 + j\omega CV_2 = \{1+j6\omega CR+5(j\omega CR)^2+(j\omega CR)^3\}I_1$$
$$\beta i = \frac{I_1}{I_2} = \frac{1}{i-\omega^2 C^2 R^2 + j\omega CR(6-\omega^2 C^2 R^2)}$$

(6) 위의 식에서 허수부가 "Zero(0)"가 될 때 I_1과 I_2의 위상은 180°로 정궤환(양되먹임) 되어 발진이 안정하게 된다.

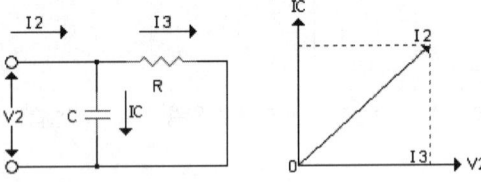

즉, $6-\omega^2 C^2 R^2$ 에서 $\omega CR = \sqrt{6}$

$$2\pi fCR = \sqrt{6}$$
$$f = \frac{\sqrt{6}}{2\pi RC}[\text{Hz}]$$

(7) $A_i = -h_{fe}$

$h_{fe} = 1-(5\times 6) = -29$ 이상이 되어야 한다.

(8) $Q = \tan^{-1}\left|\dfrac{I_C}{I_3}\right| = \tan^{-1}\omega CR$

결과적으로 $\dfrac{1}{\omega C} : R = 1 : \sqrt{3}$, $Q=60°$로 되어 3단 접속하여 궤환(되먹임) 전류는 입력전류와 동위상이 되므로 정궤환(양되먹임)이 되며 발진을 하게 된다.

(9) $A_i = \dfrac{-I_e}{I_b} = \dfrac{-h_{fe}}{1+h_{oe}\times R_L} \fallingdotseq \dfrac{1+h_{fe}}{1+h_{oe}\times R_L} \fallingdotseq 1+h_{fe}$

(10) $R_i = \dfrac{V_i}{I_b} = h_{ie}+h_{fe}A_iR_L \fallingdotseq h_{ie}+(1+_{hfe})$

3. 발진회로(Oscillator)

(11) $A_V = \dfrac{A_i \times R_L}{R_i} = \dfrac{1 - h_{ie}}{R_i}$

(12) $Y = h_{oe} = \dfrac{1 + h_{fe}}{1 - h_{ie} + R_3}$

① 회로도와 같이 이상추이 발진(Phase Shift OSC)회로를 조립한다.
② 오실로스코프를 이용하여 Q_1의 베이스와 컬렉터, Q_2의 베이스 파형 및 회로의 출력 파형을 아래의 표에 기록한다.
③ 오실로스코프로 측정된 파형의 주기와 주파수를 구한다.
④ 정리정돈을 실시한다.

측정점	파 형	비 고
Q_1의 베이스		T/D : V/D : F :
Q_1의 컬렉터		T/D : V/D : F :
Q_2의 베이스		T/D : V/D : F :
출 력		T/D : V/D : F :

3.5 빈 브리지 발진회로

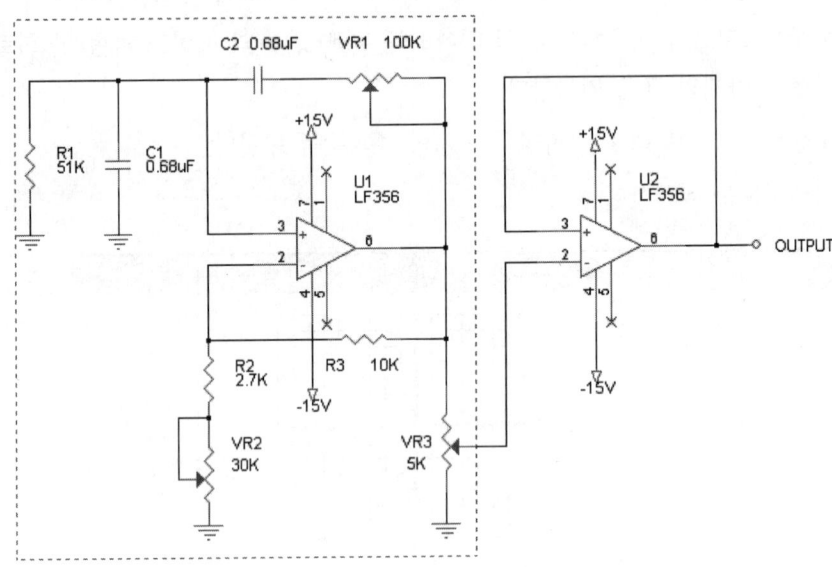

(1) 비반전입력(3번 핀)의 정궤환(양되먹임)회로를 HPF(진상)와 LPF(지상) 회로로 구성하고, 반전입력(2번 핀)은 전압분배회로로 구성하는 발진회로가 빈 브리지 발진회로이다.

(2) 정궤환회로의 R_1C_2는 HPF(High Pass Filter : 진상회로), VR_1C_1은 LPF(Low Pass Filter : 지상회로)로 동작되며, 이때 HPF와 LPF의 차단주파수가 동일(일치)할 때의 주파수가 발진주파수(f)가 된다.

$C_1 = C_2 = C$, $VR_1 = R_1 = R$일 때 발진주파수(f)는 $f = \dfrac{1}{2\pi CR}$ Hz가 된다.

(3) β(궤환비)=1/3일 때 최댓값에 도달되며, 이때 위상차는 0°가 된다. 즉 동위상이 되는 것으로 발진은 귀환은 동위상, 증폭에서는 역위상(180° 위상차)을 이용한다.

(4) $A\beta=1$(바크하우젠의 발진조건)이 되기 위한 이득(A)=3이 되어야 한다.

$A\beta = \dfrac{R_3}{R_2 + VR_2} = 2$ 이므로 $A = 1 + \dfrac{R_3}{R_2 + VR_2} = 3$이 된다.

(5) 여파기(filter)는 주파수의 응답특성에 따라 아래와 같이 분류한다.

① 저역통과 여파기(LPF : Low Pass Filter) : 차단주파수 이하는 통과시키고, 그 이상의 대역을 차단시키는 필터이다.

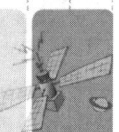

② 고역통과 여파기(HPF : High Pass Filter) : 차단주파수 이상을 통과시키고, 그 이하의 대역을 차단시키는 필터이다.

③ 대역제거 여파기(BEF : Band Eliminate Filter) : 두 특정 주파수 사이의 대역은 차단시키고, 그 밖의 주파수 대역은 통과시키는 필터이다.

④ 대역통과 여파기(BPF : Band Pass Filter) : 두 특정 주파수 사이의 대역은 통과시키고, 그 밖의 주파수 대역은 차단시키는 필터이다.

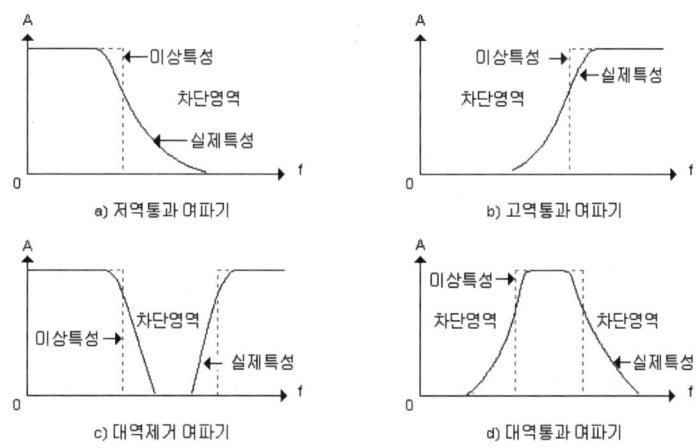

㉠ 회로도와 같이 빈 브리지 발진회로를 조립한다.
㉡ 오실로스코프를 이용하여 U_1 IC의 출력과 U_2 IC의 입·출력 파형을 아래의 표에 기록한다.
㉢ 오실로스코프로 측정된 파형의 주기와 주파수를 구한다.
㉣ 정리정돈을 실시한다.

측 정 점	파 형	비 고
U_1 IC의 출력		T/D : V/D : F :

측정점	파형	비고
U_2 IC의 입력		T/D : V/D : F :
U_2 IC의 출력		T/D : V/D : F :

3.6 연산 증폭(OP AM)를 이용한 비안정 멀티바이브레이터(M/V)

연산증폭기를 이용한 비안정 멀티바이브레이터 회로로서, 회로의 구성은 히스테리시스를 갖는 비교기와 같지만 입력신호가 인가되지 않고 대신 커패시터(C)를 접속한다. 저항 R과 nR은 출력전압(V_o)의 일부를 입력으로 정궤환시키고, +포화전압(+V_{sat})일 때의 궤환전압은 상승경계전압(V_{UT})이고, −포화전압(−V_{sat})일 때의 하강경계전압(V_{LT})이다.

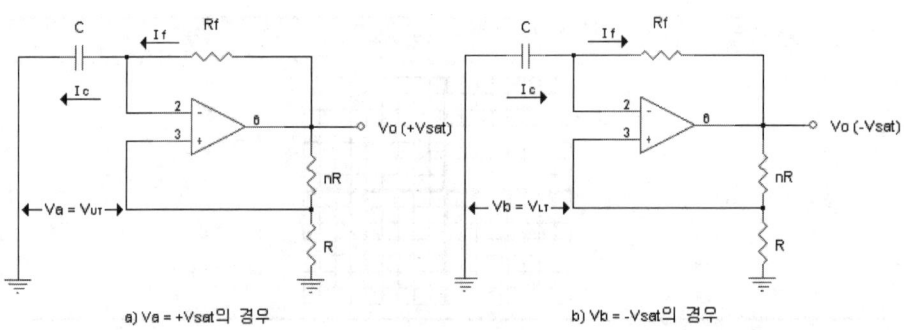

a) Va = +Vsat의 경우   b) Vb = -Vsat의 경우

$$V_a = V_{UT} = \frac{R}{R+nR}(+V_{sat}) = \frac{1}{1+n}(+V_{sat})$$

$$V_b = V_{LT} = \frac{R}{R+nR}(-V_{sat}) = \frac{1}{1+n}(-V_{sat})$$

(1) 출력이 +V$_{sat}$이고 궤환 저항(R$_f$)에 의해 출력이 반전 입력단자에 되먹임되는 형식으로 입력단자에 흐르는 전류는 0이므로, 귀환 저항(R$_f$)을 흐르는 전류는 커패시터로 흘러 충전을 하게 된다.

(2) 커패시터의 충전전압이 증가하여 V$_{UT}$를 넘게 되면 연산증폭기의 출력은 +V$_{sat}$에서 -V$_{sat}$으로 반전되게 된다.

(3) 출력(-V$_{sat}$)이 반전 입력단자의 전압보다 낮으므로 귀환 저항(R$_f$)을 흐르는 전류의 방향이 반대가 되므로, 커패시터는 방전을 하게 된다.(-V$_{sat}$으로 충전되는 것이다.)

(4) 커패시터가 방전을 하여 V$_{LT}$보다 적어지면 연산증폭기의 출력은 +V$_{sat}$으로 반전된다.

(5) 출력은 위와 같이 +V$_{sat}$과 -V$_{sat}$의 과정을 반복하는 비안정 멀티바이브레이터이다.

(6) 주기(T)와 주파수(f)는

주기(T) $T = 2R_f C$

주파수(f) $f = \dfrac{1}{T} = \dfrac{1}{2R_f C}$ Hz에 의하여 구한다.

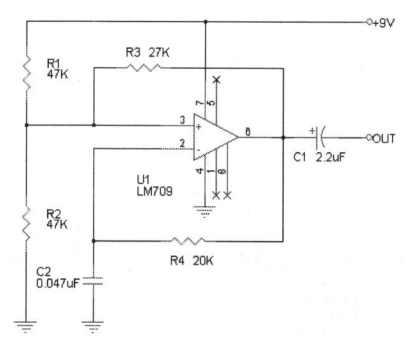
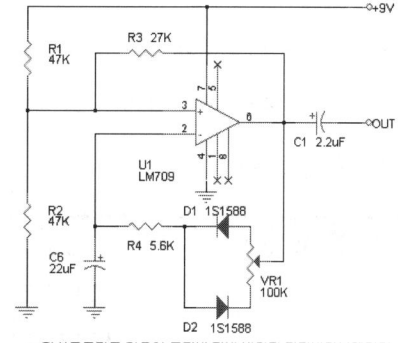

a) 연산증폭기를 이용한 비안정 멀티바이브레이터   b) 연산증폭기를 이용한 듀티비 가변 비안정 멀티바이브레이터

[연산 증폭기(OP AMP)를 이용한 비안정 멀티바이브레이터]

1 연산 증폭기(OP AMP)를 이용한 비안정 멀티바이브레이터

(1) R$_1$과 R$_2$는 출력전압의 일부를 연산증폭기(OP AMP)의 비반전입력에 귀환(되먹임)시켜 주는 전압 분배기가 있다.

(2) R$_4$는 연산증폭기(OP AMP)의 출력을 반전입력으로 정궤환(양되먹임)시켜 발진시키

기 위한 저항이다.

(3) 주기(T)는 $T = 2RfC = 2 \times 20 \times 10^3 \times 0.047 \times 10^{-6} = 1.88 \mathrm{ms}$

(4) 발진 주파수(f)는

$$f = \frac{1}{T} = \frac{1}{2R_4 C_2}[\mathrm{Hz}] = \frac{1}{2 \times 20 \times 10^3 \times 0.047 \times 10^{-6}} \fallingdotseq 532 \mathrm{Hz}$$

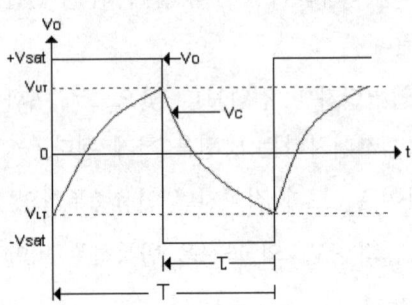

[비안정 멀티바이브레이터의 출력파형]

① 회로도와 같이 a)의 연산증폭기(OP AMP)를 이용한 비안정 멀티바이브레이터를 조립한다.
③ 오실로스코프를 이용하여 U_1 IC의 출력 파형을 아래의 표에 기록한다.
④ 오실로스코프로 측정된 파형의 주기와 주파수를 구한다.
⑤ 정리정돈을 실시한다.

측 정 점	파 형	비 고
U_1 IC의 출력		T/D : V/D : F :

2 연산 증폭기(OP AMP)를 이용한 듀티(DUTY)비 가변 비안정 멀티바이브레이터(M/V)

(1) 이 회로는 되먹임 저항(Rf)에 D_1, D_2를 역방향으로 하여 100kΩ VR의 양단에 접속하

였으므로 커패시터(22μF)에 충전 전류는 가변 저항(VR)의 B-C간 저항과 D₁, 5.6kΩ을 거치고, 방전 시는 5.6kΩ과 D₂를 거쳐 가변 저항(VR)의 A-B간 저항을 통해 방전한다.

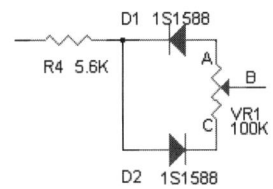

(2) 커패시터의 충·방전 시정수는 VR(100kΩ)의 가변에 의하여 듀티비가 변화하며 가변 저항(VR)의 A-C의 중앙에 B점이 놓이면 듀티비 50%의 구형파가 얻어진다.

(3) 듀티비 50%일 경우의 발진주파수(f)는

$f = 1/2 \times (50 \times 10^3 + 5.6 \times 10^3) \times 22 \times 10^{-6} ≒ 0.41$Hz가 된다.

① 회로도와 같이 b)의 연산증폭기(OP AMP)를 이용한 듀티비 가변 비안정 멀티바이브레이터를 조립한다.

② 오실로스코프를 이용하여 U₁ IC의 듀티비가 50%되게 가변 저항을 조정하고, 이때의 출력파형을 아래의 표에 기록하시오. 또한 듀티비가 가변되는지 오실로스코프로 확인한다.

③ 오실로스코프로 측정된 파형의 주기와 주파수를 구한다.

④ 정리정돈을 실시한다.

측정점	파형	비고
U₁ IC의 출력		T/D : V/D : F :

3.7 단안정 멀티바이브레이터 실험하기

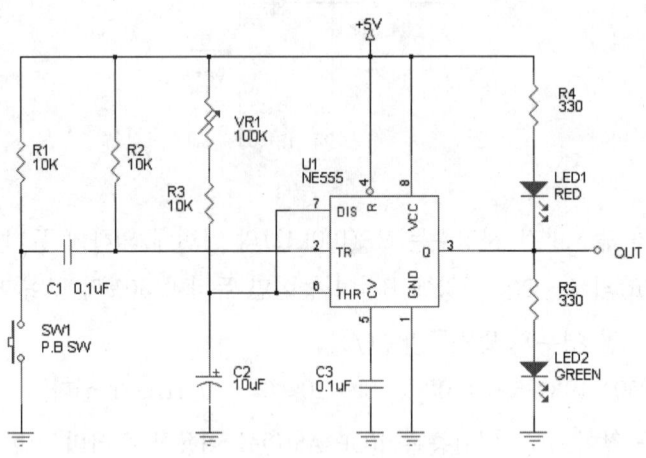

[단안정 멀티바이브레이터]

(1) 푸시버튼 SW_1은 OFF일 경우는 R_2를 통해 핀2번이 "H" 레벨이 되어 출력(핀3번)은 "L"가 되어 LED_1은 소등되어 있다.

(2) 푸시버튼 SW_1을 ON하는 순간 C_1의 충전 전하가 트리거 펄스를 가해 줌으로 출력단자는 "H"로 바뀐다. 이때 "H" 전압을 유지하는 시간은 RC의 시상수에 의해 결정되며 $VR_1(100k\Omega)$의 조정 값에 따라 결정된다.

최소 시상수 (반고정 저항이 최소 (0Ω)일 때)

$$T_{MIN} = 1.1RC = 1.1 \times 10 \times 10^3 \times 10 \times 10^{-6} = 0.11 [\text{sec}]$$

최고 시상수 (반고정 저항이 최대 ($100k\Omega$)일 때)

$$T_{MAX} = 1.1RC = 1.1 \times (10 \times 10^3 + 100 \times 10^3) \times 10 \times 10^{-6} = 1.21 [\text{sec}]$$

(3) 주파수(f)는 $f = \dfrac{1}{T} = \dfrac{1}{2.2R_2C_1}[\text{Hz}]$

① 회로도와 같이 타이머 IC를 이용한 단안정 멀티바이브레이터를 조립한다.

② SW_1의 ON OFF시 LED_1과 LED_2의 동작상태를 아래의 동작 상태표에 기록한다.

③ SW_1을 ON OFF시 오실로스코프를 이용하여 U_1 IC의 입력 트리거 펄스와 출력 파형을 아래의 표에 기록한다.

3. 발진회로(Oscillator)

④ 오실로스코프로 측정된 파형의 주기와 주파수를 구한다.
⑤ 정리정돈을 실시한다.

SW의 상태	LED의 점등상태	
	LED1의 상태	LED2의 상태
OFF 시		
ON 시		

LED의 점등 : 1, LED의 소등 : 0

측정점	파형	비고
U_1 IC의 트리거 입력 펄스		T/D : V/D : F :
U_1 IC의 출력 파형		T/D : V/D : F :

3.8 UJT 발진을 이용한 쌍안정 멀티바이브레이터

쌍안정 멀티바이브레이터는 플립플롭(Flip-Flop : FF)으로도 불리며 1과 0의 안정된 두 가지의 논리상태를 갖는 회로를 말한다. 즉 입력에 따라 데이터를 기억하는 역할을 하는 회로이다.

(1) UJT를 이용한 발진회로를 입력 펄스로 쌍안정 멀티바이브레이터를 구성한 회로이다.
(2) 발진을 위한 회로의 동작을 살펴보면, VR_1을 통하여 C_1 커패시터에 충전이 되고, 충전이 이루어지면 UJT의 이미터(E)를 통하여 B_1과 R_2 저항을 통하여 방전을 하게 되고, 방전이 완료되면 다시 충전을 하게 되고 충전이 되면 방전을 하게 된다.

(3) 발진 주기(T)는 $T=1.16 VR_1 C_1$이 되고, 주파수(f)는

$$f = \frac{1}{T} = \frac{1}{1.16 \times 100 \times 10^3 \times 0.47 \times 10^{-6}} = 18[\text{Hz}]$$

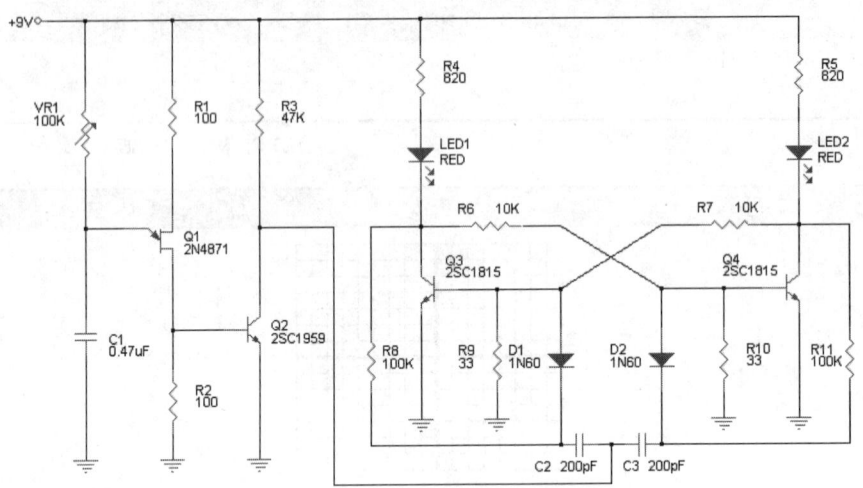

① 회로도와 같이 UJT 발진을 이용한 쌍안정 멀티바이브레이터(bistable multi vibrators)를 조립한다.

② UJT가 정상 발진시 LED_1과 LED_2는 교차 점등의 동작 상태가 나타나면, 오실로스코프를 이용하여 Q_1(UJT)의 이미터와 베이스1의 출력파형과 Q_2와 Q_3, Q_4의 컬렉터 파형을 아래의 표에 기록한다.

③ 오실로스코프로 측정된 파형의 주기와 주파수를 구한다.

④ 정리정돈을 실시한다.

측정점	파형	비고
Q_1 이미터(E) (2N4871)		T/D : V/D : F :

3. 발진회로(Oscillator)

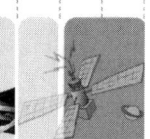

측 정 점	파 형	비 고
Q_1 베이스1(B_1) (2N4871)		T/D : V/D : F :
Q_3의 컬렉터 (2SC1815)		T/D : V/D : F :
Q_4의 컬렉터 (2SC1815)		T/D : V/D : F :

3.9 슈미트트리거(Schmitt Trigger)회로

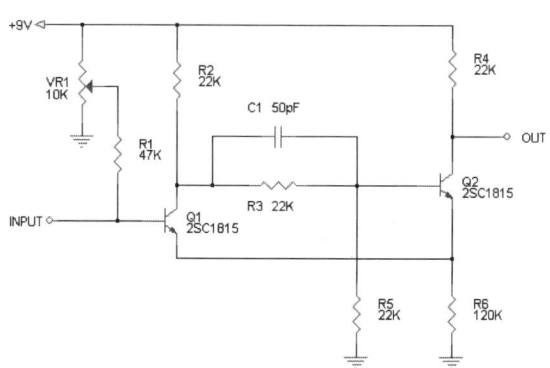

(1) 사인파를 구형파로 변환하는 회로가 슈미트트리거회로이다.

(2) 입력이 없으면 Q_1의 베이스는 "L" 상태이므로 Q_1은 차단상태가 되고, Q_2의 베이스에는 R_2와 R_3 저항을 통하여 R5에 전압이 걸려 Q_2의 베이스에 바이어스 전압이 걸려 Q_2가 도통 상태가 출력 상태는 "L"가 된다.

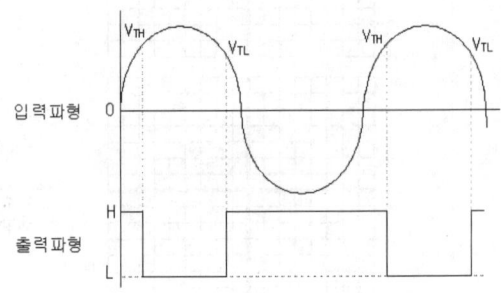

[슈미트트리거회로의 입·출력 파형]

(3) 입력이 공급되어 1.2V 이상이 Q_1의 베이스에 가해지면 Q_1이 ON 상태로 되며 이때 Q_2의 베이스 전압은 0.1V 밖에 되지 않아 차단 상태가 된다. Q_1이 ON 상태이면 Q_2는 차단 상태가 되어 "H" 상태의 출력을 얻는다.

(4) 스레시홀드 레벨(Threshold Level)이 "L"상태는 0.6V, "H"상태는 1.2V가 되어 히스테리시스 폭은 1.2~0.6=0.6V가 된다.

① 입력신호가 1.2V가 넘으면 Q_1은 ON, Q_2는 OFF로 출력은 Vcc만큼 된다. 즉 "H" 상태가 된다.

② 입력신호가 1.2V 이하이면 Q_1은 OFF, Q_2는 ON 상태로 출력은 거의 0V가 된다. 즉 출력은 "L" 상태가 된다.

(5) R_3 저항과 병렬 연결된 C_1 커패시터는 스피드 업(Speed up) 회로로 이 커패시터를 스피드업 커패시터라 하고, 이 커패시터는 동작 상태의 변화를 빠르게 하기 위해서 사용한다.

① 회로도와 같이 슈미트트리거(Schmitt Trigger)회로를 조립한다.

② 입력단자에 저주파 발진기를 이용하여 +5V의 정현파를 공급한다.

③ 입력신호를 공급한 상태에서 오실로스코프를 이용하여 입력과 출력파형을 아래의 표에 기록한다.

④ 오실로스코프로 측정된 파형의 주기와 주파수를 구한다.

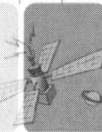

3. 발진회로(Oscillator)

⑤ 정리정돈을 실시한다.

측정점	파형	비고
입력		T/D : V/D : F :
출력		T/D : V/D : F :

4. 향상 실습

4.1 기본논리회로의 실험

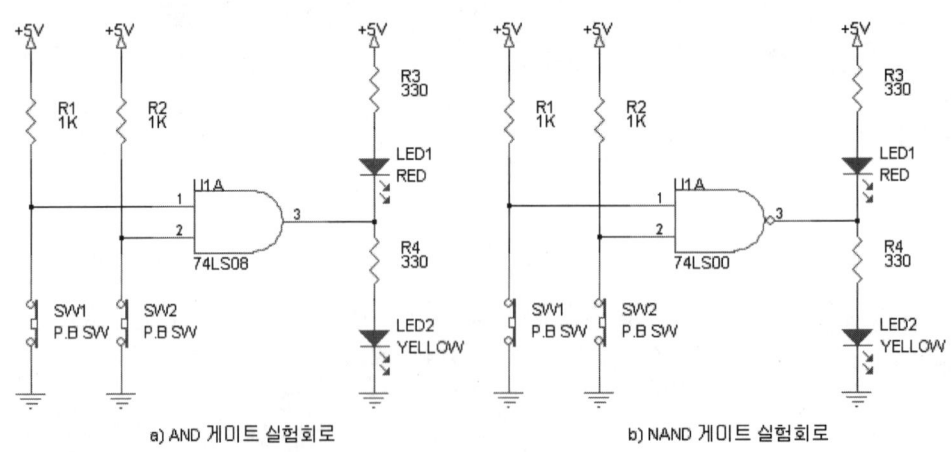

a) AND 게이트 실험회로   b) NAND 게이트 실험회로

(1) 회로도와 같이 AND회로를 브레드 보드를 이용하여 조립하시오. 접속 불량이 일어나지 않도록 유의한다.
(2) 아래의 표와 같이 스위치를 조작하고, 이때 LED의 동작 상태를 표에 기록한다.
(3) AND회로의 실험을 마치면, NAND 게이트(74LS00) IC로 교체하여 NAND 회로의 실

4. 향상 실습

험을 AND와 동일하게 측정하여 기록한다.

AND회로의 실험				NAND회로의 실험			
스위치의 동작상태		LED₁의 동작상태	LED₂의 동작상태	스위치의 동작상태		LED₁의 동작상태	LED₂의 동작상태
SW₂	SW₁			SW₂	SW₁		
0	0			0	0		
0	1			0	1		
1	0			1	0		
1	1			1	1		

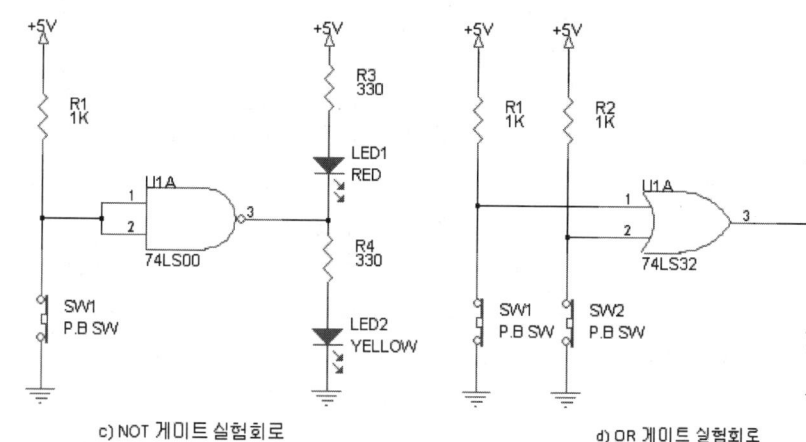

c) NOT 게이트 실험회로   d) OR 게이트 실험회로

(4) NAND회로의 실험을 마치면, NOT 게이트(74LS00) IC로 교체하여 NOT회로의 실험을 NAND회로와 동일하게 측정하여 기록한다.

(5) NOT회로의 실험을 마치면, OR 게이트(74LS32) IC로 교체하여 OR회로의 실험을 NAND회로와 동일하게 측정하여 기록한다.

NOT회로의 실험			OR회로의 실험			
스위치의 동작상태	LED₁의 동작상태	LED₂의 동작상태	스위치의 동작상태		LED₁의 동작상태	LED₂의 동작상태
SW₁			SW₂	SW₁		
0			0	0		
			0	1		
1			1	0		
			1	1		

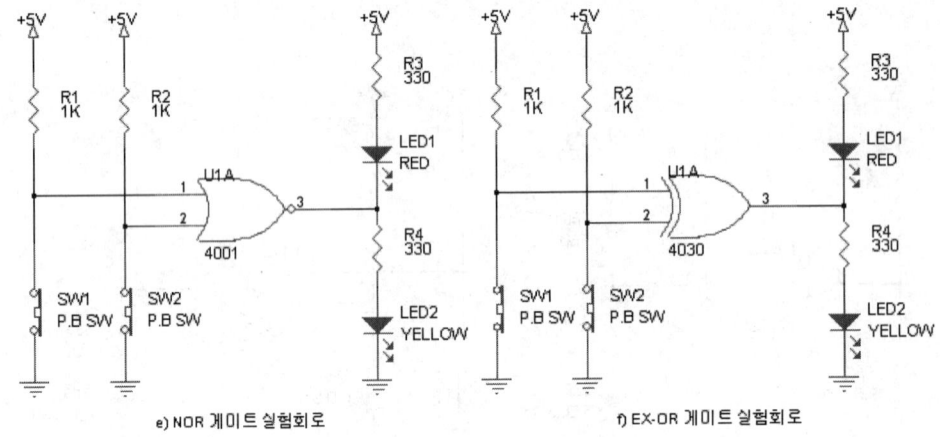

e) NOR 게이트 실험회로   f) EX-OR 게이트 실험회로

(6) OR회로의 실험을 마치면, NOR 게이트(4001) IC로 교체하여 NOR회로의 실험을 OR 와 동일하게 측정하여 기록한다.

(7) NOR회로의 실험을 마치면, EX-OR 게이트(4030) IC로 교체하여 EX-OR회로의 실험 을 NOR회로와 동일하게 측정하여 기록한다.

(8) 정리정돈을 실시한다.

4. 향상 실습

NOR회로의 실험			
스위치의 동작상태		LED₁의 동작상태	LED₂의 동작상태
SW₂	SW₁		
0	0		
0	1		
1	0		
1	1		

EX-OR회로의 실험			
스위치의 동작상태		LED₁의 동작상태	LED₂의 동작상태
SW₂	SW₁		
0	0		
0	1		
1	0		
1	1		

4.2 JK F/F(플립플롭) 실험하기

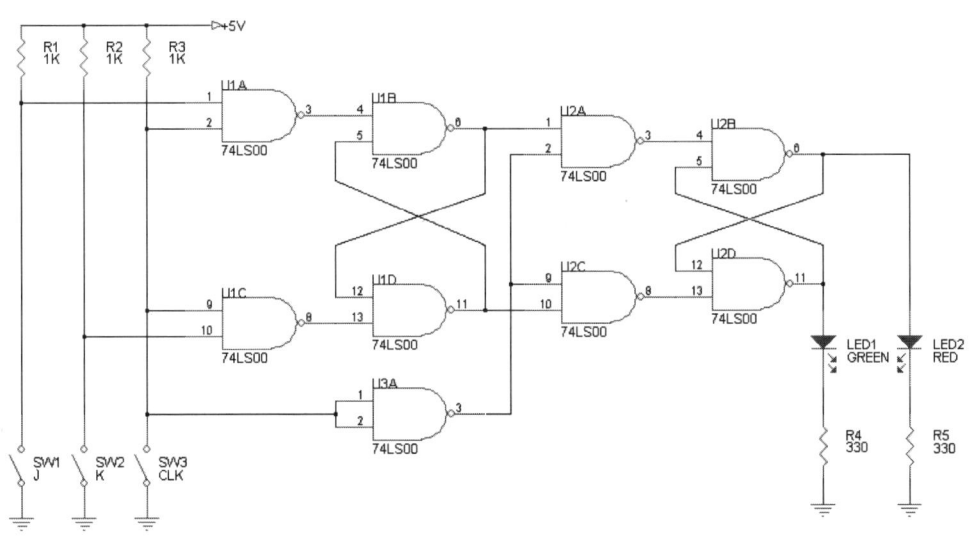

[JK 플립플롭(F/F)의 실험]

(1) 회로도와 같이 JK 플립플롭의 실험회로를 조립한다.

(2) SW₁, SW₂(J, K)의 설정에 따라 SW₃(CLK)의 ON OFF 동작을 할 때 LED₁과 LED₂의 동작 상태를 아래의 표에 기록한다.

(3) 정리정돈을 실시한다.

DATA의 설정		CLK의 상태	LED 동작 상태	
J	K		LED₁	LED₂
0	0	0		
0	1			
1	0			
1	1			
0	0			
0	1			
1	0			
1	1			

4.3 분주회로의 실험

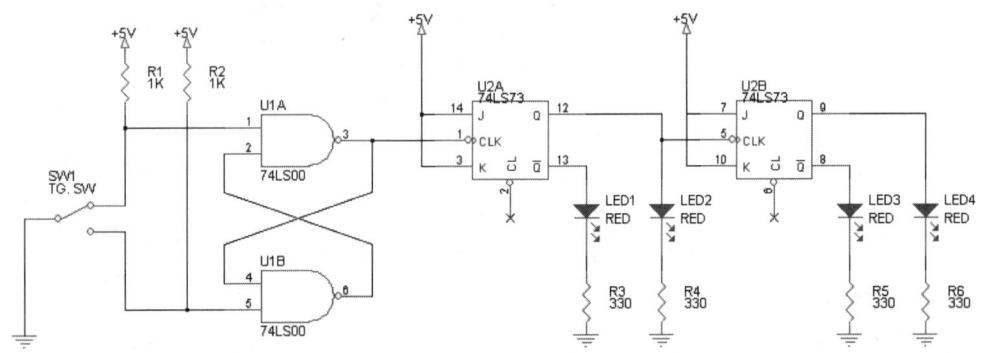

(1) 회로도와 같이 분주회로를 조립한다.

(2) SW₁ 스위치의 조작 시 클록 펄스가 발생되면, LED의 동작 상태를 표에 기록하고, 클록의 수에 따른 분주의 기능을 이해하도록 한다.

(3) 정리정돈을 실시한다.

4. 향상 실습

[클록 펄스에 따른 LED의 점등상태 표]

클록펄스의 수	LED$_1$의 점등상태	LED$_2$의 점등상태	LED$_3$의 점등상태	LED$_4$의 점등상태
0				
1				
2				
3				

측 정 점	파 형	비 고
입력 펄스		T/D : V/D : F :
U$_2$A의 출력		
U$_2$B의 출력 (9번 핀)		
U$_2$B의 출력 (8번 핀)		T/D : V/D : F :

4.4 포토 트랜지스터를 이용한 발진회로의 실험

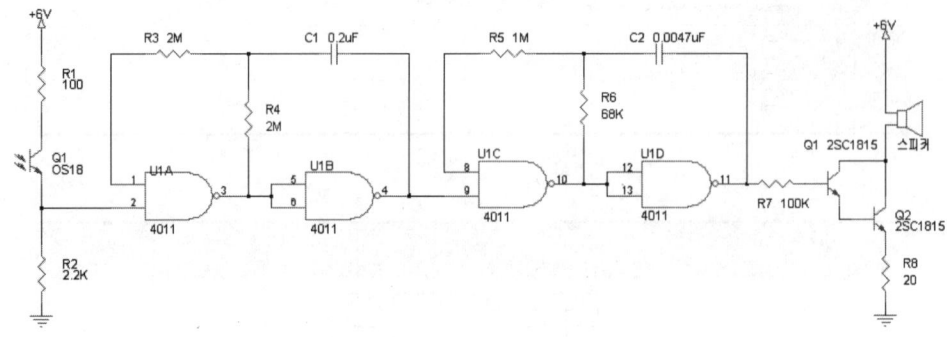

(1) 회로도와 같이 포토 트랜지스터를 이용한 발진회로를 조립한다.
(2) 포토 트랜지스터의 입사광을 차단하면, 발진이 정지되어 스피커에서는 발진음이 울리지 않고, 포토 트랜지스터에 입사광을 조사하면 발진음이 스피커에서 울린다.
(3) 발진음이 스피커에서 울리면 오실로스코프를 이용하여 아래 표에서 지정된 측정점의 파형을 측정하여 기록한다.
(4) 스피커에서 발진음이 울릴 때와 발진음의 정지 시 포토 트랜지스터 이미터의 전압을 측정하여 아래의 전압 측정표에 기록한다.
(5) 정리정돈을 실시한다.

측정점	측정 전압
발진시 Q_1의 이미터 전압	
발진 정지 시 Q_1의 이미터 전압	

측정점	파 형	비 고
U_1A의 2번 핀 (빛 차단시)		T/D : V/D : F :
U_1A의 2번 핀 (빛 조사시)		
U_1B의 4번 핀 (MV_1의 출력)		
U_1D의 11번 핀 (MV_2의 출력)		T/D : V/D : F :

4.5 톱니파 발생회로 조립하기

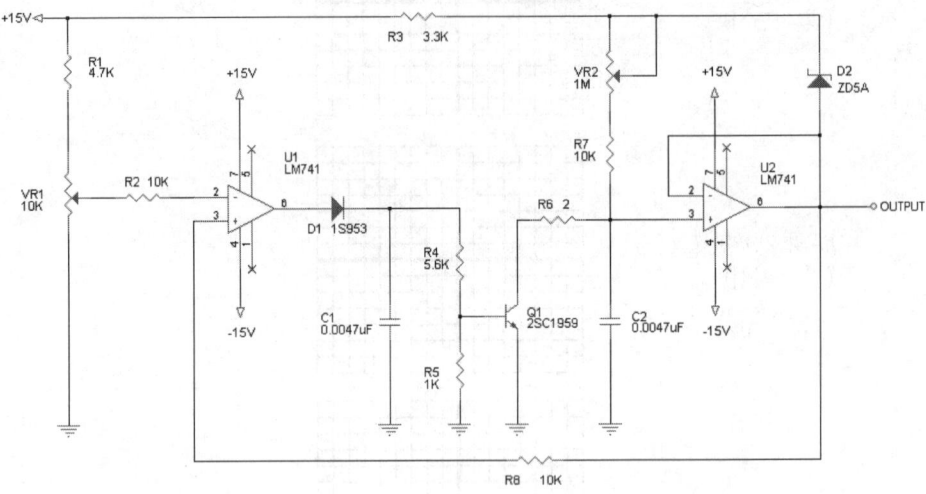

(1) 회로도와 같이 톱니파 발생회로를 조립한다.
(2) 조립이 완성되면 오실로스코프를 이용하여 U_1 IC와 U_2 IC의 출력파형을 측정하여 아래의 표에 그린다.
(3) 톱니파 발생회로의 출력주파수는 약 50~80Hz 사이의 주파수이다.
(4) 정리정돈을 실시한다.

측 정 점	파 형	비 고
U_1 IC의 출력 (6번 핀)		T/D : V/D : F :

4. 향상 실습

측정점	파형	비고
U₂ IC의 출력 (6번 핀)		T/D : V/D : F :

4.6 D/A 변환회로 조립하기

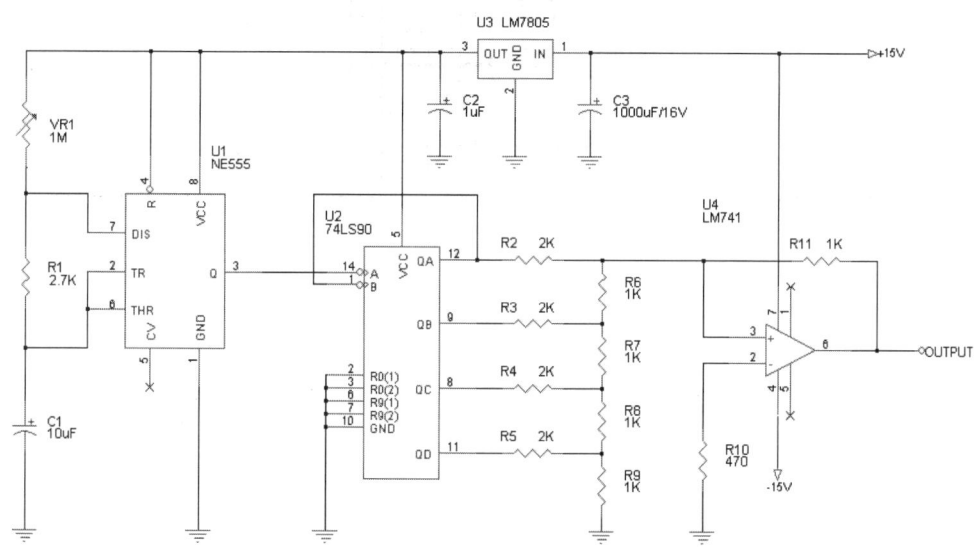

(1) 회로도와 같이 D/A 변환회로를 조립한다.
(2) 가변 저항(VR₁)을 조정하여 발진회로의 주파수가 1Hz가 되도록 한다.
(3) 조립이 완성되면 오실로스코프로 출력의 파형을 측정하여 아래의 표에 그린다.
(4) 정리정돈을 한다.

측정점	파 형	비 고
U_1의 출력		T/D : V/D : F :
U_4의 입력		
U_4의 출력		T/D : V/D : F :

4. 향상 실습

4.7 2×4 해독기(DECODER)

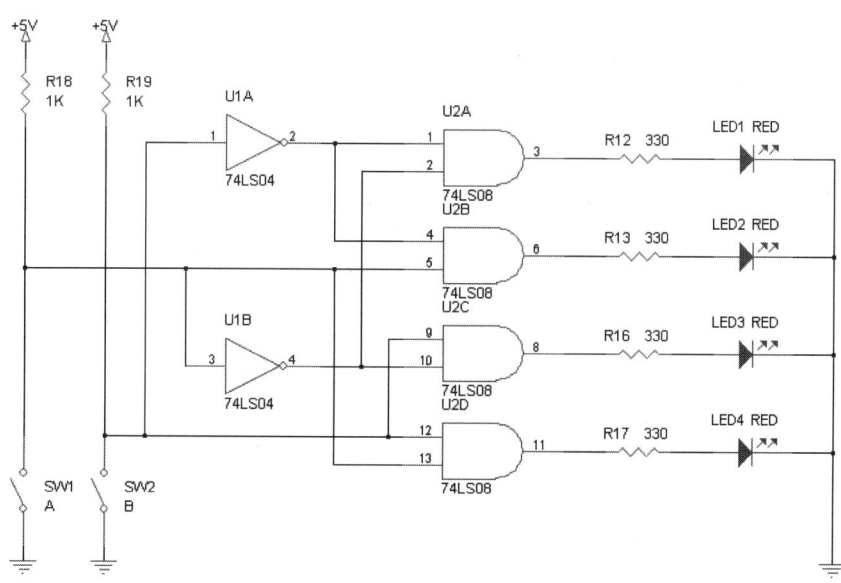

(1) 회로도와 같이 2×4 해독기(DECODER)를 조립한다.
(2) 스위치의 조작에 따라 LED의 점등상태를 아래의 표에 기록한다.
(3) 정리정돈을 한다.

입 력		출 력			
SW_1	SW_2	LED_4	LED_3	LED_2	LED_1
0	0				
0	1				
1	0				
1	1				

4.8 멀티플렉서(MUX : 채널선택)회로

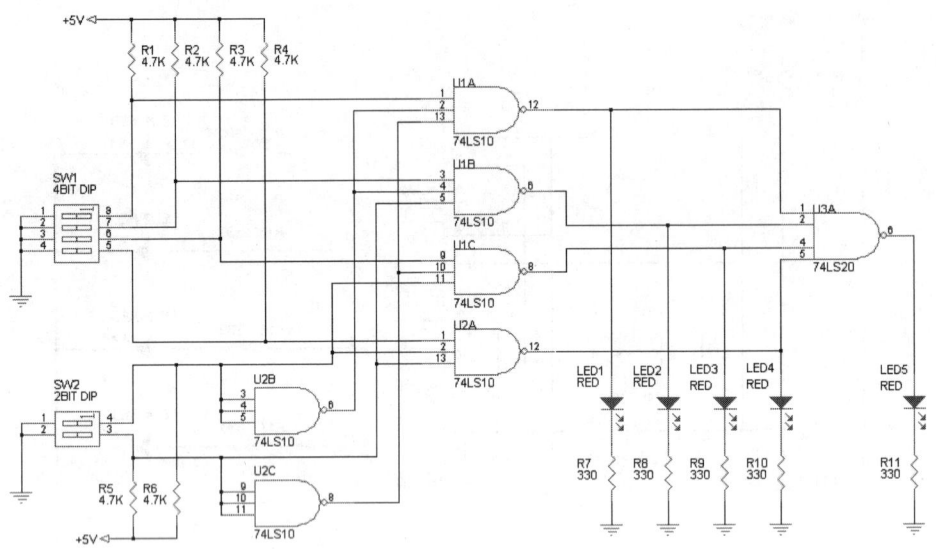

(1) 회로도와 같이 멀티플렉서(MUX : 채널선택)를 조립한다.
(2) SW_1의 데이터 설정에 따른 SW_2 스위치의 조작에 따라 LED의 점등상태를 아래의 표에 기록한다.
(3) 정리정돈을 한다.

SW_1의 상태				SW_2의 상태		LED의 점등상태				비 고
D	C	B	A	S_2	S_1	LED_1	LED_2	LED_3	LED_4	
X	X	X	0	0	0					
X	X	X	1	0	0					
X	X	0	X	0	1					
X	X	1	X	0	1					
X	0	X	X	1	0					
X	1	X	X	1	0					
0	X	X	X	1	1					
1	X	X	X	1	1					

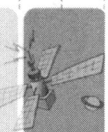

4.9 시프트 레지스터(Shift Resistor)

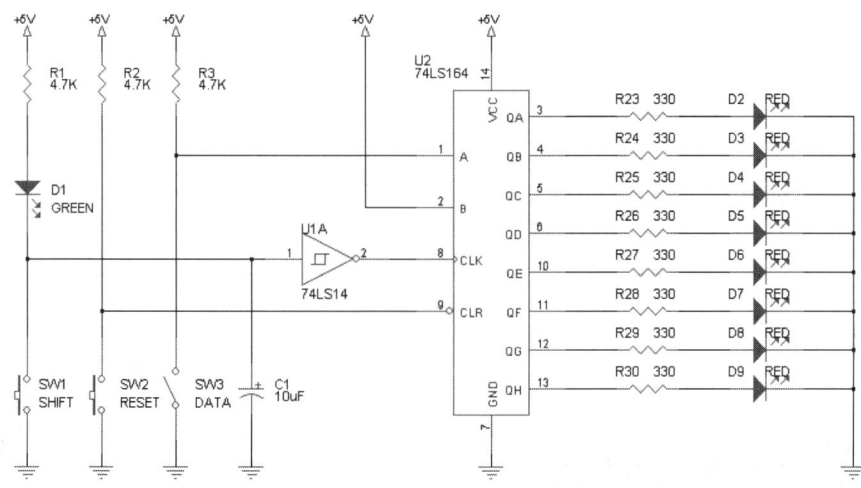

(1) 회로도와 같이 시프트 레지스터를 조립한다.
(2) SW_3를 OFF하고, SW_2를 눌러 CLEAR한다.
   SW_1을 누르면 LED_2가 점등되고, 한번 더 누르면 LED_2, LED_3가 점등된다.
   SW_1을 누를 때마다 LED의 점등상태가 LED_2 ~ LED_9로 시프트된다.
(3) SW_3를 ON하면 0을, OFF하면 1을 시프트시킨다.
(4) SW_1을 누를 때마다 LED1(녹색)은 점등한다.

SW_1(클록 수)	SW_3(데이터)	LED_2	LED_3	LED_4	LED_5	LED_6	LED_7	LED_8	LED_9
1	0								
2									
3									
4									
5									
6									
7									
8									

SW₁(클록 수)	SW₃(데이터)	LED₂	LED₃	LED₄	LED₅	LED₆	LED₇	LED₈	LED₉
1	1								
2									
3									
4									
5									
6									
7									
8									

4.10 구형파 변환회로

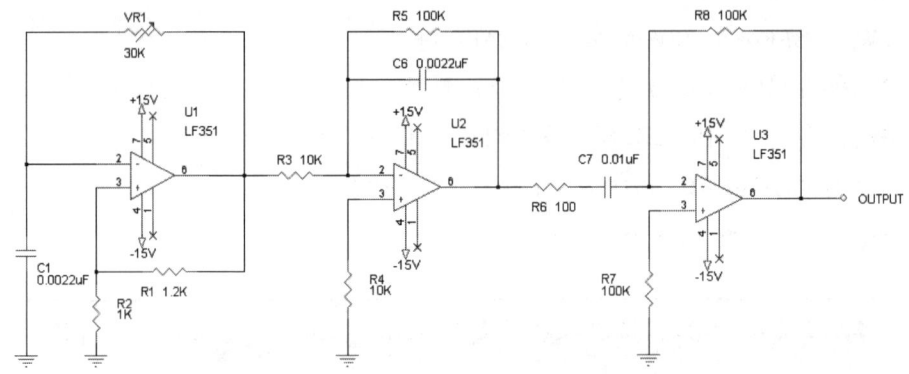

(1) 회로도와 같이 구형파 변환회로를 조립한다.
(2) 전원을 공급하고, 오실로스코프를 이용하여 U₁ IC의 출력(6번 핀)의 파형이 일그러짐이 없도록 가변 저항(VR₁)을 조정한다.
(3) 각각의 IC의 출력(6번 핀)의 파형을 오실로스코프로 측정하여 아래의 표에 기록한다.
(4) 정리 정돈을 실시한다.

4. 향상 실습

측정점	파형	비고
U₁의 출력		T/D : V/D : F :
U₂의 입력		
U₃의 출력		T/D : V/D : F :

4.11 10진 카운터

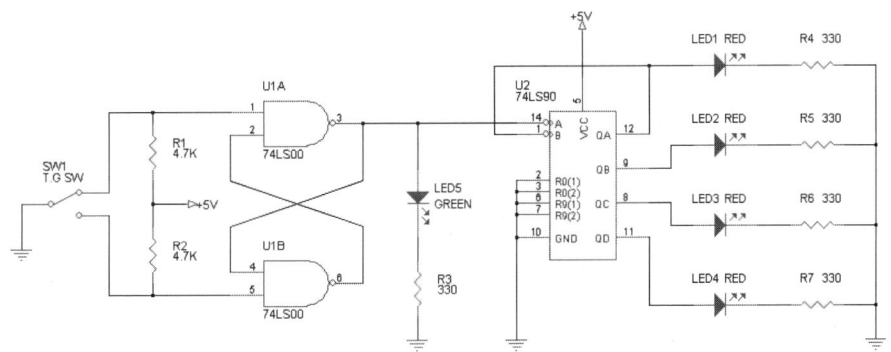

(1) 회로도와 같이 10진 카운터 회로를 조립한다.
(2) SW_1을 ON/ OFF시 출력 LED의 점등상태가 BCD 코드로 점등하는가 확인하고, LED의 점등상태를 아래의 표에 기록한다.
(3) 입력단의 클록 발생회로의 스위치 전환시 LED_5(녹색)는 소등과 점등을 반복하고, 클록 펄스의 수를 카운트하여 LED(적색 : LED_1-LED_4)의 점등상태로 나타낸다.
(4) 정리정돈을 실시한다.

입력 펄스 수	출력 LED의 점등상태			
	LED_4	LED_3	LED_2	LED_1
0				
1				
2				
3				
4				
5				
6				
7				
8				
9				

4.12 10진 디코더(1 of 10)

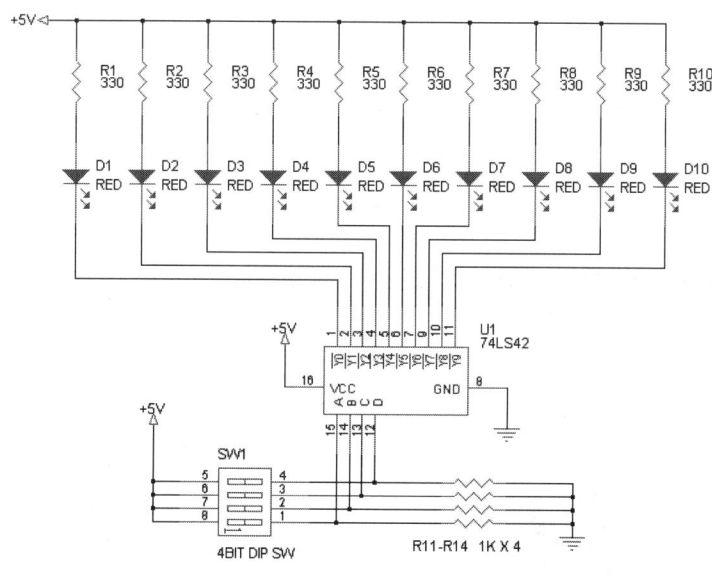

(1) 회로도와 같이 2진화 10진 디코더회로를 조립한다.

(2) SW_1의 데이터 설정에 따라 해당 수의 LED가 점등이 되면, 스위치의 설정에 따른 LED의 점등상태를 아래의 표에 기록한다.

(3) 정리정돈을 실시한다.

10진수	스위치의 설정상태				LED의 점등상태									
	D	C	B	A	LED_1	LED_2	LED_3	LED_4	LED_5	LED_6	LED_7	LED_8	LED_9	LED_{10}
0	0	0	0	0										
1	0	0	0	1										
2	0	0	1	0										
3	0	0	1	1										
4	0	1	0	0										
5	0	1	0	1										
6	0	1	1	0										

10진수	스위치의 설정상태				LED의 점등상태									
	D	C	B	A	LED_1	LED_2	LED_3	LED_4	LED_5	LED_6	LED_7	LED_8	LED_9	LED_{10}
7	0	1	1	1										
8	1	0	0	0										
9	1	0	0	1										

4.13 7세그먼트 LED 디스플레이(FND)의 실험

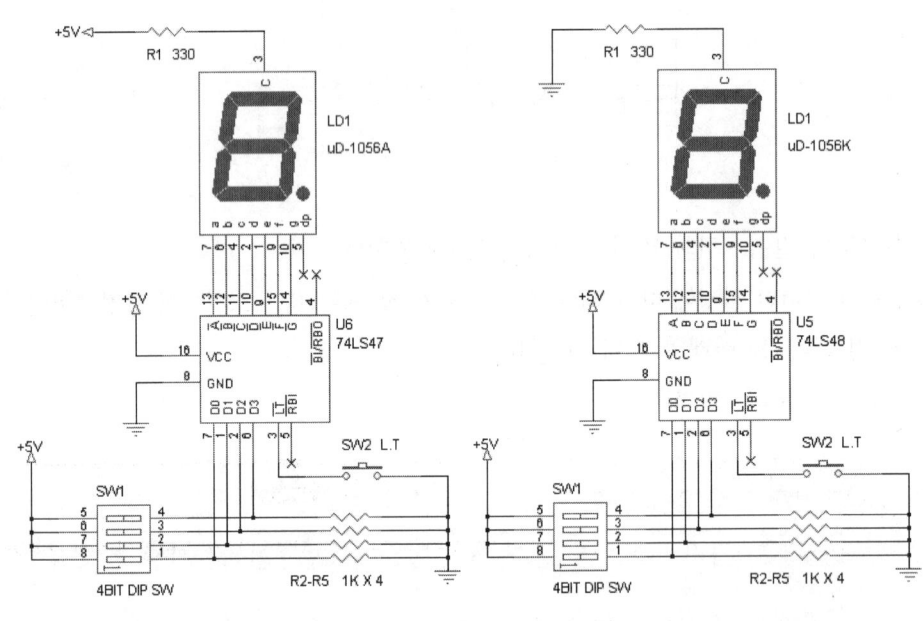

a) + 공통의 7 세그먼트 LED 디스플레이의 실험   b) - 공통의 7 세그먼트 LED 디스플레이의 실험

(1) 회로도와 같이 브레드 보드에 7세그먼트 LED 디스플레이회로(+공통부터 실험)를 조립한다.

(2) 전원을 공급하고 SW_2를 ON하면 모든 7세그먼트가 점등되는가 확인한다.

(3) SW_1을 이용하여 BCD 코드의 숫자를 입력하면, 그에 따른 숫자가 7세그먼트 LED 디

스플레이에 표시된다.

(4) SW_1의 설정에 따른 7세그먼트 LED 디스플레이의 표시 숫자를 아래의 표에 기록하시오.

SW_1의 입력설정				7세그먼트 LED 입력의 상태							표시숫자
D	C	B	A	a	b	c	d	e	f	g	
0	0	0	0								
0	0	0	1								
0	0	1	0								
0	0	1	1								
0	1	0	0								
0	1	0	1								
0	1	1	0								
0	1	1	1								
1	0	0	0								
1	0	0	1								
1	0	1	0								
1	0	1	1								
1	1	0	0								
1	1	0	1								
1	1	1	0								
1	1	1	1								

(5) +공통의 7세그먼트 LED 디스플레이의 실험이 끝나면 b)의 −공통형 7세그먼트 LED 디스플레이 실험 도면으로 바꾸어 조립한다.(74LS47 IC와 −공통형 7세그먼트 LED 디스플레이로 교체하고, 공통단자를 그라운드로 연결을 바꾸도록 한다.)

(6) SW_1을 이용하여 BCD 코드의 숫자를 입력하면, 그에 따른 숫자를 7세그먼트 LED 디스플레이에 표시된다.

(7) SW_1의 설정에 따른 7세그먼트 LED 디스플레이의 표시 숫자를 아래의 표에 기록한다.

(8) 정리정돈을 실시한다.

SW₁의 입력설정				7세그먼트 LED 입력의 상태							표시숫자
D	C	B	A	a	b	c	d	e	f	g	
0	0	0	0								
0	0	0	1								
0	0	1	0								
0	0	1	1								
0	1	0	0								
0	1	0	1								
0	1	1	0								
0	1	1	1								
1	0	0	0								
1	0	0	1								
1	0	1	0								
1	0	1	1								
1	1	0	0								
1	1	0	1								
1	1	1	0								
1	1	1	1								

Part **03** 무선설비기능사 실기

과제 번호	과 제 명	비 고
1	2음 경보 분주회로	
2	2음 발진회로	
3	2음 전환 경보회로	
4	5음색 발진기	
5	OP 발진 및 증폭회로	
6	VCO 단속경보기	
7	교차 발진회로	
8	단속음 발진회로	
9	단속음 변환회로	
10	디지털 입력 AM 변조회로	
11	발진음 선택회로	
12	발진음 전환회로	
13	시퀀셜 타이머	
14	우선선택 표시회로	
15	주파수 혼합회로	
16	터치 경보회로	
17	통화 신호회로	

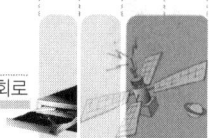

1. 2음 경보 분주회로

과제번호	1	자격종목 및 등급	무선설비기능사	작 품 명	2음 경보 분주회로

▶ 시험시간 : 표준시간 3시간 30분, 연장시간 30분

1. 요구사항

A. 회로조립 및 시험

(1) 지급된 재료를 사용하여 2음 경보 분주회로를 조립하시기 바랍니다..
(2) LED1과 LED2가 번갈아 가면서 ON/OFF 되면서 경보음 소리가 나도록 하시기 바랍니다.
(3) 가변저항(VR1)을 조정하여 경보음 속도가 변화되게 하시기 바랍니다.
(4) 정상 동작이 되지 않을 시는 틀린 회로를 수정하여 정상 동작이 되게 하시기 바랍니다.
(5) 납땜은 배선이 지나는 동박면을 직선부분은 2구멍마다, 직각부분은 모두 땜하시기 바랍니다.

2. 수검자 유의사항

(1) 지급재료는 부품점검시간에 검사하여 불량품 및 부족 숫자는 지급받도록 하시오.
(2) 부품점검시간 이후에 부품교환은 일체하지 않으니 유의하시오.
(3) 회로의 동작이 불완전할 경우에는 동작점수가 많이 삭감되며 부동작 시에는 오작으로 채점하니 주의하시오.
(4) 배치는 기판 전체에 골고루 안배하여 부품의 균형과 안정감이 있도록 하시오.
(5) 납땜은 냉납이나 산화납 그리고 납의 과다 및 과소가 없도록 하시오.
(6) 점퍼선은 가능한 한 생기지 않도록 하고 점퍼 시에는 동박 후면에서 하시오.
(7) 스위치는 기판에 고정하고 인출선은 끊어지지 않도록 완전하게 연결하시오.
(8) 저항의 색띠는 수직 또는 수평으로 통일하여 배치하시오.
(9) 트랜지스터 최상부의 높이는 기판으로부터 1.5cm 정도로 하시오.
(10) 트랜지스터 배치는 핀 발이 꼬이지 않도록 하시오.
(11) 저항과 커패시터의 리드선은 적당한 길이로 사용하시오.

(12) 조정이나 측정 시 사용하는 계기는 정확한 계기를 사용하여 계기의 오차가 발생되지 않도록 하시오.

(13) IC는 조립 시 파손되지 않도록 하시오.

(14) 다음 사항은 채점대상에서 제외되니 유의하시오.

① 연장시간까지 미완성된 작품

② 부동작되는 작품

③ 부정행위를 한 수검자

(15) 전원을 연결할 때는 극성 및 전압을 확인하고 쇼트확인을 반드시 하시오.

(16) 회로 상에 IC의 V_{CC}와 GND의 연결에 대해서는 생략되었으니 조립 시 생략되는 일이 없도록 하시오.

(17) 부품점검 시 각 부품의 규격이 도면의 규격과 지급재료 목록의 규격이 같은가 확인하고 이상이 있을 때에는 시험위원에게 알리고 그 조치에 따른다.

(18) 연장시간을 사용할 때 사용시간 매 10분마다 총득점에서 5점씩 감점한다.

3. 도면(본 과제는 추정한 것으로 실제 시험의 재료와 다를 수 있습니다.)

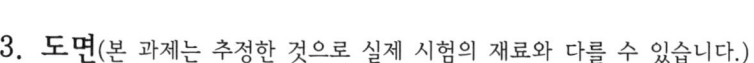

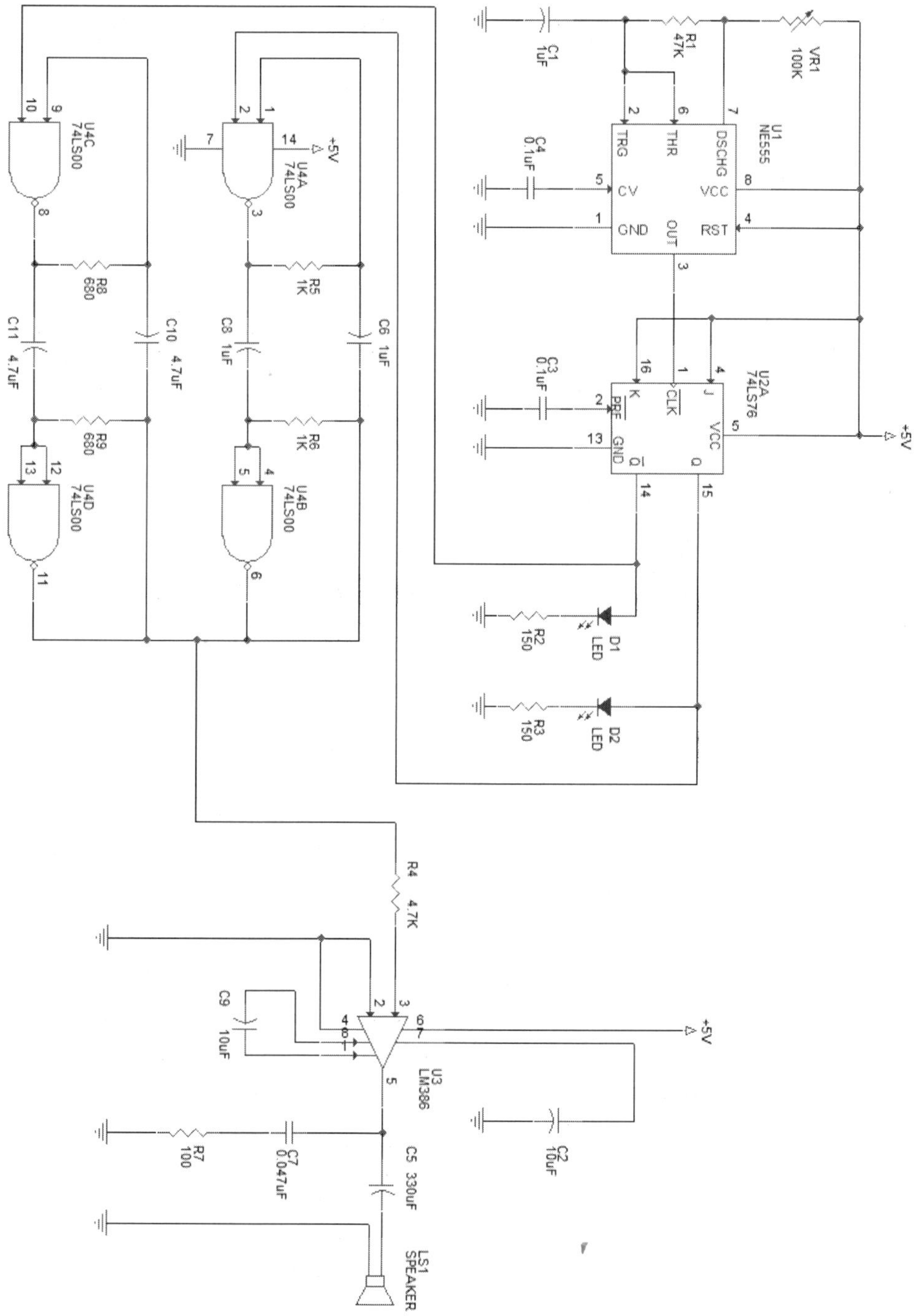

4. 지급재료 목록(본 과제의 재료는 추정한 것으로 실제 시험의 재료와 다를 수 있습니다.)

일련 번호	재 료 명	규 격	단위	수량	비 고
1	IC	LM386	개	1	
2	〃	NE555	〃	1	
3	〃	74LS00	〃	1	
4	〃	74LS76	〃	1	
5	IC 소켓	8핀	〃	1	
6	〃	14핀	〃	1	
7	〃	16핀	〃	1	
8	발광 다이오드	적색, 5∅	〃	2	
9	스 피 커	8Ω, 0.3W	〃	1	
10	가변 저항	100kΩ, B형	〃	1	
11	저 항	100Ω, 1/4W	〃	1	
12	〃	150Ω, 1/4W	〃	2	
13	〃	680Ω, 1/4W	〃	2	
14	〃	1kΩ, 1/4W	〃	2	
15	〃	4.7kΩ, 1/4W	〃	1	
16	〃	47kΩ, 1/4W	〃	1	
17	전해 커패시터(콘덴서)	$1\mu F$, 16V	〃	3	
18	〃	$4.7\mu F$, 16V	〃	2	
19	〃	$10\mu F$, 16V	〃	2	
20	〃	$330\mu F$, 16V	〃	1	
21	마일러 커패시터(콘덴서)	$0.047\mu F$ (473)	〃	1	
22	〃	$0.1\mu F$ (104)	〃	2	
23	IC 만능기판	28×62 구멍	장	1	
24	실납	SN60%, $\phi 1mm$	m	1	
25	배선	$\phi 0.4mm$, 3색 단선	〃	1	
26	방안지(모눈종이)		장	1	
27	작업용 실링봉투	정전기 방지용	〃	1	

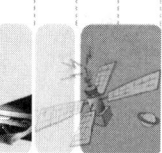

1. 2음 경보 분주회로

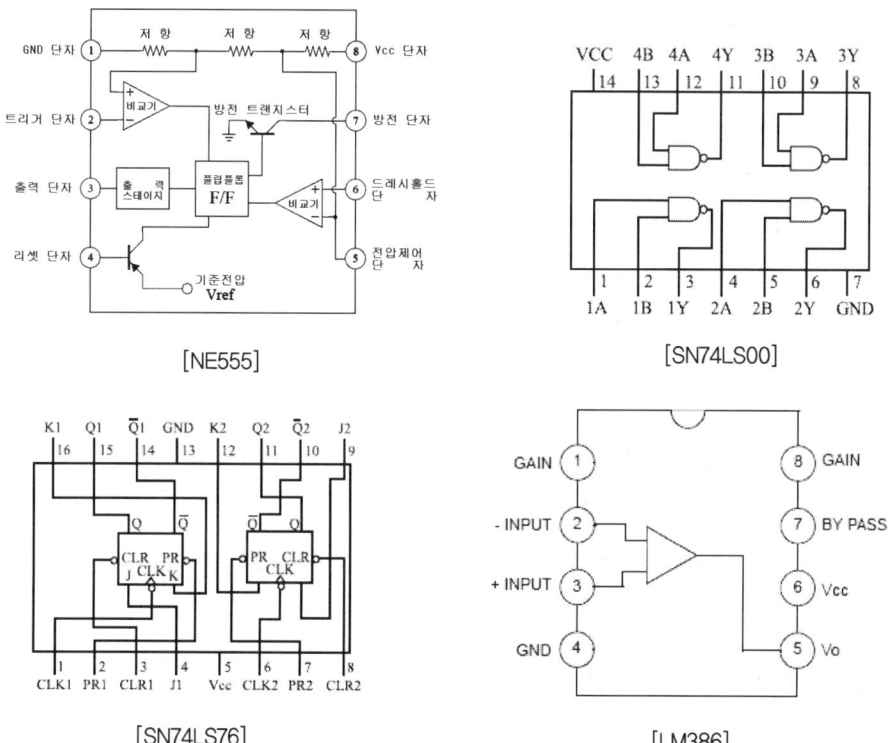

[NE555]   [SN74LS00]

[SN74LS76]   [LM386]

5. 회로 동작

2음 경보 분주회로의 계통도(Block Diagram)는 다음과 같다.

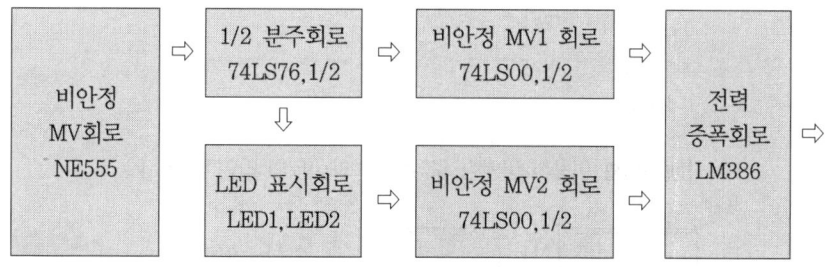

[2음 경보 분주회로의 계통도(Block Diagram)]

(1) NE555를 이용한 비안정 멀티바이브레이터

① NE555는 단일 타이머 IC로 비안정 MV와 단안정 MV를 구성할 수 있다.

② 전원전압 범위는 +4.5~+16V (출력전류는 수백 mA 정도)

③ 제어전압(Control Voltage)과 스레시홀드 전압(Threshold Voltage)은 전원전압이 +15V 정도이면 10V가 된다. (+5V이면 3.3V 정도가 된다.)

④ 전원이 ON되는 순간 C_1 양단의 전압은 "low" 상태가 되어 Trigger Input 단자가 "low"가 된다.

⑤ 이 순간부터 VR_1, R_4을 통하여 C_1이 충전하기 시작하며, 충전하는 동안 출력(3번 핀)이 "high" 상태가 된다.

⑥ C_1 커패시터의 양단 전압이 스레시홀드 전압($V_{UT} : \frac{2}{3}V_{CC}$)이 되면 커패시터는 R_4를 통하여 7번 핀으로 방전하며, C_1 커패시터

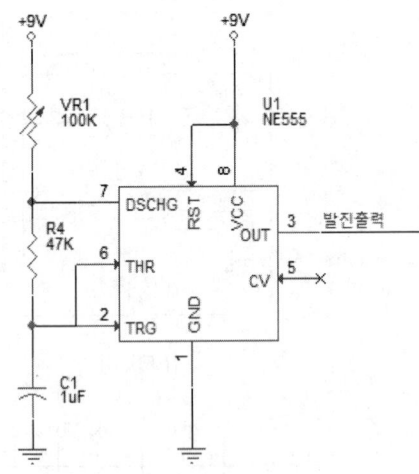

가 방전하는 동안 출력(3)은 low 상태를 유지하며, 방전 상태가 스레시홀드 전압 ($V_{LT} : \frac{1}{3}V_{CC}$)에 이르면 C_1은 방전을 멈추고 충전을 시작한다. 즉 ④, ⑥ 과정의 반복으로 출력에는 구형파의 발진파형이 출력된다.

⑦ C_1이 방전하는 동안 출력은 "low" 상태가 된다.

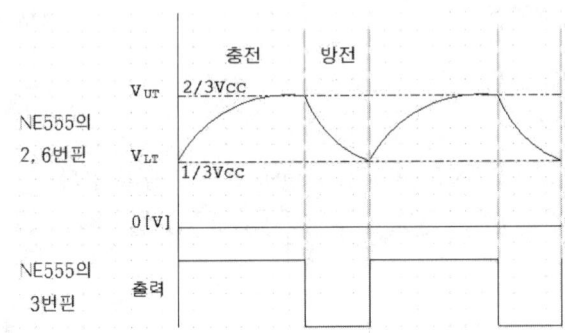

[NE555를 이용한 비안정 멀티바이브레이터의 타이밍 차트]

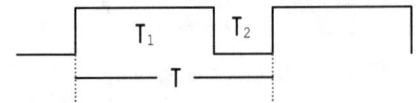

T1 : 충전시간,
T2 : 방전시간

T_1("H"되는 시간)

T_1(VR 최대 시 100k)$= 0.693(VR_1 + R_4)C_1$
$\qquad\qquad\qquad = 0.693(100 \times 10^3 + 47 \times 10^3)1 \times 10^{-6} = 0.1\sec$

T_1(VR 최소 시 1kΩ)$= 0.693(VR_1 + R_4)C_1$

$$= 0.693(1 \times 10^3 + 47 \times 10^3) 1 \times 10^{-6} ≒ 0.033 \, \text{msec}$$

T_2("L"되는 시간)

$$T_2 = 0.693 R_4 C_1 = 0.693 \times 47 \times 10^3 \times 1 \times 10^{-6} ≒ 0.3 \, \text{msec}$$

$$T(\text{VR 최대 시}) = T_1 + T_2 = 0.1 + 0.3 = 0.4 \, \text{sec}$$

$$T(\text{VR 최소 시}) = T_1 + T_2 = 0.033 + 0.3 = 0.333 \, \text{msec}$$

$$f(\text{VR 최대 시}) = \frac{1}{T} = \frac{1}{0.4} = 2.5 \, \text{Hz}$$

$$f(\text{VR 최소 시}) = \frac{1}{T} = \frac{1}{0.333} ≒ 3 \, \text{Hz}$$

⑧ NE555의 4번 핀은 리셋 단자로 "H" 상태이면 타이머로 정상 동작을 하나 "low" 상태가 되면 타이머의 동작 상태가 정지되고 출력은 "L" 상태를 유지한다.

⑨ 5번 핀은 바이패스 단자로 회로 내에서 발생하는 급격한 전류 변화를 방출 또는 흡수하여 오동작을 방지하는 회로로, 보통 $0.1 \sim 0.01 \mu F$ 의 커패시터를 연결한다.

⑩ 커패시터 양단 파형과 출력 파형

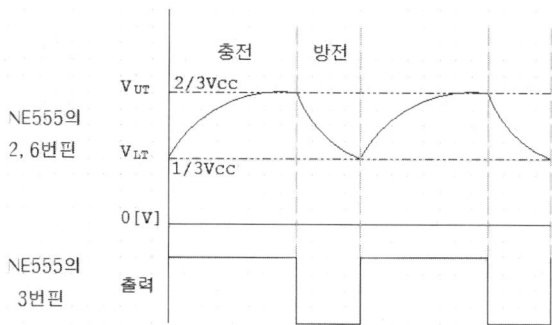

[NE555를 이용한 비안정 멀티바이브레이터의 타이밍 차트]

(3) 분주회로(1/2 분주)

가) SN74LS76 IC는 2개의 J-K FF을 내장하고 있다. 이것을 사용해서 비동기식 2진 회로를 구성한 것이다.

나) SN74LS76의 J-K FF은 마스터-슬레이브 J-K FF으로 클리어 단자와 프리셋 단자가 있다.

다) 클리어 단자(3, 8)가 High 상태일 때는 J-K 및 클록 신호에 의해서 출력 Q, $\overline{Q}$ 가 변화하나 High에서 Low 상태로 될 때 J-K, 클록 신호 입력에 관계없이 출력은 0

상태(Low)가 된다.

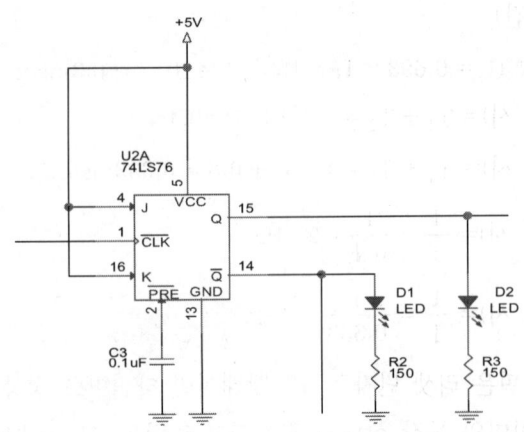

라) 프리셋 단자(2, 7)가 High 상태일 때는 J-K, 클록 펄스 입력에 의해서 출력이 변화하나 High에서 Low 상태로 변화 시 J-K, 클록 펄스 입력에 관계없이 무조건 High 상태로 유지한다.

마) SN74LS76 진리표

INPUTS					OUTPUTS	
프리셋	클리어	클록	J	K	Q	$\overline{Q}$
L	H	×	×	×	H	L
H	L	×	×	×	L	H
L	L	×	×	×	H*	H*
H	H	↓	L	H	Q_0	$\overline{Q_0}$
H	H	↓	H	L	H	L
H	H	↓	L	H	L	H
H	H	↓	H	L	Toggle	
H	H	H	×	×	Q_0	$\overline{Q}$

바) J=L, K=L 상태에서는 클록이 공급되어도 출력은 초기 상태를 유지한다.(즉, Q_0, $\overline{Q_0}$ 상태)

사) J=H, K=L 상태에서 클록이 공급되면 Q=H, $\overline{Q}$=L 상태, 즉 세트(Set) 상태가 된다.

아) J=L, K=H 상태에서는 Q=0, $\overline{Q}$=1(Q=L, $\overline{Q}$=H) 상태, 즉 리셋 상태가 된다. 그러나 J=K=H 상태에서는 클록이 공급될 때마다 상태 반전의 토글(Toggle) 작용

이 일어난다.

자) 위와 같은 동작에서 J=K=Vcc(High 상태)로 되어 있으므로 클록이 High에서 Low로 변화될 때마다 상태가 반전된다. (네거티브 에지(모서리)에서 동작)

차) 신호가 가해지기 전에 LED_1이 점등되어 있다가 첫 번째 클록에 의해서 LED_2가 점등된다. 즉, 클록이 공급될 때마다 LED_1, LED_2가 교대로 ON/OFF 동작을 한다.

카) J−K FF의 출력 파형

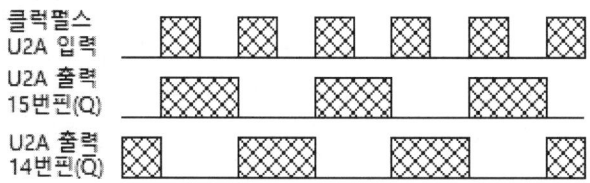

타) 클록 입력은 NE555의 출력이 1/4 분주되어 U_2B의 11번 핀, U_2B의 10번 핀에 나타난다.

파) U_2A의 출력 주기는 1/2 분주되어 U_2B의 출력 주기는 $0.265 \times 2 = 0.53$sec가 된다.

하) U_2B의 출력의 주파수(f)는 $f = \dfrac{1}{T} = \dfrac{1}{0.53} \fallingdotseq 1.89\,Hz$가 된다.

(4) 비안정 MV

가) SN74LS00의 2입력 NAND 게이트로 구성하였으며 커패시터를 사용한 정귀환(positive feedback)을 이용했다. 저항은 충·방전용 저항이다.

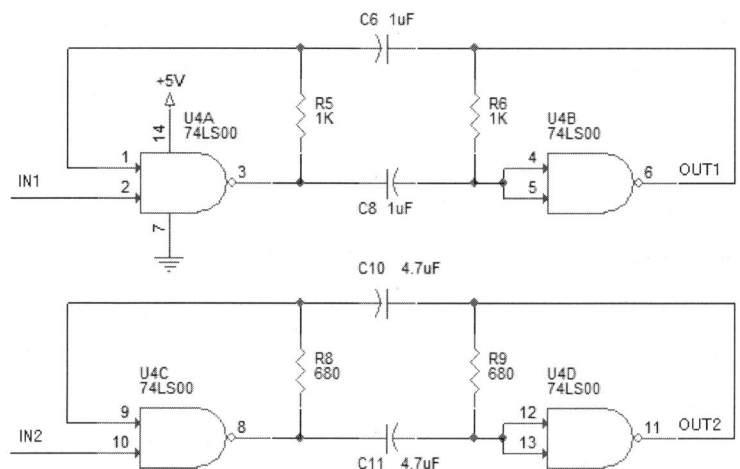

나) MV_1, MV_2는 U_2B의 출력 Q나 $\overline{Q}$가 High 상태가 되면 비안정 MV로 동작을 하나 Q

나 $\overline{Q}$가 Low 상태이면 발진이 정지하게 된다.

다) 앞의 분주회로에서 정상 동작을 한다면 Q와 $\overline{Q}$는 같은 상태가 될 수 없다. 즉, 항상 서로 다른 상태가 입력에 가해지게 된다.

라) MV_1에서 $\overline{Q}$=High 상태이면 U_3B의 게이트 출력은 Low 상태가 된다. 이때 C_2는 방전을 하게 되고 C_3는 충전되게 된다. C_2가 방전 상태로 게이트의 입력이 Low 상태가 되고 출력은 High 상태가 된다.

C_2의 방전이 끝나면 반대 방향으로 충전하여 U_3A의 입력이 High 상태가 되고 U_3A 게이트의 출력은 Low 상태로 반전한다. 동시에 C_3가 U_3B 게이트의 입력측에서 U_3A 게이트의 출력측으로 방전하므로 U_3A 게이트의 입력은 Low 상태로 전환한다. C_3의 방전이 완료되면 위의 C_2의 동작과 같이 반복 동작을 한다.

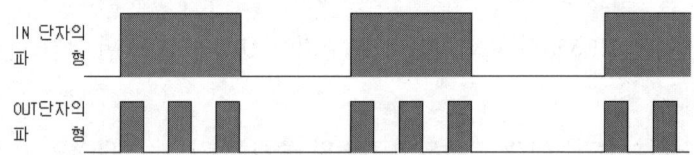

마) MV_2도 MV_1과 동일한 비안정 멀티바이브레이터이므로 MV_1의 동작과 동일한 동작을 하게 된다.

바) MV_1의 주기(T_0)와 주파수를 살펴보면

$T_1 = 0.693(R_5C_2) = 0.693(R_6C_3) = 0.693 \times 1 \times 10^3 \times 1 \times 10^{-6} = 0.693 \text{msec}$

$T_2 = 0.693(R_6C_3) = 0.693(R_5C_2) = 0.693 \times 1 \times 10^3 \times 1 \times 10^{-6} = 0.693 \text{msec}$

MV_1의 주기(T)는

$T_0 = T_1 + T_2 = 0.693 \times 10^{-3} + 0.693 \times 10^{-3} = 1.386 \times 10^{-3} \text{sec}$

MV_1의 주파수(f)는 $f = \dfrac{1}{T} = \dfrac{1}{1.386 \times 10^3} = 720 \text{Hz}$

사) MV_2의 주기(T_Y)와 주파수를 살펴보면

$T_1 = 0.693(R_{10}C_4) = 0.693(R_{11}C_5) = 0.693 \times 680 \times 4.7 \times 10^{-6} = 2 \text{msec}$

$T_2 = 0.693(R_{11}C_5) = 0.693(R_{10}C_4) = 0.693 \times 680 \times 4.7 \times 10^{-6} = 2 \text{msec}$

MV_2의 주기(T_Y)는

$T_Y = T_1 + T_2 = 2 \times 10^{-3} + 2 \times 10^{-3} = 4 \times 10^{-3} \text{sec}$

MV_2의 주파수(f)는 $f = \dfrac{1}{T} = \dfrac{1}{4 \times 10^3} = 250 \text{Hz}$

아) Q가 High 상태일 때 MV₁이 동작하여 약 720Hz의 발진 출력을 내고 Q가 High 상태일 때 약 250Hz의 발진 출력을 낸다.

자) 즉, 720Hz와 250Hz의 발진음이 교대로 들리게 된다. 이때 LED도 LED_1, LED_2가 교대로 점등하게 된다.

차) 각 출력 단자의 타이밍 차트

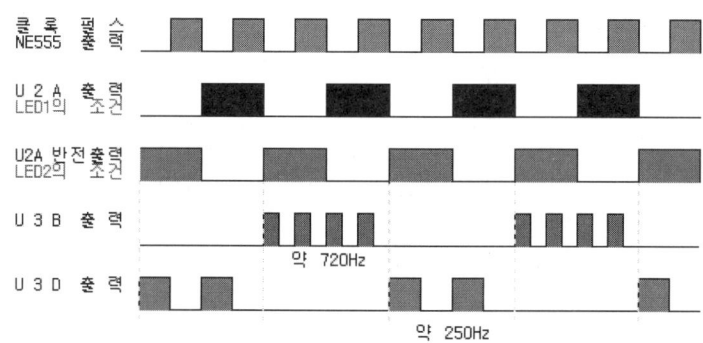

(5) 전력증폭회로

① LM386은 전원전압 6~16V, 부하 8~32Ω으로, 이득이 내부에서 20배로 고정된 저주파 전력증폭기이다.

② 외부 부가 저항과 커패시터에 의해 20~200배의 범위까지 설정할 수 있다.(10μF 연결 시 200배 이득)

③ 전압증폭도(A_v)와 전압 이득(G_v)는

$$전압증폭도(A_v) = \frac{출력전압(V_o)}{입력전압(V_i)}$$

$$전압이득(G_v) = 20\log_{10} A_v$$

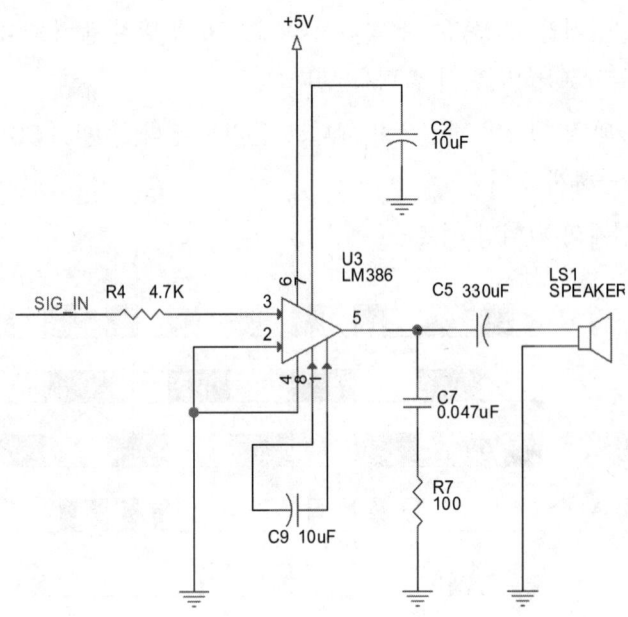

④ 정지 시 출력전압은 자동적으로 전원 전압의 1/2이 되도록 되어 있다.
⑤ $C_4(0.047\mu F)$와 $R_7(100\Omega)$는 유도성 부하에 대한 발진을 방지하기 위하여 사용하며, $C_3(330\mu F)$은 결합 커패시터로 스피커에 직류가 흐르는 것을 방지하는 역할을 한다.
⑥ 7번 핀의 C_5 $10\mu F$ 커패시터는 리플전압을 바이패스 시키기 위하여 접속한다.

1. 2음 경보 분주회로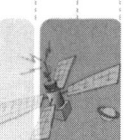

6. 패턴도(배선면 : BOTTOM)

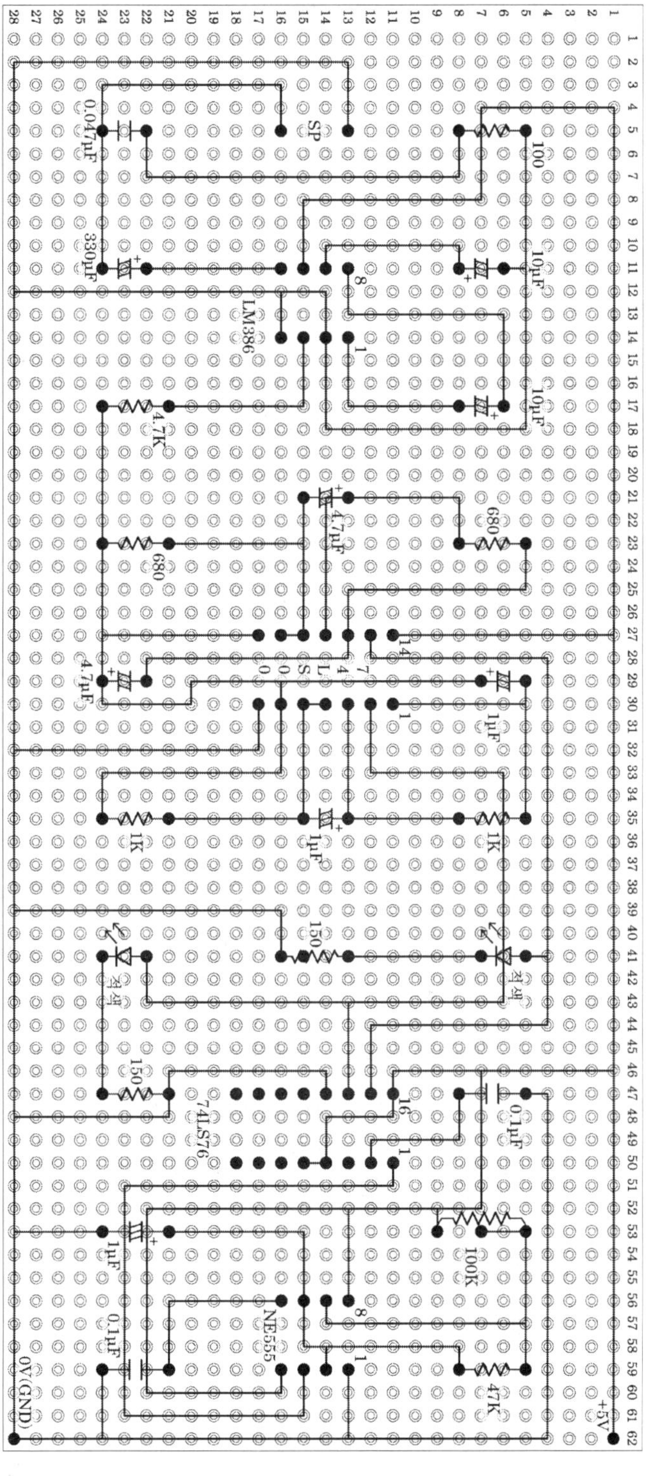

과제번호	2	자격종목 및 등급	무선설비기능사	작 품 명	2음 발진회로

▶ 시험시간 : 표준시간 3시간 30분, 연장시간 30분

1. 요구사항

A. 회로조립 및 시험

(1) 지급된 재료를 사용하여 2음 발진회로를 조립하시오.
(2) 슬라이드 스위치 전환 시 발진음이 명확히 구분되도록 하시오.
(3) 정상 동작이 되지 않을 시는 틀린 회로를 수정하여 정상 동작이 되게 하시오.
(3) 납땜은 배선이 지나는 동박면을 직선부분은 2구멍마다, 직각부분은 모두 땜하시오.

2. 수검자 유의사항

(1) 지급재료는 부품점검시간에 검사하여 불량품 및 부족 숫자는 지급받도록 하시오.
(2) 부품점검시간 이후에 부품교환은 일체하지 않으니 유의하시오.
(3) 회로의 동작이 불완전할 경우에는 동작점수가 많이 삭감되며 부동작 시에는 오작으로 채점하니 주의하시오.
(4) 배치는 기판 전체에 골고루 안배하여 부품의 균형과 안정감이 있도록 하시오.
(5) 납땜은 냉납이나 산화납 그리고 납의 과다 및 과소가 없도록 하시오.
(6) 점퍼선은 가능한 한 생기지 않도록 하고 점퍼 시에는 동박 후면에서 하시오.
(7) 스위치는 기판에 고정하고 인출선은 끊어지지 않도록 완전하게 연결하시오.
(8) 저항의 색띠는 수직 또는 수평으로 통일하여 배치하시오.
(9) 트랜지스터 최상부의 높이는 기판으로부터 1.5cm 정도로 하시오.
(10) 트랜지스터 배치는 핀 발이 꼬이지 않도록 하시오.
(11) 저항과 커패시터의 리드선은 적당한 길이로 사용하시오.
(12) 조정이나 측정 시 사용하는 계기는 정확한 계기를 사용하여 계기의 오차가 발생되지 않도록 하시오.
(13) IC는 조립 시 파손되지 않도록 하시오.

(14) 다음 사항은 채점대상에서 제외되니 유의하시오.

① 연장시간까지 미완성된 작품

② 부동작되는 작품

③ 부정행위를 한 수검자

(15) 전원을 연결할 때는 극성 및 전압을 확인하고 쇼트확인을 반드시 하시오.

(16) 회로 상에 IC의 V_{CC}와 GND의 연결에 대해서는 생략되었으니 조립 시 생략되는 일이 없도록 하시오.

(17) 부품점검 시 각 부품의 규격이 도면의 규격과 지급재료 목록의 규격이 같은가 확인하고 이상이 있을 때에는 시험위원에게 알리고 그 조치에 따른다.

(18) 연장시간을 사용할 때 사용시간 매 10분마다 총득점에서 5점씩 감점한다.

3. 도면(본 과제는 추정한 것으로 실제 시험의 재료와 다를 수 있습니다.)

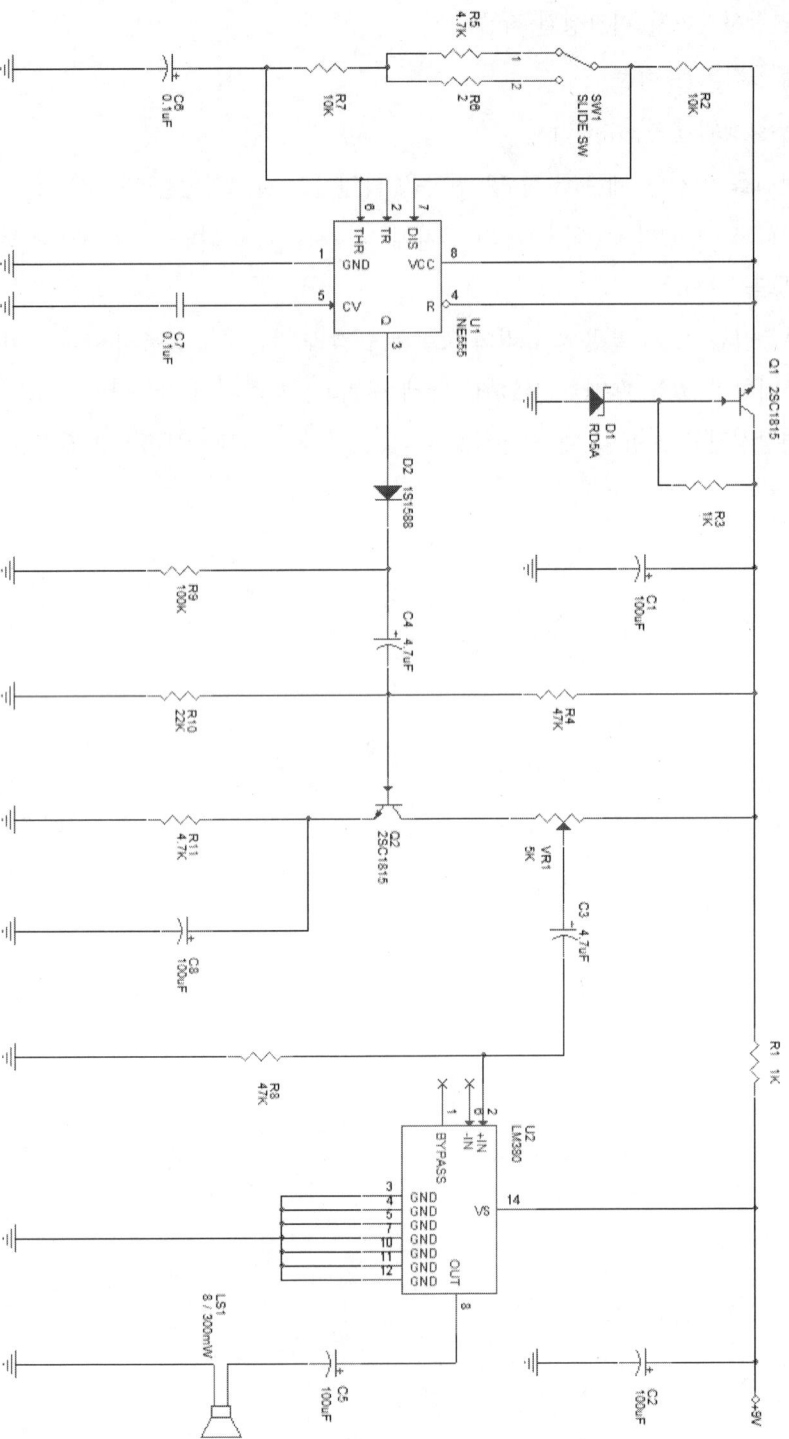

4. 지급재료 목록(본 과제의 재료는 추정한 것으로 실제 시험의 재료와 다를 수 있습니다.)

일련 번호	재 료 명	규 격	단위	수량	비 고
1	IC	LM380	개	1	
2	〃	NE555	〃	1	
3	IC 소켓	8핀	〃	1	
4	〃	14핀	〃	1	
5	트랜지스터(TR)	2SC1815	〃	2	
6	스위칭 다이오드	1S1588	〃	1	
7	제너 다이오드	RD5A	〃	1	
8	슬라이드 스위치	3P	〃	1	
9	스피커	8Ω, 0.3W	〃	1	
10	반고정 저항	5kΩ, B형	〃	1	
11	저 항	2Ω, 1/4W	〃	1	
12	〃	1kΩ, 1/4W	〃	2	
13	〃	4.7kΩ, 1/4W	〃	2	
14	〃	10kΩ, 1/4W	〃	2	
15	〃	22kΩ, 1/4W	〃	1	
16	〃	47kΩ, 1/4W	〃	2	
17	〃	100kΩ, 1/4W	〃	1	
18	전해 커패시터	4.7μF, 16V	〃	2	
19	〃	100μF, 16V	〃	4	
20	〃	0.1μF, 16V	〃	1	
21	마일러 커패시터	0.1μF (104)	〃	1	
22	IC 만능기판	28×62 구멍	장	1	
23	실납	SN60%, φ1mm	m	1	
24	배선	φ0.4mm, 3색 단선	〃	1	
25	방안지(모눈종이)		장	1	
26	작업용 실링봉투	정전기 방지용	〃	1	

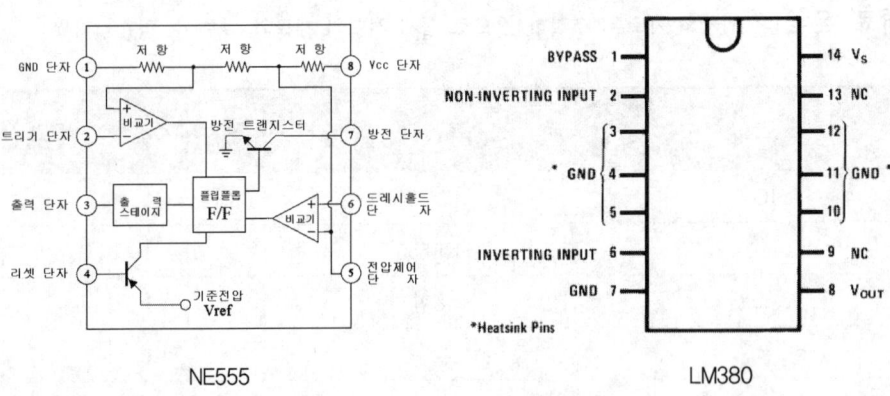

NE555　　　　　　　　　　　　LM380

5. 회로 동작

2음 발진회로의 계통도(Block Diagram)는 다음과 같다.

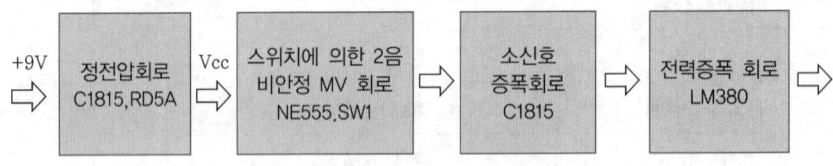

[2음 발진 회로의 계통도(Block Diagram)]

(1) 정전압회로

① 트랜지스터의 바이어스 저항 R_3 1kΩ에 의하여 제너 다이오드(ZD) 양단에는 역방향 전류에 의하여 +5V가 나타난다.

② 트랜지스터의 이미터에는 약 +4.4V의 전압이 나타난다.

전압(V_{CC})는 $V_{CC}=V_Z-V_{BE}$ (V_Z : 제너 다이오드의 전압, V_{BE} : 트랜지스터의 바이어스 전압으로, 실리콘 트랜지스터의 경우 0.6~0.7V)

∴ $V_{CC}=5-0.6=4.4V$

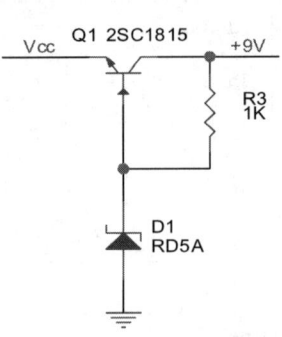

(2) NE555를 이용한 비안정 멀티바이브레이터(펄스발생회로)

① NE555는 단일 타이머 IC로 비안정 MV와 단안정 MV를 구성할 수 있다.

② 전원전압 범위는 +4.5~16V이고, 출력전류는 수백 mA 정도이고, 제어전압과 스레시홀드 전압은 전원전압이 +15V이면 10V가 되고, +5V시는 3.3V 정도가 된다.

③ NE555를 이용해서 구성된 발진회로에서 얻을 수 있는 주파수는 최대 1MHz이나 300kHz 정도까지 이용하는 것이 적당하며, 최저주파수는 1/20~/50Hz 정도가 안정하다.

④ 설계식($R_2=R_1$, $R_5+R_7=R_2$라 하면)
  ㉠ 충전 시간(t_H : 출력 1)
   $t_H = 0.693(R_1+R_2)C_6 = 0.77\sec$
  ㉡ 발진 시간(t_L : 출력 0)
   $t_L = 0.693(R_2)C_6 = 0.7\sec$
  ㉢ 주기
   $T = t_H + t_L = 0.44(R_1+2R_2)C_6$
  ㉣ 주파수
   $f = \dfrac{1}{T} = \dfrac{1}{0.693(R_1+2R_2)C_6} \text{Hz}$
  ㉤ 제한 : 최대 $R_1+R_2 \cdots 3.3M\Omega$
     최소 R_1 or $R_2 \cdots 1k\Omega$
     최저 C값 : 500pF
     최댓값 : C의 누설 전류에 의해 제한

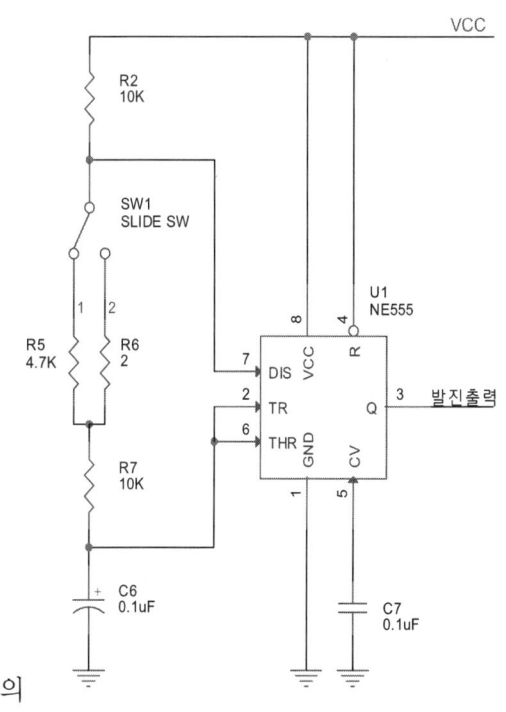

   $\text{Duty Cycle} = \dfrac{t_H}{t_L} = \dfrac{R_2}{R_1+2R_2} \times 100\%$

⑤ 전원을 공급하는 순간 C_6의 양단 전압이 거의 0V가 되어 트리거 입력단자(2)가 low 상태가 되고 R_2, R_5, R_7를 통하여 C_6에 충전된다. C_6에 충전하는 동안 출력(3)은 high 상태가 된다.

⑥ C_6 커패시터의 양단 전압이 상승경계전압($V_{UT} : \dfrac{2}{3}V_{cc}$)이 되면 커패시터는 R_5, R_7을 통하여 7번 핀으로 방전하며, 커패시터가 방전하는 동안 출력(3)은 low 상태를 유지하며, 방전 상태가 하강경계전압($V_{LT} : \dfrac{1}{3}V_{cc}$)에 이르면 C_6는 방전을 멈추고 충전을 시작한다. 즉 ⑤, ⑥과정의 반복으로 출력에는 구형파의 발진파형이 출력된다.

⑦ SW1이 1의 위치에 있을 때의 MV_1과 SW1이 2의 위치에 있을 때의 MV_2의 주기(T_1과 T_2)와 주파수(f_1과 f_2)
   $T_1 = 0.693\{R_2+2(R_5+R_7)\}C_6$

$$= 0.693 \times \{10 \times 10^3 + 2(4.7 \times 10^3 + 10 \times 10^3)\} \times 0.1 \times 0^{-6} \fallingdotseq 2.73\,\text{msec}$$

$$f_1 = \frac{1}{T} = \frac{1}{2.73 \times 10^{-3}} \fallingdotseq 366\,\text{Hz}$$

$$T_2 = 0.693\{R_2 + 2(R_6 + R_7)\}C_6$$

$$= 0.693 \times \{10 \times 10^3 + 2(2 + 10 \times 10^3)\} \times 0.1 \times 10^{-6} \fallingdotseq 13.8\,\text{msec}$$

$$f_2 = \frac{1}{T} = \frac{1}{13.8 \times 10^{-3}} \fallingdotseq 72\,\text{Hz}$$

⑧ NE555의 4번 핀은 리셋 단자로 high 상태를 유지하면 정상적인 타이머로 동작하나 low 상태가 되면 출력은 정지된다.

⑨ NE555의 5번 핀은 바이패스 단자로 회로 내에서 발생하는 급격한 전류 변화에 따른 오동작을 방지하는 회로로서 보통 $0.01 \sim 0.1\mu F$ 의 커패시터를 연결한다.

⑩ 커패시터 양단파형과 출력파형

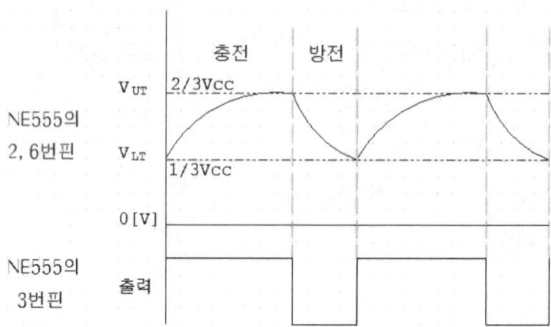

[NE555를 이용한 비안정 멀티바이브레이터의 타이밍 차트]

(3) 소신호 증폭회로

① 비안정 멀티바이브레이터 출력단의 1S1588 다이오드는 증폭단과 역방향으로 연결되어 있고, MV의 출력과는 순방향으로 연결되어 있어, 증폭단의 전압이 MV의 출력이 Low 일 때 MV의 출력 쪽으로 흐르지 않도록 하는 차단의 역할을 한다.

② MV의 입력 부분(충·방전 조건)의 SW를 1의 방향에 접촉하면 그림과

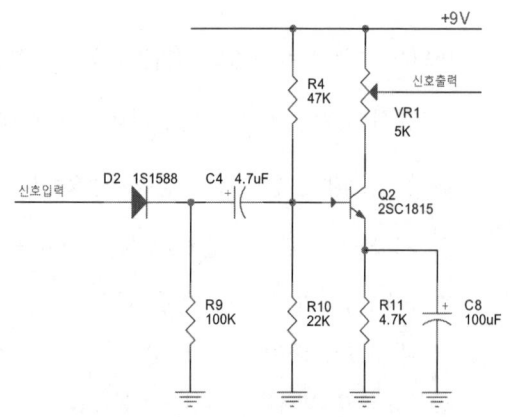

2. 2음 발진회로

같이 약 366Hz의 발진 출력이 발생하고, SW를 2의 방향에 접촉하면 그림과 같이 약 72Hz의 발진 출력이 발생되어 증폭기로 전달된다.

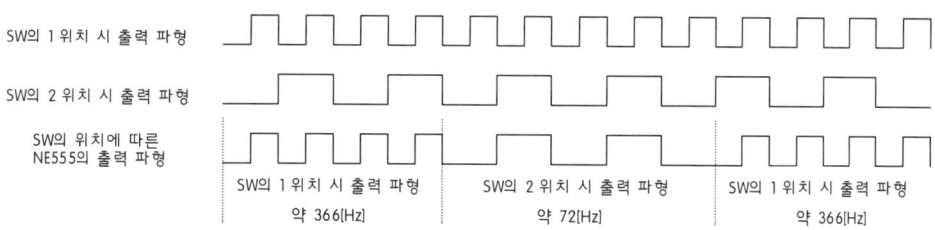

③ 트랜지스터 Q_2로 이루어진 회로는 LM380 IC의 전력증폭을 위한 소신호 전압을 증폭하는 역할을 한다.

④ 이미터 접지방식의 전류 궤환 증폭회로로 베이스와 컬렉터(출력)의 위상차가 180°이다.

(4) LM380을 이용한 전력 증폭회로

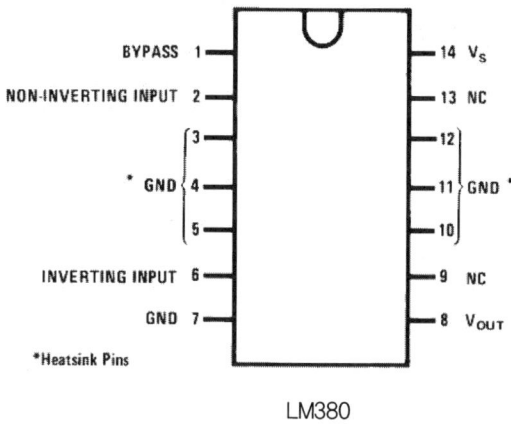

LM380

① LM380 IC는 높은 입력 임피던스에 낮은 왜율을 갖고, 개방 루프이득이 34dB의 전력증폭기이다.

② 간단한 음향 증폭기들, 기내통화 장치들, 라인 드라이버, 터칭 머신 출력들, 경보들, 초음파 드라이버들, TV 음향 시스템, AM-FM 라디오, 작은 서보 드라이버들, 주파수 변환 장치들에 사용한다.

③ 입력전압은 ±0.5V이다.

④ 출력단자의 전압은 전원전압의 1/2이다.

⑤ 전압은 22V에 피크 전류 1.3A이다.

⑥ LM380 IC에서 14핀 듀얼 인라인 패키지의 출력은 최대 8.3W이다.

⑦ 3, 4, 5, 10, 11, 12핀은 방열판 접속용 핀으로 사용한다.

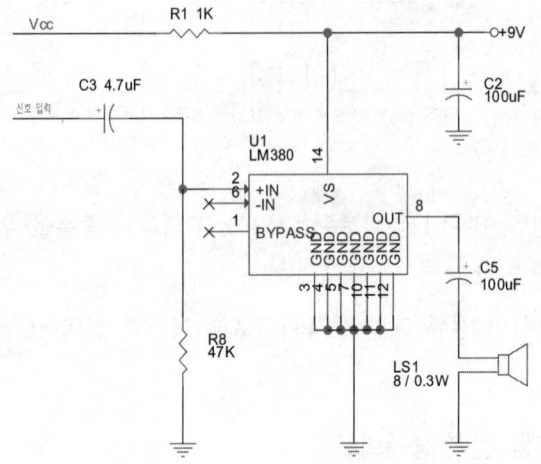

⑧ $C_5(100\mu F)$는 결합 커패시터로 스피커로 직류가 흐르는 것을 방지하는 역할을 한다.

6. 패턴도(배선면 : BOTTOM)

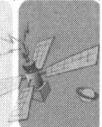

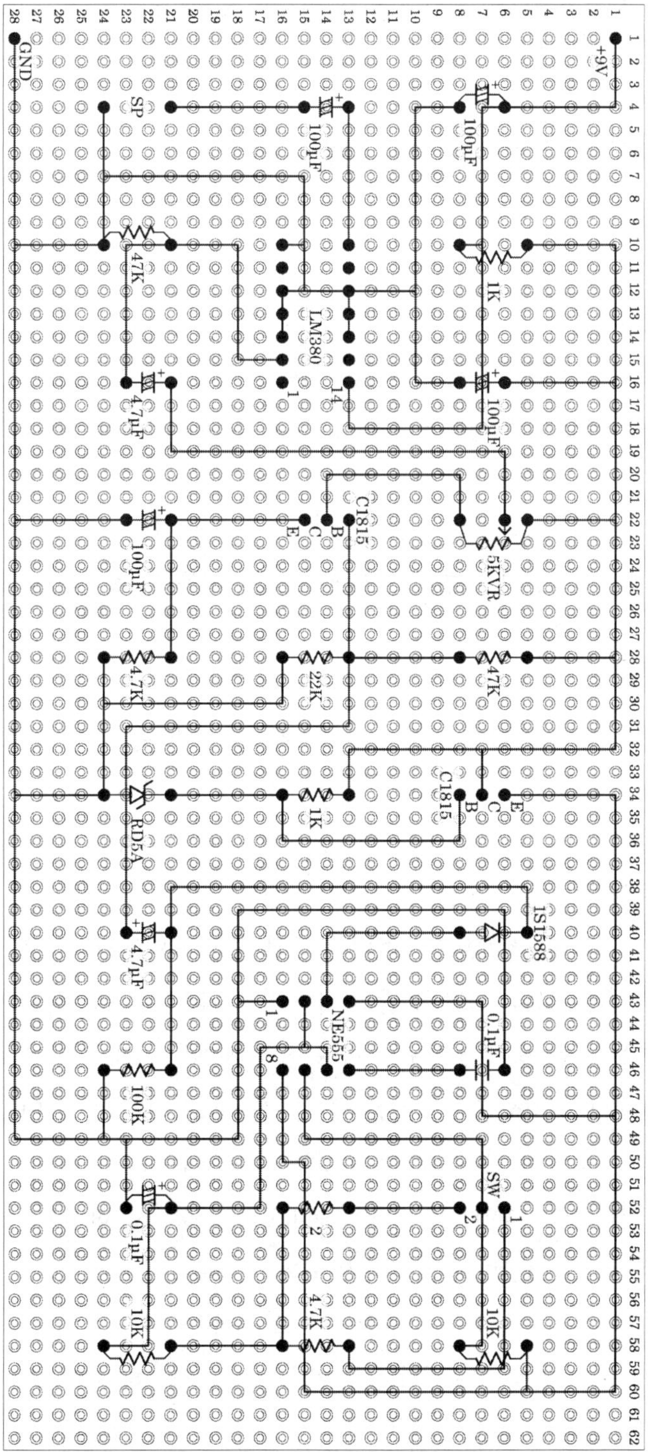

| 과제번호 | 3 | 자격종목 및 등급 | 무선설비기능사 | 작 품 명 | 2음 전환 경보회로 |

▶ 시험시간 : 표준시간 3시간 30분, 연장시간 30분

1. 요구사항

A. 회로조립 및 시험

(1) 지급된 재료를 사용하여 2음 전환 경보회로를 조립하시기 바랍니다..
(2) 스위치(SW1, SW2)를 변경하였을 때 LED의 속도가 다르게 변화되도록 하시기 바랍니다.
(3) 정상 동작이 되지 않을 시는 틀린 회로를 수정하여 정상 동작이 되게 하시오.
(3) 납땜은 배선이 지나는 동박면을 직선부분은 2구멍마다, 직각부분은 모두 땜하시오.

2. 수검자 유의사항

(1) 지급재료는 부품점검시간에 검사하여 불량품 및 부족 숫자는 지급받도록 하시오.
(2) 부품점검시간 이후에 부품교환은 일체하지 않으니 유의하시오.
(3) 회로의 동작이 불완전할 경우에는 동작점수가 많이 삭감되며 부동작 시에는 오작으로 채점하니 주의하시오.
(4) 배치는 기판 전체에 골고루 안배하여 부품의 균형과 안정감이 있도록 하시오.
(5) 납땜은 냉납이나 산화납 그리고 납의 과다 및 과소가 없도록 하시오.
(6) 점퍼선은 가능한 한 생기지 않도록 하고 점퍼 시에는 동박 후면에서 하시오.
(7) 스위치는 기판에 고정하고 인출선은 끊어지지 않도록 완전하게 연결하시오.
(8) 저항의 색띠는 수직 또는 수평으로 통일하여 배치하시오.
(9) 트랜지스터 최상부의 높이는 기판으로부터 1.5cm 정도로 하시오.
(10) 트랜지스터 배치는 핀 발이 꼬이지 않도록 하시오.
(11) 저항과 커패시터의 리드선은 적당한 길이로 사용하시오.
(12) 조정이나 측정 시 사용하는 계기는 정확한 계기를 사용하여 계기의 오차가 발생되지 않도록 하시오.

(13) IC는 조립 시 파손되지 않도록 하시오.

(14) 다음 사항은 채점대상에서 제외되니 유의하시오.

　① 연장시간까지 미완성된 작품

　② 부동작되는 작품

　③ 부정행위를 한 수검자

(15) 전원을 연결할 때는 극성 및 전압을 확인하고 쇼트확인을 반드시 하시오.

(16) 회로 상에 IC의 V_{CC}와 GND의 연결에 대해서는 생략되었으니 조립 시 생략되는 일이 없도록 하시오.

(17) 부품점검 시 각 부품의 규격이 도면의 규격과 지급재료 목록의 규격이 같은가 확인하고 이상이 있을 때에는 시험위원에게 알리고 그 조치에 따른다.

(18) 연장시간을 사용할 때 사용시간 매 10분마다 총득점에서 5점씩 감점한다.

3. 도면(본 과제는 추정한 것으로 실제 시험의 재료와 다를 수 있습니다.)

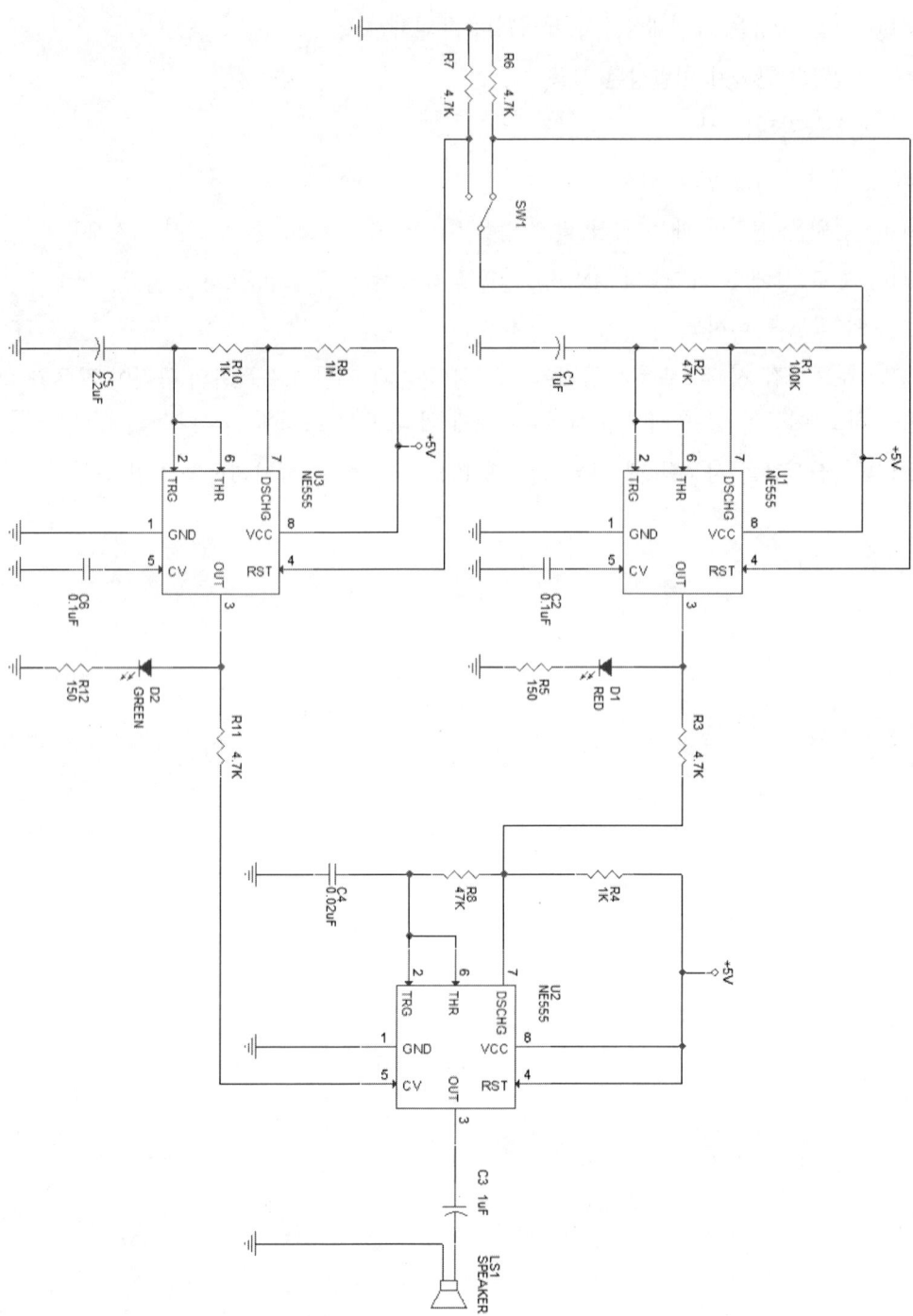

4. 지급재료 목록(본 과제의 재료는 추정한 것으로 실제 시험의 재료와 다를 수 있습니다.)

일련번호	재료명	규격	단위	수량	비고
1	IC	NE555	개	3	
2	IC 소켓	8핀	〃	3	
3	발광 다이오드(LED)	적색, 5∅	〃	1	
4	〃	녹색, 5∅	〃	1	
5	슬라이드 스위치	3P	〃	1	
6	스피커	8Ω, 0.3W	〃	1	
7	저항	150Ω, 1/4W	〃	2	
8	〃	1kΩ, 1/4W	〃	2	
9	〃	4.7kΩ, 1/4W	〃	4	
10	〃	47kΩ, 1/4W	〃	2	
11	〃	100kΩ, 1/4W	〃	1	
12	〃	1MΩ, 1/4W	〃	1	
13	전해 커패시터	$1\mu F$, 16V	〃	2	
14	〃	$2.2\mu F$, 16V	〃	1	
15	마일러 커패시터	$0.02\mu F$ (203)	〃	1	
16	〃	$0.1\mu F$ (104)	〃	2	
17	IC 만능기판	28×62 구멍	장	1	
18	실납	SN60%, ϕ1mm	m	1	
19	배선	ϕ0.4mm, 3색 단선	〃	1	
20	방안지(모눈종이)		장	1	
21	작업용 실링봉투	정전기 방지용	〃	1	
22					
23					
24					
25					
26					

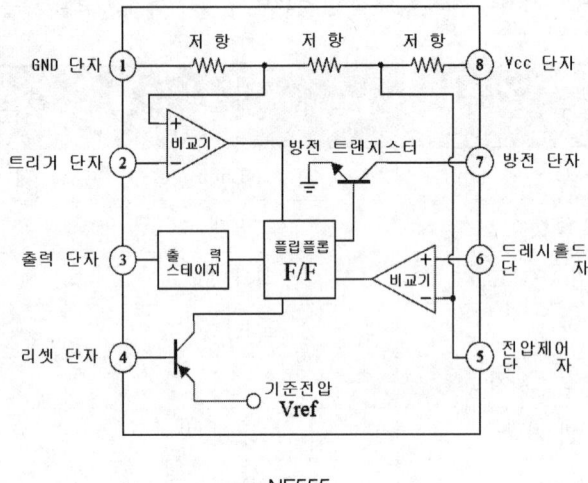

NE555

5. 회로 동작

2음 전환 경보회로의 계통도(Block Diagram)는 다음과 같다.

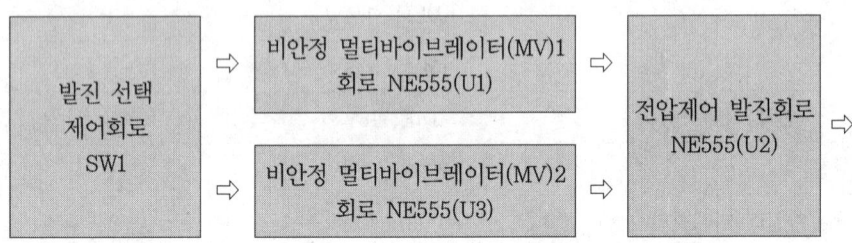

[2음 전환 경보회로의 계통도(Block Diagram)]

(1) 발진 선택 제어회로

① U_1과 U_3의 NE555를 이용한 비안정 멀티바이브레이터의 동작을 선택 제어를 위한 것으로 NE555의 4번 핀의 상태가 High이면 동작, Low이면 정지상태가 된다.

② 토글스위치가 R_6 저항 4.7kΩ에 연결되면 U_1의 NE555의 4번 핀에 +5V가 걸려 U_1의 발진회로가 동작하고, U_3의 NE555의 4번 핀은 R_7 저항 4.7kΩ을 통하여 접지에 연결되어 U_3의 발진회로가 정지상태가 된다.

③ 토글스위치가 R_7 저항 4.7kΩ에 연결되면 U_3의 NE555의 4번 핀에 +5V가 걸려 U_3의 발진회로가 동작하고, U_1의 NE555의 4번 핀은 R_7 저항 4.7kΩ을 통하여 접지에 연결되어 U_1의 발진회로가 정지상태가 된다.

(2) NE555를 이용한 비안정 멀티바이브레이터(펄스발생회로)

① NE555는 단일 타이머 IC로 비안정 MV와 단안정 MV를 구성할 수 있다.

② +4.5~16V(출력전류는 수백 mA 정도) 전압 범위의 단일 전원으로 동작하는 리니어 IC이다.

③ NE555(MC14555 or KA555)를 이용해서 구성된 발진회로에서 얻을 수 있는 주파수는 최대 1MHz이나 300kHz 정도까지 이용하는 것이 적당하다.

④ 최저주파수는 1/20~1/50Hz 정도가 안정하다.

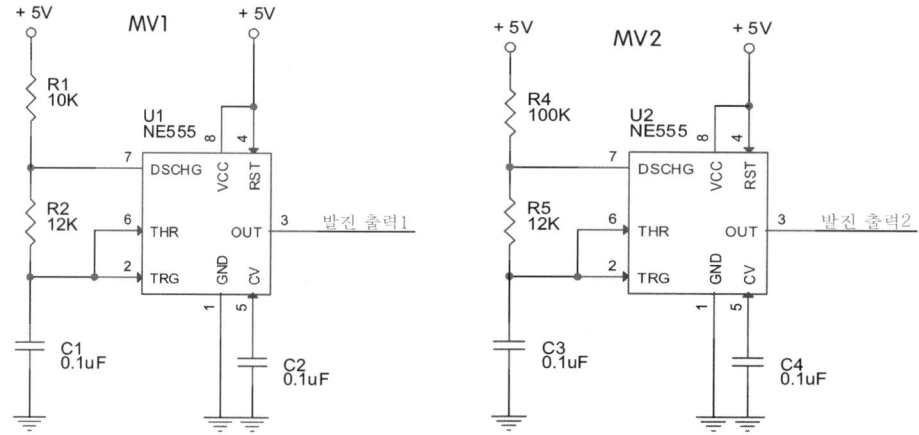

⑤ 전원 공급하는 순간 C_1 커패시터 양단의 전압이 거의 0V가 되어 트리거 입력(2) 단자가 low 상태가 되고 R_1, R_2를 통하여 커패시터에 충전하게 되며, C_1 커패시터가 충전하는 동안 출력(3)은 high 상태가 된다.

⑥ C_1 커패시터의 양단 전압이 상승경계전압($V_{UT} : \frac{2}{3}V_{CC}$) 이상이 되면 커패시터는 R_2를 통하여 1번 핀으로 방전하며, 커패시터가 방전하는 동안 출력(3)은 low 상태를 유지한다.

⑦ NE555의 4번 핀은 리셋 단자로 단자를 high 상태이면 정상적인 타이머로 동작하나 low 상태가 되면 출력은 리셋된다.

⑧ 5번 핀은 바이패스 단자로 회로 내에서 발생하는 급격한 전류 변화를 방출 또는 흡수하여 오동작을 방지하는 회로로, 보통 $0.1 \sim 0.01 \mu F$ 의 커패시터를 연결한다.

⑨ 커패시터 양단파형과 출력파형

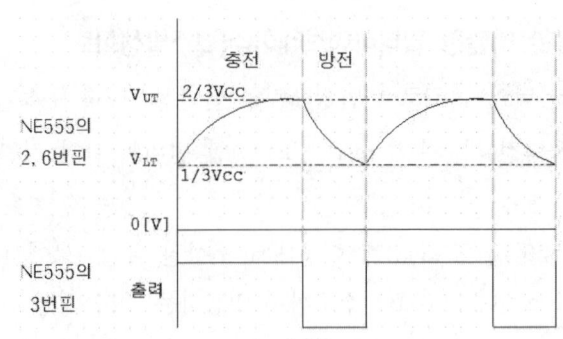

NE555를 이용한 비안정 멀티바이브레이터의 타이밍 차트

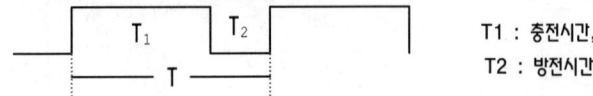

T1 : 충전시간,
T2 : 방전시간

⑩ $MV_1(U_1)$의 주기(T_1)와 주파수(f_1)는

$T_1 = 0.69(R_1 + 2R_2)C_1 = 0.69 \times (10 \times 10^3 + 2 \times 12 \times 10^3) \times 0.1 \times 10^{-6} = 3.4\,\text{msec}$

$f_1 = \dfrac{1}{T} = \dfrac{1}{3.4 \times 10^{-3}} \fallingdotseq 294\,\text{Hz}$

⑪ $MV_2(U_2)$의 주기(T_2)와 주파수(f_2)는

$T_2 = 0.69(R_4 + 2R_5)C_3$

$= 0.69 \times (100 \times 10^3 + 2 \times 12 \times 10^3) \times 0.1 \times 10^{-6} = 12.4\,\text{msec}$

$f_2 = \dfrac{1}{T} = \dfrac{1}{3.4 \times 10^{-3}} \fallingdotseq 80\,\text{Hz}$

(3) 전압제어 발진회로(VCO : Voltage Controlled Oscillator)

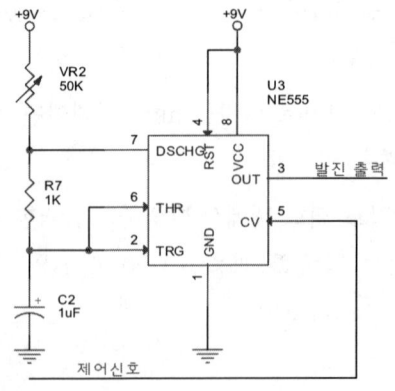

① 전압제어단자(5번 핀)를 제어하여 발진주파수를 변화시키는 것을 전압제어 발진 (VCO : Voltage Controlled Oscillator)회로이다.

② 전압제어단자(5번 핀)는 내부 비교기 입력으로 상승경계전압($V_{UT} : \frac{2}{3}V_{CC}$)이 공급되나, 입력이 H일 경우는 전압이 높아져 충·방전 주기가 짧아져 발진주파수가 높아지고 "L" 레벨일 경우는 하강경계전압($V_{UT} : \frac{1}{3}V_{CC}$)이 낮아져 발진주파수는 낮아진다. 즉 입력전압에 따라 발진주파수가 변화한다.

③ 제어전압(Control Voltage)과 스레시홀드 전압(V_{TH} : Threshold Voltage)은 전원전압이 +15V 정도이면 10V가 된다.(+5V이면 3.3V 정도가 된다.)

④ 전원이 ON되는 순간 C_2 양단의 전압은 "low"상태가 되어 Trigger Input 단자가 "low"가 된다.

⑤ 이 순간부터 가변 저항(VR_2), R_7을 통하여 C_2가 충전하기 시작하며, 충전하는 동안 출력(3번 핀)이 "high" 상태가 된다.

⑥ C_2의 양단 전압이 상승경계전압($V_{UT} : \frac{2}{3}V_{CC}$)이 되면 C_2의 충전전압은 R_7을 통하여 방전한다.(7번 핀을 통하여 방전)

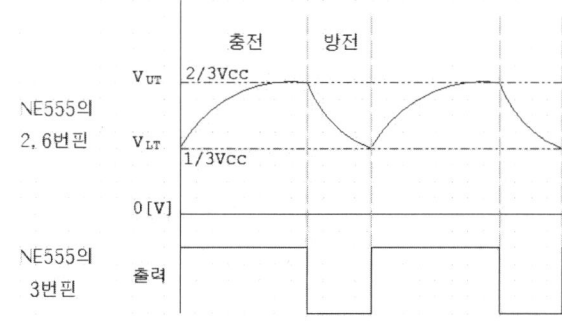

[NE555를 이용한 비안정 멀티바이브레이터의 타이밍 차트]

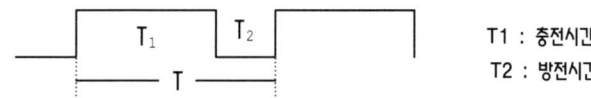

⑦ C_2가 방전하는 동안 출력은 "low" 상태가 된다.
   T_1("H"되는 시간)

$$T_1(\text{VR 최대 시 } 50\text{k}\Omega = 0.693(VR_2 + R_7)C_2$$
$$= 0.693(50 \times 10^3 + 1 \times 10^3)1 \times 10^{-6} = 0.035\,\text{sec}$$
$$T_1(\text{VR 최소 시 } 1\text{k}\Omega = 0.693(VR_2 + R_7)C_1$$
$$= 0.693(1 \times 10^3 + 1 \times 10^3)1 \times 10^{-6} = 1.386\,\text{msec}$$

T_2("L"되는 시간)

$$T_2 = 0.693R_7C_2 = 0.693 \times 1 \times 10^3 \times 1 \times 10^{-6} = 0.693\,\text{msec}$$
$$T(\text{VR 최대 시}) = T_1 + T_2 = 0.035 + 0.000693 = 0.0357\,\text{sec}$$
$$T(\text{VR 최소 시}) = T_1 + T_2 = 1.386 + 0.693 = 2.079\,\text{msec}$$
$$f(\text{VR 최대 시}) = \frac{1}{T} = \frac{1}{0.0357} = 28\,\text{Hz}$$
$$f(\text{VR 최소 시}) = \frac{1}{T} = \frac{1}{2.079 \times 10^{-3}} = 481\,\text{Hz}$$

⑧ NE555의 4번 핀은 리셋 단자로 "H" 상태이면 타이머로 정상 동작을 하나 "low" 상태가 되면 타이머의 동작 상태가 정지되고 출력은 "L" 상태를 유지한다.

3. 2음 전환 경보회로

6. 패턴도(배선면 : BOTTOM)

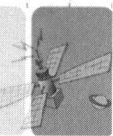

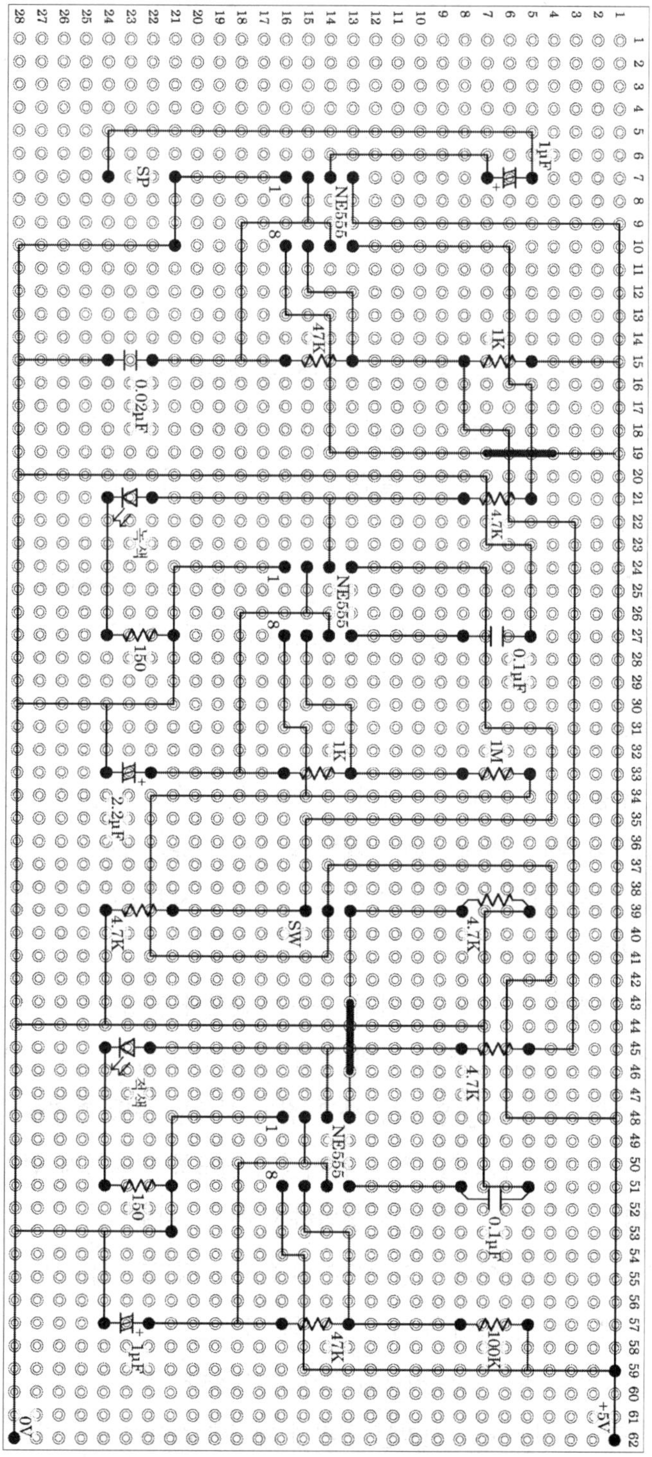

과제번호	4	자격종목 및 등급	무선설비기능사	작 품 명	5음색 발진기

▶ 시험시간 : 표준시간 3시간 30분, 연장시간 30분

1. 요구사항

A. 회로조립 및 시험

(1) 지급된 재료를 사용하여 5음색 발진기 회로를 조립하시오.
  ① SW를 눌렀다 놓으면 5개의 연속음이 자동 발진되도록 하시오.
  ② SW를 눌렀다 놓은 상태에서는 발진이 되고, 일정 시간이 경과 후에는 발진이 정지 되도록 하시오.
(2) 납땜은 배선이 지나는 동박면을 직선부분은 2구멍마다, 직각부분은 모두 땜하시오.
(3) 정상 동작이 되지 않을 시는 틀린 회로를 수정하고 동작되게 하시오.

2. 수검자 유의사항

(1) 지급재료는 부품점검시간에 검사하여 불량품 및 부족 숫자는 지급받도록 하시오.
(2) 부품점검시간 이후에 부품교환은 일체 하지 않으니 유의하시오.
(3) 회로의 동작이 불완전할 경우에는 동작점수가 많이 삭감되며 부동작 시에는 오작으로 채점하니 주의하시오.
(4) 배치는 기판 전체에 골고루 안배하여 부품의 균형과 안정감이 있도록 하시오.
(5) 납땜은 냉납이나 산화납 그리고 납의 과다 및 과소가 없도록 하시오.
(6) 점퍼선은 가능한 한 생기지 않도록 하고 점퍼 시에는 동박 후면에서 하시오.
(7) 스위치는 기판에 고정하고 인출선은 끊어지지 않도록 완전하게 연결하시오.
(8) 저항의 색띠는 수직 또는 수평으로 통일하여 배치하시오.
(9) 트랜지스터 최상부의 높이는 기판으로부터 1.5cm 정도로 하시오.
(10) 트랜지스터 배치는 핀 발이 꼬이지 않도록 하시오.
(11) 저항과 커패시터의 리드선은 적당한 길이로 사용하시오.
(12) 조정이나 측정 시 사용하는 계기는 정확한 계기를 사용하여 계기의 오차가 발생되지

않도록 하시오.

(13) IC는 조립 시 파손되지 않도록 하시오.

(14) 다음 사항은 채점대상에서 제외되니 유의하시오.

① 연장시간까지 미완성된 작품

② 부동작 되는 작품

③ 부정행위를 한 수검자

(15) 전원을 연결할 때는 극성 및 전압을 확인하고 쇼트확인을 반드시 하시오.

(16) 회로 상에 IC의 V_{CC}와 GND의 연결에 대해서는 생략되었으니 조립 시 생략되는 일이 없도록 하시오.

(17) 부품점검 시 각 부품의 규격이 도면의 규격과 지급재료 목록의 규격이 같은가 확인하고 이상이 있을 때에는 시험위원에게 알리고 그 조치에 따른다.

(18) 연장시간을 사용할 때 사용시간 매 10분마다 총득점에서 5점씩 감점한다.

3. 도면(본 과제는 추정한 것으로 실제 시험의 재료와 다를 수 있습니다.)

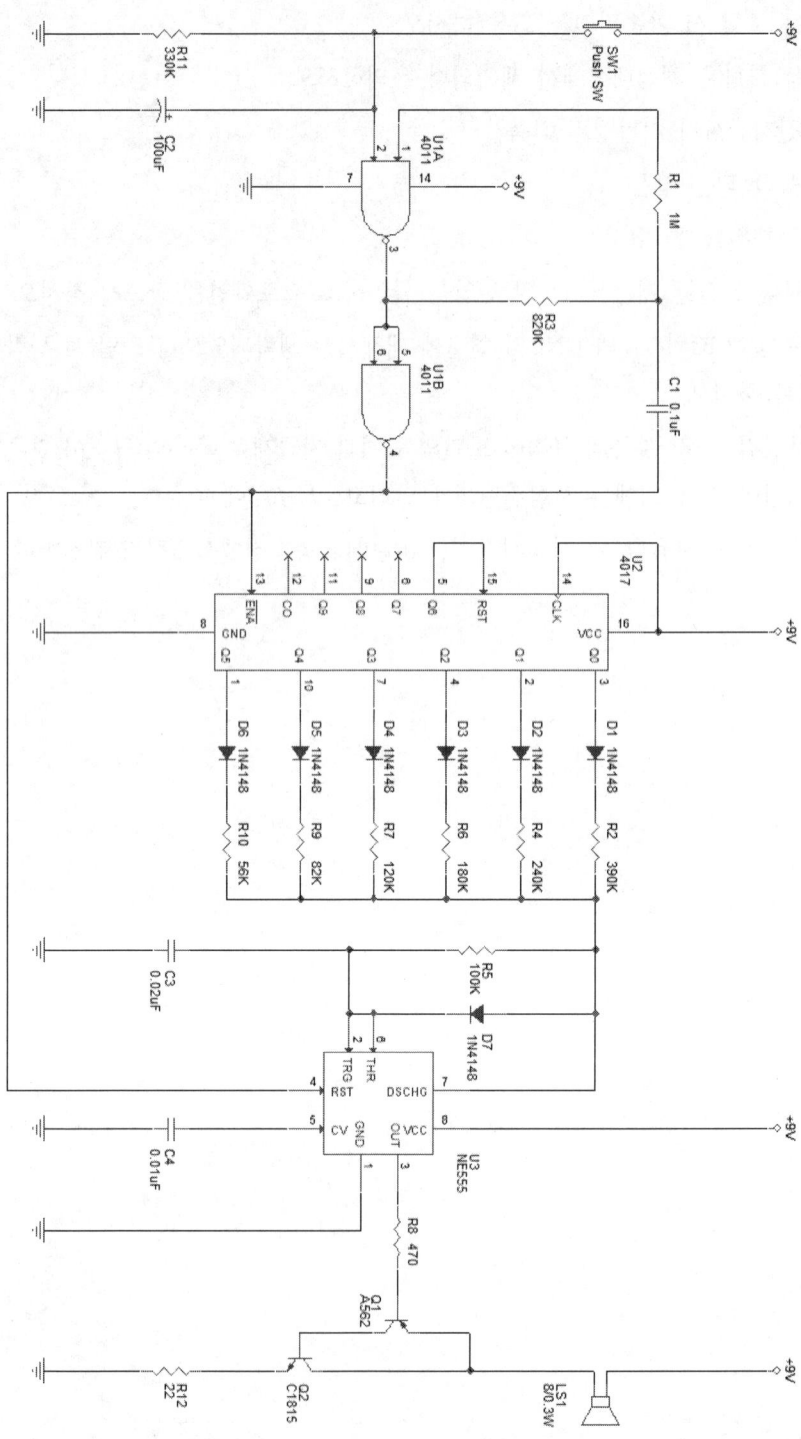

4. 지급재료 목록(본 과제의 재료는 추정한 것으로 실제 시험의 재료와 다를 수 있습니다.)

일련번호	재료명	규격	단위	수량	비고
1	IC	MC14017	개	1	
2	〃	MC14011	〃	1	
3	〃	NE555	〃	1	
4	IC 소켓	8핀	〃	1	
5	〃	14핀	〃	1	
6	〃	16핀	〃	1	
7	트랜지스터(TR)	2SA562	〃	1	
8	〃	2SC1959	〃	1	
9	스위칭 다이오드	1N4148	〃	7	
10	스피커	8Ω, 0.3W	〃	1	
11	푸시버튼 스위치	소형, 2P	〃	1	
12	저항	22Ω, 1/4W	〃	1	
13	〃	470Ω, 1/4W	〃	1	
14	〃	56kΩ, 1/4W	〃	1	
15	〃	82kΩ, 1/4W	〃	1	
16	〃	100kΩ, 1/4W	〃	1	
17	〃	120kΩ, 1/4W	〃	1	
18	〃	180kΩ, 1/4W	〃	1	
19	〃	240kΩ, 1/4W	〃	1	
20	〃	330kΩ, 1/4W	〃	1	
21	〃	390kΩ, 1/4W	〃	1	
22	〃	820kΩ, 1/4W	〃	1	
23	〃	1MΩ, 1/4W	〃	1	
24	마일러 커패시터	0.01μF (103)	〃	1	
25	〃	0.02μF (203)	〃	1	
26	마일러 커패시터	0.1μF (104)	〃	2	
27	IC 만능기판	28×62 구멍	장	1	

일련 번호	재료명	규 격	단위	수량	비 고
28	실납	SN60%, ϕ1mm	m	1	
29	배선	ϕ0.4mm, 3색 단선	〃	1	
30	방안지(모눈종이)		장	1	
31	작업용 실링봉투	정전기 방지용	〃	1	

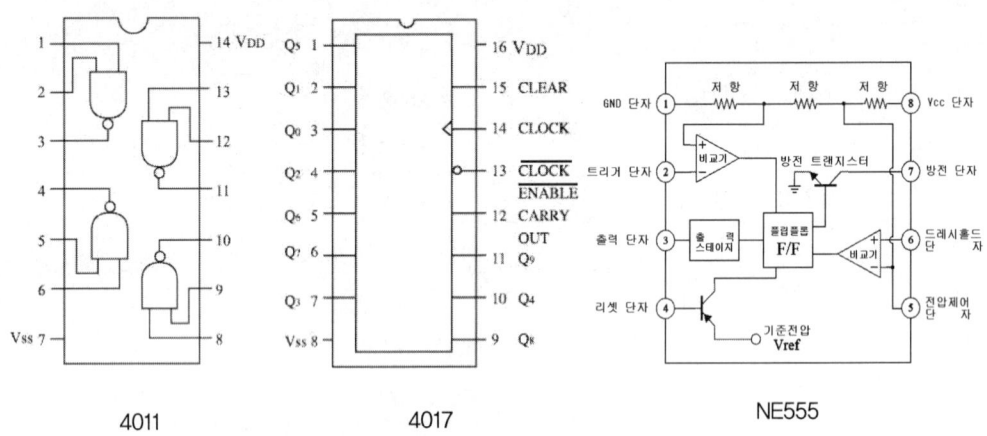

4011　　　　　4017　　　　　NE555

5. 회로 동작

5음색 발진기 회로의 계통도(Block Diagram)는 다음과 같다.

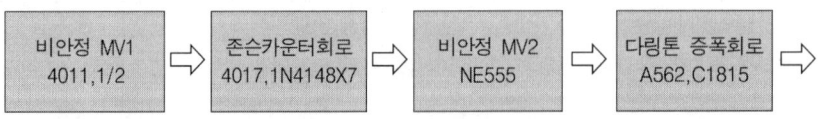

[5음색 발진기 회로의 계통도(Block Diagram)]

(1) 비안정 멀티바이브레이터회로

① 스위치(SW_1)가 OFF 상태에서 NAND 게이트(U_1A)의 두개의 입력 중 하나(2번 핀)가 low 상태이므로 U_1A의 출력은 high 상태가 되고 U_1B의 출력은 low 상태가 된다.

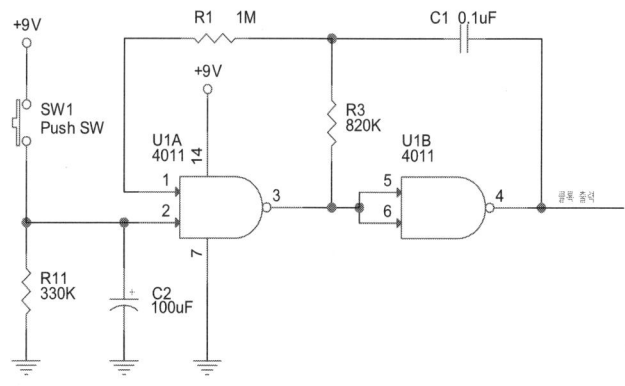

② 이때 U₁A 출력의 전위가 high 상태가 되어 R₃, C₁을 통하여 U₁B 출력의 전위가 상승한다.

③ 푸시버튼 스위치(SW₁)를 ON하면 C₂의 커패시터에 전하가 축적되어 R₁₁에 의해서 결정되는 스레시홀드 레벨 이상이 되면 U₁A의 입력은 high 상태가 되고 출력단자는 high 상태로 전환이 된다.

④ U₁A의 2번 핀의 전위가 high 상태로 유지되면 R₁, C₁에 위해서 충·방전이 되어 출력측에 구형파의 펄스가 나타나고(U₁A의 1번 핀이 high 상태 동안 MV로 동작), C₂의 커패시터가 방전이 끝나며 U₁A의 입력이 항상 low이므로 비안정 MV는 발진 정지상태가 된다.

⑤ 푸시버튼 스위치(SW₁)를 누르고 있으면 출력측에서는 연속된 구형파가 발생하여 비안정 MV로 동작한다.

⑥ 주기(T)는

$$T = 2.2R_3C_1 = 2.2 \times 820 \times 10^3 \times 0.1 \times 10^{-6} = 0.18\text{sec}$$

⑦ 출력주파수(f)는

$$f = \frac{1}{T} = \frac{1}{0.18} \fallingdotseq 5.6\text{Hz}$$

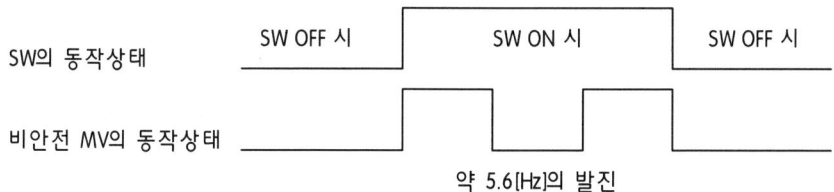

(2) 디코더 카운터/드라이버

① MC14017(4017B)는 코드 변환기를 내장한 5단 존슨 10진 카운터로서 고속 동작이 가능하며 스파이크 없는 깨끗한 출력이 얻어진다.

② 10개의 디코드된 출력은 통상 low이며 해당 10진 주기에서만 high로 된다. 출력의 변화는 클록 펄스의 상승부에서 일어난다.

③ 이 디바이스는 10진 카운터나 10진 디코더 디스플레이를 비롯해서 주파수 분할에 사용할 수 있다.

④ Q_0에서 카운트를 시작하여 Q_5까지 계수 후에 Q_6를 RESET에 결선하여 6가지의 계수를 사용한다.

⑤ MC4017의 동작 진리치표

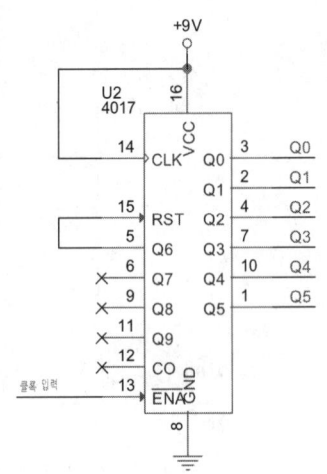

[MC4017의 진리표]

MR	CP_0	$\overline{CP_0}$	동작
H	X	X	$Q_0 = \overline{Q_{5-9}} = H$; Q_1에서 $Q_9 = H$
L	H	＼	카운트(계수)
L	／	L	카운트(계수)
L	L	X	변화 없음
L	X	H	변화 없음
L	H	／	변화 없음
L	＼	L	변화 없음

⑤ MC14017의 동적 신호파형

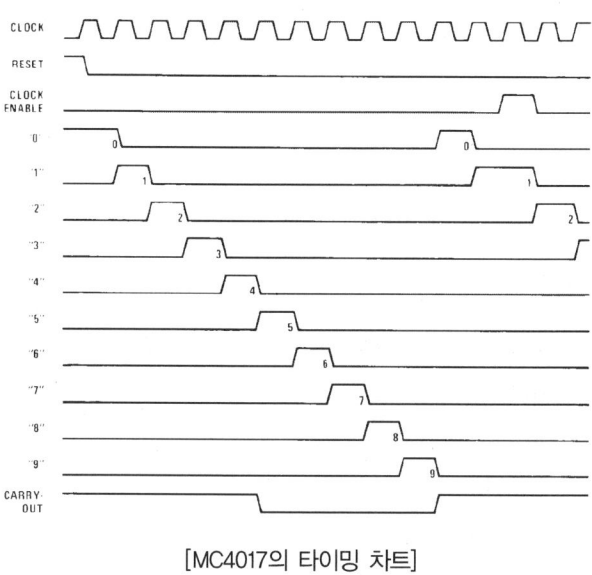

[MC4017의 타이밍 차트]

(3) 비안정 멀티바이브레이터

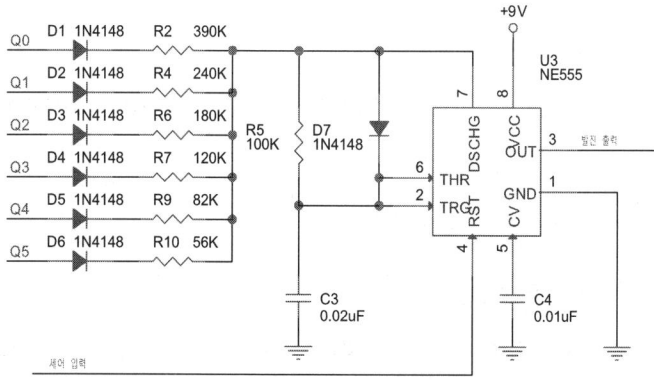

① NE555를 이용한 발진회로의 충전은 저항 합성회로를 통하여 D_7을 통하여 C_3 커패시터에 충전이 되고, C_3 커패시터의 방전은 R_5를 통하여 7번 핀으로 방전을 한다.

② 일반적으로 D_7 다이오드는 C_3 커패시터에 충전되는 시간을 조절하여 발진파형의 듀티비를 변경하기 위하여 사용된다.

③ NE555의 4번 핀이 high 상태이면 발진, low 상태이면 발진정지 상태가 된다.

④ D_1~D_6(D_7 제외)의 다이오드는 4017 IC의 출력으로 신호가 입력되는 것은 방지하기

위하여 삽입된 것이다. 즉 다이오드는 출력이 순방향 시 도통되고, 역방향 시 차단하여 출력 간의 쇼트(단락)를 방지한다.

⑤ Q_0 출력 시의 주기(T_0)는

$$T_0 = 0.693(R_2 + 2R_5)C_3 = 0.693(390 \times 10^3 + 2 \times 100 \times 10^3)0.02 \times 10^{-6}\,\text{sec}$$

$$\fallingdotseq 8.2 \times 10^{-3}\,\text{sec} \fallingdotseq 8.2\,\text{msec}$$

$$f_0 = \frac{1}{T} = \frac{1}{8.2 \times 10^{-3}} \fallingdotseq 122\,\text{Hz}$$

㉠ Q_1 출력 시의 주기(T_1)는

$$T_1 = 0.693(R_4 + 2R_5)C_3 = 0.693(240 \times 10^3 + 2 \times 100 \times 10^3)0.02 \times 10^{-6}\,\text{sec}$$

$$\fallingdotseq 6.1 \times 10^{-3}\,\text{sec} \fallingdotseq 6.1\,\text{msec}$$

$$f_1 = \frac{1}{T} = \frac{1}{6.1 \times 10^{-3}} \fallingdotseq 164\,\text{Hz}$$

㉡ Q_2 출력 시의 주기(T_2)는

$$T_2 = 0.693(R_6 + 2R_5)C_3 = 0.693(180 \times 10^3 + 2 \times 100 \times 10^3)0.02 \times 10^{-6}\,\text{sec}$$

$$\fallingdotseq 5.3 \times 10^{-3}\,\text{sec} \fallingdotseq 5.3\,\text{msec}$$

$$f_2 = \frac{1}{T} = \frac{1}{5.3 \times 10^{-3}} \fallingdotseq 189\,\text{Hz}$$

㉢ Q_3 출력 시의 주기(T_3)는

$$T_3 = 0.693(R_7 + 2R_5)C_3 = 0.693(120 \times 10^3 + 2 \times 100 \times 10^3)0.02 \times 10^{-6}\,\text{sec}$$

$$\fallingdotseq 4.4 \times 10^{-3}\,\text{sec} \fallingdotseq 4.4\,\text{msec}$$

$$f_3 = \frac{1}{T} = \frac{1}{4.4 \times 10^{-3}} \fallingdotseq 227\,\text{Hz}$$

㉣ Q_4 출력 시의 주기(T_4)는

$$T_4 = 0.693(R_9 + 2R_5)C_3 = 0.693(82 \times 10^3 + 2 \times 100 \times 10^3)0.02 \times 10^{-6}\,\text{sec}$$

$$\fallingdotseq 3.9 \times 10^{-3}\,\text{sec} \fallingdotseq 3.9\,\text{msec}$$

$$f_4 = \frac{1}{T} = \frac{1}{3.9 \times 10^{-3}} \fallingdotseq 256\,\text{Hz}$$

㉤ Q_5 출력 시의 주기(T_5)는

$$T_5 = 0.693(R_{10} + 2R_5)C_3 = 0.693(56 \times 10^3 + 2 \times 100 \times 10^3)0.02 \times 10^{-6}\,\text{sec}$$

$$\fallingdotseq 3.5 \times 10^{-3}\,\text{sec} \fallingdotseq 3.5\,\text{msec}$$

$$f_5 = \frac{1}{T} = \frac{1}{3.5 \times 10^{-3}} \fallingdotseq 286\,\text{Hz}$$

4. 5음색 발진기

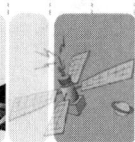

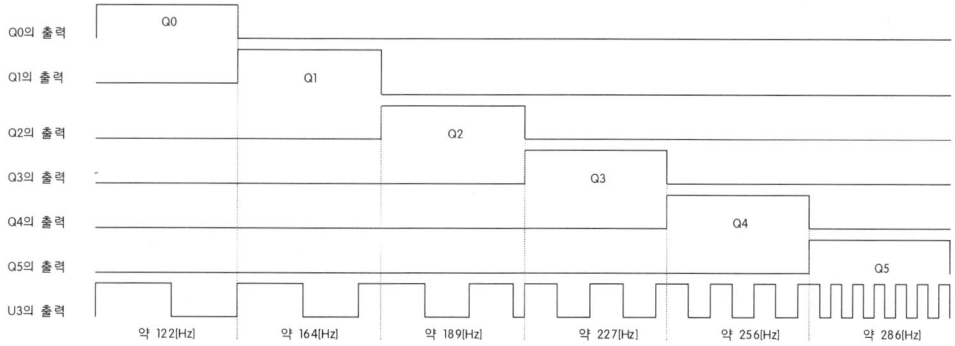

(4) 스피커 구동회로

① 스피커의 구동을 위한 트랜지스터(Q_1, Q_2)는 달링턴 접속한 것으로, 달링턴 접속을 하면 두 트랜지스터의 전류증폭률의 곱에 해당하는 전류증폭을 얻을 수 있다.

② Q_1의 출력전류가 그대로 Q_2의 베이스에 공급되므로 전류증폭률이 커진다. 즉 두 트랜지스터의 전류증폭률의 곱에 해당하는 전류증폭률을 얻을 수 있다.(Q_1는 Q_2보다 컬렉터 손실이 적은 트랜지스터를 사용해야 한다.)

③ 470Ω의 저항은 Q_1의 바이어스 역할을 한다.

Q_1의 컬렉터 전류(I_{C1})와 이미터 전류(I_{E1})는

$$I_{C1} = h_{fe1} \times I_{B1}$$
$$I_{E1} = I_{B1}(1 + h_{fe1})$$

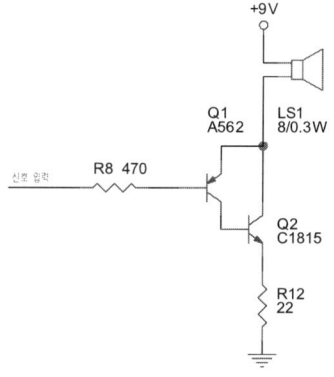

Q_2의 베이스 전류(I_{B2})와 컬렉터 전류(I_{C2})는

$$I_{B2} = I_{B1}(1 + h_{fe1})$$
$$I_{C2} = h_{fe2} \times I_{B2} = h_{fe2} \times I_{B1}(1 + h_{fe1})$$

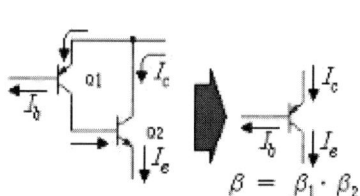

스피커에 흐르는 전류(I_c)는

$$I_C = I_{C1} + I_{C2} = h_{fe1} \times I_{B1} + h_{fe2} \times I_{B1}(1 + h_{fe1})$$가 흐른다.

6. 패턴도(배선면 : BOTTOM)

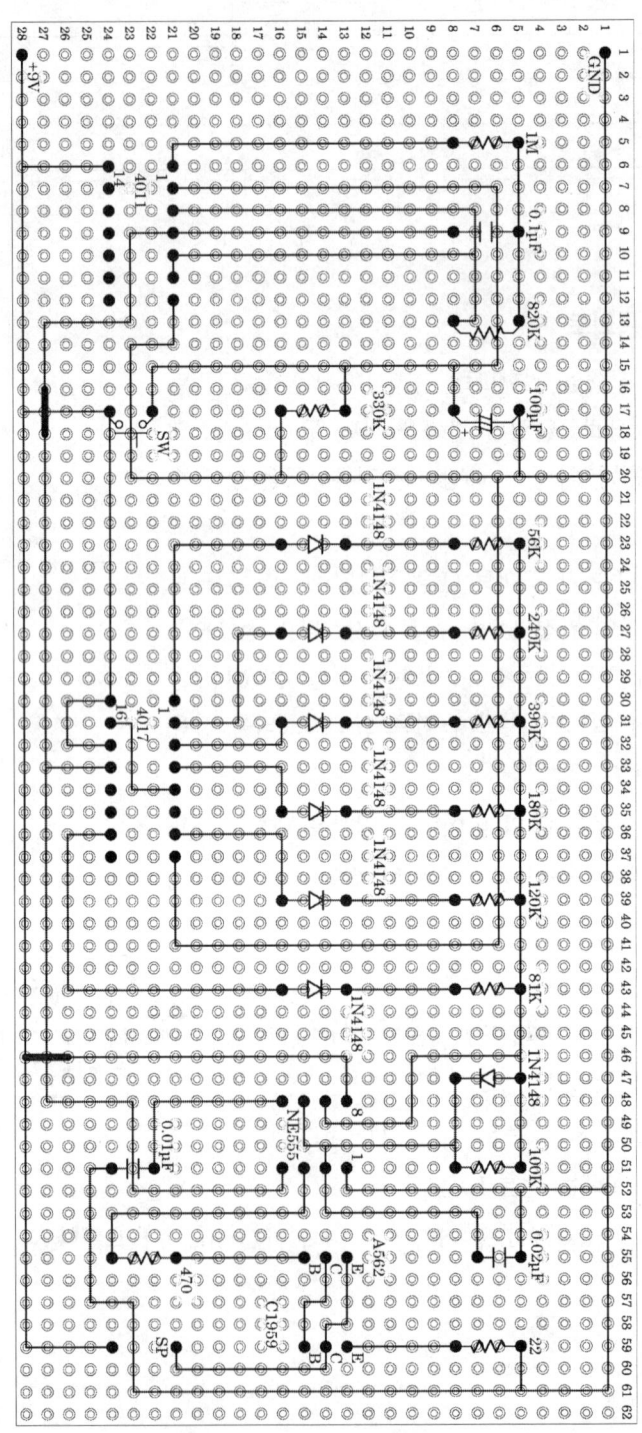

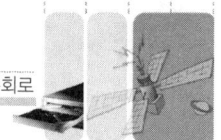

5. OP 발진 및 증폭회로

과제 번호	5	자격종목 및 등급	무선설비기능사	작품명	OP 발진 및 증폭회로

▶ 시험시간 : 표준시간 3시간 30분, 연장시간 30분

1. 요구사항

A. 회로조립 및 시험

(1) 지급된 재료를 사용하여 **OP 발진 및 증폭회로를** 조립하시오.

(2) 발진음을 확인하고 가변저항(VR1)을 조정하여 발진주파수가 변화도록 하고, 가변저항(VR2)의 조정이 출력의 크기가 변화되도록 하시오.

(3) 정상 동작이 되지 않을 시는 틀린 회로를 수정하여 정상 동작이 되게 하시오.

(4) 납땜은 배선이 지나는 동박면을 직선부분은 2구멍마다, 직각부분은 모두 땜하시오.

2. 수검자 유의사항

(1) 지급재료는 부품점검시간에 검사하여 불량품 및 부족 숫자는 지급받도록 하시오.

(2) 부품점검시간 이후에 부품교환은 일체하지 않으니 유의하시오.

(3) 회로의 동작이 불완전할 경우에는 동작점수가 많이 삭감되며 부동작 시에는 오작으로 채점하니 주의하시오.

(4) 배치는 기판 전체에 골고루 안배하여 부품의 균형과 안정감이 있도록 하시오.

(5) 납땜은 냉납이나 산화납 그리고 납의 과다 및 과소가 없도록 하시오.

(6) 점퍼선은 가능한 한 생기지 않도록 하고 점퍼 시에는 동박 후면에서 하시오.

(7) 스위치는 기판에 고정하고 인출선은 끊어지지 않도록 완전하게 연결하시오.

(8) 저항의 색띠는 수직 또는 수평으로 통일하여 배치하시오.

(9) 트랜지스터 최상부의 높이는 기판으로부터 1.5cm 정도로 하시오.

(10) 트랜지스터 배치는 핀 발이 꼬이지 않도록 하시오.

(11) 저항과 커패시터의 리드선은 적당한 길이로 사용하시오.

(12) 조정이나 측정 시 사용하는 계기는 정확한 계기를 사용하여 계기의 오차가 발생되지 않도록 하시오.

(13) IC는 조립 시 파손되지 않도록 하시오.

(14) 다음 사항은 채점대상에서 제외되니 유의하시오.

① 연장시간까지 미완성된 작품

② 부동작되는 작품

③ 부정행위를 한 수검자

(15) 전원을 연결할 때는 극성 및 전압을 확인하고 쇼트확인을 반드시 하시오.

(16) 회로 상에 IC의 V_{cc}와 GND의 연결에 대해서는 생략되었으니 조립 시 생략되는 일이 없도록 하시오.

(17) 부품점검 시 각 부품의 규격이 도면의 규격과 지급재료 목록의 규격이 같은가 확인하고 이상이 있을 때에는 시험위원에게 알리고 그 조치에 따른다.

(18) 연장시간을 사용할 때 사용시간 매 10분마다 총득점에서 5점씩 감점한다.

5. OP 발진 및 증폭회로

3. 도면(본 과제는 추정한 것으로 실제 시험의 재료와 다를 수 있습니다.)

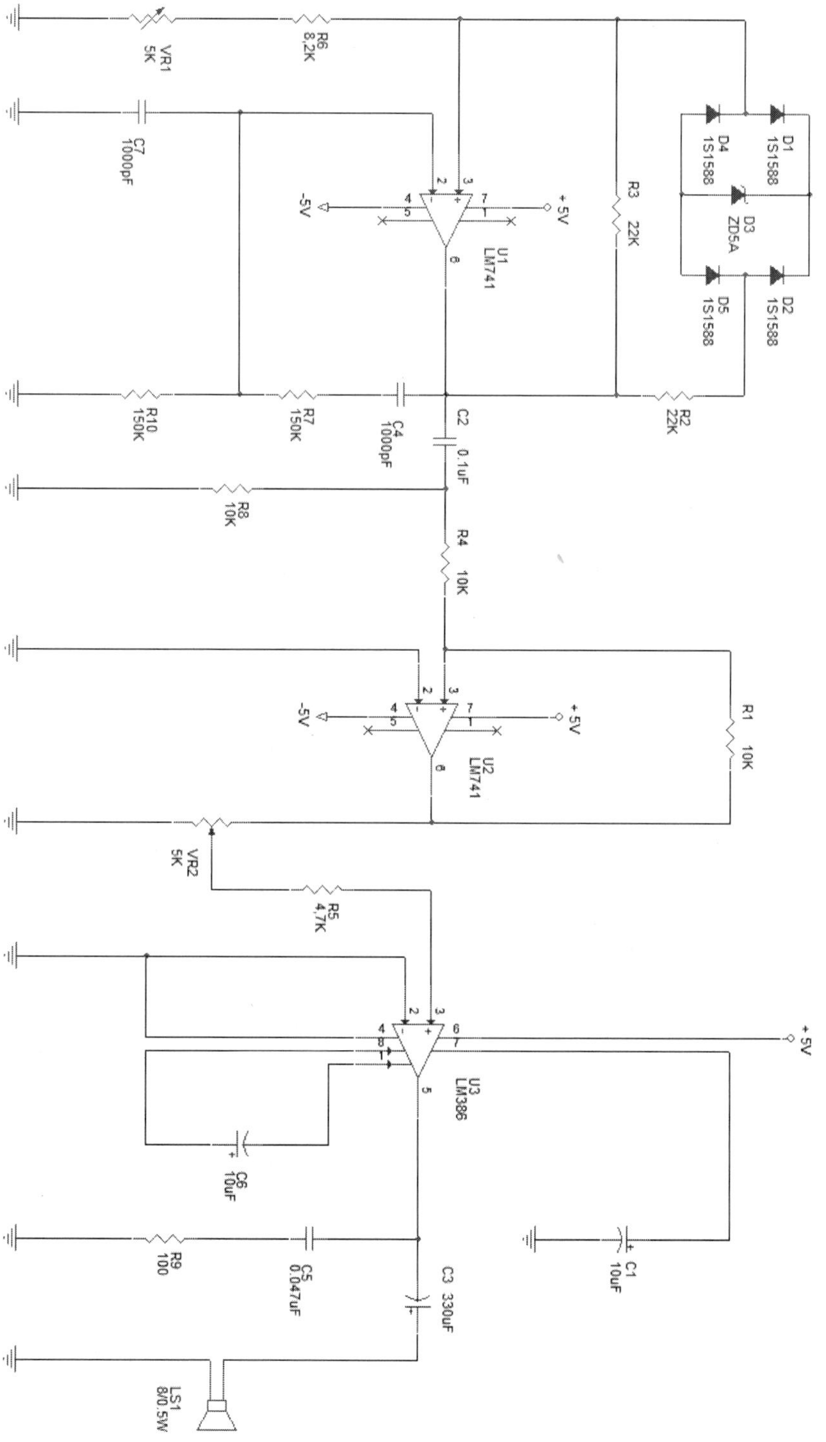

4. 지급재료 목록(본 과제의 재료는 추정한 것으로 실제 시험의 재료와 다를 수 있습니다.)

일련번호	재 료 명	규 격	단위	수량	비 고
1	IC	LM741	개	2	
2	〃	LM386	〃	1	
3	IC 소켓	8핀	〃	3	
4	스위칭 다이오드	1S1588	〃	4	
5	제너 다이오드	RD5A	〃	1	
6	스피커	0.3W, 8Ω	〃	1	
7	가변 저항	5kΩ, B형	〃	2	
8	저 항	100Ω, 1/4W	〃	1	
9	〃	4.7kΩ, 1/4W	〃	1	
10	〃	8.2kΩ, 1/4W	〃	1	
11	〃	10kΩ, 1/4W	〃	3	
12	〃	22kΩ, 1/4W	〃	2	
13	〃	150kΩ, 1/4W	〃	2	
14	전해 커패시터	10μF, 16V	〃	2	
15	〃	330μF, 16V	〃	1	
16	세라믹 커패시터	1000pF(102)	〃	2	
17	마일러 커패시터	0.047μF(473)	〃	1	
18	〃	0.1μF(104)	〃	1	
19	IC 만능기판	28×62 구멍	장	1	
20	실납	SN60%, φ1mm	m	1	
21	배선	φ0.4mm, 3색 단선	〃	1	
22	방안지(모눈종이)		장	1	
23	작업용 실링봉투	정전기 방지용	〃	1	
24					

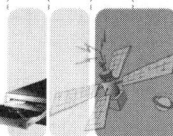

5. OP 발진 및 증폭회로

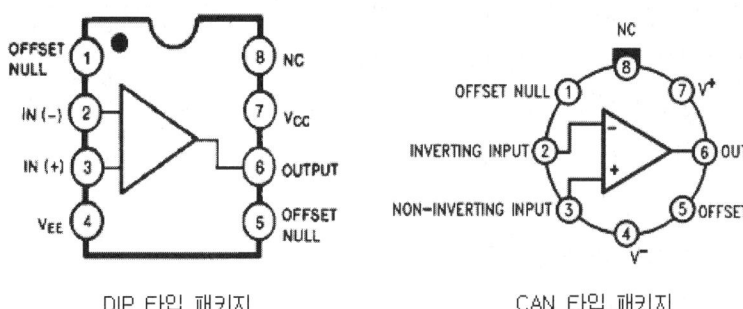

[LM741 또는 KA741]

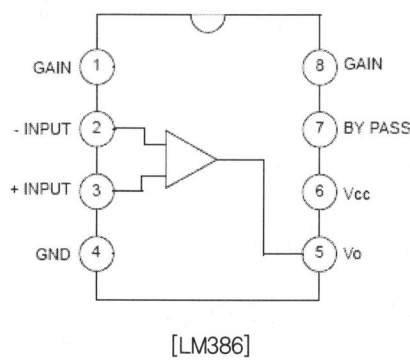

[LM386]

5. 회로 동작

OP 발진 및 증폭회로의 계통도(Block Diagram)는 다음과 같다.

[OP 발진 및 증폭 회로의 계통도(Block Diagram)]

(1) 빈 브리지 발진회로

① 비반전 입력단자에는 정궤환의 고역통과 필터(HPF : C_4, R_{10})와 저역통과 필터(LPF : C_7, R_7)로 구성되고, 반전 입력단자는 부궤환의 전압 분배회로로 구성한 빈 브리지 발진회로이다. 정궤환회로에 의하여 위상 천이 없이 공진주파수의 재생 궤환이 이루어지고, 부궤환회로에 의하여 폐로 이득을 제어하는 회로 구성이다.

② 진상-지상(lead-lag)회로를 궤환회로로 사용하는 것으로 진상회로는 R_7과 C_4가 직렬로 연결되어 출력전압이 입력전압보다 위상(phase)이 앞서는 회로이고, 지상회로는 R_{10}과 C_7이 병렬로 연결된 바이패스 회로로 위상을 비교하면 출력전압의 위상이

입력보다 뒤지는 회로를 말한다. 즉, 매우 낮은 주파수에서는 직렬 커패시터가 입력신호에 대하여 개방되므로 출력신호가 없게 되고, 매우 높은 주파수에서는 병렬 커패시터가 단락되어 출력이 존재하지 않는다. 그러므로 매우 낮은 주파수와 매우 높은 주파수 사이 값에서 출력전압은 최댓값에 도달한다.

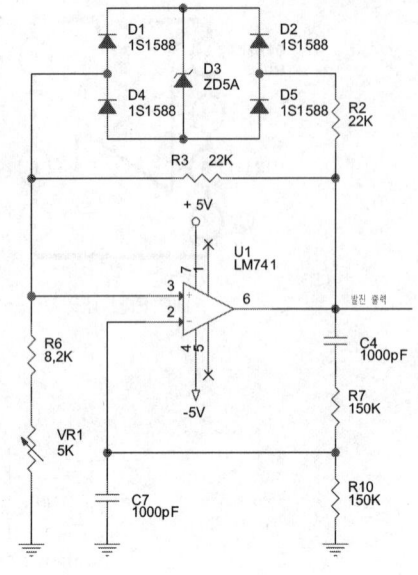

③ 고역통과 필터(HPF)와 저역통과 필터(LPF)의 차단주파수를 하나로 일치하면 발진주파수(f_o)가 된다.

$C_4 = C_7 = C$, $R_7 = R_{10} = R$이라 하면

$$f_o = \frac{1}{2\pi RC} = \frac{1}{2\pi\sqrt{R_7 R_{10} C_4 C_7}}$$

$$= \frac{1}{2 \times 3.14 \times 150 \times 10^3 \times 1000 \times 10^{-9}} \fallingdotseq 1\,\text{kHz}$$

④ 비반전 단자의 정궤환 회로의 궤환비(β)는 $\beta = \frac{1}{3}$의 최댓값에 위상각은 0°이므로, 루프 이득 $\beta A_{CL} = 1$이 되기 위한 폐회로 이득 $A_{CL} = 3$이 되어야 한다.

⑤ 궤환 저항(R_f)과 입력 저항(R_i) 비의 루프 이득이 1이 되기 위해서는 $\frac{R_f}{R_i} = 2$가 되어야 한다.

$$A_{CL} = 1 + \frac{\frac{R_2 R_3}{R_2 + R_3}}{R_6 + VR_1} = 3$$

⑥ 브리지회로의 제너 다이오드는 발진주파수 진폭의 크기를 제한하는 역할을 하여, 발진주파수의 진폭이 일정하도록 한다.

(2) 비반전 버퍼(연산증폭(OP AMP))회로

① 빈 브리지 발진회로의 신호가 비반전 단자에 공급되고, 출력신호의 일부가 정궤환회로(R_1)를 통하여 비반전 단자에 공급되어 출력이득이 결정된다.

② 비반전 증폭기의 출력(e_o)은(비반전 단자에 공급되는 전압을 e_i, 연산증폭기의 출력을 e_o라 하면) $e_o = e_i \frac{R_4}{R_4} = e_i \frac{10 \times 10^3}{10 \times 10^3} = e_i$, 즉 $e_o = e_i$이므로 비반전 증폭기는 버퍼

의 동작을 한다.

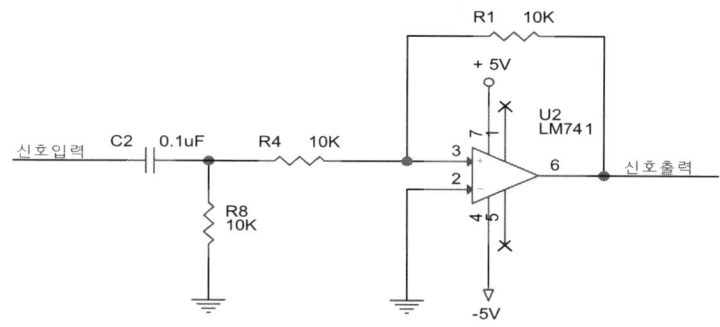

(3) 전력증폭회로

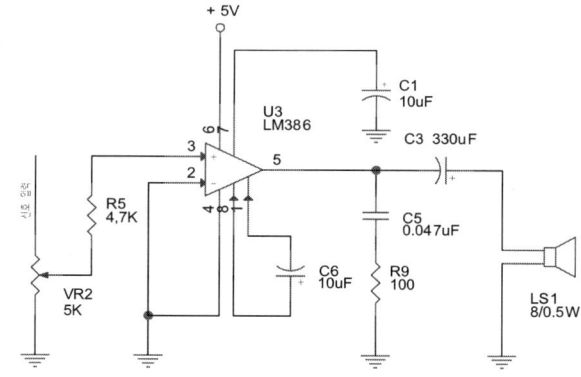

① LM386은 전원전압 6~16V, 부하 8~32Ω으로, 이득이 내부에서 20배로 고정된 저주파 전력증폭기이다.
② 외부 부가 저항과 커패시터에 의해 20~200배의 범위까지 설정할 수 있다.($10\mu F$ 연결 시 200배 이득)
③ 전압증폭도(A_v)와 전압 이득(G_v)는

$$전압증폭도(A_v) = \frac{출력전압(V_o)}{입력전압(V_i)} \qquad 전압이득(G_v) = 20\log_{10} A_v$$

④ 정지 시 출력전압은 자동적으로 전원전압의 1/2이 되도록 되어 있다.
⑤ $C_5(0.047\mu F)$와 $R_9(100\Omega)$는 유도성 부하에 대한 발진을 방지하기 위하여 사용하며, $C_3(330\mu F)$은 결합 커패시터로 스피커에 직류가 흐르는 것을 방지하는 역할을 한다.
⑥ 7번 핀의 C_6 $10\mu F$ 커패시터는 리플전압을 바이패스 시키기 위하여 접속한다.

6. 패턴도(배선면 : BOTTOM)

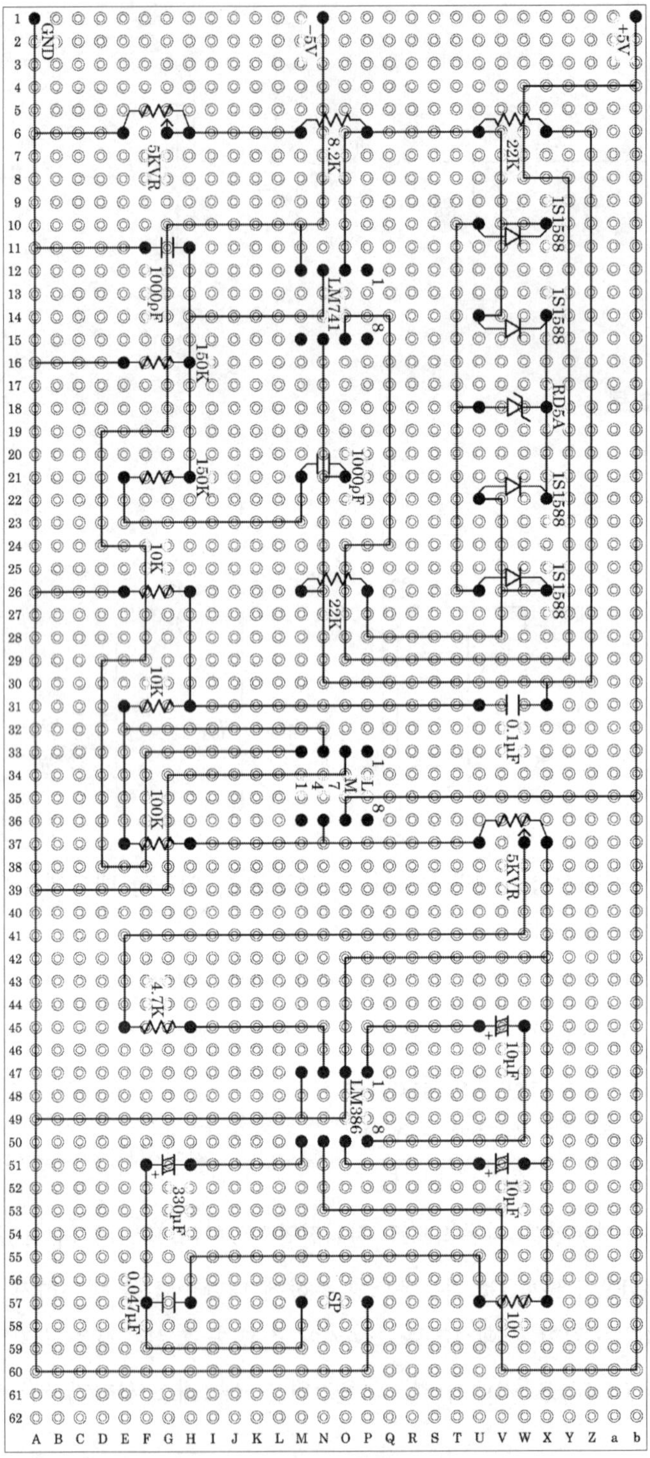

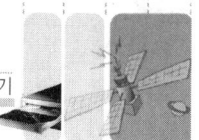

과제번호	6	자격종목 및 등급	무선설비기능사	작 품 명	VCO 단속 경보기

▶ 시험시간 : 표준시간 3시간 30분, 연장시간 30분

1. 요구사항

A. 회로조립 및 시험

(1) 지급된 재료를 사용하여 VCO 단속경보기 회로를 조립하시오.

① VR_1, VR_2를 조정하여 스피커에서 경보음이 출력되도록 하시오.

② VR_1을 가변시켜 단속음의 주기가 변화되도록 하시오.

(2) 정상 동작이 되지 않을 시는 틀린 회로를 수정하여 정상 동작이 되게 하시오.

(3) 납땜은 배선이 지나는 동박면을 직선부분은 2구멍마다, 직각부분은 모두 땜하시오.

2. 수검자 유의사항

(1) 지급재료는 부품점검시간에 검사하여 불량품 및 부족 숫자는 지급받도록 하시오.

(2) 부품점검시간 이후에 부품교환은 일체하지 않으니 유의하시오.

(3) 회로의 동작이 불완전할 경우에는 동작점수가 많이 삭감되며 부동작 시에는 오작으로 채점하니 주의하시오.

(4) 배치는 기판 전체에 골고루 안배하여 부품의 균형과 안정감이 있도록 하시오.

(5) 납땜은 냉납이나 산화납 그리고 납의 과다 및 과소가 없도록 하시오.

(6) 점퍼선은 가능한 한 생기지 않도록 하고 점퍼 시에는 동박 후면에서 하시오.

(7) 스위치는 기판에 고정하고 인출선은 끊어지지 않도록 완전하게 연결하시오.

(8) 저항의 색띠는 수직 또는 수평으로 통일하여 배치하시오.

(9) 트랜지스터 최상부의 높이는 기판으로부터 1.5cm 정도로 하시오.

(10) 트랜지스터 배치는 핀 발이 꼬이지 않도록 하시오.

(11) 저항과 커패시터의 리드선은 적당한 길이로 사용하시오.

(12) 조정이나 측정 시 사용하는 계기는 정확한 계기를 사용하여 계기의 오차가 발생되지 않도록 하시오.

(13) IC는 조립 시 파손되지 않도록 하시오.

(14) 다음 사항은 채점대상에서 제외되니 유의하시오.

   ① 연장시간까지 미완성된 작품

   ② 부동작되는 작품

   ③ 부정행위를 한 수검자

(15) 전원을 연결할 때는 극성 및 전압을 확인하고 쇼트확인을 반드시 하시오.

(16) 회로 상에 IC의 V_{cc}와 GND의 연결에 대해서는 생략되었으니 조립 시 생략되는 일이 없도록 하시오.

(17) 부품점검 시 각 부품의 규격이 도면의 규격과 지급재료 목록의 규격이 같은가 확인하고 이상이 있을 때에는 시험위원에게 알리고 그 조치에 따른다.

(18) 연장시간을 사용할 때 사용시간 매 10분마다 총득점에서 5점씩 감점한다.

6. VCO 단속 경보기

3. 도면(본 과제는 추정한 것으로 실제 시험의 재료와 다를 수 있습니다.)

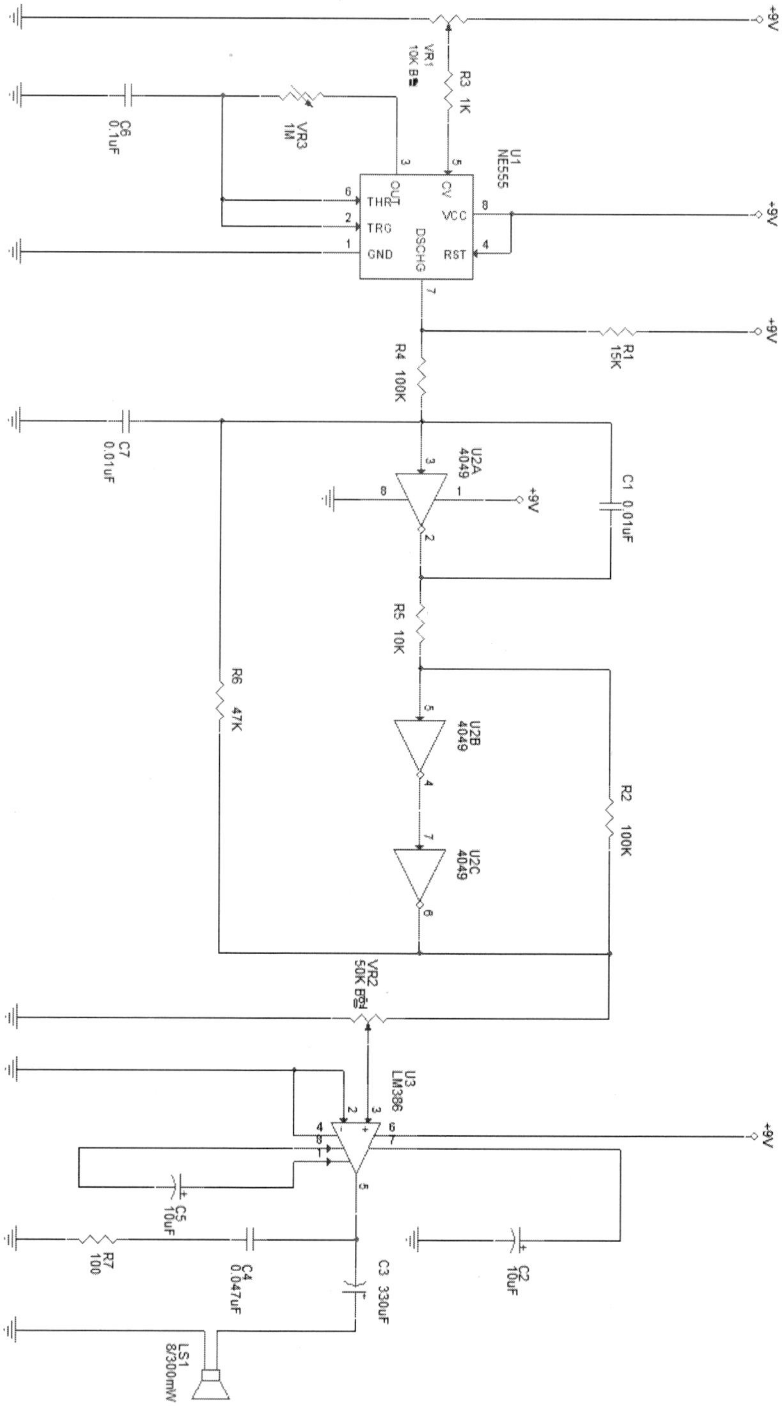

4. 지급재료 목록(본 과제의 재료는 추정한 것으로 실제 시험의 재료와 다를 수 있습니다.)

일련번호	재료명	규 격	단위	수량	비 고
1	IC	MC14049	개	1	
2	〃	NE555	〃	1	
3	〃	LM386	〃	1	
4	IC 소켓	8핀	〃	2	
5	〃	16핀	〃	1	
6	스 피 커	8Ω, 0.3W	개	1	
7	반고정 저항	1MΩ	〃	1	
8	가변저항	10kΩ, B형	〃	1	
9	〃	50kΩ, B형	〃	1	
10	저 항	100Ω, 1/4W	〃	1	
11	〃	1kΩ, 1/4W	〃	1	
12	〃	15kΩ, 1/4W	〃	1	
13	〃	47kΩ, 1/4W	〃	1	
14	〃	100kΩ, 1/4W	〃	2	
15	마일러 커패시터	$0.01\mu F$ (103)	〃	2	
16	〃	$0.047\mu F$ (473)	〃	2	
17	〃	$0.1\mu F$ (104)	〃	1	
18	전해 커패시터	$10\mu F$, 16V	〃	2	
19	〃	$330\mu F$, 16V	〃	1	
20	IC 만능기판	28×62 구멍	장	1	
21	실납	SN60%, ϕ1mm	m	1	
22	배선	ϕ0.4mm, 3색 단선	〃	1	
23	방안지(모눈종이)		장	1	
24	작업용 실링봉투	정전기 방지용	〃	1	
25					

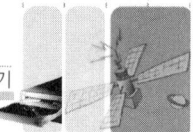

6. VCO 단속 경보기

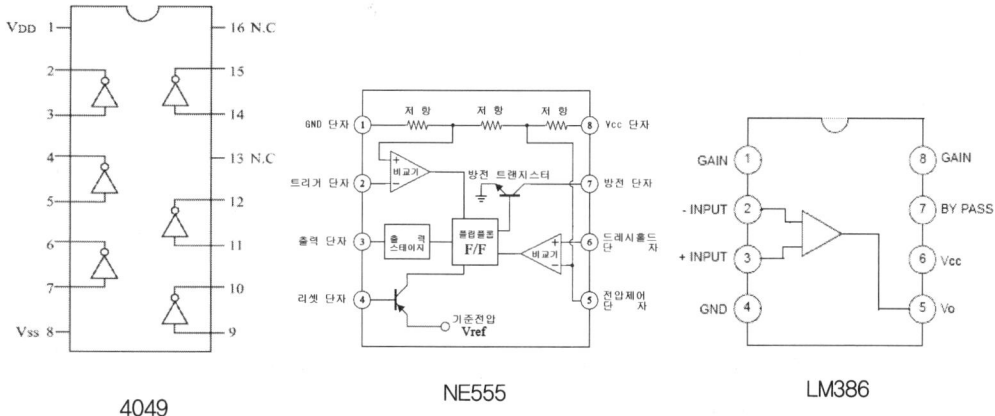

4049   NE555   LM386

5. 회로 동작

VCO 단속 경보기 회로의 계통도(Block Diagram)는 다음과 같다.

[VCO 단속 경보기 회로의 계통도(Block Diagram)]

(1) 전압제어 듀티비(Duty Rate) 발진회로

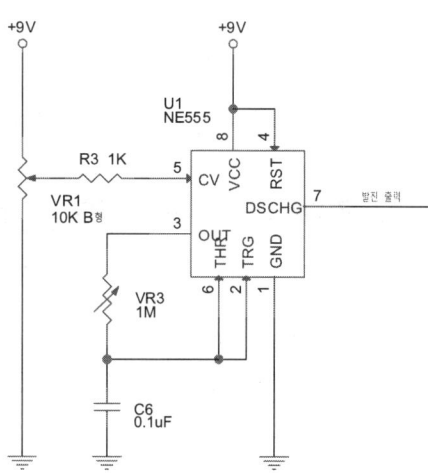

① 전압제어단자(5번 핀)를 제어하여 발진주파수를 변화시키는 것을 전압제어 발진(VCO : Voltage Controlled Oscillator) 회로이다.

② 전압제어단자(5번 핀)는 내부 비교기 입력으로 상승경계전압($V_{UT} : \frac{2}{3}V_{CC}$)이 공급되나, 입력이 H일 경우는 전압이 높아져 충·방전 주기가 짧아져 발진주파수가 높아지고 "L" 레벨일 경우는 하강경계전압($V_{UT} : \frac{1}{3}V_{CC}$)이 낮아져 발진주파수는 낮아진다. 즉 입력전압에 따라 발진주파수가 변화한다.

③ 제어전압(Control Voltage)과 스레시홀드 전압(V_{TH} : Threshold Voltage)은 전원전

압이 +9V이므로 6V가 된다.

④ U_1 IC는 듀티 사이클의 구형파 발진기로 VR_3의 가변에 따라 7Hz까지 발진한다.

⑤ 출력(3번 핀)이 "H" 상태이므로 VR_3을 통해 C_6에 서서히 충전하여 상승경계전압($V_{UT} : \frac{2}{3}V_{CC}$)에 도달하면 스레시홀드(6번 핀) 단자와 트리거 단자(2번 핀) 모두 "H" 레벨이 되어 IC 내부 트랜지스터(TR)가 도통되어, 7번 핀이 "L"가 되어 방전을 한다.

⑥ 방전이 완료되면 하강경계전압($V_{LT} : \frac{1}{3}V_{CC}$) 이하로 떨어지면 7번 핀이 "H"가 되고 다시 VR_3, C_6에 전류가 흘러 충전이 시작된다.

⑦ 충전 전압이 상승경계전압($V_{UT} : \frac{2}{3}V_{CC}$)에 도달하면 처음과 같은 상태로 되돌아가는 충·방전에 의하여 7번 핀의 전압을 단속하는 것이다.

⑧ 주기(T)는 가변 저항(VR_3)의 최저치가 1kΩ이므로
$T = 1.4RC\,[\sec]$에 의해서
$T_L = 1.4VR_3C_6 = 1.4 \times 1 \times 10^3 \times 0.1 \times 10^{-6} = 0.14 \times 10^{-3} = 0.14\,\text{msec}$
$T_H = 1.4VR_3C_6 = 1.4 \times 1 \times 10^6 \times 0.1 \times 10^{-6} = 0.14\,\sec$

⑨ 주파수(f)는
$f_L = \dfrac{1}{T} = \dfrac{1}{0.14} = 7\,\text{Hz}$
$f_H = \dfrac{1}{T} = \dfrac{1}{0.14 \times 10^{-3}} = 7.1\,\text{kHz}$

(2) 전압제어 발진회로(VCO : Voltage Control Oscillator)

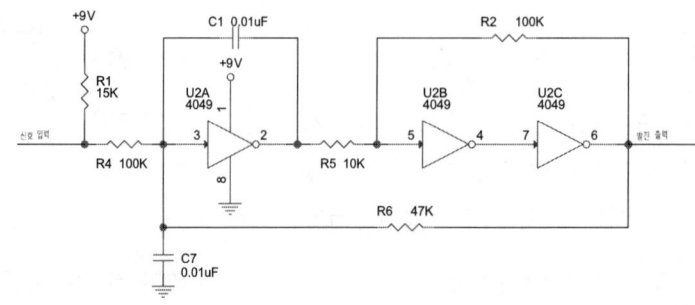

① 외부(입력)의 인가전압에 의하여 발진주파수가 변화되는 전압제어 발진회로이다.
② 제어입력단자가 있는 비안정 멀티바이브레이터와 같은 동작 원리로, 입력단은 적분

회로(R_4와 C_7)로 구성되고, 발진 부분은 슈미트 트리거 발진회로로 구성된다.

③ 슈미트 트리거 발진회로의 발진 주기(T) 및 발진주파수(f)는 R_5는 10kΩ, 스레시홀드 전압(V_{TH})을 $\frac{1}{2} V_{CC}$(6V)로 설정하면

㉠ 슈미트 트리거회로의 V_{UT}와 V_{LT}를 구하면

$$V_{UT} = \frac{R_2 + R_5}{R_2} \times V_{TH}$$

$$= \frac{100 \times 10^3 + 10 \times 10^3}{100 \times 10^3} \times 6 = \frac{110}{100} \times 6 = 1.1 \times 6 ≒ 6.6V$$

$$V_{LT} = V_{UT} - \frac{R_5}{R_2} \times V_{DD} = 6.6 - \frac{10 \times 10^3}{100 \times 10^3} \times 6$$

$$= 6.6 - 0.1 \times 6 = 6.6 - 0.6 = 6V$$

㉡ 커패시터 C의 충전 시간(T_1)

$$T_1 = R_4 C_7 \ln\left[\frac{V_{DD} - V_{LT}}{V_{DD} - V_{UT}}\right] = 100 \times 10^3 \times 0.01 \times 10^{-6} \ln\left[\frac{12-6}{12-6.6}\right]$$

$$= 100 \times 10^3 \times 0.01 \times 10^{-6} \ln\left[\frac{6}{5.4}\right] = 100 \times 10^3 \times 0.01 \times 10^{-6} \ln 1.11$$

$$= 100 \times 10^3 \times 0.01 \times 10^{-6} \times 0.045 = 0.045 \times 10^{-3} \sec = 0.045 \,\text{ms}$$

㉢ 커패시터 C의 방전 시간(T_2)

$$T_2 = R_6 C_7 \ln\left[\frac{V_{UT}}{V_{LT}}\right] = 47 \times 10^3 \times 0.01 \times 10^{-6} \ln\left[\frac{6.6}{6}\right]$$

$$= 47 \times 10^3 \times 0.01 \times 10^{-6} \ln 1.1 = 47 \times 10^3 \times 0.01 \times 10^{-6} \times 0.041$$

$$= 0.47 \times 0.041 = 0.02 \times 10^{-3} \sec = 0.02 \,\text{ms}$$

㉣ 발진 주기 $\quad T = T_1 + T_2 = 0.045 + 0.02 = 0.065 \,\text{ms}$

㉤ 발진주파수(f)는

$$f = \frac{1}{T} = \frac{1}{0.065 \times 10^{-3}} ≒ 15.4 \,\text{kHz}$$

(3) 전력증폭회로

① LM386은 전원전압 6~16V, 부하 8~32Ω으로, 이득이 내부에서 20배로 고정된 저주파 전력증폭기이다.

② 외부 부가 저항과 커패시터에 의해 20~200배의 범위까지 설정할 수 있다.(10μF 연결 시 200배 이득)

③ 전압증폭도(A_v)와 전압 이득(G_v)는

$$전압증폭도(A_v) = \frac{출력전압(V_o)}{입력전압(V_i)}$$

$$전압이득(G_v) = 20\log_{10} A_v$$

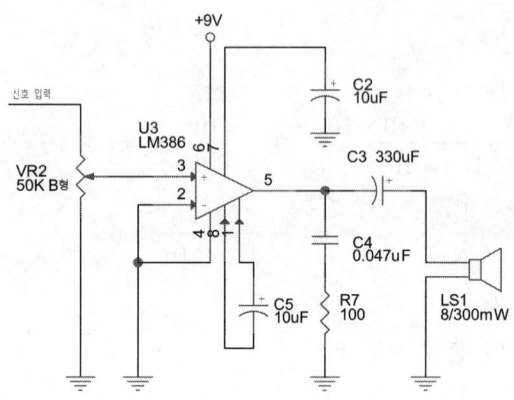

④ 정지 시 출력전압은 자동적으로 전원전압의 1/2이 되도록 되어 있다.

⑤ $C_4(0.047\mu F)$와 $R_7(100\Omega)$는 유도성 부하에 대한 발진을 방지하기 위하여 사용하며, $C_3(330\mu F)$은 결합 커패시터로 스피커에 직류가 흐르는 것을 방지하는 역할을 한다.

⑥ 7번 핀의 C_5 $10\mu F$ 커패시터는 리플전압을 바이패스시키기 위하여 접속한다.

6. 패턴도(배선면 : BOTTOM)

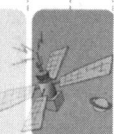

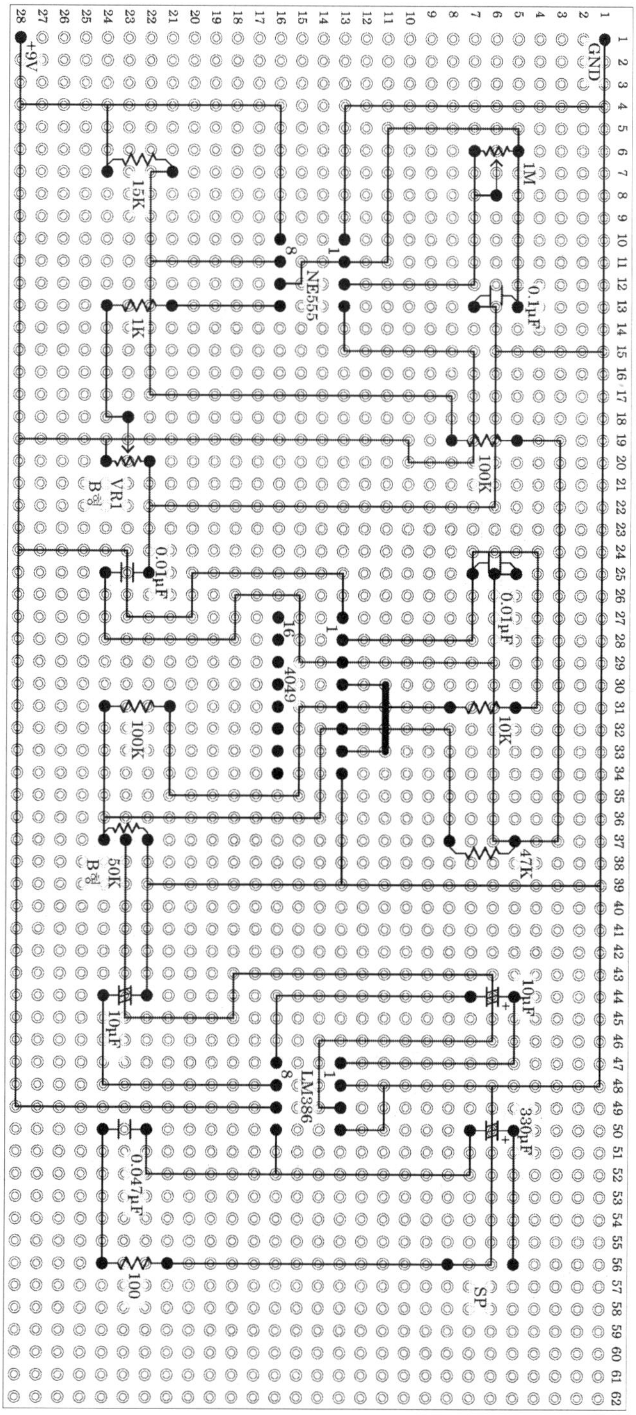

과제번호	7	자격종목 및 등급	무선설비기능사	작 품 명	교차 발진회로

▶ 시험시간 : 표준시간 3시간 30분, 연장시간 30분

1. 요구사항

   A. 회로조립 및 시험

   (1) 지급된 재료를 사용하여 교차 발진회로를 조립하시오.

   (2) 2개의 발진음이 교차 되도록 하시오.

2. 수검자 유의사항

   (1) 지급재료는 부품점검시간에 검사하여 불량품 및 부족 숫자는 지급받도록 하시오.

   (2) 부품점검시간 이후에 부품교환은 일체하지 않으니 유의하시오.

   (3) 회로의 동작이 불완전할 경우에는 동작점수가 많이 삭감되며 부동작 시에는 오작으로 채점하니 주의하시오.

   (4) 배치는 기판 전체에 골고루 안배하여 부품의 균형과 안정감이 있도록 하시오.

   (5) 납땜은 냉납이나 산화납 그리고 납의 과다 및 과소가 없도록 하시오.

   (6) 점퍼선은 가능한 한 생기지 않도록 하고 점퍼 시에는 동박 후면에서 하시오.

   (7) 스위치는 기판에 고정하고 인출선은 끊어지지 않도록 완전하게 연결하시오.

   (8) 저항의 색띠는 수직 또는 수평으로 통일하여 배치하시오.

   (9) 트랜지스터 최상부의 높이는 기판으로부터 1.5cm 정도로 하시오.

   (10) 트랜지스터 배치는 핀 발이 꼬이지 않도록 하시오.

   (11) 저항과 커패시터의 리드선은 적당한 길이로 사용하시오.

   (12) 조정이나 측정 시 사용하는 계기는 정확한 계기를 사용하여 계기의 오차가 발생되지 않도록 하시오.

   (13) IC는 조립 시 파손되지 않도록 하시오.

   (14) 다음 사항은 채점대상에서 제외되니 유의하시오.

   ① 연장시간까지 미완성된 작품

② 부동작되는 작품

③ 부정행위를 한 수검자

(15) 전원을 연결할 때는 극성 및 전압을 확인하고 쇼트확인을 반드시 하시오.

(16) 회로 상에 IC의 V_{CC}와 GND의 연결에 대해서는 생략되었으니 조립 시 생략되는 일이 없도록 하시오.

(17) 부품점검 시 각 부품의 규격이 도면의 규격과 지급재료 목록의 규격이 같은가 확인하고 이상이 있을 때에는 시험위원에게 알리고 그 조치에 따른다.

(18) 연장시간을 사용할 때 사용시간 매 10분마다 총득점에서 5점씩 감점한다.

3. 도면(본 과제는 추정한 것으로 실제 시험의 재료와 다를 수 있습니다.)

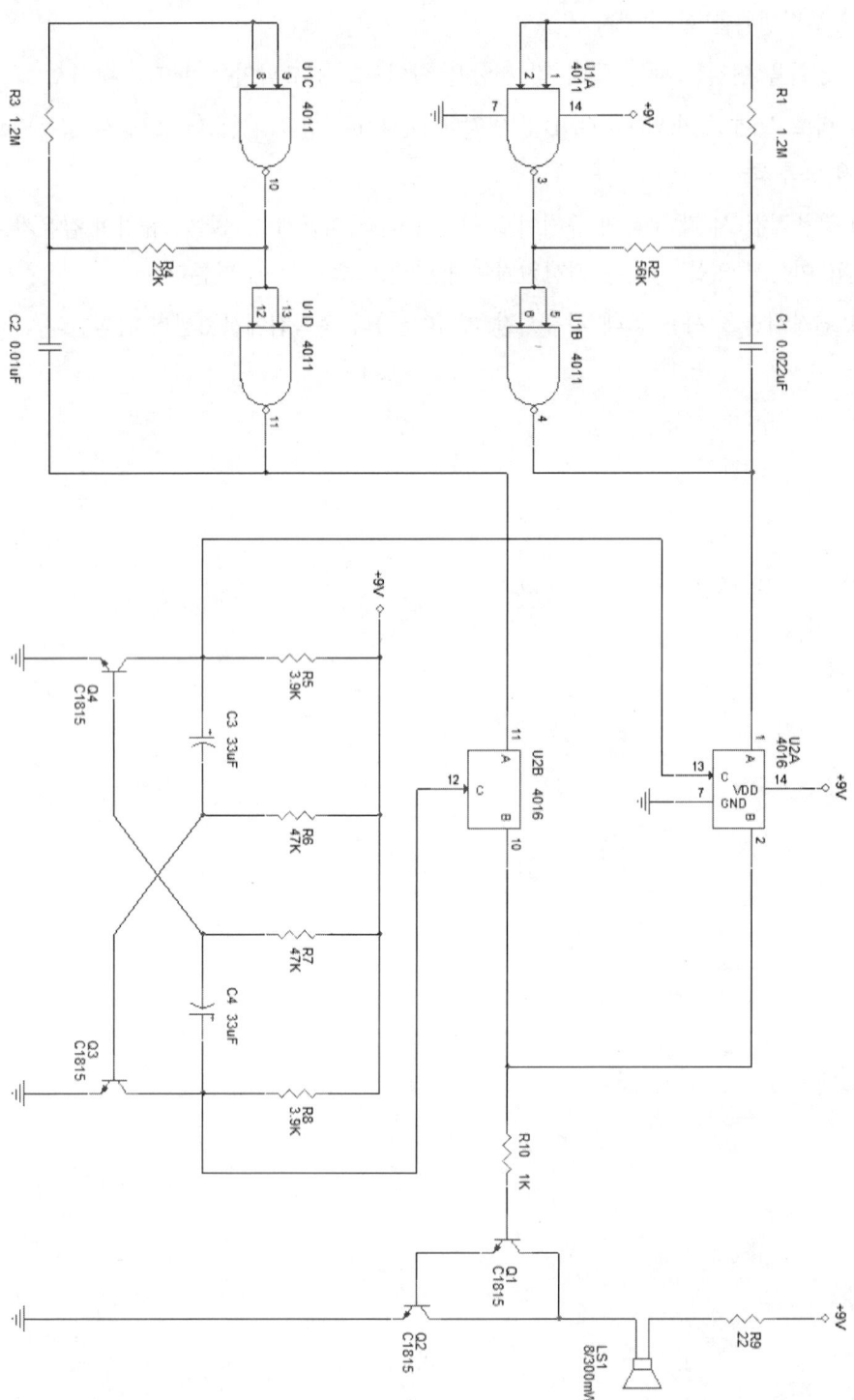

7. 교차 발진회로

4. 지급재료 목록(본 과제의 재료는 추정한 것으로 실제 시험의 재료와 다를 수 있습니다.)

일련번호	재 료 명	규 격	단위	수량	비 고
1	IC	MC4011	개	1	
2	〃	MC4016	〃	1	
3	IC 소켓	14핀	〃	2	
4	트랜지스터(TR)	2SC1815	〃	4	
5	스 피 커	8Ω, 0.3W	〃	1	
6	저 항	22Ω, 1/4W	〃	1	
7	〃	3.9kΩ, 1/4W	〃	2	
8	〃	1kΩ, 1/4W	〃	1	
9	〃	22kΩ, 1/4W	〃	1	
10	〃	47kΩ, 1/4W	〃	2	
11	〃	56kΩ, 1/4W	〃	1	
12	〃	1.2MΩ, 1/4W	〃	2	
13	전해 커패시터	33μF, 16V	〃	2	
14	마일러 커패시터	0.022μF (223)	〃	1	
15	〃	0.01μF (103)	〃	1	
16	IC 만능기판	28×62 구멍	장	1	
17	실납	SN60%, φ1mm	m	1	
18	배선	φ0.4mm, 3색 단선	〃	1	
19	방안지(모눈종이)		장	1	
20	작업용 실링봉투	정전기 방지용	〃	1	
21					
22					
23					
24					
25					
26					

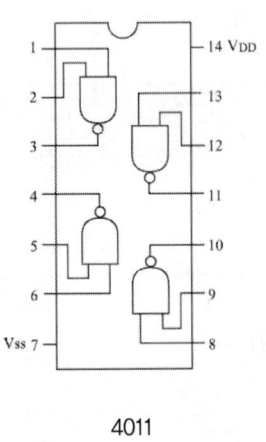
4011

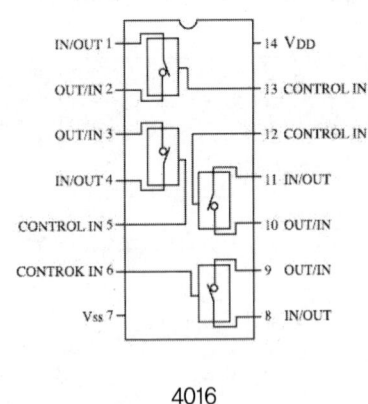
4016

5. 회로 동작

교차 발진회로의 계통도(Block Diagram)는 다음과 같다.

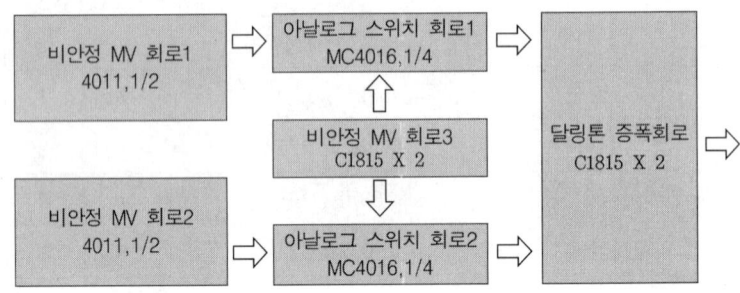

[교차 발진 회로의 계통도(Block Diagram)]

(1) CMOS IC를 이용한 펄스발생회로

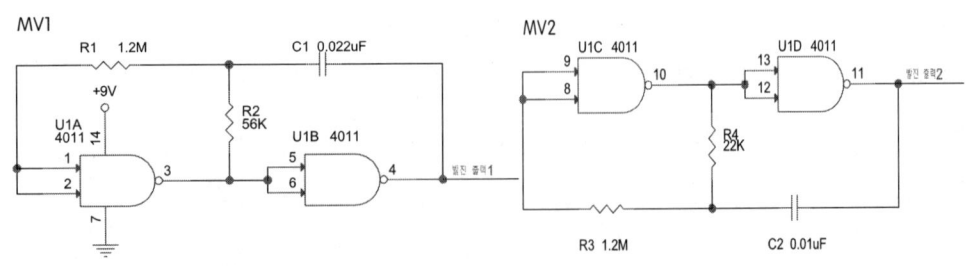

① NAND Gate(U_1A)의 두 개를 입력 중 하나(1번 핀)가 low 상태가 되면 U_1A의 출력은 high 상태가 되고 U_1B의 출력은 low 상태가 된다.

② U_1A 출력의 전위가 high 상태가 되어 R_2, C_1을 통하여 U_1B 출력의 전위가 상승하게

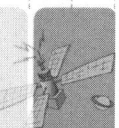

되고, 스레시홀드 레벨 이상이 되면 U_1A의 입력은 high 상태가 되고 출력단자는 low 상태로 전환이 된다.

③ U_1A의 1번 핀의 전위가 high 상태로 유지되면, U_1A의 출력이 low 상태가 되어 U_1B의 출력이 high 상태가 되어, 충전된 경로와 반대의 상태 C_1, R_2의 방향으로 방전을 하게 되고 스레시홀드 레벨 이상이 되면 U_1A의 입력은 low 상태가 되고 출력단자는 high 상태로 전환이 된다.

④ 제어신호 입력단자가 "H" 상태가 유지되면, ②과 ③의 과정이 반복되어 출력측(U_1B)에서는 연속해서 구형파가 발생한다. 즉, 비안정 MV로 동작한다.

⑤ U_1A와 U_1B로 구성된 MV_1의 주기(T_1)와 발진주파수(f_1)는

$$T_1 = 2.2R_2C_1 = 2.2 \times 56 \times 10^3 \times 0.022 \times 10^{-6} = 2.7 \times 10^{-3} \text{sec} ≒ 2.7\text{msec}$$

$$f_1 = \frac{1}{T} = \frac{1}{2.7 \times 10^{-3}} = 370\text{Hz}$$

⑥ U_1C와 U_1D로 구성된 MV_2의 주기(T_2)와 발진주파수(f_2)는

$$T_2 = 2.2R_4C_2 = 2.2 \times 22 \times 10^3 \times 0.01 \times 10^{-6} = 0.484 \times 10^{-3} \text{sec} ≒ 0.484\text{msec}$$

$$f_2 = \frac{1}{T} = \frac{1}{0.484 \times 10^{-3}} ≒ 2066\text{Hz} ≒ 2\text{kHz}$$

(2) 비안정 멀티바이브레이터(Astable Multivibrator)

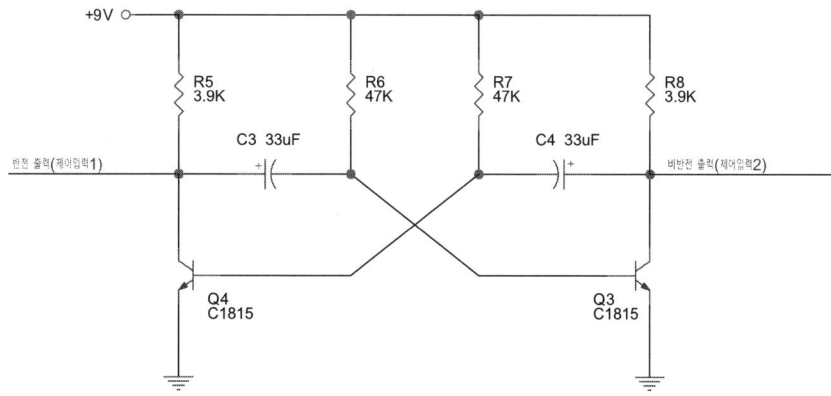

① 전원전압(E)에 의하여 최초에 Q_3이 동작한다고 하면, 이때 Q_4가 동작해도 상태는 같다.(Q_3, Q_4 중 어느 것이 먼저 동작해도 관계가 없다). 전원전압은 R_8와 C_4를 통하여 Q_3 트랜지스터의 베이스와 이미터로 전류가 흐른다. 이때 C_4가 충전하여 Q_3의 베이스 전위가 높아지고 베이스 전류(I_B)가 많이 흐르게 되므로 Q_3의 컬렉터 전류(I_{C1})

가 증가하게 된다. 즉, Q_3의 상태는 도통 상태가 되어 컬렉터의 전위(V_{C1})는 거의 0V가 된다.(실제는 0.1~0.2V의 컬렉터 전위(V_{C1})가 된다.)

② 이때 C_6 커패시터는 R_6과 C_3을 통과하여 Q_3의 컬렉터를 통하여 방전하게 된다.(Q_3의 V_{C1}이 ≅ 0V이므로)

③ Q_4 베이스의 전위는 R_6과 C_3의 경로에 의해서 충전하므로 베이스의 전위가 상승 하게 된다. 이때 R_5과 C_3을 경로로 Q_4의 베이스에 (+) 전압을 공급 Q_4가 통전 상태가 되어 Q_4의 컬렉터전위(V_{C2})가 0.1~0.2V로 낮아지게 되므로 C_4는 방전하게 된다.

④ C_4은 R_7와 C_4을 경로로 Q_4의 컬렉터를 통하여 방전 후 재충전을 하여 위의 동작을 반복한다. 즉, Q_3의 베이스 전위가 상승하여 Q_3이 도통 상태가 된다.

⑤ Q_3의 도통 상태(Q_3 ON 상태)에서 Q_3이 차단 상태(Q_3 OFF 상태)로 되는 시간이 T_1이라면 T_1(Q_3은 ON, Q_4는 OFF) $= R_7 C_4 \ln 2 = 0.693 R_7 C_4 \sec$

⑥ Q_4가 도통 상태(Q_4 ON)에서 차단 상태로 되는 시간을 T_2라 하면
$T_2 = R_6 C_3 \ln 2 = 0.693 R_6 C_3 \sec$

회로에서 (T_2) → (Q_3 OFF, Q_4 ON)

⑦ 반복 주기(T)

$T = T_1 + T_2 = 0.693(R_7 C_4) + 0.693 R_6 C_3 = 0.69(R_7 C_4 + R_6 C_3) \sec$

단, $C_3 = C_4 = C$, $R_6 = R_7 = R$이므로 트랜지스터를 이용한 멀티 바이브레이터(M/V)의 주기(T)는

$T = 1.4RC = 1.4 \times 47 \times 10^3 \times 33 \times 10^{-6} ≒ 2 \sec$

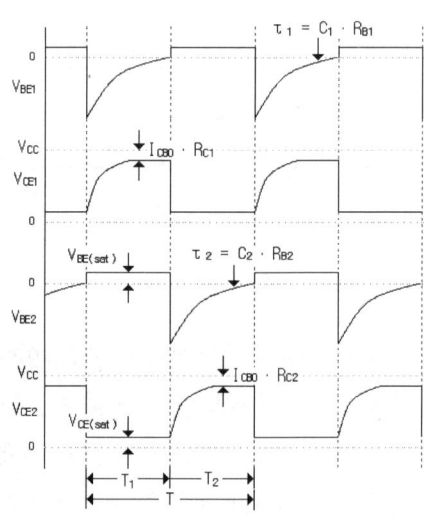

⑧ 트랜지스터를 이용한 멀티 바이브레이터(M/V)의 주파수(f)는

$$f = \frac{1}{T} = \frac{1}{2} = 0.5\text{Hz}$$

(3) 아날로그 스위치

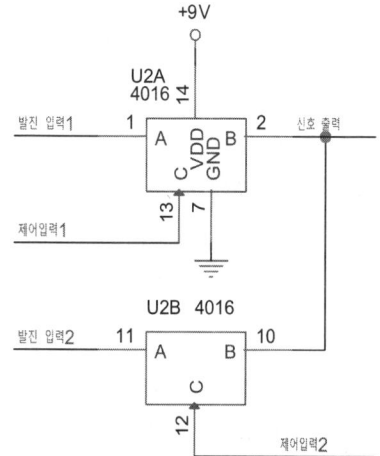

① 4016은 독립된 4개의 아날로그 스위치로서, 디지털 또는 아날로그 신호의 양쪽을 제어할 수 있으며 신호의 개폐, 초퍼, 변복조기 등에 이용된다.

② 제어입력이 high일 때 스위치가 On 상태가 되고, low일 때는 off 상태가 된다.

③ U_2A와 U_2B의 제어입력은 서로 반대의 조건이 되어 U_2A의 동작 시 MV_1(370Hz) 신호가 출력에 나타나고, U_2B의 동작 시는 MV_2의 신호(약 2kHz)가 출력에 나타난다.

④ U_2A와 U_2B의 출력이 결선 되어 있으므로 출력에는 MV_1(370Hz) 신호와 MV_2의 신호(약 2kHz)가 교대되어 출력에 나타난다.

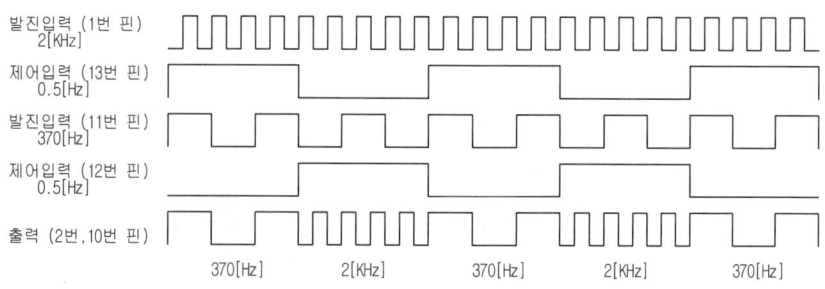

⑤ 4016의 진리치표

[MC4016의 진리치표(정 논리)]

입 력		출력
제어전압	입력	
1	0	0
1	1	1
0	0	open
0	1	open

1 = 스위치 On, 0 = 스위치 Off

(5) 스피커 구동회로

① 스피커의 구동을 위한 트랜지스터(Q_1, Q_2)는 달링턴 접속한 것으로, 달링턴 접속을 하면 두 트랜지스터의 전류증폭률의 곱에 해당하는 전류증폭을 얻을 수 있다.

② Q_1의 출력전류가 그대로 Q_2의 베이스에 공급되므로 전류증폭률이 커진다. 즉, 두 트랜지스터의 전류증폭률의 곱에 해당하는 전류증폭률을 얻을 수 있다.(Q_1은 Q_2보다 컬렉터 손실이 적은 트랜지스터를 사용해야 한다.)

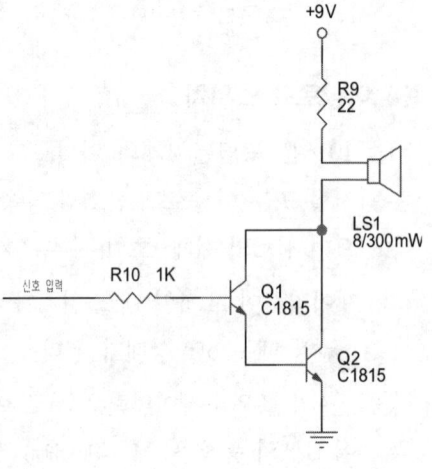

Q_1의 컬렉터 전류(I_{C1})와 이미터 전류(I_{e1})는

$$I_{c1} = h_{fe1} \times I_{b1}$$
$$I_{e1} = I_{b1}(1 + h_{fe1})$$

Q_2의 베이스 전류(I_{b2})와 컬렉터 전류(I_{c2})는

$$I_{b2} = I_{b1}(1 + h_{fe1})$$
$$I_{c2} = h_{fe2} \times I_{b2} = h_{fe2} \times I_{b1}(1 + h_{fe1})$$

스피커에 흐르는 전류(I_c)는

$$I_c = I_{c1} + I_{c2} = h_{fe1} \times I_{b1} + h_{fe2} \times I_{b1}(1 + h_{fe1})$$ 가 흐른다.

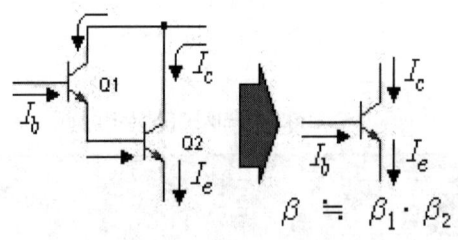

6. 패턴도(배선면 : BOTTOM)

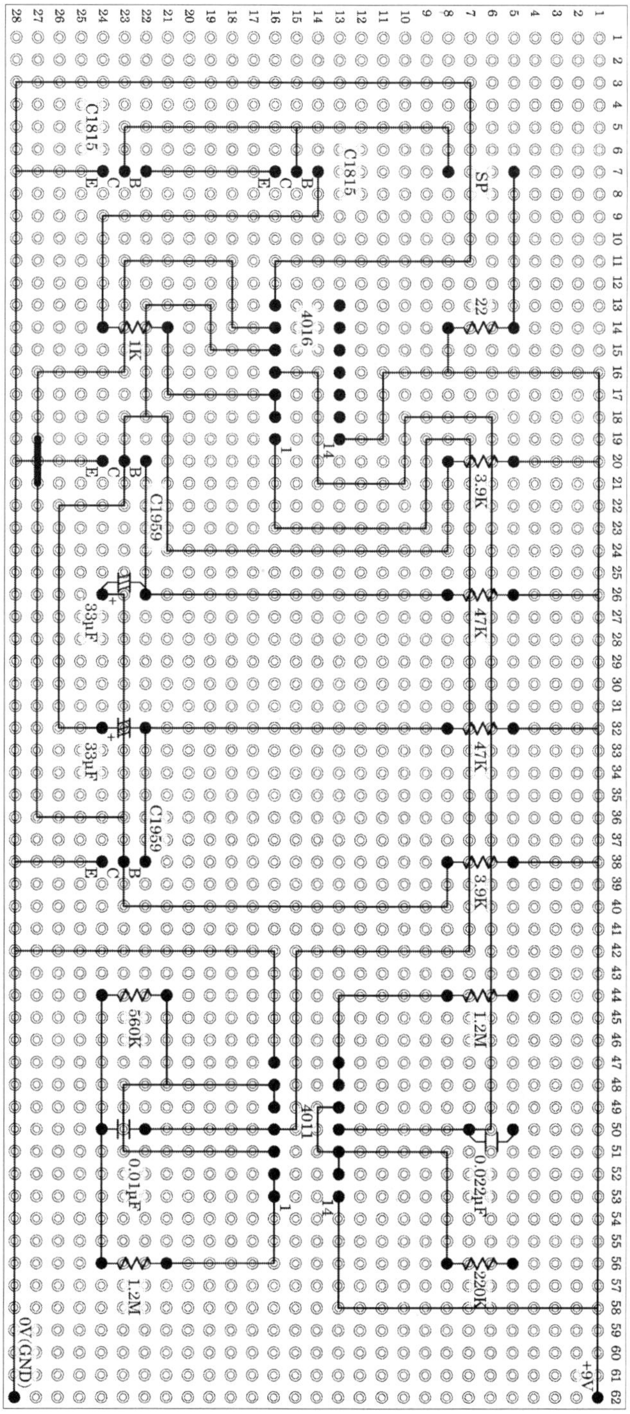

| 과제번호 | 8 | 자격종목 및 등급 | 무선설비기능사 | 작 품 명 | 단속음 발진회로 |

▶ 시험시간 : 표준시간 3시간 30분, 연장시간 30분

1. 요구사항

(1) 지급된 재료를 사용하여 단속음 발진 회로를 조립하시오.

(2) 가변 저항 V_{R1}, V_{R2}를 조정하여 주파수 60~500[Hz] 정도의 발진음이 나오도록 조정하시오.

(3) 정상 동작이 되지 않을 시는 틀린 회로를 수정하여 정상 동작이 되게 하시오.

(4) 납땜은 배선이 지나가는 동박면을 직선부분은 2구멍마다, 직각부분은 모두 납땜하시오.

2. 수검자 유의사항

(1) 지급재료는 부품점검시간에 검사하여 불량품 및 부족 숫자는 지급받도록 하시오.

(2) 부품점검시간 이후에 부품교환은 일체하지 않으니 유의하시오.

(3) 회로의 동작이 불완전할 경우에는 동작점수가 많이 삭감되며 부동작 시에는 오작으로 채점하니 주의하시오.

(4) 배치는 기판 전체에 골고루 안배하여 부품의 균형과 안정감이 있도록 하시오.

(5) 납땜은 냉납이나 산화납 그리고 납의 과다 및 과소가 없도록 하시오.

(6) 점퍼선은 가능한 한 생기지 않도록 하고 점퍼 시에는 동박 후면에서 하시오.

(7) 스위치는 기판에 고정하고 인출선은 끊어지지 않도록 완전하게 연결하시오.

(8) 저항의 색띠는 수직 또는 수평으로 통일하여 배치하시오.

(9) 트랜지스터 최상부의 높이는 기판으로부터 1.5cm 정도로 하시오.

(10) 트랜지스터 배치는 핀 발이 꼬이지 않도록 하시오.

(11) 저항과 커패시터의 리드선은 적당한 길이로 사용하시오.

(12) 조정이나 측정 시 사용하는 계기는 정확한 계기를 사용하여 계기의 오차가 발생되지 않도록 하시오.

(13) IC는 조립 시 파손되지 않도록 하시오.

(14) 다음 사항은 채점대상에서 제외되니 유의하시오.

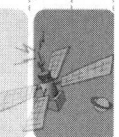

8. 단속음 발진회로

① 연장시간까지 미완성된 작품

② 부동작되는 작품

③ 부정행위를 한 수검자

(15) 전원을 연결할 때는 극성 및 전압을 확인하고 쇼트확인을 반드시 하시오.

(16) 회로 상에 IC의 V_{CC}와 GND의 연결에 대해서는 생략되었으니 조립 시 생략되는 일이 없도록 하시오.

(17) 부품점검 시 각 부품의 규격이 도면의 규격과 지급재료 목록의 규격이 같은가 확인하고 이상이 있을 때에는 시험위원에게 알리고 그 조치에 따른다.

(18) 연장시간을 사용할 때 사용시간 매 10분마다 총득점에서 5점씩 감점한다.

3. 도면(본 과제는 추정한 것으로 실제 시험의 재료와 다를 수 있습니다.)

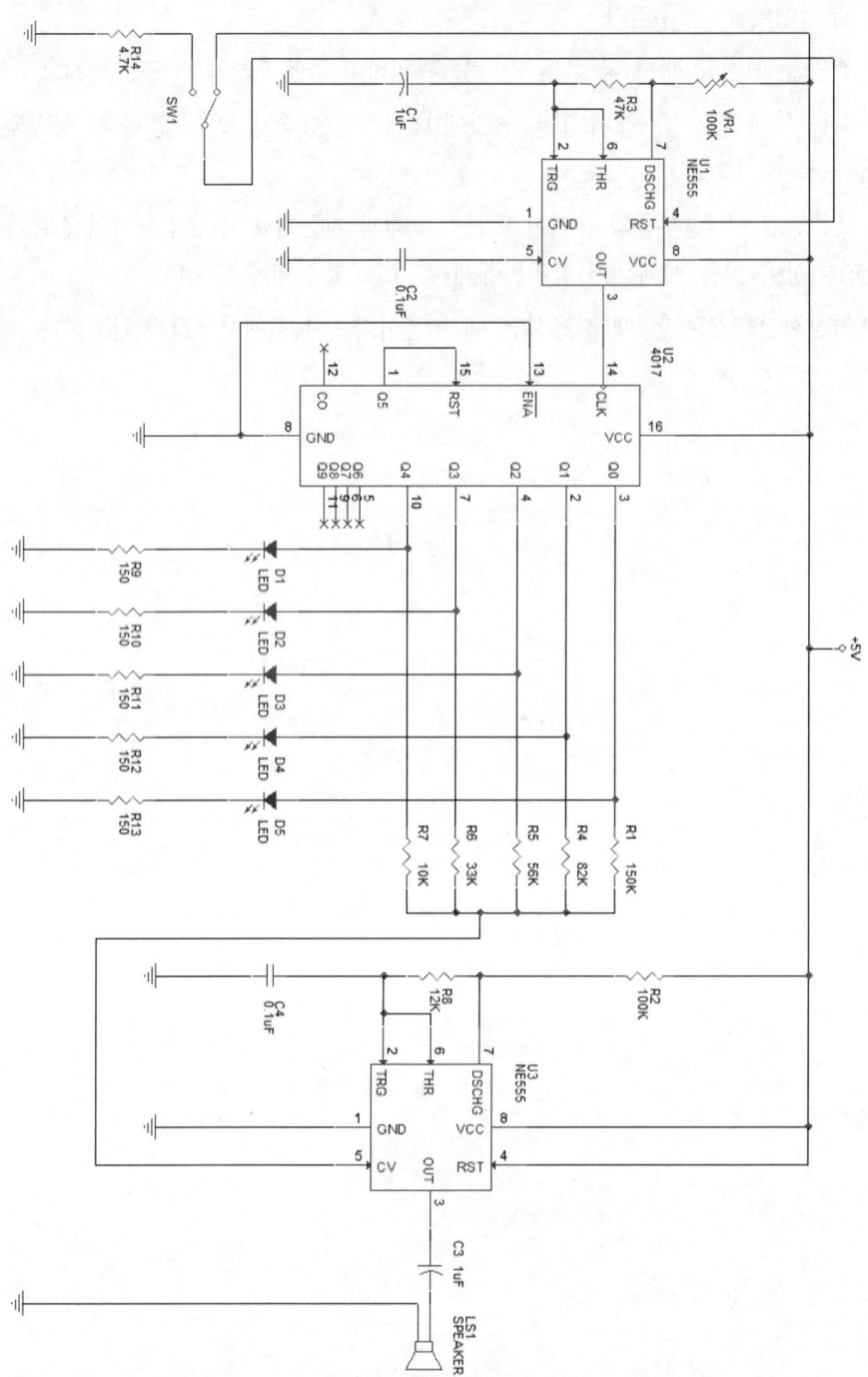

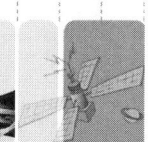

4. 지급재료 목록(본 과제의 재료는 추정한 것으로 실제 시험의 재료와 다를 수 있습니다.)

일련번호	재 료 명	규 격	단위	수량	비 고
1	IC	MC14017	개	1	
2	〃	NE555	〃	2	
3	IC 소켓	8핀	〃	2	
4	〃	16핀	〃	1	
5	토글 스위치	소형, 1A1B	〃	1	
6	발광 다이오드(LED)	적색, 5∅	〃	5	
7	스 피 커	8Ω, 0.3W	〃	1	
8	가변저항	100kΩ, B형	〃	1	
9	저 항	150Ω, 1/4W	〃	5	
10	〃	4.7kΩ, 1/4W	〃	1	
11	〃	10kΩ, 1/4W	〃	1	
12	〃	12kΩ, 1/4W	〃	1	
13	〃	33kΩ, 1/4W	〃	1	
14	〃	47kΩ, 1/4W	〃	1	
15	〃	56kΩ, 1/4W	〃	1	
16	〃	82kΩ, 1/4W	〃	1	
17	〃	100kΩ, 1/4W	〃	1	
18	〃	150kΩ, 1/4W	〃	1	
19	마일러 커패시터	0.1μF(104)	〃	2	
20	전해 커패시터	1μF, 16V	〃	2	
21	IC 만능기판	28×62 구멍	장	1	
22	실납	SN60%, ∅1mm	m	1	
23	배선	∅0.4mm, 3색 단선	〃	1	
24	방안지(모눈종이)		장	1	
25	작업용 실링봉투	정전기 방지용	〃	1	
26					
27					
28					

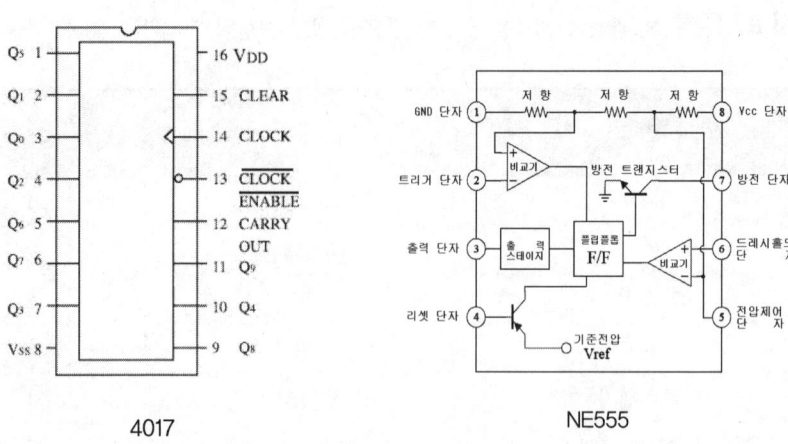

4017   NE555

5. 회로 동작

단속음 발진회로의 계통도(Block Diagram)는 다음과 같다.

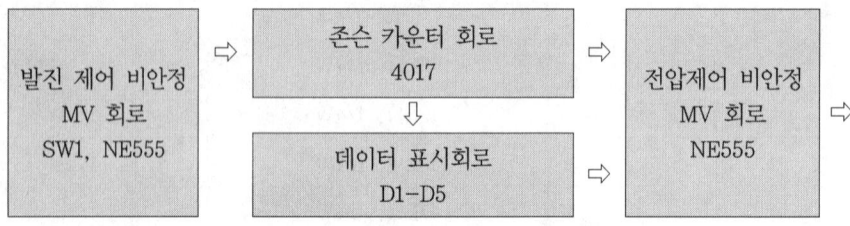

[단속음 발진 회로의 계통도(Block Diagram)]

(1) NE555를 이용한 비안정 멀티바이브레이터

① NE555는 단일 타이머 IC로 비안정 MV와 단안정 MV를 구성할 수 있다.

② 전원전압 범위는 +4.5~+16V(출력전류는 수백 mA 정도)

③ 제어전압(Control Voltage)과 스레시홀드 전압(Threshold Voltage)은 전원전압이 +15V 정도이면 10V가 된다.(+5V이면 3.3V 정도가 된다.)

④ 전원이 ON되는 순간 C_1 양단의 전압은 "low"상태가 되어 Trigger Input 단자가 "low"가 된다.

⑤ 이 순간부터 VR_1, R_4을 통하여 C_1이 충전하기 시작하며, 충전하는 동안 출력(3번 핀)이 "high" 상태가 된다.

⑥ C_1 커패시터의 양단 전압이 스레시홀드 전압($V_{UT} : \frac{2}{3}V_{CC}$)이 되면 커패시터는 R_4를 통하여 7번 핀으로 방전하며, C_1 커패시터가 방전하는 동안 출력(3)은 low 상태를

유지하며, 방전 상태가 스레시홀드 전압 ($V_{LT} : \frac{1}{3}V_{CC}$)에 이르면 C_1은 방전을 멈추고 충전을 시작한다. 즉 ④, ⑥ 과정의 반복으로 출력에는 구형파의 발진파형이 출력된다.

⑦ C_1이 방전하는 동안 출력은 "low" 상태가 된다.

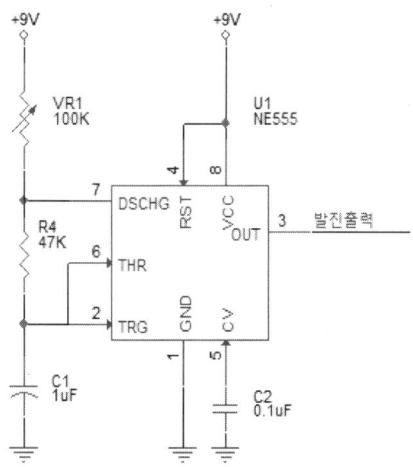

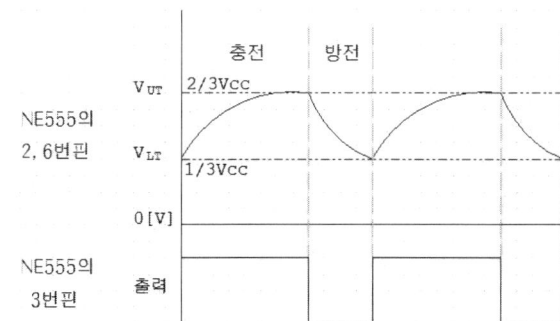

[NE555를 이용한 비안정 멀티바이브레이터의 타이밍 차트]

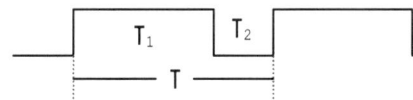

T1 : 충전시간,
T2 : 방전시간

T_1("H"되는 시간)

T_1(VR 최대 시 1MΩ) $= 0.693(VR_1 + R_4)C_1$

$= 0.693(1 \times 10^6 + 47 \times 10^3)1 \times 10^{-6} ≒ 0.73 \sec$

T_1(VR 최소 시 1kΩ) $= 0.693(VR_1 + R_4)C_1$

$= 0.693(1 \times 10^3 + 47 \times 10^3)1 \times 10^{-6} ≒ 0.033 \, \mathrm{msec}$

T_2("L"되는 시간)

$T_2 = 0.693 R_4 C_1 = 0.693 \times 47 \times 10^3 \times 1 \times 10^{-6} ≒ 0.0325 \sec$

T(VR 최대 시) $= T_1 + T_2 = 0.73 + 0.0325 = 0.7625 \sec$

T(VR 최소 시) $= T_1 + T_2 = 0.033 + 0.0325 = 0.0655 \, \mathrm{msec}$

$$f(\text{VR 최대 시}) = \frac{1}{T} = \frac{1}{0.7625} \fallingdotseq 1.31\,\text{Hz}$$

$$f(\text{VR 최소 시}) = \frac{1}{T} = \frac{1}{0.0655} \fallingdotseq 15\,\text{Hz}$$

⑧ NE555의 4번 핀은 리셋 단자로 "H" 상태이면 타이머로 정상 동작을 하나 "low" 상태가 되면 타이머의 동작 상태가 정지되고 출력은 "L" 상태를 유지한다.

⑨ 5번 핀의 바이패스 커패시터는 급격한 전류의 변화를 방출 또는 흡수한다.

(2) 존슨 카운터회로

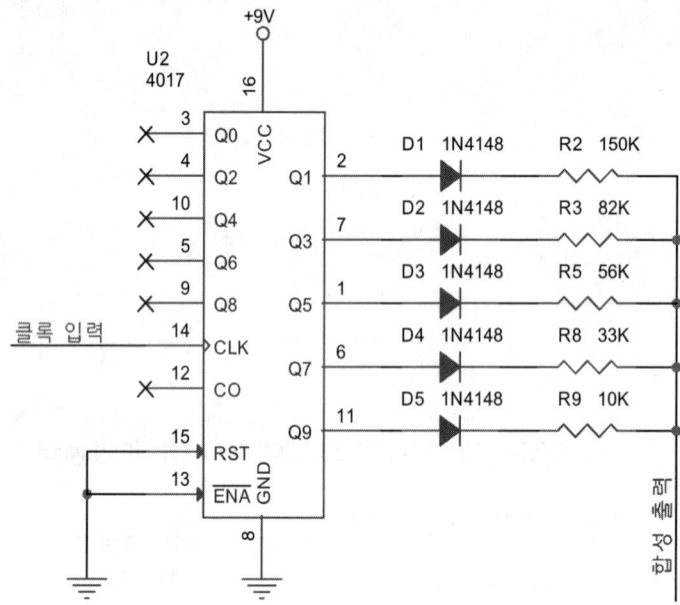

① 4017 IC는 디코더(Decoder)를 내장한 존슨 카운터로서 인에이블(ENA : 13번 핀) 단자가 "L"일 때 클록 펄스에 의해 카운터된다.

② 클록 펄스가 하강에지 시에 계수가 이루어져 해당 출력이 low에서 high로 전환된다.

③ 0~9까지 계수가 이루어지면 Reset되어 0부터 재 계수가 시작된다.

④ 다이오드(D_1~D_5)는 high 상태의 출력이 다른 출력단자로 궤환(단락)하는 것을 역방향으로 차단하는 역할을 한다.

⑥ 4017의 출력에는 각 각의 다른 값을 갖는 저항을 연결하여 합성된 출력이 다음 단(U_3 : NE555)IC의 전압제어 발진(VCO을 입력으로 공급된다.

⑦ 4017의 타이밍 차트(Timing Chart)

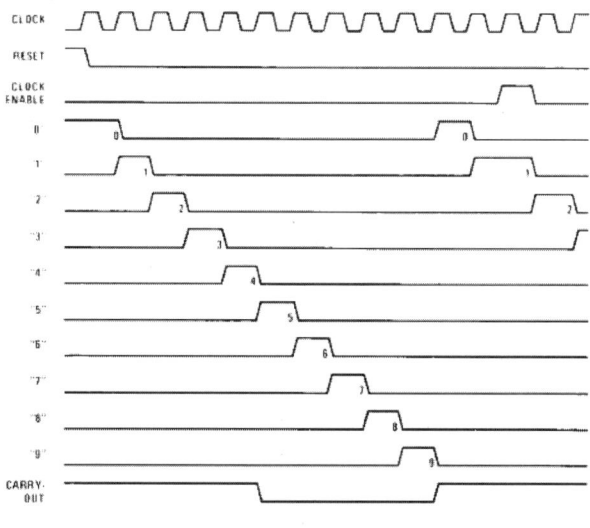

[MC4017의 타이밍 차트(Timing Chart)]

(3) 전압제어 발진회로(VCO : Voltage Controlled Oscillator)

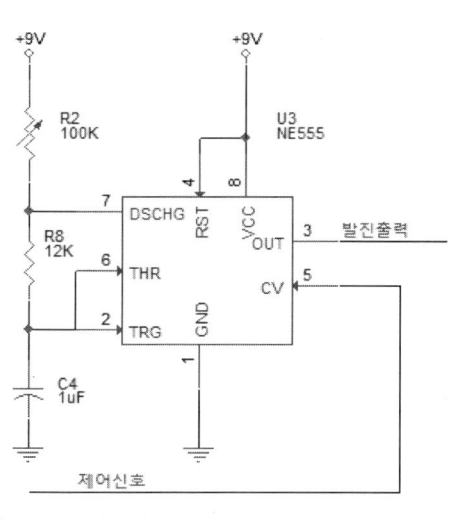

① 전압 제어단자(5번 핀)를 제어하여 발진주파수를 변화시키는 것을 전압제어 발진(VCO)회로이다.

② 전압제어단자(5번 핀)는 내부 비교기 입력으로 상승 경계전압($V_{UT} : \frac{2}{3}V_{CC}$)이 공급되나, 입력이 H일 경우는 전압이 높아져 충·방전 주기가 짧아져 발진주파수가 높아지고 "L" 레벨일 경우는 하강경계전압($V_{UT} : \frac{1}{3}V_{CC}$)이 낮아져 발진주파수는 낮아진다. 즉, 입력전압에 따라 발진주파수가 변화한다.

③ 제어전압(Control Voltage)과 스레시홀드 전압(V_{TH} : Threshold Voltage)은 전원전압이 +15V 정도이면 10V가 된다. (+5V이면 3.3V 정도가 된다.)

④ 전원이 ON 되는 순간 C_2 양단의 전압은 "low" 상태가 되어 Trigger Input 단자가 "low"가 된다.

⑤ 이 순간부터 가변저항(VR_2), R_7을 통하여 C_2가 충전하기 시작하며, 충전하는 동안 출력(3번 핀)이 "high" 상태가 된다.

⑥ C_2의 양단 전압이 상승 경계전압($V_{UT} : \frac{2}{3}V_{CC}$)이 되면 C_2의 충전전압은 R_7을 통하여 방전한다.(7번 핀을 통하여 방전)

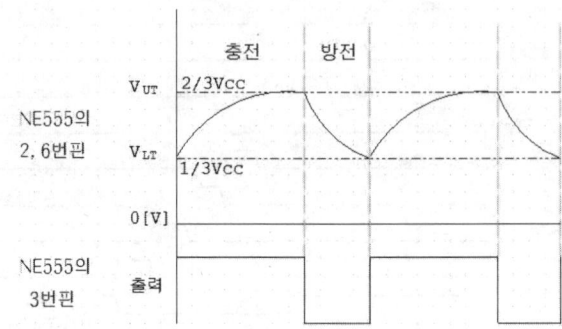

[NE555를 이용한 비안정 멀티바이브레이터의 타이밍 차트]

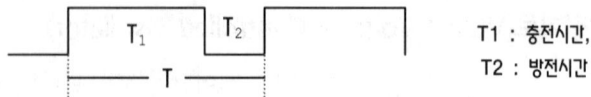

T1 : 충전시간,
T2 : 방전시간

⑦ C_2가 방전하는 동안 출력은 "low" 상태가 된다.

T_1("H"되는 시간)

$T_1 = 0.693(R_2 + R_8)C_4 = 0.693(100 \times 10^3 + 12 \times 10^3) \times 0.1 \times 10^{-6} ≒ 7.76 \sec$

T_2("L"되는 시간)

$T_2 = 0.693 R_8 C_4 = 0.693 \times 12 \times 10^3 \times 0.1 \times 10^{-6} = 0.83 \mathrm{msec}$

$T = T_1 + T_2 = 7.76 + 0.83 = 8.59 \sec$

$f = \frac{1}{T} = \frac{1}{8.59 \times 10^{-3}} ≒ 116 \mathrm{Hz}$

⑧ NE555의 4번 핀은 리셋 단자로 "H" 상태이면 타이머로 정상 동작을 하나 "low" 상태가 되면 타이머의 동작 상태가 정지되고 출력은 "L" 상태를 유지한다.

8. 단속음 발진회로

6. 패턴도(배선면 : BOTTOM)

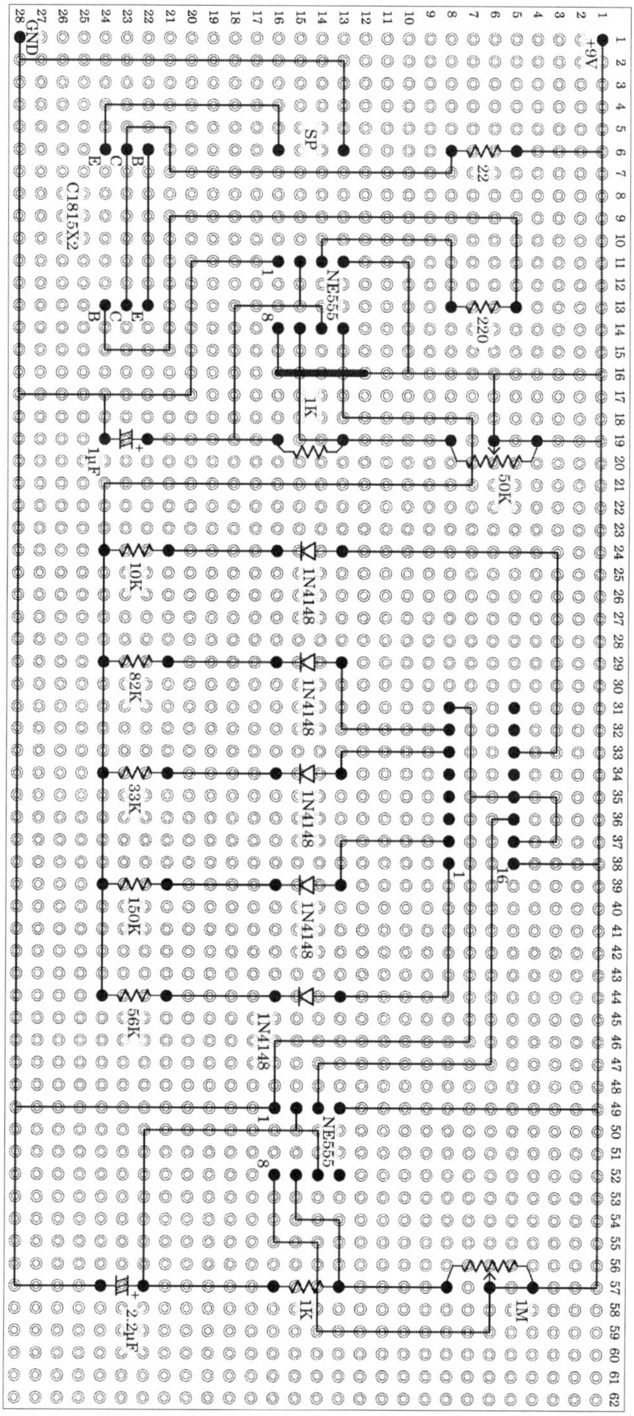

과제번호	9	자격종목 및 등급	무선설비기능사	작품명	단속음 변환회로

▶ 시험시간 : 표준시간 3시간 30분, 연장시간 30분

1. 요구사항

(1) 지급된 재료를 사용하여 단속음 발진 회로를 조립하시오.

(2) 가변 저항 V_{R1}, V_{R2}를 조정하여 주파수 60~500Hz 정도의 발진음이 나오도록 조정하시오.

(3) 정상 동작이 되지 않을 시는 틀린 회로를 수정하여 정상 동작이 되게 하시오.

(4) 납땜은 배선이 지나가는 동박면을 직선부분은 2구멍마다, 직각부분은 모두 납땜하시오.

2. 수검자 유의사항

(1) 지급재료는 부품점검시간에 검사하여 불량품 및 부족 숫자는 지급받도록 하시오.

(2) 부품점검시간 이후에 부품교환은 일체하지 않으니 유의하시오.

(3) 회로의 동작이 불완전할 경우에는 동작점수가 많이 삭감되며 부동작 시에는 오작으로 채점하니 주의하시오.

(4) 배치는 기판 전체에 골고루 안배하여 부품의 균형과 안정감이 있도록 하시오.

(5) 납땜은 냉납이나 산화납 그리고 납의 과다 및 과소가 없도록 하시오.

(6) 점퍼선은 가능한 한 생기지 않도록 하고 점퍼 시에는 동박 후면에서 하시오.

(7) 스위치는 기판에 고정하고 인출선은 끊어지지 않도록 완전하게 연결하시오.

(8) 저항의 색띠는 수직 또는 수평으로 통일하여 배치하시오.

(9) 트랜지스터 최상부의 높이는 기판으로부터 1.5cm 정도로 하시오.

(10) 트랜지스터 배치는 핀 발이 꼬이지 않도록 하시오.

(11) 저항과 커패시터의 리드선은 적당한 길이로 사용하시오.

(12) 조정이나 측정 시 사용하는 계기는 정확한 계기를 사용하여 계기의 오차가 발생되지 않도록 하시오.

(13) IC는 조립 시 파손되지 않도록 하시오.

(14) 다음 사항은 채점대상에서 제외되니 유의하시오.

① 연장시간까지 미완성된 작품

② 부동작되는 작품

③ 부정행위를 한 수검자

(15) 전원을 연결할 때는 극성 및 전압을 확인하고 쇼트확인을 반드시 하시오.

(16) 회로 상에 IC의 V_{CC}와 GND의 연결에 대해서는 생략되었으니 조립 시 생략되는 일이 없도록 하시오.

(17) 부품점검 시 각 부품의 규격이 도면의 규격과 지급재료 목록의 규격이 같은가 확인하고 이상이 있을 때에는 시험위원에게 알리고 그 조치에 따른다.

(18) 연장시간을 사용할 때 사용시간 매 10분마다 총득점에서 5점씩 감점한다.

3. 도면 (본 과제는 추정한 것으로 실제 시험의 재료와 다를 수 있습니다.)

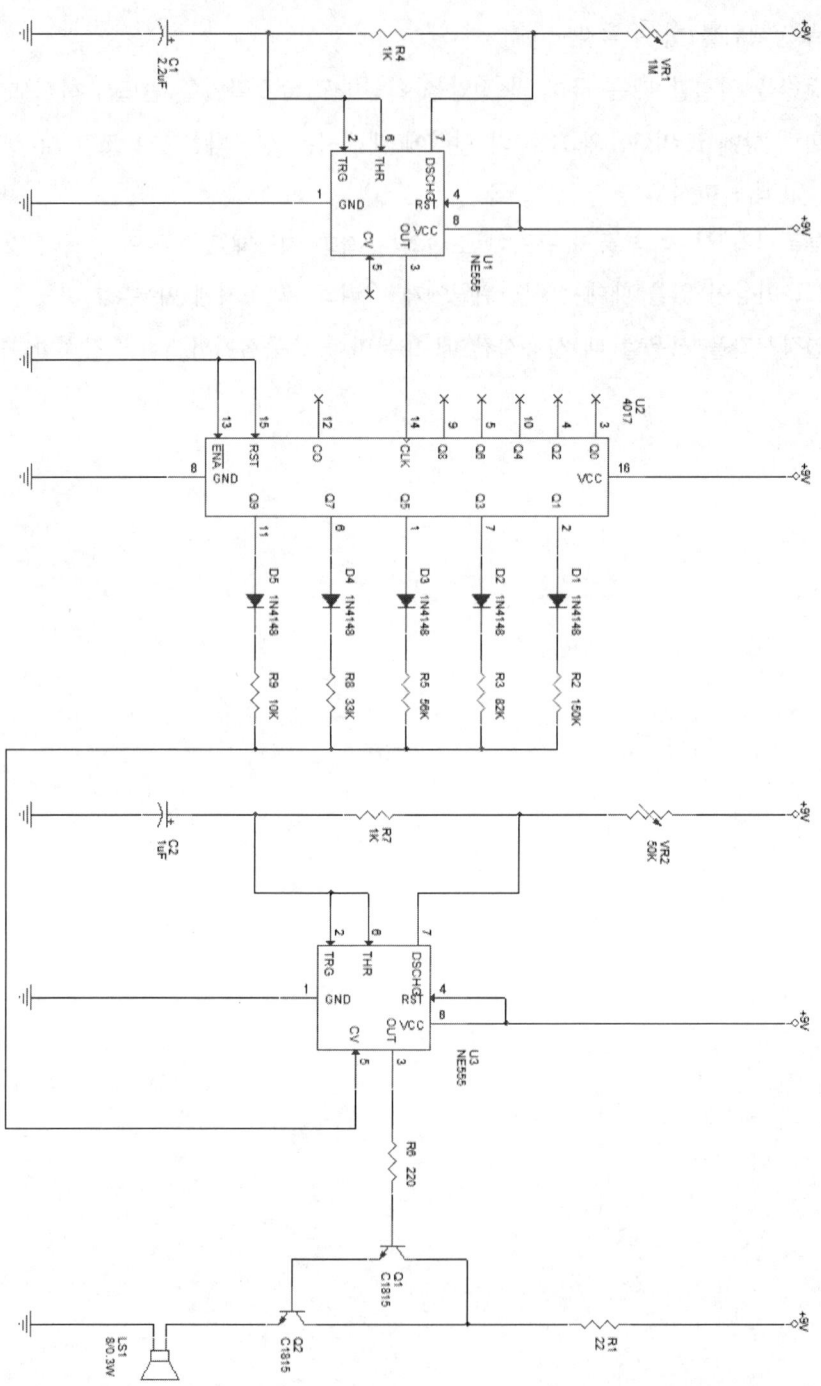

9. 단속음 발진회로

4. 지급재료 목록(본 과제의 재료는 추정한 것으로 실제 시험의 재료와 다를 수 있습니다.)

일련번호	재 료 명	규 격	단위	수량	비 고
1	IC	MC14017	개	1	
2	〃	NE555	〃	2	
3	IC 소켓	8핀	〃	2	
4	〃	16핀	〃	1	
5	TR	C1815	〃	2	
6	스위칭 다이오드	1N4148	〃	5	
7	스피커	8Ω, 0.3W	〃	1	
8	반고정 저항	50kΩ, B형	〃	1	
9	〃	1MΩ, B형	〃	1	
10	저 항	22Ω, 1/4W	〃	1	
11	〃	220Ω, 1/4W	〃	1	
12	〃	1kΩ, 1/4W	〃	2	
13	〃	10kΩ, 1/4W	〃	1	
14	〃	33kΩ, 1/4W	〃	1	
15	〃	56kΩ, 1/4W	〃	1	
16	〃	82kΩ, 1/4W	〃	1	
17	〃	150kΩ, 1/4W	〃	1	
18	전해 커패시터	1μF, 16V	〃	1	
19	〃	2.2μF, 16V	〃	1	
20	IC 만능기판	28×62 구멍	장	1	
21	실납	SN60%, φ1mm	m	1	
22	배선	φ0.4mm, 3색 단선	〃	1	
23	방안지(모눈종이)		장	1	
24	작업용 실링봉투	정전기 방지용	〃	1	
25					
26					
27					
28					

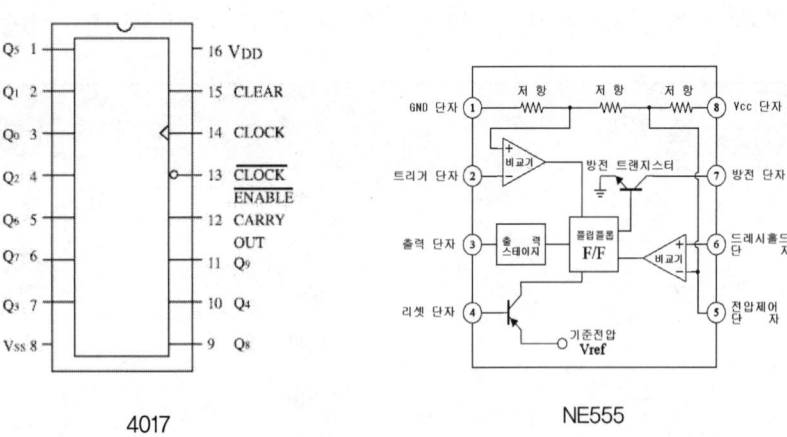

5. 회로 동작

단속음 발진회로의 계통도(Block Diagram)는 다음과 같다.

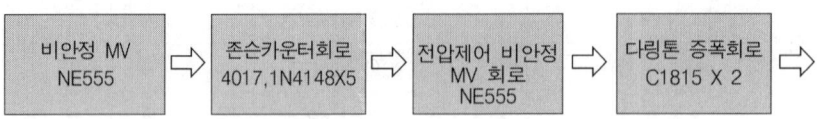

[단속음 발진 회로의 계통도(Block Diagram)]

(1) NE555를 이용한 비안정 멀티바이브레이터

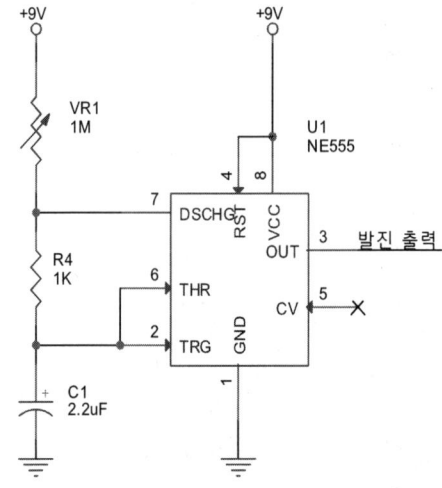

① NE555는 단일 타이머 IC로 비안정 MV와 단안정 MV를 구성할 수 있다.

② 전원전압 범위는 +4.5~+16V (출력전류는 수백 mA 정도)

③ 제어전압과 스레시홀드 전압은 전원전압이 +15V 정도이면 10V가 된다. (+5V이면 3.3V 정도가 된다.)

④ 전원이 ON되는 순간 C_1 양단의 전압은 "low"상태가 되어 Trigger Input 단자가 "low"가 된다.

⑤ 이 순간부터 VR_1, R_4을 통하여 C_1이 충전하기 시작하며, 충전하는 동안 출력(3번 핀)이 "high" 상태가 된다.

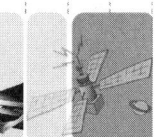

⑥ C_1 커패시터의 양단 전압이 스레시홀드 전압($V_{UT} : \frac{2}{3}V_{CC}$)이 되면 커패시터는 R_4를 통하여 7번 핀으로 방전하며, C_1 커패시터가 방전하는 동안 출력(3)은 low 상태를 유지하며, 방전 상태가 스레시홀드 전압($V_{LT} : \frac{1}{3}V_{CC}$)에 이르면 C_1은 방전을 멈추고 충전을 시작한다. 즉 ④, ⑥ 과정의 반복으로 출력에는 구형파의 발진파형이 출력된다.

⑦ C_1이 방전하는 동안 출력은 "low" 상태가 된다.

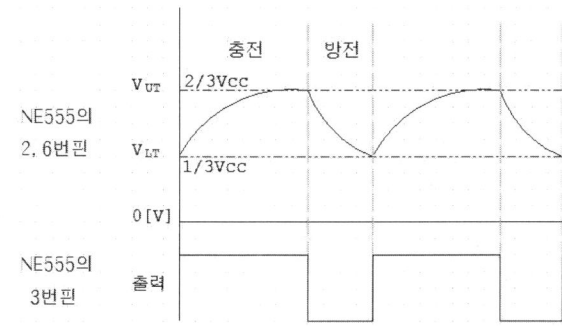

[NE555를 이용한 비안정 멀티바이브레이터의 타이밍 차트]

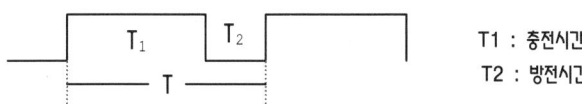

T1 : 충전시간,
T2 : 방전시간

T_1("H"되는 시간)

T_1(VR 최대 시 1MΩ)= $0.693(VR_1 + R_4)C_1$

$= 0.693(1 \times 10^6 + 1 \times 10^3)2.2 \times 10^{-6} = 1.53\,\text{sec}$

T_1(VR 최소 시 1kΩ)= $0.693(VR_1 + R_4)C_1$

$= 0.693(1 \times 10^3 + 1 \times 10^3)2.2 \times 10^{-6} = 3.05\,\text{msec}$

T_2("L"되는 시간)

$T_2 = 0.693R_4C_1 = 0.693 \times 1 \times 10^3 \times 2.2 \times 10^{-6} = 1.52\,\text{msec}$

T(VR 최대 시)= $T_1 + T_2 = 1.53 + 0.003 = 1.533\,\text{sec}$

T(VR 최소 시)= $T_1 + T_2 = 0.003 + 0.0015 = 0.0045\,\text{msec}$

f(VR 최대 시)= $\frac{1}{T} = \frac{1}{1.533} = 0.65\,\text{Hz}$

$$f(\text{VR 최소 시}) = \frac{1}{T} = \frac{1}{0.0045} = 222\text{Hz}$$

⑧ NE555의 4번 핀은 리셋 단자로 "H" 상태이면 타이머로 정상 동작을 하나 "low" 상태가 되면 타이머의 동작 상태가 정지되고 출력은 "L" 상태를 유지한다.

⑨ 5번 핀의 바이패스 커패시터는 급격한 전류의 변화를 방출 또는 흡수한다.

(2) 존슨 카운터회로

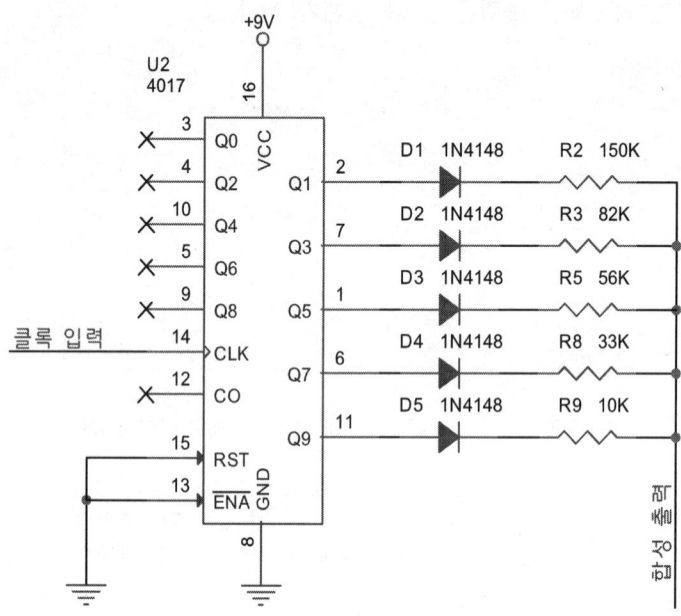

① 4017 IC는 디코더(Decoder)를 내장한 존슨 카운터로서 인에이블(ENA : 13번 핀) 단자가 "L"일 때 클록 펄스에 의해 카운터된다.

② 클록 펄스가 하강에지 시에 계수가 이루어져 해당 출력이 low에서 high로 전환된다.

③ 0~9까지 계수가 이루어지면 Reset되어 0부터 재 계수가 시작된다.

④ 다이오드($D_1 \sim D_5$)는 high 상태의 출력이 다른 출력단자로 궤환(단락)하는 것을 역방향으로 차단하는 역할을 한다.

⑥ 4017의 출력에는 각 각의 다른 값을 갖는 저항을 연결하여 합성된 출력이 다음 단 (U_3 : NE555)IC의 전압제어 발진(VCO)을 입력으로 공급된다.

⑦ 4017의 타이밍 차트(Timing Chart)

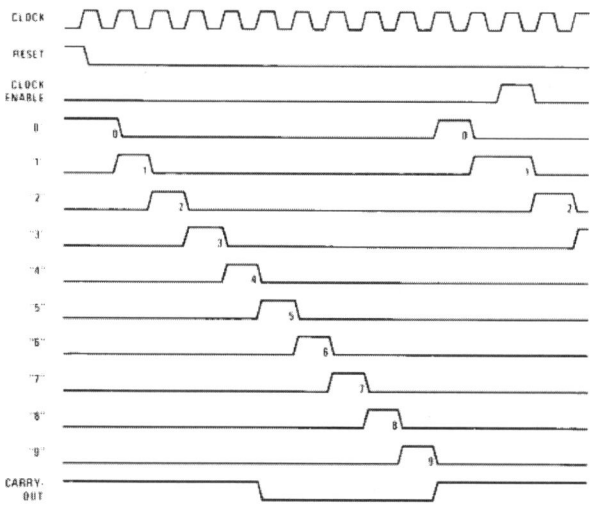

[MC4017의 타이밍 차트(Timing Chart)]

(3) 전압제어 발진회로(VCO : Voltage Controlled Oscillator)

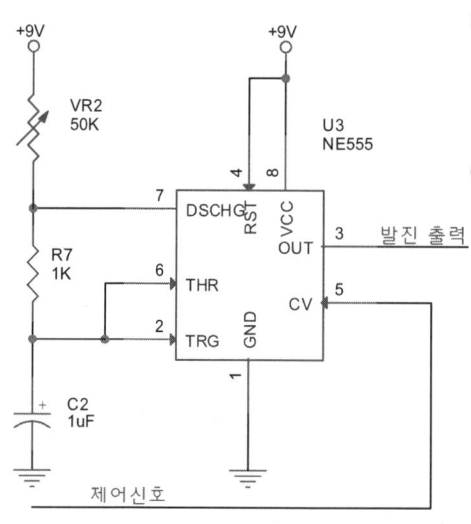

① 전압제어단자(5번 핀)를 제어하여 발진주파수를 변화시키는 것을 전압제어 발진회로(VCO)이다.

② 전압 제어단자(5번 핀)는 내부 비교기 입력으로 상승경계전압($V_{UT} : \frac{2}{3}V_{CC}$)이 공급되나, 입력이 H일 경우는 전압이 높아져 충·방전 주기가 짧아져 발진주파수가 높아지고 "L" 레벨일 경우는 하강경계전압($V_{UT} : \frac{1}{3}V_{CC}$)이 낮아져 발진주파수는 낮아진다. 즉 입력전압에 따라 발진주파수가 변화한다.

③ 제어전압과 스레시홀드 전압(V_{TH})은 전원전압이 +15V 정도이면 10V가 된다.(+5V 이면 3.3V 정도가 된다.)

④ 전원이 ON되는 순간 C_2 양단의 전압은 "low" 상태가 되어 Trigger Input 단자가

"low"가 된다.

⑤ 이 순간부터 가변저항(VR$_2$), R$_7$을 통하여 C$_2$가 충전하기 시작하며, 충전하는 동안 출력(3번 핀)이 "high" 상태가 된다.

⑥ C$_2$의 양단 전압이 상승 경계전압(V$_{UT}$: $\frac{2}{3}$V$_{CC}$)이 되면 C$_2$의 충전전압은 R$_7$을 통하여 방전한다. (7번 핀을 통하여 방전)

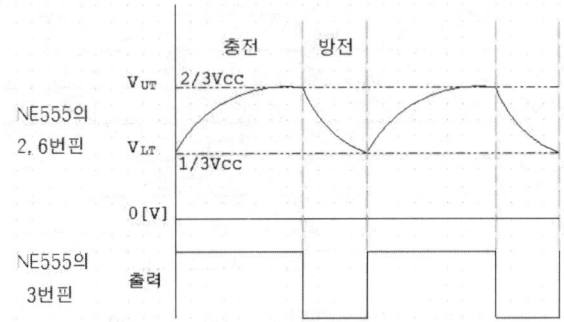

[NE555를 이용한 비안정 멀티바이브레이터의 타이밍 차트]

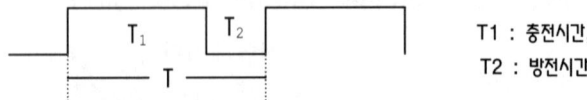

T1 : 충전시간,
T2 : 방전시간

⑦ C$_2$가 방전하는 동안 출력은 "low" 상태가 된다.

T$_1$("H"되는 시간)

T_1(VR 최대 시 50kΩ) = $0.693(VR_2 + R_7)C_2$
$= 0.693(50 \times 10^3 + 1 \times 10^3)1 \times 10^{-6} = 0.035 \sec$

T_1(VR 최소 시 1kΩ) = $0.693(VR_2 + R_7)C_1$
$= 0.693(1 \times 10^3 + 1 \times 10^3)1 \times 10^{-6} = 1.386 \, \text{msec}$

T$_2$("L"되는 시간)

$T_2 = 0.693 R_7 C_2 = 0.693 \times 1 \times 10^3 \times 1 \times 10^{-6} = 0.693 \, \text{msec}$

T(VR 최대 시) = $T_1 + T_2 = 0.035 + 0.000693 = 0.0357 \sec$

T(VR 최소 시) = $T_1 + T_2 = 1.386 + 0.693 = 2.079 \, \text{msec}$

f(VR 최대 시) = $\frac{1}{T} = \frac{1}{0.0357} = 28 \, \text{Hz}$

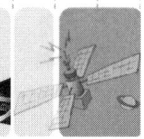

9. 단속음 발진회로

$$f(\text{VR 최소 시}) = \frac{1}{T} = \frac{1}{2.079 \times 10^{-3}} = 481\text{Hz}$$

⑧ NE555의 4번 핀은 리셋 단자로 "H" 상태이면 타이머로 정상 동작을 하나 "low" 상태가 되면 타이머의 동작 상태가 정지되고 출력은 "L" 상태를 유지한다.

(4) 증폭회로(달링턴 접속에 의한 증폭회로)

① 스피커의 구동을 위한 트랜지스터(Q_1, Q_2)는 달링턴 접속한 것으로, 달링턴 접속을 하면 두 트랜지스터의 전류증폭률의 곱에 해당하는 전류증폭을 얻을 수 있다.

② Q_1의 출력전류가 그대로 Q_2의 베이스에 공급되므로 전류증폭률이 커진다. 즉 두 트랜지스터의 전류증폭률의 곱에 해당하는 전류증폭률을 얻을 수 있다.(Q_1는 Q_2보다 컬렉터 손실이 적은 트랜지스터를 사용해야 한다.)

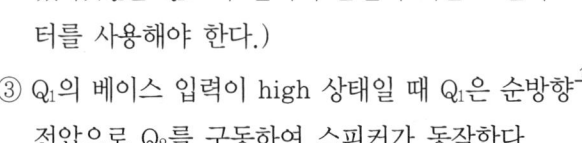

③ Q_1의 베이스 입력이 high 상태일 때 Q_1은 순방향 전압으로 Q_2를 구동하여 스피커가 동작한다.

Q_1의 컬렉터 전류(I_{C1})와 이미터 전류(I_{E1})는

$$I_{C1} = h_{fe1} \times I_{B1}$$

$$I_{E1} = I_{B1}(1 + h_{fe1})$$

Q_2의 베이스 전류(I_{B2})와 컬렉터 전류(I_{C2})는

$$I_{B2} = I_{B1}(1 + h_{fe1})$$

$$I_{C2} = h_{fe2} \times I_{B2} = h_{fe2} \times I_{B1}(1 + h_{fe1})$$

스피커에 흐르는 전류(I_c)는

$$I_C = I_{C1} + I_{C2} = h_{fe1} \times I_{B1} + h_{fe2} \times I_{B1}(1 + h_{fe1}) \text{가 흐른다.}$$

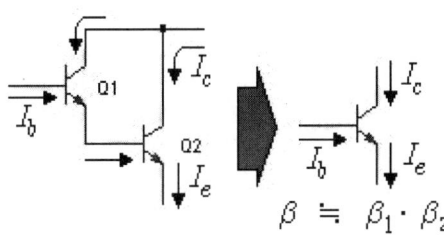

6. 패턴도(배선면 : BOTTOM)

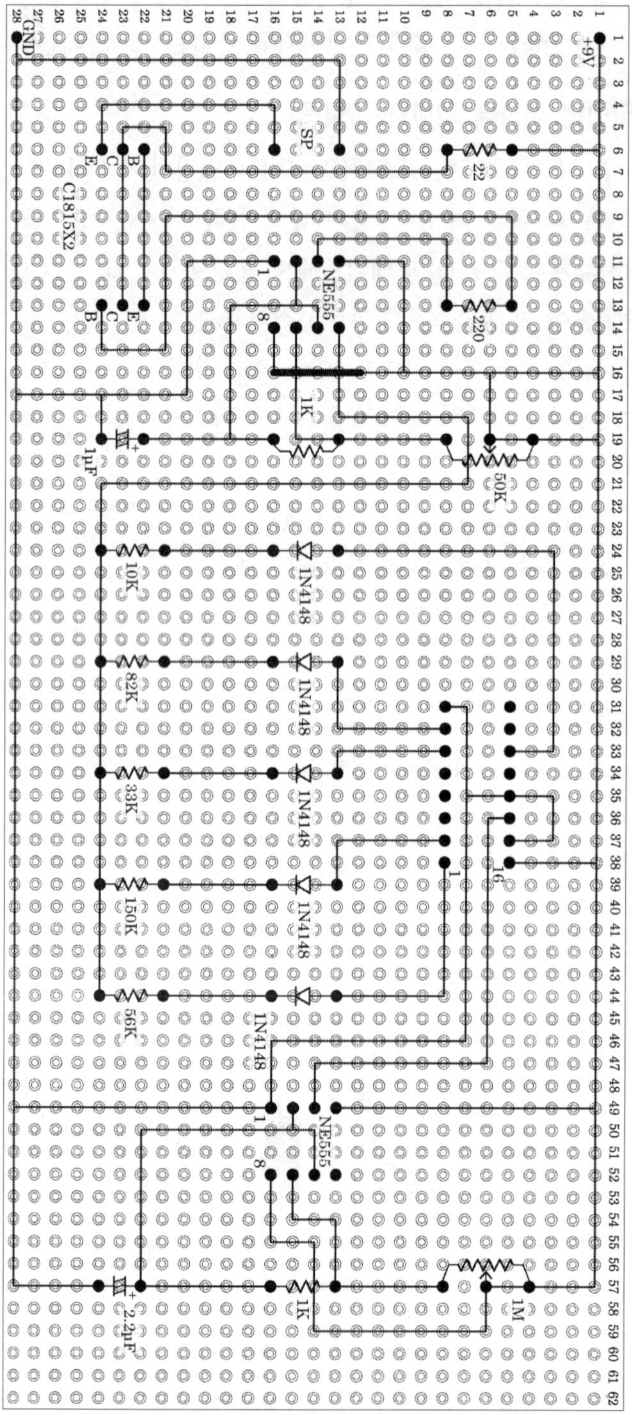

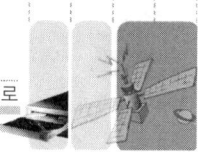

10. 디지털입력 AM 변조회로

과제 번호	10	자격종목 및 등급	무선설비기능사	작 품 명	디지털입력 AM 변조회로

▶ 시험시간 : 표준시간 3시간 30분, 연장시간 30분

1. 요구사항

A. 회로조립 및 시험

(1) 지급된 재료를 사용하여 **디지털입력 AM 변조회로를** 조립하시오.

(2) 오실로스코프를 출력에 연결하고 100kΩ VR(2개소)를 조정 양호한 파형이 되도록 하고 출력에는 계단파가 발생되도록 하시오.

(3) 정상 동작이 되지 않을 시는 틀린 회로를 수정하여 정상 동작이 되게 하시오.

(4) 납땜은 배선이 지나는 동박면을 직선부분은 2구멍마다, 직각부분은 모두 땜하시오.

2. 수검자 유의사항

(1) 지급재료는 부품점검시간에 검사하여 불량품 및 부족 숫자는 지급받도록 하시오.

(2) 부품점검시간 이후에 부품교환은 일체하지 않으니 유의하시오.

(3) 회로의 동작이 불완전할 경우에는 동작점수가 많이 삭감되며 부동작 시에는 오작으로 채점하니 주의하시오.

(4) 배치는 기판 전체에 골고루 안배하여 부품의 균형과 안정감이 있도록 하시오.

(5) 납땜은 냉납이나 산화납 그리고 납의 과다 및 과소가 없도록 하시오.

(6) 점퍼선은 가능한 한 생기지 않도록 하고 점퍼 시에는 동박 후면에서 하시오.

(7) 스위치는 기판에 고정하고 인출선은 끊어지지 않도록 완전하게 연결하시오.

(8) 저항의 색띠는 수직 또는 수평으로 통일하여 배치하시오.

(9) 트랜지스터 최상부의 높이는 기판으로부터 1.5cm 정도로 하시오.

(10) 트랜지스터 배치는 핀 발이 꼬이지 않도록 하시오.

(11) 저항과 커패시터의 리드선은 적당한 길이로 사용하시오.

(12) 조정이나 측정 시 사용하는 계기는 정확한 계기를 사용하여 계기의 오차가 발생되지 않도록 하시오.

(13) IC는 조립 시 파손되지 않도록 하시오.

(14) 다음 사항은 채점대상에서 제외되니 유의하시오.

① 연장시간까지 미완성된 작품

② 부동작 되는 작품

③ 부정행위를 한 수검자

(15) 전원을 연결할 때는 극성 및 전압을 확인하고 쇼트확인을 반드시 하시오.

(16) 회로 상에 IC의 V_{CC}와 GND의 연결에 대해서는 생략되었으니 조립 시 생략되는 일이 없도록 하시오.

(17) 부품점검 시 각 부품의 규격이 도면의 규격과 지급재료 목록의 규격이 같은가 확인하고 이상이 있을 때에는 시험위원에게 알리고 그 조치에 따른다.

(18) 연장시간을 사용할 때 사용시간 매 10분마다 총득점에서 5점씩 감점한다.

10. 디지털입력 AM 변조회로

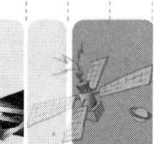

3. 도면(본 과제는 추정한 것으로 실제 시험의 재료와 다를 수 있습니다.)

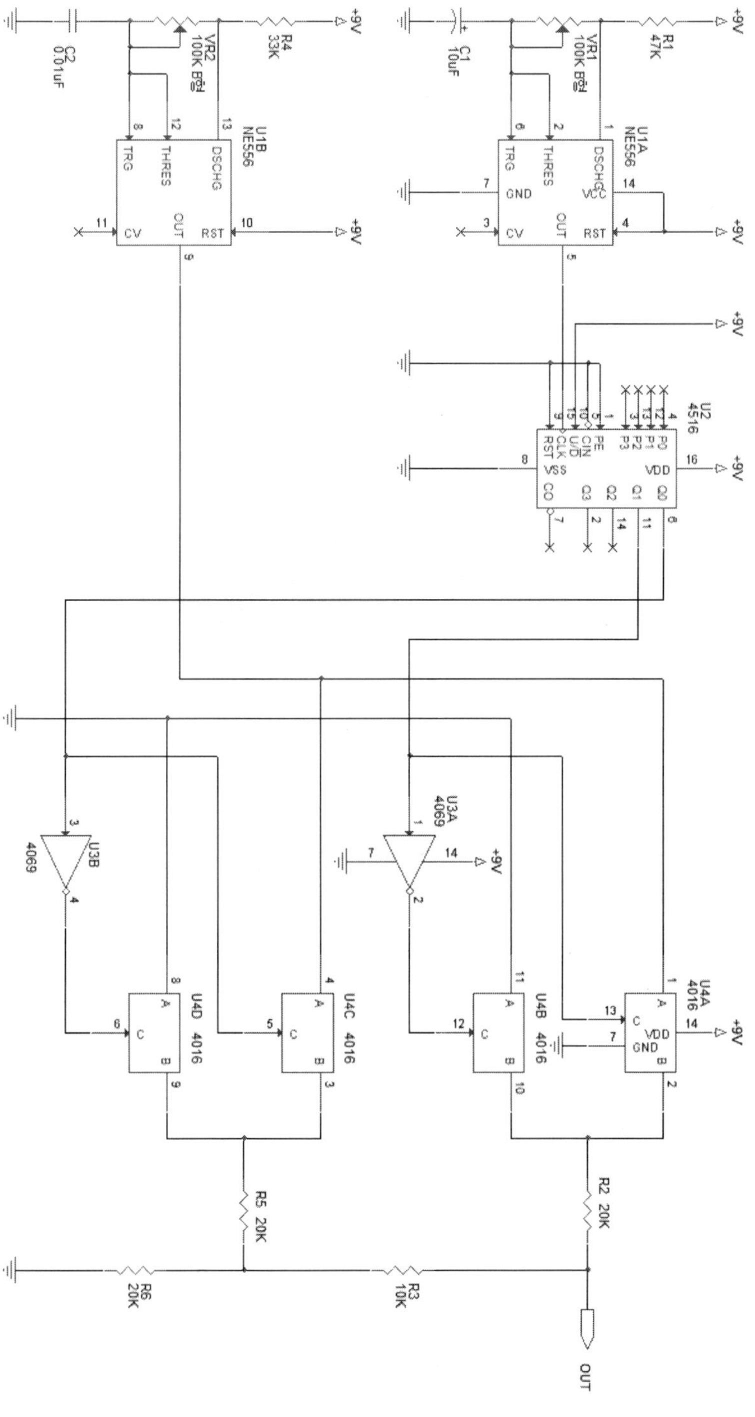

4. 지급재료 목록(본 과제의 재료는 추정한 것으로 실제 시험의 재료와 다를 수 있습니다.)

일련번호	재료명	규격	단위	수량	비고
1	IC	NE556	개	1	
2	〃	4069	〃	1	
3	〃	4016	〃	1	
4	〃	4516	〃	1	
5	IC 소켓	14핀	〃	3	
6	〃	16핀	〃	1	
7	반고정 저항	100kΩ (B형)	〃	2	
8	전해 커패시터	10μF, 16V 이상	〃	1	
9	마일러 커패시터	0.01μF (103)	〃	1	
10	저항	10kΩ, 1/4W	〃	1	
11	〃	20kΩ, 1/4W	〃	3	
12	〃	33kΩ, 1/4W	〃	1	
13	〃	47kΩ, 1/4W	〃	1	
14	IC 만능기판	28×62 구멍	장	1	
15	실납	SN60%, φ1mm	m	1	
16	배선	φ0.4mm, 3색 단선	〃	1	
17	방안지(모눈종이)		장	1	
18	작업용 실링봉투	정전기 방지용	〃	1	
19					
20					
21					
22					
23					
24					
25					

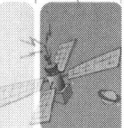

10. 디지털입력 AM 변조회로

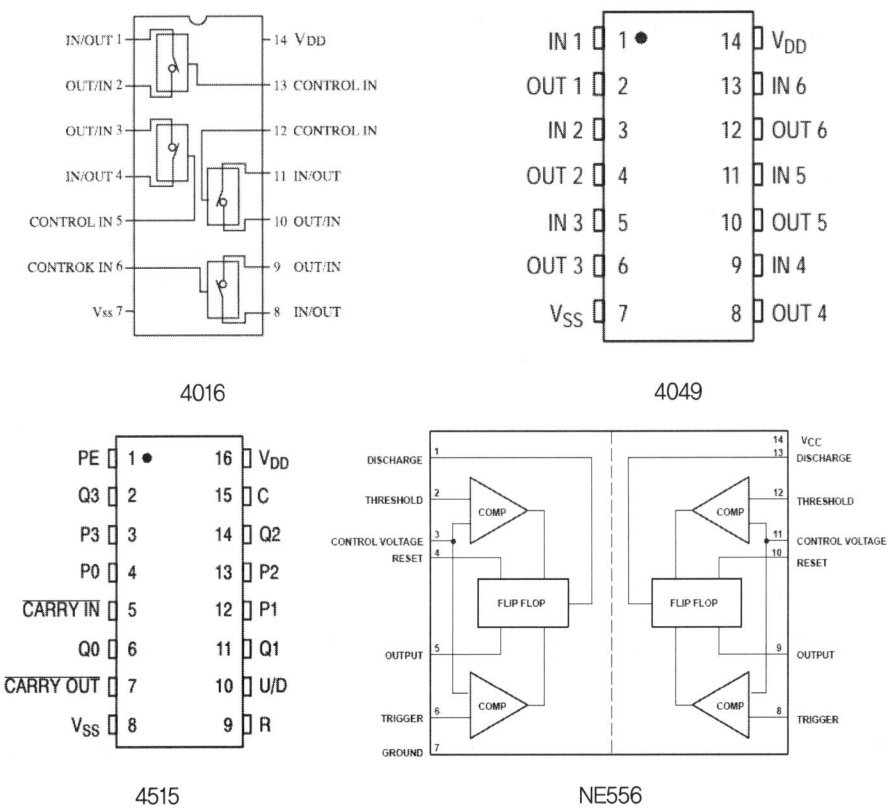

4016

4049

4515

NE556

5. 회로 동작

디지털입력 AM 변조회로의 계통도(Block Diagram)는 다음과 같다.

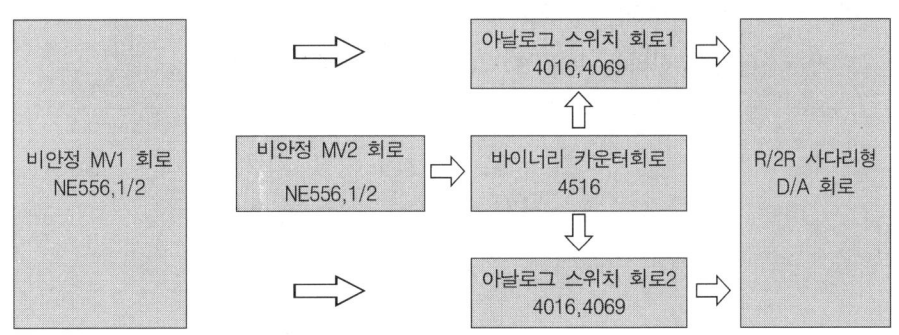

[디지털입력 AM 변조 회로의 계통도(Block Diagram)]

(1) NE556을 이용한 비안정 멀티 바이브레이터

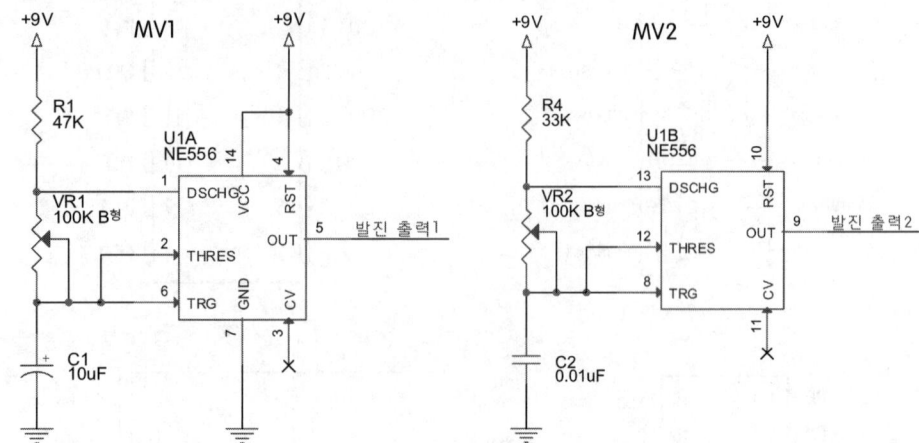

① NE556은 듀얼 타이머 IC로 비안정 MV와 단안정 MV를 구성할 수 있다.

② 전원 전압 범위는 +4.5~+16V (출력전류는 수백 mA 정도)

③ 제어전압과 스레시홀드 전압은 전원 전압이 +15V 정도이면 10V가 된다. (+5V이면 3.3V 정도가 된다.)

④ MV_1에서 전원이 ON 되는 순간 C_1 양단의 전압은 "Low" 상태가 되어 Trigger Input 단자가 "Low"가 된다.

⑤ 이 순간부터 R_1, 가변저항(VR_1)을 통하여 C_1이 충전하기 시작하며, 충전하는 동안 출력(3번 핀)이 "High" 상태가 된다.

⑥ C_1의 양단 전압이 스레시홀드 전압이 되면 C_1를 통하여 가변저항(VR_1)을 통하여 방전한다.(7번 핀을 통하여 방전)

⑦ C_1 커패시터가 방전하는 동안 출력은 "Low" 상태가 된다.

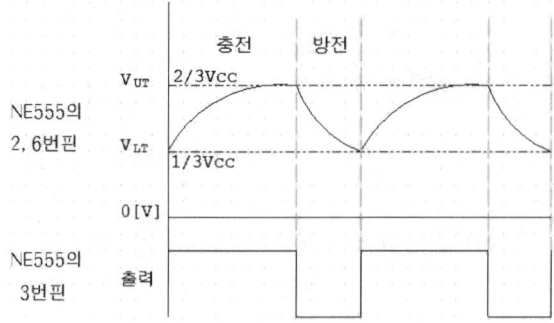

[NE555를 이용한 비안정 멀티바이브레이터의 타이밍 차트]

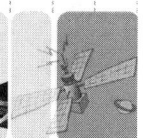

10. 디지털입력 AM 변조회로

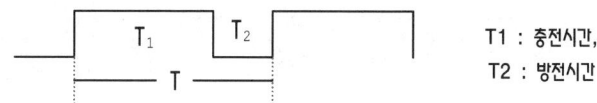

T1 : 충전시간,
T2 : 방전시간

⑧ NE556의 4번과 10번 핀은 리셋 단자로 "H" 상태이면 타이머로 정상 동작을 하나 "Low" 상태가 되면 타이머의 동작 상태가 정지되고 출력은 "L" 상태를 유지한다.

⑨ 3번과 11번 핀의 바이패스 커패시터는 급격한 전류의 변화를 방출 또는 흡수한다.

⑩ MV_1의 주기(T_1)와 발진주파수(f_1)는

T_1(VR 최대 시) $= 0.693(R_1 + 2VR_1)C_1$
$= 0.693(47 \times 10^3 + 2 \times 100 \times 10^3) \times 10 \times 10^{-6} \fallingdotseq 1.711 \sec$

T_1(VR 최소 시) $= 0.693(R_1 + 2VR_1)C_1$
$= 0.693(47 \times 10^3 + 2 \times 1 \times 10^3) \times 10 \times 10^{-6} \fallingdotseq 340 \, \text{msec}$

f_1(VR 최대 시) $= \dfrac{1}{T} = \dfrac{1}{1.711} \fallingdotseq 0.6 \, \text{Hz}$

f_1(VR 최소 시) $= \dfrac{1}{T} = \dfrac{1}{340 \times 10^{-3}} \fallingdotseq 3 \, \text{Hz}$

MV_1의 발진주파수는 0.6Hz~3Hz의 가변 범위를 갖는다.

⑪ MV_2의 주기(T_2)와 발진주파수(f_2)는

T_2(VR 최대 시) $= 0.693(R_4 + 2VR_2)C_2$
$= 0.693(33 \times 10^3 + 2 \times 100 \times 10^3) \times 0.01 \times 10^{-6} \fallingdotseq 1.615 \, \text{msec}$

T_2(VR 최소 시) $= 0.693(R_4 + 2VR_2)C_2$
$= 0.693(33 \times 10^3 + 2 \times 1 \times 10^3) \times 0.01 \times 10^{-6} \fallingdotseq 0.243 \, \text{msec}$

f_1(VR 최대 시) $= \dfrac{1}{T} = \dfrac{1}{1.615 \times 10^{-3}} \fallingdotseq 620 \, \text{Hz}$

f_1(VR 최소 시) $= \dfrac{1}{T} = \dfrac{1}{0.242 \times 10^{-3}} \fallingdotseq 4.115 \, \text{Hz}$

MV_2의 발진주파수는 620Hz~4.115Hz의 가변 범위를 갖는다.

(2) 바이너리 업/다운 카운터(MC14516)회로

① CD4516은 2진(Binary) 업/다운 카운터 및 프리셋 기능을 갖고 있다.
② 회로 동작은 진리표와 같이 동작한다.

CARRY IN (5)	UP/DOWN (10)	PRESET Enable(1)	RESET(9)	CLOCK (15)	MODE
1	X	0	0	X	계수 안함
0	1	0	0	╱	업 카운트
0	0	0	0	╱	다운 카운트
X	X	1	0	X	PRESET
X	X	X	1	X	RESET

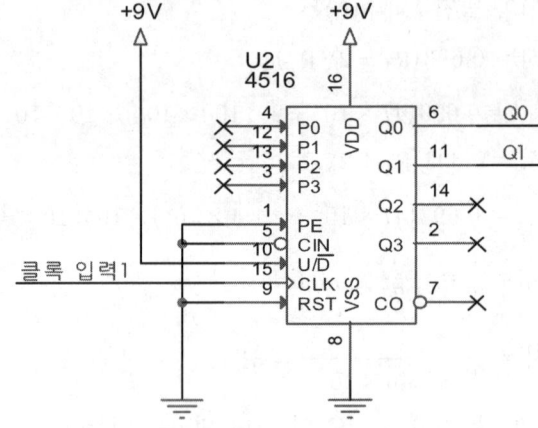

③ 업/다운 선택 단자(10번 핀)가 VCC에 접속되어 있으므로 업 카운터(상향 계수기)로 동작한다.

④ 프리셋 단자(1번 핀)는 접지에 연결되어 있으므로 데이터의 프리셋 기능은 사용하지 않는다.

⑤ 4516 IC의 내부 회로는 다음의 그림과 같다.

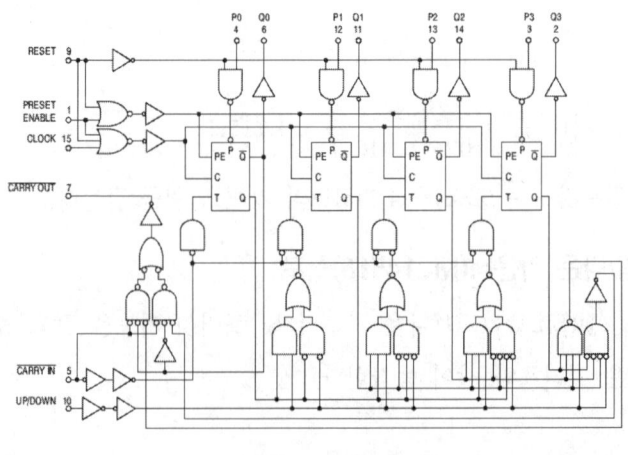

[CD4516의 내부 회로]

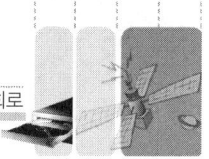

10. 디지털입력 AM 변조회로

⑥ CD4516의 타이밍 차트는 다음의 그림과 같다.

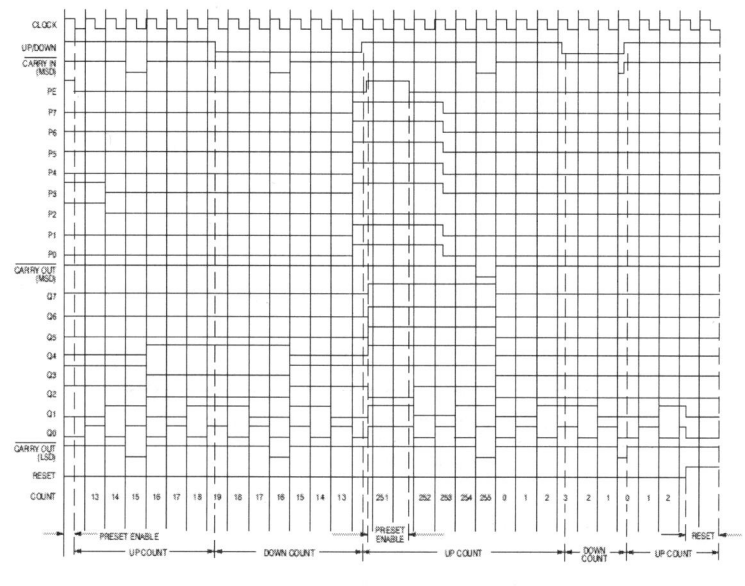

[CD4516의 타이밍 차트]

(3) 아날로그 스위치(4016)회로

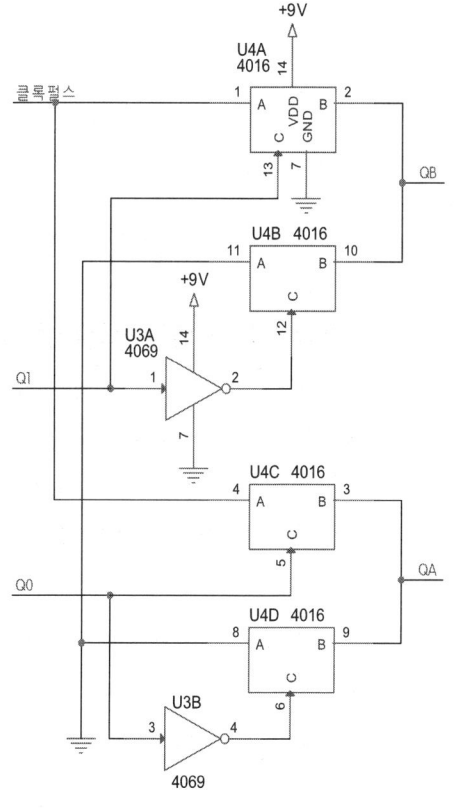

① 4016은 독립된 4개의 아날로그 스위치로서, 디지털 또는 아날로그 신호의 양쪽을 제어할 수 있으며 신호의 개폐, 초퍼, 변복조기 등에 이용된다.

② 제어 입력이 High일 때 스위치가 On 상태(Close)가 되고, Low일 때(Open)는 off 상태가 된다.

③ U_4A와 U_4B의 제어입력은 서로 반대가 되어 Q_1이 "H" 동작 시 U_4A가 On되어 클록펄스가 출력(QB)에 나타나고, Q_1이 "L" 동작 시는 U_4B가 On되어 출력(QB)은 "L" 상태가 된다.

④ U_4C와 U_4D의 제어입력은 서로 반대가 되어 Q_0가 "H" 동작 시 U_4C가 On되어 클록

펄스가 출력(QA)에 나타나고, Q_0가 "L" 동작 시는 U_4D가 On되어 출력(QA)은 "L" 상태가 된다.

⑤ 4016의 진리표

입력		출력
제어전압	입력	
1	0	0
1	1	1
0	0	open
0	1	open

MC4016의 진리치표(정 논리)
1 = 스위치 On, 0 = 스위치 Off

⑥ 아날로그 스위치회로의 출력파형

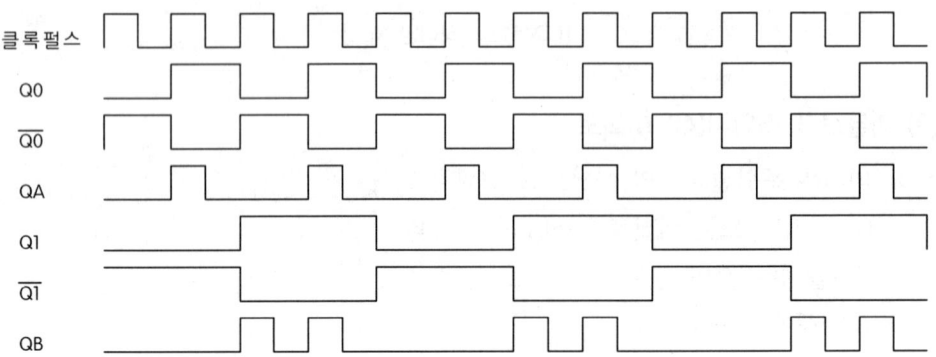

(4) 사다리형 D/A 변환회로(4비트 R-2R D/A converter)

① $R(10k\Omega)$과 $2R(20k\Omega)$의 저항을 이용하여 사다리형 D/A변환회로를 구성한 것으로, $Q_0 \sim Q_1$의 각 비트가 갖는 값이 High가 되었을 때 출력에는 각 비트의 값에 비례하는 전압이 출력된다.

② 각 비트의 입력 값(high)에 해당하는 출력전압이 사다리형 D/A 변환회로에 나타나므로, 디지털 값에 따른 아날로그 출력이 얻어진다.

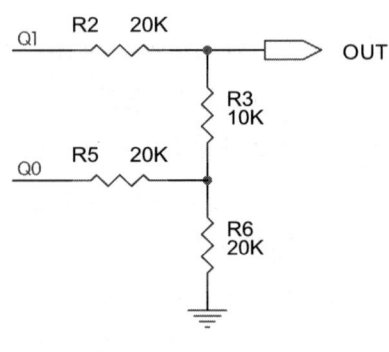

③ 출력식은 $V_o = \left(\dfrac{Q_1}{2^3} + \dfrac{Q_0}{2^4}\right)V_r$

A(Q_0)	B(Q_1)	출력전압
0	0	0.0000
1	0	0.3125
0	1	0.6250
1	1	0.9375

[Vr이 5V인 경우의 D/A 변환 출력전압표]

④ 최대 전압은 다음의 식으로 나타낸다.

최대 전압 크기(Full Scale Voltage) = $\left(\dfrac{1}{8} + \dfrac{1}{16}\right)V_r$

⑤ D/A 변환회로의 출력은 다음의 그림과 같은 상향계수의 계단파 파형(아날로그)이 나타난다.

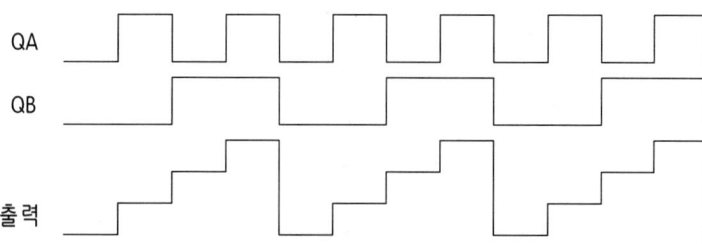

[D/A 변환회로의 출력 파형]

6. 패턴도(부품면 : TOP)

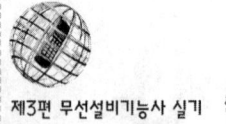

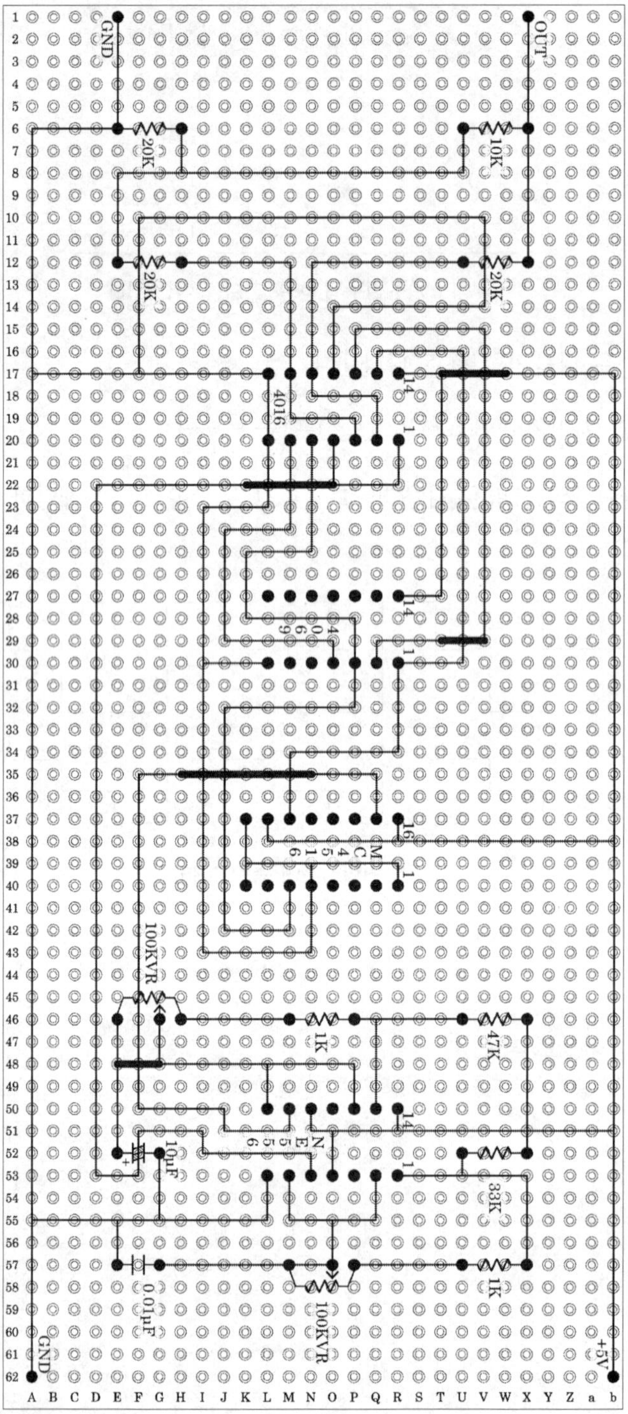
GND
OUT
20K
10K
20K
20K
4016
100KVR
1K
47K
10μF
33K
0.01μF
1K
100KVR
GND
+5V

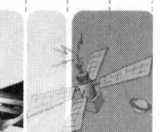

11. 발진음 선택회로

| 과제
번호 | 11 | 자격종목
및 등급 | 무선설비기능사 | 작 품 명 | 발진음 선택회로 |

▶ 시험시간 : 표준시간 3시간 30분, 연장시간 30분

1. 요구사항

   A. 회로조립 및 시험

   (1) 지급된 재료를 사용하여 발진음 선택회로를 조립하시오.

   (2) 스위치 SW1, SW2를 누르면 각각 다른 발진음이 발생되게 하시오.

   (3) 정상 동작이 되지 않을 시는 도면 중 틀린 회로를 수정하고 동작되게 하시오.

   (4) 납땜이 지나는 동박면을 직선부분은 2구멍마다, 직각부분은 모두 납땜하시오.

2. 수검자 유의사항

   (1) 지급재료는 부품점검시간에 검사하여 불량품 및 부족 숫자는 지급받도록 하시오.

   (2) 부품점검시간 이후에 부품교환은 일체하지 않으니 유의하시오.

   (3) 회로의 동작이 불완전할 경우에는 동작점수가 많이 삭감되며 부동작 시에는 오작으로 채점하니 주의하시오.

   (4) 배치는 기판 전체에 골고루 안배하여 부품의 균형과 안정감이 있도록 하시오.

   (5) 납땜은 냉납이나 산화납 그리고 납의 과다 및 과소가 없도록 하시오.

   (6) 점퍼선은 가능한 한 생기지 않도록 하고 점퍼 시에는 동박 후면에서 하시오.

   (7) 스위치는 기판에 고정하고 인출선은 끊어지지 않도록 완전하게 연결하시오.

   (8) 저항의 색띠는 수직 또는 수평으로 통일하여 배치하시오.

   (9) 트랜지스터 최상부의 높이는 기판으로부터 1.5cm 정도로 하시오.

   (10) 트랜지스터 배치는 핀 발이 꼬이지 않도록 하시오.

   (11) 저항과 커패시터의 리드선은 적당한 길이로 사용하시오.

   (12) 조정이나 측정 시 사용하는 계기는 정확한 계기를 사용하여 계기의 오차가 발생되지 않도록 하시오.

   (13) IC는 조립 시 파손되지 않도록 하시오.

(14) 다음 사항은 채점대상에서 제외되니 유의하시오.

　① 연장시간까지 미완성된 작품

　② 부동작되는 작품

　③ 부정행위를 한 수검자

(15) 전원을 연결할 때는 극성 및 전압을 확인하고 쇼트확인을 반드시 하시오.

(16) 회로 상에 IC의 V_{CC}와 GND의 연결에 대해서는 생략되었으니 조립 시 생략되는 일이 없도록 하시오.

(17) 부품점검 시 각 부품의 규격이 도면의 규격과 지급재료 목록의 규격이 같은가 확인하고 이상이 있을 때에는 시험위원에게 알리고 그 조치에 따른다.

(18) 연장시간을 사용할 때 사용시간 매 10분마다 총득점에서 5점씩 감점한다.

11. 발진음 선택회로

3. 도면(본 과제는 추정한 것으로 실제 시험의 재료와 다를 수 있습니다.)

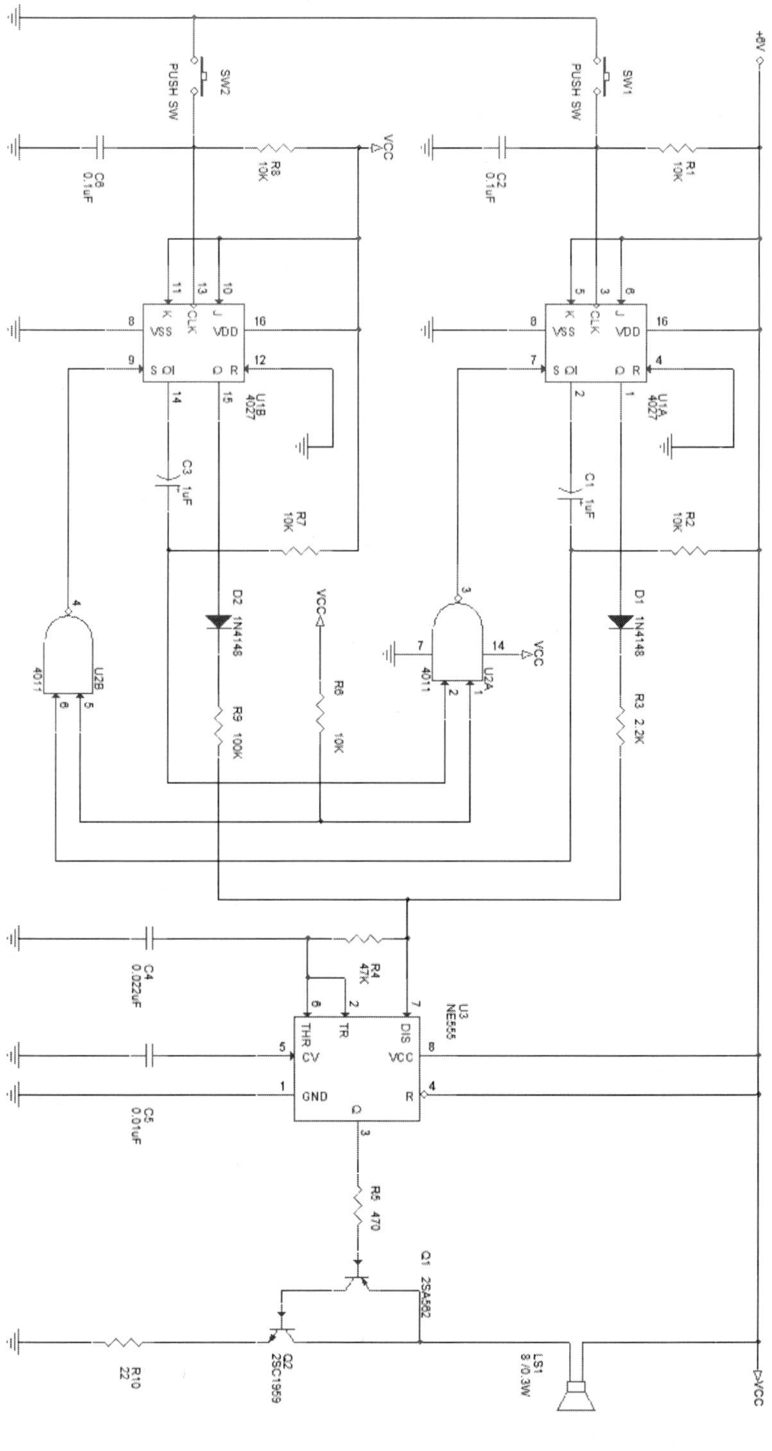

4. 지급재료 목록(본 과제의 재료는 추정한 것으로 실제 시험의 재료와 다를 수 있습니다.)

일련번호	재료명	규격	단위	수량	비고
1	IC	NE555	개	1	
2	〃	MC4011	〃	1	
3		MC4027	〃	1	
4	IC 소켓	8핀	〃	1	
5	〃	14핀	〃	1	
6	〃	16핀	〃	1	
7	TR	2SA562	〃	1	
8	〃	2SC1959	〃	1	
9	스위칭 다이오드	1N4148	〃	2	
10	푸시 스위치	텍트 스위치, 2P	〃	2	
11	스피커	8Ω, 0.3W	〃	1	
12	저항	22Ω, 1/4W	〃	1	
13	〃	470Ω, 1/4W	〃	1	
14	〃	2.2kΩ, 1/4W	〃	1	
15	〃	10kΩ, 1/4W	〃	5	
16	〃	47kΩ, 1/4W	〃	1	
17	〃	100kΩ, 1/4W	〃	1	
18	전해 커패시터	1μF, 16V	〃	2	
19	마일러 커패시터	0.01μF (103)	〃	1	
20	〃	0.022μF (223)	〃	1	
21	〃	0.1μF (104)	〃	2	
22	IC 만능기판	28×62 구멍	장	1	
23	실납	SN60%, φ1mm	m	1	
24	배선	φ0.4mm, 3색 단선	〃	1	
25	방안지(모눈종이)		장	1	
26	작업용 실링봉투	정전기 방지용	〃	1	

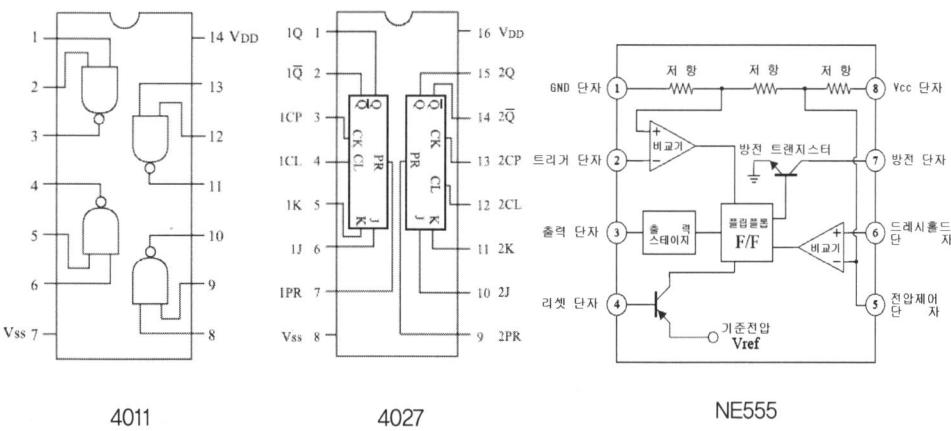

5. 회로 동작

발진음 선택회로의 계통도(Block Diagram)는 다음과 같다.

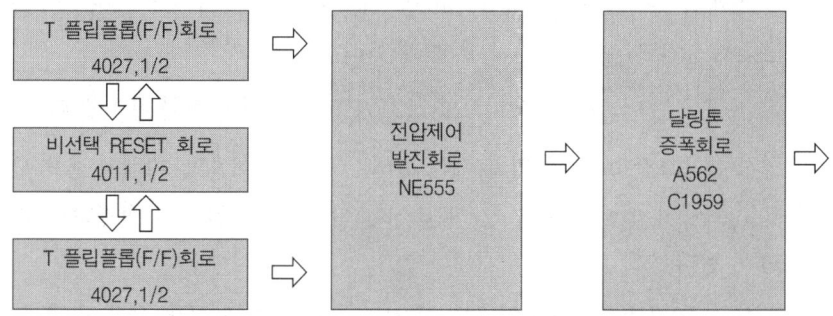

[발진음 선택회로의 계통도(Block Diagram)]

(1) 스위치 선택회로

① MC4027은 JK 플립플롭으로, 클록 펄스가 2개 들어오면 1/2 분주되어 출력측에 1개의 클록 펄스가 나오게 된다.

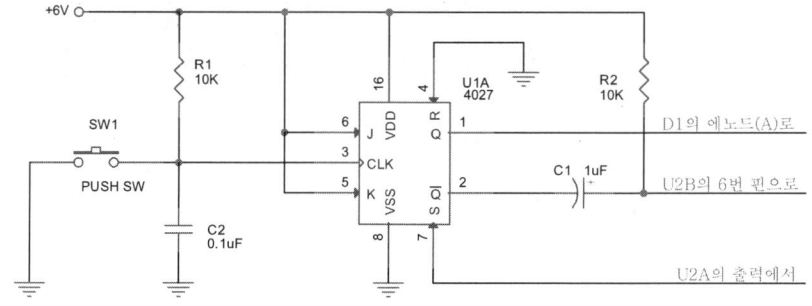

② JK 단자를 +6V에 접속하여 T 플립플롭(F/F)으로 만든 회로로 클록 펄스의 공급에

따라 출력의 상태가 반전되는 동작을 한다.

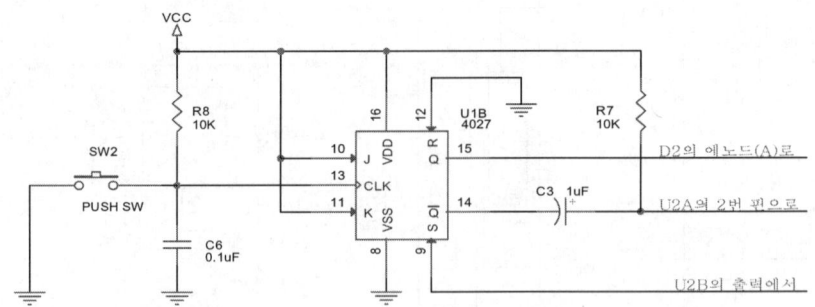

③ 스위치를 누르기 전에 클록 단자는 저항을 통하여 전원전압이 공급되고, 스위치를 누르면 클록 단자는 접지와 연결되어 low의 상태가 된다. 즉, 스위치를 누르면 입력 펄스가 high에서 low로 변화될 때 출력 상태가 변화된다.

④ U_1A 게이트의 출력이 low 상태가 되면 Set 핀은 Low 상태가 된다. 이때 RC 미분회로에 의해서 C가 충전이 완료되면 Set 핀은 high 상태를 유지하게 된다.

⑤ 4027 IC는 2개의 J-K F/F를 내장하고 있으며, 클록 펄스가 2개 들어오면 1/2 분주되어 출력측에 1개의 클록 펄스가 나오게 된다.

⑥ 4027의 J-K F/F은 마스터-슬레이브 J-K F/F으로 리셋 단자와 프리셋 단자가 있다.

⑦ 클리어 단자(4, 12)가 high 상태일 때는 J-K 및 클록 신호에 의해서 출력 Q, $\overline{Q}$가 변화하나 high에서 low 상태로 될 때 J-K, 클록 신호 입력에 관계없이 출력은 0 상태(low)가 된다.

⑧ 프리셋 단자(7, 9)가 high 상태일 때는 J-K, 클록 펄스 입력에 의해서 출력이 변화하나 high에서 low 상태로 변화 시 J-K, 클록 펄스 입력에 관계없이 무조건 high 상태로 유지한다.

⑨ 4027의 진리치표

[MC4027의 진리치표]

입력					출력	
S	C	CLK	J	K	Q_n+1	$\overline{Q}_n+1$
H	L	X	X	X	H	L
L	H	X	X	X	L	H
H	H	X	X	X	H	H
L	L	⤴	L	L	NO CHANGE	
L	L	⤴	H	L	H	L
L	L	⤴	L	H	L	H
L	L	⤴	H	H	$\overline{Q}_n$	Q_n

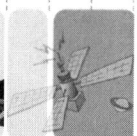

⑩ J=L, K=L 상태에서는 클록이 공급되어도 출력은 초기 상태를 유지한다.
(즉 Q0, $\overline{Q_0}$ 상태.)

⑪ J=H, K=L 상태에서 클록이 공급되면 Q=H, $\overline{Q}$=L 상태, 즉 세트(Set) 상태가 된다.

⑫ J=L, K=H 상태에서는 Q=0, $\overline{Q}$=1(Q=L, $\overline{Q}$=H) 상태, 즉 리셋상태가 된다. 그러나 J=K=H 상태에서는 상태가 클록이 공급될 때마다 상태 반전의 토글(Toggle) 작용이 일어난다.

⑬ 위와 같은 동작에서 J=K=Vcc(high 상태)로 되어 있으므로 클록이 high에서 low로 변화될 때마다 상태가 반전 된다.(네거티브 에지(모서리)에서 동작)

(2) 스위치 선택회로와 리셋회로

① SW₁이 선택되면 U₁A의 FF을 제외한 U₁B FF의 리셋(RESET) 단자가 "low"에서"high"로 전환되어 초기화 상태가 된다.

② SW₂가 선택되면 U₁A FF의 리셋 단자가 "low"에서 "high"로 전환되어 초기화 상태가 된다.

③ 스위치 선택의 초기화 회로의 타이밍 차트

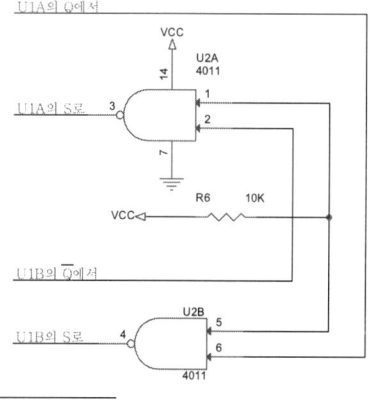

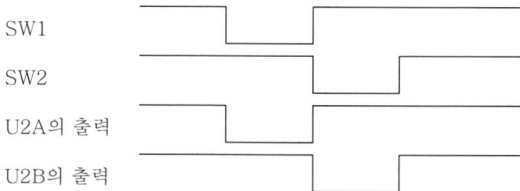

(3) 전압제어 발진회로(VCO : Voltage Controlled Oscillator)

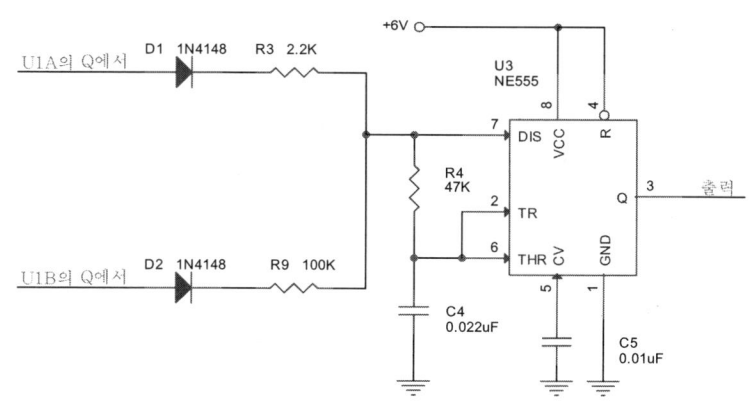

① U_1A의 출력, U_1B의 출력 중 어느 하나가 High 상태가 되면 U_3 IC가 발진을 하게 되고, 모두 Low 상태가 되면 발진은 정지 상태가 된다. 이때 D_1, D_2 다이오드는 어느 하나가 High 상태가 될 때 다른 회로는 Low 상태이므로 전압이 흐르는 것을 방지하기 위하여 역방향 상태가 되어 차단하는 역할을 한다.

② U_1A의 출력이 High 상태가 되면 R_3, R_4를 통하여 커패시터 C_4에 충전하게 되며, 커패시터가 충전하는 동안 출력(3)은 high 상태가 된다.

③ 커패시터의 양단 전압이 상승경계전압(V_{UT})이 되면 커패시터는 R_4을 통하여 7번 핀으로 방전하며, 커패시터가 방전하는 동안 출력(3)은 low 상태를 유지한다.(R_3, R_9의 값이 다르므로 발진주파수가 변하게 된다.)

④ U_1A의 출력이 "H"일 때

   ㉠ 출력 레벨이 high가 되는 시간(T_1)

$$T_1 = 0.693(R_3 + R_4)C_4 = 0.693(2.2 \times 10^3 + 47 \times 10^3) \times 0.022 \times 10^{-6} \sec$$
$$\fallingdotseq 0.75\,\mathrm{msec}$$

   ㉡ 출력 레벨이 low가 되는 시간(T_2)

$$T_2 = 0.693 \times R_4 \times C_4 = 0.693 \times 47 \times 10^3 \times 0.022 \times 10^{-6} \sec \fallingdotseq 0.7\,\mathrm{msec}$$

   ㉢ 주기(T)

$$T = T_1 + T_2 = 0.693(R_3 + R_4)C_4 + 0.693 R_4 \cdot C_4 \sec = 0.75 + 0.7\,\mathrm{msec}$$
$$\fallingdotseq 1.45\,\mathrm{msec}$$

   ㉣ 주파수(f)

$$f = \frac{1}{T} = \frac{1}{1.45 \times 10^{-3}} \fallingdotseq 690\,\mathrm{Hz}$$

⑤ U_1B의 출력이 "H"일 때

   ㉠ 출력 레벨이 high가 되는 시간(T_1)

$$T_1 = 0.693(R_9 + R_4)C_4 = 0.693(100 \times 10^3 + 47 \times 10^3) \times 0.022 \times 10^{-6} \sec$$
$$\fallingdotseq 2.24\,\mathrm{msec}$$

   ㉡ 출력 레벨이 low가 되는 시간(T_2)

$$T_2 = 0.693 \times R_4 \times C_4 = 0.693 \times 47 \times 10^3 \times 0.022 \times 10^{-6} \sec \fallingdotseq 0.7\,\mathrm{msec}$$

   ㉢ 주기(T)

$$T = T_1 + T_2 = 0.693(R_9 + R_4)C_4 + 0.693 R_4 \cdot C_4 \sec = 2.24 + 0.7\,\mathrm{msec}$$
$$\fallingdotseq 2.94\,\mathrm{msec}$$

ⓔ 주파수(f)

$$f = \frac{1}{T} = \frac{1}{2.94 \times 10^{-3}} \fallingdotseq 340\,\text{Hz}$$

⑥ NE555의 4번 핀은 리셋 단자로 단자를 high로 하면 정상적인 타이머로 동작하나 low 상태가 되면 출력은 리셋된다.

⑦ 5번 핀은 바이패스 단자로 회로 내에서 발생하는 급격한 전류 변화를 방출 또는 흡수하여 오동작을 방지하는 회로로, 보통 $0.1 \sim 0.01\mu\text{F}$ 의 커패시터를 연결한다.

⑧ C_4 커패시터 양단파형과 출력파형

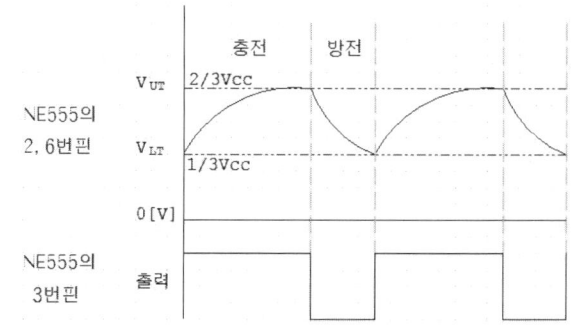

[NE555를 이용한 비안정 멀티바이브레이터의 타이밍 차트]

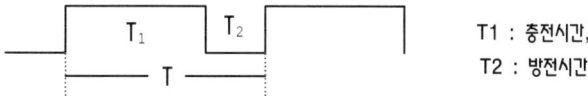

T1 : 충전시간,
T2 : 방전시간

$$\text{Duty Cycle} = \frac{R_4}{R_3 \text{ 또는 } R_9 + 2R_4} \times 100\%$$

(4) 달링턴 접속에 의한 증폭회로

① 스피커의 구동을 위한 트랜지스터(Q_1, Q_2)는 달링턴 접속한 것으로, 달링턴 접속을 하면 두 트랜지스터의 전류증폭률의 곱에 해당하는 전류증폭을 얻을 수 있다.

② Q_1의 출력전류가 그대로 Q_2의 베이스에 공급되므로 전류증폭률이 커진다. 즉 두 트랜지스터의 전류증폭률의 곱에 해당하는 전류증폭률을 얻을 수 있다.(Q_1는 Q_2보다 컬렉터 손실이 적은 트랜지스터를 사용해야 한다.)

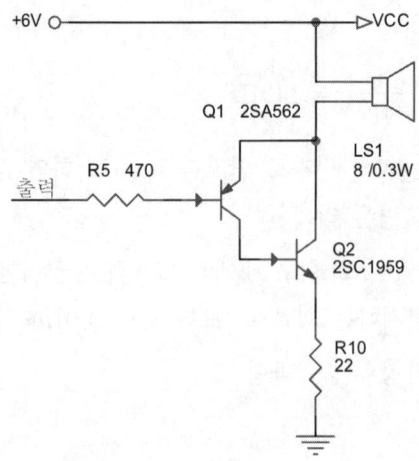

③ Q_1의 베이스 입력이 low 상태일 때 Q_1은 순방향 전압으로 Q_2을 구동하여 스피커가 동작한다.

Q_1의 컬렉터 전류(I_{C1})와 이미터 전류(I_{E1})는

$I_{C1} = h_{fe1} \times I_{B1}$

$I_{E1} = I_{B1}(1 + h_{fe1})$

Q_2의 베이스 전류(I_{B2})와 컬렉터 전류(I_{C2})는

$I_{B2} = I_{B1}(1 + h_{fe1})$

$I_{C2} = h_{fe2} \times I_{B2} = h_{fe2} \times I_{B1}(1 + h_{fe1})$

스피커에 흐르는 전류(I_c)는

$I_C = I_{C1} + I_{C2} = h_{fe1} \times I_{B1} + h_{fe2} \times I_{B1}(1 + h_{fe1})$가 흐른다.

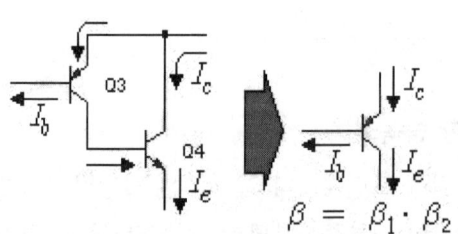

6. 패턴도(배선면 : BOTTOM)

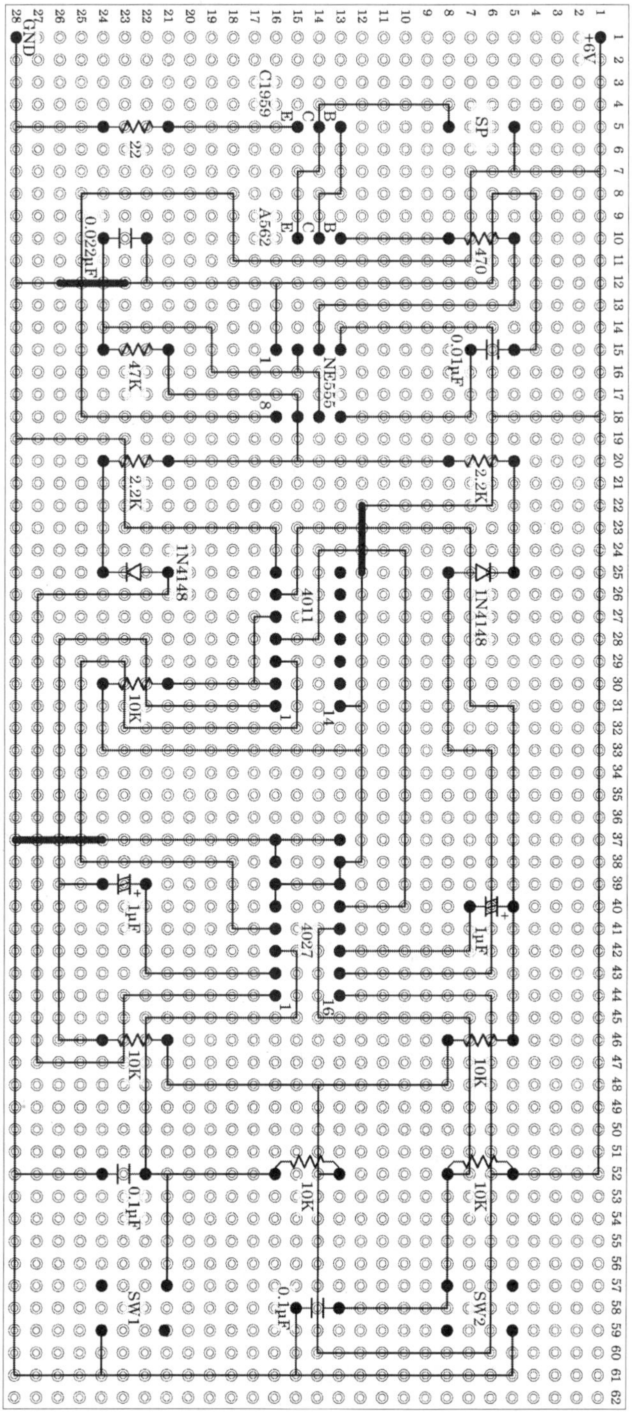

과제번호	12	자격종목 및 등급	무선설비기능사	작 품 명	발진음 전환회로

▶ 시험시간 : 표준시간 3시간 30분, 연장시간 30분

1. 요구사항

   A. 회로조립 및 시험

   (1) 지급된 재료를 사용하여 디지털 입력 발진음 전환회로를 조립하시오.
   (2) 슬라이드 SW를 1로 하였을 때 높은 발진음이 울리고, 2로 하였을 때 낮은 발진음이 울리게 하시오.
   (3) 정상 동작이 되지 않을 시는 틀린 회로를 수정하여 정상 동작이 되게 하시오.

2. 수검자 유의사항

   (1) 지급재료는 부품점검시간에 검사하여 불량품 및 부족 숫자는 지급받도록 하시오.
   (2) 부품점검시간 이후에 부품교환은 일체하지 않으니 유의하시오.
   (3) 회로의 동작이 불완전할 경우에는 동작점수가 많이 삭감되며 부동작 시에는 오작으로 채점하니 주의하시오.
   (4) 배치는 기판 전체에 골고루 안배하여 부품의 균형과 안정감이 있도록 하시오.
   (5) 납땜은 냉납이나 산화납 그리고 납의 과다 및 과소가 없도록 하시오.
   (6) 점퍼선은 가능한 한 생기지 않도록 하고 점퍼 시에는 동박 후면에서 하시오.
   (7) 스위치는 기판에 고정하고 인출선은 끊어지지 않도록 완전하게 연결하시오.
   (8) 저항의 색띠는 수직 또는 수평으로 통일하여 배치하시오.
   (9) 트랜지스터 최상부의 높이는 기판으로부터 1.5cm 정도로 하시오.
   (10) 트랜지스터 배치는 핀 발이 꼬이지 않도록 하시오.
   (11) 저항과 커패시터의 리드선은 적당한 길이로 사용하시오.
   (12) 조정이나 측정 시 사용하는 계기는 정확한 계기를 사용하여 계기의 오차가 발생되지 않도록 하시오.
   (13) IC는 조립 시 파손되지 않도록 하시오.

(14) 다음 사항은 채점대상에서 제외되니 유의하시오.

① 연장시간까지 미완성된 작품

② 부동작되는 작품

③ 부정행위를 한 수검자

(15) 전원을 연결할 때는 극성 및 전압을 확인하고 쇼트확인을 반드시 하시오.

(16) 회로 상에 IC의 V_{CC}와 GND의 연결에 대해서는 생략되었으니 조립 시 생략되는 일이 없도록 하시오.

(17) 부품점검 시 각 부품의 규격이 도면의 규격과 지급재료 목록의 규격이 같은가 확인하고 이상이 있을 때에는 시험위원에게 알리고 그 조치에 따른다.

(18) 연장시간을 사용할 때 사용시간 매 10분마다 총득점에서 5점씩 감점한다.

3. 도면(본 과제는 추정한 것으로 실제 시험의 재료와 다를 수 있습니다.)

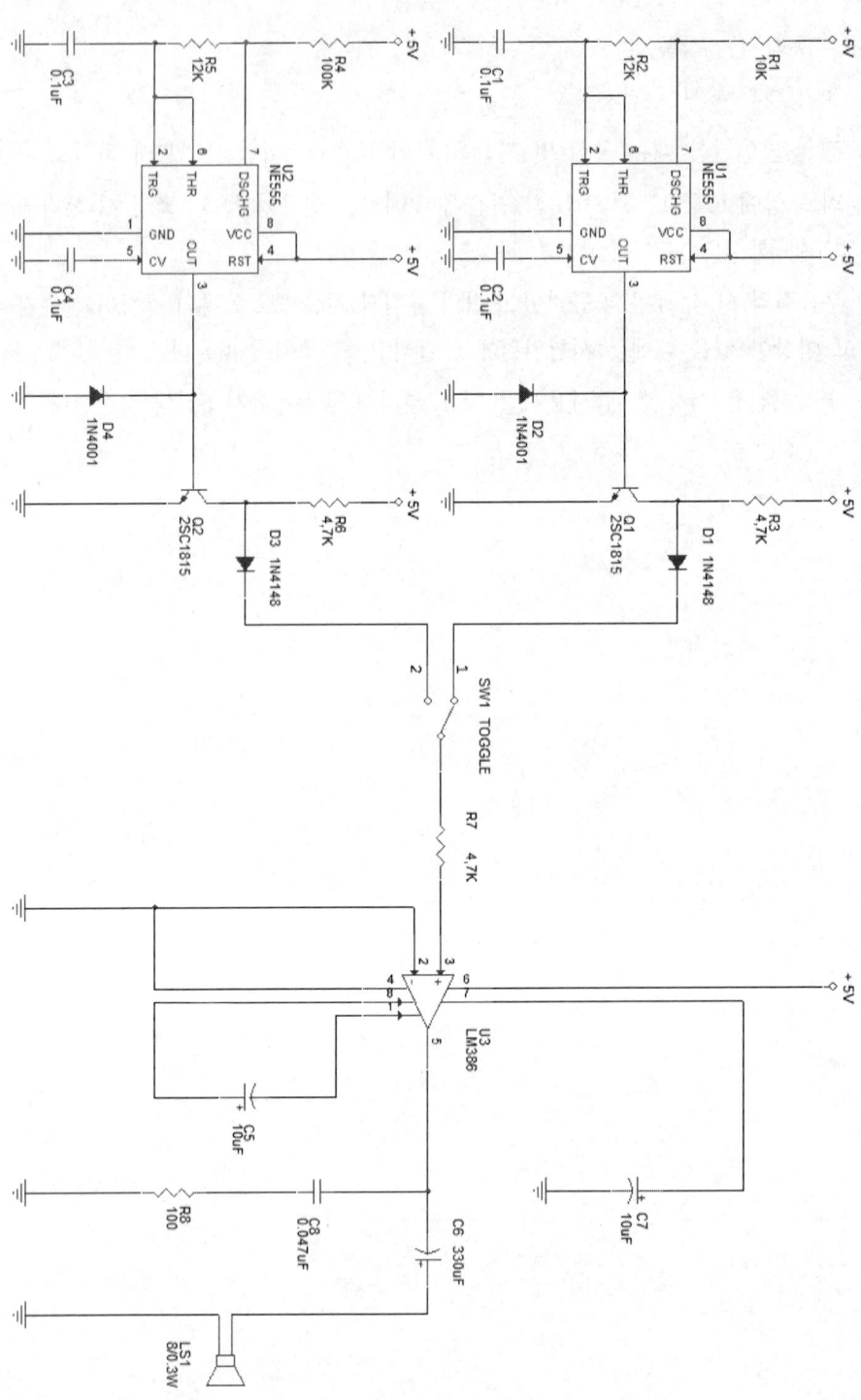

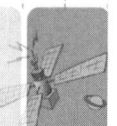

4. 지급재료 목록(본 과제의 재료는 추정한 것으로 실제 시험의 재료와 다를 수 있습니다.)

일련 번호	재 료 명	규 격	단위	수량	비 고
1	IC	NE555	개	2	
2	〃	LM386	〃	1	
3	IC 소켓	8핀	〃	3	
4	TR	2SC1815	〃	2	
5	스위칭 다이오드	1S1588	〃	2	
6	정류 다이오드	1N4001	〃	2	
7	토글 스위치	소형, 3p	〃	1	
8	스 피 커	8Ω, 0.3W	〃	1	
9	저 항	100Ω, 1/4W	〃	1	
10	〃	4.7kΩ, 1/4W	〃	3	
11	〃	10kΩ, 1/4W	〃	1	
12	〃	12kΩ, 1/4W	〃	2	
13	〃	100kΩ, 1/4W	〃	1	
14	전해 커패시터	$10\mu F$, 16V	〃	2	
15		$330\mu F$, 16V	〃	1	
16	마일러 커패시터	$0.047\mu F$ (473)	〃	1	
17	〃	$0.1\mu F$ (104)	〃	4	
18	IC 만능기판	28×62 구멍	장	1	
19	실납	SN60%, ϕ1mm	m	1	
20	배선	ϕ0.4mm, 3색 단선	〃	1	
21	방안지(모눈종이)		장	1	
22	작업용 실링봉투	정전기 방지용	〃	1	
23					
24					
25					

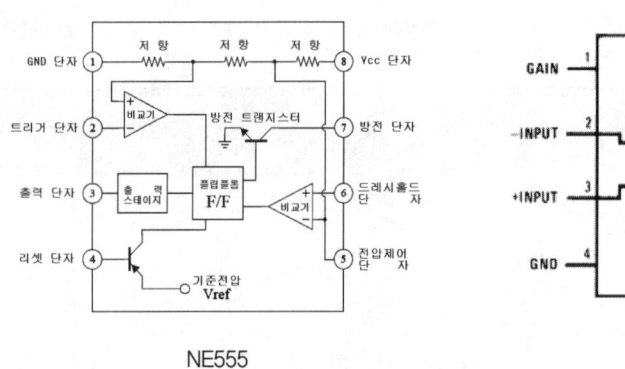

NE555　　　　　　　　　　[LM386]

5. 회로 동작

발진음 전환회로의 계통도(Block Diagram)는 다음과 같다.

[발진음 전환회로의 계통도(Block Diagram)]

(1) NE555를 이용한 비안정 멀티바이브레이터(펄스발생회로)

① NE555는 단일 타이머 IC로 비안정 MV와 단안정 MV를 구성할 수 있다.

② +4.5~16V(출력전류는 수백 mA 정도) 전압 범위의 단일 전원으로 동작하는 리니어 IC이다.

③ NE555(MC14555 or KA555)를 이용해서 구성된 발진회로에서 얻을 수 있는 주파수는 최대 1MHz이나 300kHz 정도까지 이용하는 것이 적당하다.

④ 최저주파수는 1/20~1/50Hz 정도가 안정하다.

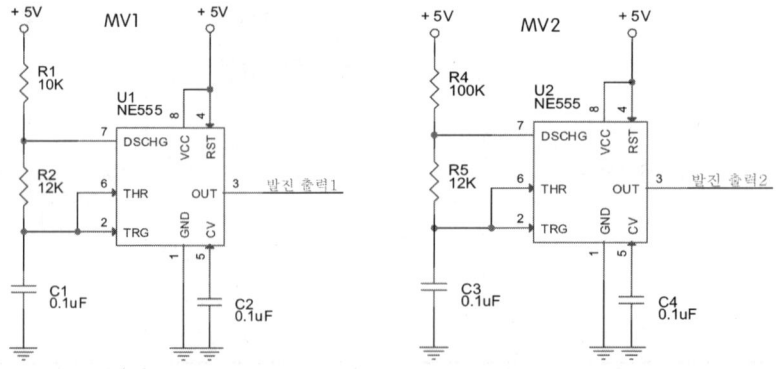

⑤ 전원 공급하는 순간 C_1 커패시터 양단의 전압이 거의 0V가 되어 트리거 입력(2) 단자가 low 상태가 되고 R_1, R_2를 통하여 커패시터에 충전하게 되며, C_1 커패시터가 충전하는 동안 출력(3)은 high 상태가 된다.

⑥ C_1 커패시터의 양단 전압이 상승경계전압($V_{UT} : \frac{2}{3} V_{CC}$) 이상이 되면 커패시터는 R_2를 통하여 1번 핀으로 방전하며, 커패시터가 방전하는 동안 출력(3)은 low 상태를 유지한다.

⑦ NE555의 4번 핀은 리셋 단자로 단자를 high로 하면 정상적인 타이머로 동작하나 low 상태가 되면 출력은 리셋된다.

⑧ 5번 핀은 바이패스 단자로 회로 내에서 발생하는 급격한 전류 변화를 방출 또는 흡수하여 오동작을 방지하는 회로로, 보통 $0.1 \sim 0.01 \mu F$의 커패시터를 연결한다.

⑨ 커패시터 양단파형과 출력파형

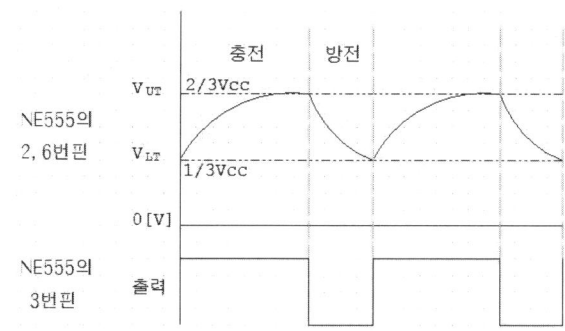

[NE555를 이용한 비안정 멀티바이브레이터의 타이밍 차트]

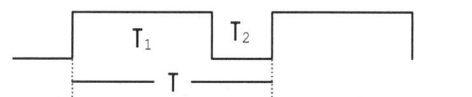

T1 : 충전시간,
T2 : 방전시간

⑩ $MV_1(U_1)$의 주기(T_1)와 주파수(f_1)는

$T_1 = 0.69(R_1 + 2R_2)C_1 = 0.69 \times (10 \times 10^3 + 2 \times 12 \times 10^3) \times 0.1 \times 10^{-6}$

$= 3.4 \, \text{msec}$

$f_1 = \frac{1}{T} = \frac{1}{3.4 \times 10^{-3}} \fallingdotseq 294 \, \text{Hz}$

⑪ $MV_2(U_2)$의 주기(T_2)와 주파수(f_2)는

$$T_2 = 0.69(R_4 + 2R_5)C_3 = 0.69 \times (100 \times 10^3 + 2 \times 12 \times 10^3) \times 0.1 \times 10^{-6}$$

$$= 12.4 \,\mathrm{msec}$$

$$f_2 = \frac{1}{T} = \frac{1}{3.4 \times 10^{-3}} \fallingdotseq 80 \,\mathrm{Hz}$$

(2) 발진음 전환회로

① 클록입력1이 High 상태가 되면 Q_1 트랜지스터는 도통되어 컬렉터의 전위는 Low가 되고, 베이스의 전위가 Low 상태이면 트랜지스터는 차단상태가 되어 컬렉터의 전위는 High 상태가 된다.

② Q_1 트랜지스터의 베이스의 클록 펄스 입력에 따라 컬렉터에는 180° 위상차의 펄스가 나타나게 된다.

③ D_2 다이오드는 역바이어스(Vbe)에 의해 Q_1 트랜지스터의 파손을 방지하는 역할을 하며, D_1 다이오드는 컬렉터의 전위가 High일 때 순방향이 되어 스위치로 신호가 전달되도록 하고 컬렉터의 전위가 Low일 때는 역방향이 되어 차단시켜 회로를 보호하는 역할을 한다.

④ Q_2 트랜지스터도 클록입력2에 따라 ①에서 ③과 같은 동일한 동작을 한다.

⑤ 스위치의 전환에 따라 1에 접속할 때는 MV_1의 출력이 증폭회로로 공급이 되고, 2에 접속할 때는 MV_2의 출력이 증폭회로로 공급된다.

(3) 전력증폭회로

① LM386은 전원전압 6~16V, 부하 8~32Ω으로, 이득이 내부에서 20배로 고정된 저주파 전력증폭기이다.

② 외부 부가 저항과 커패시터에 의해 20~200배의 범위까지 설정할 수 있다.($10\mu F$ 연결 시 200배 이득)

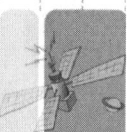

12. 발진음 전환회로

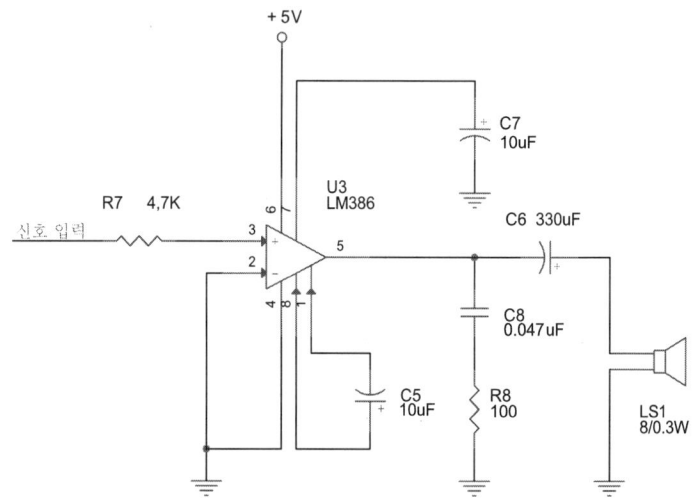

③ 전압증폭도(A_v)와 전압 이득(G_v)는

$$전압증폭도(A_v) = \frac{출력전압(V_o)}{입력전압(V_i)}$$

$$전압이득(G_v) = 20\log_{10} A_v$$

④ 정지 시 출력전압은 자동적으로 전원전압의 1/2이 되도록 되어 있다.

⑤ $C_8(0.047\mu F)$과 $R_8(100\Omega)$은 유도성 부하에 대한 발진을 방지하기 위하여 사용하며, $C_6(330\mu F)$은 결합 커패시터로 스피커에 직류가 흐르는 것을 방지하는 역할을 한다.

⑥ 7번 핀의 $C_5(10\mu F)$ 커패시터는 리플전압을 바이패스시키기 위하여 접속한다.

6. 패턴도(배선면 : BOTTOM)

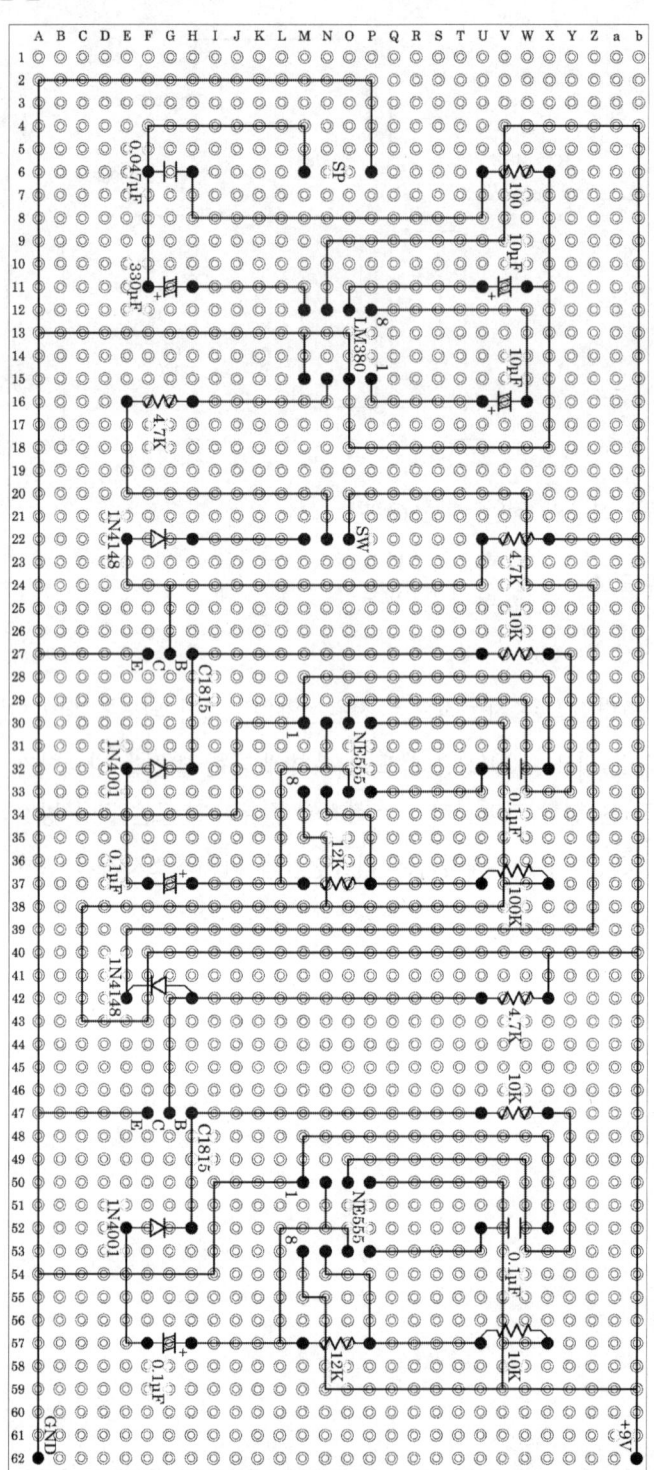

과제 번호	13	자격종목 및 등급	무선설비기능사	작 품 명	시퀀셜 타이머회로

▶ 시험시간 : 표준시간 3시간 30분, 연장시간 30분

1. 요구사항

A. 회로조립 및 시험

(1) 회로도와 같이 조립하여 아래의 타임차트와 같이 동작되게 하시오.

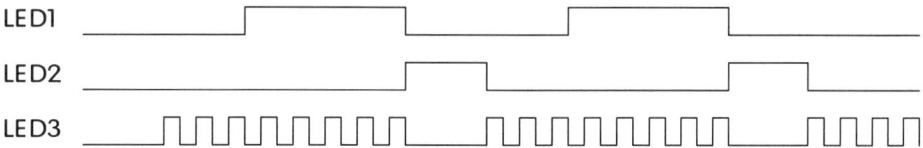

(2) 기판에 LED$_1$, LED$_2$, LED$_3$을 순서대로 부착하시오.
(3) 납땜은 배선이 지나는 동박면을 직선부분은 2구멍마다, 직각부분은 모두 땜하시오.
(4) 정상 동작이 되지 않을 시는 틀린 회로를 수정하여 정상 동작이 되게 하시오.

2. 수검자 유의사항

(1) 지급재료는 부품점검시간에 검사하여 불량품 및 부족 숫자는 지급받도록 하시오.
(2) 부품점검시간 이후에 부품교환은 일체하지 않으니 유의하시오.
(3) 회로의 동작이 불완전할 경우에는 동작점수가 많이 삭감되며 부동작 시에는 오작으로 채점하니 주의하시오.
(4) 배치는 기판 전체에 골고루 안배하여 부품의 균형과 안정감이 있도록 하시오.
(5) 납땜은 냉납이나 산화납 그리고 납의 과다 및 과소가 없도록 하시오.
(6) 점퍼선은 가능한 한 생기지 않도록 하고 점퍼 시에는 동박 후면에서 하시오.
(7) 스위치는 기판에 고정하고 인출선은 끊어지지 않도록 완전하게 연결하시오.
(8) 저항의 색띠는 수직 또는 수평으로 통일하여 배치하시오.
(9) 트랜지스터 최상부의 높이는 기판으로부터 1.5cm 정도로 하시오.
(10) 트랜지스터 배치는 핀 발이 꼬이지 않도록 하시오.
(11) 저항과 커패시터의 리드선은 적당한 길이로 사용하시오.

(12) 조정이나 측정 시 사용하는 계기는 정확한 계기를 사용하여 계기의 오차가 발생되지 않도록 하시오.

(13) IC는 조립 시 파손되지 않도록 하시오.

(14) 다음 사항은 채점대상에서 제외되니 유의하시오.

　① 연장시간까지 미완성된 작품

　② 부동작되는 작품

　③ 부정행위를 한 수검자

(15) 전원을 연결할 때는 극성 및 전압을 확인하고 쇼트확인을 반드시 하시오.

(16) 회로 상에 IC의 V_{CC}와 GND의 연결에 대해서는 생략되었으니 조립 시 생략되는 일이 없도록 하시오.

(17) 부품점검 시 각 부품의 규격이 도면의 규격과 지급재료 목록의 규격이 같은가 확인하고 이상이 있을 때에는 시험위원에게 알리고 그 조치에 따른다.

(18) 연장시간을 사용할 때 사용시간 매 10분마다 총득점에서 5점씩 감점한다.

13. 시퀀셜 타이머회로

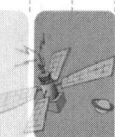

3. 도면(본 과제는 추정한 것으로 실제 시험의 재료와 다를 수 있습니다.)

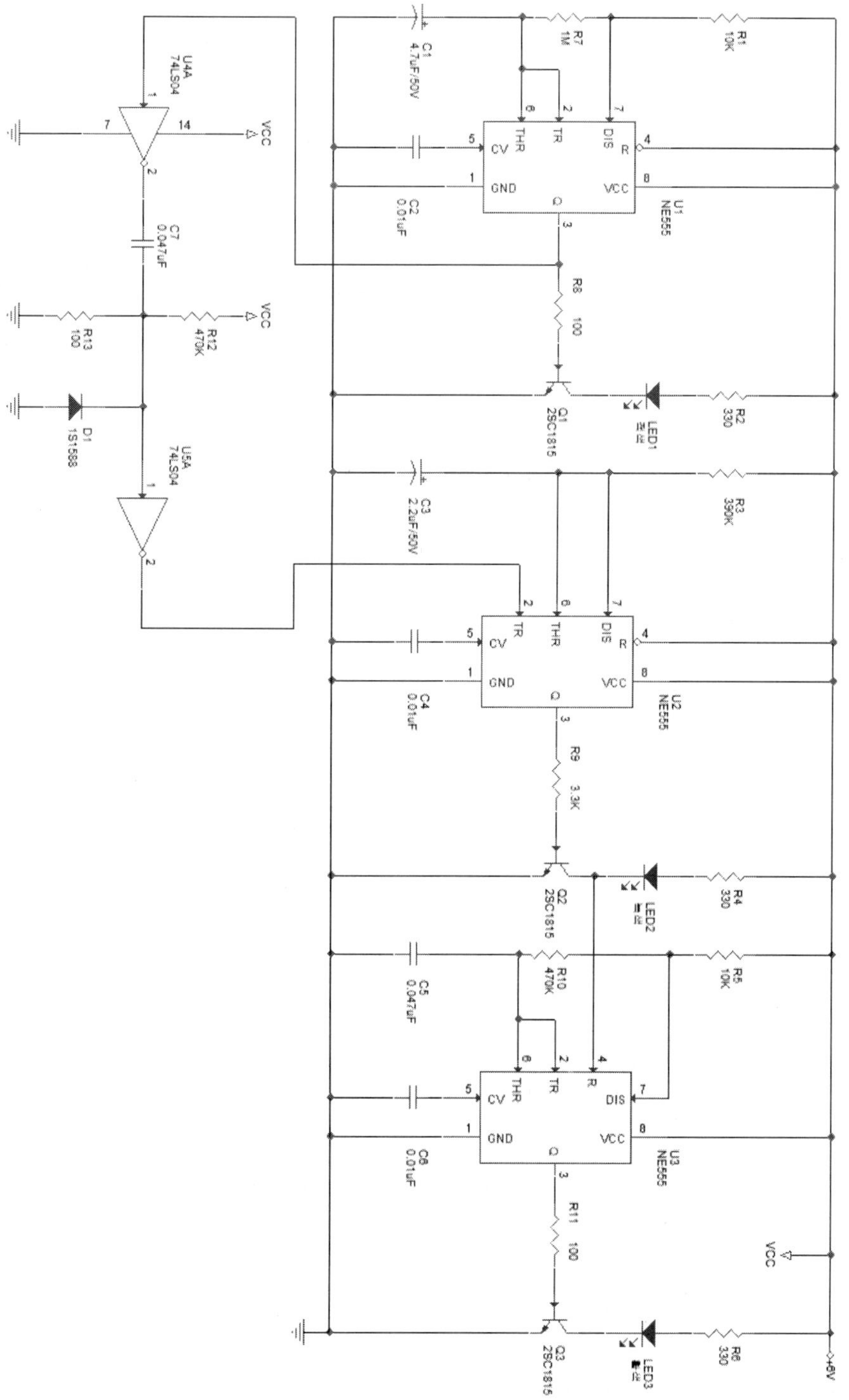

4. 지급재료 목록(본 과제의 재료는 추정한 것으로 실제 시험의 재료와 다를 수 있습니다.)

일련번호	재료명	규격	단위	수량	비고
1	IC	NE555	개	3	
2	〃	SN7404	〃	1	
3	IC 소켓	8핀	〃	3	
4	〃	14핀	〃	1	
5	TR	2SC1815	〃	3	
6	〃	1S1588	〃	1	
7	LED	적색	〃	1	
8	〃	녹색	〃	1	
9	〃	황색	〃	1	
10	저항	100Ω, 1/4W	〃	3	
11	〃	330Ω, 1/4W	〃	3	
12	〃	3.3kΩ, 1/4W	〃	1	
13	〃	10kΩ, 1/4W	〃	2	
14	〃	390kΩ, 1/4W	〃	1	
15	〃	470kΩ, 1/4W	〃	2	
16	〃	1MΩ, 1/4W	〃	1	
17	전해 커패시터	4.7μF, 50V	〃	1	
18	〃	2.2μF, 25V	〃	1	
19	세라믹 커패시터	0.047μF (473)	〃	2	
20	〃	0.01μF (103)	〃	3	
21	IC 만능기판	28×62 구멍	장	1	
22	실납	SN60%, φ1mm	m	1	
23	배선	φ0.4mm, 3색 단선	〃	1	
24	방안지(모눈종이)		장	1	
25	작업용 실링봉투	정전기 방지용	〃	1	
26					

13. 시퀀셜 타이머회로

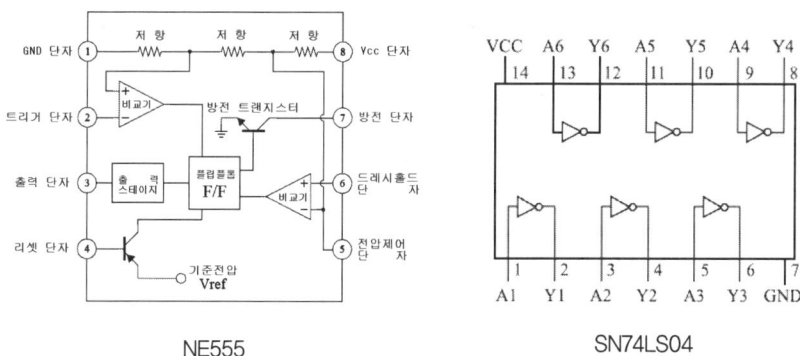

NE555

SN74LS04

5. 회로 동작

시퀀셜 타이머회로의 계통도(Block Diagram)는 다음과 같다.

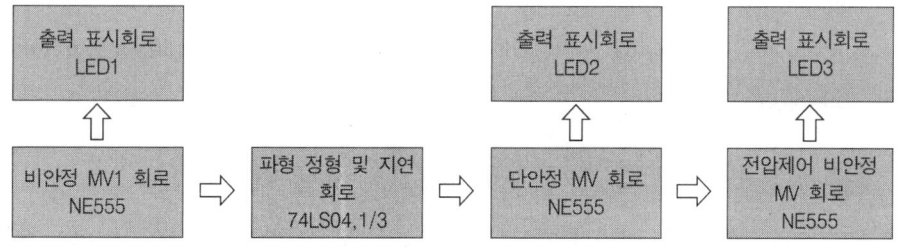

[시퀀셜 타이머 회로의 계통도(Block Diagram)]

(1) NE555를 이용한 비안정 멀티바이브레이터(펄스발생회로)

① 전원 공급하는 순간 커패시터 양단의 전압이 거의 0V가 되어 트리거 입력(2)단자가 low 상태가 되고 R_1, R_7을 통하여 C_1 커패시터에 충전하게 되며, C_1 커패시터가 충전하는 동안 출력(3)은 high 상태가 된다.

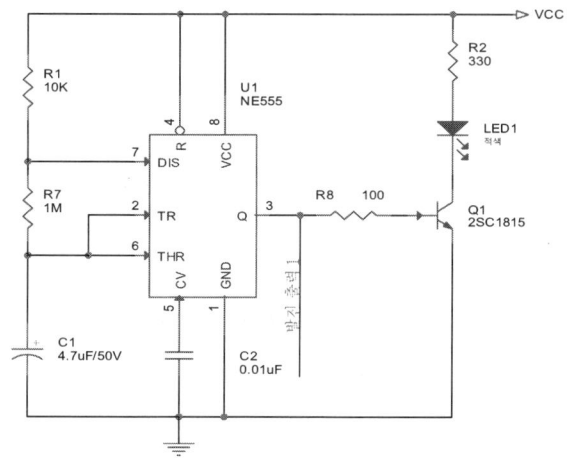

② C_1 커패시터의 양단 전압이 상승 경계전압($V_{UT} : \frac{2}{3}V_{CC}$)이 되면 C_1 커패시터는 R_7을 통하여 7번 핀으로 방전하며, 커패시터가 방전하는 동안 출력(3)은 low 상태를 유지하며, 방전 상태가 하강 경계전압($V_{LT} : \frac{1}{3}V_{CC}$)에 이르면 C_1은 방전을 멈추고 충전을 시작한다. 즉 ①, ② 과정의 반복으로 출력에는 구형파의 발진파형이 출력된다.

③ 출력 레벨이 high가 되는 시간(T_1)

$$T = 0.693(R_1 + R_7)C_1 = 0.69(10 \times 10^3 \times 1 \times 10^6) \times 4.7 \times 10^{-6} \sec ≒ 3.29 \sec$$

④ 출력 레벨이 low가 되는 시간(T_2)

$$T_2 = 0.693R_7 \cdot C_1 = 0.69 \times 1 \times 10^6 \times 4.7 \times 10^{-6} \sec ≒ 3.26 \sec$$

⑤ 주기(T)

$$T = T_1 + T_2 = 0.693(R_1 + R_{78})C_1 + 0.693R_7 \cdot C_1 = 3.29 + 3.26 \sec ≒ 6.55 \sec$$

⑥ 주파수(f)

$$f = \frac{1}{T} = \frac{1}{0.693(R_1 + R_7) \cdot C_1 + 0.693R_7C_1} = \frac{1}{6.55} ≒ 0.153 \mathrm{Hz}$$

⑦ NE555의 4번 핀은 리셋 단자로 단자를 high로 하면 정상적인 타이머로 동작하나 low 상태가 되면 출력은 리셋된다.

⑧ 5번 핀은 바이패스 단자로 회로 내에서 발생하는 급격한 전류 변화를 방출 또는 흡수하여 오동작을 방지하는 회로로, 보통 $0.1 \sim 0.01 \mu F$의 커패시터를 연결한다.

⑨ 커패시터 양단파형과 출력파형

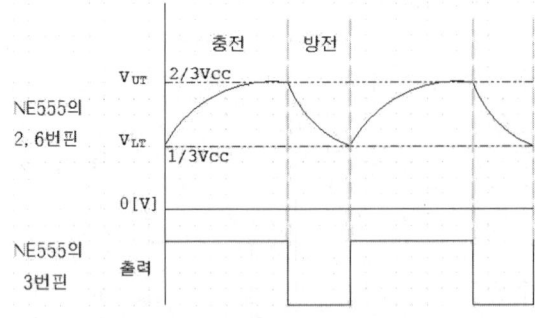

[NE555를 이용한 비안정 멀티바이브레이터의 타이밍 차트]

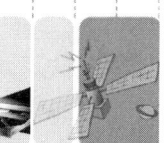

13. 시퀀셜 타이머회로

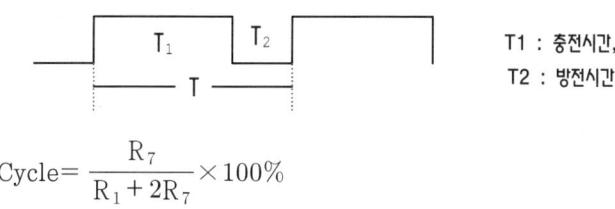

T1 : 충전시간,
T2 : 방전시간

$$\text{Duty Cycle} = \frac{R_7}{R_1 + 2R_7} \times 100\%$$

⑩ NE555의 출력(3번 핀)이 high 상태가 되면 Q_1이 on(도통)되어 LED_1(적색)이 점등되고, 3번 핀이 low 상태가 되면 Q_1은 차단(off)되어 LED_1은 소등되게 된다.

⑪ NE555의 3번 핀의 상태가 파형 정형 및 지연회로 1의 입력(U_4A의 입력)에 공급되어, 다음 단의 단안정 MV_1의 동작을 제어한다.

(2) 파형 정형 및 지연회로

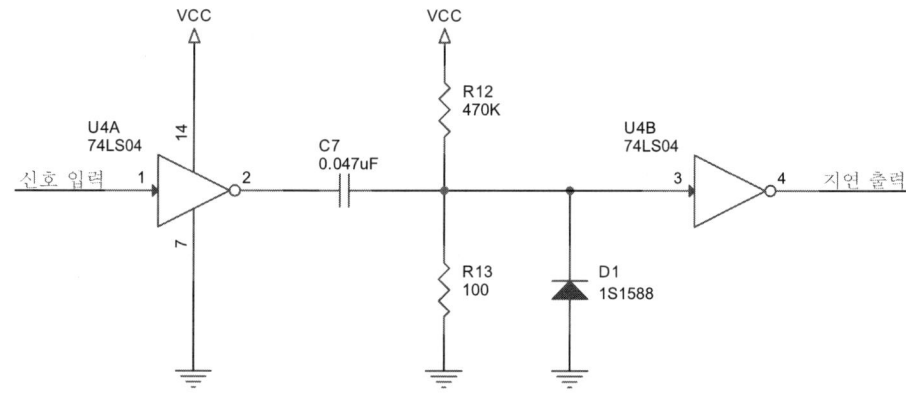

① 단안정 MV_1의 LED_2를 순차점멸하기 위하여 파형의 정형과 지연을 위한 회로이다.

② U_4A의 NOT 게이트를 거쳐 반전된 파형이 미분회로(C_7과 R_{13})를 지나 U_4B의 출력에는 지연된 구형파가 나타난다.

③ 지연된 신호는 다음 단 NE555의 2번 핀에 공급되어 단안정 MV 동작을 하게 된다.

(3) 단안정 멀티바이브레이터회로(단안정 MV_1)

① 파형 정형회로의 출력이 Low일 경우 단안정 MV_1은 R_3을 통해 핀 6번이 "H" 레벨이 되어 출력(핀 3번)은 "L"가 되어 LED_2는 소등되어 있다.

② 파형 정형회로의 클록 신호가 트리거 단자(2번 핀)에 가해지게 되면 C_3의 충전 전하가 트리거 펄스를 가해 줌으로 출력단자는 "H"로 바뀐다. 이때 "H" 전압을 유지하는 시간은 RC의 시상수에 의해 결정된다.

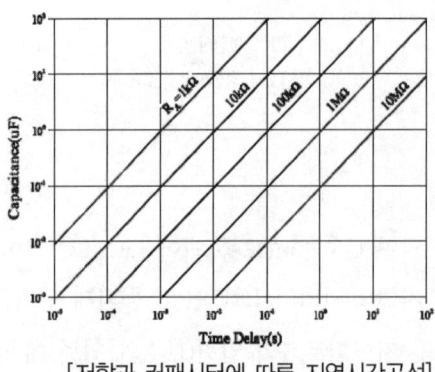

[저항과 커패시터에 따른 지연시간곡선]

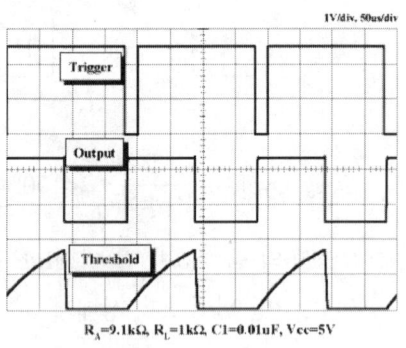

[단안정 M/V 동작파형]

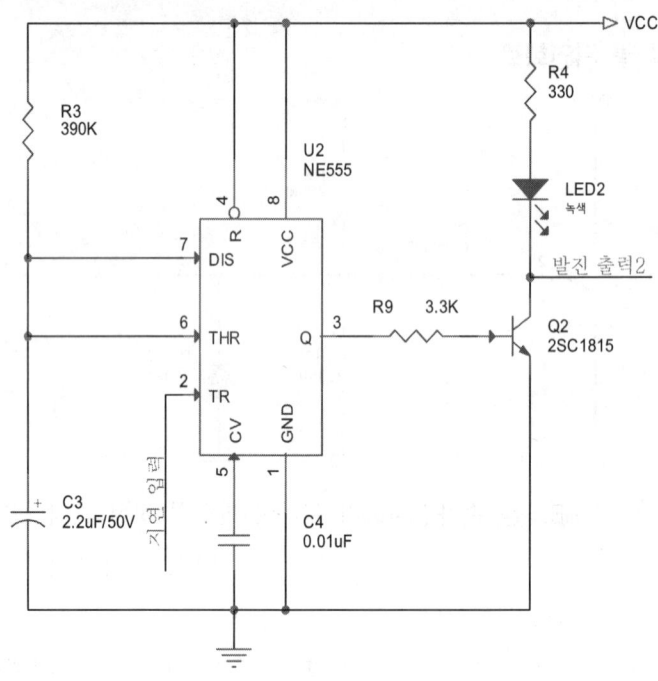

③ 단안정 MV_1의 주기(T_2)를 구하면

$$T_2 = 1.1R_3C_3 = 1.1 \times 390 \times 390 \times 10^3 \times 2.2 \times 10^{-6} \fallingdotseq 0.9\,\text{sec}$$

(4) NE555를 이용한 비안정 멀티바이브레이터(펄스발생회로)

① NE555는 단일 타이머 IC로 비안정 MV와 단안정 MV를 구성할 수 있다.

② 전원 공급하는 순간 커패시터 양단의 전압이 거의 0V가 되어 트리거 입력(2)단자가 low 상태가 되고 R_5, R_{10}를 통하여 커패시터(C_5)에 충전하게 되며, 커패시터가 충전하는 동안 출력(3)은 high 상태가 된다.

13. 시퀀셜 타이머회로

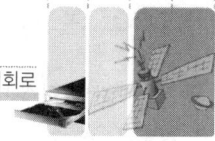

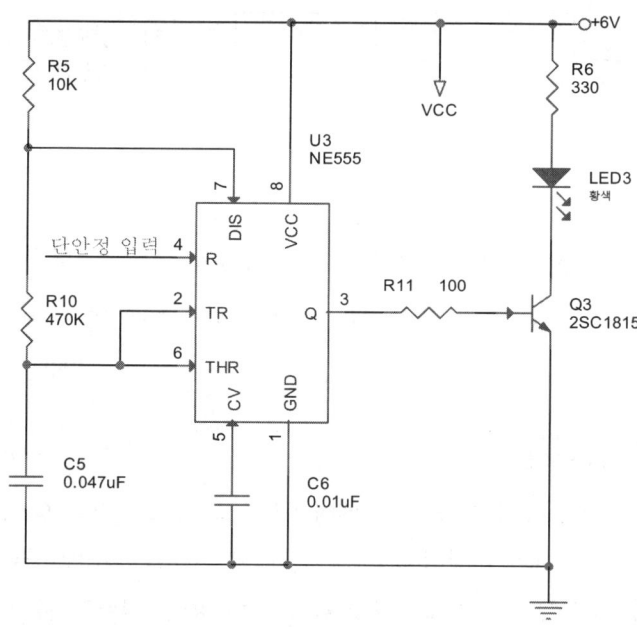

③ 커패시터(C_5)의 양단 전압이 스레시홀드 전압 이상이 되면 커패시터는 R_{10}를 통하여 7번 핀으로 방전하며, 커패시터(C_5)가 방전하는 동안 출력(3)은 low 상태를 유지한다.

④ NE555의 4번 핀은 리셋 단자로 단자를 high로 하면 정상적인 타이머로 동작하나 low 상태가 되면 출력은 리셋된다.

⑤ 5번 핀은 바이패스 단자로 회로 내에서 발생하는 급격한 전류 변화를 방출 또는 흡수하여 오동작을 방지하는 회로로, 보통 $0.1 \sim 0.01 \mu F$의 커패시터를 연결한다.

⑥ 커패시터 양단파형과 출력파형

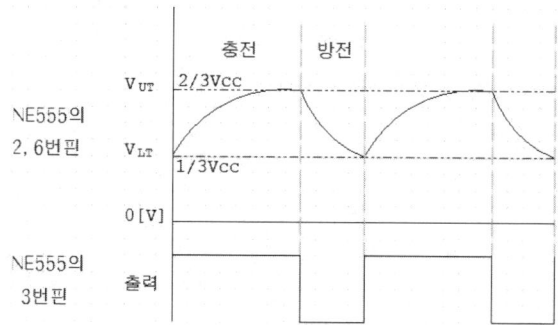

[NE555를 이용한 비안정 멀티바이브레이터의 타이밍 차트]

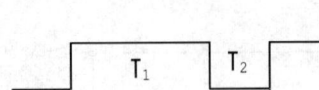

$$\text{Duty Cycle} = \frac{R_{10}}{R_5 + 2R_{10}} \times 100\%$$

⑦ 안정 MV_2의 주기(T_4)와 발진주파수(f_4)를 구하면

$T_4 = 0.69(R_5 + 2R_{10})C_5 = 0.69 \times (10 \times 10^3 \times 2 \times 470 \times 10^3) \times 0.047 \times 10^{-6}$

$= 30.8\,\text{ms}$

$f_4 = \dfrac{1}{T} = \dfrac{1}{30.8 \times 10^{-3}} \fallingdotseq 32.5\,\text{Hz}$

⑧ 비안정 MV_2의 동작에 따라 Q_3의 베이스가 low 상태일 때는 Q_3이 차단되어 +6V가 R_6와 LED_3을 통하여 비안정 $MV_2(U_3)$의 제어입력(4번 핀)에 공급되어 비안정 MV_2가 발진하게 되고, 단안정 MV_2의 출력이 high 상태가 되면 Q_3이 도통(on)되어 비안정 MV_2의 제어입력은 low 상태가 되어 발진이 정지상태가 된다.

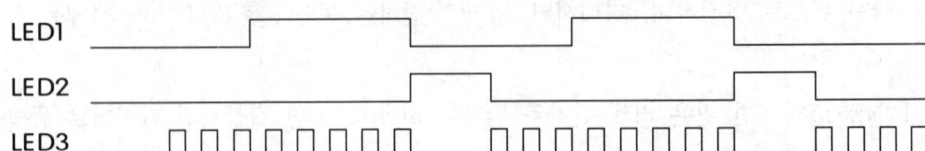

6. 패턴도(배선면 : BOTTOM)

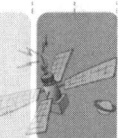

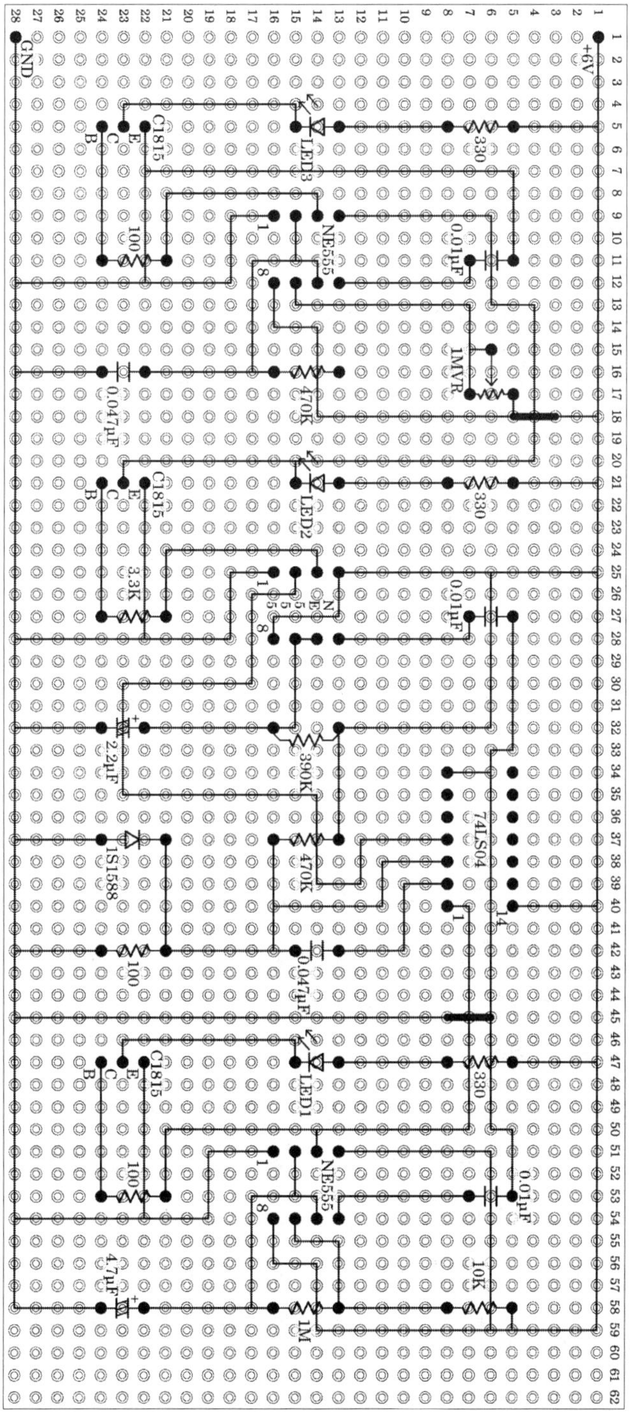

과제번호	14	자격종목 및 등급	무선설비기능사	작 품 명	우선선택 표시회로

▶ 시험시간 : 표준시간 3시간 30분, 연장시간 30분

1. 요구사항

A. 회로조립 및 시험

(1) 지급된 재료를 사용하여 **우선선택 표시회로를 조립**하시오.

(2) SW1이나 SW2 중 어느 1개를 먼저 누르면 해당 LED가 깜박인다. SW3 스위치를 누를 때까지 다른 스위치를 눌러도 해당 LED는 켜지지 않도록 하시오.

(3) 정상 동작이 되지 않을 시는 도면 중 틀린 회로를 수정하고 동작되게 하시오.

(4) 납땜은 배선이 지나는 동박면을 직선부분은 2구멍마다 직각부분은 모두 땜하시오.

2. 수검자 유의사항

(1) 지급재료는 부품점검시간에 검사하여 불량품 및 부족 숫자는 지급받도록 하시오.

(2) 부품점검시간 이후에 부품교환은 일체하지 않으니 유의하시오.

(3) 회로의 동작이 불완전할 경우에는 동작점수가 많이 삭감되며 부동작 시에는 오작으로 채점하니 주의하시오.

(4) 배치는 기판 전체에 골고루 안배하여 부품의 균형과 안정감이 있도록 하시오.

(5) 납땜은 냉납이나 산화납 그리고 납의 과다 및 과소가 없도록 하시오.

(6) 점퍼선은 가능한 한 생기지 않도록 하고 점퍼 시에는 동박 후면에서 하시오.

(7) 스위치는 기판에 고정하고 인출선은 끊어지지 않도록 완전하게 연결하시오.

(8) 저항의 색띠는 수직 또는 수평으로 통일하여 배치하시오.

(9) 트랜지스터 최상부의 높이는 기판으로부터 1.5cm 정도로 하시오.

(10) 트랜지스터 배치는 핀 발이 꼬이지 않도록 하시오.

(11) 저항과 커패시터의 리드선은 적당한 길이로 사용하시오.

(12) 조정이나 측정 시 사용하는 계기는 정확한 계기를 사용하여 계기의 오차가 발생되지 않도록 하시오.

(13) IC는 조립 시 파손되지 않도록 하시오.

(14) 다음 사항은 채점대상에서 제외되니 유의하시오.

  ① 연장시간까지 미완성된 작품

  ② 부동작되는 작품

  ③ 부정행위를 한 수검자

(15) 전원을 연결할 때는 극성 및 전압을 확인하고 쇼트확인을 반드시 하시오.

(16) 회로 상에 IC의 V_{CC}와 GND의 연결에 대해서는 생략되었으니 조립 시 생략되는 일이 없도록 하시오.

(17) 부품점검 시 각 부품의 규격이 도면의 규격과 지급재료 목록의 규격이 같은가 확인하고 이상이 있을 때에는 시험위원에게 알리고 그 조치에 따른다.

(18) 연장시간을 사용할 때 사용시간 매 10분마다 총득점에서 5점씩 감점한다.

3. 도면(본 과제는 추정한 것으로 실제 시험의 재료와 다를 수 있습니다.)

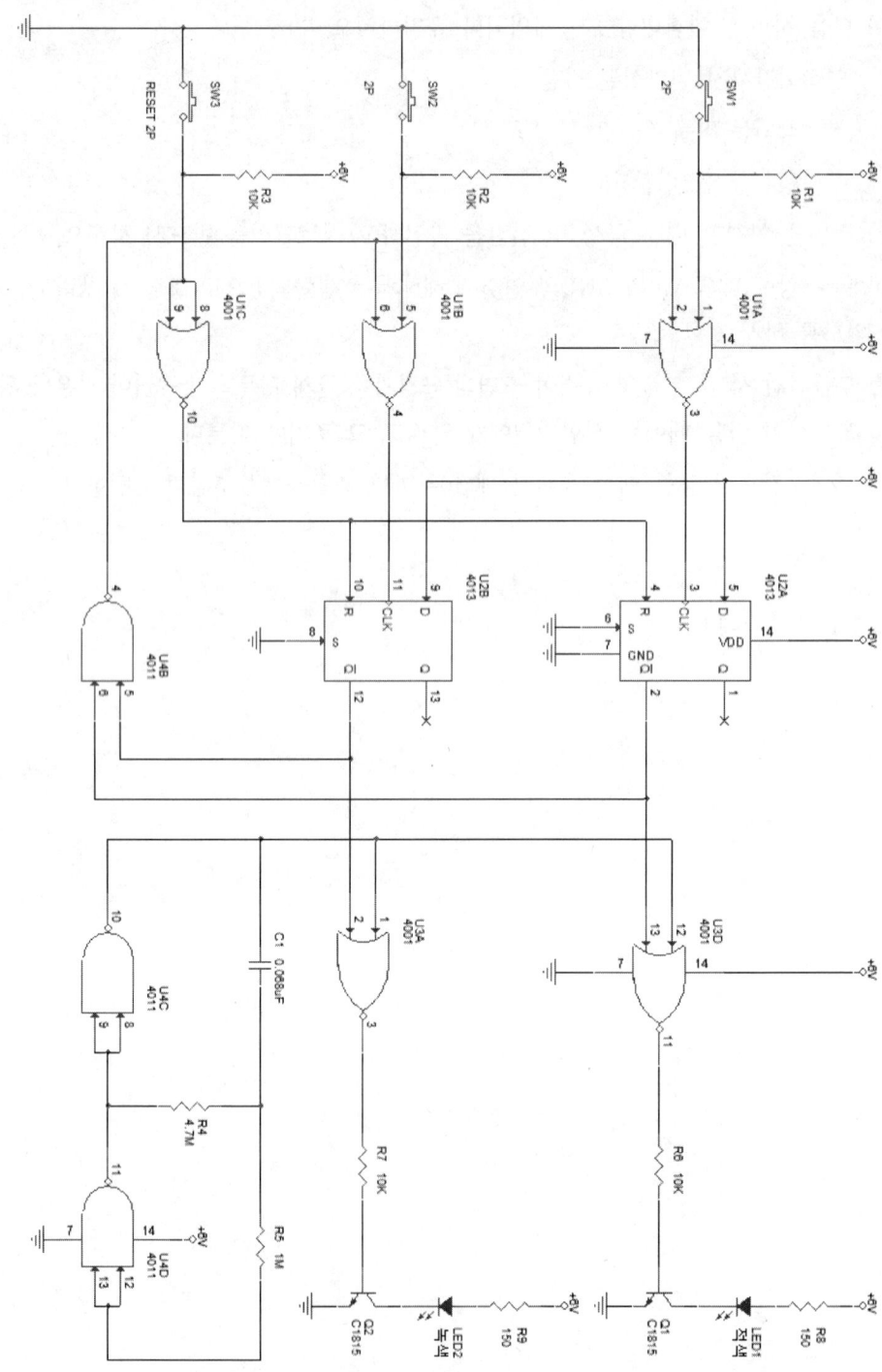

14. 우선선택 표시회로

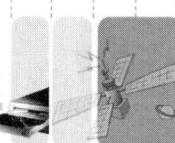

4. 지급재료 목록(본 과제의 재료는 추정한 것으로 실제 시험의 재료와 다를 수 있습니다.)

일련 번호	재료명	규격	단위	수량	비고
1	IC	MC14001	개	1	
2	〃	MC14011	〃	1	
3	〃	MC14013	〃	1	
4	IC 소켓	14핀	〃	3	
5	누름 스위치	소형, A접점	〃	3	
6	트랜지스터(TR)	2SC1815	〃	2	
7	발광 다이오드(LED)	적색	〃	1	
8	〃	녹색	〃	1	
9	저 항	150Ω, 1/4W	〃	2	
10	〃	10kΩ, 1/4W	〃	5	
11	〃	1MΩ, 1/4W	〃	1	
12	〃	4.7MΩ, 1/4W	〃	1	
13	마일러 커패시터	0.068μF (683)	〃	1	
14	IC 만능기판	28×62 구멍	장	1	
15	실납	SN60%, φ1mm	m	1	
16	배선	φ0.4mm, 3색 단선	〃	1	
17	방안지(모눈종이)		장	1	
18	작업용 실링봉투	정전기 방지용	〃	1	
19					
20					
21					
22					
23					
24					
25					

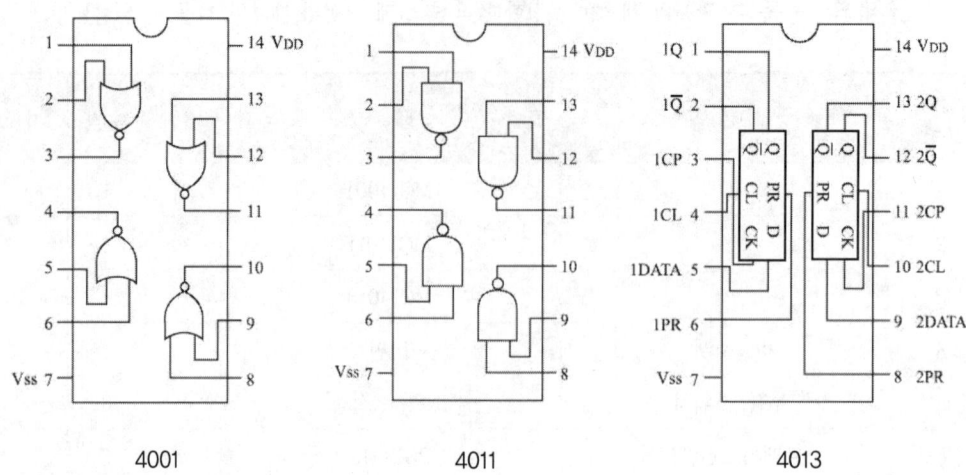

5. 회로 동작

우선선택 표시회로의 계통도(Block Diagram)는 다음과 같다.

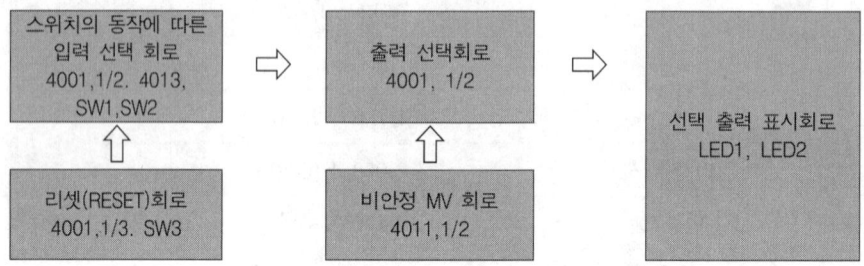

[우선선택 표시회로의 계통도(Block Diagram)]

(1) 입력선택회로

① 각 입력을 $A(Q_1)$, $B(Q_2)$라 하고, 출력을 Y라 하면 $Y = \overline{(AB)} = \overline{A} + \overline{B}$의 논리 상태가 된다.

② 어떤 선택 스위치도 누르지 않으면 각 입력이 "high" 상태가 되어 출력이 "low"가 된다.

③ 어떤 스위치가 하나가 눌러지면 눌러진 D F/F의 출력이 "low" 상태로 전환되어 출력은 "low"에서 "high"로 전환되어 NOR

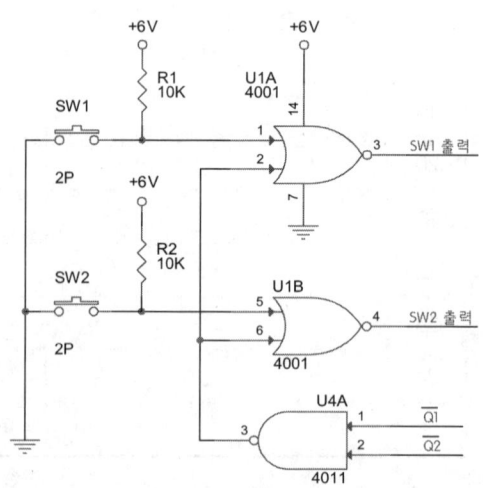

게이트의 입력에 공급된다.

④ SW_1이 선택되었다면, U_1B의 입력은 모두 "low"가 되므로 출력은 "high" 상태가 되고, 스위치가 선택되지 않은 U_1A 입력의 1번 핀은 "high", 2번 핀은 "low"가 되어 출력의 상태는 "low"가 된다.

⑤ 스위치 2가 선택되면 U_1A를 제외한 U_1B의 출력은 "low" 상태가 된다.

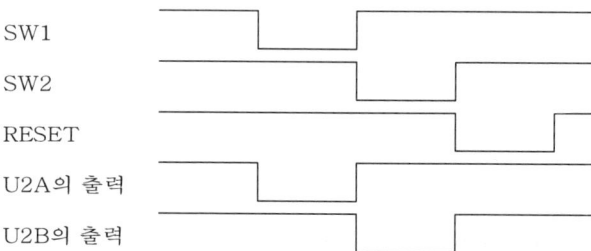

입력 스위치의 동작		U_1 IC의 출력상태	
SW_1	SW_2	U_1B	U_1A
0	0	0	0
0	0	0	0
0	1	0	1
1	0	1	0

SW1
SW2
RESET
U2A의 출력
U2B의 출력

(2) 리셋회로

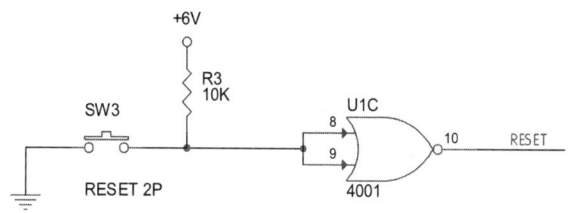

① 초기 상태에서는 NOR 게이트의 입력이 "high"상태가 되어 출력은 "low"된다.

② "low"의 값이 D F/F의 R단자에 공급되어 R=0, S=0의 상태가 되어 클록 입력이 공급되면 출력(Q)의 상태가 반전이 된다. 즉 출력이 0에서 1의 상태로 변화된다.

③ SW_3(RESET) 스위치를 누르면 NOR 게이트의 입력이 "low" 상태가 되어 출력은 "high"가 된다.

④ "low"의 값이 D F/F의 R단자에 공급되어 R=1, S=0의 상태가 되어 클록 입력이 공급되면 출력(Q)의 상태가 반전이 된다. 즉 출력이 1에서 0의 상태로 전환되어 Reset

상태가 된다.

(3) 우선선택회로

① 4013 IC는 듀얼의 D FF으로 Set와 Reset 기능을 갖고 있다.
② SW를 누르면 NOR 게이트(U1 IC)를 통하여 CLK 단자에 클록이 공급된다.
③ Data 입력단자(5번 핀과 9번 핀)는 Vcc에 연결되어 있으므로 항상 high가 공급되고 SW_1, SW_2의 동작에 따라 클록 펄스가 공급되어, U_1A와 U_1B의 출력을 low에서 high로 상태가 변화가 된다.
④ 4013의 타이밍 차트(Timing Chart)

[CD4013의 진리치표]

클록	D	Reset	Set	Q	$\overline{Q}$
⎍	0	0	0	0	1
⎍	1	0	0	1	0
⎌	×	0	0	Q	$\overline{Q}$
×	×	1	0	0	1
×	×	0	1	1	0
×	×	0	1	1	1

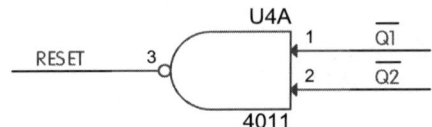

⑤ 각 입력을 $A(Q_1)$, $B(Q_2)$라 하고, 출력을 Y라 하면 $Y = \overline{(AB)} = \overline{A} + \overline{B}$의 논리 상태가 된다.
⑥ 어떤 선택스위치도 누르지 않으면 각 입력이 "high" 상태가 되어 출력이 "low"가 된다.
⑦ 어떤 스위치가 하나가 눌러지면 눌러진 D F/F의 출력이 "low" 상태로 전환되어 출력은 "low"에서 "high"로 전환된다.

(4) 비안정 멀티바이브레이터(M/V)

① 4011의 2입력 NAND 게이트로 구성하였으며, 정궤환(positive feedback)은 커패시터를 이용하고 저항은 충·방전용이다.

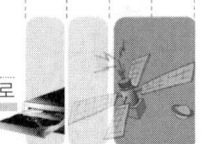

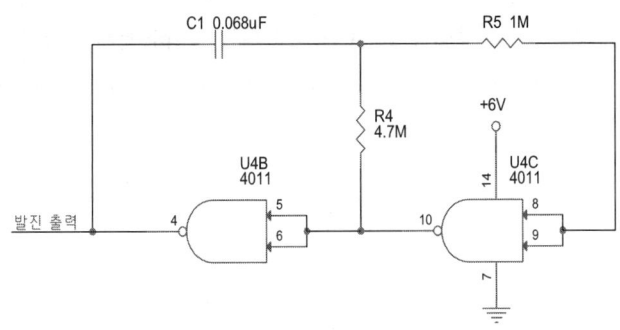

② U_4C의 출력이 high 상태이면 U_4B의 게이트 출력은 low 상태가 된다. 이때 C_1 커패시터는 R_4 저항을 통하여 상승경계전압($V_{UT} : \frac{2}{3}V_{CC}$)까지 충전되게 된다.

③ C_1 커패시터의 충전이 끝나면 반대 방향으로 방전하여 U_4C의 입력이 low 상태가 되고 U_4C 게이트의 출력은 high 상태로 반전된다. 그러므로 U_4B 게이트의 입력은 high 상태가 되어 U_4B의 출력은 low로 상태가 전환되고, C_1 커패시터의 방전이 하강경계전압($V_{LT} : \frac{1}{3}V_{CC}$)에 도달하면 위와 같은 동작을 반복하여 발진이 지속된다.

④ 주기(T)는

$$T = 2.2R_4C_1 = 2.2 \times 4.7 \times 10^6 \times 0.068 \times 10^{-6} = 0.7 \sec$$

⑤ 출력주파수(f)는

$$f = \frac{1}{T} = \frac{1}{0.7} ≒ 1.4 Hz$$

(5) 출력표시회로

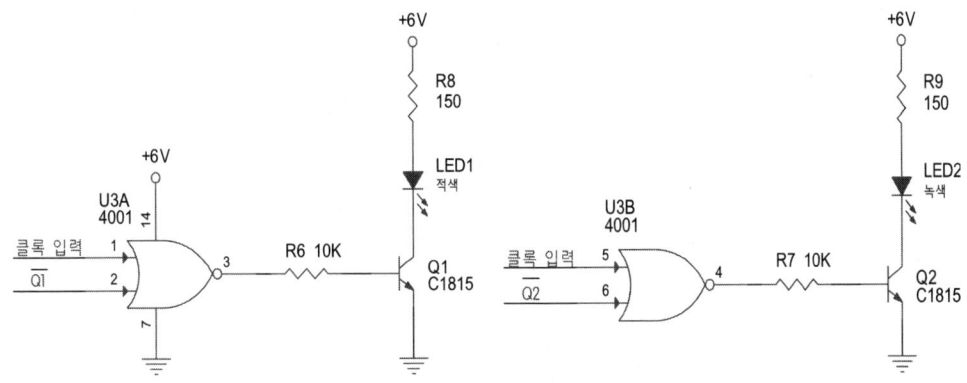

① 2입력 NOR 게이트의 하나의 입력단자에는 비안정 멀티바이브레이터의 출력 클록 펄스를 공급받고, 다른 입력단자에는 우선선택회로의 출력을 각각 입력받는다.

② 선택 스위치의 동작에 따라 U_3A, U_3B의 입력은 high에서 low로 전환이 되어 선택된 NOR 게이트의 출력은 클록 펄스에 따라 출력이 변화하고, 나머지 게이트의 출력은 low 상태를 유지한다.

③ NOR 게이트는 입력이 모두 low일 때만 출력이 high이고, 나머지의 경우는 low 상태이다.

④ 트랜지스터의 베이스 전위가 low에서 high로 전환되면 트랜지스터는 도통되어 해당 발광 다이오드(LED)는 점등하게 되고, 나머지 LED는 소등 상태가 된다.

⑤ LED에 직렬 연결된 150Ω의 저항은 LED의 보호를 위한 전류제한 역할을 한다.

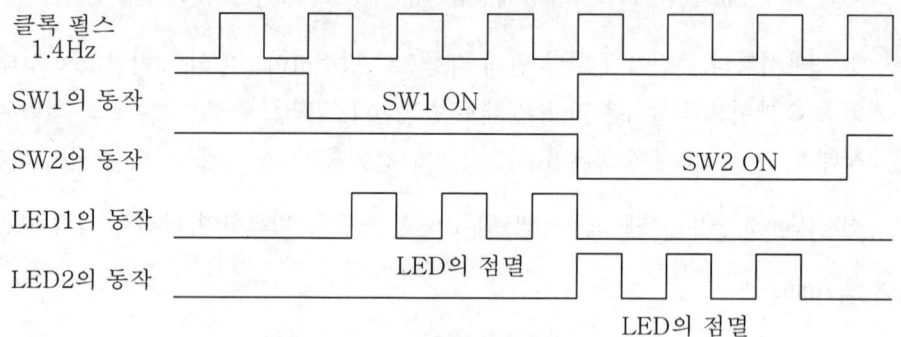

[출력표시회로의 타이밍 차트]

14. 우선선택 표시회로

6. 패턴도(배선면 : BOTTOM)

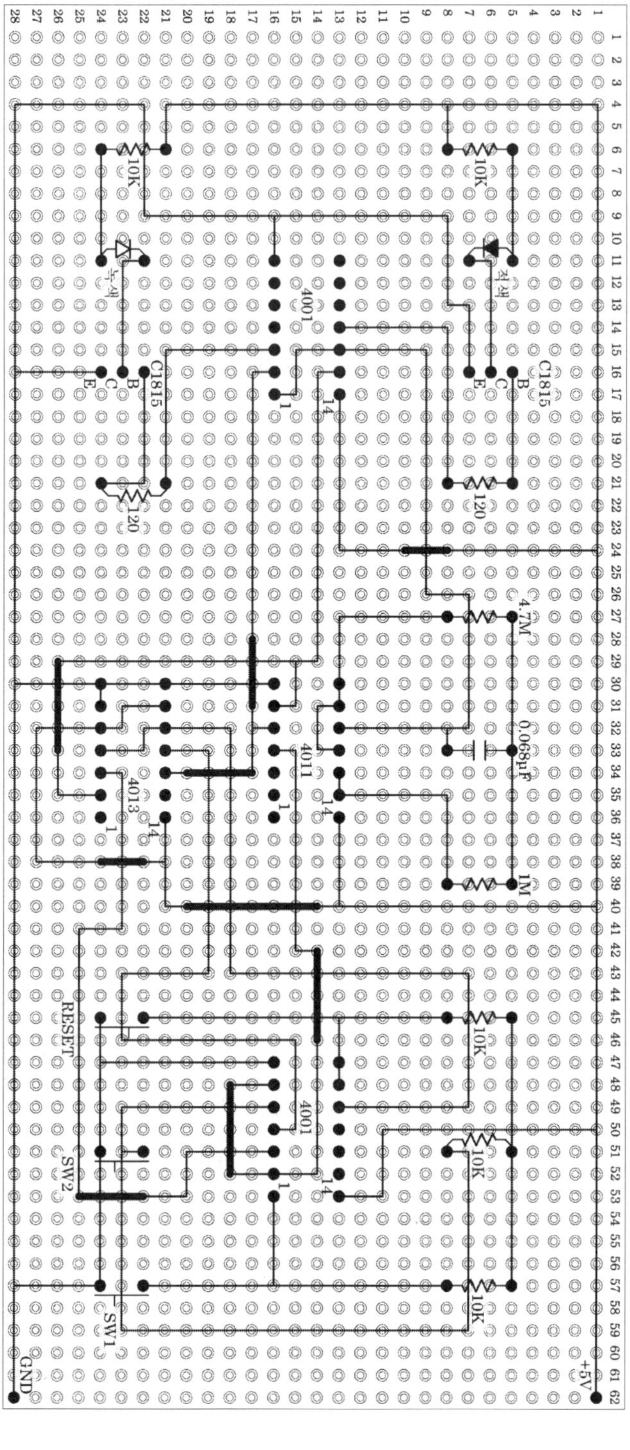

| 과제번호 | 15 | 자격종목 및 등급 | 무선설비기능사 | 작 품 명 | 주파수 혼합회로 |

▶ 시험시간 : 표준시간 3시간 30분, 연장시간 30분

1. 요구사항

A. 회로조립 및 시험

(1) 지급된 재료를 사용하여 **주파수 혼합회로**를 조립하시오.

(2) SW를 1로 하면 조합된 각기 다른 음이 순차적으로 들을 수 있고, SW를 2로 하면 계속 조합된 음을 들을 수 있도록 하시오.

(3) 정상 동작이 되지 않을 시는 틀린 회로를 수정하여 정상 동작이 되게 하시오.

(4) 납땜은 배선이 지나는 동박면을 직선부분은 2구멍마다, 직각부분은 모두 땜하시오.

2. 수검자 유의사항

(1) 지급재료는 부품점검시간에 검사하여 불량품 및 부족 숫자는 지급받도록 하시오.

(2) 부품점검시간 이후에 부품교환은 일체하지 않으니 유의하시오.

(3) 회로의 동작이 불완전할 경우에는 동작점수가 많이 삭감되며 부동작 시에는 오작으로 채점하니 주의하시오.

(4) 배치는 기판 전체에 골고루 안배하여 부품의 균형과 안정감이 있도록 하시오.

(5) 납땜은 냉납이나 산화납 그리고 납의 과다 및 과소가 없도록 하시오.

(6) 점퍼선은 가능한 한 생기지 않도록 하고 점퍼 시에는 동박 후면에서 하시오.

(7) 스위치는 기판에 고정하고 인출선은 끊어지지 않도록 완전하게 연결하시오.

(8) 저항의 색띠는 수직 또는 수평으로 통일하여 배치하시오.

(9) 트랜지스터 최상부의 높이는 기판으로부터 1.5cm 정도로 하시오.

(10) 트랜지스터 배치는 핀 발이 꼬이지 않도록 하시오.

(11) 저항과 커패시터의 리드선은 적당한 길이로 사용하시오.

(12) 조정이나 측정 시 사용하는 계기는 정확한 계기를 사용하여 계기의 오차가 발생되지 않도록 하시오.

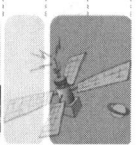

(13) IC는 조립 시 파손되지 않도록 하시오.

(14) 다음 사항은 채점대상에서 제외되니 유의하시오.

  ① 연장시간까지 미완성된 작품

  ② 부동작되는 작품

  ③ 부정행위를 한 수검자

(15) 전원을 연결할 때는 극성 및 전압을 확인하고 쇼트확인을 반드시 하시오.

(16) 회로 상에 IC의 V_{CC}와 GND의 연결에 대해서는 생략되었으니 조립 시 생략되는 일이 없도록 하시오.

(17) 부품점검 시 각 부품의 규격이 도면의 규격과 지급재료 목록의 규격이 같은가 확인하고 이상이 있을 때에는 시험위원에게 알리고 그 조치에 따른다.

(18) 연장시간을 사용할 때 사용시간 매 10분마다 총득점에서 5점씩 감점한다.

3. 도면(본 과제는 추정한 것으로 실제 시험의 재료와 다를 수 있습니다.)

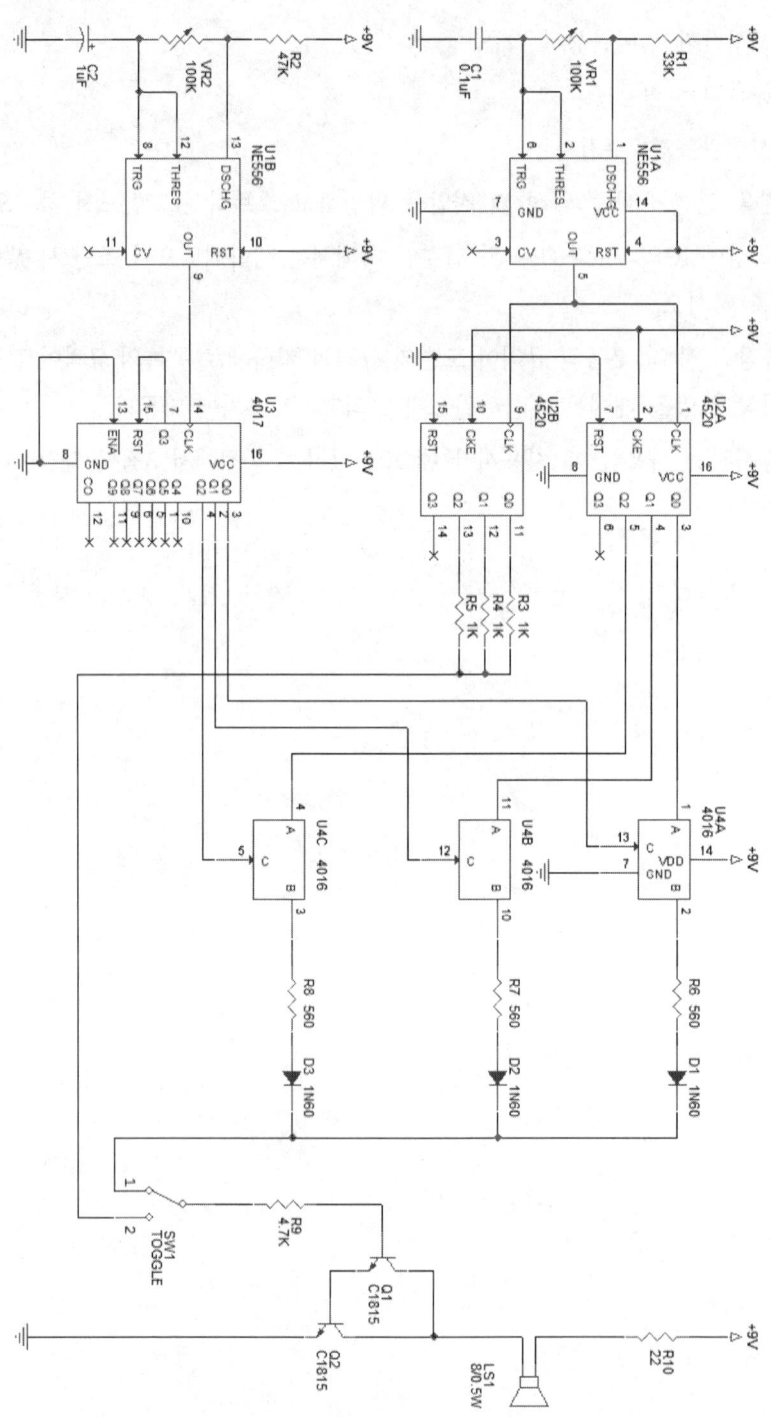

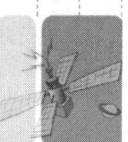

4. 지급재료 목록(본 과제의 재료는 추정한 것으로 실제 시험의 재료와 다를 수 있습니다.)

일련 번호	재 료 명	규 격	단위	수량	비 고
1	IC	NE556	개	1	
2	〃	MC14017	〃	1	
3	〃	MC14016	〃	1	
4	〃	MC14520	〃	1	
5	IC 소켓	14핀	〃	2	
6	〃	16핀	〃	2	
7	스 피 커	8Ω, 0.3W	〃	1	
8	트랜지스터(TR)	C1815	〃	2	
9	다이오드	1N60	〃	3	
10	반고정 저항	100kΩ	〃	2	
11	저 항	22Ω, 1/4W	〃	1	
12	〃	560Ω, 1/4W	〃	3	
13	〃	1kΩ, 1/4W	〃	3	
14	〃	4.7kΩ, 1/4W	〃	1	
15	〃	33kΩ, 1/4W	〃	1	
16	〃	47kΩ, 1/4W	〃	1	
17	전해 커패시터	1μF, 16V	〃	1	
18	마일러 커패시터	0.1μF (104)	〃	1	
19	토글 스위치	3P, 소형	〃	1	
20	IC 만능기판	28 × 62 구멍	장	1	
21	실납	SN60%, φ1mm	m	1	
22	배선	φ0.4mm, 3색 단선	〃	1	
23	방안지(모눈종이)		장	1	
24	작업용 실링봉투	정전기 방지용	〃	1	
25					
26					
27					
28					

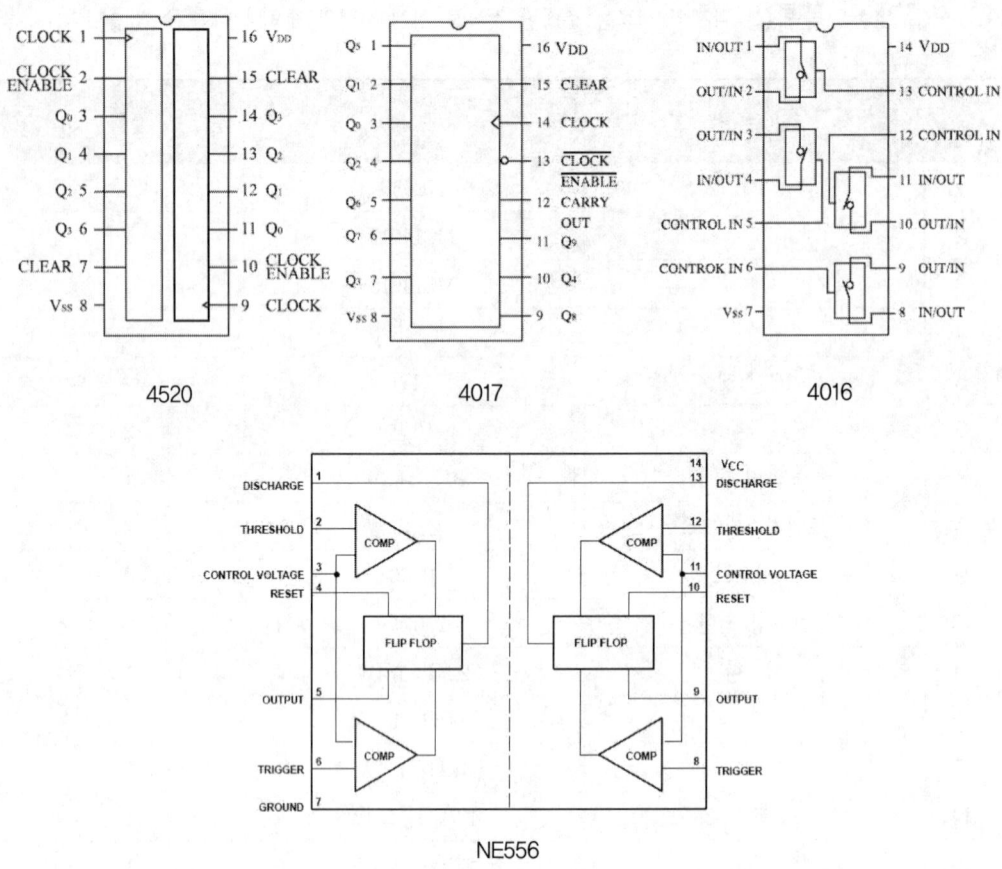

5. 회로 동작

주파수 혼합회로의 계통도(Block Diagram)는 다음과 같다.

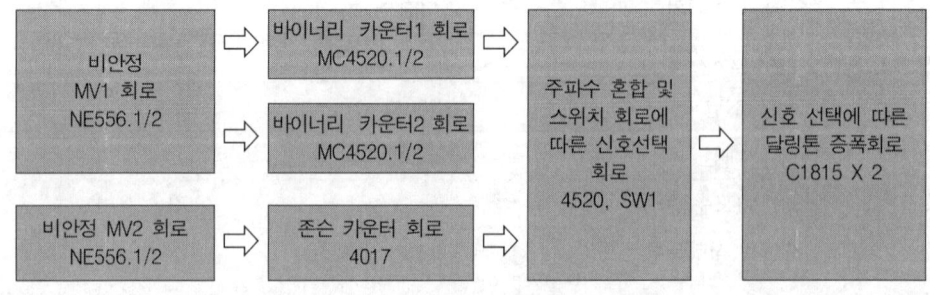

[주파수 혼합 회로의 계통도(Block Diagram)]

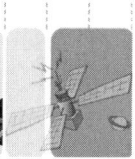

(1) NE556을 이용한 비안정 멀티바이브레이터

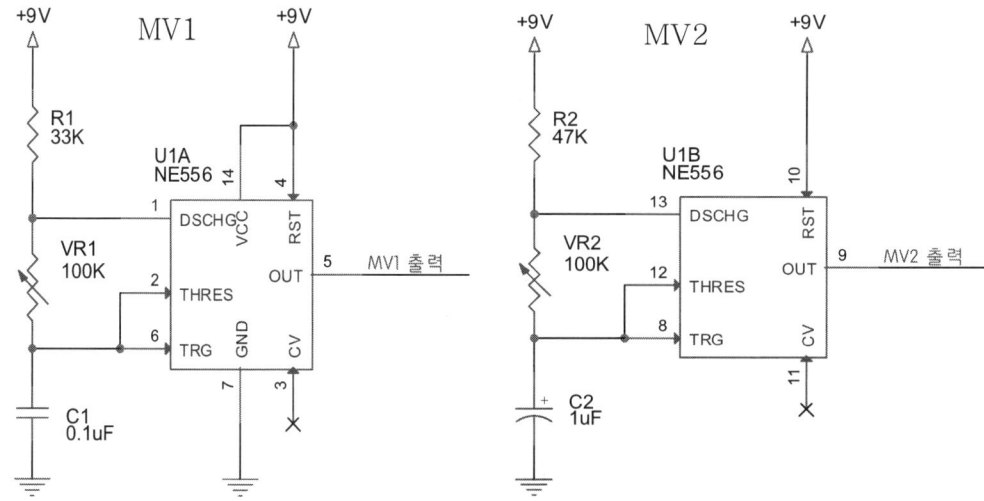

① NE556은 듀얼 타이머 IC로 비안정 MV와 단안정 MV를 구성할 수 있다.

② 전원이 ON되는 순간 C_1 양단의 전압은 "low"상태가 되어 Trigger Input 단자가 "low"가 된다.

③ 이 순간부터 R_1, 가변 저항(VR_1)을 통하여 C_1이 충전하기 시작하며, 충전하는 동안 출력(3번 핀)이 "high" 상태가 된다.

④ C_1의 양단 전압이 상승경계전압($V_{UT} : \frac{2}{3}V_{CC}$)이 되면 가변 저항($VR_1$)을 통하여 방전한다.(7번 핀을 통하여 방전)

⑤ C_1 커패시터가 방전하는 동안 출력은 "low" 상태가 된다.

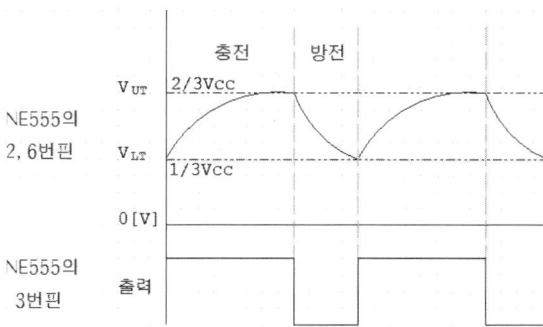

[NE555를 이용한 비안정 멀티바이브레이터의 타이밍 차트]

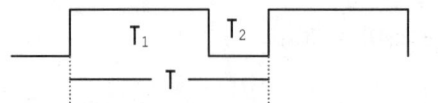

T1 : 충전시간,
T2 : 방전시간

  ㉠ MV_1의 주기(T_1)와 발진주파수(f_1)는

   T_1(VR 최대 시 $100k\Omega$)$= 0.693(R_1 + VR_1)C_1$

          $= 0.693(33 \times 10^3 + 100 \times 10^3)0.1 \times 10^{-6} = 9.21 \text{msec}$

   T_1(VR 최소 시 $1k\Omega$)$= 0.693(R_1 + VR_1)C_1$

          $= 0.693(33 \times 10^3 + 1 \times 10^3)0.1 \times 10^{-6} \fallingdotseq 2.35 \text{msec}$

   f_1(VR 최대 시)$= \dfrac{1}{T} = \dfrac{1}{9.21 \times 10^{-3}} \fallingdotseq 108 \text{Hz}$

   f_1(VR 최소 시)$= \dfrac{1}{T} = \dfrac{1}{2.35 \times 10^{-3}} \fallingdotseq 425 \text{Hz}$

   MV_1의 발진주파수는 108Hz~425Hz의 가변 범위를 갖는다.

  ㉡ MV_2의 주기(T_2)와 발진주파수(f_2)는

   T_2(VR 최대 시 $100k\Omega$)$= 0.693(R_2 + VR_2)C_2$

          $= 0.693(47 \times 10^3 + 100 \times 10^3)0.1 \times 10^{-6} = 0.1 \text{sec}$

   T_2(VR 최소 시 $1k\Omega$)$= 0.693(R_2 + VR_2)C_2$

          $= 0.693(47 \times 10^3 + 1 \times 10^3)0.1 \times 10^{-6} \fallingdotseq 0.033 \text{sec}$

   f_2(VR 최대 시)$= \dfrac{1}{T} = \dfrac{1}{0.1} \fallingdotseq 10 \text{Hz}$

   f_2(VR 최소 시)$= \dfrac{1}{T} = \dfrac{1}{0.033} \fallingdotseq 30 \text{Hz}$

   MV_2의 발진주파수는 10Hz~30Hz의 가변 범위를 갖는다.

⑥ NE556의 4번과 10번 핀은 리셋 단자로 "H" 상태이면 타이머로 정상 동작을 하나 "low"상태가 되면 타이머의 동작 상태가 정지되고 출력은 "L" 상태를 유지한다.

⑦ 3번과 11번 핀에 연결하는 바이패스 커패시터는 급격한 전류의 변화를 방출 또는 흡수한다.

(2) 바이너리 카운터

① 4520은 2개의 바이너리(Binary) 카운터로 각각 2개의 독립된 4단의 D-FF 카운터로 구성되어 있다.

② CLK(1번 핀) 단자가 GND에 결선되어 있으므로 CKE(2번) 단자에 클록 펄스가 하강

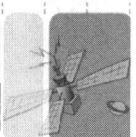

15. 주파수 혼합회로

에지 시에 계수가 이루어진다.

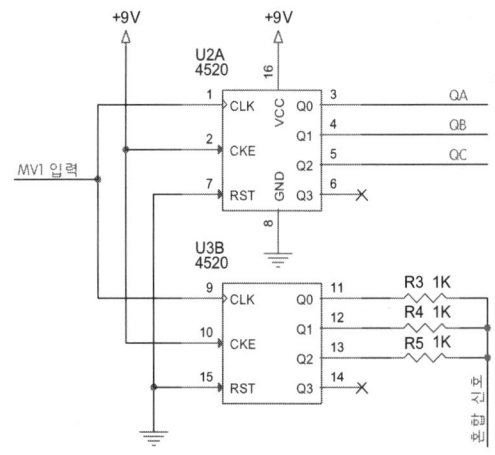

③ 4520 바이너리 카운터의 진리치표

[MC14520의 진리표]

clock	enable	reset	action
↗	1	0	상향계수
0	↘	0	상향계수
↘	X	0	변화 없음
X	↗	0	변화 없음
↗	0	0	변화 없음
1	↘	0	변화 없음
X	X	1	

④ 4520 바이너리 카운터의 타이밍 차트(Timing Chart)

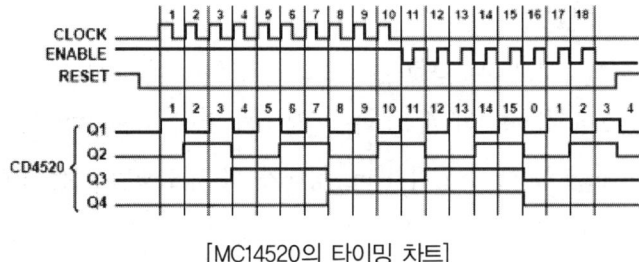

[MC14520의 타이밍 차트]

(3) 존슨 카운터회로

① 4017 IC는 디코더(Decoder)를 내장한 존슨 카운터로서 인에이블(ENA : 13번 핀) 단

493

자가 "L"일 때 클록 펄스에 의해 카운터된다.

② 클록 펄스가 하강 에지 시에 계수가 이루어져 해당 출력이 low에서 high로 전환된다.

③ 0~2까지 계수가 이루어지면 Reset이 되어 0부터 재 계수가 시작된다.

④ 4017의 타이밍 차트(Timing Chart)

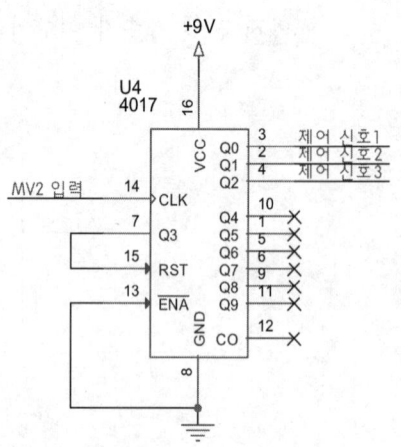

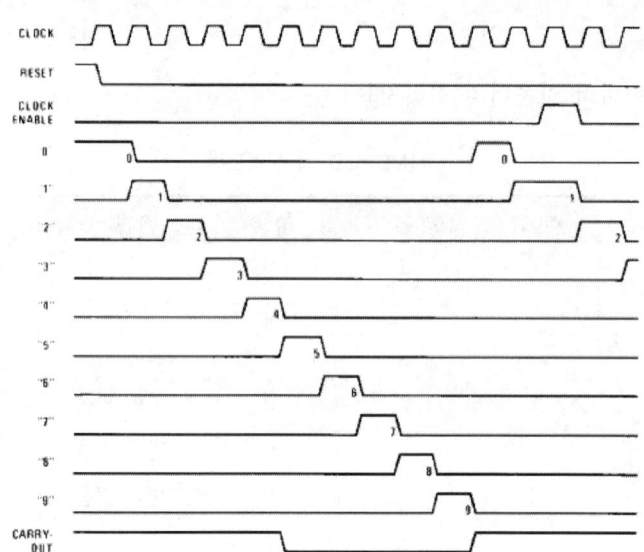

[MC4017의 타이밍 차트(Timing Chart)]

(4) 아날로그 스위치회로

① 4016은 독립된 4개의 아날로그 스위치로서, 디지털 또는 아날로그 신호의 양쪽을 제어할 수 있으며 신호의 개폐, 초퍼, 변복조기 등에 이용된다.

② 제어입력이 high일 때 스위치가 on 상태가 되고, low일 때는 off 상태가 된다.

③ U_4A와 U_4B, U_4C의 제어입력은 U_3 IC의 출력 Q_0, Q_1, Q_2에서 받으므로 U_4A와 U_4B, U_4C가 순차적으로 동작되도록 한다.

④ U_4A의 입력은 U_2A의 Q_0에서 U_4B의 입력은 U_2A의 Q_1에서 U_4C의 입력은 U_2A의 Q_2에서 BCD 코드값으로 받는다.

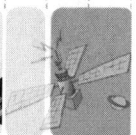

⑤ 다이오드 D_1, D_2, D_3의 캐소드 접속부위에는 U_4A, U_4B, U_4C의 각 출력이 합성되므로, 이때 출력이 Low 상태인 곳으로 영향을 주지 않도록 하기 위하여 사용한다.

⑥ SW_1의 1번에는 U_4 IC의 혼합 파형이 입력되고 SW_1의 2번에는 U_2B의 합성 출력 파형이 입력된다.

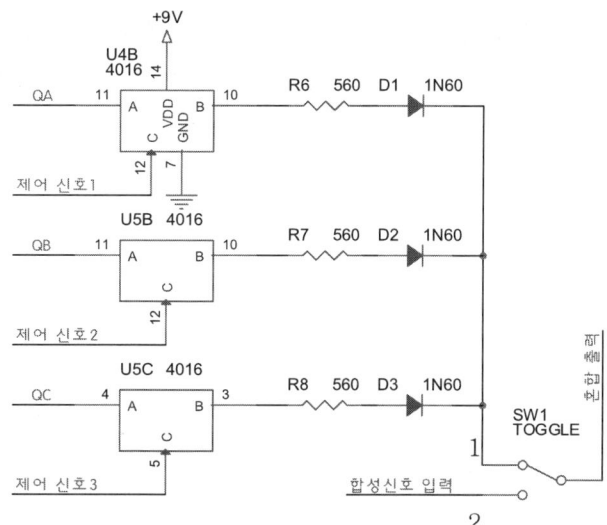

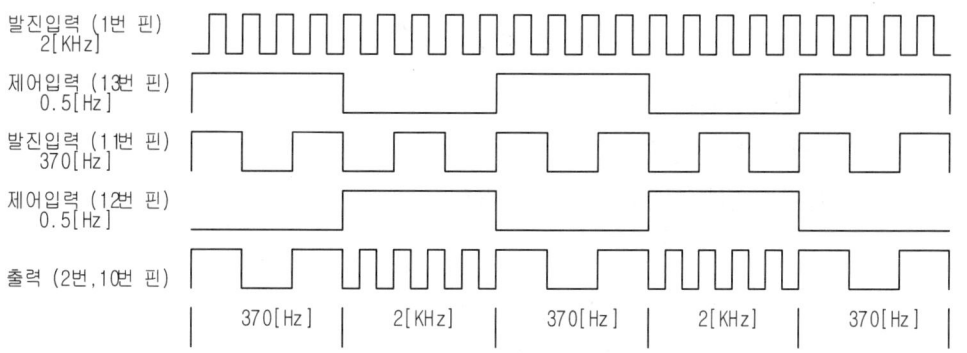

⑦ 4016의 진리치표

[MC4016의 진리치표(정 논리)]
1 = 스위치 On, 0 = 스위치 Off

입력		출력
제어전압	입력	
1	0	0
1	1	1
0	0	open
0	1	open

(5) 스피커 구동회로

① 스피커의 구동을 위한 트랜지스터는 달링턴 접속한 것으로, 달링턴 접속을 하면 두 트랜지스터의 전류증폭률의 곱에 해당하는 전류증폭을 얻을 수 있다.

② Q_1의 출력전류가 그대로 Q_2의 베이스에 공급되므로 전류증폭률이 커진다. 즉 두 트랜지스터의 전류증폭률의 곱에 해당하는 전류증폭률을 얻을 수 있다.(Q_1은 Q_2보다 컬렉터 손실이 적은 트랜지스터를 사용해야 한다.)

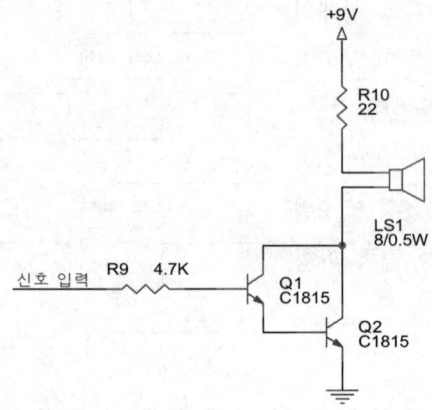

Q_1의 컬렉터 전류(I_{C1})와 이미터 전류(I_{E1})는

$I_{C1} = h_{fe1} \times I_{B1}$

$I_{E1} = I_{B1}(1 + h_{fe1})$

Q_2의 베이스 전류(I_{B2})와 컬렉터 전류(I_{C2})는

$I_{B2} = I_{B1}(1 + h_{fe1})$

$I_{C2} = h_{fe2} \times I_{B2} = h_{fe2} \times I_{B1}(1 + h_{fe1})$

스피커에 흐르는 전류(I_c)는

$I_C = I_{C1} + I_{C2} = h_{fe1} \times I_{B1} + h_{fe2} \times I_{B1}(1 + h_{fe1})$가 흐른다.

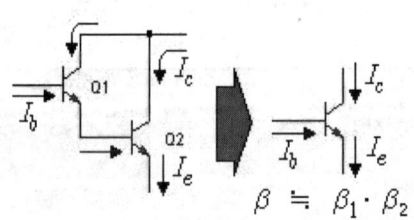

15. 주파수 혼합회로

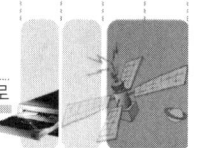

6. 패턴도(배선면 : BOTTOM)

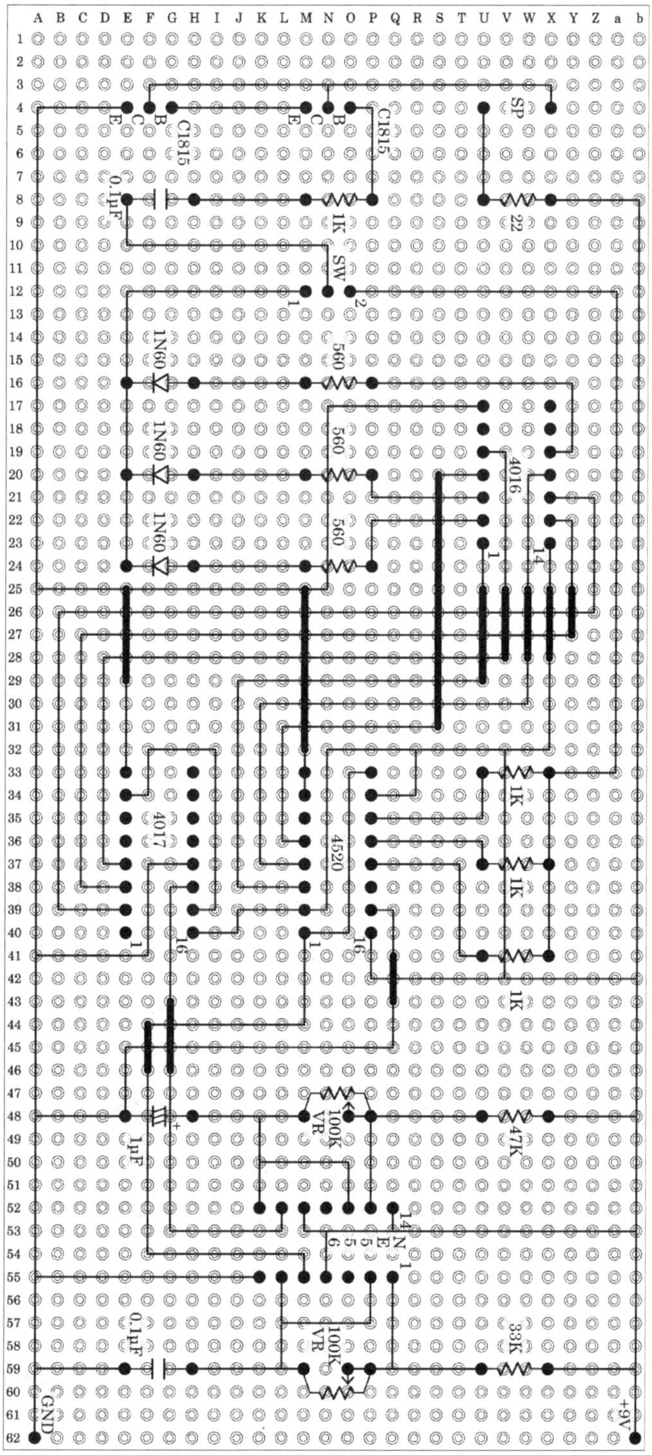

과제 번호	16	자격종목 및 등급	무선설비기능사	작 품 명	터치 경보회로

▶ 시험시간 : 표준시간 3시간 30분, 연장시간 30분

1. 요구사항

A. 회로조립 및 시험

(1) 지급된 재료를 사용하여 **터치 경보회로**를 조립하시오.

(2) 터치 단자를 동시에 터치하면 LED가 켜졌다 꺼지며, 경보음도 울렸다 꺼지게 하고, 터치 단자에 손을 대고 있으면 손을 뗄 때까지 LED가 켜지면서 경보음이 울리도록 하시오.

(3) 터치 단자는 배선의 피복을 벗기어 아래 그림과 같이 부품이 삽입된 쪽에 연결하여 놓으시오.

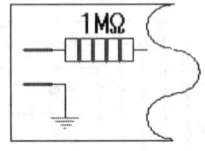

(4) 정상 동작되지 않을 시 도면 중 틀린 부분을 수정하고 동작되게 하시오.

(5) 납땜은 배선이 지나는 동박면을 직선부분은 2구멍마다, 직각부분은 모두 땜하시오.

2. 수검자 유의사항

(1) 지급재료는 부품점검시간에 검사하여 불량품 및 부족 숫자는 지급받도록 하시오.

(2) 부품점검시간 이후에 부품교환은 일체하지 않으니 유의하시오.

(3) 회로의 동작이 불완전할 경우에는 동작점수가 많이 삭감되며 부동작 시에는 오작으로 채점하니 주의하시오.

(4) 배치는 기판 전체에 골고루 안배하여 부품의 균형과 안정감이 있도록 하시오.

(5) 납땜은 냉납이나 산화납 그리고 납의 과다 및 과소가 없도록 하시오.

(6) 점퍼선은 가능한 한 생기지 않도록 하고 점퍼 시에는 동박 후면에서 하시오.

(7) 스위치는 기판에 고정하고 인출선은 끊어지지 않도록 완전하게 연결하시오.

(8) 저항의 색띠는 수직 또는 수평으로 통일하여 배치하시오.

(9) 트랜지스터 최상부의 높이는 기판으로부터 1.5cm 정도로 하시오.

(10) 트랜지스터 배치는 핀 발이 꼬이지 않도록 하시오.

(11) 저항과 커패시터의 리드선은 적당한 길이로 사용하시오.

(12) 조정이나 측정 시 사용하는 계기는 정확한 계기를 사용하여 계기의 오차가 발생되지 않도록 하시오.

(13) IC는 조립 시 파손되지 않도록 하시오.

(14) 다음 사항은 채점대상에서 제외되니 유의하시오.

　① 연장시간까지 미완성된 작품

　② 부동작되는 작품

　③ 부정행위를 한 수검자

(15) 전원을 연결할 때는 극성 및 전압을 확인하고 쇼트확인을 반드시 하시오.

(16) 회로 상에 IC의 V_{CC}와 GND의 연결에 대해서는 생략되었으니 조립 시 생략되는 일이 없도록 하시오.

(17) 부품점검 시 각 부품의 규격이 도면의 규격과 지급재료 목록의 규격이 같은가 확인하고 이상이 있을 때에는 시험위원에게 알리고 그 조치에 따른다.

(18) 연장시간을 사용할 때 사용시간 매 10분마다 총득점에서 5점씩 감점한다.

3. 도면(본 과제는 추정한 것으로 실제 시험의 재료와 다를 수 있습니다.)

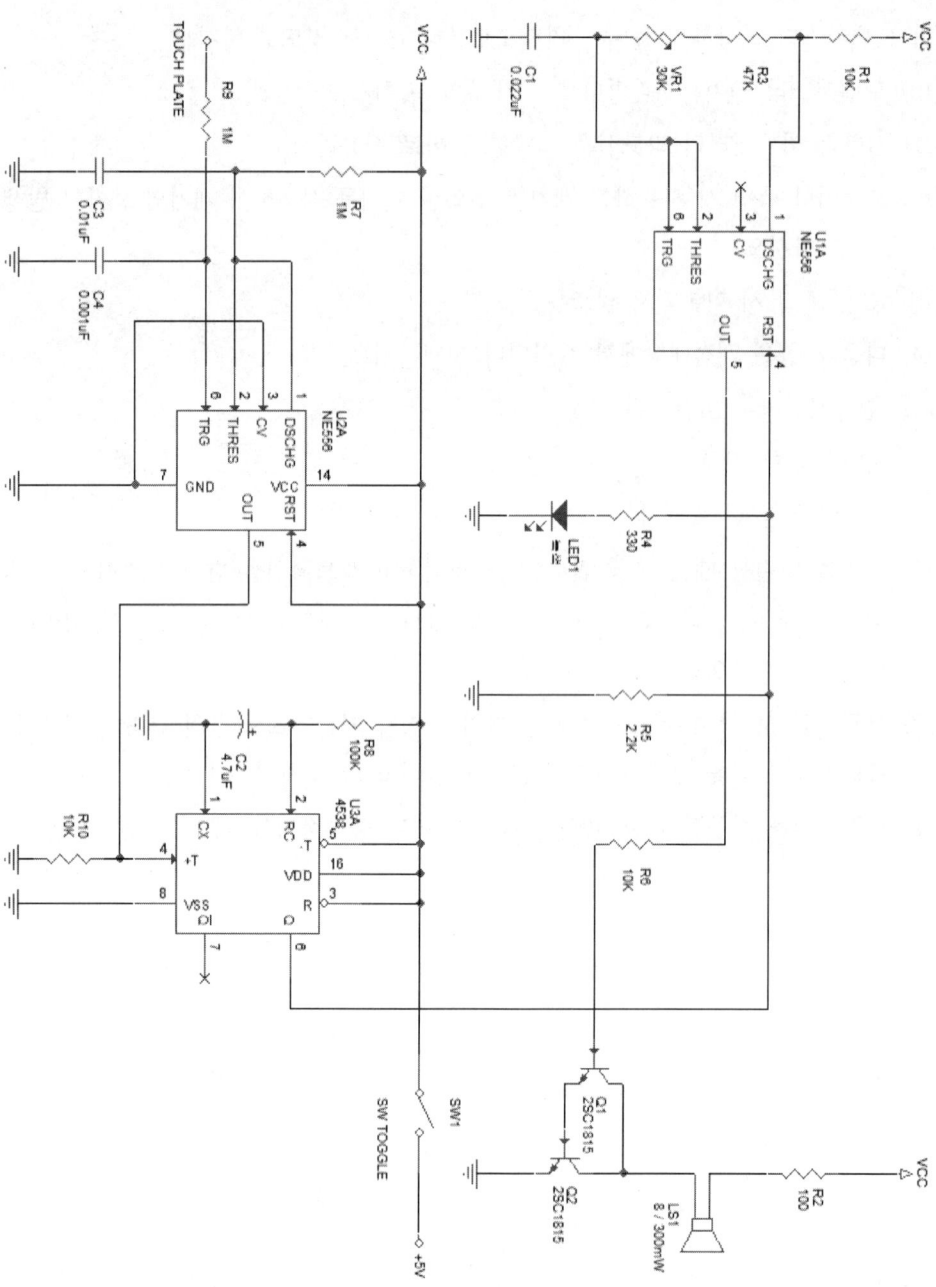

16 터치 경보회로

4. 지급재료 목록(본 과제의 재료는 추정한 것으로 실제 시험의 재료와 다를 수 있습니다.)

일련 번호	재료명	규격	단위	수량	비고
1	IC	MC14538	개	1	
2	〃	NE556	〃	1	
3	IC 소켓	14핀	〃	1	
4	〃	16핀	〃	1	
5	트랜지스터(TR)	2SC1815	〃	2	
6	슬라이드 스위치	소형	〃	1	
7	발광 다이오드(LED)	녹색	〃	1	
8	스피커	8Ω, 0.3W	〃	1	
9	전해 커패시터	4.7μF, 10V	〃	1	
10	마일러 커패시터	0.022μF (223)	〃	1	
11	〃	0.001μF (102)	〃	1	
12	〃	0.01μF (103)	〃	1	
13	반고정 저항	30kΩ, B형	〃	1	
14	저항	100Ω, 1/4W	〃	1	
15	〃	330Ω, 1/4W	〃	1	
16	〃	2.2kΩ, 1/4W	〃	1	
17	〃	10kΩ, 1/4W	〃	3	
18	〃	47kΩ, 1/4W	〃	1	
19	〃	100kΩ, 1/4W	〃	1	
20	〃	1MΩ, 1/4W	〃	2	
21	IC 만능기판	28×62 구멍	장	1	
22	실납	SN60%, ϕ1mm	m	1	
23	배선	ϕ0.4mm, 3색 단선	〃	1	
24	방안지(모눈종이)		장	1	
25	작업용 실링봉투	정전기 방지용	〃	1	
26					
27					

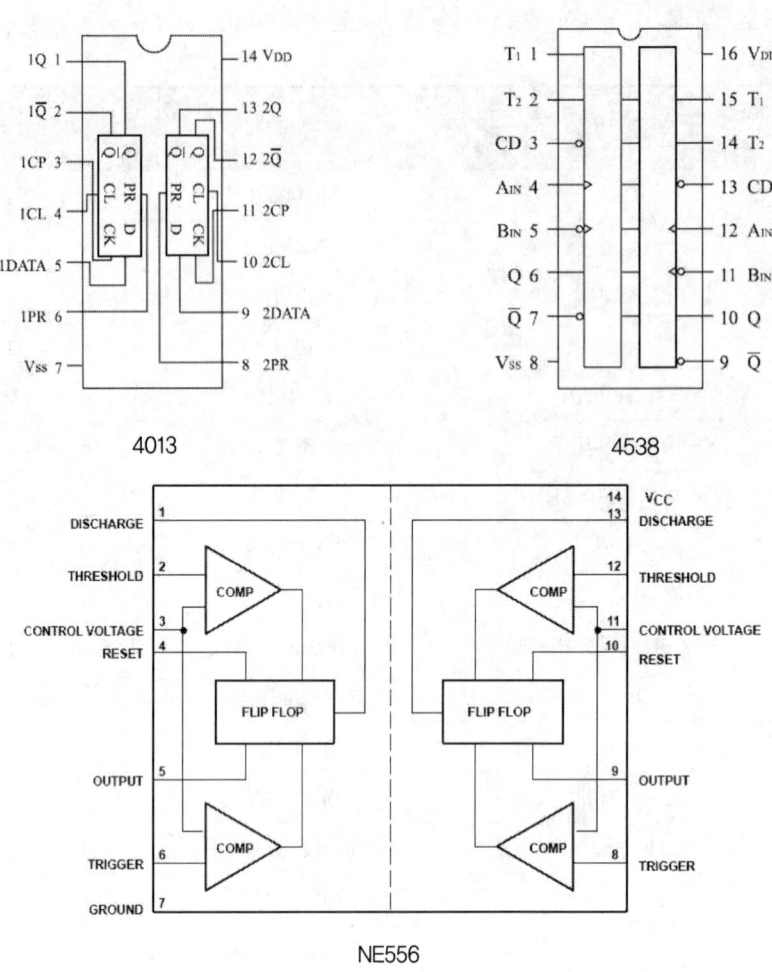

5. 회로 동작

투 터치 경보회로의 계통도(Block Diagram)는 다음과 같다.

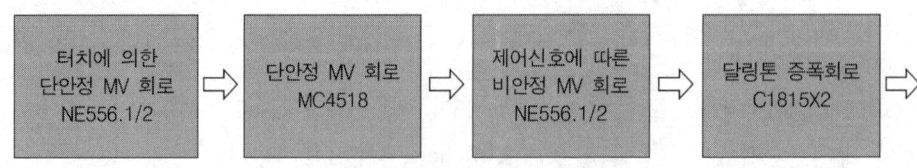

[투 터치 경보회로의 계통도(Block Diagram)]

(1) 터치에 의한 단안정 MV

① 전원을 공급하면 R_7을 통하여 스레시홀드 단자인 2번 핀이 "H"가 되므로 U_1A의 내부 TR이 도통되어 C_4가 완전 방전 상태에 있으므로 출력(5번 핀)은 "L" 레벨을 유지한다.

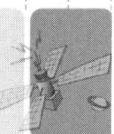

16 터치 경보회로

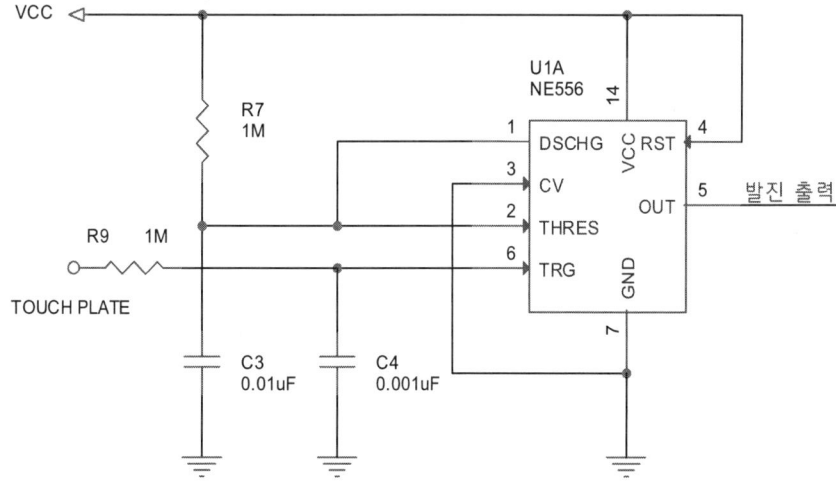

② 터치 단자에 부(-)의 펄스가 가해지면 U_1A 내부 트랜지스터가 차단되어 C_3은 R_9를 통해 충전되므로 출력(5번 핀)은 "H" 레벨을 유지한다.

③ 충전전압이 하강 경계전압($V_{LT} : \frac{1}{3}Vcc[V]$) 이상이 되면 IC 내부 트랜지스터가 도통되어, C_3의 충전전압은 곧 방전을 하게 되므로 "L" 레벨을 유지한다. 따라서 트리거 입력에 의하여 출력이 결정되는 구조이다.

발진 주기 : $T = 1.1R_7C_3 \sec$

$$T = 1.1R_7C_3 = 1.1 \times 1 \times 10^6 \times 0.01 \times 10^{-6} = 0.011 \sec$$

발진주파수 : $f = \dfrac{1}{T} = \dfrac{1}{0.011} ≒ 90.9\,Hz$

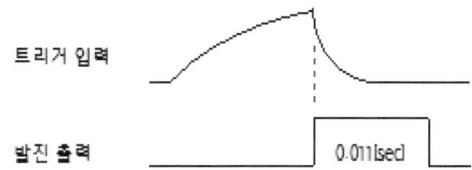

(2) 단안정 MV(MC4538)

① MC4538의 입력단자(4번)에 NE556을 이용한 비안정 MV의 출력을 받아 단안정 MV의 동작이 결정된다.

② 입력이 "low" 상태이면 출력(Q)의 상태가 "low"이므로 LED_1은 소등 상태가 되고, 입력이 "high" 상태이면 출력(Q)의 상태가 "high"로 상태 변화가 되므로, LED_1은 점등 상태가 된다.

③ 단안정 MV의 주기(T)는
 T = RC sec 의 식에 의해 구한다.
 $T = R_8 C_2$
 $= 100 \times 10^3 \times 4.7 \times 10^{-6}$
 $= 0.47 \sec$

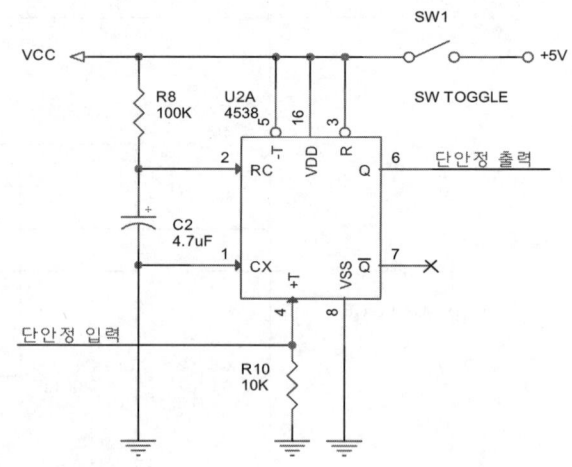

(3) NE556을 이용한 비안정 멀티바이브레이터

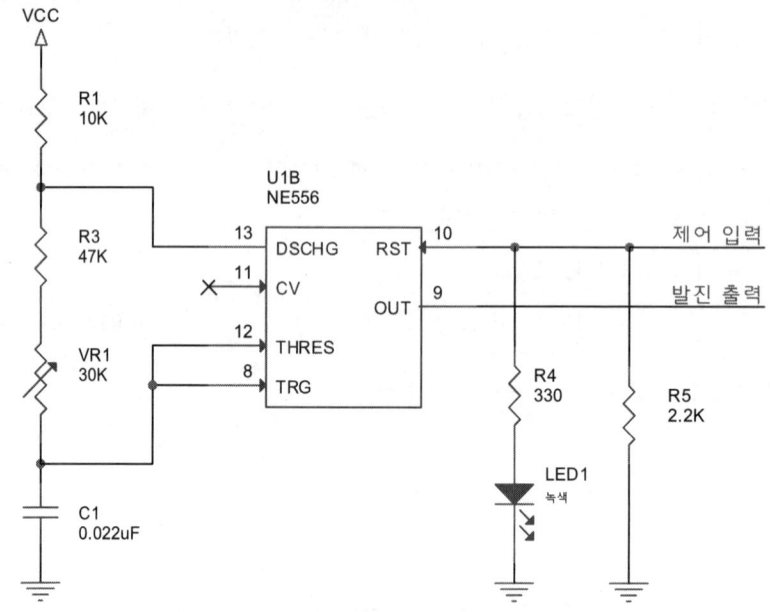

① 전원이 ON되는 순간 C_1 양단의 전압은 "low" 상태가 되어 트리거 입력단자가 "low"가 된다.

② 이 순간부터 R_1, R_3, 가변저항(VR_1)을 통하여 C_1이 충전하기 시작하며, 충전하는 동안 출력(3번 핀)이 "high" 상태가 된다.

③ C_1의 양단전압이 상승경계전압(V_{UT} : $\frac{2}{3} Vcc[V]$)이 되면 C_1에 충전된 전압은 가변저항(VR_1)과 R_3을 통하여 방전한다.(13번 핀을 통하여 방전)

④ C_1이 방전하는 동안 출력은 "low" 상태가 된다.

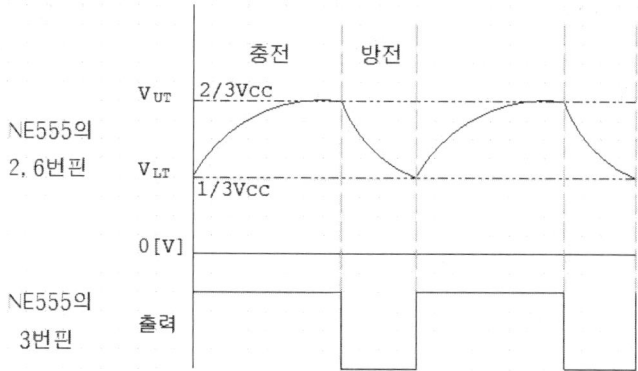

[NE555를 이용한 비안정 멀티바이브레이터의 타이밍 차트]

T1 : 충전시간,
T2 : 방전시간

T_1("H"되는 시간)

T_1(VR 최대 시 30kΩ) $= 0.693(R_1 + [R_3 + VR_1])C_1)$

$= 0.693(10 \times 10^3 + [47 \times 10^3 + 30 \times 10^3])0.022 \times 10^{-6}$

$= 1.33 \text{msec}$

T_1(VR 최소 시 1kΩ) $= 0.693(R_1 + [R_3 + VR_1])C_1$

$= 0.693(10 \times 10^3 + [47 \times 10^3 + 1 \times 10^3])0.022 \times 10^{-6}$

$= 0.88 \text{msec}$

T_2("L"되는 시간)

T_2(VR 최대 시 30kΩ) $= 0.693(R_3 + VR_1)C_1$

$= 0.693(47 \times 10^3 + 30 \times 10^3)0.022 \times 10^{-6} = 1.17 \text{msec}$

T_2(VR 최소 시 1kΩ) $= 0.693(R_3 + VR_1)C_1$

$= 0.693(47 \times 10^3 + 1 \times 10^3)0.022 \times 10^{-6} = 0.73 \text{msec}$

T(VR 최대 시) $= T_1 + T_2 = 1.33 + 1.17 = 2.5 \text{msec}$

T(VR 최소 시) $= T_1 + T_2 = 0.88 + 0.73 = 1.61 \text{msec}$

f(VR 최대 시) $= \dfrac{1}{T} = \dfrac{1}{2.5 \times 10^{-3}} = 400 \text{Hz}$

f(VR 최소 시) $= \dfrac{1}{T} = \dfrac{1}{1.61} \times 10^{-3} = 621 \text{Hz}$

⑤ NE556의 4번과 10번 핀은 리셋 단자로 "H" 상태이면 타이머로 정상 동작을 하나

"low" 상태가 되면 타이머의 동작 상태가 정지되고 출력은 "L" 상태를 유지한다.

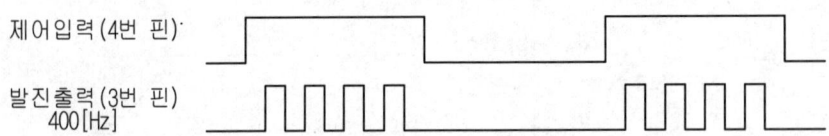

(4) 증폭회로(달링턴 접속에 의한 증폭회로)

① 스피커의 구동을 위한 트랜지스터(Q_1, Q_2)는 달링턴 접속한 것으로, 달링턴 접속을 하면 두 트랜지스터의 전류증폭률의 곱에 해당하는 전류증폭을 얻을 수 있다.

② Q_1의 출력전류가 그대로 Q_2의 베이스에 공급되므로 전류증폭률이 커진다. 즉 두 트랜지스터의 전류증폭률의 곱에 해당하는 전류증폭률을 얻을 수 있다.(Q_1는 Q_2보다 컬렉터 손실이 적은 트랜지스터를 사용해야 한다.)

③ Q_1의 베이스 입력이 high 상태일 때 Q_1은 순방향 전압으로 Q_2을 구동하여 스피커가 동작한다.

Q_1의 컬렉터 전류(I_{C1})와 이미터 전류(I_{E1})는

$I_{C1} = h_{fe1} \times I_{B1}$

$I_{E1} = I_{B1}(1 + h_{fe1})$

Q_2의 베이스 전류(I_{B2})와 컬렉터 전류 (I_{C2})는

$I_{B2} = I_{B1}(1 + h_{fe1})$

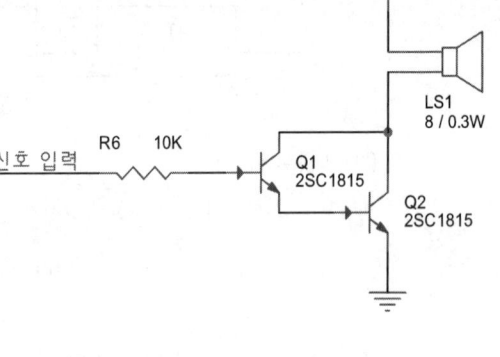

$I_{C2} = h_{fe2} \times I_{B2} = h_{fe2} \times I_{B1}(1 + h_{fe1})$

스피커에 흐르는 전류(I_C)는

$I_C = I_{C1} + I_{C2} = h_{fe1} \times I_{B1} + h_{fe2} \times I_{B1}(1 + h_{fe1})$가 흐른다.

16 터치 경보회로

6. 패턴도(배선면 : BOTTOM)

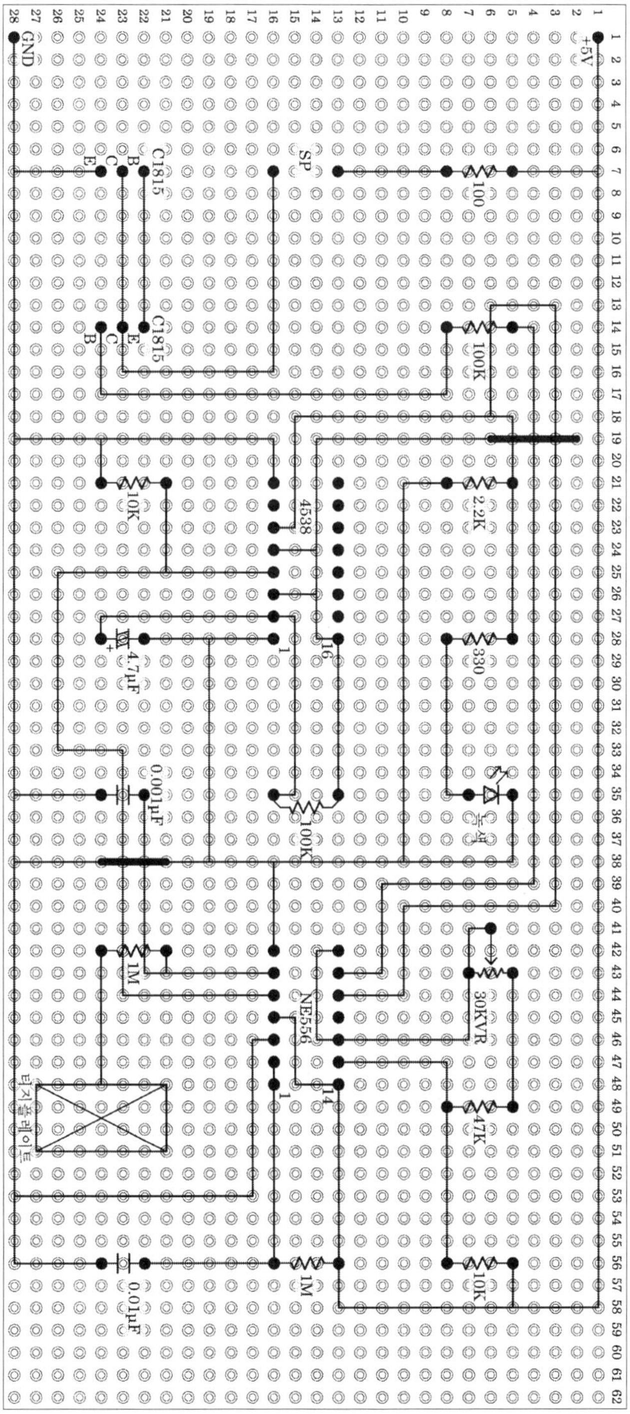

| 과제번호 | 17 | 자격종목 및 등급 | 무선설비기능사 | 작 품 명 | 통화 신호회로 |

▶ 시험시간 : 표준시간 3시간 30분, 연장시간 30분

1. 요구사항

   A. 회로조립 및 시험

   (1) 지급된 재료를 사용하여 통화신호회로를 조립하시오.
   (2) 스위치를 첫 번째로 누르면 녹색 LED가 점등되면서 발신음이 울리고, 두 번째로 누르면 녹색 LED가 소등되고 적색 LED가 점등되면서 화중음이 울리며, 세 번째로 누르면 LED가 모두 꺼지고 소리도 들리지 않게 되는 것을 확인하시오.
   (3) 완전 동작되지 않을 시 도면 중 틀린 부분을 수정하고 정상 동작되게 하시오.
   (4) 납땜은 배선이 지나는 동박면을 직선부분은 2구멍마다 직각부분은 모두 땜하시오.
   ※ 요구사항 (2)항의 발신음이란 "삐이"하고 연속 발진음이 울리며, 화중음이란 "삐이", "삐이"하고 일정한 단속 발진음이 울리는 것을 말한다.

2. 수검자 유의사항

   (1) 지급재료는 부품점검시간에 검사하여 불량품 및 부족 숫자는 지급받도록 하시오.
   (2) 부품점검시간 이후에 부품교환은 일체하지 않으니 유의하시오.
   (3) 회로의 동작이 불완전할 경우에는 동작점수가 많이 삭감되며 부동작 시에는 오작으로 채점하니 주의하시오.
   (4) 배치는 기판 전체에 골고루 안배하여 부품의 균형과 안정감이 있도록 하시오.
   (5) 납땜은 냉납이나 산화납 그리고 납의 과다 및 과소가 없도록 하시오.
   (6) 점퍼선은 가능한 한 생기지 않도록 하고 점퍼 시에는 동박 후면에서 하시오.
   (7) 스위치는 기판에 고정하고 인출선은 끊어지지 않도록 완전하게 연결하시오.
   (8) 저항의 색띠는 수직 또는 수평으로 통일하여 배치하시오.
   (9) 트랜지스터 최상부의 높이는 기판으로부터 1.5cm 정도로 하시오.
   (10) 트랜지스터 배치는 핀 발이 꼬이지 않도록 하시오.

(11) 저항과 커패시터의 리드선은 적당한 길이로 사용하시오.

(12) 조정이나 측정 시 사용하는 계기는 정확한 계기를 사용하여 계기의 오차가 발생되지 않도록 하시오.

(13) IC는 조립 시 파손되지 않도록 하시오.

(14) 다음 사항은 채점대상에서 제외되니 유의하시오.

  ① 연장시간까지 미완성된 작품

  ② 부동작되는 작품

  ③ 부정행위를 한 수검자

(15) 전원을 연결할 때는 극성 및 전압을 확인하고 쇼트확인을 반드시 하시오.

(16) 회로 상에 IC의 V_{CC}와 GND의 연결에 대해서는 생략되었으니 조립 시 생략되는 일이 없도록 하시오.

(17) 부품점검 시 각부품의 규격이 도면의 규격과 지급재료 목록의 규격이 같은가 확인하고 이상이 있을 때에는 시험위원에게 알리고 그 조치에 따른다.

(18) 연장시간을 사용할 때 사용시간 매 10분마다 총득점에서 5점씩 감점한다.

3. 도면(본 과제는 추정한 것으로 실제 시험의 재료와 다를 수 있습니다.)

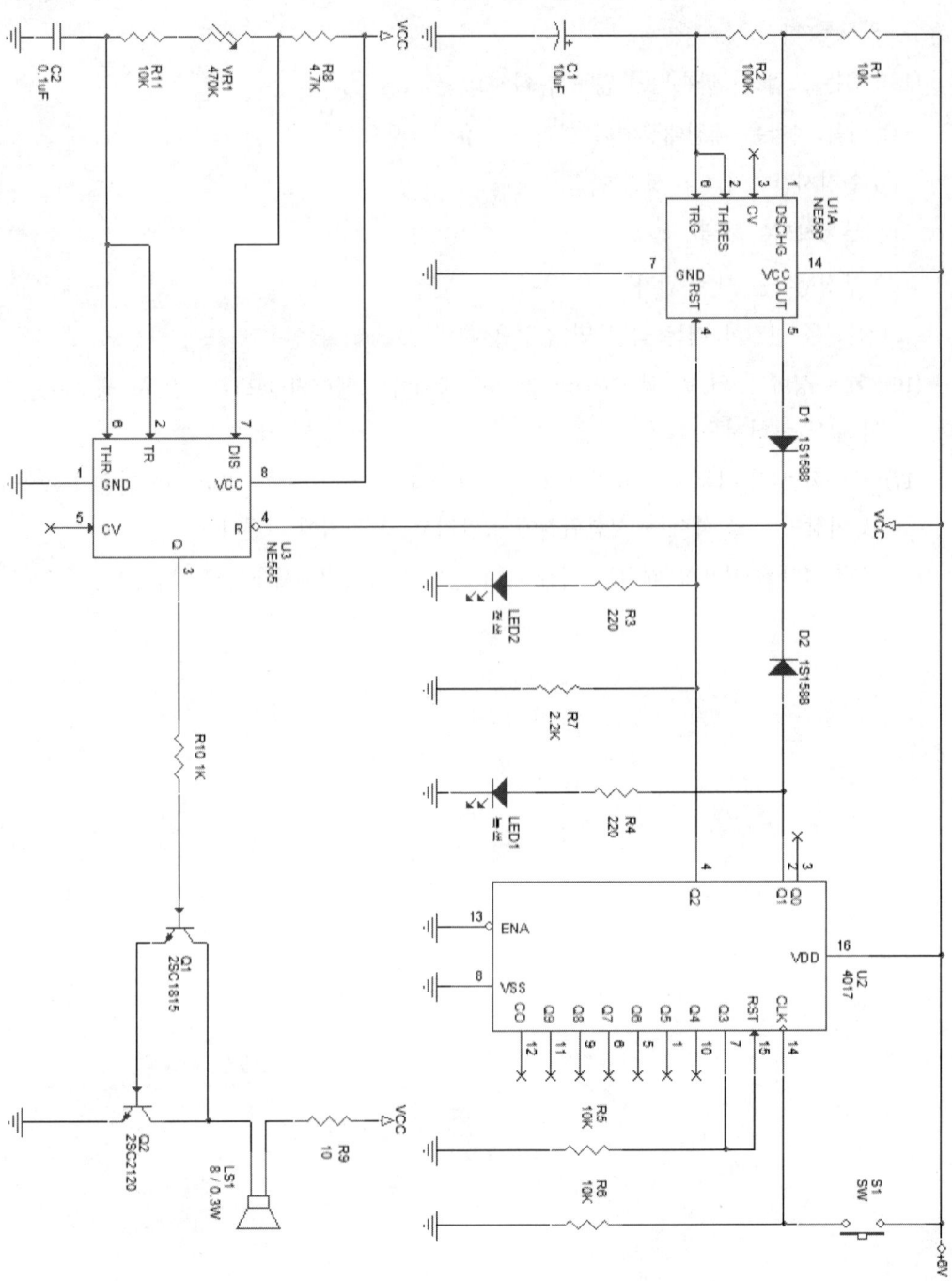

17. 통화 신호회로

4. 지급재료 목록(본 과제의 재료는 추정한 것으로 실제 시험의 재료와 다를 수 있습니다.)

일련번호	재 료 명	규 격	단위	수량	비 고
1	IC	MC14017	개	1	
2	"	NE556	"	1	
3	"	NE555	"	1	
4	IC 소켓	8핀	"	1	
5	"	14핀	"	1	
6	"	16핀	"	1	
7	트랜지스터(TR)	2SC1815	"	1	
8	"	2SC2120	"	1	
9	발광 다이오드(LED)	적색	"	1	
10	"	녹색	"	1	
11	스위칭 다이오드	1S1588	"	2	
12	반고정 저항	470kΩ, B형	"	1	
13	저 항	10Ω, 1/4W	"	1	
14	"	220Ω, 1/4W	"	2	
15	"	1kΩ, 1/4W	"	1	
16	"	3.3kΩ, 1/4W	"	1	
17	"	4.7kΩ, 1/4W	"	1	
18	"	10kΩ, 1/4W	"	4	
19	"	100kΩ, 1/4W	"	1	
20	전해 커패시터	10μF, 16V	"	2	
21	마일러 커패시터	0.1μF(104)	"	1	
22	소프트 콘텍트 스위치	소형, A접점	"	1	
23	스 피 커	8Ω, 0.3W	"	1	
24	IC 만능기판	28×62 구멍	장	1	
25	실납	SN60%, φ1mm	m	1	
26	배선	φ0.4mm, 3색 단선	"	1	
27	방안지(모눈종이)		장	1	
28	작업용 실링봉투	정전기 방지용	"	1	

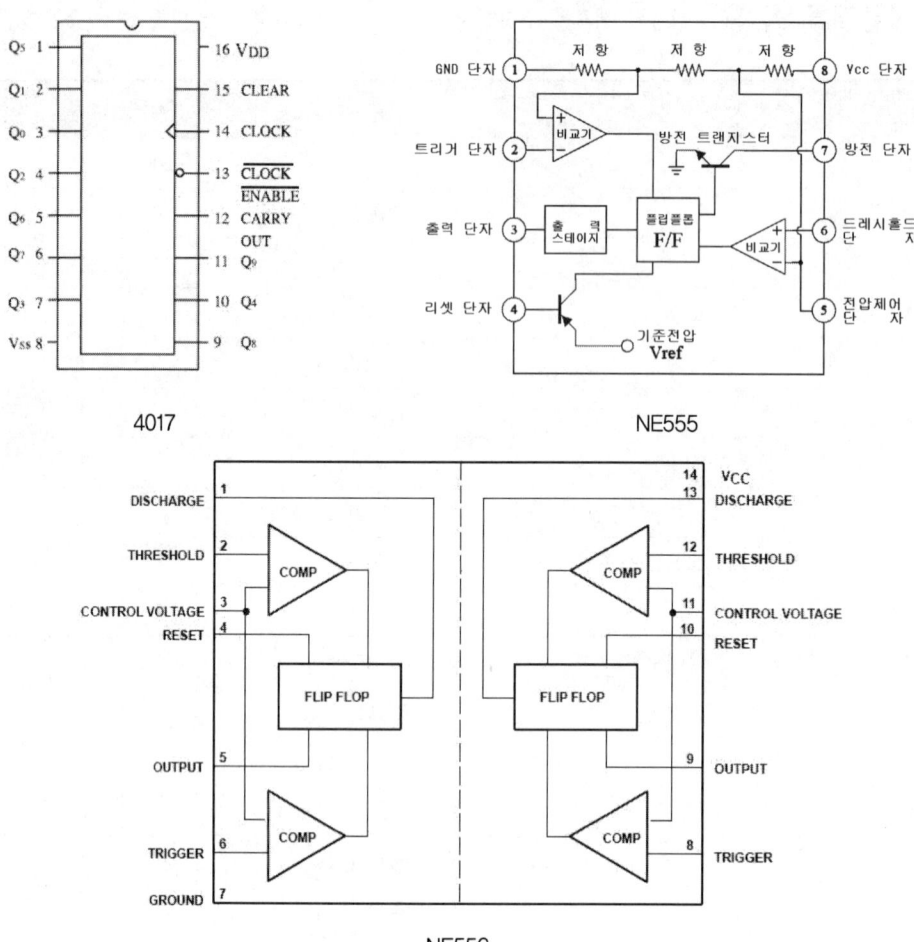

5. 회로 동작

통화 신호회로의 계통도(Block Diagram)는 다음과 같다.

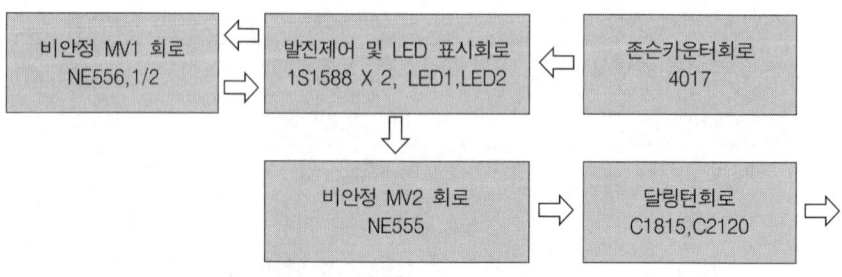

[통화 신호회로의 계통도(Block Diagram)]

(1) NE556를 이용한 비안정 멀티바이브레이터(펄스발생회로)

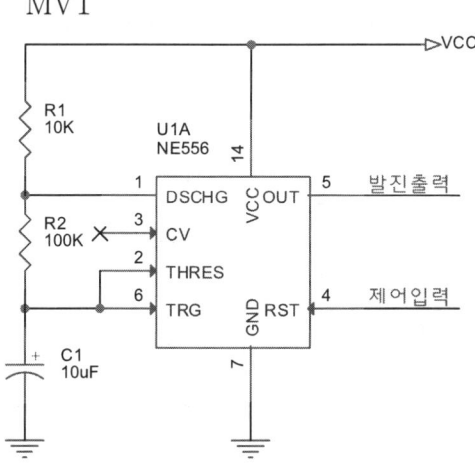

① 전원 공급하는 순간 C_1 커패시터 양단의 전압이 거의 0V가 되어 트리거 입력(2) 단자가 low 상태가 되고 R_1, R_2를 통하여 C_1 커패시터에 충전하게 되며, C_1 커패시터가 충전하는 동안 출력(3)은 high 상태가 된다.

② C_1 커패시터의 양단전압이 상승 경계전압($V_{UT} : \frac{2}{3}V_{CC}$)이 되면 커패시터는 R_2를 통하여 7번 핀으로 방전하며, 커패시터가 방전하는 동안 출력(3)은 low 상태를 유지하며, 방전상태가 하강경계전압($V_{LT} : \frac{1}{3}V_{CC}$)에 이르면 C_1 커패시터는 방전을 멈추고 충전을 시작한다. 즉 ①, ② 과정의 반복으로 출력에는 구형파의 발진파형이 출력된다.

③ MV_1의 출력 레벨이 high가 되는 시간(T_1)

$T_1 = 0.693(R_1 + R_2)C_1 = 0.693(10 \times 10^3 + 100 \times 10^3) \times 10 \times 10^{-6} \sec ≒ 0.76 \sec$

④ MV_1의 출력 레벨이 low가 되는 시간(T_2)

$T_2 = 0.693R_2 \cdot C_1 = 0.693 \times 100 \times 10^3 \times 10 \times 10^{-6} \sec ≒ 0.693 \sec$

⑤ MV_1의 주기(T)

$T = T_1 + T_2 = 0.69(R_1 + R_2)C_1 + 0.693R_2 \cdot C_1 = 0.76 + 0.693 \sec ≒ 1.45 \sec$

⑥ MV_1의 주파수(f)

$f = \frac{1}{T} = \frac{1}{1.45} ≒ 0.69 \text{Hz}$

⑦ NE556의 4번과 10번 핀은 리셋 단자로 단자를 high로 하면 정상적인 타이머로 동작

하나 low 상태가 되면 출력은 리셋된다.

⑧ 5번과 11번 핀은 바이패스 단자로 회로 내에서 발생하는 급격한 전류 변화를 방출 또는 흡수하여 오동작을 방지하는 회로로, 보통 $0.1 \sim 0.01 \mu F$ 의 커패시터를 연결한다.

⑨ 커패시터 양단파형과 출력파형

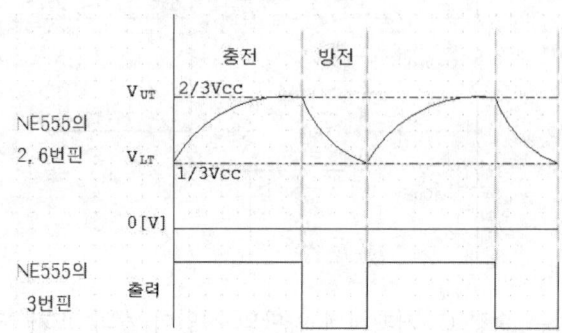

[NE555를 이용한 비안정 멀티바이브레이터의 타이밍 차트]

(2) 디코더 카운터/드라이버

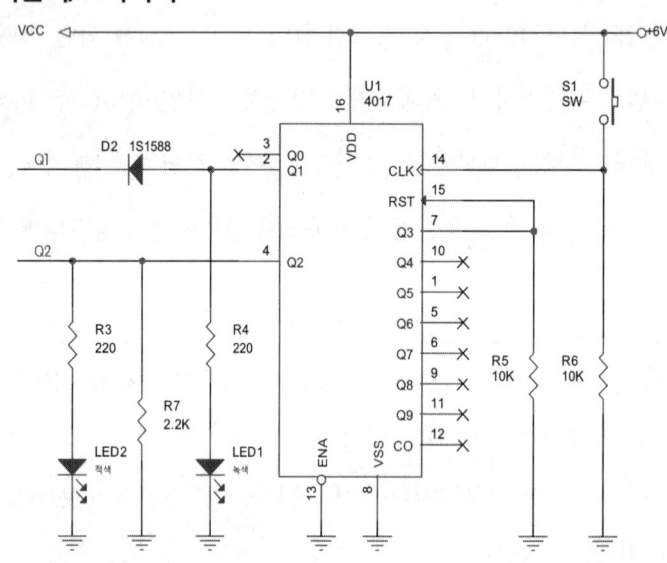

① MC14017(4017B)는 코드 변환기를 내장한 5단 존슨 10진 카운터로서 고속 동작이 가능하며 스파이크 없는 깨끗한 출력이 얻어진다.

② 10개의 디코드된 출력은 통상 low이며 해당 10진 주기에서만 high로 된다. 출력의 변화는 클록 펄스의 상승부에서 일어난다.

③ MC4017은 10진 카운터나 10진 디코더 디스플레이를 비롯해서 주파수 분할에 사용

할 수 있다.

④ MC4017의 동작 진리치표

[MC4017의 진리표]

MR	CP_0	$\overline{CP_0}$	동작
H	X	X	$Q_0 = \overline{Q_{5-9}} = H$; $\overline{Q_1}$에서 $Q_9 = H$
L	H	╲	계수(카운트)
L	╱	L	계수(카운트)
L	L	X	변화 없음
L	X	H	변화 없음
L	H	╱	변화 없음
L	╲	L	변화 없음

⑤ 클록 인에이블 단자가 high 상태가 되면 동작 정지 상태가 되고(CE 단자), 리셋 단자는 low 상태일 때 10진 카운터로 동작을 하고, high 상태가 되면 초기 상태로 된다.

⑥ 클록 펄스가 MC14017에 인가되면 타이밍 차트와 같이 동작하며 Q_6의 출력 파형이 high 상태일 때 $Q_0 \sim Q_9$까지 출력이 모두 low 상태로 초기화된다.

⑦ 클록 펄스가 인가되면 $Q_0 \sim Q_3$까지만 동작되며, Q_3는 RESET 신호로 사용한다.

⑧ MC14017의 동적 신호 파형

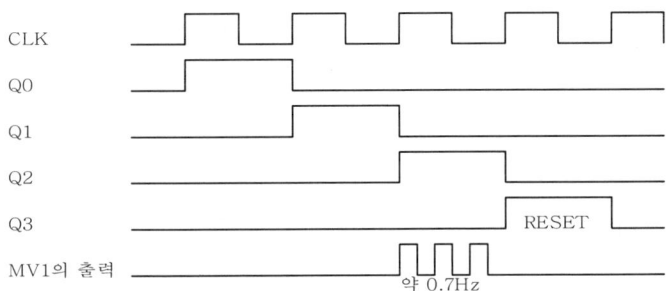

[MC4017의 타이밍 차트]

⑨ $Q_1 \sim Q_2$의 출력이 high 상태일 때 $LED_1 \sim LED_2$가 점등된다.

(3) 비안정 MV의 발진 제어회로

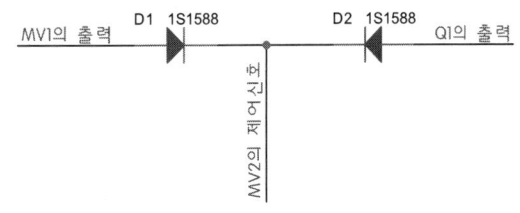

① MV₁의 발진제어 입력1의 신호는 D₁에 대해서는 순방향이고, D₂에 대해서는 역방향이므로 MV₂의 발진제어는 MV₁의 출력과 Q₁의 출력에 의하여 제어된다.

② U₂ IC의 출력 Q₁은 D₂에 대해서는 순방향이고, D₁에 대해서는 역방향이므로 MV₁의 발진제어는 U₂ IC의 출력신호 Q₂에 의하여 제어된다.

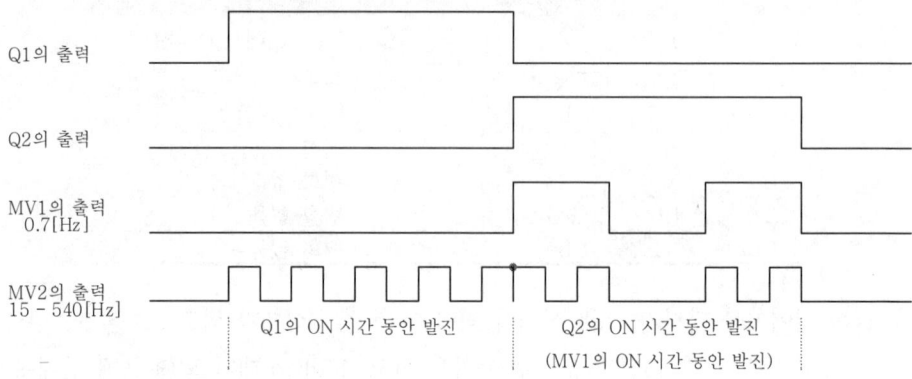

(4) NE555를 이용한 비안정 멀티바이브레이터

① 전원이 ON되는 순간 C_2 양단의 전압은 "low" 상태가 되어 Trigger Input 단자가 "low"가 된다.

② 이 순간부터 R_8, 가변저항(VR_1), R_{11}을 통하여 C_2가 충전하기 시작하며, 충전하는 동안 출력(3번 핀)이 "high" 상태가 된다.

③ C_2 커패시터의 양단전압이 상승 경계전압($V_{UT} : \frac{2}{3}V_{CC}$)이 되면 C_2를 통하여 가변 R_{11}과 저항(VR_1)을 통하여 7번 핀으로 방전한다.

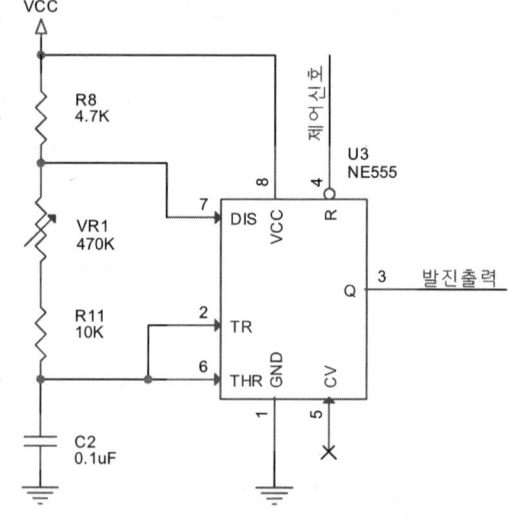

④ C_3 커패시터가 방전하는 동안 출력은 "low" 상태가 된다.

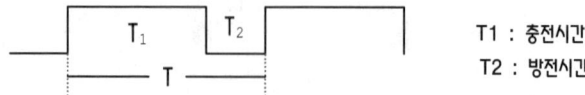

T1 : 충전시간,
T2 : 방전시간

T_1("H"되는 시간)

$$T_1(\text{VR 최대 시 } 470\text{k}\Omega) = 0.693(R_8 + [VR_1 + R_{11}])C_2$$
$$= 0.693(4.7 \times 10^3 + [470 \times 10^3 + 10 \times 10^3])0.1 \times 10^{-6}$$
$$= 0.034\text{sec}$$

$$T_1(\text{VR 최소 시 } 1\text{k}\Omega) = 0.693(R_8 + [VR_1 + R_{11}])C_2$$
$$= 0.693(4.7 \times 10^3 + [1 \times 10^3 + 10 \times 10^3])0.1 \times 10^{-6}$$
$$= 1.09\text{msec}$$

T_2("L"되는 시간)

$$T_2(\text{VR 최대 시 } 470\text{k}\Omega) = 0.693(VR_1 + R_{11})C_2$$
$$= 0.693(470 \times 10^3 + 10 \times 10^3)0.1 \times 10^{-6} = 0.033\text{sec}$$

$$T_2(\text{VR 최소 시 } 1\text{k}\Omega) = 0.693(VR_1 + R_{11})C_2$$
$$= 0.693(1 \times 10^3 + 10 \times 10^3)0.1 \times 10^{-6} = 0.76\text{msec}$$

$$T(\text{VR 최대 시}) = T_1 + T_2 = 0.034 + 0.033 = 0.067\text{sec}$$
$$T(\text{VR 최소 시}) = T_1 + T_2 = 1.09 + 0.76 = 1.85\text{msec}$$

$$f(\text{VR 최대 시}) = \frac{1}{T} = \frac{1}{0.067} = 15\text{Hz}$$

$$f(\text{VR 최소 시}) = \frac{1}{T} = \frac{1}{1.85 \times 10^{-3}} = 540.5\text{Hz}$$

⑤ NE555의 4번 핀은 리셋 단자로 "H" 상태이면 타이머로 정상 동작을 하나 "low" 상태가 되면 타이머의 동작 상태가 정지되고 출력은 "L" 상태를 유지한다.

⑥ 5번 핀의 바이패스 커패시터는 급격한 전류의 변화를 방출 또는 흡수한다.

(5) 스피커 구동회로

① 스피커의 구동을 위한 트랜지스터(Q_1, Q_2)는 달링턴 접속한 것으로, 달링턴 접속을 하면 두 트랜지스터의 전류증폭률의 곱에 해당하는 전류증폭을 얻을 수 있다.

② Q_1의 출력전류가 그대로 Q_2의 베이스에 공급되므로 전류증폭률이 커진다. 즉 두 트랜지스터의 전류증폭률의 곱에 해당하는 전류증폭률을 얻을 수 있다.(Q_1은 Q_2보다 컬렉터 손실이 적은 트랜지스터를 사용해야 한다.)

Q_1의 컬렉터 전류(I_{C1})와 이미터 전류(I_{E1})는

$$I_{C1} = h_{fe1} \times I_{B1}$$
$$I_{E1} = I_{B1}(1 + h_{fe1})$$

Q_2의 베이스 전류(I_{B2})와 컬렉터 전류(I_{C2})는

$$I_{B2} = I_{B1}(1 + h_{fe1})$$
$$I_{C2} = h_{fe2} \times I_{B2} = h_{fe2} \times I_{B1}(1 + h_{fe1})$$

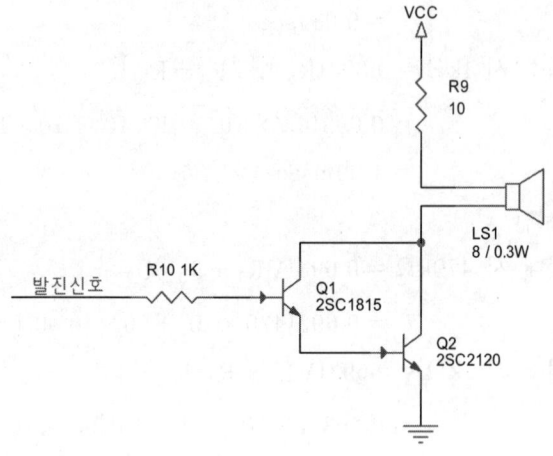

스피커에 흐르는 전류(I_c)는

$$I_C = I_{C1} + I_{C2} = h_{fe1} \times I_{B1} + h_{fe2} \times I_{B1}(1 + h_{fe1})\text{가 흐른다.}$$

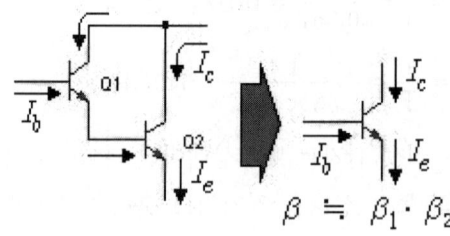

17. 통화 신호회로

6. 패턴도(배선면 : BOTTOM)

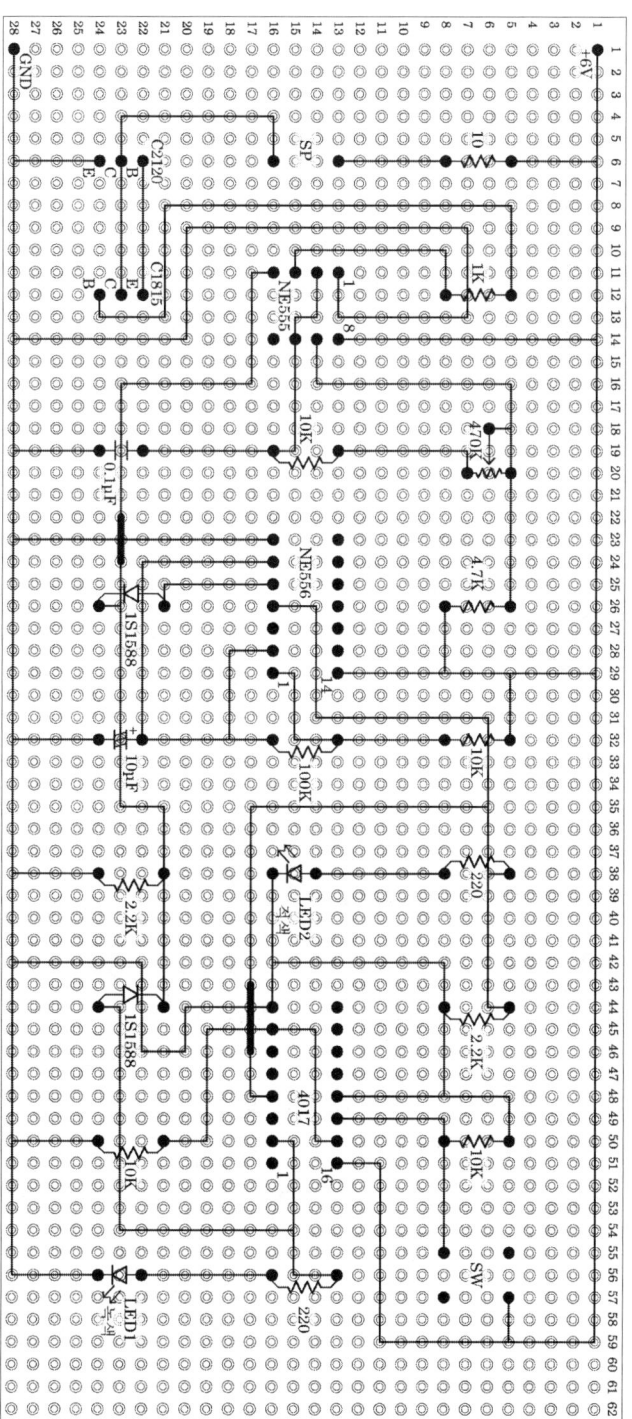

Part 04 통신기기기능사 실기

과제 번호	과 제 명	비 고
1	10진 순차점멸회로	
2	가변 카운터회로	
3	감산기회로	
4	디코더회로	
5	펄스음 발진회로	
6	ID 비교회로	
7	UP DOWN 카운터회로	
8	전가산기회로	
9	순차점멸회로	
10		
11		
12		
13		
14		
15		
16		
17		
18		
19		
20		
21		
22		
23		
24		
25		

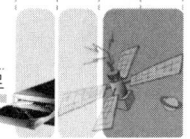

과제 번호	1	자격종목 및 등급	통신기기기능사	작 품 명	10진 순차점멸회로

▶ 시험시간 : 표준시간 3시간 30분, 연장시간 30분

1. 요구사항

    A. 회로조립 및 시험

    (1) 지급된 재료를 사용하여 도면 2장을 각각 조립, RS232C(9핀) 커넥터를 이용하여 연결한 후 전원 스위치(SW_1)를 on시키고 계전기 스위치(SW_2)와 DIP 스위치에 따라 출력을 확인하시오.
    (2) 스위치(SW_2)를 누르면 계전기가 동작하여 LED(L1~L10)가 순차적으로 점멸된다.
    (3) 스위치(SW_1)를 off시키면 LED가 소등된다.
    (4) 전원단자 배선은 +선은 적색, -선은 흑색 면권선 및 악어클립을 사용하시오.
    (5) 납땜 및 배선이 지나는 동박면을 직선부분은 3구멍마다, 배선의 직각부분은 모두 땜하시오.
    (6) 회로에 이상이 있으면 수정하여 작업하시오.

    B. 측정

    (1) 시험위원이 정해준 주파수를 주파수발진기로 발진시킨다.
    (2) 오실로스코프로 측정하여 주파수를 확인한다.

2. 수검자 유의사항

    (1) 지급재료는 부품점검시간에 검사하여 불량품 및 부족 숫자는 지급받도록 하시오.
    (2) 부품점검시간 이후에 부품교환은 일체하지 않으니 유의하시오.
    (3) 회로의 동작이 불완전할 경우에는 동작점수가 많이 삭감되며 부동작 시에는 오작으로 채점하니 주의하시오.
    (4) 배치는 기판 전체에 골고루 안배하여 부품의 균형과 안정감이 있도록 하시오.
    (5) 납땜은 냉납이나 산화납 그리고 납의 과다 및 과소가 없도록 하시오.
    (6) 점퍼선은 가능한 한 생기지 않도록 하고 점퍼 시에는 동박 후면에서 하시오.

(7) 스위치는 기판에 고정하고 인출선은 끊어지지 않도록 완전하게 연결하시오.

(8) 저항의 색띠는 수직 또는 수평으로 통일하여 배치하시오.

(9) 조정이나 측정 시 사용하는 계기는 정확한 계기를 사용하여 계기의 오차가 발생되지 않도록 하시오.

(10) 저항과 커패시터의 리드선은 적당한 길이로 사용하시오.

(11) 다음은 오작으로 불합격 처리되니 유의하시오.

　① 연장시간까지 미완성된 작품

　② 납땜 또는 배선점수가 0점인 작품(주요 항목)

　③ 지급재료 이외의 재료를 사용한 작품

　④ 부동작되는 작품

(12) 건전지 스냅의 연결 시 극성에 유의하여 기판에 붙이시오.

(13) 부품점검 시 각 부품의 규격이 도면의 규격과 지급재료 목록의 규격이 같은가 확인하고 이상이 있을 시에는 시험위원에게 알리고 그 조치에 따른다.

(14) 트랜지스터 배치는 핀 발이 꼬이지 않도록 하시오.

(15) 한 IC 내에 여러 게이트가 있을 시 작업의 편의에 따라 핀 번호를 바꾸어도 된다.

1. 10진 순차점멸회로

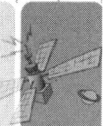

3. 도면

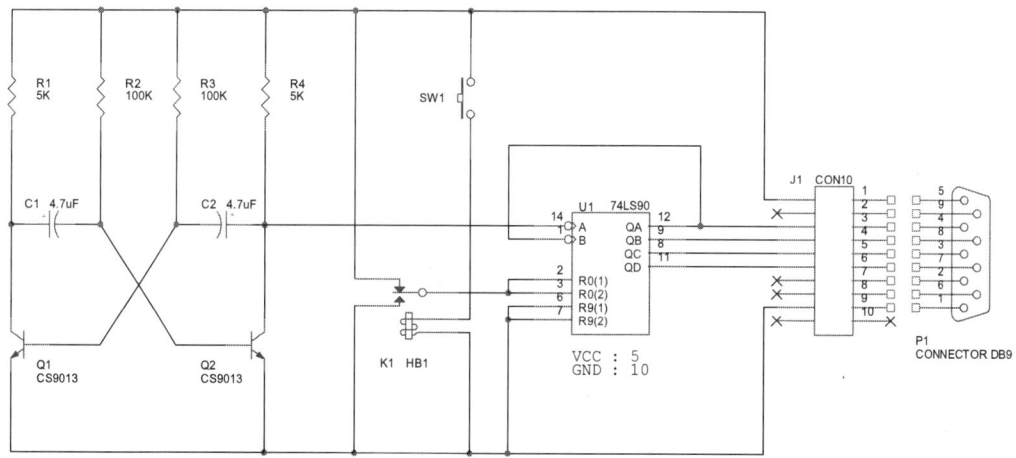

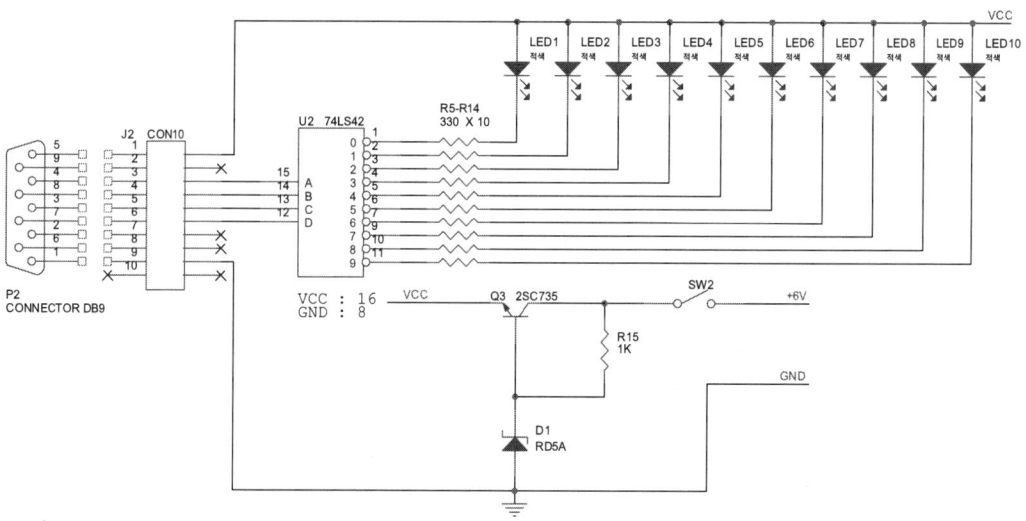

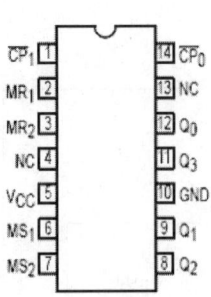 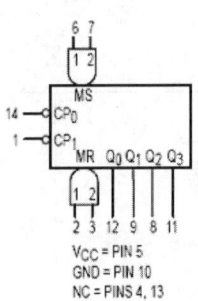

[SN74LS90]

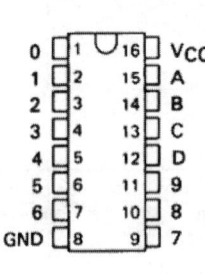 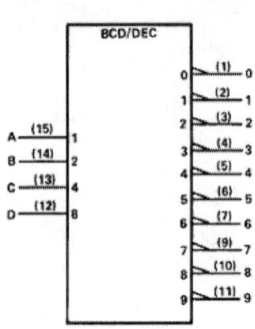

[SN74LS42]

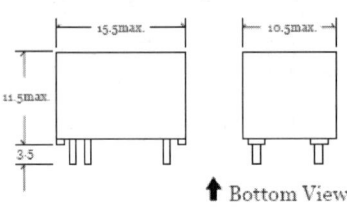

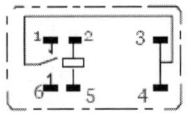

Terminal arragement/
internal connections
(bottom view)

[HB1 또는 DY5(동양릴레이)]

1. 10진 순차점멸회로

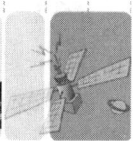

4. 지급재료 목록

일련번호	재료명	규격	단위	수량	비고
1	IC	74LS42	개	1	
2	〃	74LS90	〃	1	
3	계전기(릴레이)	HB1-DC5V용	〃	1	
4	IC 소켓	16핀	〃	3	
5	트랜지스터(TR)	2SC735	〃	1	
6	〃	CS9013	〃	2	
7	제너 다이오드	ZD 5A	〃	1	5.6V용
8	LED(발광 다이오드)	적색(LED1)	〃	10	
9	저 항	330Ω, 1/4W	〃	10	
10	〃	1kΩ, 1/4W	〃	1	
11	〃	5kΩ, 1/4W	〃	2	
12	〃	100kΩ, 1/4W	〃	2	
13	10pin 블록	암, 수	조	2	
14	RS232C 커넥터	9Pin (암, 수)	조	1	
15	전해 커패시터	10μF, 16V	개	1	
16	스 위 치	3 Pin (slide)	〃	1	전원스위치
17	누름버튼 스위치	on/off용(토글)	〃	1	
18	IC 만능기판	28×28 구멍	장	2	
19	건 전 지	4DM/6V	개		5명당 1
20	악어클립	적색, 흑색	〃	각 1	
21	Flat 케이블(10가닥)	연선	cm	20	
22	전 원 선	적, 청 φ0.5mm	cm	각 20	악어클립용
23	배 선	φ0.4mm 3색선	m	각 1	
24	실 납	SN 60% φ1.2mm	m	1	
25					

5. 회로 동작

10진 순차점멸회로의 계통도(Block Diagram)는 다음과 같다.

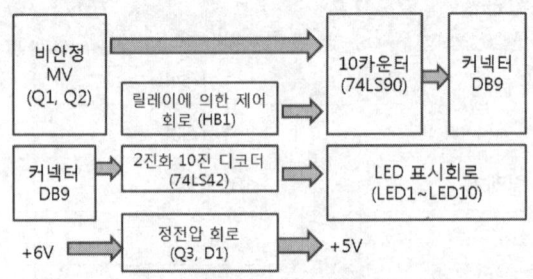

[10진 순차점멸회로의 계통도(Block Diagram)]

(1) 정전압회로

① SW_3의 on 시에는 회로에 전원이 공급되고, off 시에는 회로에 전원이 차단된다.

② 트랜지스터의 바이어스 저항 1kΩ에 의하여 제너 다이오드(ZD) 양단에는 역방향 전류에 의하여 +5V가 나타난다.

③ 트랜지스터의 이미터에는 약 +4.4V의 전압이 나타난다.
전압(V_{CC})은 $V_{CC} = V_Z - V_{BE}$ (V_Z : 제너 다이오드의 전압, V_{BE} : 트랜지스터의 바이어스 전압으로, 실리콘 트랜지스터의 경우 0.6~0.7V)

∴ $V_{CC} = 5 - 0.6 = 4.4V$

(2) 트랜지스터를 이용한 멀티바이브레이터(MV)

① 트랜지스터를 이용한 멀티바이브레이터의 출력은 신호를 공급하기 위한 기본 클록 발생회로이다.

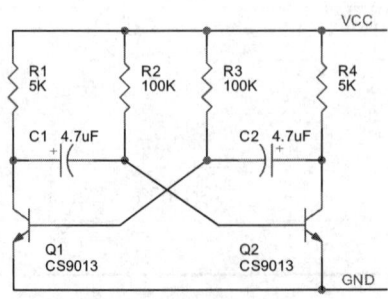

② 전원전압(E)에 의하여 최초에 Q_1이 동작한다고 하면, 이때 Q_2가 동작해도 상태는 같다.(Q_1, Q_2 중 어느 것이 먼저 동작해도 관계가 없다). 전원전압은 R_4와 C_2를 통하여 Q_1 트랜지스터의 베이스와 이미터로 전류가 흐른다. 이때 C_2가 충전하여 Q_1의 베이스 전위가 높아지고 베이스 전류(I_B)가 많이 흐르게 되므로 Q_1의 컬렉터 전류(I_{C1})가 증가하게 된다. 즉, Q_1은 도통 상태가 되어 컬렉터의 전위(V_{C1})는 거의 0V가 된다. (실제는 0.1~0.2V의 컬렉터 전위(V_{C1})가 된다.)

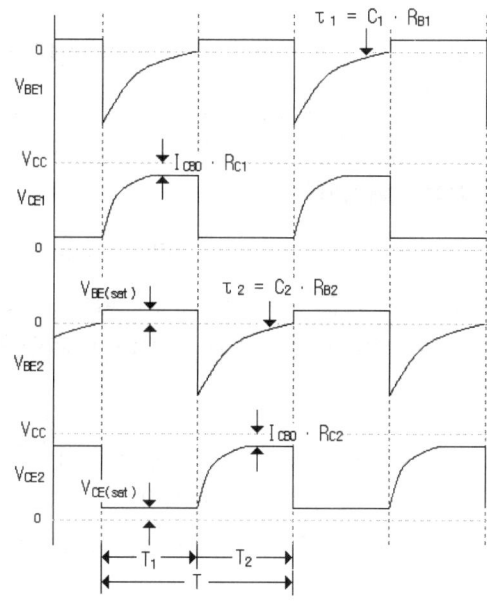

③ 이때 C_1 커패시터는 R_2와 C_1을 통과하여 Q_1의 컬렉터를 통하여 방전하게 된다.(Q_1의 V_{C1}이 ≅0V이므로)

④ Q_2 베이스의 전위는 R_2와 C_1의 경로에 의해서 충전하므로 베이스의 전위가 상승하게 된다. 이때 R_1과 C_1을 경로로 Q_2의 베이스에 (+) 전압을 공급 Q_2가 통전 상태가 되어 Q_2의 컬렉터(V_{C2}) 전위가 0.1~0.2V로 낮아지게 되므로 C_2는 방전하게 된다.

⑤ C_2는 R_3과 C_2를 경로로 Q_2의 컬렉터를 통하여 방전 후 재충전을 하여 위의 동작을 반복한다. 즉, Q_1의 베이스 전위가 상승하여 Q_1이 도통 상태가 된다.

⑥ Q_1의 도통 상태(Q_1 ON 상태)에서 Q_1이 차단 상태(Q_1 OFF 상태)로 되는 시간을 T_1이라면 T_1(Q_1은 ON, Q_2는 OFF)

$$T_1 = R_3 C_2 \log_2 = 0.693 R_3 C_2 [\sec]$$

⑦ Q_2가 도통 상태(Q_2 ON)에서 차단 상태로 되는 시간을 T_2라 하면 위와 같이

회로에서 $(T_2) \rightarrow (Q_1 \text{ OFF}, Q_2 \text{ ON})$

$T_2 = R_2C_1\log 2 = 0.693R_2C_1[\sec]$

⑧ 반복 주기(T)

$T = T_1 + T_2 = 0.693(R_3C_2) + 0.693(R_2C_1)[\sec] = 0.693(R_3C_2 + R_2C_1)[\sec]$

⑨ 회로에서의 발진 주기(T) 및 발진주파수(f)

발진 주기(T)는

$T = T_1 + T_2 = 0.693(R_3C_2 + R_2C_1)$

$= 0.693(100 \times 10^3 \times 4.7 \times 10^{-6} + 100 \times 10^3 \times 4.7 \times 10^{-6}) ≒ 0.65\sec$

주파수(f)는 $f = \dfrac{1}{T} = \dfrac{1}{0.65} ≒ 1.5[\text{Hz}]$

(3) 릴레이에 의한 카운터 제어회로

① 74LS90의 동작을 제어하기 위한 회로로, SW_1을 누르기 전에는 릴레이의 접점이 V_{CC}(전원)에 연결(b 접점 : 평상시 close)되어 74LS90의 $R_0(0)$, $R_0(1)$ 단자가 High 상태가 되어 계수가 되지 않는다.

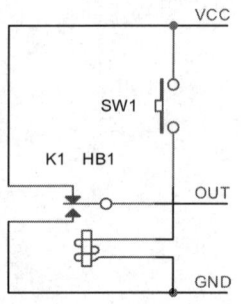

② SW_1을 누르면 릴레이의 코일에 전기가 공급되어 자장이 발생하여 릴레이의 접점이 b 접점에서 a 접점으로 전환되어, $R_0(0)$, $R_0(1)$ 단자가 Low 상태가 되어 계수가 되지 않는다.

(4) 8진 카운터회로

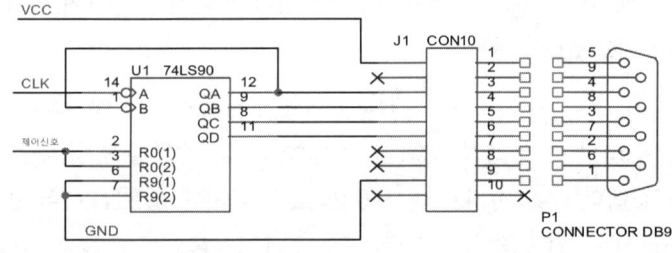

① SN74LS90 IC는 2진 5진 카운터 IC로서 클록 주파수는 32MHz까지 계수가 가능하고 클록의 하강면에서 트리거되는 네거티브 에지 트리거 방식이 사용된다.

② ($R_0(1)$, $R_0(2)$) 2, 3번 핀 입력이 동시에 high 상태이면 계수회로를 리셋시킨다.

③ ($R_9(1)$, $R_9(2)$) 6, 7번 핀 입력이 동시에 high 상태가 되면 계수회로가 $(1001)_2$, 즉 10진수 9로 프리셋 상태가 되며, 내부적으로 2진과 5진 카운터로 구성되어 있다.

④ 2진 카운터는 입력 A(14번 핀)에 가하고 출력 Q_A에서 얻는다. 5진 카운터는 입력 B(1번 핀)에 가해서 Q_B, Q_C, Q_D에서 출력을 얻는다.

⑤ 2진 카운터와 5진 카운터를 연결하여 10진 카운터로 사용할 수 있다. 1/10 분주는 비동기식 리플 카운터이며 출력은 BCD로 나타낸다.

⑥ 10진 카운터로 사용하기 위해서는 출력 Q_A(12번 핀)과 입력 B(1번 핀)를 외부에서 접속하여 사용한다.

⑦ 10진 카운터로 계속 사용할 경우에는 $R_0(1)$, $R_0(2)$, $R_9(1)$, $R_9(2)$ 단자를 "low" 상태, 즉 GND에 접속한다.

⑧ 비안정 MV의 구형파 출력을 SN74LS90의 입력 A에 인가하면 2개의 펄스가 인가될 때 Q_A에서는 1개의 펄스가 나타난다.(1/2 분주) Q_A를 입력 B에 인가하면 5개의 펄스가 공급되어 Q_D에서 1개의 펄스파형을 얻는다.

⑨ SN74LS90의 타이밍 차트와 진리치표

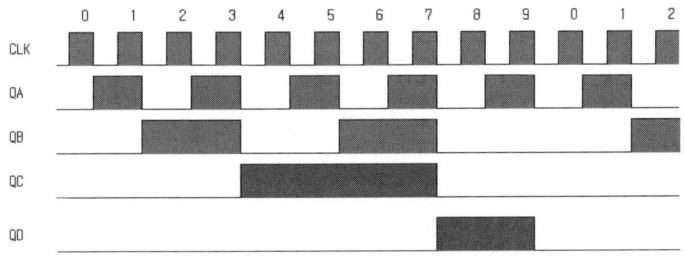

[SN74LS90의 타이밍 차트]

[SN74LS90의 진리치표]

계수(카운트)	Q_D	Q_C	Q_B	Q_A
0	L	L	L	L
1	L	L	L	H
2	L	L	H	L
3	L	L	H	H
4	L	H	L	L
5	L	H	L	H
6	L	H	H	L
7	L	H	H	H
8	H	L	L	L
9	H	L	L	H

리셋 입력				출력			
$R_0(1)$	$R_0(2)$	$R_9(1)$	$R_9(2)$	Q_D	Q_C	Q_B	Q_A
H	H	L	X	L	L	L	L
H	H	X	L	L	L	L	L
X	X	H	H	H	L	L	H
X	L	X	L	카운트(계수)			
L	X	L	X	카운트(계수)			
L	X	X	L	카운트(계수)			
X	L	L	X	카운트(계수)			

- x : don't Care
- $R_0(1)R_0(2)$: 단자가 "H"시는 0 리셋 상태가 된다.
- $R_9(1)R_9(2)$: 단자가 "H"시는 P 리셋 상태가 된다.

(5) BCD - 10진 디코더(2진화 10진 코드)

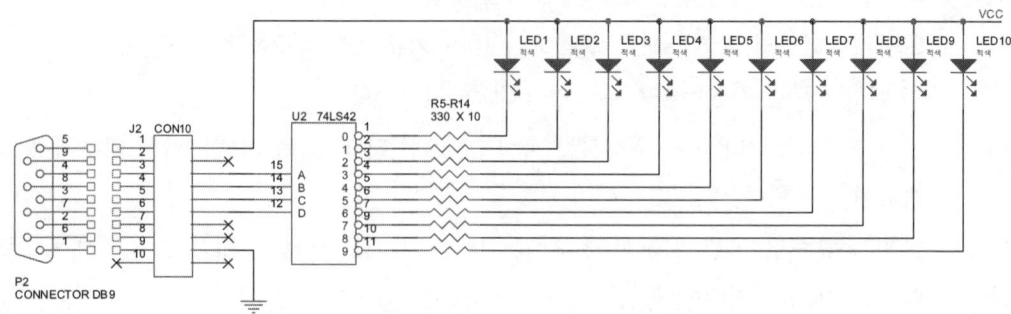

① 74LS42 IC는 BCD 코드로 입력을 받아서 10진수로 출력을 시킨다.
② 클록 펄스 수에 대응한 BCD 코드를 10진 디코더에서 받아 각 BCD 코드에 대응한 출력 "L"가 얻어지게 된다.
③ SN74LS42의 내부 접속도와 같이 10진 디코더는 입력신호를 반전시켜 디코더를 구성하여 해당하는 수의 논리를 "L" 상태로 만드는 IC이다.
④ 74LS42의 진리치표

[SN74LS42의 진리표]

NO	INPUTS				OUTPUTS									
	D	C	B	A	0	1	2	3	4	5	6	7	8	9
0	L	L	L	L	L	H	H	H	H	H	H	H	H	H
1	L	L	L	H	H	L	H	H	H	H	H	H	H	H
2	L	L	H	L	H	H	L	H	H	H	H	H	H	H
3	L	L	H	H	H	H	H	L	H	H	H	H	H	H
4	L	H	L	L	H	H	H	H	L	H	H	H	H	H
5	L	H	L	H	H	H	H	H	H	L	H	H	H	H
6	L	H	H	L	H	H	H	H	H	H	L	H	H	H
7	L	H	H	H	H	H	H	H	H	H	H	L	H	H
8	H	L	L	L	H	H	H	H	H	H	H	H	L	H
9	H	L	L	H	H	H	H	H	H	H	H	H	H	L
I	H	L	H	L	H	H	H	H	H	H	H	H	H	H
N	H	L	H	H	H	H	H	H	H	H	H	H	H	H
V	H	H	L	L	H	H	H	H	H	H	H	H	H	H
A	H	H	L	H	H	H	H	H	H	H	H	H	H	H
L	H	H	H	L	H	H	H	H	H	H	H	H	H	H
I	H	H	H	L	H	H	H	H	H	H	H	H	H	H
D	H	H	H	H	H	H	H	H	H	H	H	H	H	H

⑤ 출력의 상태가 low가 될 때 LED가 점등되고, high 상태가 되면 LED는 소등된다.
⑥ 출력의 LED 점등시간의 타이밍 차트는 아래와 같다.

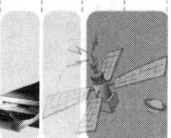

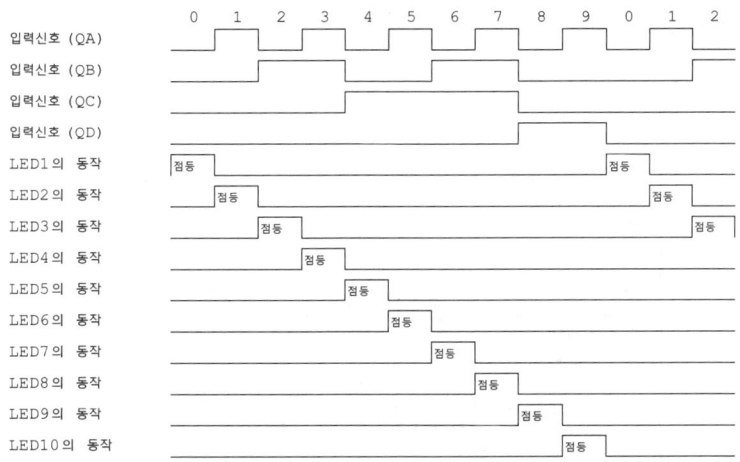

⑦ 출력단의 LED와 직렬로 연결된 330Ω의 저항(R_5~R_{14})은 LED에 흐르는 전류를 제한하여 LED를 보호하는 역할을 한다.

⑧ NAND 게이트의 출력이 low 상태 시에는 0.4V 정도이고, high 상태 시에는 전원전압(Vcc)으로 LED의 점등 시 필요한 전압이 1.2V라면 LED에 흐르는 전류 I는

$I = \dfrac{V}{R}$ 에서 Vcc=5V이므로 R(330Ω) 양단의 전압은

Vcc(+5V)−0.4V−1.2V=3.4V이다.

$I = \dfrac{V}{R} = \dfrac{3.4}{330} = 0.01A$

6. 패턴도(배선면 : BOTTOM)

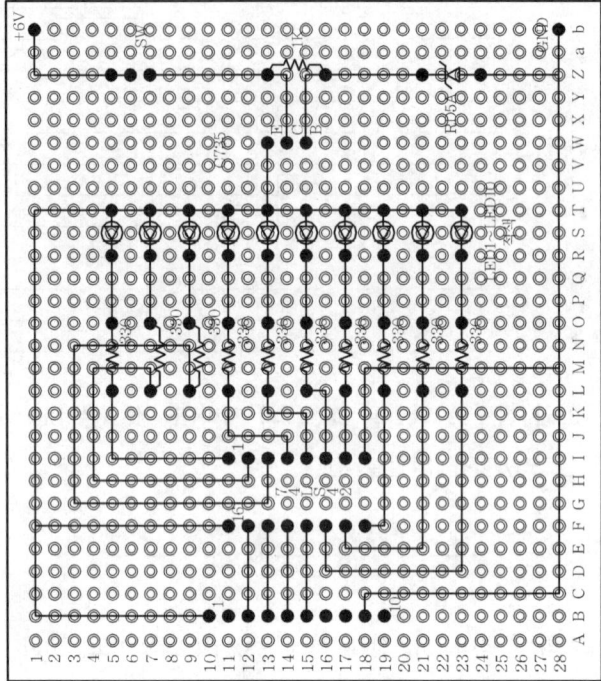

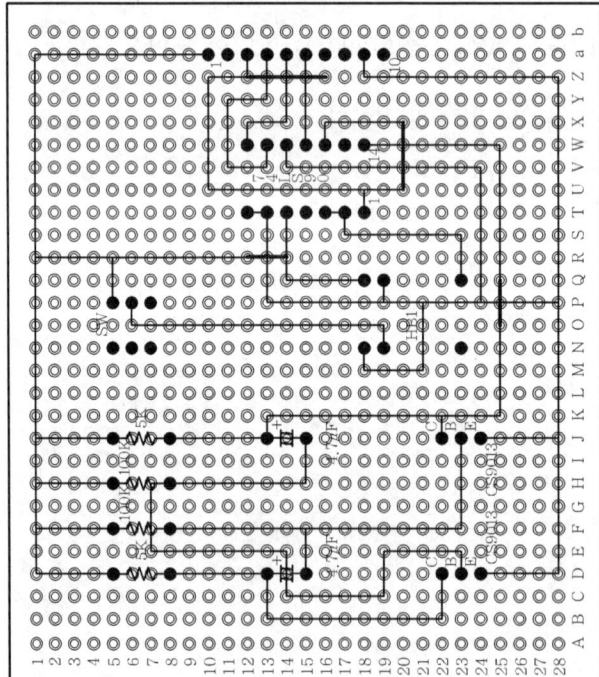

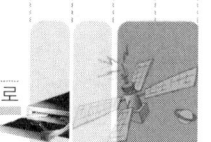

과제번호	2	자격종목 및 등급	통신기기기능사	작 품 명	가변 카운터회로

▶ 시험시간 : 표준시간 3시간 30분, 연장시간 30분

1. 요구사항

   A. 회로조립 및 시험

   (1) 지급된 재료를 사용하여 도면 2장을 각각 조립, RS232C(9핀) 커넥터를 이용하여 연결한 후 전원 스위치(SW_1)을 on시키고 계전기 스위치(SW_2)와 DIP 스위치에 따라 출력을 확인하시오.

   (2) DIP 스위치를 0000~1111(16진수 0~f)중 한 숫자로 맞추면 그 숫자까지 순차 점멸된다.(예, 0100으로 맞추면 0000→0001→0010→0011→0010→0000…. 된다.)

   (3) SW_2의 푸시버튼 스위치를 on했을 때 LED_1~LED_4가 DIP 스위치에 세팅된 값까지 카운트를 반복한다.(DIP 스위치를 0100, 0110, 1000, 1010으로 4가지로 세팅하시오.)

   (4) 전원단자 배선은 +선은 적색, -선은 흑색 면권선 및 악어클립을 사용하시오.

   (5) 납땜 및 배선이 지나는 동박면을 직선부분은 3구멍마다, 배선의 직각부분은 모두 땜하시오.

   (6) 회로에 이상이 있으면 수정하여 작업하시오.

   B. 측정

   (1) 시험위원이 정해준 주파수를 주파수발진기로 발진시킨다.

   (2) 오실로스코프로 측정하여 주파수를 확인한다.

2. 수검자 유의사항

   (1) 지급재료는 부품점검시간에 검사하여 불량품 및 부족 숫자는 지급받도록 하시오.

   (2) 부품점검시간 이후에 부품교환은 일체하지 않으니 유의하시오.

   (3) 회로의 동작이 불완전할 경우에는 동작점수가 많이 삭감되며 부동작 시에는 오작으로 채점하니 주의하시오.

   (4) 배치는 기판 전체에 골고루 안배하여 부품의 균형과 안정감이 있도록 하시오.

(5) 납땜은 냉납이나 산화납 그리고 납의 과다 및 과소가 없도록 하시오.

(6) 점퍼선은 가능한 한 생기지 않도록 하고 점퍼 시에는 동박 후면에서 하시오.

(7) 스위치는 기판에 고정하고 인출선은 끊어지지 않도록 완전하게 연결하시오.

(8) 저항의 색띠는 수직 또는 수평으로 통일하여 배치하시오.

(9) 조정이나 측정 시 사용하는 계기는 정확한 계기를 사용하여 계기의 오차가 발생되지 않도록 하시오.

(10) 저항과 커패시터의 리드선은 적당한 길이로 사용하시오.

(11) 다음은 오작으로 불합격 처리되니 유의하시오.

　① 연장시간까지 미완성된 작품

　② 납땜 또는 배선점수가 0점인 작품(주요 항목)

　③ 지급재료 이외의 재료를 사용한 작품

　④ 부동작되는 작품

(12) 건전지 스냅의 연결 시 극성에 유의하여 기판에 붙이시오.

(13) 부품점검 시 각 부품의 규격이 도면의 규격과 지급재료 목록의 규격이 같은가 확인하고 이상이 있을 시에는 시험위원에게 알리고 그 조치에 따른다.

(14) 트랜지스터 배치는 핀 발이 꼬이지 않도록 하시오.

(15) 한 IC 내에 여러 게이트가 있을 시 작업의 편의에 따라 핀 번호를 바꾸어도 된다.

3. 도면

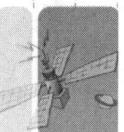

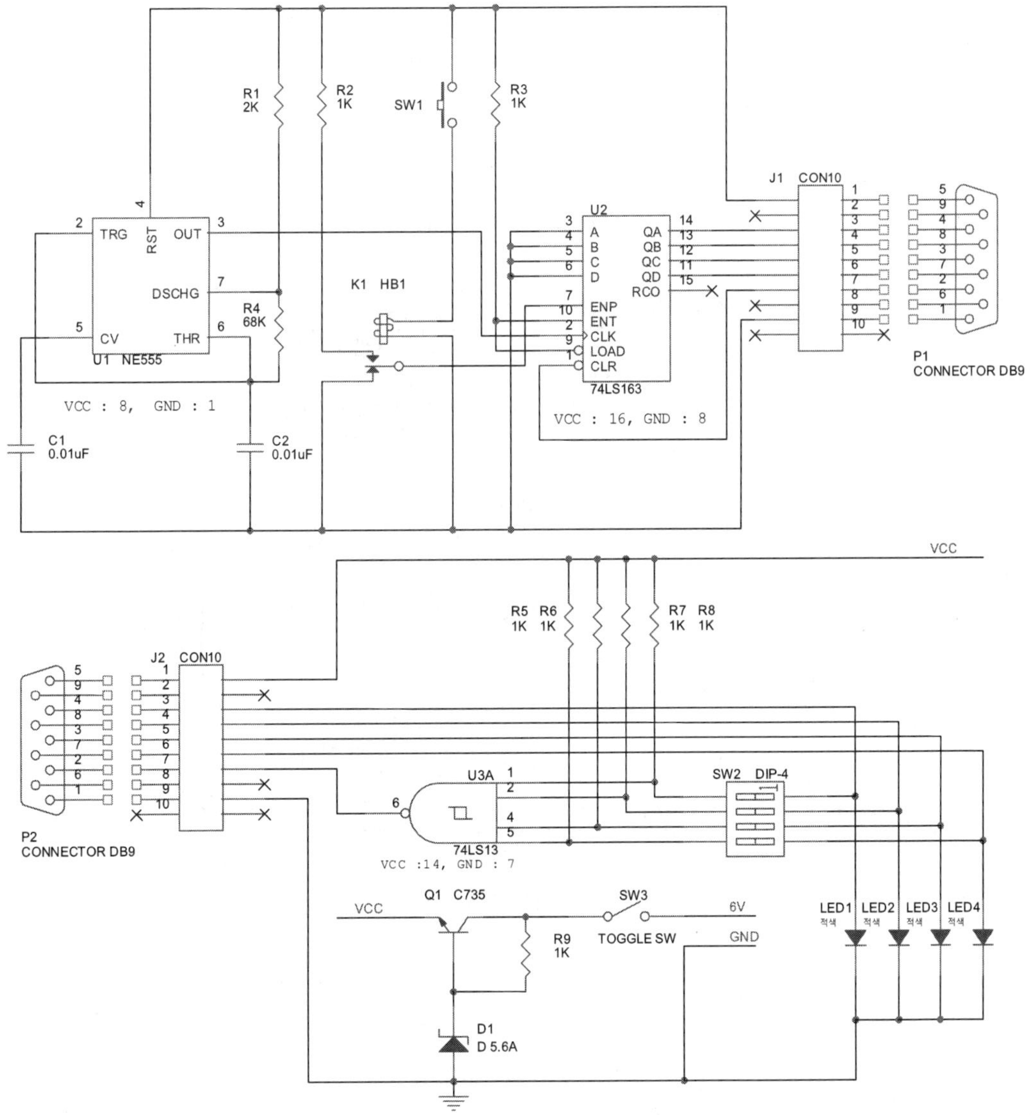

R1
2K
R2
1K
SW1
R3
1K
J1 CON10
U2
TRG
RST
OUT
DSCHG
R4
68K
CV
THR
U1 NE555
K1 HB1
A
B
C
D
ENP
ENT
CLK
LOAD
CLR
QA
QB
QC
QD
RCO
74LS163
P1
CONNECTOR DB9
VCC : 8, GND : 1
VCC : 16, GND : 8
C1
0.01uF
C2
0.01uF
VCC
R5 R6
1K 1K
R7 R8
1K 1K
J2 CON10
P2
CONNECTOR DB9
U3A
74LS13
VCC :14, GND : 7
SW2 DIP-4
Q1 C735
VCC
SW3
TOGGLE SW
6V
GND
R9
1K
D1
D 5.6A
LED1
LED2
LED3
LED4
적색

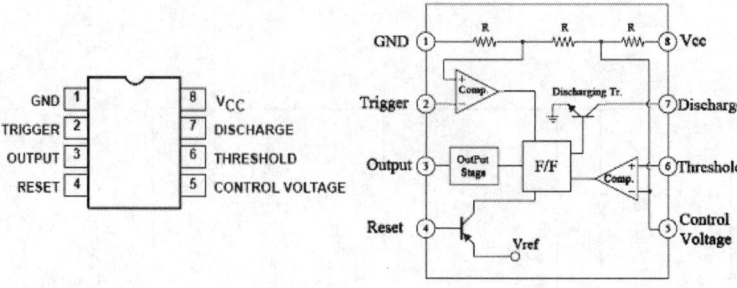

[NE555 또는 SE555]

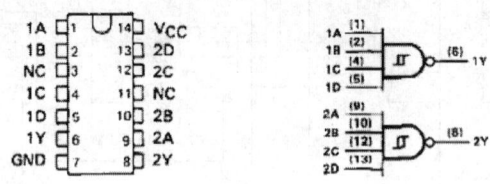

[74LS13]

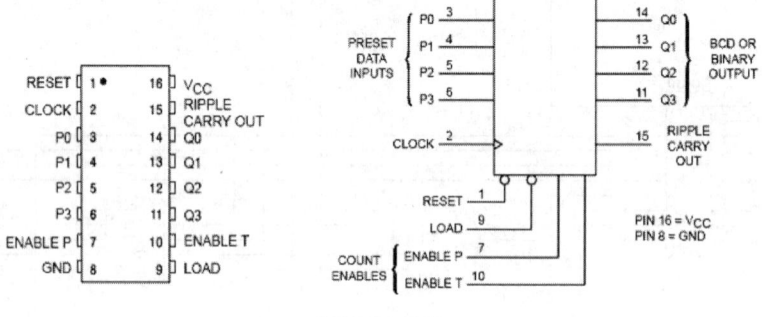

[SN74LS163]

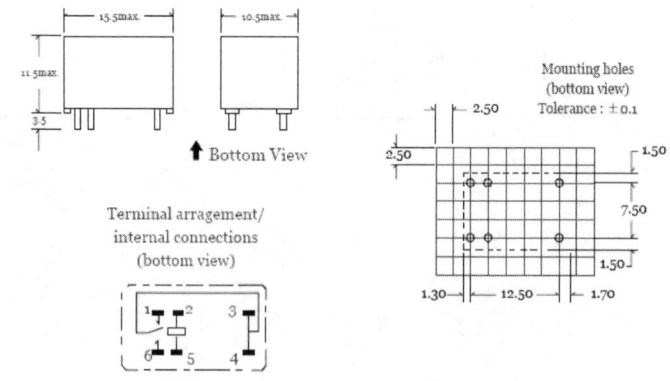

[HB1 또는 DY5(동양릴레이)]

4. 지급재료 목록

일련번호	재료명	규격	단위	수량	비고
1	IC	NE555	개	1	
2	〃	74LS13	〃	1	
3	〃	74LS163	〃	1	
4	IC 소켓	8핀	〃	1	
5	〃	14핀	〃	1	
6	〃	16핀	〃	1	
7	계전기(릴레이)	HB1-DC5V용	〃	1	
8	트랜지스터(TR)	2SC735	〃	1	
9	제너 다이오드	ZD 5A	〃	1	5.6V용
10	LED(발광 다이오드)	적색(LED1)	〃	4	
11	저 항	51kΩ, 1/4W	〃	1	
12	〃	22kΩ, 1/4W	〃	1	
13	〃	1kΩ, 1/4W	〃	7	
14	10pin 블록	암, 수	조	2	
15	RS232C 커넥터	9 Pin(암, 수)	조	1	
16	전해 커패시터	0.01μF	개	2	
17	스 위 치	3 Pin(slide)	〃	1	전원스위치
18	누름버튼 스위치	on/off용(토글)	〃	1	
19	IC 만능기판	28×28 구멍	장	2	
20	건 전 지	4DM/6V	개		5명당 1
21	악어클립	적색, 흑색	〃	각 1	
22	Flat 케이블(10가닥)	연선	cm	20	
23	전 원 선	적, 청 φ0.5mm	cm	각 20	악어클립용
24	배 선	φ0.4mm 3색선	m	각 1	
25	실 납	SN 60% φ1.2mm	m	1	

5. 회로 동작

가변 카운터회로의 계통도(Block Diagram)는 다음과 같다.

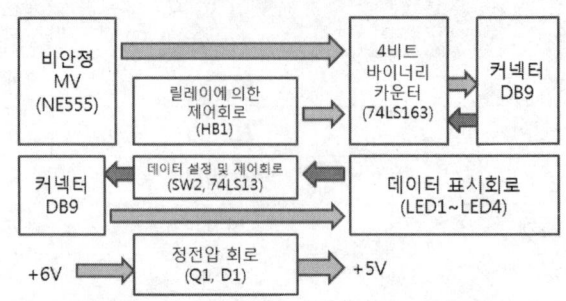

[가변 카운터회로의 계통도(Block Diagram)]

(1) 정전압회로

① SW_3의 on 시에는 회로에 전원이 공급되고, off 시에는 회로에 전원이 차단된다.

② 트랜지스터의 바이어스 저항 1kΩ에 의하여 제너 다이오드 양단에는 역방향 전류에 의하여 +5V가 나타난다.

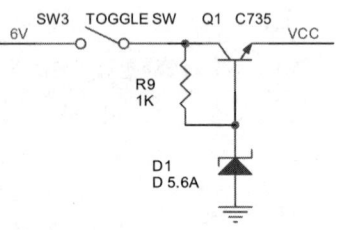

③ 트랜지스터의 이미터에는 약 +4.4V의 전압이 나타난다.
전압(Vcc)은 $Vcc = V_Z - V_{BE}$(V_Z : 제너 다이오드의 전압, V_{BE} : 트랜지스터의 바이어스 전압으로, 실리콘 트랜지스터의 경우 0.6~0.7V)
∴ $Vcc = 5.6 - 0.6 = 5V$

(2) NE555를 이용한 비안정 멀티바이브레이터(펄스발생회로)

① NE555는 단일 타이머 IC로 비안정 M/V와 단안정 M/V를 구성할 수 있다.

② +4.5~16V(출력전류는 수백 mA 정도) 전압 범위의 단일 전원으로 동작하는 리니어 IC이다.

③ NE555(MC14555 or KA555)를 이용해서 구성된 발진회로에서 얻을 수 있는 주파수는 최대 1MHz이나 300kHz 정도까지 이용하는 것이 적당하며, 최저주파수는 1/20~1/50Hz 정도가 안정하다.

④ 전원 공급하는 순간 커패시터 양단의 전압이 거의 0V가 되어 트리거 입력(2) 단자가 low 상태가 되고 R_1, R_4를 통하여 커패시터 C_2에 충전하게 되며, 커패시터가 충전

하는 동안 출력(3)은 high 상태가 된다.

⑤ 커패시터의 양단전압이 상승경계전압($V_{UT} : \frac{2}{3} V_{CC}$)이 되면 커패시터는 R_4를 통하여 7번 핀으로 방전하며, 커패시터가 방전하는 동안 출력(3)은 low 상태를 유지하며, 방전 상태가 하강경계전압($V_{LT} : \frac{1}{3} V_{CC}$)에 이르면 C_2는 방전을 멈추고 충전을 시작한다. 즉 ④, ⑤과정의 반복으로 출력에는 구형파의 발진파형이 출력된다.

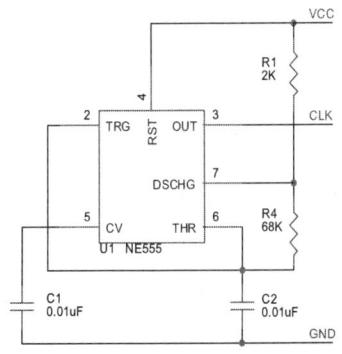

⑥ 출력 레벨이 high가 되는 시간(T_1)

$T_1 = 0.693(R_1 + R_4)C_2 = 0.693(2 \times 10^3 + 68 \times 10^3) \times 0.01 \times 10^{-6} \sec$

$\fallingdotseq 0.48 \, \mathrm{msec}$

⑦ 출력 레벨이 low가 되는 시간(T_2)

$T_2 = 0.693 R_4 \cdot C_2 = 0.693 \times 68 \times 10^3 \times 0.01 \times 10^{-6} \sec \fallingdotseq 0.047 \, \mathrm{msec}$

⑧ 주기(T)

$T = T_1 + T_2 = 0.693(R_1 + R_4)C_2 + 0.693 R_4 \cdot C_2$

$= 0.48 + 0.47 \, \mathrm{msec} \fallingdotseq 0.95 \, \mathrm{msec}$

⑨ 듀티 사이클(Duty Cycle)

$\mathrm{Duty \ Cycle} = \frac{R_4}{R_1 + 2R_4} \times 100\%$

⑩ 주파수(f)

$f = \frac{1}{T} = \frac{1}{0.693(R_1+R_4)C_2 + 0.693 R_4 C_2} = \frac{1}{0.95 \times 10^{-3}} \fallingdotseq 1 \, \mathrm{kHz}$

⑪ NE555의 4번 핀은 리셋 단자로 단자를 high로 하면 정상적인 타이머로 동작하나 low 상태가 되면 출력은 리셋된다.

⑫ 5번 핀은 바이패스 단자로 회로 내에서 발생하는 급격한 전류 변화를 방출 또는 흡수하여 오동작을 방지하는 회로로, 보통 0.1~0.01μF의 커패시터를 연결한다.

⑬ 커패시터 양단파형과 출력파형

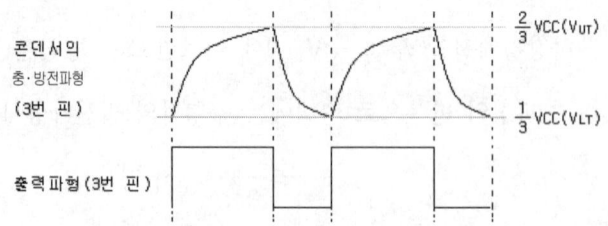

(3) 릴레이에 의한 카운터 제어회로

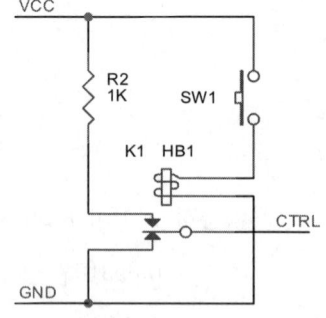

① 74LS163의 동작을 제어하기 위한 회로로, SW_1을 누르기 전에는 릴레이의 접점이 GND(접지)에 연결(b 접점 : 평상시 close)되어 74LS163의 인에이블 프리셋 단자(7번 핀)가 Low 상태가 되어 계수가 되지 않는다.

② SW_1을 누르면 릴레이의 코일에 전기가 공급되어 자장이 발생하여 릴레이의 접점이 b 접점에서 a 접점으로 전환되어, 인에이블 프리셋 단자(7번 핀)가 High 상태가 되어 계수가 된다.

(4) BCD DECADE COUNTERS/ 4-BIT BINARY COUNTERS

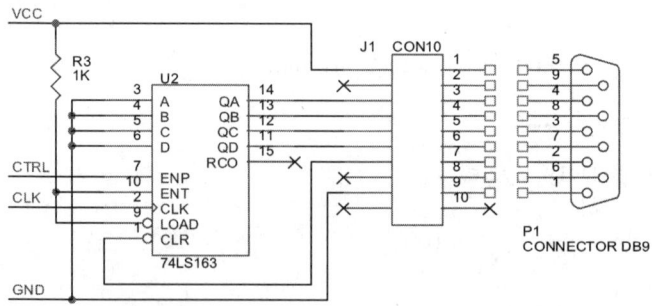

① 74LS163은 동기의 패러럴 인에이블(parallel Enable : Load) 기능을 갖는 동기형 4비트 바이너리 카운터 IC로 모듈로 16진(2진)으로 계수한다.

② 3개의 제어 입력 Parallel Enable($\overline{PE}$), Count Enable Parallel(CEP), Count Enable Trickle(CET)는 다음의 모드 선택 테이블에서 선택한다.

2. 가변 카운터회로

[모드 선택 테이블(Mode Select Table)]

SR	PE	CET	CEP	상승에지에서의 동작
L	X	X	X	리셋(클리어)
H	L	X	X	로드(프리셋)
H	H	H	H	카운트(Increment)
H	H	L	X	현 상태 유지(변화 없음 : Hold)
H	H	X	L	현 상태 유지(변화 없음 : Hold)

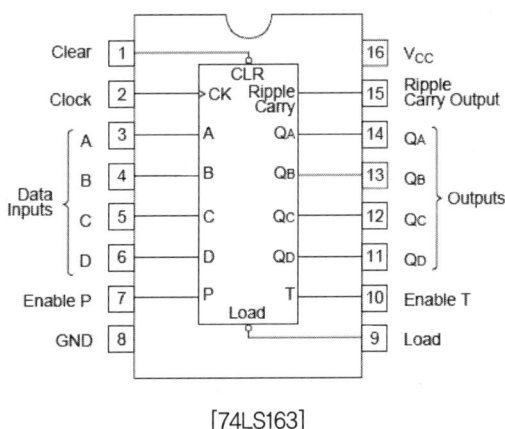

[74LS163]

③ 카운트 모드는 CEP, CET, PE 입력이 "H"일 때 인에이블되며, PE가 "L"일 때 카운트는 "L"에서 "H"로의 변화에 동기하여 패러럴 입력에서 플립플롭에 데이터를 로드한다.

④ CEP 또는 CET를 사용하여 카운트 시퀀스를 금지시킬 수 있으며, PE가 "H"일 때 클록이 "L"에서 "H"로 변화하는 시점 보다 셋업 시간만큼 앞에서 CEP 또는 CET 입력이 "L"로 되면 현재의 레벨이 유지된다.

⑤ 2개의 카운트 인에이블 입력(CET, CEP)의 AND 기능에 의해 외부 게이트회로나 특정 비트 수 또는 자리 수에 해당하는 지연 없이 캐스케이드 접속이 가능하다.

⑥ 74LS163의 타이밍 차트

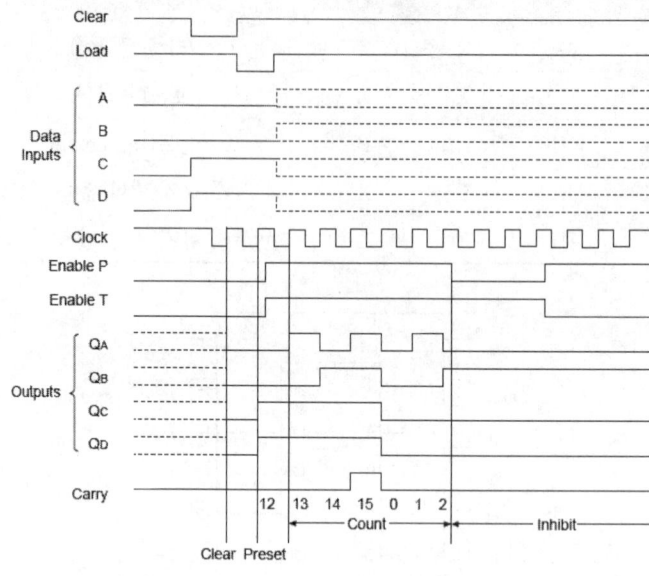

[74LS163의 타이밍 차트]

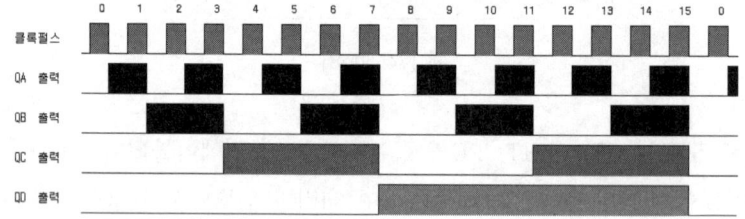

(5) 데이터 설정 및 리셋회로

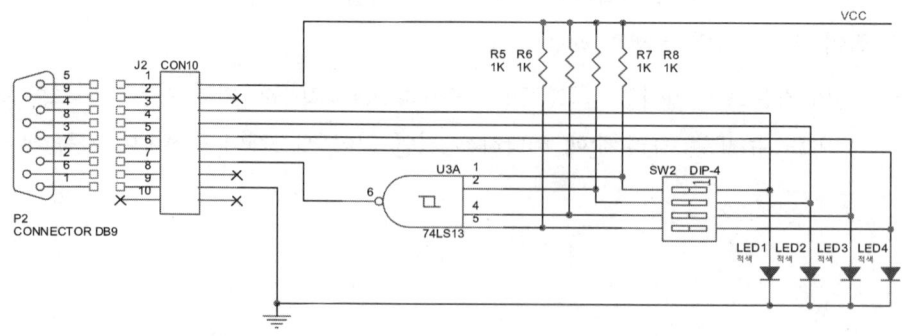

① 74LS13은 듀얼의 4입력 시미트트리거 NAND 게이트이다.

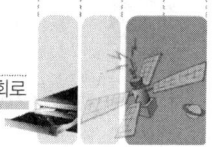

2. 가변 카운터회로

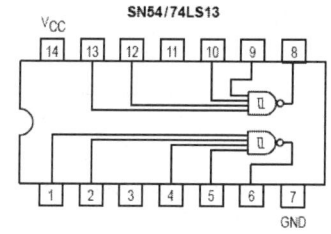

② 시미트트리거는 정궤환에 의한 완만한 입력의 변화를 효과적으로 속도를 향상하여 상승 에지와 하강 에지에 대하여 서로 다른 입력 스레시홀드 전압을 제공한다.

③ U3A의 출력은 U2(74LS163)의 CLR 단자(1번 핀)를 제어한다.

$Y = \overline{ABCD}$

④ DIP 스위치를 0000~1111(16진수 0~f) 중 한 숫자로 맞추면 그 숫자까지 순차 점멸된다.(예, 0100으로 맞추면 0000 → 0001 → 0010 → 0011 → 0100 → 0000....)

⑤ SW_2의 푸시버튼 스위치를 on했을 때 LED_1~LED_4가 DIP 스위치에 세팅된 값까지 카운트를 반복한다.(DIP 스위치를 0100, 0110, 1000, 1010으로 4가지로 세팅하시오.)

⑥ LED와 딥스위치를 통하여 직렬로 연결된 1kΩ의 저항은 LED에 흐르는 전류를 제한하는 역할을 한다.

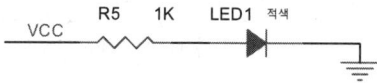

⑦ 74LS163의 출력이 low 상태 시 0.4V 정도이고, high 상태 시에는 전원전압(Vcc)으로 LED의 점등 시 필요한 전압이 1.2V라면 LED에 흐르는 전류 I는 $I = \dfrac{V}{R}$에서 Vcc =5V이므로 R(1kΩ) 양단의 전압은 Vcc(+5V)−0.4V−1.2V=3.4V이다.

$I = \dfrac{V}{R} = \dfrac{3.4}{1000} = 3.4\text{mA}$

6. 패턴도(배선면 : BOTTOM)

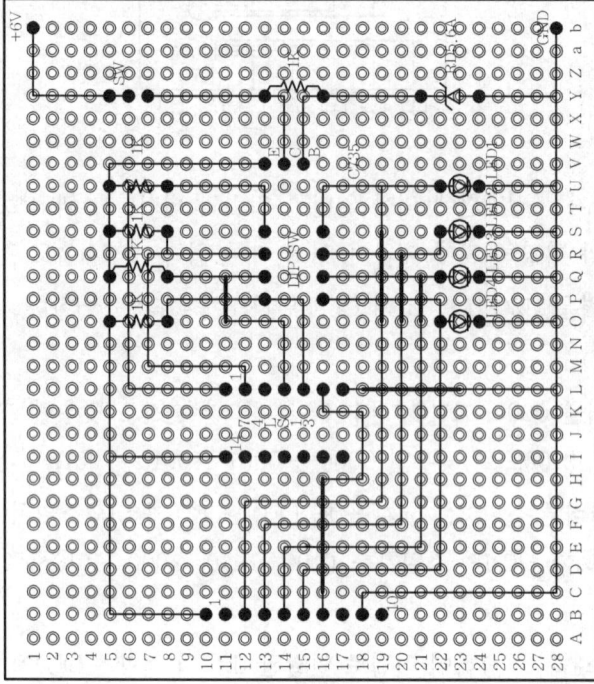

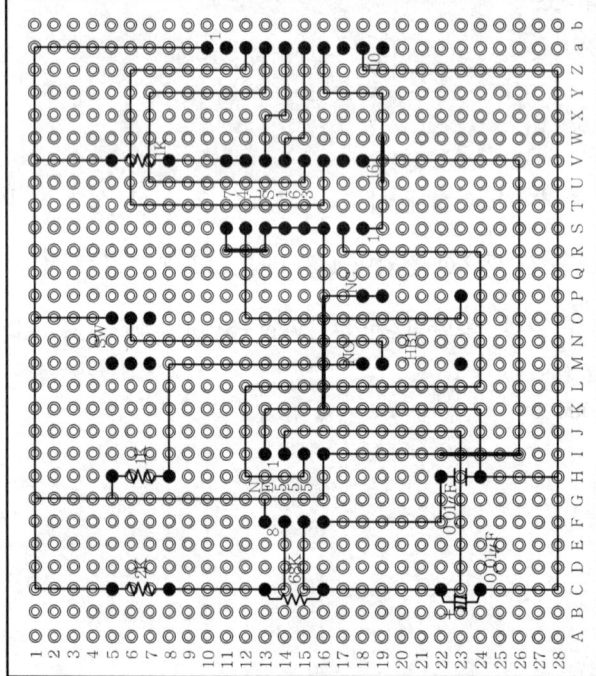

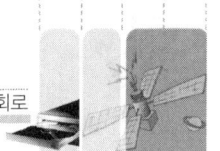

3. 감산기회로

| 과제번호 | 3 | 자격종목 및 등급 | 통신기기기능사 | 작품명 | 감산기회로 |

▶ 시험시간 : 표준시간 3시간 30분, 연장시간 30분

1. 요구사항

A. 회로조립 및 시험

(1) 지급된 재료를 사용하여 도면 2장을 각각 조립, RS232C(9핀) 커넥터를 이용하여 연결한 후 전원 스위치(SW_1)을 on시키고 계전기 스위치(SW_2)와 DIP 스위치에 따라 출력을 확인하시오.

(2) DIP 스위치를 아래 표대로 맞추고 계전기 스위치(SW_2)를 on하시오.

(3) DIP 스위치에 따른 LED 상태를 표에 적으시오(on, off)

DIP 스위치			LED
1	2	3	
on	on	on	
on	on	off	
on	off	on	
on	off	off	
off	on	on	
off	on	off	
off	off	on	
off	off	off	

* DIP 스위치 on, off
  on : Low(0)
  off : High(1)

(4) 전원단자 배선은 +선은 적색, -선은 흑색 면권선 및 악어클립을 사용하시오.

(5) 납땜 및 배선이 지나는 동박면을 직선부분은 3구멍마다, 배선의 직각부분은 모두 땜하시오.

(6) 회로에 이상이 있으면 수정하여 작업하시오.

B. 측정

(1) 시험위원이 정해준 주파수를 주파수발진기로 발진시킨다.

(2) 오실로스코프로 측정하여 주파수를 확인한다.

2. 수검자 유의사항

(1) 지급재료는 부품점검시간에 검사하여 불량품 및 부족 숫자는 지급받도록 하시오.

(2) 부품점검시간 이후에 부품교환은 일체하지 않으니 유의하시오.

(3) 회로의 동작이 불완전할 경우에는 동작점수가 많이 삭감되며 부동작 시에는 오작으로 채점하니 주의하시오.

(4) 배치는 기판 전체에 골고루 안배하여 부품의 균형과 안정감이 있도록 하시오.

(5) 납땜은 냉납이나 산화납 그리고 납의 과다 및 과소가 없도록 하시오.

(6) 점퍼선은 가능한 한 생기지 않도록 하고 점퍼 시에는 동박 후면에서 하시오.

(7) 스위치는 기판에 고정하고 인출선은 끊어지지 않도록 완전하게 연결하시오.

(8) 저항의 색띠는 수직 또는 수평으로 통일하여 배치하시오.

(9) 조정이나 측정 시 사용하는 계기는 정확한 계기를 사용하여 계기의 오차가 발생되지 않도록 하시오.

(10) 저항과 커패시터의 리드선은 적당한 길이로 사용하시오.

(11) 다음은 오작으로 불합격 처리되니 유의하시오.

 ① 연장시간까지 미완성된 작품

 ② 납땜 또는 배선점수가 0점인 작품(주요 항목)

 ③ 지급재료 이외의 재료를 사용한 작품

 ④ 부동작되는 작품

(12) 건전지 스냅의 연결 시 극성에 유의하여 기판에 붙이시오.

(13) 부품점검 시 각 부품의 규격이 도면의 규격과 지급재료 목록의 규격이 같은가 확인하고 이상이 있을 시에는 시험위원에게 알리고 그 조치에 따른다.

(14) 트랜지스터 배치는 핀 발이 꼬이지 않도록 하시오.

(15) 한 IC 내에 여러 게이트가 있을 시 작업의 편의에 따라 핀 번호를 바꾸어도 된다.

3. 도면

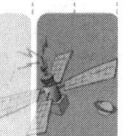

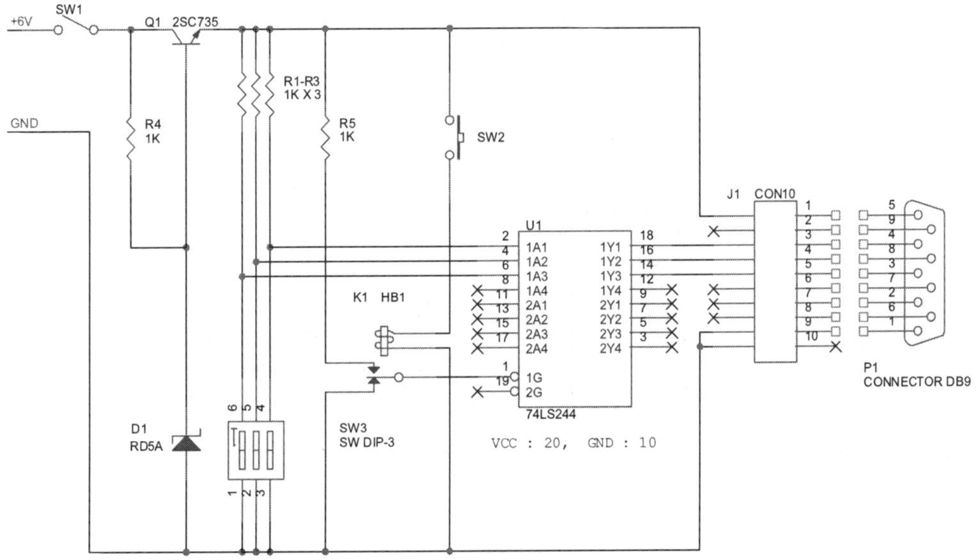
+6V
SW1
Q1 2SC735
R1-R3
1K X 3
GND
R4
1K
R5
1K
SW2
J1 CON10
U1
1A1
1A2
1A3
1A4
2A1
2A2
2A3
2A4
1Y1
1Y2
1Y3
1Y4
2Y1
2Y2
2Y3
2Y4
1G
2G
74LS244
K1 HB1
P1
CONNECTOR DB9
D1
RD5A
SW3
SW DIP-3
VCC : 20, GND : 10

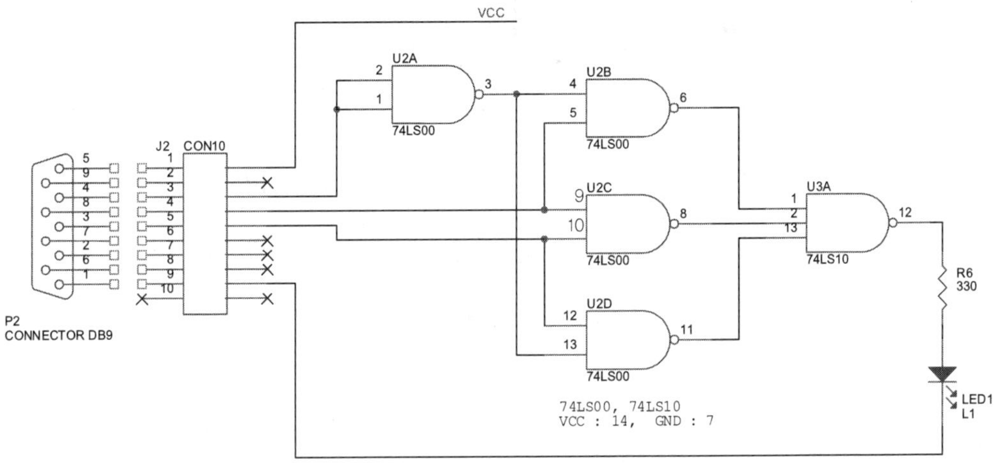
VCC
U2A
74LS00
U2B
74LS00
U2C
74LS00
U2D
74LS00
U3A
74LS10
J2 CON10
P2
CONNECTOR DB9
R6
330
LED1
L1
74LS00, 74LS10
VCC : 14, GND : 7

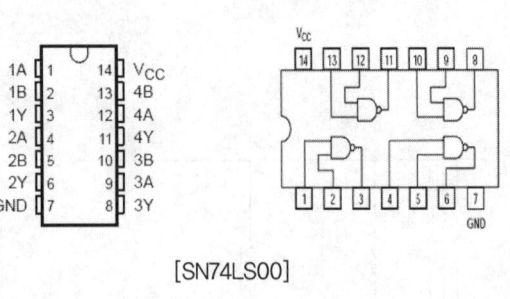

[SN74LS00]

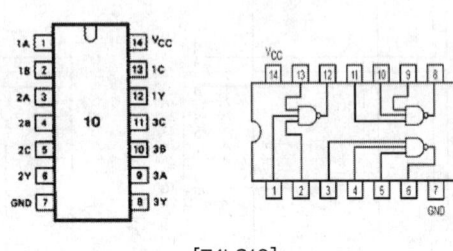

[74LS10]

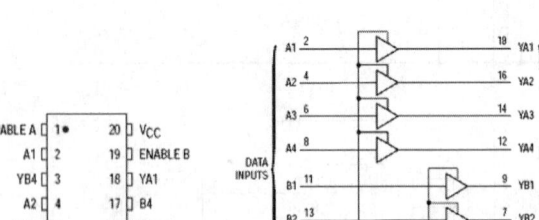

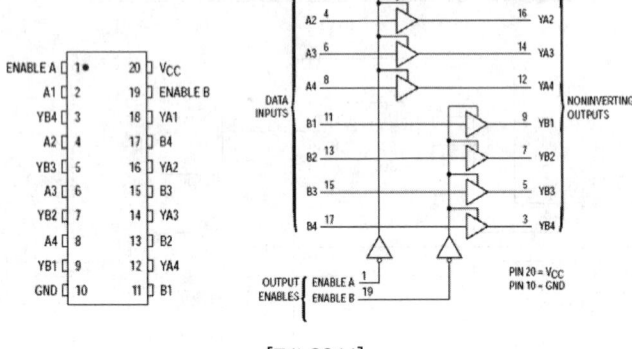

[74LS244]

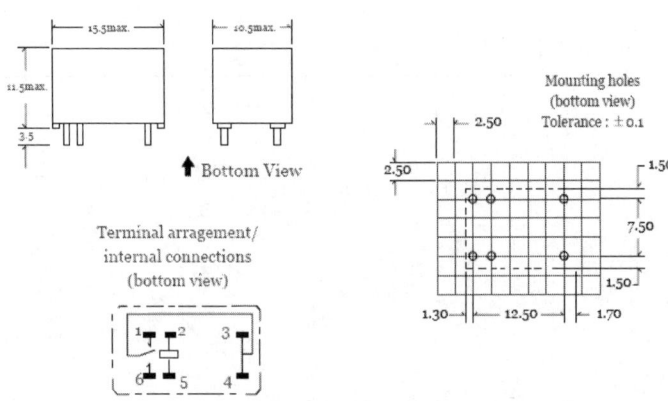

[HB1 또는 DY5(동양릴레이)]

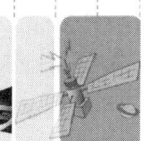

3. 감산기회로

4. 지급재료 목록

일련번호	재료명	규격	단위	수량	비고
1	IC	74LS00	개	1	
2	〃	74LS10	〃	2	
3	〃	74LS244	〃		
4	IC 소켓	14핀	〃	2	
5	〃	20핀	〃	1	
6	계전기(릴레이)	HB1-DC5V용	〃	1	
7	트랜지스터(TR)	2SC735	〃	1	
8	제너 다이오드	ZD 5A	〃	1	5.6V용
9	LED(발광 다이오드)	적색(LED1)	〃	1	
10	저 항	330Ω, 1/4W	〃	1	
11	〃	4.7kΩ, 1/4W	〃	1	
12	〃	1kΩ, 1/4W	〃	4	
13	DIP 스위치	DIP-3 (6Pin)	〃	1	
14	10pin 블록	암, 수	조	2	
15	RS232C 커넥터	9 Pin (암, 수)	조	1	
16	스 위 치	3 Pin (slide)	〃	1	전원스위치
17	누름버튼 스위치	on/off용(토글)	〃	1	
18	IC 만능기판	28×28 구멍	장	2	
19	건 전 지	4DM/6V	개		5명당 1
20	악어클립	적색, 흑색	〃	각 1	
21	Flat 케이블(10가닥)	연선	cm	20	
22	전 원 선	적, 청 ϕ0.5mm	cm	각 20	악어클립용
23	배 선	ϕ0.4mm 3색선	m	각 1	
24	실 납	SN 60% ϕ1.2mm	m	1	
25					

5. 회로 동작

감산기회로의 계통도(Block Diagram)는 다음과 같다.

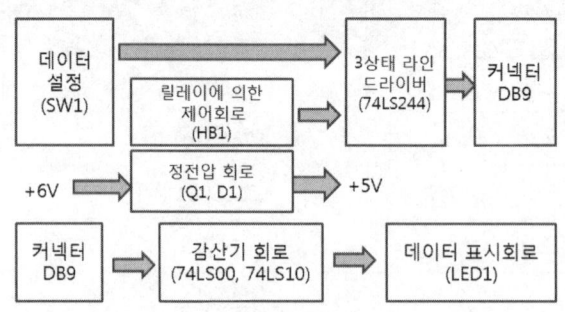

[감산기회로의 계통도(Block Diagram)]

(1) 정전압회로

① SW_2의 on 시에는 회로에 전원이 공급되고, off 시에는 회로에 전원이 차단된다.

② 트랜지스터의 바이어스 저항 1kΩ에 의하여 제너 다이오드 양단에는 역방향 전류에 의하여 +5V가 나타난다.

③ 트랜지스터의 이미터에는 약 +4.4V의 전압이 나타난다.

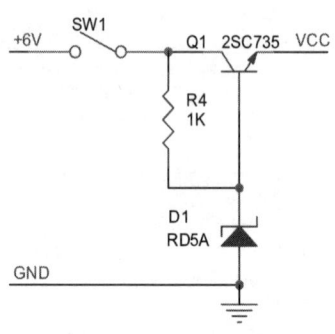

전압(Vcc)은 $Vcc=V_Z-V_{BE}$(V_Z : 제너 다이오드의 전압, V_{BE} : 트랜지스터의 바이어스 전압으로, 실리콘 트랜지스터의 경우 0.6~0.7V)

∴ $Vcc=5-0.6=4.4V$

(2) 릴레이에 의한 카운터 제어회로

① 74LS244의 동작을 제어하기 위한 회로로, SW_2를 누르기 전에는 릴레이의 접점이 GND(접지)에 연결(b 접점 : 평상시 close)되어 1G(1번 핀) 단자가 Low 상태가 되어 A_1~A_3의 데이터가 Y_1~Y_3에 전송되지 않는다.

② SW_2를 누르면 릴레이의 코일에 전기가 공급되어 자장이 발생하여 릴레이의 접점을 b 접점에서 a 접점으로 전환되어, V_{CC}(전원)에 연결(b 접점 : 평상시 close)되어 1G(1번 핀) 단자가 High 상태가 되어 A_1~A_3의 데이터

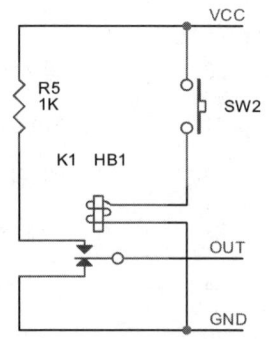

가 $Y_1 \sim Y_3$에 전송되어 나타난다.

(3) 8진(OCTAL) 버퍼/ 라인 드라이브의 3 상태 출력

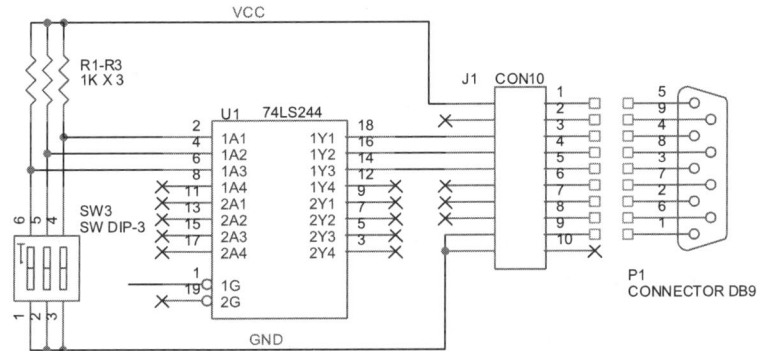

① 74LS244는 메모리 어드레스 드라이버, 클록 드라이버, 버스 구성형 트랜스미터/리시버로서 설계된 8회로의 버퍼/라인 드라이버 IC이다.

② 74LS244의 진리치표

입력		출력
$\overline{G}$	A	Y
L	L	L
L	H	H
H	X	Z(하이 임피던스)

③ 1G(1번)핀의 상태가 "L"이면 입력 데이터가 출력으로 전달되고, "H" 상태이면 출력은 입력 데이터와 관계없이 하이 임피던스(Z) 상태가 된다.

④ 74LS244의 핀 배치도

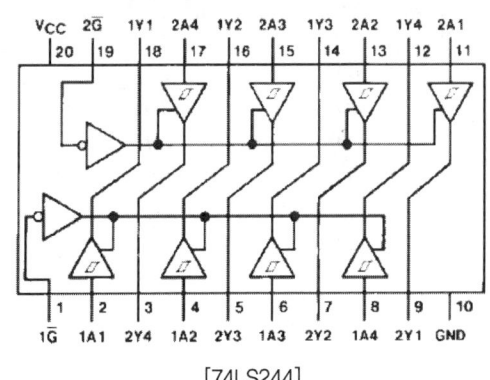

[74LS244]

(4) 감산기

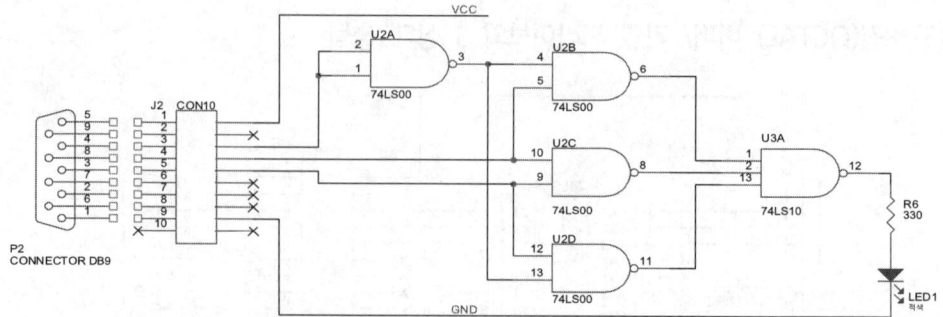

① 감산기회로의 논리식

$$Y = \overline{\overline{Y_1 Y_2} \cdot \overline{Y_2 Y_3} \cdot \overline{Y_1 Y_3}} = \overline{\overline{Y_1 Y_2}} + \overline{\overline{Y_2 Y_3}} + \overline{\overline{Y_1 Y_3}}$$

$$= \overline{Y_1} Y_2 + Y_2 Y_3 + \overline{Y_1} Y_3 = \overline{Y_1}(Y_2 + Y_3) + Y_2 Y_3$$

② 감산기회로의 동작(진리치표)

SW₁(Y₃)	SW₂(Y₂)	SW₃(Y₁)	LED의 동작상태
0	0	0	1(점등)
0	0	1	0(소등)
0	1	0	0(소등)
0	1	1	0(소등)
1	0	0	1(점등)
1	0	1	1(점등)
1	1	0	1(점등)
1	1	1	0(소등)

[감산기회로의 진리치표]

DIP 스위치			LED
1	2	3	
on	on	on	1(점등)
on	on	off	0(소등)
on	off	on	0(소등)
on	off	off	0(소등)
off	on	on	1(점등)
off	on	off	1(점등)
off	off	on	1(점등)
off	off	off	0(소등)

* DIP 스위치 on, off
 on : Low(0), off : High(1)

③ 감산기회로의 타이밍 차트

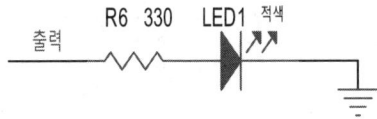

[감산기회로의 타이밍 차트]

④ LED와 직렬로 연결된 330Ω의 저항은 LED에 흐르는 전류를 제한하는 역할을 한다.

⑤ NAND 게이트의 출력이 low 상태 시에는 0.4V 정도이고, high 상태 시에는 전원전압(Vcc)으로 LED의 점등 시 필요한 전압이 1.2V라면 LED에 흐르는 전류 I는

$I = \dfrac{V}{R}$ 에서 Vcc=5V이므로 R(330Ω) 양단의 전압은

Vcc(+5V)−0.4V−1.2V=3.4V이다.

$I = \dfrac{V}{R} = \dfrac{3.4}{330} = 0.01A$

6. 패턴도(배선면 : BOTTOM)

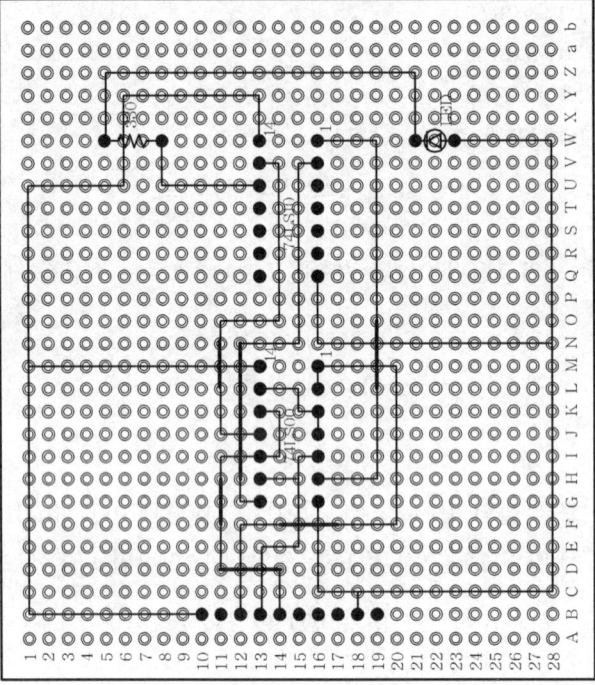

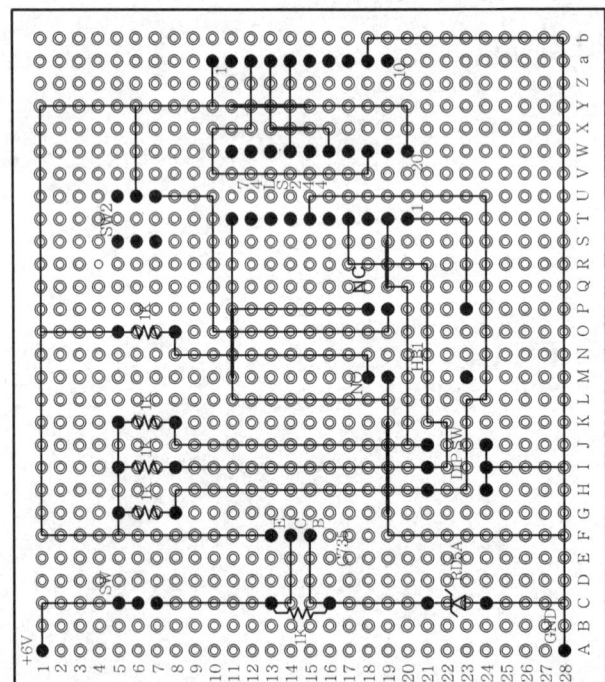

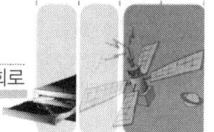

4. 디코더회로

과제번호	4	자격종목 및 등급	통신기기기능사	작 품 명	디코더회로

▶ 시험시간 : 표준시간 3시간 30분, 연장시간 30분

1. 요구사항

A. 회로조립 및 시험

(1) 지급된 재료를 사용하여 도면 2장을 각각 조립, RS232C(9핀) 커넥터를 이용하여 연결한 후 전원 스위치(SW_1)을 on시키고 계전기 스위치(SW_2)와 DIP 스위치에 따라 출력을 확인하시오.

(2) DIP 스위치에 따른 LED 상태를 표에 적으시오.(on, off)

SW_2	DIP 스위치		LED_1	LED_2	LED_3	LED_4
	2	1				
off	off	off				
off	off	on				
off	on	off				
off	on	on				
on	off	off				
on	off	on				
on	on	off				
on	on	on				

(3) LED가 동작된 상태에서 SW_2를 off시키면 LED거 꺼진다.

(4) 전원단자 배선은 +선은 적색, -선은 흑색 면권선 및 악어클립을 사용하시오.

(5) 납땜 및 배선이 지나는 동박면을 직선부분은 3구멍마다, 배선의 직각부분은 모두 땜하시오.

(6) 회로에 이상이 있으면 수정하여 작업하시오.

B. 측정

(1) 시험위원이 정해준 주파수를 주파수발진기로 발진시킨다.

(2) 오실로스코프로 측정하여 주파수를 확인한다.

2. 수검자 유의사항

(1) 지급재료는 부품점검시간에 검사하여 불량품 및 부족 숫자는 지급받도록 하시오.

(2) 부품점검시간 이후에 부품교환은 일체하지 않으니 유의하시오.

(3) 회로의 동작이 불완전할 경우에는 동작점수가 많이 삭감되며 부동작 시에는 오작으로 채점하니 주의하시오.

(4) 배치는 기판 전체에 골고루 안배하여 부품의 균형과 안정감이 있도록 하시오.

(5) 납땜은 냉납이나 산화납 그리고 납의 과다 및 과소가 없도록 하시오.

(6) 점퍼선은 가능한 한 생기지 않도록 하고 점퍼 시에는 동박 후면에서 하시오.

(7) 스위치는 기판에 고정하고 인출선은 끊어지지 않도록 완전하게 연결하시오.

(8) 저항의 색띠는 수직 또는 수평으로 통일하여 배치하시오.

(9) 조정이나 측정 시 사용하는 계기는 정확한 계기를 사용하여 계기의 오차가 발생되지 않도록 하시오.

(10) 저항과 커패시터의 리드선은 적당한 길이로 사용하시오.

(11) 다음은 오작으로 불합격 처리되니 유의하시오.

  ① 연장시간까지 미완성된 작품

  ② 납땜 또는 배선점수가 0점인 작품(주요 항목)

  ③ 지급재료 이외의 재료를 사용한 작품

  ④ 부동작되는 작품

(12) 건전지 스냅의 연결 시 극성에 유의하여 기판에 붙이시오.

(13) 부품점검 시 각 부품의 규격이 도면의 규격과 지급재료 목록의 규격이 같은가 확인하고 이상이 있을 시에는 시험위원에게 알리고 그 조치에 따른다.

(14) 트랜지스터 배치는 핀 발이 꼬이지 않도록 하시오.

(15) 한 IC 내에 여러 게이트가 있을 시 작업의 편의에 따라 핀 번호를 바꾸어도 된다.

4. 디코더회로

3. 도면

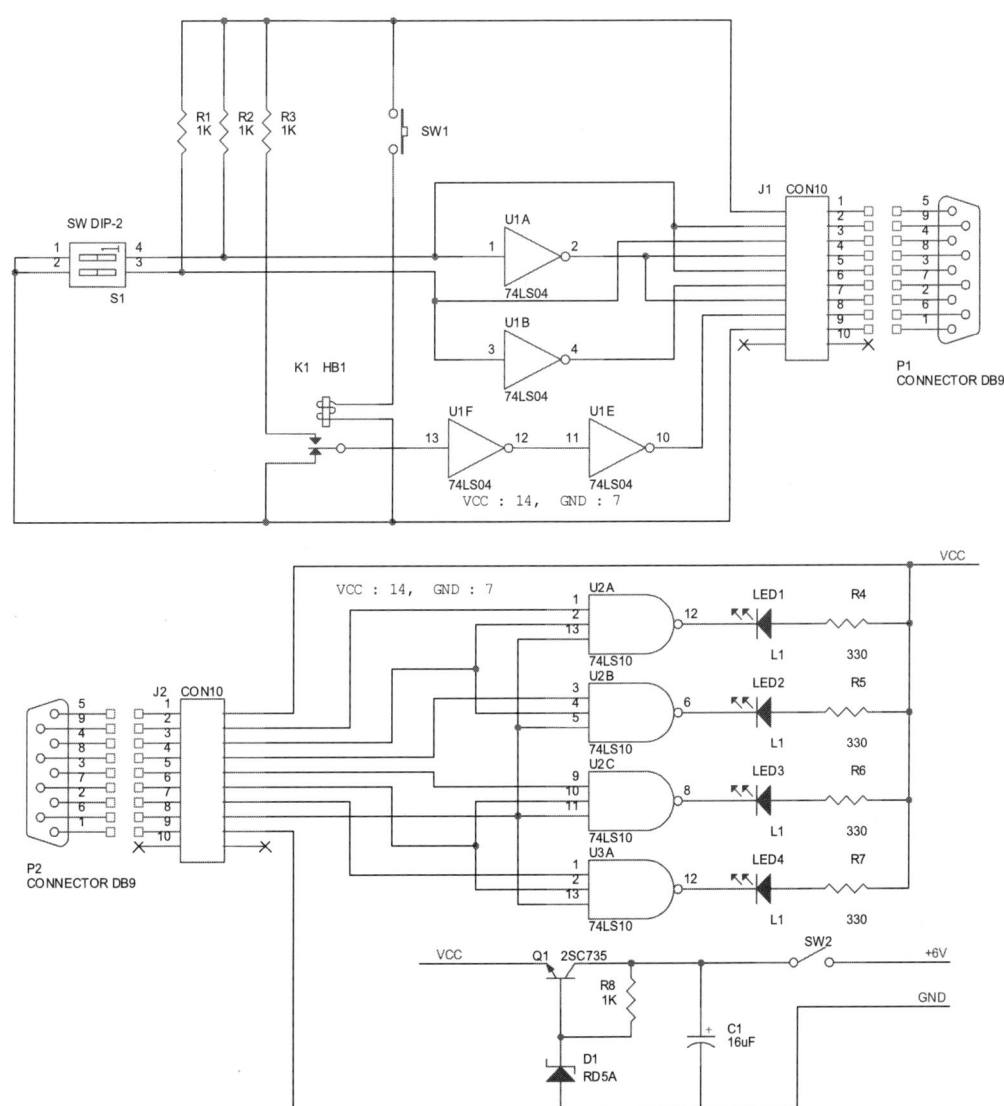

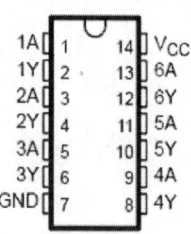 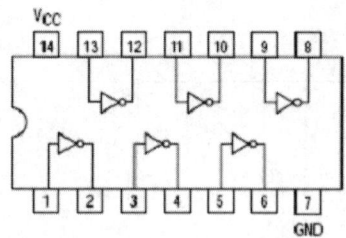

[SN74LS04]

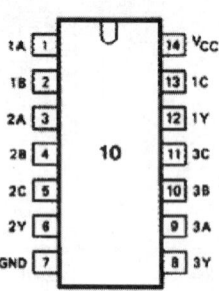 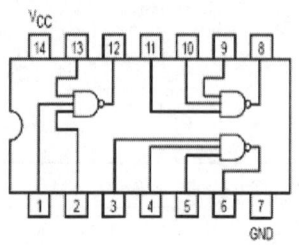

[74LS10]

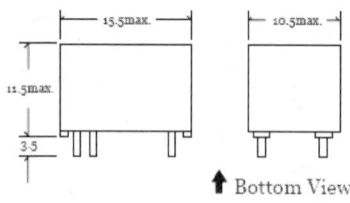

↑ Bottom View

Terminal arragement/
internal connections
(bottom view)

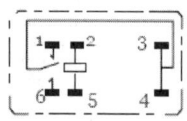

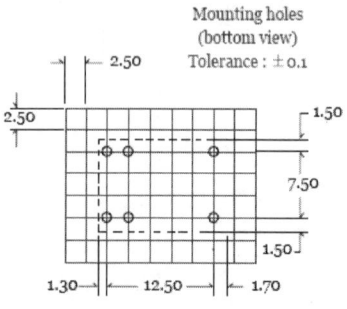

Mounting holes
(bottom view)
Tolerance : ±0.1

[HB1 또는 DY5(동양릴레이)]

4. 지급재료 목록

일련번호	재 료 명	규 격	단위	수량	비 고
1	IC	74LS04	개	1	
2	〃	74LS10	〃	2	
3	계전기(릴레이)	HB1-DC5V용	〃	1	
4	IC 소켓	14핀	〃	4	
5	트랜지스터(TR)	2SC735	〃	1	
6	제너 다이오드	ZD 5A	〃	1	5.6V용
7	LED(발광 다이오드)	적색(LED1)	〃	1	
8	〃	녹색(LED2, 4)	〃	2	
9	〃	황색(LED3)	〃	1	
10	저 항	330Ω, 1/4W	〃	4	
11	〃	4.7kΩ, 1/4W	〃	3	
12	〃	1kΩ, 1/4W	〃	1	
13	DIP 스위치	DIP-2 (4Pin)	〃	1	
14	10pin 블록	암, 수	조	2	
15	RS232C 커넥터	9 Pin (암, 수)	조	1	
16	전해 커패시터	10μF, 16V	개	1	
17	스 위 치	3 Pin (slide)	〃	1	전원스위치
18	누름버튼 스위치	on/off용(토글)	〃	1	
19	IC 만능기판	28×28 구멍	장	2	
20	건 전 지	4DM/6V	개		5명당 1
21	악어클립	적색, 흑색	〃	각 1	
22	Flat 케이블(10가닥)	연선	cm	20	
23	전 원 선	적, 청 φ0.5mm	cm	각 20	악어클립용
24	배 선	φ0.4mm 3색선	m	각 1	
25	실 납	SN60% φ1.2mm	m	1	

5. 회로 동작

디코더회로의 계통도(Block Diagram)는 다음과 같다.

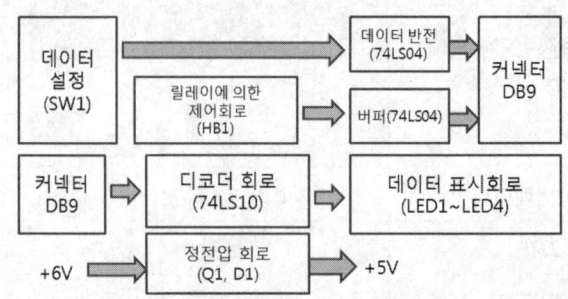

[디코더회로의 계통도(Block Diagram)]

(1) 정전압회로

① SW_2의 on 시에는 회로에 전원이 공급되고, off 시에는 회로에 전원이 차단된다.

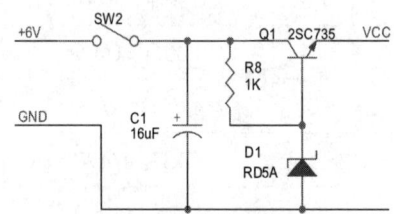

② 트랜지스터의 바이어스 저항 1kΩ에 의하여 제너 다이오드(ZD) 양단에는 역방향 전류에 의하여 +5V가 나타난다.

③ 트랜지스터의 이미터에는 약 +4.4V의 전압이 나타난다.

전압(V_{CC})은 $V_{CC} = V_Z - V_{BE}$(V_Z : 제너 다이오드의 전압, V_{BE} : 트랜지스터의 바이어스 전압으로, 실리콘 트랜지스터의 경우 0.6~0.7V)

∴ $V_{CC} = 5 - 0.6 = 4.4V$

④ C_1의 10μF 커패시터는 SW_2의 on 시 전원전압의 변동을 방지하기 위한 역할을 한다.

(2) 릴레이에 의한 디코더 제어(인에이블)회로

① 디코더회로의 동작을 제어하기 위한 회로로, SW_1을 누르기 전에는 릴레이의 접점이 V_{CC}(전원)에 연결(b 접점 : 평상시 close)되어 인에이블 입력이 Low 상태가 되어 출력은 변화하지 않는다.

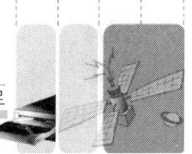

4. 디코더회로

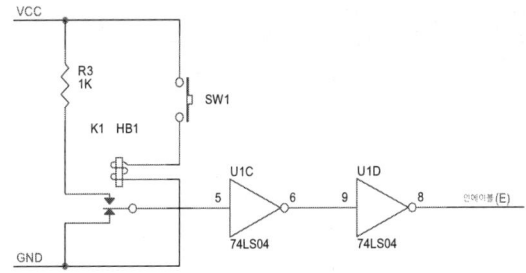

② SW_1을 누르면 릴레이의 코일에 전기가 공급되어 자장이 발생하여 릴레이의 접점이 b 접점에서 a 접점으로 전환되어, 디코더회로의 인에이블 입력이 High 상태가 되어 디코더의 출력은 입력의 조건에 따라 결과가 출력된다.

③ $E = \overline{\overline{E}} = E$ 가 되며, NOT 게이트를 2개 사용하는 것을 버퍼의 용도로 사용한다.

(3) 2×4 디코더회로

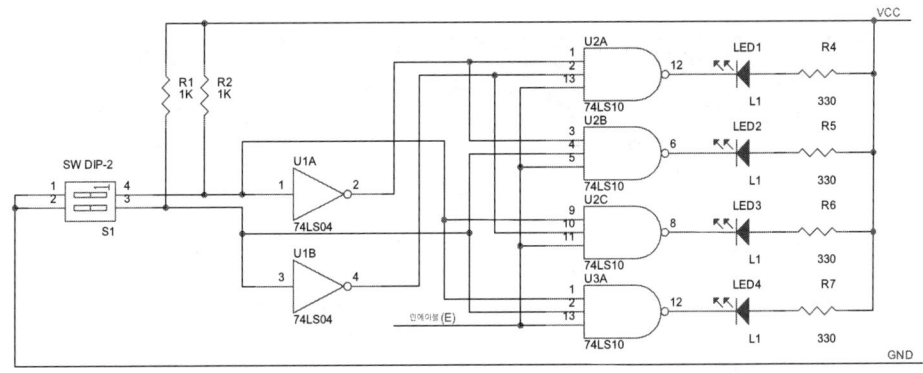

① 디코더(decoder : 해독기)는 n개의 입력변수에서 2^n개의 최소항을 만들어 내는 조합논리회로로서, 2×4 디코더는 2개의 입력변수 조건에 따라 4개의 출력을 갖는 회로이다.

② 각각 논리 게이트의 논리식은 ($Y_1=U_2A$, $Y_2=U_2B$, $Y_3=U_2C$, $Y_4=U_3A$)

$Y_1 = \overline{AB}$

$Y_2 = \overline{\overline{A}B} = A\overline{B}$

$Y_3 = \overline{A\overline{B}} = \overline{A}B$

$Y_4 = \overline{\overline{AB}} = AB$

인에이블	입력		출력			
E	A	B	Y_1	Y_2	Y_3	Y_4
0	X	X	0	0	0	0
1	0	0	1	0	0	0
1	0	1	0	1	0	0
1	1	0	0	0	1	0
1	1	1	0	0	0	1

③ 인에이블의 입력이 "L"일 때는 출력의 변화가 없고, "H" 상태가 되어야 입력 데이터에 따른 출력이 결정된다. 즉 입력이 A=0, B=0일 때는 Y_1, A=0, B=1일 때는 Y_2, A=1, B=0일 때는 Y_3, A=1, B=1일 때는 Y_4가 선택되어 출력된다.

④ DIP 스위치와 인에이블 기능의 릴레이의 동작에 따른 $LED_1 \sim LED_4$의 동작 상태는 아래의 표와 같다.

SW_2	DIP 스위치		LED_1	LED_2	LED_3	LED_4
	2	1				
off	off	off	off	off	off	off
off	off	on	off	off	off	off
off	on	off	off	off	off	off
off	on	on	off	off	off	off
on	off	off	on	off	off	off
on	off	on	off	on	off	off
on	on	off	off	off	on	off
on	on	on	off	off	off	on

⑤ 2×4 디코더의 타이밍 차트

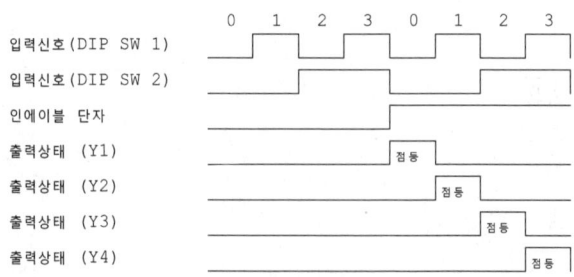

⑥ LED와 직렬로 연결된 330Ω의 저항은 LED에 흐르는 전류를 제한하는 역할을 한다.

⑦ NAND 게이트의 출력이 low 상태 시에는 0.4V 정도이고, high 상태 시에는 전원전압(Vcc)으로 LED의 점등 시 필요한 전압이 1.2V라면 LED에 흐르는 전류 I는

$I = \dfrac{V}{R}$ 에서 Vcc=5V이므로 R(330Ω) 양단의 전압은

Vcc(+5V)−0.4V−1.2V=3.4V이다.

$I = \dfrac{V}{R} = \dfrac{3.4}{330} = 0.01A$

6. 패턴도(배선면 : BOTTOM)

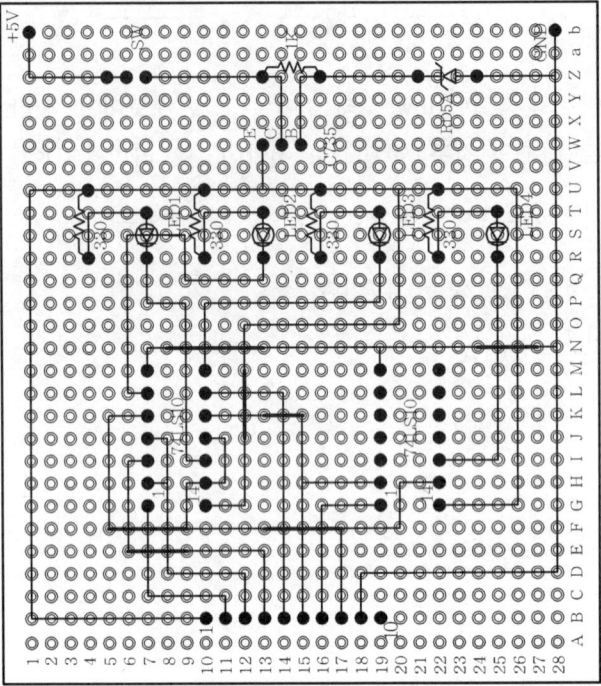

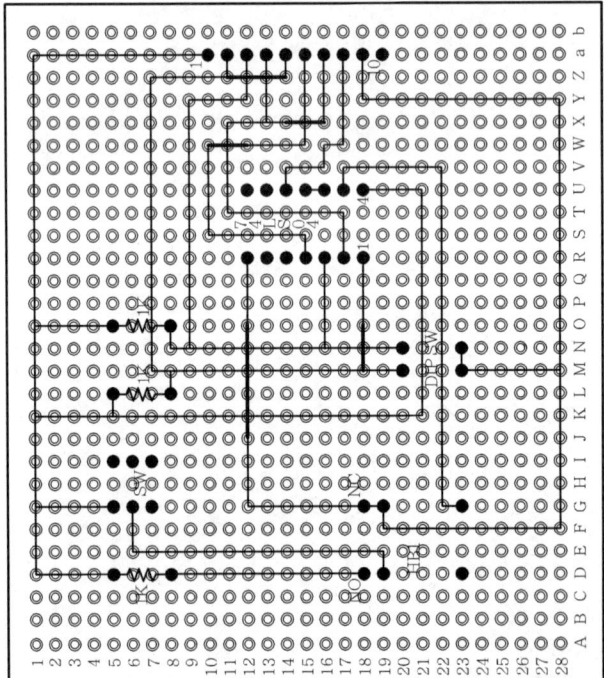

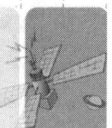

4. 디코더회로

7. 요구사항 답안

DIP 스위치에 따른 LED 상태를 표에 적으시오(on, off)

SW$_2$	DIP 스위치		LED$_1$	LED$_2$	LED$_3$	LED$_4$
	2	1				
off	off	off	off	off	off	off
off	off	on	off	off	off	off
off	on	off	off	off	off	off
off	on	on	off	off	off	off
on	off	off	on	off	off	off
on	off	on	off	on	off	off
on	on	off	off	off	on	off
on	on	on	off	off	off	on

과제번호	5	자격종목 및 등급	통신기기기능사	작 품 명	펄스음 발진회로

▶ 시험시간 : 표준시간 3시간 30분, 연장시간 30분

1. 요구사항

A. 회로조립 및 시험

(1) 지급된 재료를 사용하여 도면 2장을 각각 조립, RS232C(9핀) 커넥터를 이용하여 연결한 후 전원 스위치(SW_1)을 on시키고 계전기 스위치(SW_2)와 DIP 스위치에 따라 출력을 확인하시오.

(2) DIP 스위치에 따른 LED 상태를 표에 적으시오(on, off)

| SW_2 | DIP 스위치 | | LED_1 | LED_2 | LED_3 | LED_4 |
	2	1				
off	off	off				
off	off	on				
off	on	off				
off	on	on				
on	off	off				
on	off	on				
on	on	off				
on	on	on				

(3) LED가 동작된 상태에서 SW_2를 off시키면 LED가 꺼진다.

(4) 전원단자 배선은 +선은 적색, -선은 흑색 면권선 및 악어클립을 사용하시오.

(5) 납땜 및 배선이 지나는 동박면을 직선부분은 3구멍마다, 배선의 직각부분은 모두 땜하시오.

(6) 회로에 이상이 있으면 수정하여 작업하시오.

B. 측정

(1) 시험위원이 정해준 주파수를 주파수발진기로 발진시킨다.

(2) 오실로스코프로 측정하여 주파수를 확인한다.

2. 수검자 유의사항

(1) 지급재료는 부품점검시간에 검사하여 불량품 및 부족 숫자는 지급받도록 하시오.

(2) 부품점검시간 이후에 부품교환은 일체하지 않으니 유의하시오.

(3) 회로의 동작이 불완전할 경우에는 동작점수가 많이 삭감되며 부동작 시에는 오작으로 채점하니 주의하시오.

(4) 배치는 기판 전체에 골고루 안배하여 부품의 균형과 안정감이 있도록 하시오.

(5) 납땜은 냉납이나 산화납 그리고 납의 과다 및 과소가 없도록 하시오.

(6) 점퍼선은 가능한 한 생기지 않도록 하고 점퍼 시에는 동박 후면에서 하시오.

(7) 스위치는 기판에 고정하고 인출선은 끊어지지 않도록 완전하게 연결하시오.

(8) 저항의 색띠는 수직 또는 수평으로 통일하여 배치하시오.

(9) 조정이나 측정 시 사용하는 계기는 정확한 계기를 사용하여 계기의 오차가 발생되지 않도록 하시오.

(10) 저항과 커패시터의 리드선은 적당한 길이로 사용하시오.

(11) 다음은 오작으로 불합격 처리되니 유의하시오.

① 연장시간까지 미완성된 작품

② 납땜 또는 배선점수가 0점인 작품(주요 항목)

③ 지급재료 이외의 재료를 사용한 작품

④ 부동작되는 작품

(12) 건전지 스냅의 연결 시 극성에 유의하여 기판에 붙이시오.

(13) 부품점검 시 각 부품의 규격이 도면의 규격과 지급재료 목록의 규격이 같은가 확인하고 이상이 있을 시에는 시험위원에게 알리고 그 조치에 따른다.

(14) 트랜지스터 배치는 핀 발이 꼬이지 않도록 하시오.

(15) 한 IC 내에 여러 게이트가 있을 시 작업의 편의에 따라 핀 번호를 바꾸어도 된다.

3. 도면

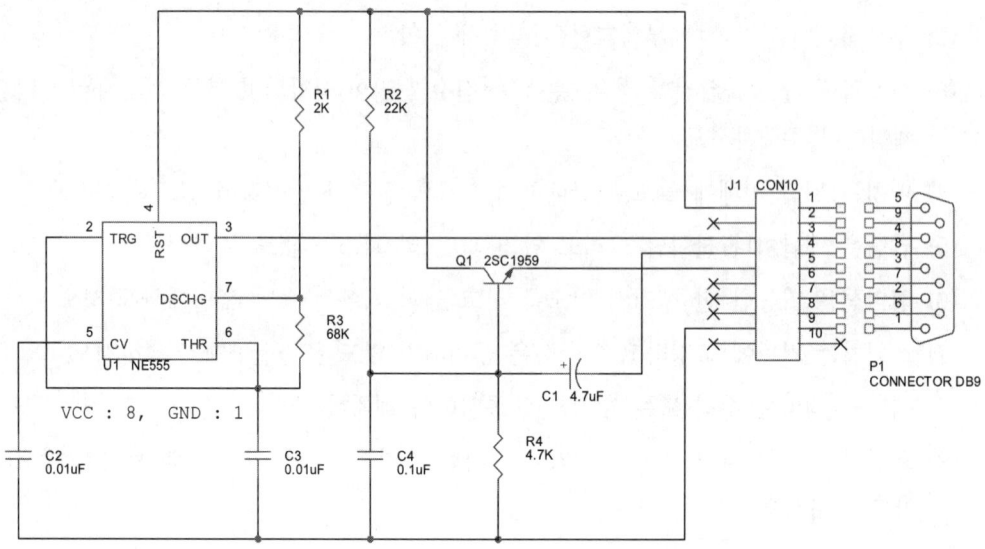

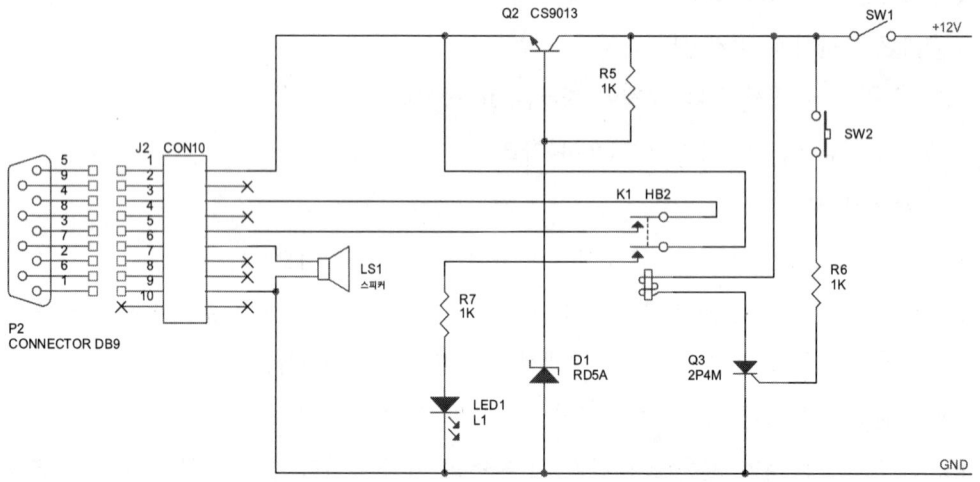

5. 펄스음 발진회로

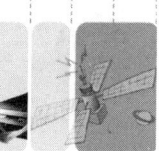

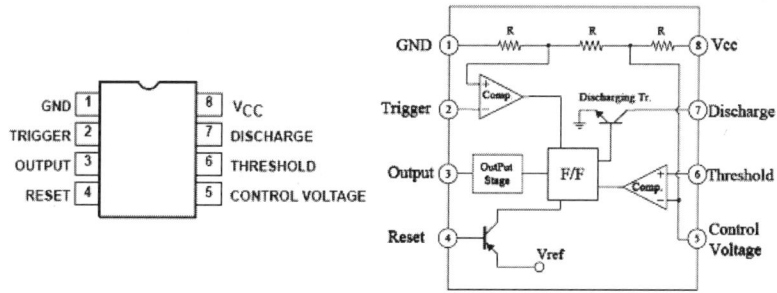

[NE555 또는 SE555]

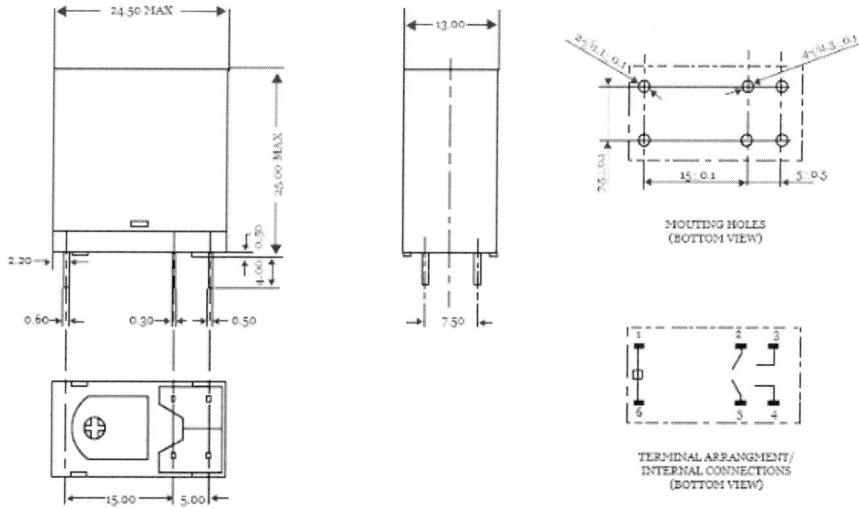

[HB2 또는 DY3M(동양릴레이)]

4. 지급재료 목록

일련번호	재 료 명	규 격	단위	수량	비 고
1	IC	NE555	개	1	
2	IC 소켓	8핀	〃	1	
3	계전기(릴레이)	HB2-DC5V용	〃	1	
4	트랜지스터(TR)	2SC1959	〃	1	
5	〃	CS9013	〃	1	
6	SCR	2P4M	〃	1	
7	제너 다이오드	ZD 5A	〃	1	5.6V용
8	LED(발광 다이오드)	적색(LED1)	〃	1	
9	스피커	8Ω	〃	1	
10	저 항	2kΩ, 1/4W	〃	1	
11	〃	4.7kΩ, 1/4W	〃	1	
12	〃	1kΩ, 1/4W	〃	3	
13	〃	68kΩ, 1/4W	〃	1	
14	10pin 블록	암, 수	조	2	
15	RS232C 커넥터	9Pin (암, 수)	조	1	
16	전해 커패시터	4.7μF, 16V	개	1	
17	마일러 커패시터	0.1μF	〃	1	
18	〃	0.01μF	〃	2	
19	스 위 치	3 Pin (slide)	〃	1	전원스위치
20	누름버튼 스위치	on/off용(토글)	〃	1	
21	IC 만능기판	28×28 구멍	장	2	
22	건 전 지	4DM/6V	개		5명당 1
23	악어클립	적색, 흑색	〃	각 1	
24	Flat 케이블(10가닥)	연선	cm	20	
25	전 원 선	적, 청 φ0.5mm	cm	각 20	악어클립용
26	배 선	φ0.4mm 3색선	m	각 1	
27	실 납	SN 60% φ1.2mm	m	1	

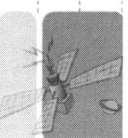

5. 회로 동작

펄스음 발진회로의 계통도(Block Diagram)는 다음과 같다.

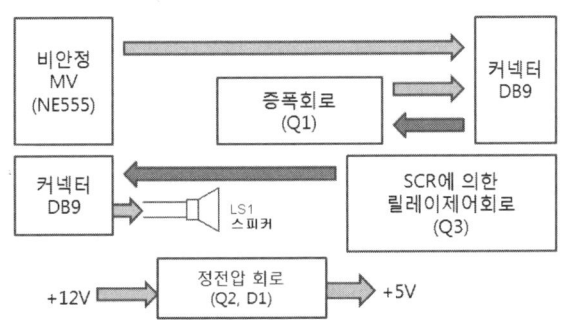

[펄스음 발진회로의 계통도(Block Diagram)]

(1) 정전압회로

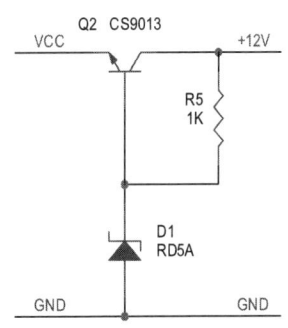

① SW_1의 on 시에는 회로에 전원이 공급되고, off 시에는 회로에 전원이 차단된다.

② 트랜지스터의 바이어스 저항 1kΩ에 의하여 제너 다이오드(ZD) 양단에는 역방향 전류에 의하여 +5V가 나타난다.

③ 트랜지스터의 이미터에는 약 +4.4V의 전압이 나타난다. 전압(Vcc)은 $Vcc = V_Z - V_{BE}$ (V_Z : 제너 다이오드의 전압, V_{BE} : 트랜지스터의 바이어스 전압으로, 실리콘 트랜지스터의 경우 0.6~0.7V)
∴ $Vcc = 5 - 0.6 = 4.4V$

(2) NE555를 이용한 비안정 멀티바이브레이터(펄스발생회로)

① NE555는 단일 타이머 IC로 비안정 M/V와 단안정 M/V를 구성할 수 있으며, +4.5~16V(출력전류는 수백 mA 정도) 전압 범위의 단일 전원으로 동작하는 리니어 IC이다.

② NE555(MC14555 or KA555)를 이용해서 구성된 발진 회로에서 얻을 수 있는 주파수는 최대 1MHz이나 300kHz 정도까지 이용하는 것이 적당하며, 최저주파수는 1/20 ~1/50Hz 정도가 안정하다.

③ 전원 공급하는 순간 커패시터 양단의 전압이 거의 0V가 되어 트리거 입력(2)단자가 low 상태가 되고 R_1, R_3을 통하여 커패시터 C_3에 충전하게 되며, 커패시터가 충전하는 동안 출력(3)은 high 상태가 된다.

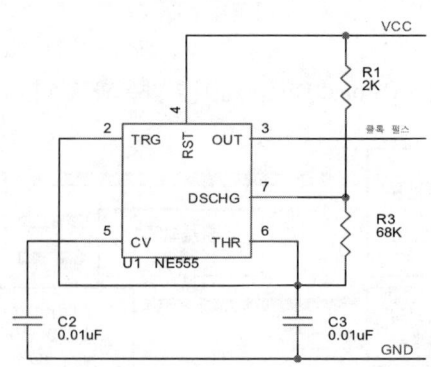

④ 커패시터의 양단전압이 상승경계전압($V_{UT} : \frac{2}{3}V_{CC}$)이 되면 커패시터는 R_4를 통하여 7번 핀으로 방전하며, 커패시터가 방전하는 동안 출력(3)은 low 상태를 유지하며, 방전 상태가 하강경계전압($V_{LT} : \frac{1}{3}V_{CC}$)에 이르면 C_2는 방전을 멈추고 충전을 시작한다. 즉 ③, ④과정의 반복으로 출력에는 구형파의 발진파형이 출력된다.

⑤ 출력 레벨이 high가 되는 시간(T_1)

$$T_1 = 0.693(R_1 + R_3)C_3 = 0.693(2 \times 10^3 \times 68 \times 10^3) \times 0.01 \times 10^{-6} \sec \fallingdotseq 0.48\,\text{msec}$$

⑥ 출력 레벨이 low가 되는 시간(T_2)

$$T_2 = 0.693 R_3 \cdot C_3 = 0.693 \times 68 \times 10^3 \times 0.01 \times 10^{-6} \sec \fallingdotseq 0.047\,\text{msec}$$

⑦ 주기(T)

$$T = T_1 + T_2 = 0.693(R_1 + 2R_3)C_3 = 0.48 + 0.47\,\text{msec} \fallingdotseq 0.95\,\text{msec}$$

⑧ 듀티 사이클(Duty Cycle)

$$\text{Duty Cycle} = \frac{R_4}{R_1 + 2R_3} \times 100\%$$

⑨ 주파수(f)

$$f = \frac{1}{T} = \frac{1}{0.683(R_1 + 2R_3)C_3} = \frac{1}{0.95 \times 10^{-3}} \fallingdotseq 1\,\text{kHz}$$

⑩ NE555의 4번 핀은 리셋 단자로 단자를 high로 하면 정상적인 타이머로 동작하나 low 상태가 되면 출력은 리셋된다.

⑪ 5번 핀은 바이패스 단자로 회로 내에서 발생하는 급격한 전류 변화를 방출 또는 흡수하여 오동작을 방지하는 회로로, 보통 $0.1 \sim 0.01 \mu F$의 커패시터를 연결한다.

⑫ 커패시터 양단파형과 출력파형

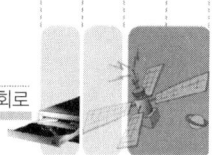

5. 펄스음 발진회로

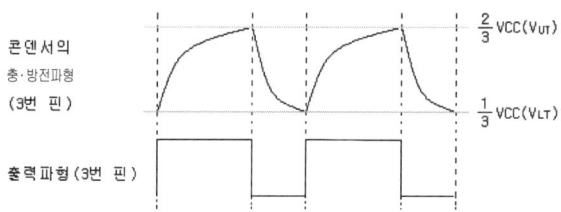

(3) 릴레이에 의한 카운터 제어회로

① SCR은 PNPN의 4층 구조에 캐소드 옆의 P층에 제어용 게이트(G)를 접속한 정류소자로서 게이트에 작은 전류를 흘리면 애노드와 캐소드 사이가 도통되어 큰 애노드 전류를 흐르게 하는 단방향의 전력제어소자이다.

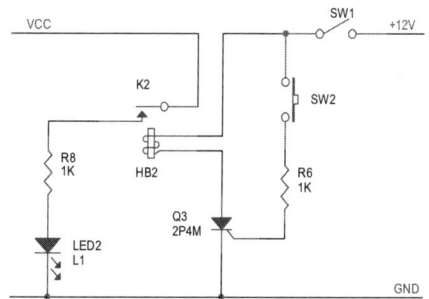

② SCR은 V_{GK}에 의하여 한번 도통되면 애노드와 캐소드 사이에 전압(V_{AK})이 공급되면 애노드 전류 I_A는 계속 유지되며, 게이트 전압을 0V로 하거나 역방향으로 하여도 애노드와 캐소드 사이는 차단되지 않는다.

③ SCR의 도통 상태를 차단 상태로 전환하려면 즉 애노드와 캐소드 사이의 전류를 차단하려면 V_{AK}를 0V로 하거나 역방향 전압을 공급하여야 한다.

④ SW_2를 누르면 SCR이 도통되어 릴레이의 코일에 전기가 공급되어 자장이 발생하여 릴레이의 접점(K_1)이 b 접점에서 a 접점으로 전환되어, NE555의 발진파형이 증폭회로에 공급되어 스피커에서 발진음이 울리게 된다.

⑤ SW_2를 누르면 SCR이 도통되어 릴레이의 코일에 전기가 공급되어 자장이 발생하여 릴레이의 접점(K_2)이 b 접점에서 a 접점으로 전환되어, LED_2가 점등되게 된다.

⑥ LED와 직렬로 연결된 330Ω의 저항은 LED에 흐르는 전류를 제한하는 역할을 한다.

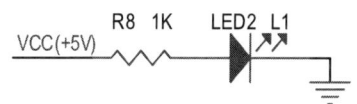

⑦ NAND 게이트의 출력이 low 상태 시에는 0.4V 정도이고, high 상태 시에는 전원전압(Vcc)으로 LED의 점등 시 필요한 전압이 1.2V라면 LED에 흐르는 전류 I는

$I = \dfrac{V}{R}$ 에서 Vcc=5V이므로 R(1kΩ) 양단의 전압은

Vcc(+5V)−0.4V−1.2V=3.4V이다.

$I = \dfrac{V}{R} = \dfrac{3.4}{1000} = 3.4\text{mA}$

(4) 증폭회로

① 입력 펄스가 공급되면 Q_1이 도통되어 스피커에서 발진음이 울리고, 입력 펄스가 차단되거나 스위치가 off 상태가 되면 Q_1이 차단되어 스피커는 울리지 않게 된다.

② C_1 커패시터는 결합 커패시터이고, C_4 커패시터는 잡음의 바이패스 역할을 한다.

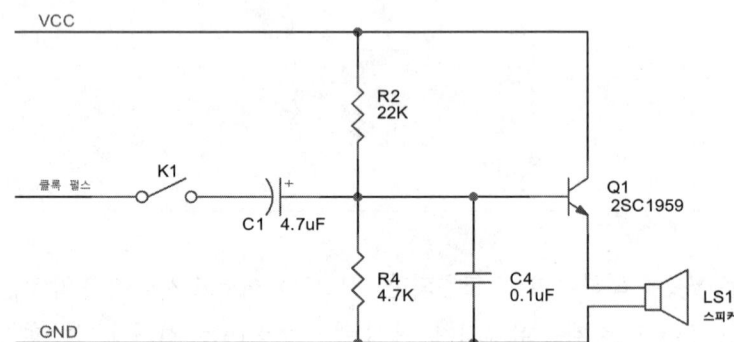

6. 패턴도(배선면 : BOTTOM)

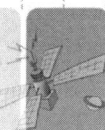

| 과제 번호 | 6 | 자격종목 및 등급 | 통신기기기능사 | 작 품 명 | ID 비교회로 |

▶ 시험시간 : 표준시간 3시간 30분, 연장시간 30분

1. 요구사항

   A. 회로조립 및 시험

   (1) 지급된 재료를 사용하여 도면 2장을 각각 조립, RS232C(9핀) 커넥터를 이용하여 연결한 후 전원 스위치(SW_1)를 on시키고 SW_3, SW_4를 아래 표 대로 맞추고 계전기 스위치(SW_2)를 on하시오.

   (2) DIP 스위치에 따른 LED 상태를 표에 적으시오(on, off)

SW_3		SW_4		L_1	L_2
1	0	1	0		
off	off	off	off		
off	off	off	on		
off	on	on	off		
off	on	off	on		
on	off	on	off		
on	off	off	on		
on	on	on	off		
on	on	on	on		

   (3) LED가 동작된 상태에서 SW_2를 off시키면 LED가 꺼진다.
   (4) 전원단자 배선은 +선은 적색, -선은 흑색 면권선 및 악어클립을 사용하시오.
   (5) 납땜 및 배선이 지나는 동박면을 직선부분은 3구멍마다, 배선의 직각부분은 모두 땜하시오.
   (6) 회로에 이상이 있으면 수정하여 작업하시오.

   B. 측정

   (1) 시험위원이 정해준 주파수를 주파수발진기로 발진시킨다.
   (2) 오실로스코프로 측정하여 주파수를 확인한다.

2. 수검자 유의사항

(1) 지급재료는 부품점검시간에 검사하여 불량품 및 부족 숫자는 지급받도록 하시오.

(2) 부품점검시간 이후에 부품교환은 일체하지 않으니 유의하시오.

(3) 회로의 동작이 불완전할 경우에는 동작점수가 많이 삭감되며 부동작 시에는 오작으로 채점하니 주의하시오.

(4) 배치는 기판 전체에 골고루 안배하여 부품의 균형과 안정감이 있도록 하시오.

(5) 납땜은 냉납이나 산화납 그리고 납의 과다 및 과소가 없도록 하시오.

(6) 점퍼선은 가능한 한 생기지 않도록 하고 점퍼 시에는 동박 후면에서 하시오.

(7) 스위치는 기판에 고정하고 인출선은 끊어지지 않도록 완전하게 연결하시오.

(8) 저항의 색띠는 수직 또는 수평으로 통일하여 배치하시오.

(9) 조정이나 측정 시 사용하는 계기는 정확한 계기를 사용하여 계기의 오차가 발생되지 않도록 하시오.

(10) 저항과 커패시터의 리드선은 적당한 길이로 사용하시오.

(11) 다음은 오작으로 불합격 처리되니 유의하시오.

　① 연장시간까지 미완성된 작품

　② 납땜 또는 배선점수가 0점인 작품(주요 항목)

　③ 지급재료 이외의 재료를 사용한 작품

　④ 부동작되는 작품

(12) 건전지 스냅의 연결 시 극성에 유의하여 기판에 붙이시오.

(13) 부품점검 시 각 부품의 규격이 도면의 규격과 지급재료 목록의 규격이 같은가 확인하고 이상이 있을 시에는 시험위원에게 알리고 그 조치에 따른다.

(14) 트랜지스터 배치는 핀 발이 꼬이지 않도록 하시오.

(15) 한 IC 내에 여러 게이트가 있을 시 작업의 편의에 따라 핀 번호를 바꾸어도 된다.

3. 도면

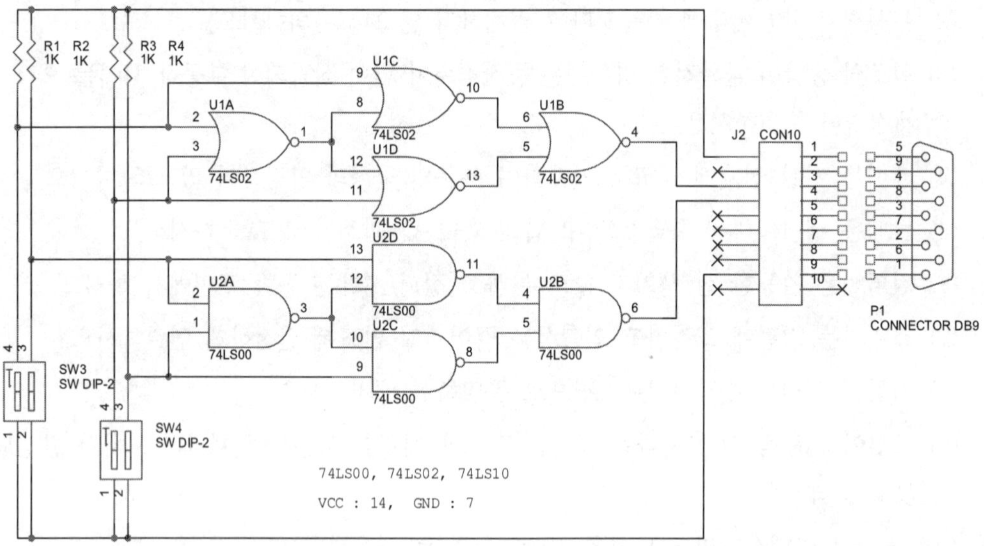

R1 1K
R2 1K
R3 1K
R4 1K
U1A 74LS02
U1B 74LS02
U1C 74LS02
U1D 74LS02
U2A 74LS00
U2B 74LS00
U2C 74LS00
U2D 74LS00
J2 CON10
P1 CONNECTOR DB9
SW3 SW DIP-2
SW4 SW DIP-2
74LS00, 74LS02, 74LS10
VCC : 14, GND : 7

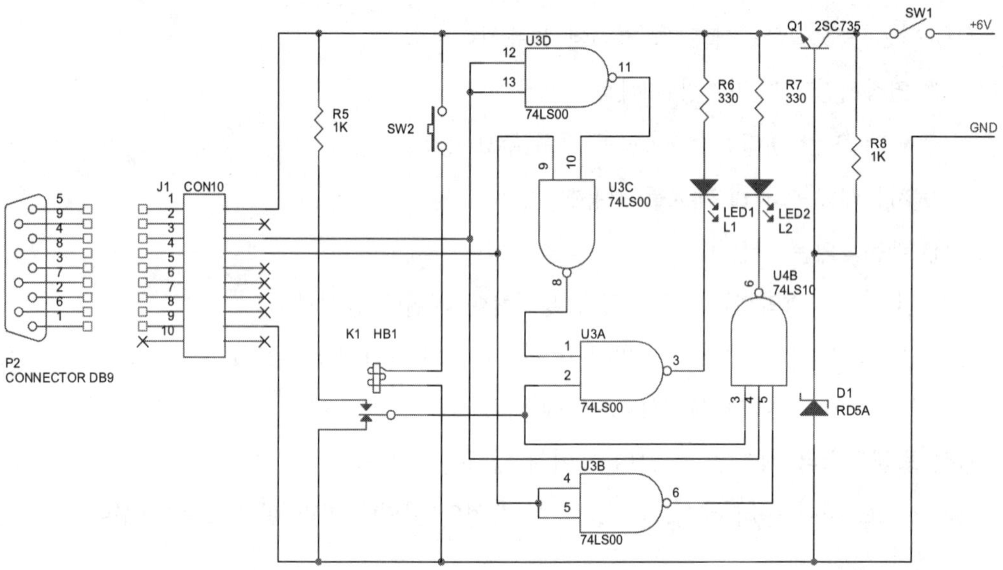

Q1 2SC735
SW1
+6V
GND
U3D 74LS00
U3C 74LS00
U3A 74LS00
U3B 74LS00
U4B 74LS10
R5 1K
R6 330
R7 330
R8 1K
SW2
LED1 L1
LED2 L2
D1 RD5A
K1 HB1
J1 CON10
P2 CONNECTOR DB9

6. ID 비교회로

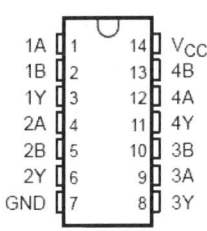 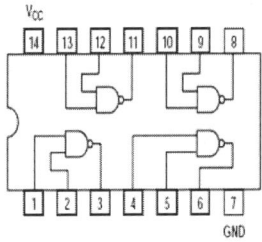

[74LS00]

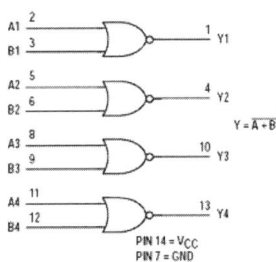

[74LS02]

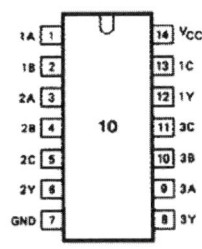 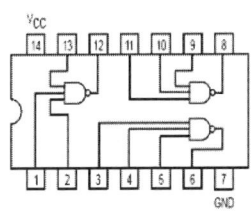

[74LS10]

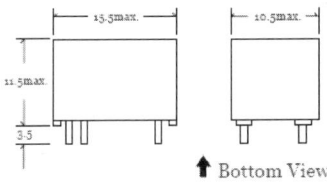

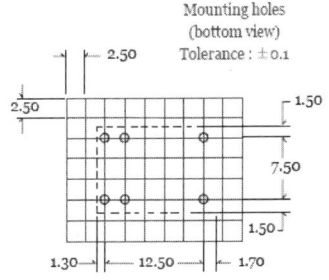

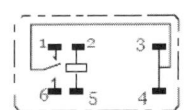

[HB1 또는 DY5(동양릴레이)]

4. 지급재료 목록

일련번호	재 료 명	규 격	단위	수량	비 고
1	IC	74LS04	개	1	
2	〃	74LS10	〃	2	
3	계전기(릴레이)	HB1-DC5V용	〃	1	
4	IC 소켓	14핀	〃	4	
5	트랜지스터(TR)	2SC735			
6	제너 다이오드	ZD 5A	〃	1	5.6V용
7	LED(발광 다이오드)	적색(LED1)	〃	1	
8	〃	녹색(LED2, 4)	〃	2	
9	〃	황색(LED3)	〃	1	
10	저 항	330Ω, 1/4W	〃	4	
11	〃	4.7kΩ, 1/4W	〃	3	
12	〃	1kΩ, 1/4W	〃	1	
13	DIP 스위치	DIP-2 (4Pin)	〃	1	
14	10pin 블록	암, 수	조	2	
15	RS232C 커넥터	9 Pin (암, 수)	조	1	
16	전해 커패시터	10μF, 16V	개	1	
17	스 위 치	3 Pin (slide)	〃	1	전원스위치
18	누름버튼 스위치	on/off용(토글)	〃	1	
19	IC 만능기판	28×28 구명	장	2	
20	건 전 지	4DM/6V	개		5명당 1
21	악어클립	적색, 흑색	〃	각 1	
22	Flat 케이블(10가닥)	연선	cm	20	
23	전 원 선	적, 청 φ0.5mm	cm	각 20	악어클립용
24	배 선	φ0.4mm 3색선	m	각 1	
25	실 납	SN 60% φ1.2mm	m	1	

5. 회로 동작

ID 비교회로의 계통도(Block Diagram)는 다음과 같다.

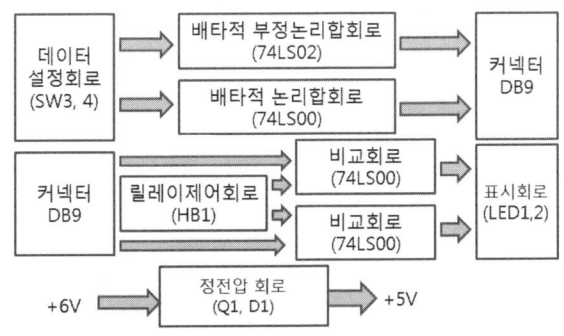

[ID 비교회로의 계통도(Block Diagram)]

(1) 정전압회로

① SW$_1$의 on 시에는 회로에 전원이 공급되고, off 시에는 회로에 전원이 차단된다.

② 트랜지스터의 바이어스 저항 1kΩ에 의하여 제너 다이오드(ZD) 양단에는 역방향 전류에 의하여 +5V가 나타난다.

③ 트랜지스터의 이미터에는 약 +4.4V의 전압이 나타난다.
전압(Vcc)은 Vcc=V$_Z$−V$_{BE}$(V$_Z$: 제너 다이오드의 전압, V$_{BE}$: 트랜지스터의 바이어스 전압으로, 실리콘 트랜지스터의 경우 0.6∼0.7V)

∴ Vcc=5−0.6=4.4V

(2) EX-NOR 회로와 EX-OR회로

① 배타적 부정논리합(EX-NOR)회로는 입력이 모두 같을 경우 출력이 1 또는 "참"이 되는 논리회로, 즉 입력이 모두 0이거나 1일 경우에 출력이 1이 되는 논리회로이다.

② 배타적 부정논리합(EX-NOR)의 진리치표

A	B	Y
0	0	1
0	1	0
1	0	0
1	1	1

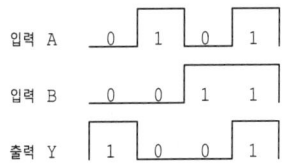

③ 배타적 부정논리합(EX-NOR)의 논리식

$Y = \overline{A}B \cdot A\overline{B}$

④ NOR 게이트를 이용한 배타적 부정논리합(EX-NOR)

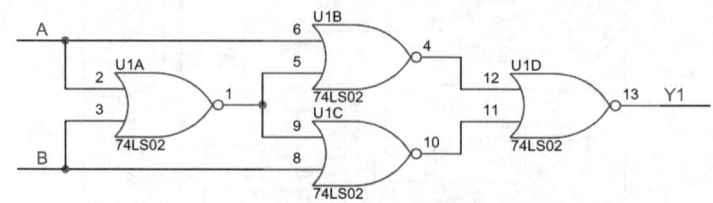

$Y_1 = \overline{\overline{(A+\overline{A+B})} + \overline{(B+\overline{A+B})}} = \overline{\overline{(A+\overline{A+B})}} \cdot \overline{\overline{(B+\overline{A+B})}}$
$= (A+\overline{A+B})(B+\overline{A+B}) = A+(\overline{A} \cdot \overline{B})(B+(\overline{AA} \cdot \overline{B}))$
$= A\overline{A}+A\overline{B} \cdot \overline{A}B + B\overline{B} = A\overline{B} \cdot \overline{A}B = A \odot B$

⑤ 배타적 논리합(EX-OR)회로는 입력이 모두 같을 경우 출력이 0 또는 "거짓"이 되는 논리회로, 즉 입력이 모두 0이거나 1일 경우에 출력이 0이 되는 논리회로이다.

⑥ 배타적 논리합(EX-OR)의 진리치표

A	B	Y
0	0	0
0	1	1
1	0	1
1	1	0

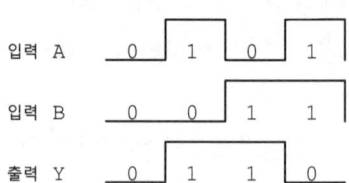

⑦ 배타적 논리합(EX-OR)의 논리식

$Y = \overline{A}B + A\overline{B}$

⑧ NAND 게이트를 이용한 배타적 논리합(EX-OR)

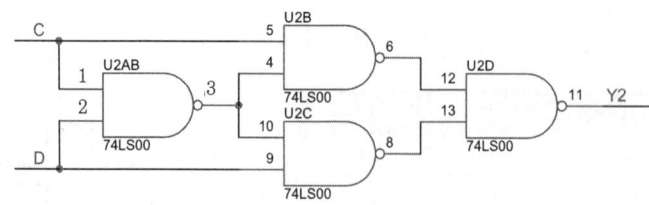

$Y_2 = \overline{\{C(\overline{CD})\}\{D(\overline{CD})\}} = \overline{C(\overline{CD})} + \overline{D\overline{CD}} = C \cdot (\overline{CD}) + D + (\overline{CD})$
$= C(\overline{C}+\overline{D}) + D(\overline{C}+\overline{D}) = C\overline{C}+C\overline{D}+\overline{C}D+D\overline{D} = C\overline{D}+\overline{C}D = C \oplus D$

(3) L₁(LED₁)과 L₂(LED₂) 출력회로

① L₁(LED₁)의 동작은 Y₁과 Y₂의 입력이 모두 같을 경우, 즉 (0,0) (1,1)의 경우는 출력이 Low가 되어 LED₁은 점등하게 되고, 그 외에는 출력(U₂B)이 모두 high가 되어 LED₁은 소등 상태가 된다.

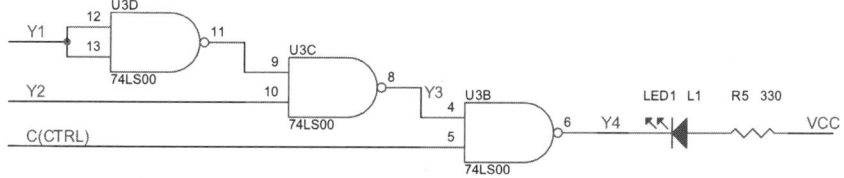

② L₁(LED₁) 출력회로의 논리식

$$Y_4 = \overline{\overline{(\overline{Y_1}Y_2)}C} = (\overline{Y_1}Y_2) + \overline{C}$$

③ L₁(LED₁) 출력회로의 타이밍 차트

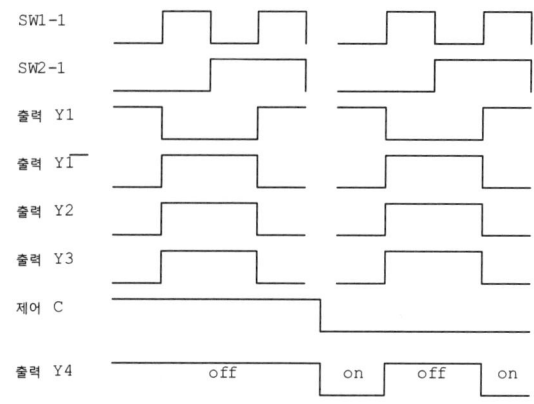

④ L₂(LED₂)의 동작은 Y₁과 Y₂의 입력이 모두 같을 경우, 즉 (0,0) (1,1)의 경우는 출력이 low가 되어 LED₂는 점등하게 되고, 그 외에는 출력(U₄B)이 모두 high가 되어 LED₂는 소등 상태가 된다.

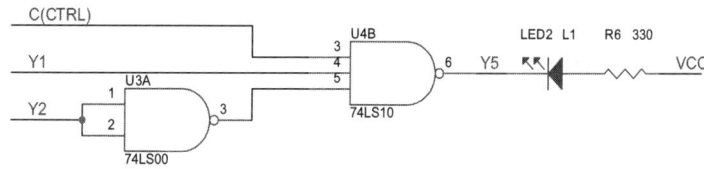

⑤ L₂(LED₂) 출력회로의 논리식

$$Y_5 = \overline{Y_1\overline{Y_2}C} = \overline{Y_1} + Y_2 + \overline{C}$$

⑥ $L_2(LED_2)$ 출력회로의 타이밍 차트

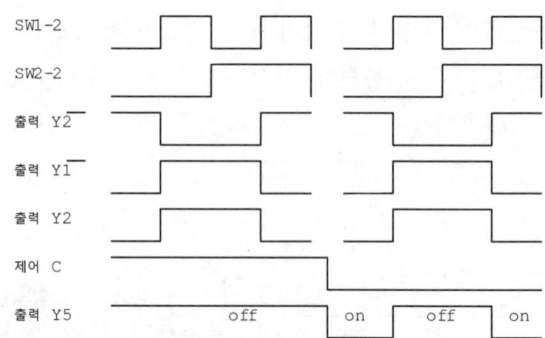

⑦ $L_1(LED_1)$과 $L_2(LED_2)$ 출력회로의 진리치표

SW₃		SW₄		$L_1(LED_1)$	$L_2(LED_2)$
1	0	1	0		
off	off	off	off	on	on
off	off	off	on	on	off
off	on	on	off	off	off
off	on	off	on	on	on
on	off	off	on	on	on
on	off	off	on	off	off
on	on	on	off	on	off
on	on	on	off	on	on

⑧ LED와 직렬로 연결된 330Ω의 저항은 LED에 흐르는 전류를 제한하는 역할을 한다.

출력 ─►├─ LED1 L1 ─/\/\/\─ VCC
              R4 330

⑨ NAND 게이트의 출력이 low 상태 시에는 0.4V 정도이고, high 상태 시에는 전원전 압(Vcc)으로 LED의 점등 시 필요한 전압이 1.2V라면 LED에 흐르는 전류 I는

$I = \dfrac{V}{R}$ 에서 Vcc=5V이므로 R(330Ω) 양단의 전압은

Vcc(+5V)−0.4V−1.2V=3.4V이다.

$I = \dfrac{V}{R} = \dfrac{3.4}{330} = 0.01A$

6. ID 비교회로

6. 패턴도(배선면 : BOTTOM)

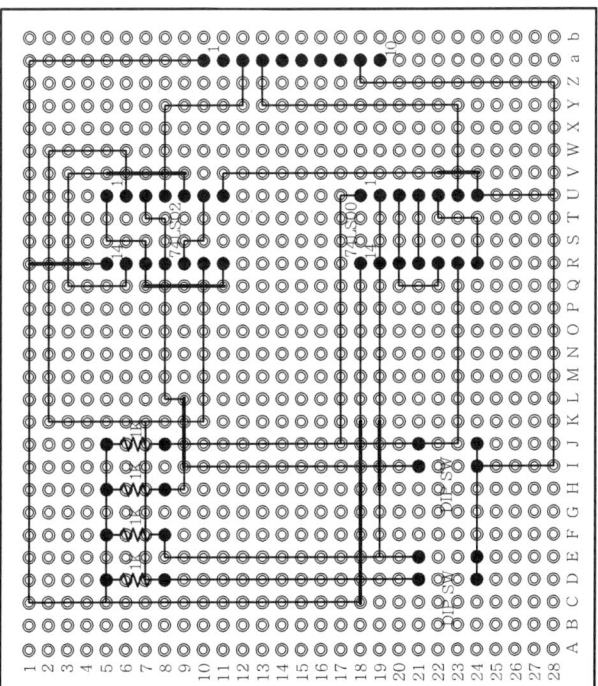

7. 요구사항의 동작상태

DIP 스위치에 따른 LED 상태를 표에 적으시오(on, off)

SW_3		SW_4		L_1	L_2
1	0	1	0		
off	off	off	off	on	on
off	off	off	on	on	off
off	on	on	off	off	off
off	on	off	on	on	on
on	off	on	off	on	on
on	off	off	on	off	off
on	on	on	off	on	off
on	on	on	on	on	on

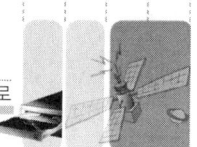

7. UP DOWN 카운터회로

과제번호	7	자격종목 및 등급	통신기기기능사	작 품 명	UP DOWN 카운터회로

▶ 시험시간 : 표준시간 3시간 30분, 연장시간 30분

1. 요구사항

A. 회로조립 및 시험

(1) 지급된 재료를 사용하여 도면 2장을 각각 조립, RS232C(9핀) 커넥터를 이용하여 연결한 후 전원 스위치(SW1)을 on시키시오.

(2) 다이오드 L_1부터 L_{10}까지 순차적으로 점멸되도록 하시오.

(3) SW_2의 푸시버튼 스위치를 on했을 때 다이오드가 L_{10}부터 L_1까지 역으로 순차적으로 점멸되도록 하시오.

(4) 전원단자 배선은 +선은 적색, -선은 흑색 면권선 및 악어클립을 사용하시오.

(5) 납땜 및 배선이 지나는 동박면을 직선부분은 3구멍마다, 배선의 직각부분은 모두 땜하시오.

(6) 회로에 이상이 있으면 수정하여 작업하시오.

B. 측정

(1) 시험위원이 정해준 주파수를 주파수발진기로 발진시킨다.

(2) 오실로스코프로 측정하여 주파수를 확인한다.

2. 수검자 유의사항

(1) 지급재료는 부품점검시간에 검사하여 불량품 및 부족 숫자는 지급받도록 하시오.

(2) 부품점검시간 이후에 부품교환은 일체하지 않으니 유의하시오.

(3) 회로의 동작이 불완전할 경우에는 동작점수가 많이 삭감되며 부동작 시에는 오작으로 채점하니 주의하시오.

(4) 배치는 기판 전체에 골고루 안배하여 부품의 균형과 안정감이 있도록 하시오.

(5) 납땜은 냉납이나 산화납 그리고 납의 과다 및 과소가 없도록 하시오.

(6) 점퍼선은 가능한 한 생기지 않도록 하고 점퍼 시에는 동박 후면에서 하시오.

(7) 스위치는 기판에 고정하고 인출선은 끊어지지 않도록 완전하게 연결하시오.

(8) 저항의 색띠는 수직 또는 수평으로 통일하여 배치하시오.

(9) 조정이나 측정 시 사용하는 계기는 정확한 계기를 사용하여 계기의 오차가 발생되지 않도록 하시오.

(10) 저항과 커패시터의 리드선은 적당한 길이로 사용하시오.

(11) 다음은 오작으로 불합격 처리되니 유의하시오.

① 연장시간까지 미완성된 작품

② 납땜 또는 배선점수가 0점인 작품(주요 항목)

③ 지급재료 이외의 재료를 사용한 작품

④ 부동작되는 작품

(12) 건전지 스냅의 연결 시 극성에 유의하여 기판에 붙이시오.

(13) 부품점검 시 각 부품의 규격이 도면의 규격과 지급재료 목록의 규격이 같은가 확인하고 이상이 있을 시에는 시험위원에게 알리고 그 조치에 따른다.

(14) 트랜지스터 배치는 핀 발이 꼬이지 않도록 하시오.

(15) 한 IC 내에 여러 게이트가 있을 시 작업의 편의에 따라 핀 번호를 바꾸어도 된다.

3. 도면

+6V
SW1
Q1 2SC735
R1 1K
VR1 10K
R2 10K
R3 27K
D1 RD5A
C1 4.7uF
GND
U1 NE555
DSCHG
VCC
RST
TRG
OUT
THR
GND
CV
SW2
K1 HB1
U2 74LS192
P0
P1
P2
P3
CLKD
CLKU
CLR
LOAD
Q0
Q1
Q2
Q3
BO
CO
VCC : 5
GND : 10
J1 CON10
P1
CONNECTOR DB9
VCC
LED1
LED2
LED3
LED4
LED5
LED6
LED7
LED8
LED9
LED10
R4 330
R5 330
R6 330
R7 330
R8 330
R9 330
R10 330
R11 330
R12 330
R13 330
J2 CON10
U3 74LS42
VCC : 16
GND : 8
P2
CONNECTOR DB9

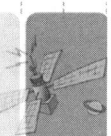

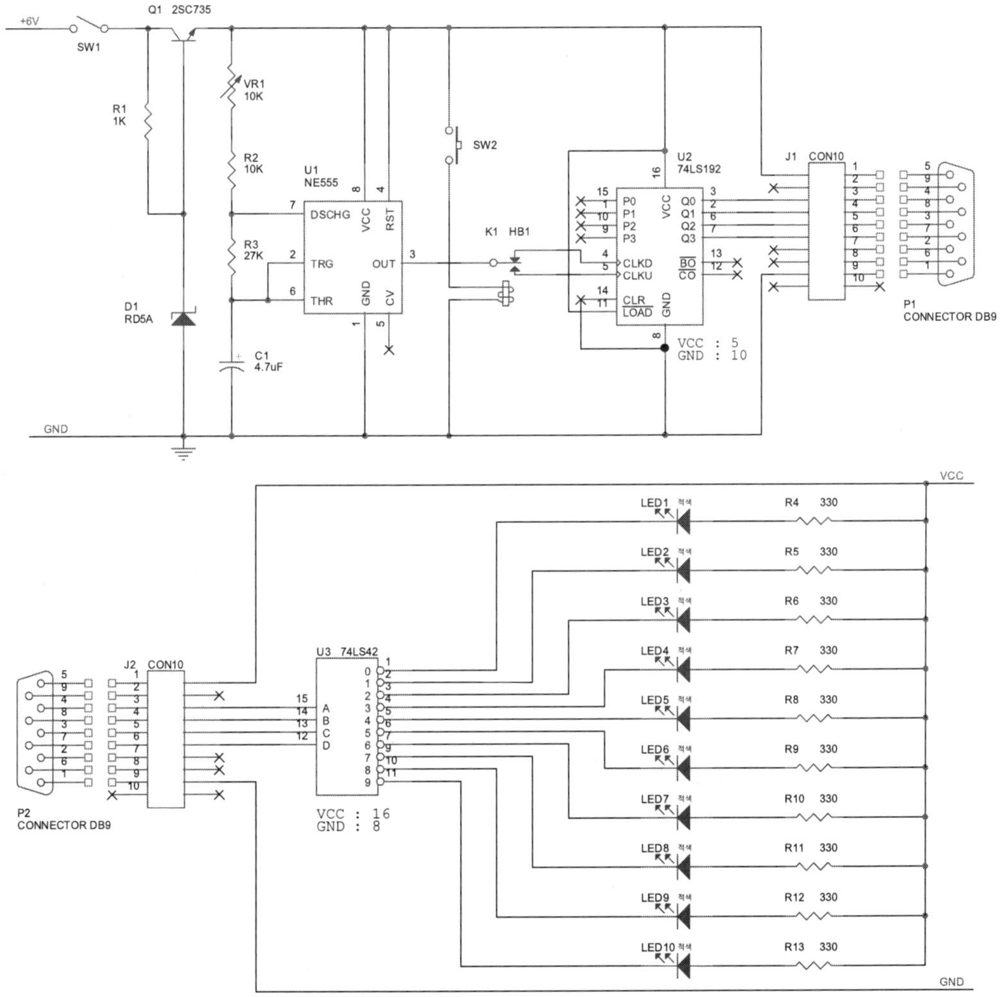

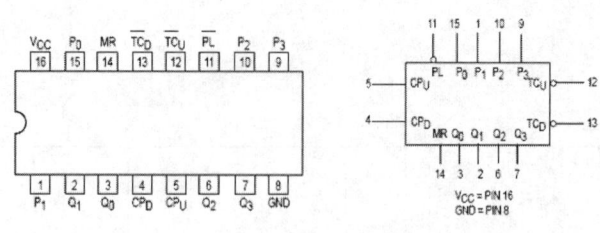

[SN74LS192]

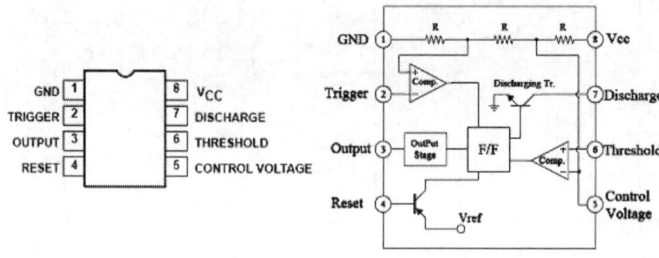

[NE555 또는 SE555]

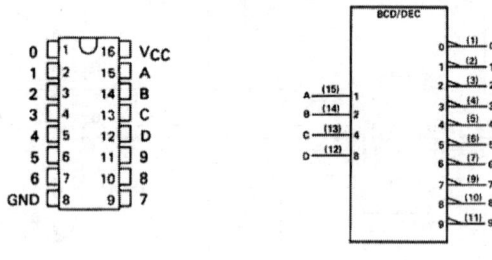

[SN74LS42]

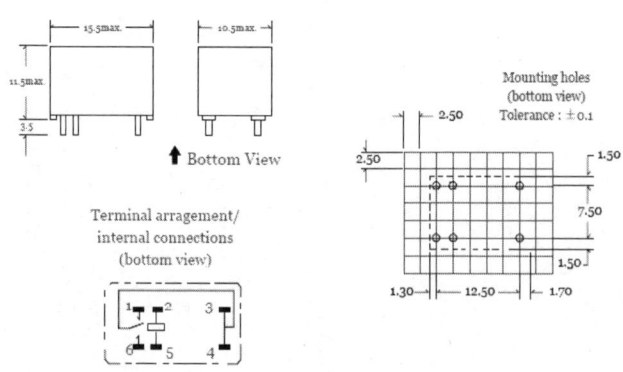

[HB1 또는 DY5(동양릴레이)]

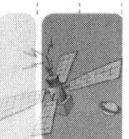

7. UP DOWN 카운터회로

4. 지급재료 목록

일련번호	재료명	규격	단위	수량	비고
1	IC	NE555	개	1	
2	〃	74LS192	〃	1	
3	〃	74LS42	〃	1	
4	계전기(릴레이)	HB1-DC5V용	〃	1	
5	IC 소켓	8핀	〃	1	
6	〃	16핀	〃	2	
7	트랜지스터(TR)	2SC735	〃	1	
8	제너 다이오드	ZD 5A	〃	1	5.6V용
9	LED(발광 다이오드)	적색(LED1)	〃	10	
10	저 항	330Ω, 1/4W	〃	10	
11	〃	1kΩ, 1/4W	〃	1	
12	〃	10kΩ, 1/4W	〃	1	
13	〃	27kΩ, 1/4W	〃	1	
14	반고정 저항	100kΩ	〃	1	
15	10pin 블록	암, 수	조	2	
16	RS232C 커넥터	9 Pin(암, 수)	조	1	
17	전해 커패시터	4.7μF, 16V	개	1	
18	스 위 치	3 Pin(slide)	〃	1	전원스위치
19	누름버튼 스위치	on/off용(토글)	〃	1	
20	IC 만능기판	28×28 구멍	장	2	
21	건 전 지	4DM/6V	개		5명당 1
22	악어클립	적색, 흑색	〃	각 1	
23	Flat 케이블(10가닥)	연선	cm	20	
24	전 원 선	적, 청 φ0.5mm	cm	각 20	악어클립용
25	배 선	φ0.4mm 3색선	m	각 1	
26	실 납	SN 60% φ1.2mm	m	1	

5. 회로 동작

UP DOWN 카운터회로의 계통도(Block Diagram)는 다음과 같다.

[UP DOWN 카운터회로의 계통도(Block Diagram)]

(1) 정전압회로

① SW_1의 on 시에는 회로에 전원이 공급되고, off 시에는 회로에 전원이 차단된다.

② 트랜지스터의 바이어스 저항 1kΩ에 의하여 제너 다이오드(ZD) 양단에는 역방향 전류에 의하여 +5V가 나타난다.

③ 트랜지스터의 이미터에는 약 +4.4V의 전압이 나타난다.
전압(Vcc)은 $V_{CC} = V_Z - V_{BE}$ (V_Z : 제너 다이오드의 전압, V_{BE} : 트랜지스터의 바이어스 전압으로, 실리콘 트랜지스터의 경우 0.6~0.7V)
∴ $V_{CC} = 5 - 0.6 = 4.4V$

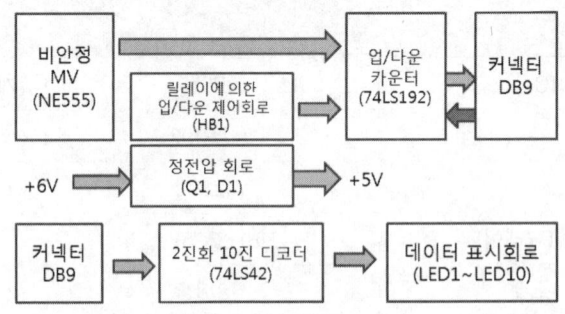

(2) NE555를 이용한 비안정 멀티바이브레이터

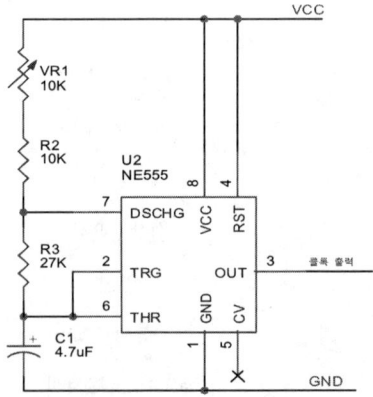

① NE555는 단일 타이머 IC로 비안정 MV와 단안정 MV를 구성할 수 있으며, 전원전압

범위는 +4.5~+16V(출력전류는 수백 mA 정도)이다.

② 제어전압(Control Voltage)과 스레시홀드 전압(Threshold Voltage)은 전원전압이 +15V 정도이면 10V가 된다.(+5V이면 3.3V 정도가 된다.)

③ 전원이 on되는 순간 C_1 양단의 전압은 "low"상태가 되어 Trigger Input 단자가 "low"가 된다.

④ 이 순간부터 VR_1, R_{11}을 통하여 C_1이 충전하기 시작하며, 충전하는 동안 출력(3번 핀)이 high 상태가 된다.

⑤ C_1의 양단전압이 스레시홀드 전압(V_{TH} : Threshold Voltage)이 되면 R_{11}을 통하여 방전한다.(7번 핀을 통하여 방전)

⑥ C_1이 방전하는 동안 출력은 "low" 상태가 된다.

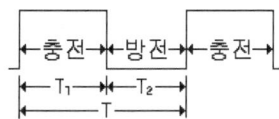

T_1("H"되는 시간)

T_1(VR 최대 시 10kΩ)$= 0.693((VR_1 + R_2) + R_3)C_1$
$= 0.693((10 \times 10^3 + 10 \times 10^3) + 27 \times 10^3) \times 4.7 \times 10^{-6}$
$= 0.15\text{sec}$

T_1(VR 최소 시 1kΩ)$= 0.693((VR_1 + R_2) + R_3)C_1$
$= 0.693((1 \times 10^3 + 10 \times 10^3) + 27 \times 10^3)4.7 \times 10^{-6}$
$= 0.12\text{sec}$

T_2("L"되는 시간)

$T_2 = 0.693R_3C_1 = 0.693 \times 27 \times 10^3 \times 4.7 \times 10^{-6} = 88\text{msec}$

T(VR 최대 시)$= T_1 + T_2 = 0.15 + 0.088 = 0.238\text{sec}$

T(VR 최소 시)$= T_1 + T_2 = 0.12 + 0.088 = 0.208\text{sec}$

f(VR 최대 시)$= \dfrac{1}{T} = \dfrac{1}{0.238} = 4.2\text{Hz}$

f(VR 최소 시)$= \dfrac{1}{T} = \dfrac{1}{0.208} = 4.8\text{Hz}$

⑦ NE555의 4번 핀은 리셋 단자로 "H" 상태이면 타이머로 정상동작을 하나 "low"상태가 되면 타이머의 동작 상태가 정지되고 출력은 "L" 상태를 유지하고, 5번 핀의 바이

패스 커패시터는 급격한 전류의 변화를 방출 또는 흡수한다.

(3) 릴레이에 의한 카운터 제어회로

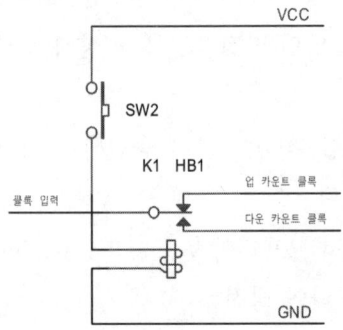

① U_1 IC의 동작을 제어하기 위한 회로로, SW_2를 누르기 전에는 릴레이의 접점이 V_{CC} (전원)에 연결(b 접점 : 평상시 close)되어 74LS90의 $R_0(0)$, $R_0(1)$ 단자가 high 상태가 되어 계수가 되지 않는다.

② SW_1을 누르면 릴레이의 코일에 전기가 공급되어 자장이 발생하여 릴레이의 접점이 b 접점에서 a 접점으로 전환되어, $R_0(0)$, $R_0(1)$ 단자가 low 상태가 되어 계수가 되지 않는다.

(4) 동기식 업/다운 카운터 및 비동기식 프리셋/클리어 회로(4bit)

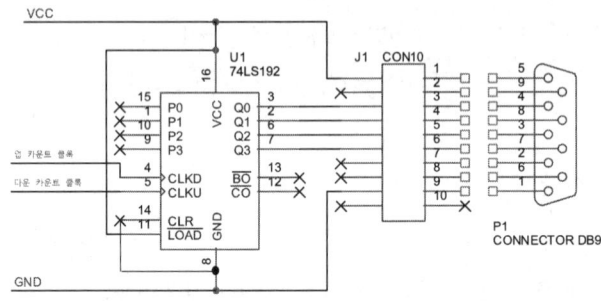

① SN74LS192는 동기형 프리셋테이블 업/다운 BCD 카운터로, 독립된 업 카운트 및 다운 카운트 클록을 사용하며 출력은 클록 입력이 "L"에서 "H"로 변화할 때 동작한다.

② SN74LS192의 동작 진리치표

입력				동작상태
Clear	Load	업 카운트	다운 카운트	
L	H		H	업 카운트
L	H	H		다운 카운트
L	L	X	X	프리셋
H	X	X	X	리셋(클리어)
X	X	L	X	

③ SN74LS192의 타이밍 차트

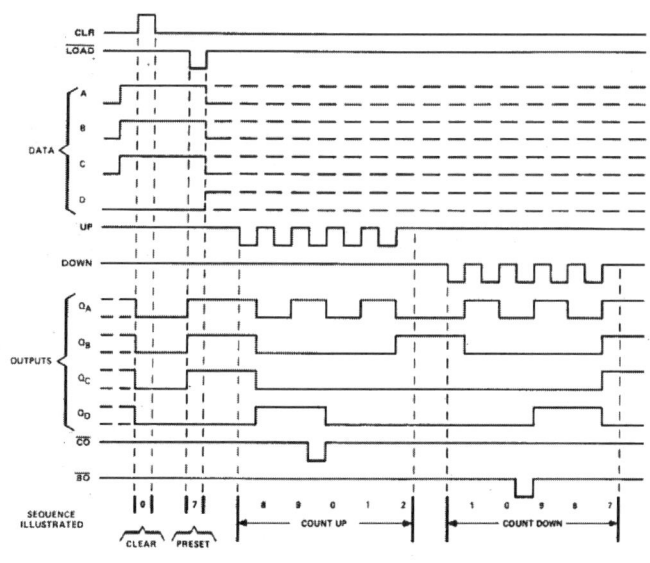

[SN74LS192의 타이밍 차트]

④ UP 단자(5)가 high 상태이고 DN 단자(4)가 low 상태이면 다운 카운트 즉, 하향 계수가 되며, UP 단자가 low 상태, DN 단자가 high 상태이면 업 카운트 즉, 상향 계수가 된다.

⑤ 이때 SW₁을 오픈 상태 시 위와 같이 동작하고 SW₁을 Close 시킬 때는 low 상태가 CLR(14)에 가해지므로 클리어 상태가 된다.

⑥ 클리어 단자(14)가 low 상태이고 카운터 업/다운에서 Load 단자(11)가 low 상태이면 SW₂를 누를 때 무조건 딥스위치의 선택된 수가 카운트된다. 즉, 딥스위치를 임의의 수로 설정하고 SW₂를 누르면, 딥스위치에 의해 선택된 수가 출력되어지고 SW₂를 놓

으면 임의의 수에서 업/다운 카운트가 된다. 이와 같은 동작을 Presetable 카운터라 한다.

⑦ SN74LS192의 내부 구조도와 핀의 기능

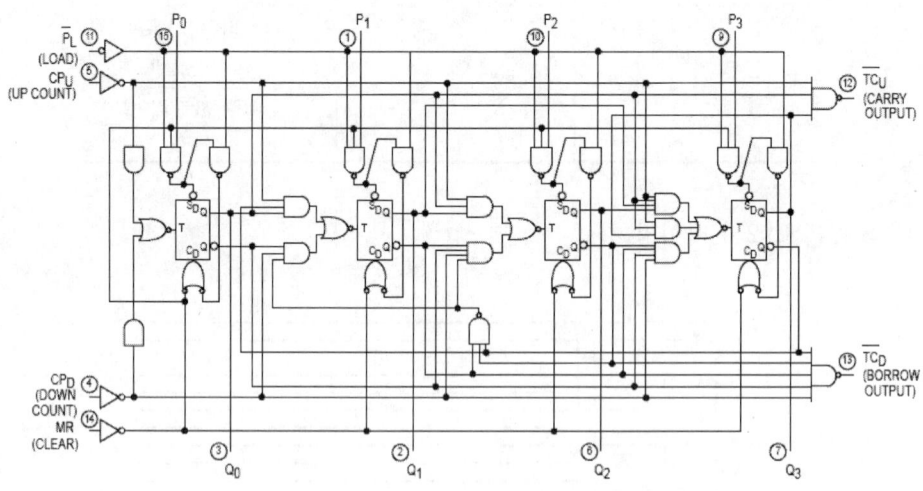

[SN74LS192의 내부 구조도]

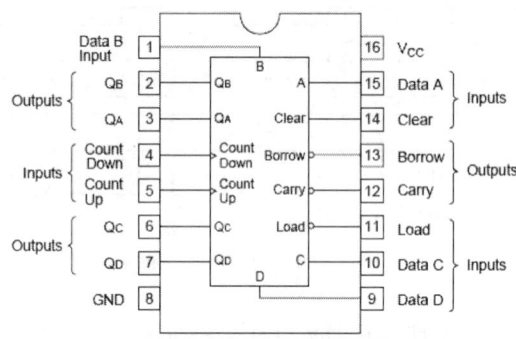

[74LS192핀의 기능]

(6) BCD-10진 디코더(2진화 10진 코드)

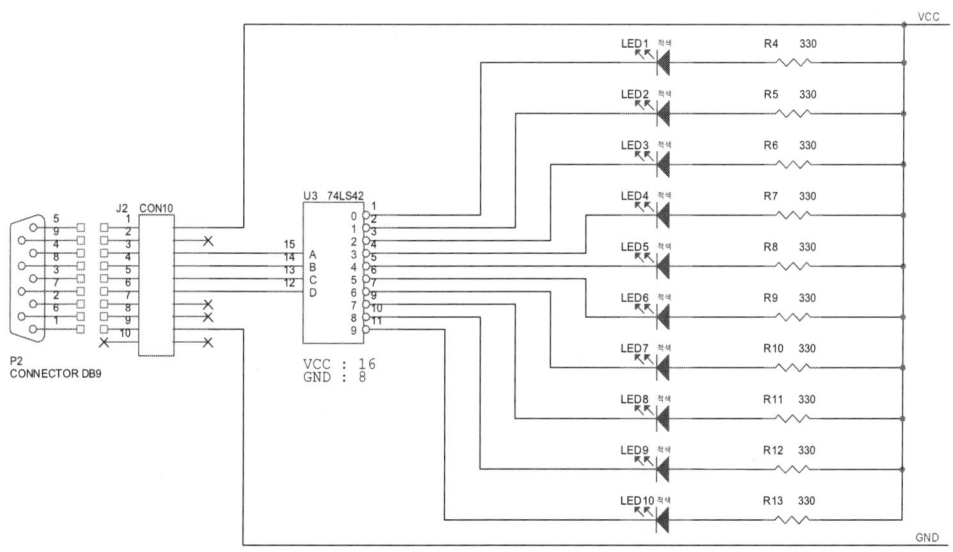

① 74LS42 IC는 BCD 코드로 입력을 받아서 10진수로 출력을 시킨다.

② 74LS42의 진리치표

NO	INPUTS				OUTPUTS									
	D	C	B	A	0	1	2	3	4	5	6	7	8	9
0	L	L	L	L	L	H	H	H	H	H	H	H	H	H
1	L	L	L	H	H	L	H	H	H	H	H	H	H	H
2	L	L	H	L	H	H	L	H	H	H	H	H	H	H
3	L	L	H	H	H	H	H	L	H	H	H	H	H	H
4	L	H	L	L	H	H	H	H	L	H	H	H	H	H
5	L	H	L	H	H	H	H	H	H	L	H	H	H	H
6	L	H	H	L	H	H	H	H	H	H	L	H	H	H
7	L	H	H	H	H	H	H	H	H	H	H	L	H	H
8	H	L	L	L	H	H	H	H	H	H	H	H	L	H
9	H	L	L	H	H	H	H	H	H	H	H	H	H	L
I N V A L I D	H	L	H	L	H	H	H	H	H	H	H	H	H	H
	H	L	H	H	H	H	H	H	H	H	H	H	H	H
	H	H	L	L	H	H	H	H	H	H	H	H	H	H
	H	H	L	H	H	H	H	H	H	H	H	H	H	H
	H	H	H	L	H	H	H	H	H	H	H	H	H	H
	H	H	H	H	H	H	H	H	H	H	H	H	H	H

③ 출력의 상태가 low가 될 때 LED가 점등되고, high 상태가 되면 LED는 소등된다.

④ BCD 코드에 의해서 출력은 $LED_1 \sim LED_{10}$까지 순차적으로 "L" 상태가 되며, LED의 점등 타이밍 차트는 아래와 같다.

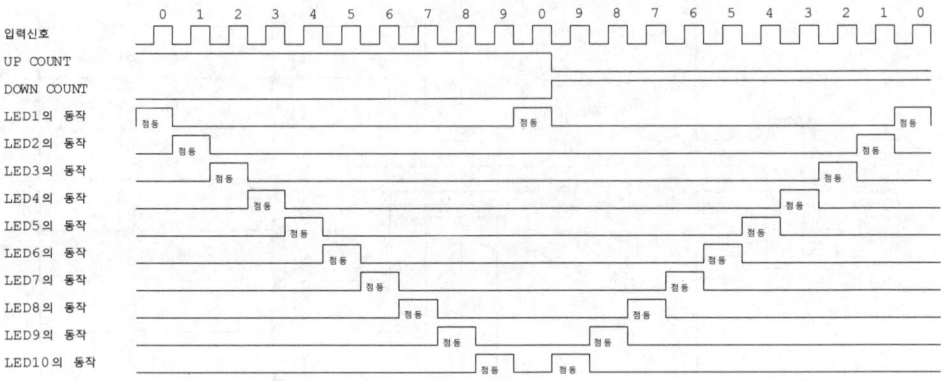

⑤ 출력단의 LED와 직렬로 연결된 330Ω의 저항($R_4 \sim R_{13}$)은 LED에 흐르는 전류를 제한하여 LED를 보호하는 역할을 한다.

⑥ NAND 게이트의 출력이 low 상태 시에는 0.4V 정도이고, high 상태 시에는 전원전압(Vcc)으로 LED의 점등 시 필요한 전압이 1.2V라면 LED에 흐르는 전류 I는

$I = \dfrac{V}{R}$ 에서 Vcc=5V이므로 R(330Ω) 양단의 전압은

Vcc(+5V) − 0.4V − 1.2V = 3.4V이다.

$I = \dfrac{V}{R} = \dfrac{3.4}{330} = 0.01A$

7. UP DOWN 카운터회로

6. 패턴도(배선면 : BOTTOM)

제4편 무선설비기능사 실기

| 과제
번호 | 8 | 자격종목
및 등급 | 통신기기기능사 | 작 품 명 | 전가산기 회로 |

▶ 시험시간 : 표준시간 3시간 30분, 연장시간 30분

1. 요구사항

   A. 회로조립 및 시험

   (1) 지급된 재료를 사용하여 도면 2장을 각각 조립, RS232C(9핀) 커넥터를 이용하여 연결한 후 전원 스위치(SW₁)를 on시키고 계전기 스위치(SW₂)와 DIP 스위치에 따라 출력을 확인하시오.
   (2) 스위치(SW₂)를 누르면 계전기가 동작하여 LED(L_1~L_{10})가 순차적으로 점멸된다.
   (3) 스위치(SW₁)를 off시키면 LED가 소등된다.

DIP 스위치			LED1	LED2
1	2	3		
off	off	off		
off	off	on		
off	on	off		
off	on	on		
on	off	off		
on	off	on		
on	on	off		
on	on	on		

   (4) 전원단자 배선은 +선은 적색, −선은 흑색 면권선 및 악어클립을 사용하시오.
   (5) 납땜 및 배선이 지나는 동박면을 직선부분은 3구멍마다, 배선의 직각부분은 모두 땜하시오.
   (6) 회로에 이상이 있으면 수정하여 작업하시오.

   B. 측정

   (1) 시험위원이 정해준 주파수를 주파수발진기로 발진시킨다.

(2) 오실로스코프로 측정하여 주파수를 확인한다.

2. 수검자 유의사항

(1) 지급재료는 부품점검시간에 검사하여 불량품 및 부족 숫자는 지급받도록 하시오.
(2) 부품점검시간 이후에 부품교환은 일체하지 않으니 유의하시오.
(3) 회로의 동작이 불완전할 경우에는 동작점수가 많이 삭감되며 부동작 시에는 오작으로 채점하니 주의하시오.
(4) 배치는 기판 전체에 골고루 안배하여 부품의 균형과 안정감이 있도록 하시오.
(5) 납땜은 냉납이나 산화납 그리고 납의 과다 및 과소가 없도록 하시오.
(6) 점퍼선은 가능한 한 생기지 않도록 하고 점퍼 시에는 동박 후면에서 하시오.
(7) 스위치는 기판에 고정하고 인출선은 끊어지지 않도록 완전하게 연결하시오.
(8) 저항의 색띠는 수직 또는 수평으로 통일하여 배치하시오.
(9) 조정이나 측정 시 사용하는 계기는 정확한 계기를 사용하여 계기의 오차가 발생되지 않도록 하시오.
(10) 저항과 커패시터의 리드선은 적당한 길이로 사용하시오.
(11) 다음은 오작으로 불합격 처리되니 유의하시오.
  ① 연장시간까지 미완성된 작품
  ② 납땜 또는 배선점수가 0점인 작품(주요 항목)
  ③ 지급재료 이외의 재료를 사용한 작품
  ④ 부동작되는 작품
(12) 건전지 스냅의 연결 시 극성에 유의하여 기판에 붙이시오.
(13) 부품점검 시 각 부품의 규격이 도면의 규격과 지급재료 목록의 규격이 같은가 확인하고 이상이 있을 시에는 시험위원에게 알리고 그 조치에 따른다.
(14) 트랜지스터 배치는 핀 발이 꼬이지 않도록 하시오.
(15) 한 IC 내에 여러 게이트가 있을 시 작업의 편의에 따라 핀 번호를 바꾸어도 된다.

3. 도면

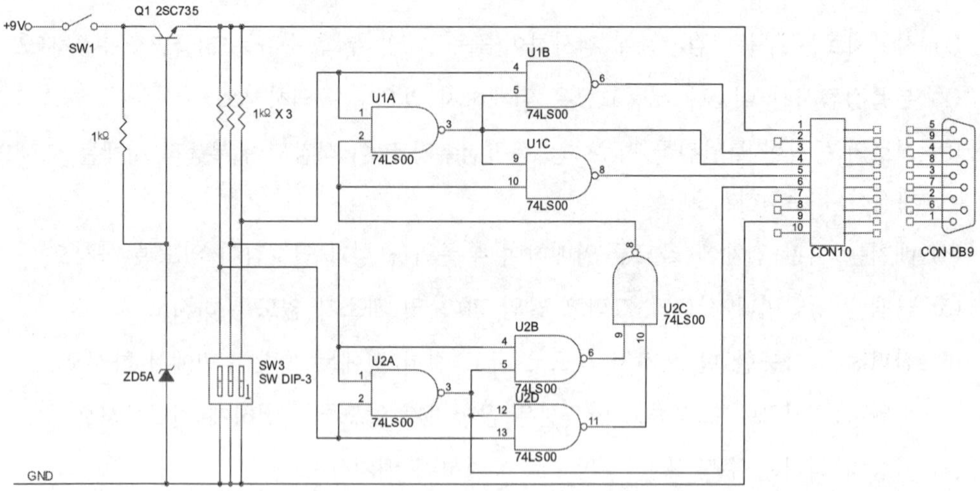

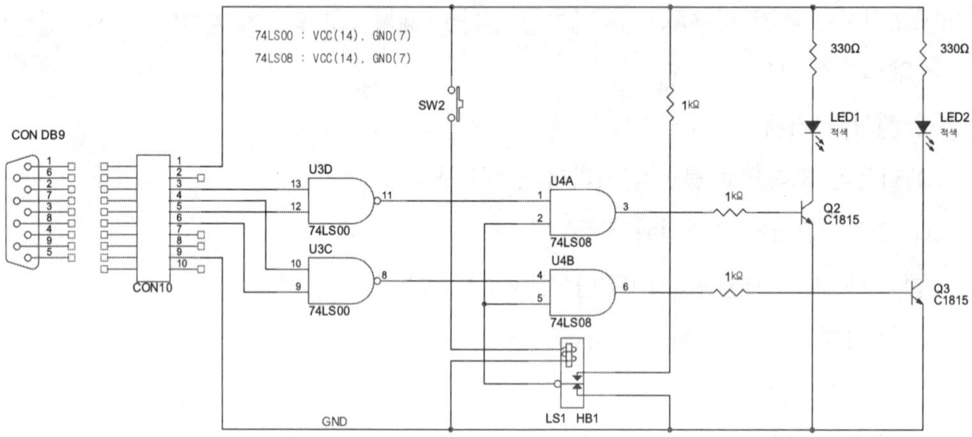

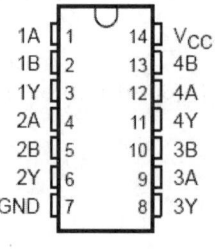

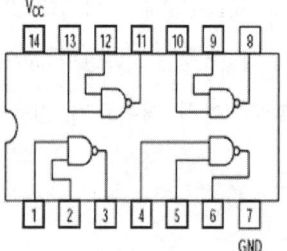

[SN74LS00]

8. 전가산기회로

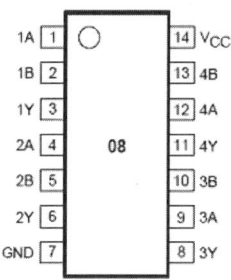
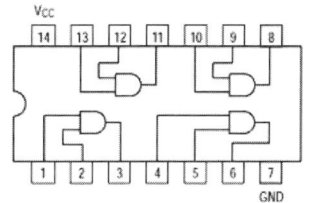

[SN74LS08]

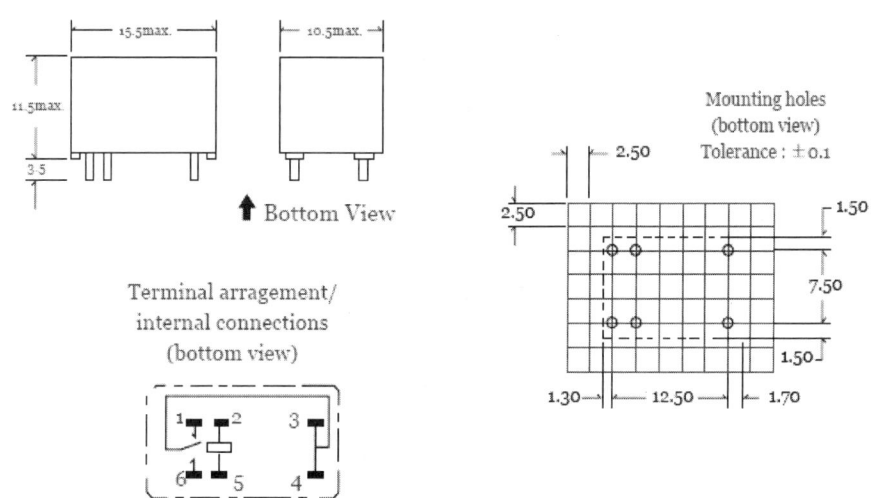

[HB1 또는 DY5(동양릴레이)]

4. 회로 동작

전가산기 회로의 계통도(Block Diagram)는 다음과 같다.

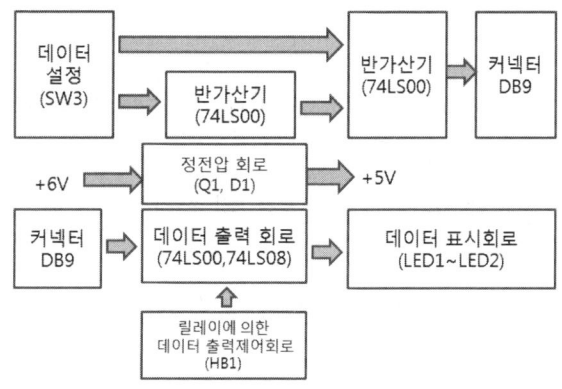

[전가산기의 계통도]

(1) 정전압회로

① SW₂의 on 시에는 회로에 전원이 공급되고, off 시에는 회로에 전원이 차단된다.

② 트랜지스터의 바이어스 저항 1kΩ에 의하여 제너 다이오드(ZD) 양단에는 역방향 전류에 의하여 +5V가 나타난다.

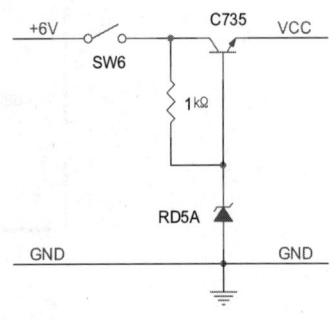

③ 트랜지스터의 이미터에는 약 +4.4V의 전압이 나타난다.

전압(Vcc)은 $V_{cc} = V_Z - V_{BE}$ (V_Z : 제너 다이오드의 전압, V_{BE} : 트랜지스터의 바이어스 전압으로, 실리콘 트랜지스터의 경우 0.6~0.7V)

∴ $V_{cc} = 5 - 0.6 = 4.4V$

(2) 데이터 입력 회로

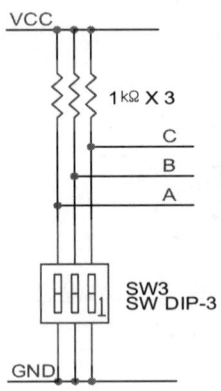

딥(Dip) SW의 조작에 의하여 전가산기의 데이터 입력을 공급한다.

(3) 반가산기회로

① 반가산기(half adder)는 한자리수 A와 B를 더 할 때 발생되는 결과는 A와 B의 합과 자리올림 수(Carry)가 발생한다.

② 계산을 하기 위한 합(S)과 자리올림수(C)의 논리식은 $S = \overline{A}B + A\overline{B} = A \oplus B$, $C = A \cdot B$로 나타낸다.

③ 반가산기의 기호와 논리회로는 그림 2, 그림 3과 같고, 진리표는 표 1과 같다.

8. 전가산기회로

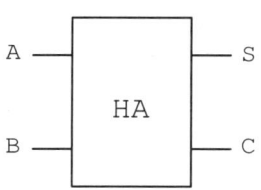

그림2 반가산기의 블록도

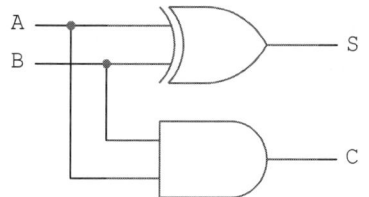

그림3 반가산기의 회로도

A	B	S(Sum)	C(Carry)
0	0	0	0
0	1	1	0
1	0	1	0
1	1	0	1

표1 반가산기의 진리표

④ 반가산기(Half Adder)는 그림에서와 같이 다양한 형태로 구성할 수 있다.

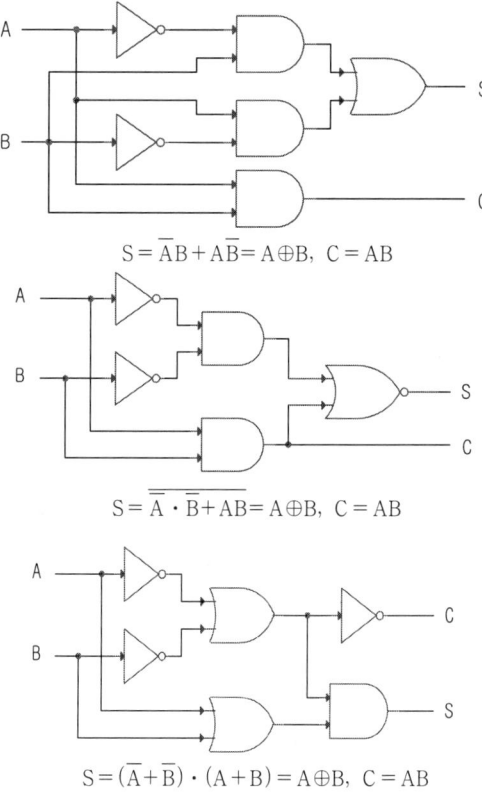

$S = \overline{A}B + A\overline{B} = A \oplus B$, $C = AB$

$S = \overline{\overline{A} \cdot \overline{B} + AB} = A \oplus B$, $C = AB$

$S = (\overline{A} + \overline{B}) \cdot (A + B) = A \oplus B$, $C = AB$

[반가산기의 다양한 형태]

㉠ 배타적 논리합(EX-OR)회로는 입력이 모두 같을 경우 출력이 0 또는 "거짓"이 되는 논리회로, 즉 입력이 모두 0이거나 1일 경우에 출력이 0이 되는 논리회로이다.

㉡ 배타적 논리합(EX-OR)의 진리치표

A	B	Y
0	0	0
0	1	1
1	0	1
1	1	0

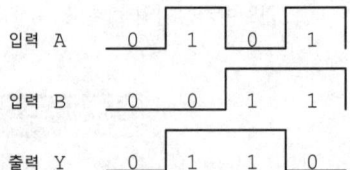

㉢ 배타적 논리합(EX-OR)의 논리식

$Y = \overline{A}B + A\overline{B}$

㉣ NAND 게이트를 이용한 반가산기(Half Adder1)

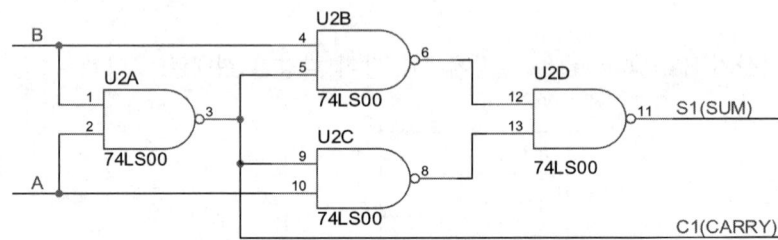

$$S_1 = \overline{\overline{(A \cdot \overline{AB})}\overline{(B \cdot \overline{AB})}}$$
$$= (A \cdot \overline{AB}) + (B \cdot \overline{AB})$$
$$= (A \cdot \overline{AB}) + (B \cdot \overline{AB})$$
$$= (A \cdot \overline{A} + \overline{B}) + (B \cdot \overline{A} + \overline{B})$$
$$= A\overline{A} + A\overline{B} + \overline{A}B + B\overline{B}$$
$$= A\overline{B} + \overline{A}B$$
$$= A \oplus B$$

$C_1 = \overline{\overline{AB}} = \overline{\overline{A} + \overline{B}}$

㉤ NAND 게이트를 이용한 반가산기(Half Adder2)

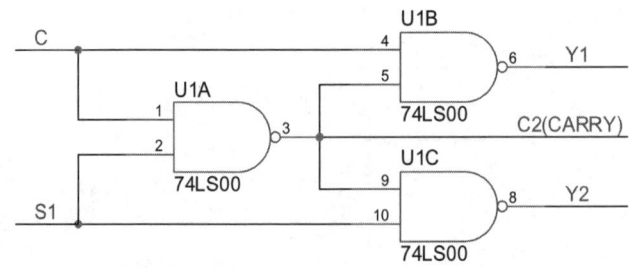

$Y_1 = \overline{\overline{CS_1} \cdot C} = \overline{\overline{CS_1}} + \overline{C} = CS_1 + \overline{C}$, $C_2 = \overline{\overline{CS_1}} = \overline{C} + \overline{S_1}$

$$Y_2 = \overline{\overline{CS_1} \cdot S_1} = \overline{\overline{\overline{CS_1}}} + \overline{S_1} = CS_1 + \overline{S_1}$$

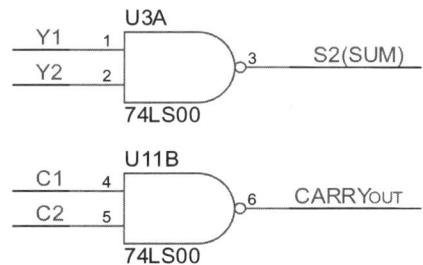

$$S_2 = \overline{Y_1 Y_2} = \overline{(CS_1 + \overline{C})(CS_1 + \overline{S_1})} = (\overline{CS_1} \cdot \overline{\overline{C}}) + (\overline{CS_1} \cdot \overline{\overline{S_1}})$$
$$= (\overline{C} + \overline{S_1})C + (\overline{C} + \overline{S_1})S_1 = C\overline{C} + C\overline{S_1} + \overline{C}S_1 + \overline{S_1}S_1 = C\overline{S_1} + \overline{C}S_1 = C \oplus S_1$$

(4) 전가산기(full adder) 회로

① 한자리수 A와 B, 그리고 자리올림수를 더 할 때에 사용되며 결과는 A와 B의 합(S)과 자리올림수(Carry)가 된다.

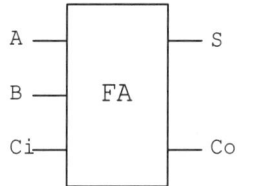

[전가산기의 블록도]

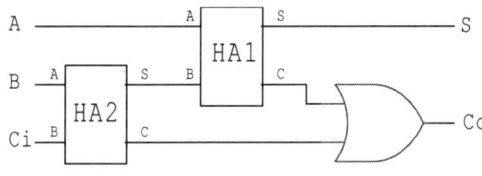

[반가산기를 이용한 전가산기의 블록도]

A	B	Ci	S	Co
0	0	0	0	0
0	0	1	1	0
0	1	0	1	0
0	1	1	0	1
1	0	0	1	0
1	0	1	0	1
1	1	0	0	1
1	1	1	1	1

[전가산기(Full Adder)의 진리표]

② 계산을 하기 위한 합(S)과 자리올림수(C)의 논리식은 다음과 같다.

$$S = \overline{A}\,\overline{B}C_i + \overline{A}B\overline{C_i} + A\overline{B}\,\overline{C_i} + ABC_i = (\overline{A}B + A\overline{B})\overline{C_i} + (\overline{A}\,\overline{B} + AB)C_i$$

$$= (A \oplus B)\overline{C_i} + (\overline{A \oplus B})C_i = (A \oplus B) \oplus C_i$$

$$C_o = AB + (A \oplus B)C_i = AB + AC_i + BC_i$$

③ 전가산기의 합(S)과 자리올림수(Co)의 진리 값을 카르노 맵으로 간략화하면 다음의 그림과 같다.

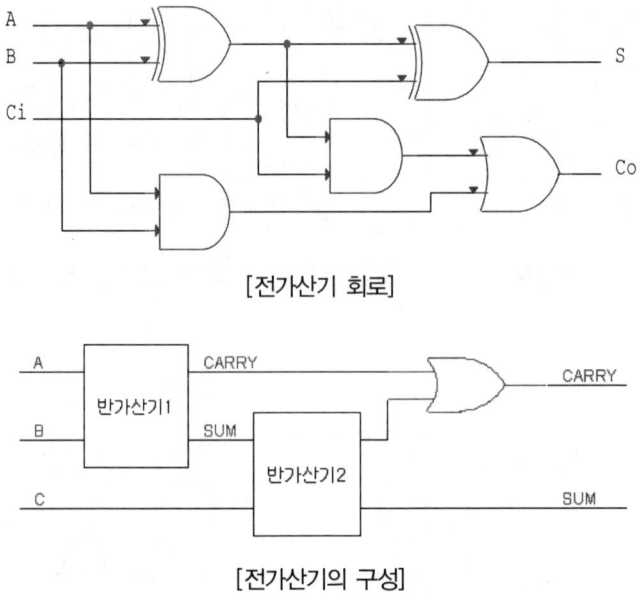

[전가산기 카르노도의 간략화]

④ 전가산기의 논리식의 간략화에 따른 논리회로는 다음의 그림과 같다.

[전가산기 회로]

[전가산기의 구성]

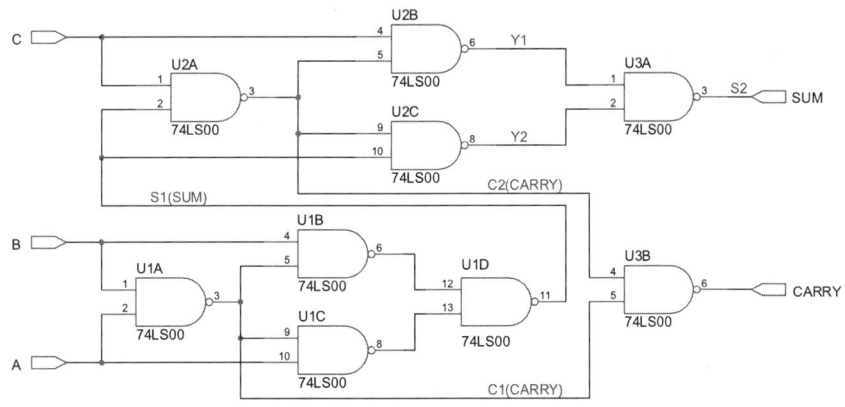

$$S_2 = SUM_{out} = S_1 \oplus C = A \oplus B \oplus C$$

$$Carry_{out} = \overline{C_1 \cdot C_2} = \overline{C_1} + \overline{C_2} = \overline{\overline{AB}} + \overline{\overline{CS_1}} = AB + CS_1$$

A	C	C(Ci)	S2(Sum)	Cout(Carry)
0	0	0	0	0
0	0	1	1	0
0	1	0	1	0
0	1	1	0	1
1	0	0	1	0
1	0	1	0	1
1	1	0	0	1
1	1	1	1	1

(5) 릴레이에 의한 데이터 출력 제어회로

① 74LS08의 동작을 제어하기 위한 회로로, SW_2를 누르기 전에는 릴레이의 접점이 GND(접지)에 연결(b 접점 : 평상시 close)되어 1G(1번 핀) 단자가 Low 상태가 되어 A_1~A_3의 데이터가 Y_1~Y_3에 전송되지 않는다.

② SW_2를 누르면 릴레이의 코일에 전기가 공급되어 자장이 발생하여 릴레이의 접점을 b 접점에서 a 접점으로 전환되어, V_{CC}(전원)에 연결(b 접점 : 평상시 close)되어 1G(1번 핀) 단자가 High 상태가 되어 A_1~A_3의 데이터가 Y_1~Y_3에 전송되어 나타난다.

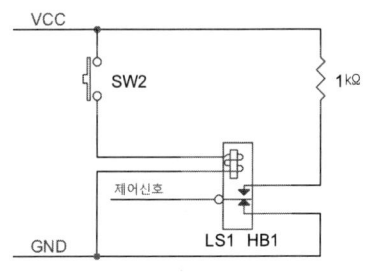

(6) L₁(LED₁)과 L₂(LED₂) 출력회로

① $L_1(LED_1)$의 동작은 Y_1과 Y_2의 입력이 모두 같을 경우, 즉 (0,0) (1,1)의 경우는 출력이 Low가 되어 LED_1은 점등하게 되고, 그 외에는 출력(U_2B)이 모두 high가 되어 LED_1은 소등 상태가 된다.

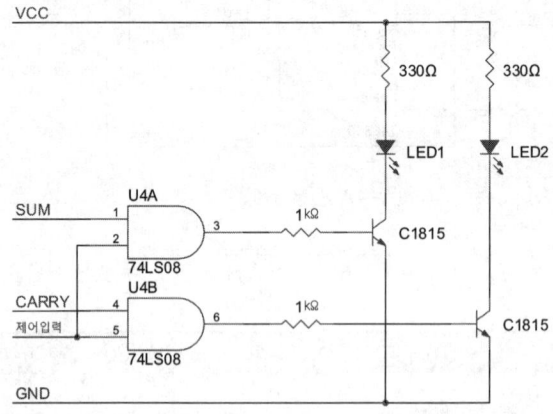

② $L_1(LED_1)$ 출력회로의 논리식

$$Y_4 = \overline{\overline{(\overline{Y_1 Y_2})C}} = (\overline{Y_1}Y_2) + \overline{C}$$

③ $L_1(LED_1)$ 출력회로의 타이밍 차트

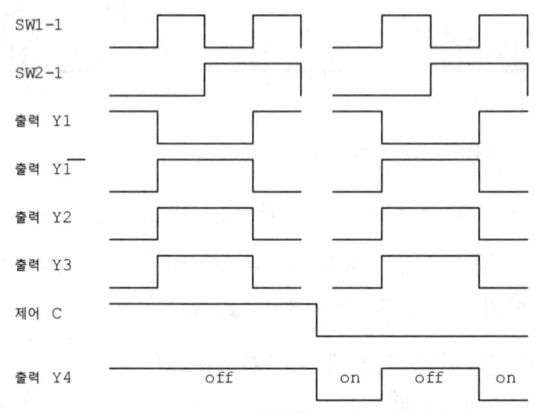

④ $L_2(LED_2)$의 동작은 Y_1과 Y_2의 입력이 모두 같을 경우, 즉 (0,0) (1,1)의 경우는 출력이 low가 되어 LED_2는 점등하게 되고, 그 외에는 출력(U_4B)이 모두 high가 되어 LED_2는 소등 상태가 된다.

⑤ $L_2(LED_2)$ 출력회로의 논리식

$$Y_5 = \overline{Y_1 \overline{Y_2} C} = \overline{Y_1} + Y_2 + \overline{C}$$

⑥ $L_2(LED_2)$ 출력회로의 타이밍 차트

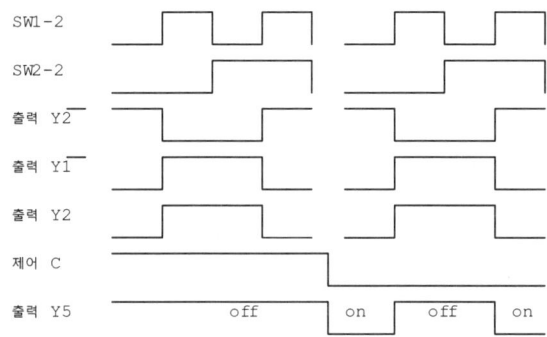

⑦ $L_1(LED_1)$과 $L_2(LED_2)$ 출력회로의 진리치표

SW₃		SW₄		$L_1(LED_1)$	$L_2(LED_2)$
1	0	1	0		
off	off	off	off	on	on
off	off	off	on	on	off
off	on	off	off	off	off
off	on	off	on	on	on
on	off	off	off	on	on
on	off	off	on	off	off
on	on	off	off	on	off
on	on	on	on	on	on

⑧ LED와 직렬로 연결된 330Ω의 저항은 LED에 흐르는 전류를 제한하는 역할을 한다.

⑨ NAND 게이트의 출력이 low 상태 시에는 0.4V 정도이고, high 상태 시에는 전원전압(Vcc)으로 LED의 점등 시 필요한 전압이 1.2V라면 LED에 흐르는 전류 I는

$I = \dfrac{V}{R}$ 에서 Vcc=5V이므로 R(330Ω) 양단의 전압은

Vcc(+5V) − 0.4V − 1.2V = 3.4V이다.

$I = \dfrac{V}{R} = \dfrac{3.4}{330} = 0.01A$

5. 지급재료 목록

일련번호	재료명	규격	단위	수량	비고
1	IC	74LS00	개	3	
2	〃	74LS08	〃	1	
3	계전기(릴레이)	HB1-DC5V용	〃	1	
4	IC 소켓	14핀	〃	5	
5	트랜지스터(TR)	C1959	〃	1	
6	트랜지스터(TR)	C1815	〃	2	
7	제너 다이오드	ZD 5A	〃	1	5V용
8	LED(발광 다이오드)	적색(LED1)	〃	1	
9	〃	녹색(LED2)	〃	1	
10	저항	330Ω, 1/4W	〃	2	
11	〃	1kΩ, 1/4W	〃	7	
12	DIP 스위치	DIP-3(6Pin)	〃	1	
13	10pin 블록	암, 수	조	2	
14	RS232C 커넥터	9Pin(암, 수)	조	1	
15	스위치	3Pin(slide)	〃	1	전원스위치
16	누름버튼 스위치	on/off용(토글)	〃	1	
17	IC 만능기판	28×28 구명	장	2	
18	건전지	4DM/6V	개		5명당 1
19	악어클립	적색, 흑색	〃	각 1	
20	Flat 케이블(10가닥)	연선	cm	20	
21	전원선	적, 청 $\phi0.5mm$	cm	각 20	악어클립용
22	배선	$\phi0.4mm$ 3색선	m	각 1	
23	실납	SN 60% $\phi1.2mm$	m	1	
24					
25					
26					

6. 요구사항의 동작상태
- DIP 스위치에 따른 LED 상태를 표에 적으시오(on, off)

DIP 스위치			LED1 (sum)	LED2 (carry)
1	2	3		
off	off	off	off	off
off	off	on	on	off
off	on	off	on	off
off	on	on	off	on
on	off	off	on	off
on	off	on	off	on
on	on	off	off	on
on	on	on	on	on

7. 패턴도(배선면 : BOTTOM)

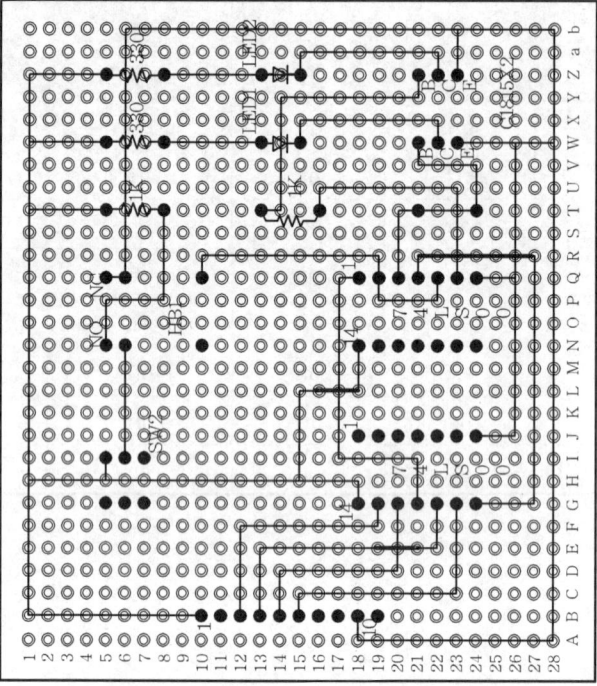

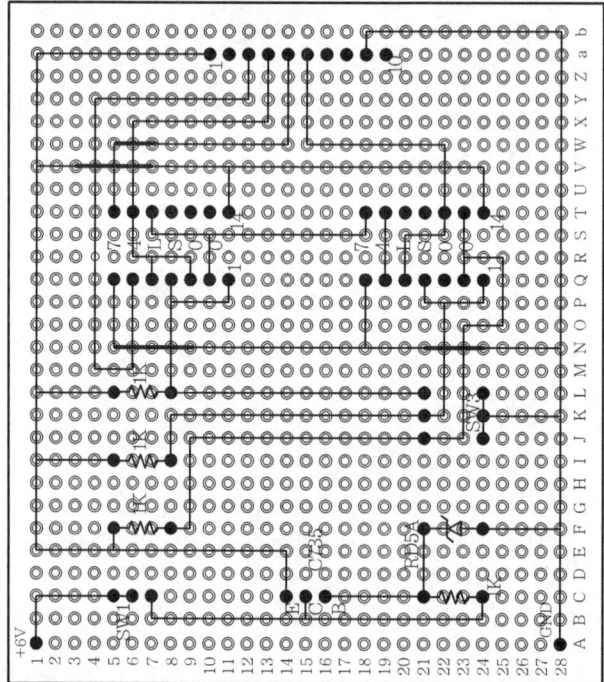

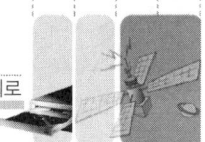

9. 순차점멸회로

과제번호	9	자격종목 및 등급	통신기기기능사	작 품 명	순차점멸회로

▶ 시험시간 : 표준시간 3시간 30분, 연장시간 30분

1. 요구사항

A. 회로조립 및 시험

(1) 지급된 재료를 사용하여 도면2장을 각각 조립하고, RS232C 커넥터를 이용하여 연결한 후 전원스위치(SW1)를 ON시킨다.

(2) 스위치(SW_2)를 누르면 계전기가 동작하여 LED1~LED5가 순차적으로 점멸되도록 동작시키시오.

(3) 스위치(SW_1)를 OFF시키면 LED가 소등된다.

(4) 전원을 연결할 때는 극성 및 전압을 확인하고 쇼트확인을 반드시 하시오.

(5) 회로에 이상이 있으면 수정하여 작업하시오.

B. 측정

(1) 시험위원이 정해준 주파수를 주파수 발진기로 발진시킨다.

(2) 오실로스코프로 측정하여 주파수를 확인한다.

2. 수검자 유의사항

(1) 지급재료는 부품점검시간에 검사하여 불량품 및 부족 숫자는 지급받도록 하시오.

(2) 부품점검시간 이후에 부품교환은 일체하지 않으니 유의하시오.

(3) 회로의 동작이 불완전할 경우에는 동작점수가 많이 삭감되며 부동작 시에는 오작으로 채점하니 주의하시오.

(4) 배치는 기판 전체에 골고루 안배하여 부품의 균형과 안정감이 있도록 하시오.

(5) 납땜은 냉납이나 산화납 그리고 납의 과다 및 과소가 없도록 하시오.

(6) 점퍼선은 가능한 한 생기지 않도록 하고 점퍼 시에는 동박 후면에서 하시오.

(7) 스위치는 기판에 고정하고 인출선은 끊어지지 않도록 완전하게 연결하시오.

(8) 저항의 색띠는 수직 또는 수평으로 통일하여 배치하시오.

(9) 조정이나 측정 시 사용하는 계기는 정확한 계기를 사용하여 계기의 오차가 발생되지 않도록 하시오.

(10) 저항과 커패시터의 리드선은 적당한 길이로 사용하시오.

(11) 다음은 오작으로 불합격 처리되니 유의하시오.

　① 연장시간까지 미완성된 작품

　② 납땜 또는 배선점수가 0점인 작품(주요 항목)

　③ 지급재료 이외의 재료를 사용한 작품

　④ 부동작되는 작품

(12) 건전지 스냅의 연결 시 극성에 유의하여 기판에 붙이시오.

(13) 부품점검 시 각 부품의 규격이 도면의 규격과 지급재료 목록의 규격이 같은가 확인하고 이상이 있을 시에는 시험위원에게 알리고 그 조치에 따른다.

(14) 트랜지스터 배치는 핀 발이 꼬이지 않도록 하시오.

(15) 한 IC 내에 여러 게이트가 있을 시 작업의 편의에 따라 핀 번호를 바꾸어도 된다.

3. 도면

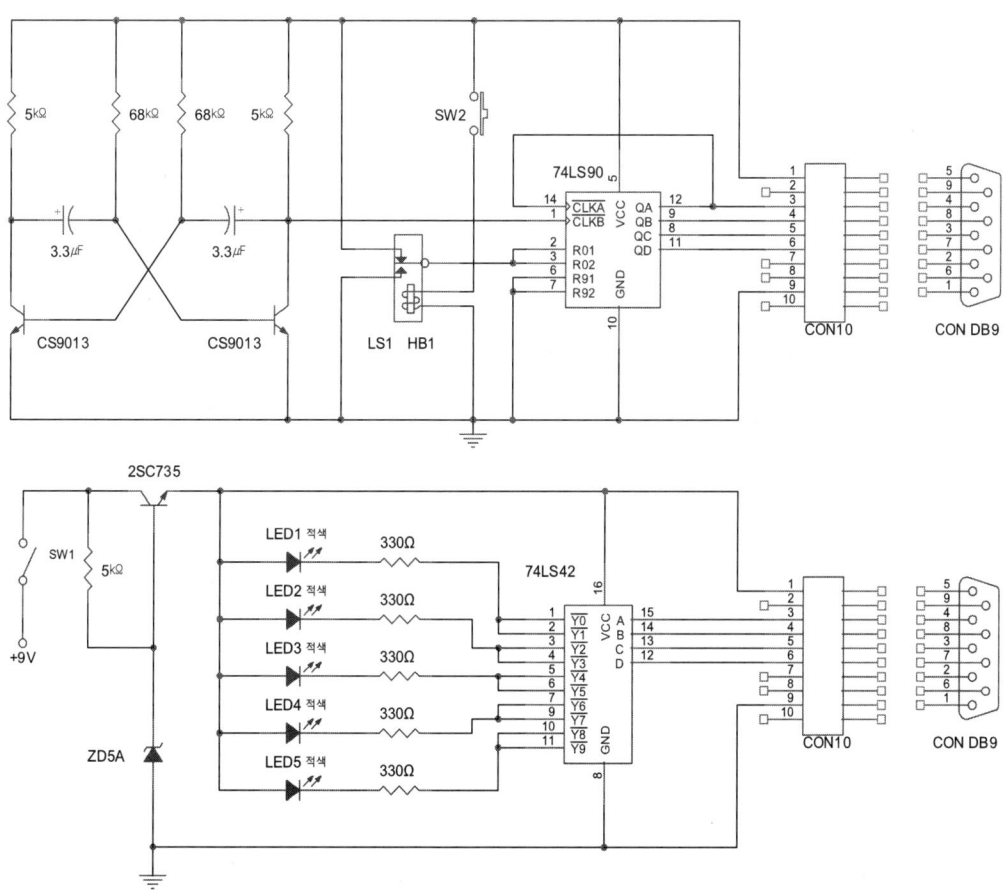

4. 지급재료목록

일련번호	재 료 명	규 격	단위	수량	비 고
1	IC	74LS90	개	1	
2	IC	74LS42	개	1	
3	계전기(릴레이)	HB1-DC5V용	개	1	
4	IC 소켓	14핀	개	2	
5	IC 소켓	16핀	개	1	
6	트랜지스터(TR)	2SC735	개	1	
7	트랜지스터(TR)	CS9013	개	2	
8	제너 다이오드	ZD 5V	개	1	5V용
9	LED(발광 다이오드)	적색, $\phi 5$	개	5	
10	저 항	330Ω, 1/4W	개	5	
11	저 항	1kΩ, 1/4W	개	1	
12	저 항	5kΩ, 1/4W	개	2	
13	저 항	68kΩ, 1/4W	개	2	
14	10pin 블록	암, 수	조	2	
15	RS232C 커넥터	9Pin(암, 수)	조	1	
16	전해 커패시터	$3.3\mu F$, 16V 이상	개	2	
17	스 위 치	Pin(slide)	개	1	전원스위치
18	누름버튼 스위치	on/off용(토글)	개	1	
19	IC 만능기판	28×28 구멍	장	2	
20	Flat 케이블(10가닥)	연선	cm	20	
21	전 원 선	적, $\phi 0.5mm$	cm	20	
22	전 원 선	청, $\phi 0.5mm$	cm	20	
23	배 선	$\phi 0.4mm$ 3색선	m	각 1	
24	실 납	SN 60% $\phi 1.2mm$	m	1	
25	방안지(모눈종이)	범용	장	1	
26	작업용 실링봉투	정전기 방지용	장	1	

9. 순차점멸회로

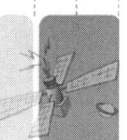

5. 회로 동작

순차점멸 회로의 계통도(Block Diagram)는 다음과 같다.

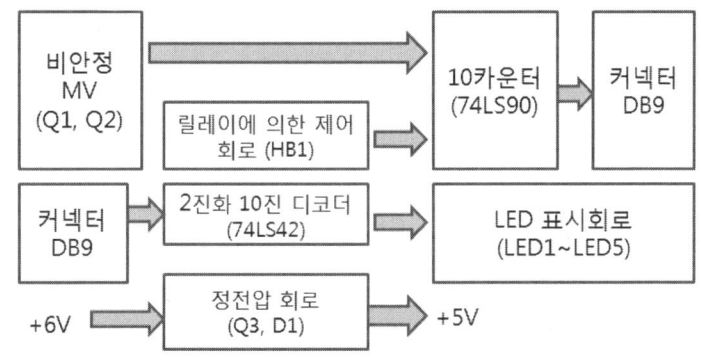

[순차점멸회로의 계통도]

(1) 정전압 회로

① SW_1의 on 시에는 회로에 전원이 공급되고, off 시에는 회로에 전원이 차단된다.

② 트랜지스터의 바이어스 저항 $1k\Omega$에 의하여 제너 다이오드(ZD) 양단에는 역방향 전류에 의하여 +5V가 나타난다.

③ 트랜지스터의 이미터에는 약 +4.4V의 전압이 나타난다. 전압(Vcc)는 $Vcc=V_Z-V_{BE}$(V_Z : 제너 다이오드의 전압, V_{BE} : 트랜지스터의 바이어스 전압으로, 실리콘 트랜지스터의 경우 0.6~0.7V)

∴ $Vcc=5-0.6=4.4V$

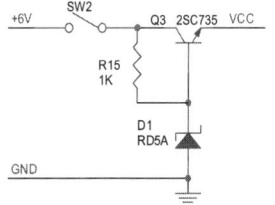

(2) 트랜지스터를 이용한 멀티 바이브레이터(MV)

① 트랜지스터를 이용한 멀티바이브레이터의 출력은 신호를 공급하기 위한 기본 클록 발생회로이다.

② 전원 전압(E)에 의하여 최초에 Q_1이 동작한다고 하면, 이때 Q_2가 동작해도 상태는 같다.(Q_1, Q_2 중 어느 것이 먼저 동작해도 관계가 없다). 전원전압은 R_4와 C_2를 통하여 Q_1 트랜지스터의 베이스와 이미터로 전류가 흐른다. 이때 C_2가 충전하여 Q_1의 베이스 전위가 높아지고 베이스 전류(Ib)가 많이 흐르게 되므로 Q_1의 컬

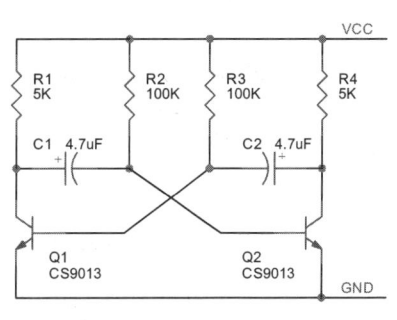

렉터 전류 (IC_1)가 증가하게 된다. 즉, Q_1은 도통 상태가 되어 컬렉터의 전위(VC1)는 거의 0V가 된다.(실제는 0.1~0.2V의 컬렉터 전위(VC1)가 된다.)

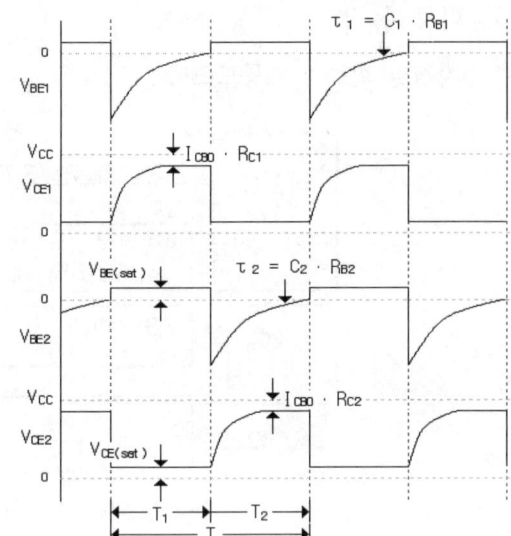

③ 이때 C_1 커패시터는 R_2와 C_1을 통과하여 Q_1의 컬렉터를 통하여 방전하게 된다. (Q_1의 VC1이 ≅ 0V이므로)

④ Q_2 베이스의 전위는 R_2와 C_1의 경로에 의해서 충전하므로 베이스의 전위가 상승 하게 된다. 이때 R1과 C_1을 경로로 Q_2의 베이스에 (+) 전압을 공급 Q_2가 통전 상태가 되어 Q_2의 컬렉터(VC2) 전위가 0.1~0.2V로 낮아지게 되므로 C_2는 방전하게 된다.

⑤ C_2는 R_3과 C_2를 경로로 Q_2의 컬렉터를 통하여 방전 후 재충전을 하여 위의 동작을 반복한다. 즉, Q_1의 베이스 전위가 상승하여 Q_1이 도통 상태가 된다.

⑥ Q_1의 도통 상태(Q_1 ON 상태)에서 Q_1이 차단 상태(Q_1 OFF 상태)로 되는 시간을 T_1이라면 T1(Q_1은 ON, Q_2는 OFF)

$T_1 = R_3C_2\log 2 = 0.693R_3C_2 [\sec]$

⑦ Q_2가 도통 상태(Q_2 ON)에서 차단상태로 되는 시간을 T_2라 하면 위와 같이 회로에서 (T_2) → (Q_1 OFF, Q_2 ON)

$T_2 = R_2C_1\log 2 = 0.693R_2C_1 [\sec]$

⑧ 반복 주기(T)

$T = T_1 + T_2 = 0.693(R_3C_2) + 0.693(R_2C_1) [\sec]$
$= 0.693(R_3C_2 + R_2C_1) [\sec]$

⑨ 주파수(f) $f = \dfrac{1}{T} [Hz]$

⑩ 회로에서의 발진 주기(T) 및 발진 주파수(f)
주기(T)는
$T = t_1 + t_2 = 0.693(R_3C_2 + R_2C_1)$
$= 0.693(68 \times 10^3 \times 3.3 \times 10^{-6} + 68 \times 10^3 \times 3.3 \times 10^{-6}) ≒ 0.31 \sec$

주파수(f)

$$f = \frac{1}{T} = \frac{1}{0.31} \fallingdotseq 3.2\text{Hz}$$

(3) 릴레이에 의한 카운터 제어회로

① 74LS90의 동작을 제어하기 위한 회로로, SW1을 누르기 전에는 릴레이의 접점이 VCC(전원)에 연결(b 접점 : 평상시 close)되어 74LS90의 R0(0), R0(1) 단자가 High 상태가 되어 계수가 되지 않는다.

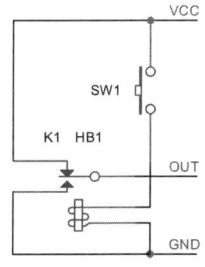

② SW1을 누르면 릴레이의 코일에 전기가 공급되어 자장이 발생하여 릴레이의 접점을 b접점에서 a접점으로 전환되어, R0(0), R0(1) 단자가 Low 상태가 되어 계수가 된다. 않는다.

(4) 10진 카운터 회로

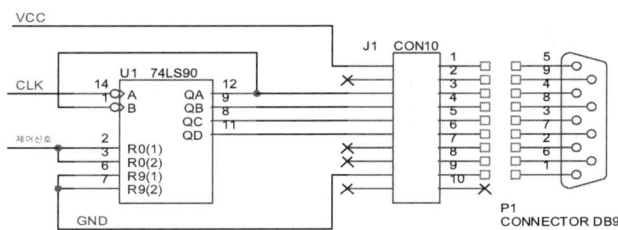

① SN74LS90 IC는 2진 5진 카운터 IC로서 클록 주파수는 32MHz까지 계수가 가능하고 클록의 하강면에서 트리거 되는 네거티브 에지 트리거 방식이 사용된다.

② ($R_0(1)$, $R_0(2)$) 2, 3번 핀 입력이 동시에 high 상태이면 계수 회로를 리셋시킨다.

③ ($R_9(1)$, $R_9(2)$) 6, 7번 핀 입력이 동시에 high 상태가 되면 계수 회로를 $(1001)_2$ 즉 10진수 9로 프리셋 상태가 되며, 내부적으로 2진과 5진 카운터로 구성되어 있다.

④ 2진 카운터는 입력 A(14번 핀)에 가하고 출력 Q_A에서 얻는다. 5진 카운터는 입력 B(1번 핀)에 가해서 Q_B, Q_C, Q_D에서 출력을 얻는다.

⑤ 2진 카운터와 5진 카운터를 연결하여 10진 카운터로 사용할 수 있다. 1/10 분주는 비동기식 리플 카운터이며 출력은 BCD로 나타낸다.

⑥ 10진 카운터로 사용하기 위해서는 출력QA(12번 핀)과 입력B(1번 핀)을 외부에서 접속하여 사용한다.

⑦ 10진 카운터로 계속 사용할 경우에는 $R_0(1)$, $R_0(2)$, $R_9(1)$, $R_9(2)$ 단자를 "low" 상

태, 즉 GND에 접속한다.

⑧ 비안정 MV의 구형파 출력을 SN74LS90의 입력 A에 인가하면 2개의 펄스가 인가될 때 Q_A에서는 1개의 펄스가 나타난다.(1/2 분주) Q_A를 입력 B에 인가하면 5개의 펄스가 공급되어 Q_D에서 1개의 펄스 파형을 얻는다.

⑨ SN74LS90의 타이밍 차트와 진리치표

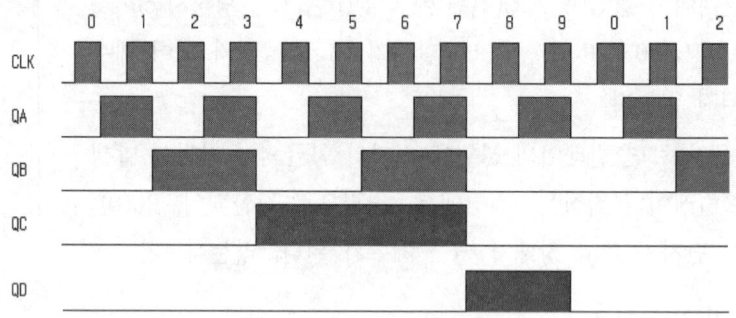

[SN74LS90의 타이밍 차트]

계수(카운트)	Q_D	Q_C	Q_B	Q_A
0	L	L	L	L
1	L	L	L	H
2	L	L	H	L
3	L	L	H	H
4	L	H	L	L
5	L	H	L	H
6	L	H	H	L
7	L	H	H	H
8	H	L	L	L
9	H	L	L	H

리셋 입력				출력			
$R_0(1)$	$R_0(2)$	$R_9(1)$	$R_9(2)$	Q_D	Q_C	Q_B	Q_A
H	H	L	X	L	L	L	L
H	H	X	L	L	L	L	L
X	X	H	H	L	L	L	H
X	L	X	L	카운트			
L	X	L	X	카운트			
L	X	X	L	카운트			
X	L	L	X	카운트			

· x : don`t Care
· $R_0(1)R_0(2)$: 단자가 "H"시는 0 리셋 상태가 된다.
· $R_9(1)R_9(2)$: 단자가 "H"시는 P 리셋 상태가 된다.

[SN74LS90의 진리치표]

(5) BCD-10진 디코더(2진화 10진 코드)

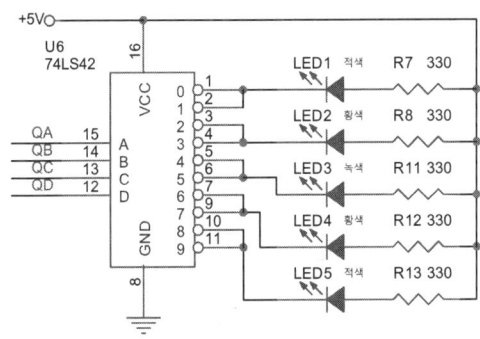

① 74LS42 IC는 BCD 코드로 입력을 받아서 10진수로 출력을 시킨다.

② 74LS42의 진리치표

NO	INPUTS				OUTPUTS				
	D	C	B	A	1	2	3	4	5
0	L	L	L	L	L	H	H	H	H
1	L	L	L	H	H	L	H	H	H
2	L	L	H	L	H	H	L	H	H
3	L	L	H	H	H	H	H	L	H
4	L	H	L	L	H	H	H	H	L
5	L	H	L	H	H	H	H	H	H
6	L	H	H	L	H	H	H	H	H
7	L	H	H	H	H	H	H	H	H
8	H	L	L	L	H	H	H	H	H
9	H	L	L	H	H	H	H	H	H
INVALID	H	L	H	L	H	H	H	H	H
	H	L	H	H	H	H	H	H	H
	H	H	L	L	H	H	H	H	H
	H	H	L	H	H	H	H	H	H
	H	H	H	L	H	H	H	H	H
	H	H	H	H	H	H	H	H	H

[74LS42의 진리표]

③ 출력의 상태가 low가 될 때 LED가 점등되고, high 상태가 되면 LED는 소등된다.

④ 출력을 2개씩 와이어드 OR로 접속하여 5진의 계수 상태로 변환한 것으로 출력의 LED 점등시간을 2배로 늘린 것과 같으며 타이밍 차트는 아래와 같다.

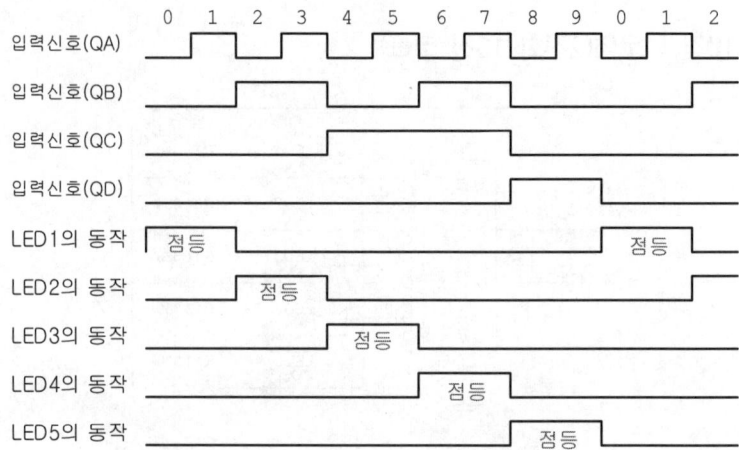

⑤ 출력단의 LED와 직렬로 연결된 330Ω의 저항(R5~R14)은 LED에 흐르는 전류를 제한하여 LED를 보호하는 역할을 한다.

⑥ NAND 게이트의 출력이 low 상태 시에는 0.4V 정도이고, high 상태 시에는 전원전압(Vcc)으로 LED의 점등 시 필요한 전압이 1.2V라면 LED에 흐르는 전류 I는

$I = \dfrac{V}{R}$ 에서 Vcc=5V이므로 R(330Ω) 양단의 전압은

Vcc(+5V)−0.4V−1.2V=3.4V이다.

$I = \dfrac{V}{R} = \dfrac{3.4}{330} = 0.01A$

9. 순차점멸회로

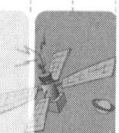

6. 패턴도(배선면 : BOTTOM)

Part 05 부 록

Chapter 1

74시리즈 TTL & HC 시리즈 CMOS의 데이터 시트(Data Sheet)

(1) 여기에 나타낸 단자배치도는 표준 TTL 시리즈의 74XX(normal), 74LSXX(저전력 소트키), 74SXX(쇼트키), 74ALSXX(진보적인 저전력 쇼트키), 74ASXX(진보적인 쇼트키), 74FXX(빠른 쇼트키), 74LXX(저전력), 74HXX(고속)의 8품종과 고속 범용 CMOS 시리즈 74HCXX, 40HXX에 대하여 나타내고 있다.
(2) 단자배치도를 나타낸 프레임 내의 왼쪽 위에 나타낸 숫자 XX가 형명이고 아래쪽에 표시된 형명은 IC 분류(74 시리즈 & HC 시리즈)에 의한 대치표이다.
(3) TTL에 대해서는 텍사스인스트루먼트(TI)사의 제품이 가장 많은 품종을 갖추고 있으나 TI사가 제조하지 않은 품종도 있다.
(4) 기능표시 중 OC는 Open Colletor형이다.

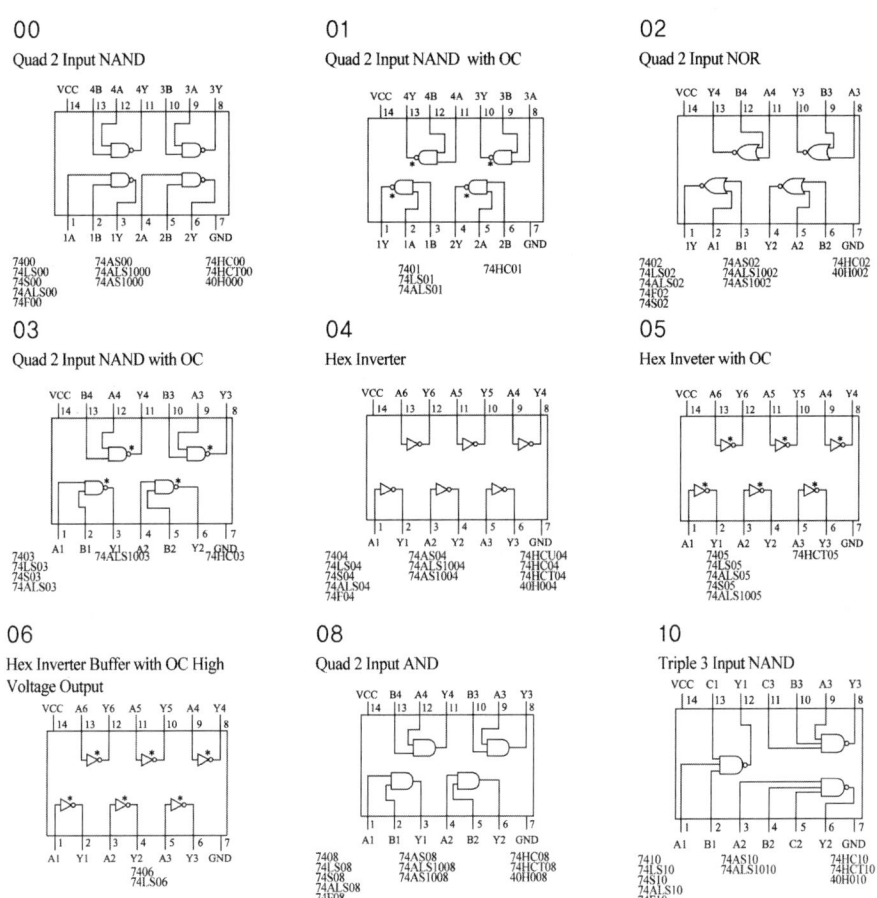

11
Triple 3 Input AND

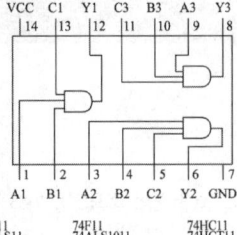

7411
74LS11
74S11
74ALS11
74AS11
74F11
74ALS1011
74HC11
74HCT11
40H011

13
Dual 4 Input NAND Schmitt Trigger

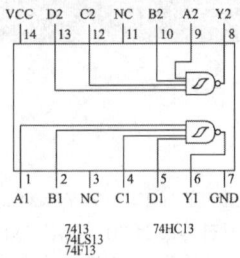

7413
74LS13
74F13
74HC13

14
Hex Inverter Schmitt Trigger

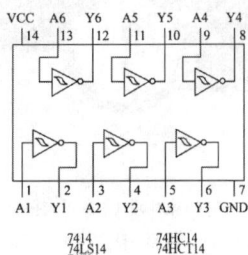

7414
74LS14
74F14
74HC14
74HCT14

18
Dual 4 Input NAND Schmitt Trigger

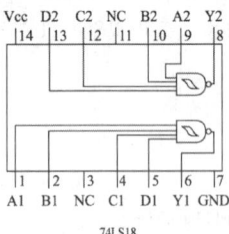

74LS18

19
Hex Inverter Schmitt Trigger

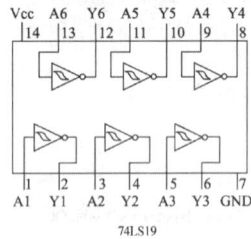

74LS19

20
Dual 4 Input NAND

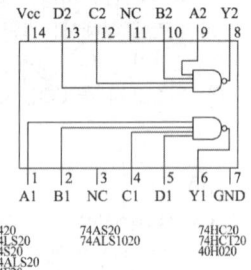

7420
74LS20
74S20
74ALS20
74F20
74AS20
74ALS1020
74HC20
74HCT20
40H020

21
Dual 4 Input AND

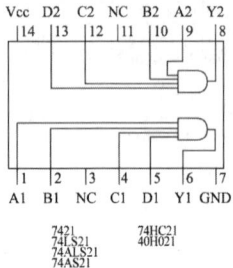

7421
74LS21
74ALS21
74AS21
74HC21
40H021

22
Dual 4 Input NAND with OC

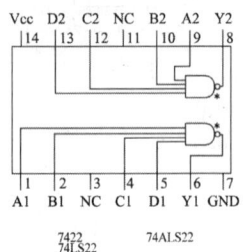

7422
74LS22
74S22
74ALS22

24
Quad 2 Input NAND Schmitt Trigger

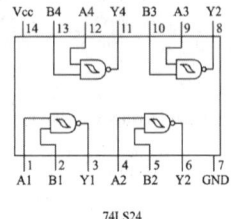

74LS24

27
Triple 3 Input NOR

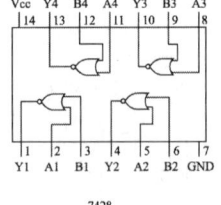

7427
74LS27
74ALS27
74AS27
74HC27
74HCT27
40H027

28
Quad 2 Input NOR Buffer

7428
74LS28
74ALS28
74ALS1028

30
8 Input NAND

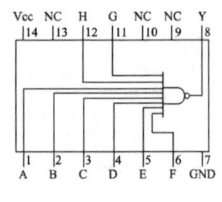

7430
74LS30
74ALS30
74S30
74AS30
74HC30

·····4

31
Delay Element

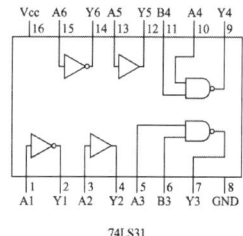

74LS31

32
Quad 2 Input OR

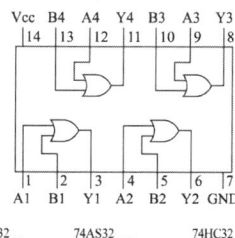

7432
74LS32
74S32
74ALS32
74F32
74AS32
74ALS1032
74AS1032
74HC32
74HCT32
40H032

33
Quad 2 Input NOR Buffer with OC

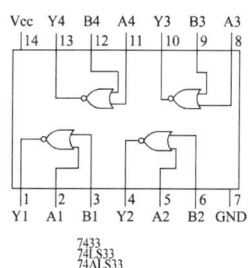

7433
74LS33
74ALS33

34
Hex Buffer

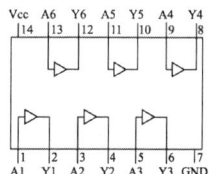

74ALS34   74AS34   74HCT34
74ALS1034 74AS1034

37
Quad 2 Input NAND Buffer

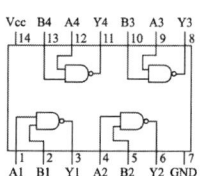

7437   74ALS37
74LS37   74ALS1037
74S37
74F37

40
Dual 4 Input NAND Buffer

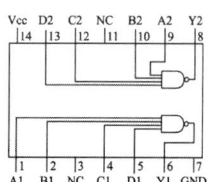

7440   74ALS1040
74LS40
74S40
74ALS40

41
BCD to Decimal Decorder / Driver

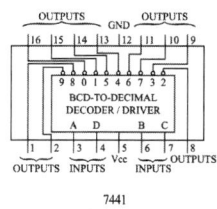

7441

42 : BCD to Decimal Decoder
43 : Excess 3 to Decimal Decoder
44 : Excess 3 Gray to Decimal Decoder

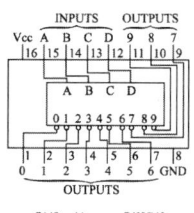

7442~44   74HC42
74LS42~44   74HCT42
             40H042

46 : BCD to Seven Segment Decoder 30V with OC
47 : BCD to Seven Segment Decoder 15V with OC

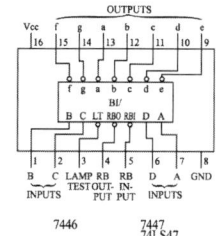

7446   7447
             74LS47

48
BCD to Seven Segment Decoder 2kΩ pullup

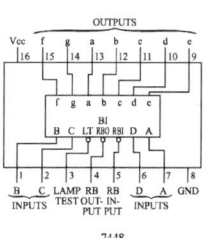

7448
74LS48

63
Hex Current Sense Interface GATE

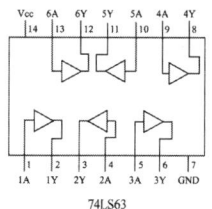

74LS63

69
Dual 4 Bit Binary Counter

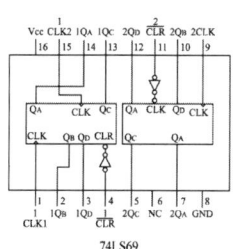

74LS69

73
Dual JK Flip Flop

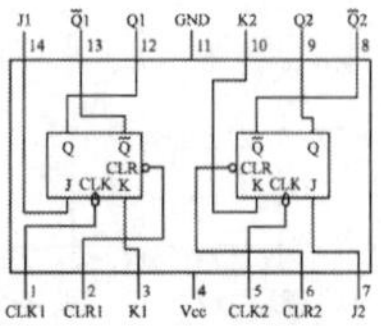

FUNCTION TABLE

Inputs				Outputs	
CLR	CLK	J	K	Q	Q̄
L	X	X	X	L	H
H	⊓	L	L	Q0	Q̄0
H	⊓	H	L	H	L
H	⊓	L	H	L	H
H	⊓	H	H	TOGGLE	

7473

Inputs				Outputs	
CLR	CLK	J	K	Q	Q̄
L	X	X	X	L	H
H	↓	L	L	Q0	Q̄0
H	↓	H	L	H	L
H	↓	L	H	L	H
H	↓	H	H	TOGGLE	
H	H	X	X	Q0	Q̄0

74LS73

7473
74LS73
74ALS73
74HC73
74HCT73

74
Dual D Type Flip Flop

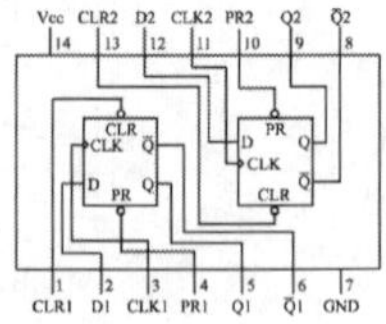

FUNCTION TABLE

Inputs				Outputs	
PR	CLR	CLK	D	Q	Q̄
L	H	X	X	H	L
H	L	X	X	L	H
L	L	X	X	H'	H'
H	H	↑	H	H	L
H	H	↑	L	L	H
H	H	L	X	Q0	Q̄0

7474 74S74 74HC74
74LS74 74ALS74 74HCT74
74AS74 74F74 40H074

75
4 Bit Latch

FUNCTION TABLE
(Each Latch)

Inputs		Outputs	
D	G	Q	Q̄
L	H	L	H
H	H	H	L
X	L	Q0	Q̄0

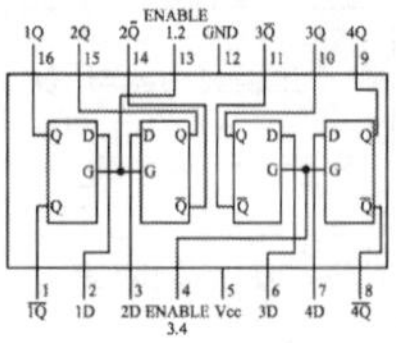

7475
74LS75
74HC75
74HCT75

76
Dual JK Flip Flop

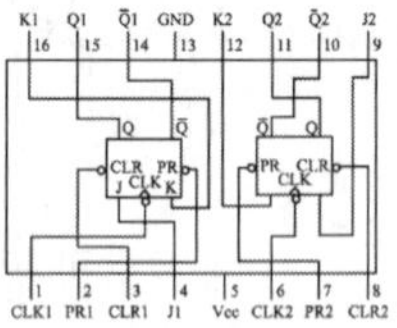

FUNCTION TABLE

(1)

Inputs					Outputs	
PR	CLR	CLK	J	K	Q	Q̄
L	H	X	X	X	H	L
H	L	X	X	X	L	H
L	L	X	X	X	H'	H'
H	H	⊓	L	L	Q0	Q̄0
H	H	⊓	H	L	H	L
H	H	⊓	L	H	L	H
H	H	⊓	H	H	TOGGLE	

(2)

Inputs					Outputs	
PR	CLR	CLK	J	K	Q	Q̄
L	H	X	X	X	H	L
H	L	X	X	X	L	H
L	L	X	X	X	H'	H'
H	H	↓	L	L	Q0	Q̄0
H	H	↓	H	L	H	L
H	H	↓	L	H	L	H
H	H	↓	H	H	TOGGLE	
H	H	H	X	X	Q0	Q̄0

7476(1)   74HC76(1)
74LS76(2) 40H076(2)
74ALS76

80
Gated Full Adder

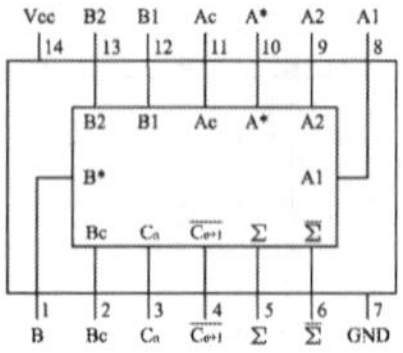

7480

82
2 Bit Full Adder

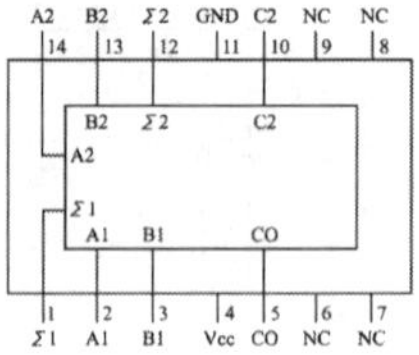

7482

83
4 Bit Binary Full Adder

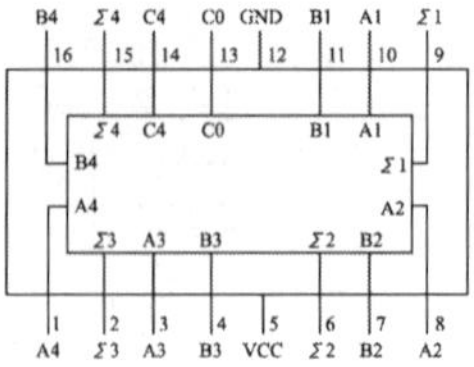

7483
74LS83

85
4 Bit Comparator

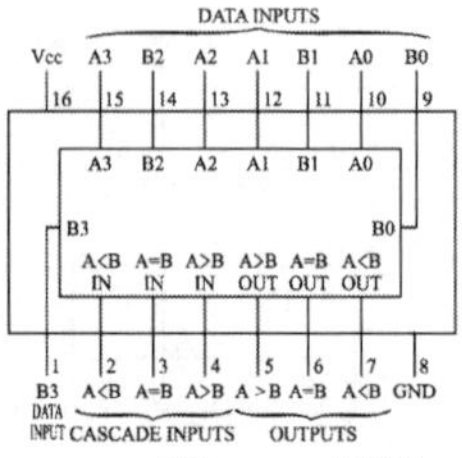

7485
74LS85
74F85
74S85
74HC85
74HCT85

86
Quad 2 Input Exclusive OR

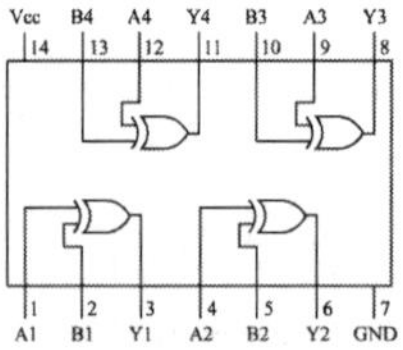

7486   74F86   74HC86
74LS86 74ALS86   74HCT86
74S86

89
64 Bit RAM (open Collector)

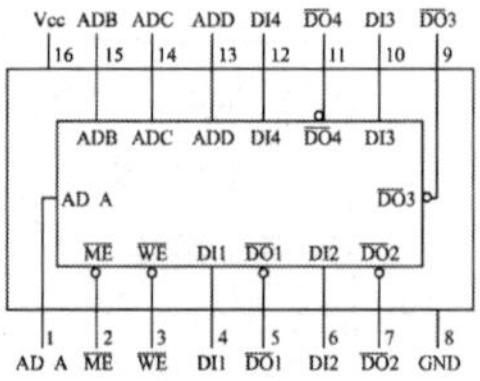

7489
74LS89
74S89

90
Decade Counter

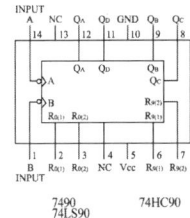

7490
74LS90   74HC90

92
Divide by 12 Counter

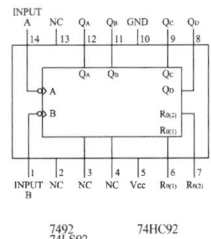

7492
74LS92   74HC92

93
4 Bit Binary Counter

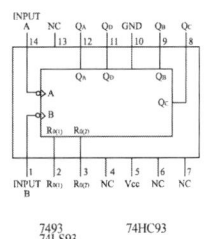

7493
74LS93   74HC93

94
4 Bit Shift Register

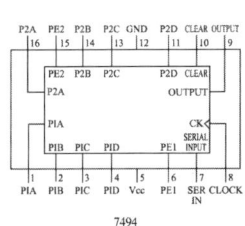

7494

95
4 Bit Shift Register PIPO

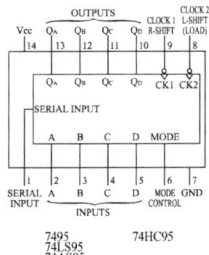

7495
74LS95   74HC95
74AS95

96
5 Bit Shift Register PIPO

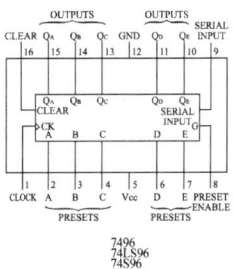

7496
74LS96
74S96

100
8 Bit Latch

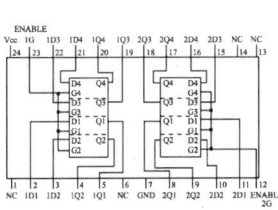

74100

107
Dual JK Flip Flop

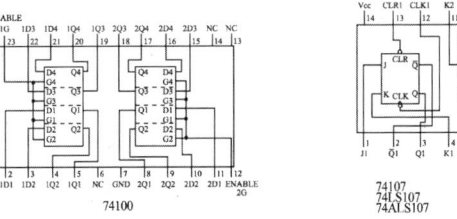

74107   74HC107
74LS107   74HCT107
74ALS107   40H107

109
Dual JK Flip Flop

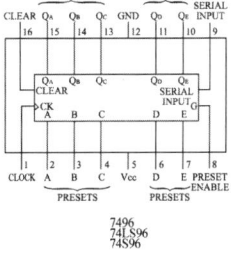

74109   74F109
74LS109   74S109
74ALS109   74AS109

110
AND-gated JK-FF with Preset and Clear

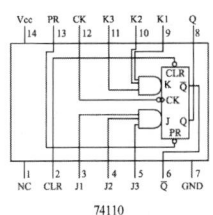

74110

111
Dual JK-FF with Preset and Clear

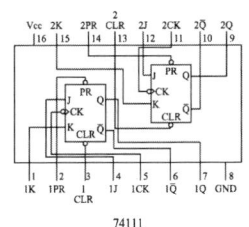

74111

112
Dual JK Filp Flop

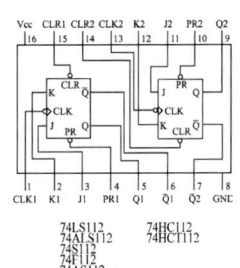

74LS112   74HC112
74ALS112   74HCT112
74S112
74F112
74AS112

121
Monostable Multivibrator

FUNCTION TABLE

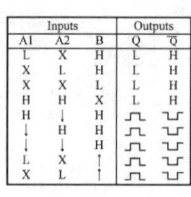

Inputs			Outputs	
A1	A2	B	Q	Q̄
L	X	H	L	H
X	L	H	L	H
X	X	L	L	H
H	H	X	L	H
H	↓	H	⊓	⊔
↓	H	H	⊓	⊔
↓	↓	H	⊓	⊔
L	X	↑	⊓	⊔
X	L	↑	⊓	⊔

74121

122
Retriggerable Monostable Multivibrator

FUNCTION TABLE

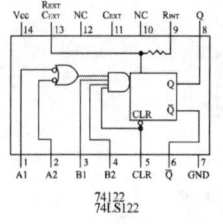

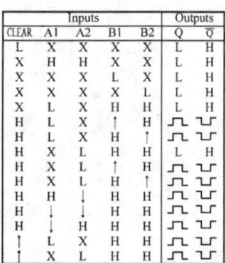

Inputs					Outputs	
CLEAR	A1	A2	B1	B2	Q	Q̄
L	X	X	X	X	L	H
X	X	X	L	X	L	H
X	X	X	X	L	L	H
X	H	H	X	X	L	H
X	L	H	H	H	L	H
H	L	X	H	H	⊓	⊔
H	X	L	H	H	⊓	⊔
H	L	↓	H	H	L	H
H	X	L	↑	H	⊓	⊔
H	X	L	H	↑	⊓	⊔
H	H	↓	H	H	⊓	⊔
H	↓	H	H	H	⊓	⊔
↑	L	X	H	H	⊓	⊔
↑	X	L	H	H	⊓	⊔

74122
74LS122

123
Dual Retriggerable Monostable Multivibrator

FUNCTION TABLE

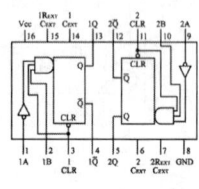

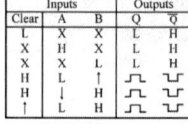

Inputs			Outputs	
Clear	A	B	Q	Q̄
L	X	X	L	H
X	H	X	L	H
X	X	L	L	H
H	L	↑	⊓	⊔
H	↓	H	⊓	⊔
↑	L	H	⊓	⊔

74123   74HC123
74LS123   74HCT123

125
Quad 3 State Buffer

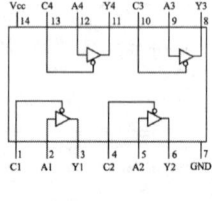

74125   74HC125
74LS125

126
Quad 3 State Buffer

74126   74HC126
74LS126

128
Quad 2 Input NOR Line Driver (50Ω)

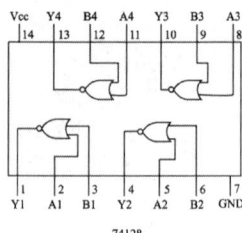

74128

131
3 to 8 Line Decoder with Address Latch

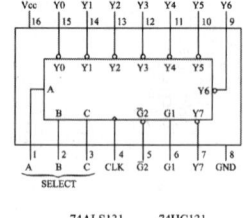

74ALS131   74HC131
74AS131

132
Quad 2 Input NAND Schmitt Trigger

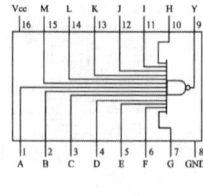

74132   74HC132
74LS132   74HCT132
74S132
74F132

133
13 Input NAND

74LS133   74HC133
74ALS133
74S133

135
Quad 2-Input Exclusive OR / NOR

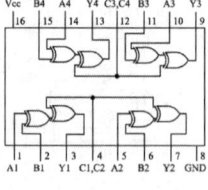

74S135

136
Quad 2-Input Exclusive OR with OC

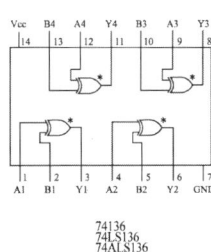

74136
74LS136
74ALS136
74S136

137
3 to 8 Line Decoder / Latch

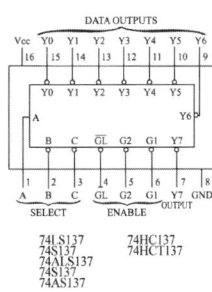

74LS137 74HC137
74S137   74HCT137
74ALS137
74AS137

138
3 to 8 Line Decoder

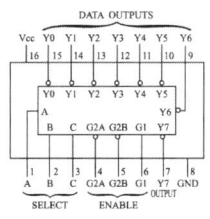

74LS138   74F138   74HC138
74S138   74AS138   74HCT138
74ALS138   40H138

139
Dual 2 to 4 Line Decoder

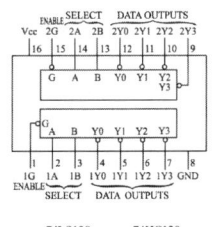

74LS139   74HC139
74S139   74HCT139
74ALS139 40H139
74AS139
74F139

140
Dual 4 Input NAND Line Driver(50Ω)

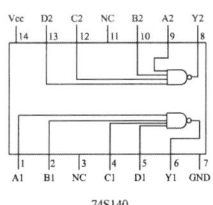

74S140

141
BCD to Decimal Decoder / Driver

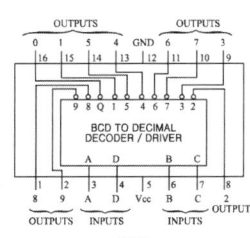

74141

147
10 to 4 Line Priority Encoder

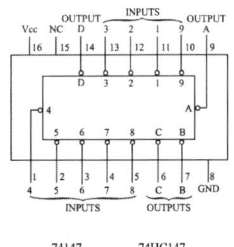

74147   74HC147
74LS147   74HCT147
          40H147

148
8 to 3 Line Priority Encoder

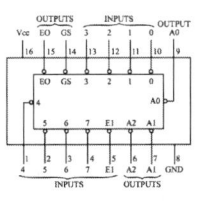

74148   74HC148
74LS148   40H148
74F148
TIM9907

	Inputs									Outputs				
EI	0	1	2	3	4	5	6	7	A2	A1	A0	GS	EO
H	X	X	X	X	X	X	X	X	H	H	H	H	H
L	H	H	H	H	H	H	H	H	H	H	H	H	L
L	X	X	X	X	X	X	X	L	L	L	L	L	H
L	X	X	X	X	X	X	L	H	L	L	H	L	H
L	X	X	X	X	X	L	H	H	L	H	L	L	H
L	X	X	X	X	L	H	H	H	L	H	H	L	H
L	X	X	X	L	H	H	H	H	H	L	L	L	H
L	X	X	L	H	H	H	H	H	H	L	H	L	H
L	X	L	H	H	H	H	H	H	H	H	L	L	H
L	L	H	H	H	H	H	H	H	H	H	H	L	H

151
8 to 1 Line Data Selector

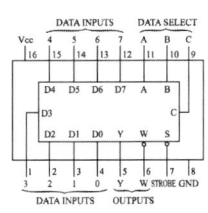

74151   74F151   74HC151
74LS151   74ALS151 74HCT151
74S151   74AS151   40H151

152
8 to 1 Line Data Selector

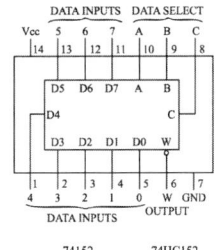

74152   74HC152
74LS152

153
Dual 4 to 1 Line Data Selector

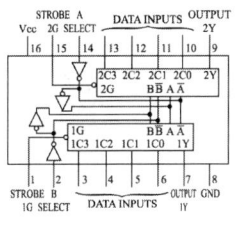

74153   74F153   74HC153
74LS153   74ALS153 74HCT153
74S153   74AS153   40H153

154
4 to 16 Line Decoder

155 : Dual 2 to 4 Line Decoder
156 : Dual 2 to 4 Line Decoder with OC

157 : Quad 2 to 1 Line Data Selector
158 : Quad 2 to 1 Line Data Selector Inverting

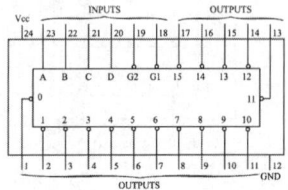

74154
74LS154
74HC154
74HCT154

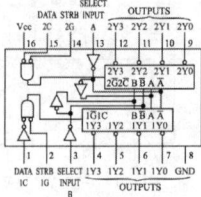

74155～156
74LS155～156
40H155
74HC155
74HCT155

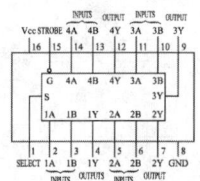

74157～158
74LS157～158
74ALS157～158
74F157～158
74S157～158
74AS157～158
74HC157～158
40H157～158
74HCT157～158

160, 162 : Synchronous pkesettable BCD Counter
161, 163 : Synchronouspkesettable Binary Counter

164
8 Bit Shift Register

165
8 Bit Shift Register PISO

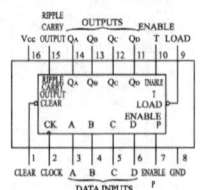

74160～163
74LS160～163
74ALS160～163
74F160～163
74S162～163
74HC160～163
74HC160～163
74HCT160～163

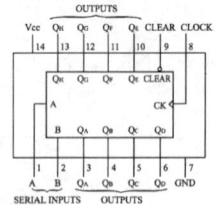

74164
74LS164
74F164
74ALS164
74HC164
74HCT164
40H164

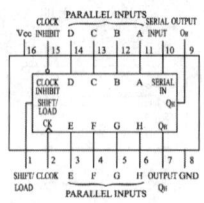

74165
74LS165
74ALS165
74HC165
74HCT165

166
8 Bit Shift Register PISO

167
BCD Synchronous Rate Multiplier

168 : Synchronous up down BCD Counter
169 : Synchronous up down Binary Counter

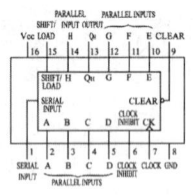

74166
74LS166
74ALS166
40H166
74HC166
74HCT166

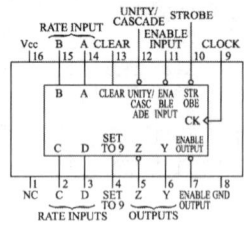

74167

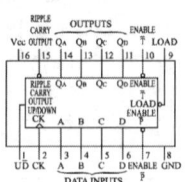

74LS168～169
74F168～169
74AS168～169
74S168～169
74ALS168～169

174
Hex D Type Flip Flop

175
Quad D Type Flip Flop

176 : Presettable Decade Counter
177 : Presettable Binary Counter

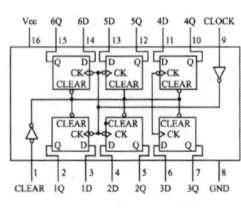

74174
74LS174
74S174
74F174
74ALS174
74AS174
74HC174
74HCT174
40H174

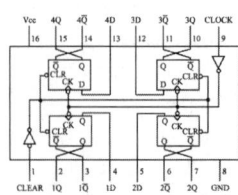

74175
74LS175
74S175
74F175
74ALS175
74AS175
74HC175
74HCT175
40H175

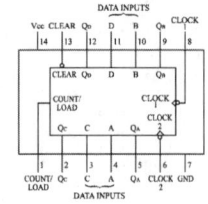

74176～177

180
9 Bit Parity Generator/Checkers

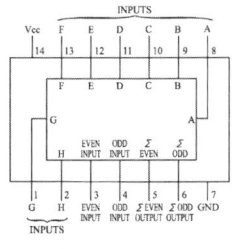

74180
74LS183

181
4 Bit ALU / Function Generator

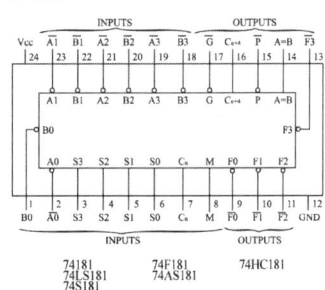

74181   74F181   74HC181
74LS181 74AS181
74S181

183
Dual Carry Save Full Adder

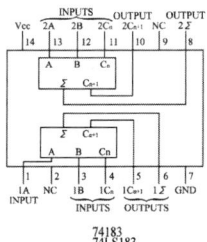

74183
74LS183

184
BCD to Binary Converter

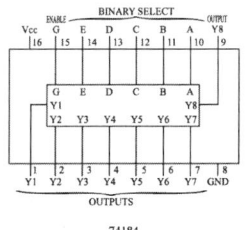

74184

185
Binary to BCD Converter

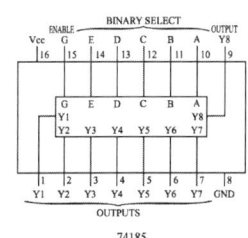

74185

190 : Presetable Synchronous up / down BCD Counter
191 : Presetable Synchronous up / down Binary Counter

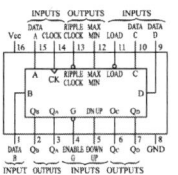

74190 ~ 191   74HC190 ~ 191
74LS190 ~ 191 74HCT190 ~ 191
74ALS190 ~ 191

192 : Presetable Synchronous up down Decade Counter
193 : Synchronous up down Binary Counter

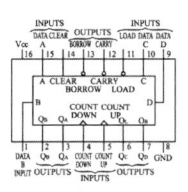

74192 ~ 193   74HC192 ~ 193
74LS192 ~ 193 74HCT192 ~ 193
74ALS192 ~ 193 40H192 ~ 193

196 : Presettable Decade Counter
197 : Presettable Binary Counter

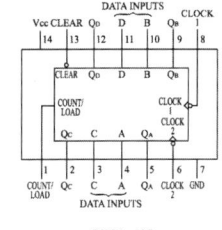

74196 ~ 197
74LS196 ~ 197
74S196 ~ 197

198
8 Bit Bidirectional Shift Register PIPO

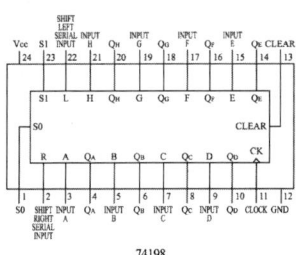

74198

199
8 Bit Shift Register PIPO

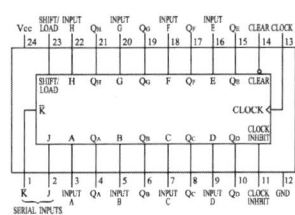

11

253
Dual 3 State 4 to 1 Line Data Selector

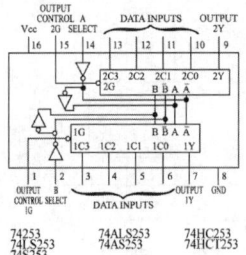

74253
74LS253
74S253
74F253
74ALS253
74AS253
74HC253
74HCT253

256
Dual 4 Bit Addressable Latch

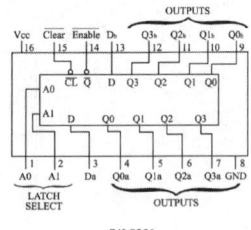

74LS256
74F256

257
Quad 3 State 2 to 1 Data Selector

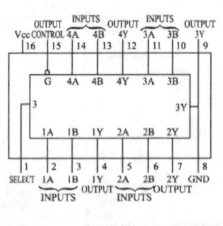

74257
74LS257
74S257
74F257
74ALS257
74AS257
74HC257
74HCT257

258
Quad 3 State 2 to 1 Data Selector

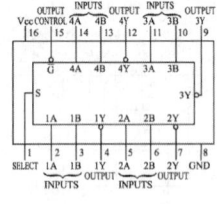

74LS258
74S258
74F258
74ALS258
74AS258
74HC258

259
8 Bit Addressable Latch

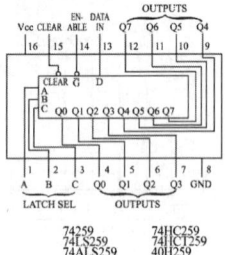

74259
74LS259
74ALS259
74F259
74HC259
74HCT259
40H259

260
Dual 5 Input NOR

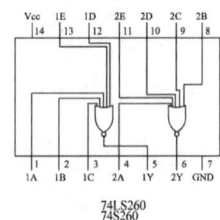

74LS260
74S260

274
4 × 4 Binary Multiplier

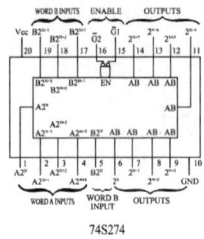

74S274

275
7 Bit Wallace Tree

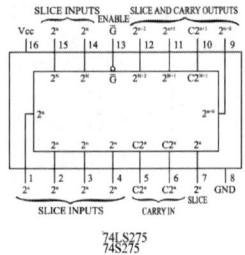

74LS275
74S275

278
4 Bit Cascadable Priority Register

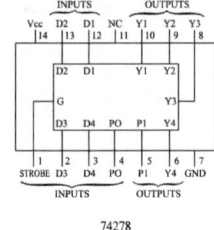

74278

279
Quad RS Latch

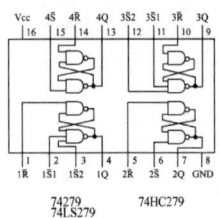

74279
74LS279
74HC279

283
4 Bit Binary Full Adder

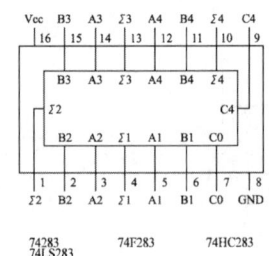

74283
74LS283
74S283
74F283
74HC283

290
Decade Counter

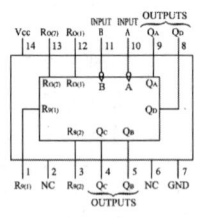

74290
74LS290

293
4 Bit Binary Counter

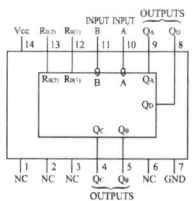

74293
74LS293

320
Crystal-Controlled Oscillator

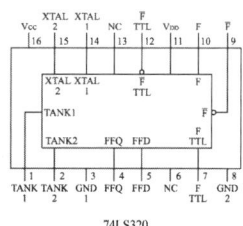

74LS320

321
Crystal-Controlled Oscillator (with F/2, F/4 Output)

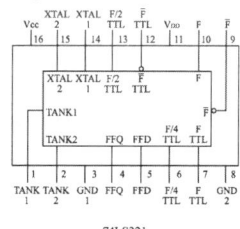

74LS321

323
8 Bit Shift Register 3 state

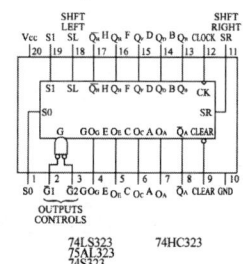

74LS323   74HC323
75AL323
74S323
74AS323
74F323

347
BCD to 7 Segment Decoder / Driver

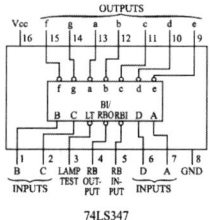

74LS347

348
8 to 3 Line Priority Encoder 3 state

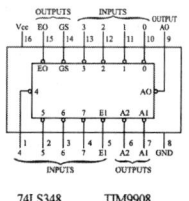

74LS348   TIM9908

352
Dual 4 to 1 Line Data Selector

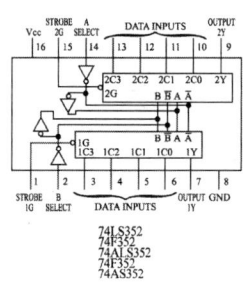

74LS352
74F352
74AL S352
74F352
74AS352

381, 382
ALU / Function Generator

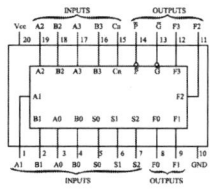

74LS381 ~ 382   74F381~382
74S381

384
8 Bit by 1 Bit 2's Complement Multiplier

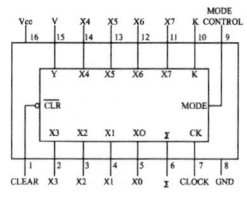

74LS384   74HC384
74F384   74HCT384

386
Quad Exclusive OR

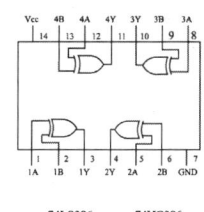

74LS386   74HC386
          40H386

390
Dual Decade Counter

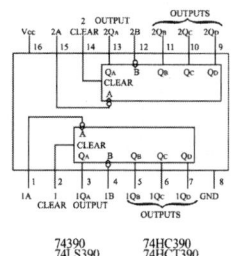

74390   74HC390
74LS390   74HCT390
          40H390

393
Dual 4 Bit Binary Counter

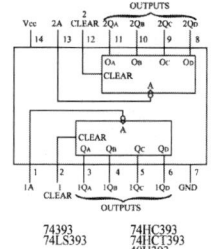

74393   74HC393
74LS393   74HCT393
          40H393

무선설비 & 통신기기기능사 실기

573
Octal 3 state Transparent Latch

74LS573 74HC573
74ALS573 74HCT573
74S573
74AS573

574
Octal 3 state D Type Flip Flop

74LS574 74HC574
74ALS574 74HCT574
74AS574

575
Octal 3 state D Type Flip Flop with Clear

74ALS575
74AS575

623
Octal 3 state Bus Transceiver

74LS623
74ALS623
74F623
74AS623

624
VCO

74LS624

625
Dual VCO

74LS625

626
Dual VCO

74LS626

627
Dual VCO

74LS627

628
VCO

74LS628

629
Dual VCO

74LS629

640
Octal Bus Transceiver (3 state)

74LS640 74ALS640 74HC640
74AS640 74S640   74HCT640
         74F640

673
16 Bit Shift Register

74LS673
74F673

674
16 Bit Shift Register

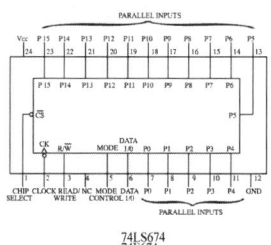

74LS674
74F674

681
4 Bit Parallel Binary Accumulator

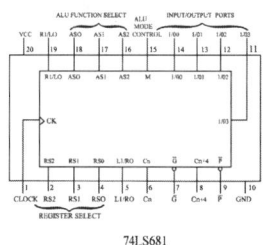

74LS681

688
8 Bit Equal to Comparator

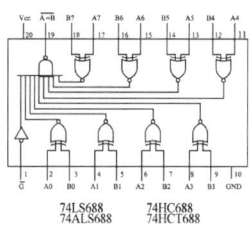

74LS688 74HC688
74ALS688 74HCT688

691
Binary Synchronous Counter

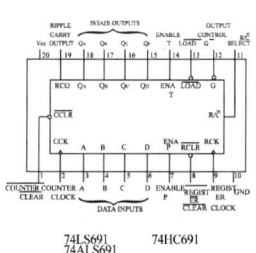

74LS691 74HC691
74ALS691

692
BCD Synchronous Counter

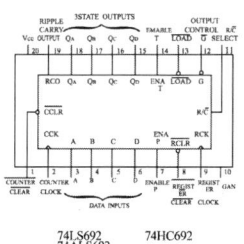

74LS692 74HC692
74ALS692

693
Binary Synchronous Counter

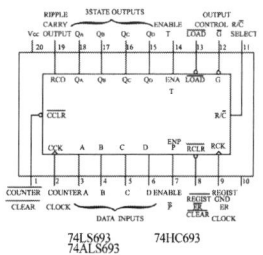

74LS693 74HC693
74ALS693

696
BCD Synchronous up down Counter

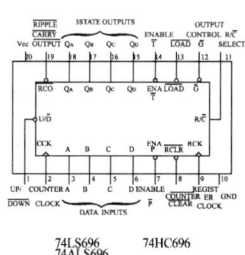

74LS696 74HC696
74ALS696

697
Binary Synchronous up down Counter

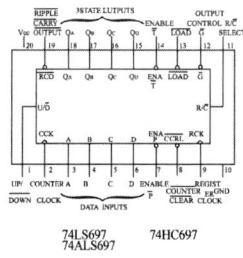

74LS697 74HC697
74ALS697

698
BCD Synchronous up down Counter

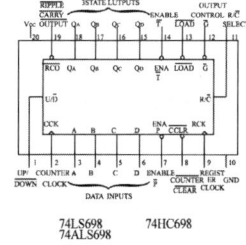

74LS698 74HC698
74ALS698

699
Binary Synchronous up down Counter

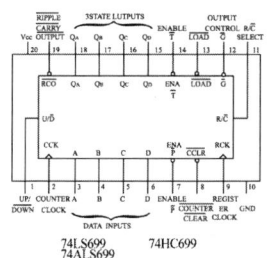

74LS699 74HC699
74ALS699

795
Octal 3 state Bus Buffer

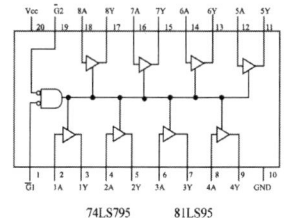

74LS795 81LS95

796
Octal 3 state Bus Buffer

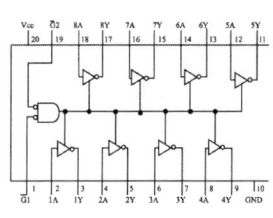

74LS796 81LS96

Chapter 2 — 40XX/45XX 시리즈 CMOS의 데이터 시트 (Data Sheet)

(1) 여기에 나타낸 단자배치도는 CMOS 범용 로직인 40XX/4SXX 시리즈로 RCA사, 모토롤러사 제품이다.
(2) 단자배치도를 나타낸 프레임 내의 왼쪽 위에 나타낸 숫자 g가 형명이고 아래쪽에 표시된 형명은 IC 분류에 의한 대치표이다.
(3) CMOS는 저소비전력이고 전원전압 최대 18[V], 동작조건 3~15[V]로 범위가 넓으나 동작속도가 늦고 정전기에 약한 결점이 있다.

4000
Dual 3 Input Positive NOR Gate + Inverter

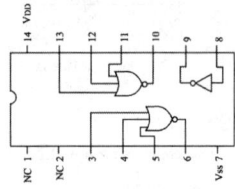

4001
Quad 2 Input NOR

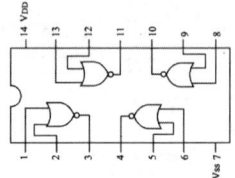

4002
Dual 4 Input NOR

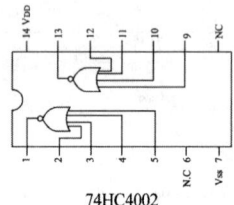

74HC4002

4006
18 Stage Static Shift Register

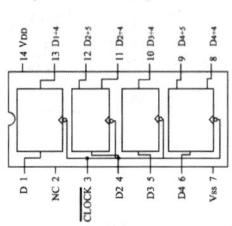

4007
Dual Complementary Pair + Inverter

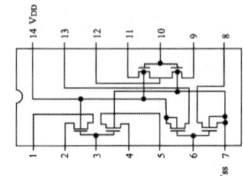

4008
4 Bit Full Adder With Paraller Carry Out

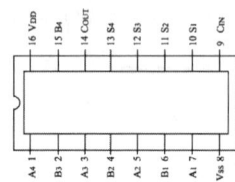

4009
Hex Inverting Buffer / Converter

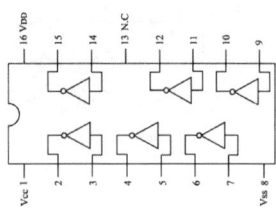

4010
Hex Non-Inverting Buffer / Converter

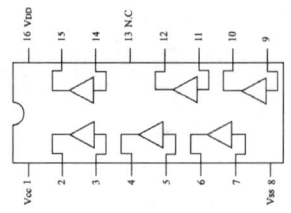

4011
Quad 2 Input NAND

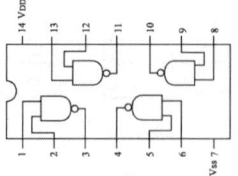

4012
Dual 4 Input NAND

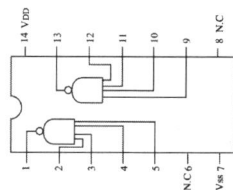

4013
Dual D Type Flip Flop

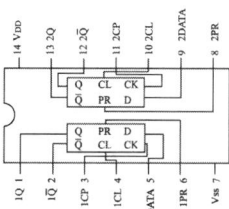

4014
8 Stage Synchronous Shift Register with Paraller or Serial Input +/seral Output

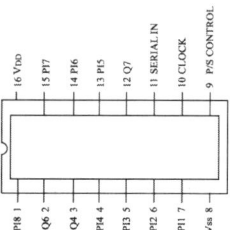

4015
Dual 4 Stage Serial Input/Parabler Output Shift Register

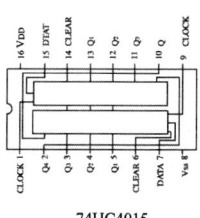

74HC4015

4016
Quad Bilateral Switch

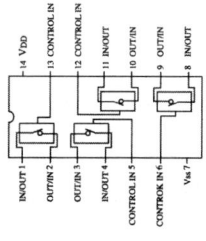

74HC4016

4017
Decade Counter with 10 Decoded Output

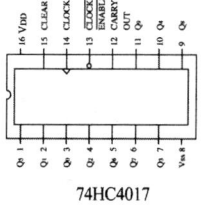

74HC4017

4020
14 Stage Binary Ripple Counter

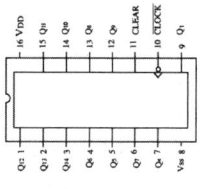

74HC4020

4021
8 Bit Parallel In / Serial Out Shift Register

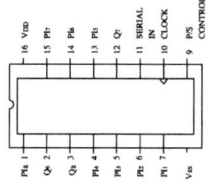

4022
Octal Counter with 8 Decoded output

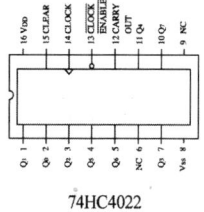

74HC4022

4023
Triple 3 Input NAND

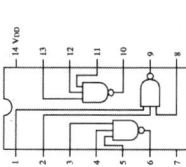

4024
7 Stage Binary Ripple Counter

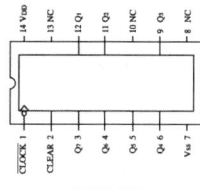

74HC4024

4025
Triple 3 Input NOR

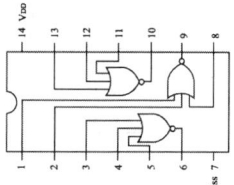

17

4026
Decade Counter / Driver with 7 Segment Display

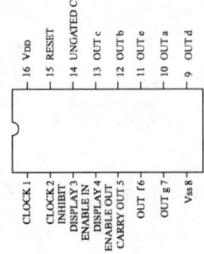

4027
Dual J-K Master-Slave Flip Flop

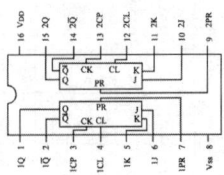

4028
BCD to Decimal Decoder

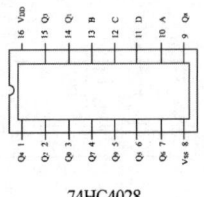

74HC4028

4029
Presettable Up / Down Counter

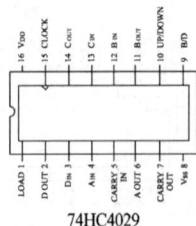

74HC4029

4030
Quad Exclusive OR

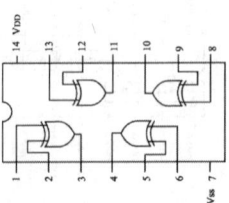

4031
64 Stage Static Shift Register

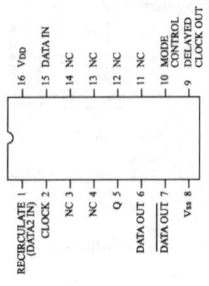

4032
Triple Positive Serial Adder

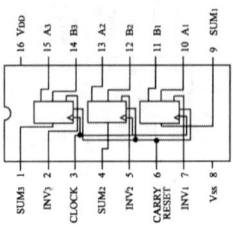

4033
Decade Counter / Driver with 7 Segment Display

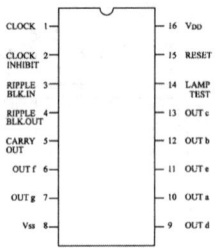

4034
8 Bit Bidirectional Shift Register

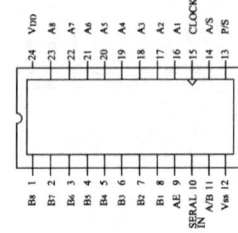

4035
4 Bit Parallel In / Parallel Out Shift Register

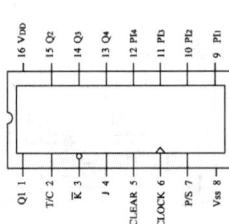

4040
12 Stage Binary Ripple Counter

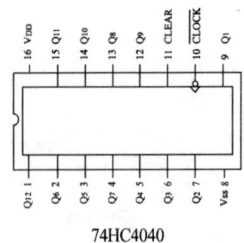

74HC4040

4047
Astable / Monostable Multivibrator

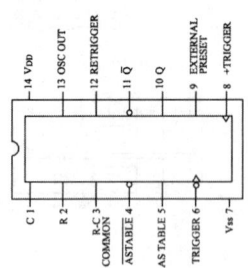

4048
Multi-Function Expandable 8 Input Gate

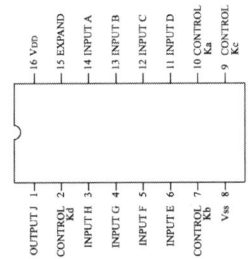

4049
Hex Inverting Buffer / Converter

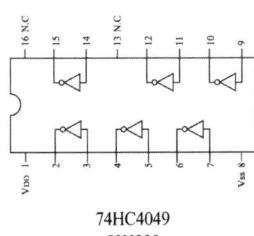

74HC4049
50H000

4050
Hex Non-Inverting Buffer / Converter

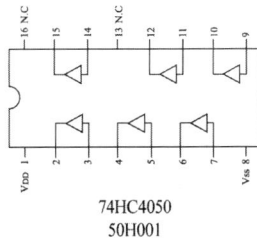

74HC4050
50H001

4051
Single 8 Channel Analog Multiplexer / Demultiplexer

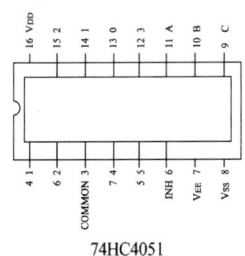

74HC4051

4052
Differential 4 Channel Analog Multiplexer / Demultiplexer

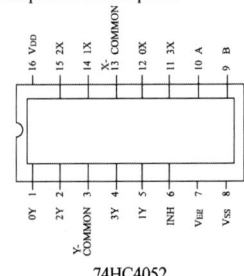

74HC4052

4053
Triple 2 Channel Analog Multiplexer/Demultiplexer

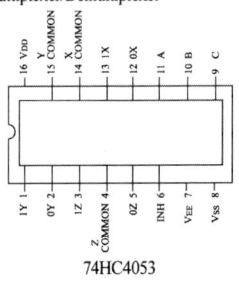

74HC4053

4060
14 Stage Ripple Carry Binary Counter

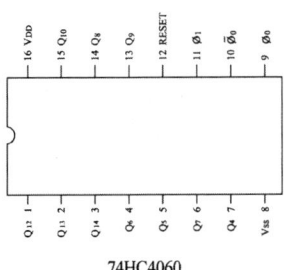

74HC4060

4063
4 Bit Magnitude Comparator

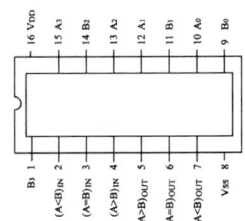

4066
Quad Bilateral Switch

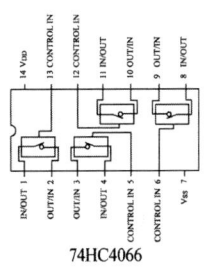

74HC4066

4067
Analog Multiplexer / Demultiplexer

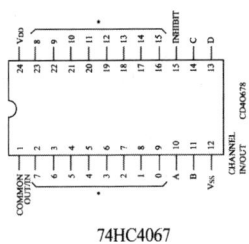

74HC4067

4068
8 Input Positive NAND / AND

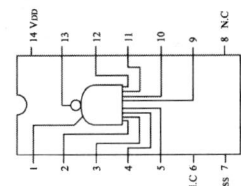

4069
Hex Inverter

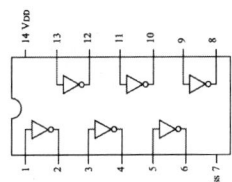

4070
Quad 2 Input Exclusive OR

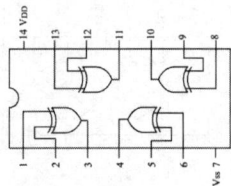

4071
Triple 3 Input AND

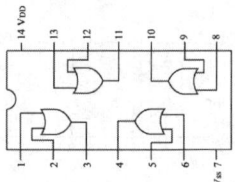

4072
Dual 4 Input Positive OR

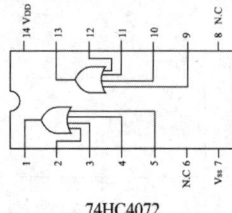

74HC4072

4073
Triple 3 Input Positive AND

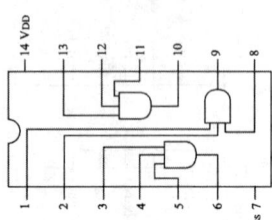

4075
Triple 3 Input Positive OR

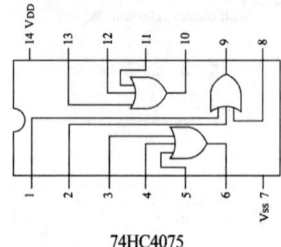

74HC4075

4076
Quad D Type Register

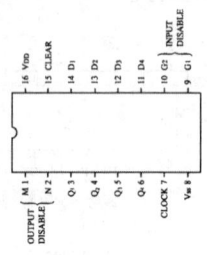

4077
Quad 2 Input Exclusive-NOR

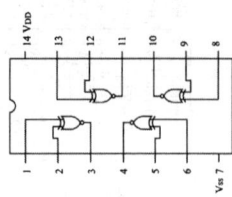

4078
8 Input Positive NOR / OR

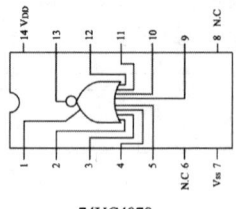

74HC4078

4081
Quad 2 Input Positive AND

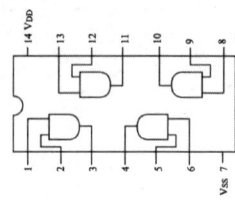

4082
Dual 4 Input Positive AND

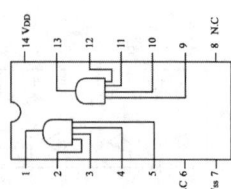

4089
Binary Rate Multiplier

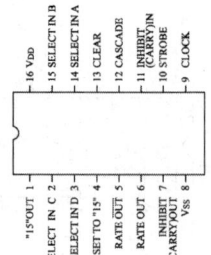

4093
Quad 2 Input NAND Schmitt Trigger

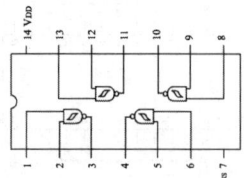

4094
8-Stage Shift-And-Store Bus Register

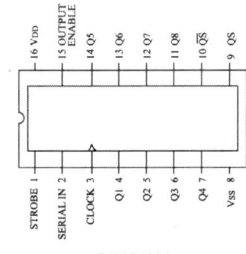

74HC4094

4097
Analog Multiplexer / Demultiplexer

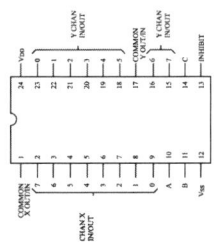

4098
Dual Monostable Multivibrator

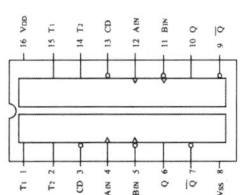

4099
8 Bit Addressable Latch

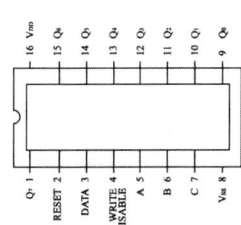

40101
9 Bit Parity Generator / Checker

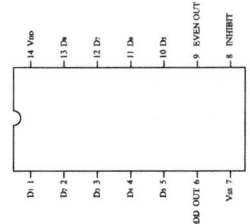

40102 : Dual BCD Presettable Down Counter
40103 : 8 Bit Binary Presettable Down Counter

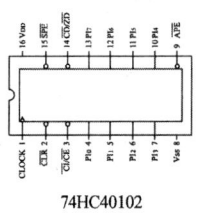

74HC40102
74HC40103

40104
4 Bit Universal Shift Register

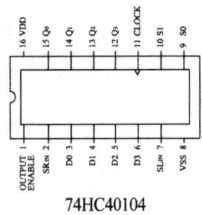

74HC40104

40105
First-In First-Out Register

74HC40105

40106
Hex Schimitt Trigger

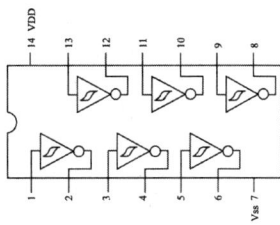

40109
Quad Low-to-High Voltage Level Shifter

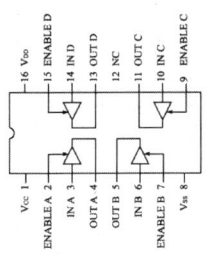

40160 : Decade Counter with Asynchronous Clear
40161 : 4 Bit Binary Counter with Asynchronous Clear
40162 : Decade Counter with Synchronous Clear
40163 : 4 Bit Binary Counter with Synchronous Clear

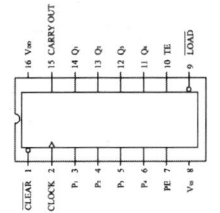

40174
Hex D Type Flip Flop

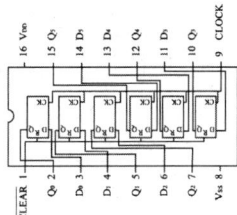

40175
Quad D Type Flip Flop

40192 : Presettable BCD Up / Down Counter
40193 : Presettable Binary Up / Down Counter

40194
4 Bit Universal Shift Register

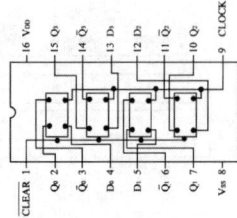
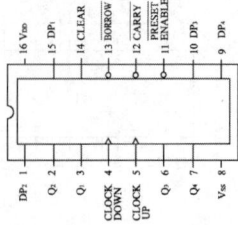
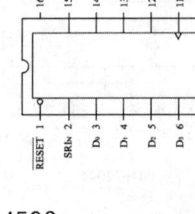

4501
Dual 4 Input NAND + 2 Input NOR / OR

4502
Hex Strobed Buffer/Inverter

4503
Hex Non-Inverting 3 state Buffer

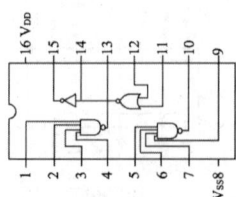
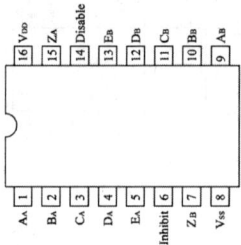
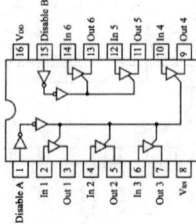

4504
Hex Level Shifter
(TTl TO CMOS, CMOS TO CMOS)

4506
Dual 2-Wide 2 Input
Expandable AND-OR-Invert

4508
Dual 4 Bit Latch

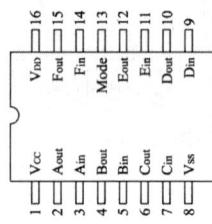
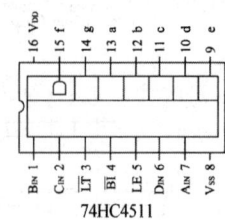
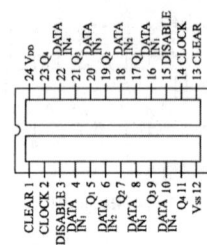

4510
BCD Up / Down Counter

4511
BCD to 7 Segment
Latch / Decoder / Driver

4512
8 Channel Data Selector

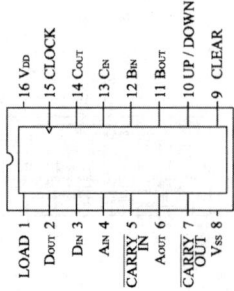
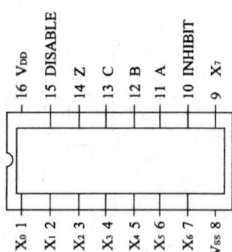

74HC4511

4513
BCD to 7 Segment
Latch / Decoder / Driver

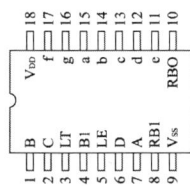

4514
4 Bit Latch / 4 to 16 Line Decoder

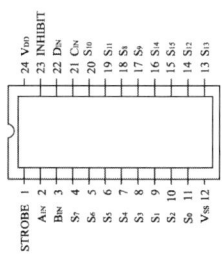

4515
4 Bit Latch / 4 to 16 Line Decoder

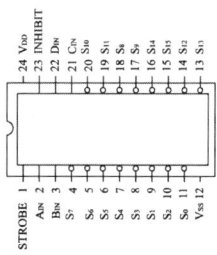

4516
Binary Up / Down Counter

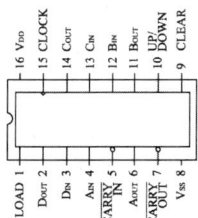

4517
Dual 64 Bit Static Shift Register

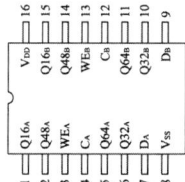

4518
Dual BCD Up Counter

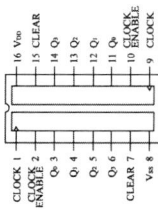

4519
4 Bit AND / OR Selector

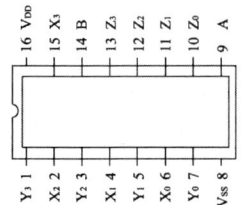

4520
Dual Binary Up Counter

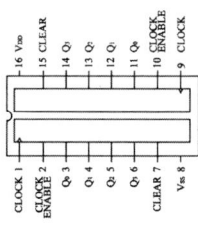

4521
24 Stage Frequency Divider

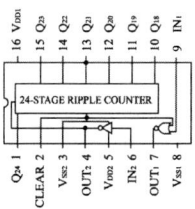

4522
Programmable Divide by N
4 Bit BCD Counter

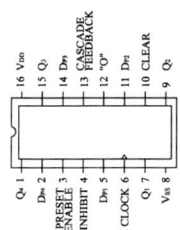

4526
Programmable Divide by N
4 Bit Binary Counter

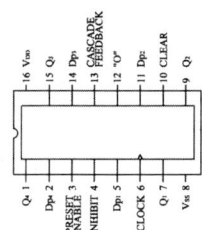

4527
BCD Rate Multiplier

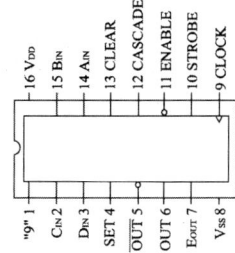

4528
Dual Monostable Multivibrator

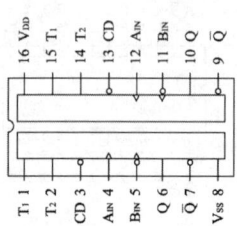

4529
Dual 4 Channel Analog Data Selector

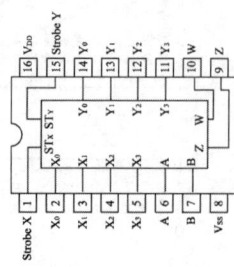

4530
Dual 5 Input majority Logic

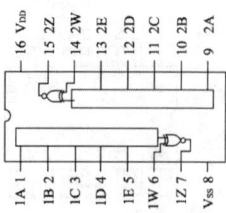

4531
12 Bit Parity Tree

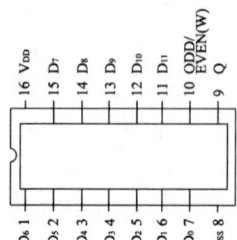

4532
8 Bit Priority Encoder

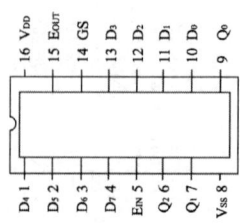

4534
Real Time 5 Decade Counter

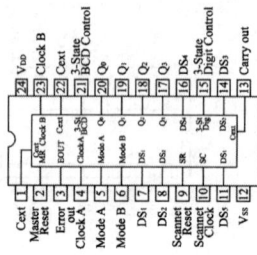

4536
Programmable Timer

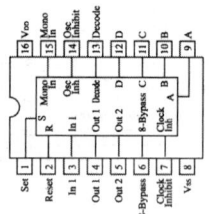

4538
Dual precision Retriggerable / Resettable Monostable Multivibrator

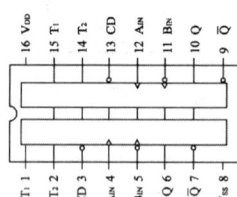

4539
Dual 4 Channel Data Selector/Multiplexer

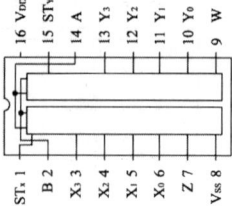

4541
Programmable Timer

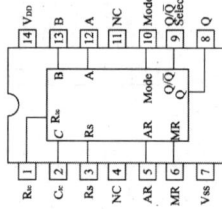

4547
BCD to 7 Segment Decoder / Driver

4551
Quad 2 Input Analog multiplexer / Demultiplexer

4553
3 Digit BCD Counter

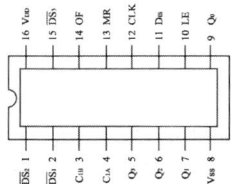

4555
Dual Binary to 1-of-4 Decoder (Positive)/Demutiplexer

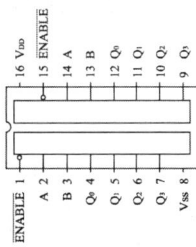

4556
Dual Binary to 1-of-4-Decoder (Negative)/Demutiplexer

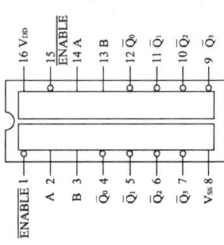

4558
BCD to 7 Segment Decoder

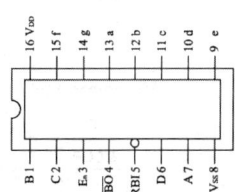

4560
NBCD Adder

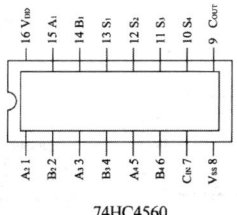

74HC4560

4561
9's Complementer

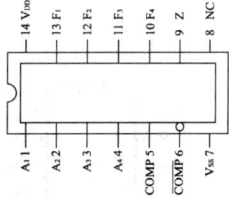

4562
128 Bit Static Shift Register

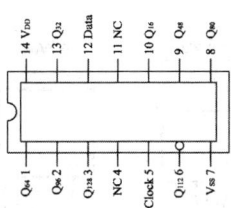

4566
Industrial Time Base Generator

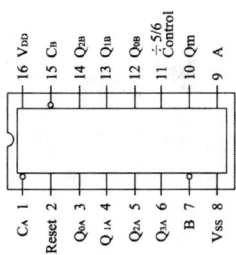

4568
Phase Comparator and Programmable Counter

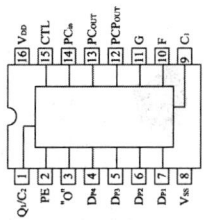

4569
Programmable Divide by N Dual 4 Bit BCD / Binary Counter

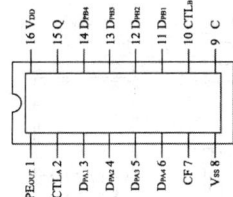

4584
Hex Schmitt Trigger

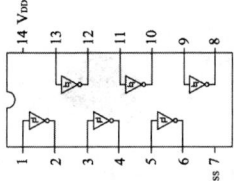

4599
8 Bit Addressable Latch

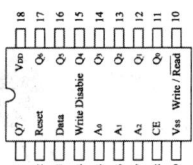

레귤레이터(Regulator) IC의 데이터 시트(Data Sheet)

3단자 레귤레이터는 78/79 시리즈가 주로 사용되는데, 전류용량이 100[mA] 형태는 78LXX, 79LXX, 500[mA] 형태는 78MXX, 79MXX의 형식명이 붙어 있다. XX는 출력전압을 표시하며, 78XX 시리즈의 출력전압은 5[V], 6[V], 9[V], 10[V], 12[V], 15[V], 18[V], 24[V], 79XX 시리즈의 출력전압은 −5[V], −6[V], −8[V], −9[V], −10[V], −12[V], −15[V], −18[V], −24[V]의 종류가 있다.

1. 3-Terminal 0.1A Positive Voltage Regulator (MC78LXX 시리즈)

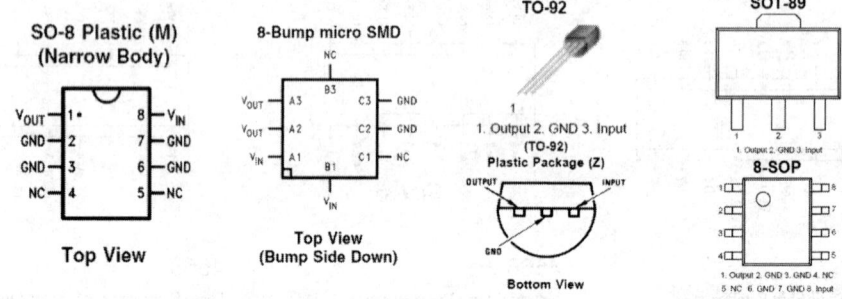

2. 3-Terminal 0.5A Positive Voltage Regulator (MC78MXX 시리즈)

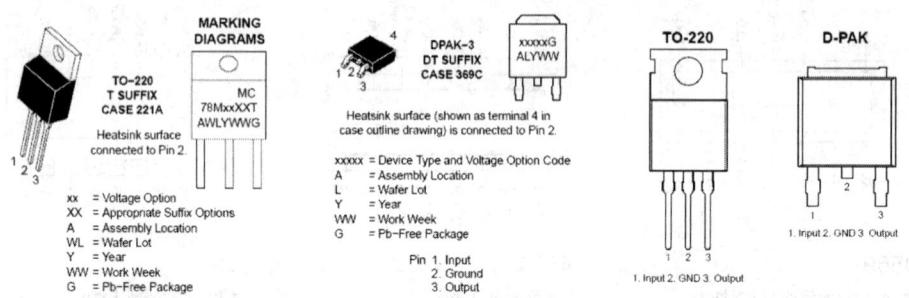

3. 3-Terminal Positive Voltage Regulator (MC78XX 시리즈)

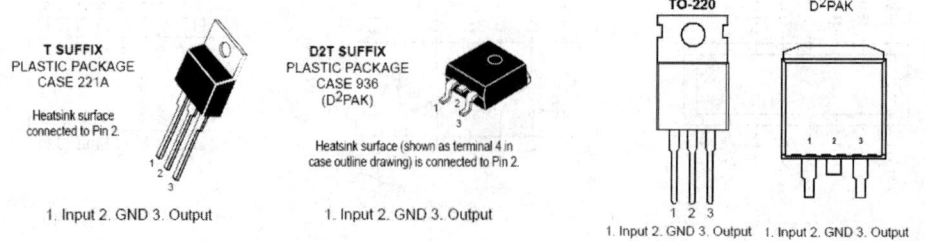

4. 3-Terminal 0.1A Negative Voltage Regulator (MC79LXX 시리즈)

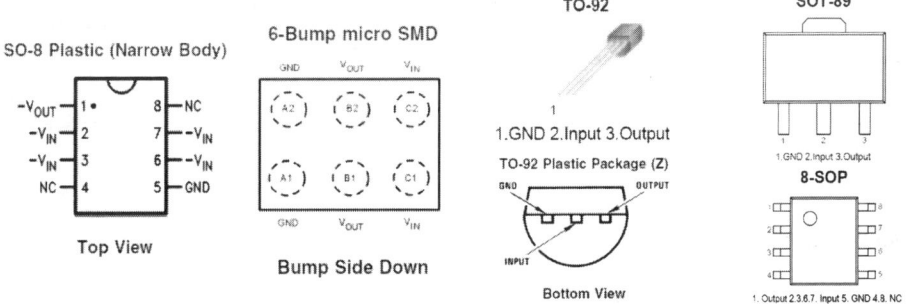

5. 3-Terminal 0.5A Negative Voltage Regulator (MC79MXX 시리즈)

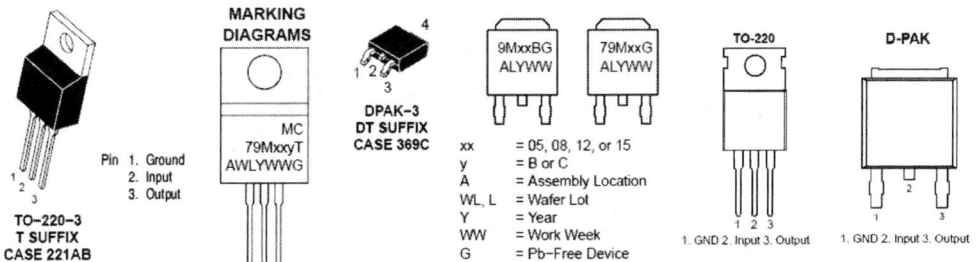

6. 3-Terminal Negative Voltage Regulator (MC79XX 시리즈)

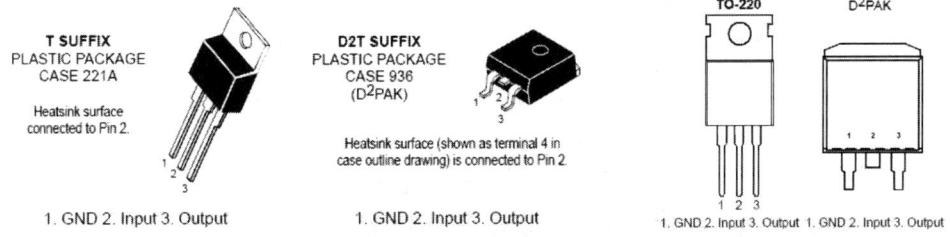

7. 3-Amp, 5-Volt Positive Regulator(LM123/323)

LM123: -55 °C < Tj < 150 °C
LM223: -25 °C < Tj < 150 °C
LM323: 0 °C < Tj < 150 °C

8. 3-Amp Adjustable Regulators (LM350/350A)

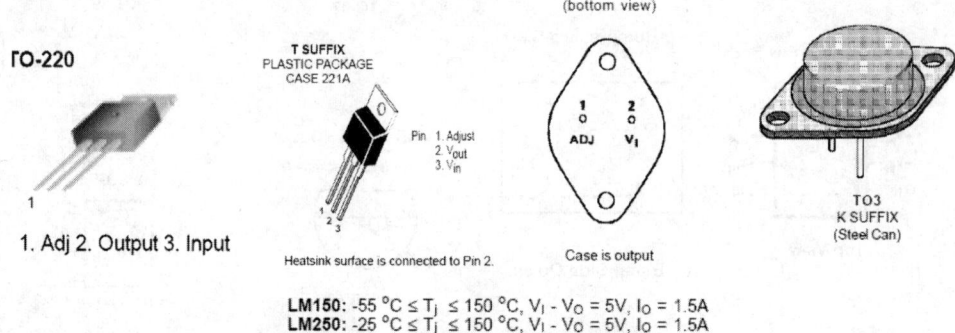

LM150: $-55\ ^\circ C \leq T_j \leq 150\ ^\circ C$, $V_I - V_O = 5V$, $I_O = 1.5A$
LM250: $-25\ ^\circ C \leq T_j \leq 150\ ^\circ C$, $V_I - V_O = 5V$, $I_O = 1.5A$
LM350: $0\ ^\circ C \leq T_j \leq 150\ ^\circ C$, $V_I - V_O = 5V$, $I_O = 1.5A$

9. 3-Terminal Adjustable Negative Voltage Regulators(LM337)

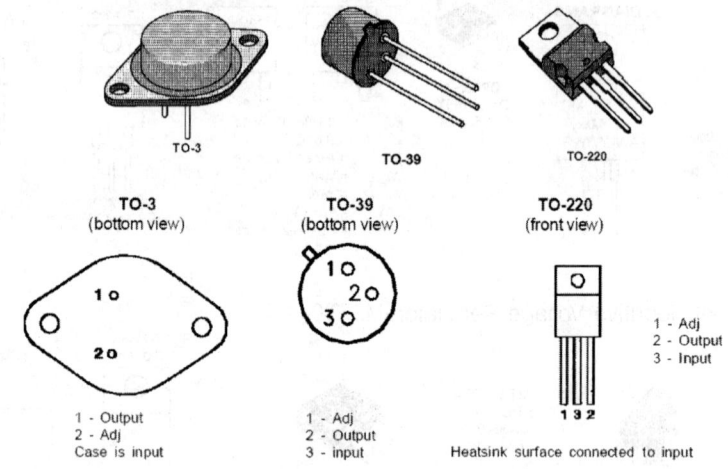

LM137: $-55\ ^\circ C < T_j < 150\ ^\circ C$
LM237: $-25\ ^\circ C < T_j < 150\ ^\circ C$
LM337: $0\ ^\circ C < T_j < 150\ ^\circ C$

10. 3-Terminal Adjustable Positive Voltage Regulators(LM338)

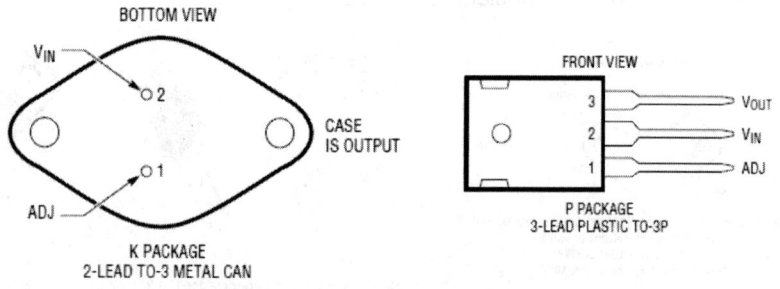

LM138: $-55 \leq T_j \leq 150\ ^\circ C$, $V_I - V_O = 5V$, $I_O = 2.5A$
LM238: $-25 \leq T_j \leq 150\ ^\circ C$, $V_I - V_O = 5V$, $I_O = 2.5A$
LM338: $0 \leq T_j \leq 150\ ^\circ C$, $V_I - V_O = 5V$, $I_O = 2.5A$

Chapter 4

OP앰프, 레귤레이터, 콤퍼레이터, 기타

- 모놀리식 OP앰프에는 특수한 것을 제외하고는 1회로 타입, 2회로 타입, 4회로 타입이 있다.
- 1회로 타입은 오프셋 조정단자의 차이에 따라 3종류로 대별되는데, 여기서는 오프셋조정 저항으로도 분류하고 있다.
- 3단자 레귤레이터는 78/79시리즈가 주로 사용되는데, 전류용량 100mA 타입은 78LXX, 79LXX, 500mA 타입은 78MXX, 79MXX의 형식명이 붙어 있다. XX에는 출력전압이 기입

■1회로들이 OP앰프

주요 OP앰프	8핀 DIP(Top View)	Metal Can(Top View)
범용 : μA741 BI-FET : LF351 　　　　　TL071 J-FET 입력: 　　　　　OPA100	OFFSET NULL 1, -IN 2, +IN 3, V⁻ 4, 8 *, 7 V⁺, 6 OUT, 5 OFFSET NULL	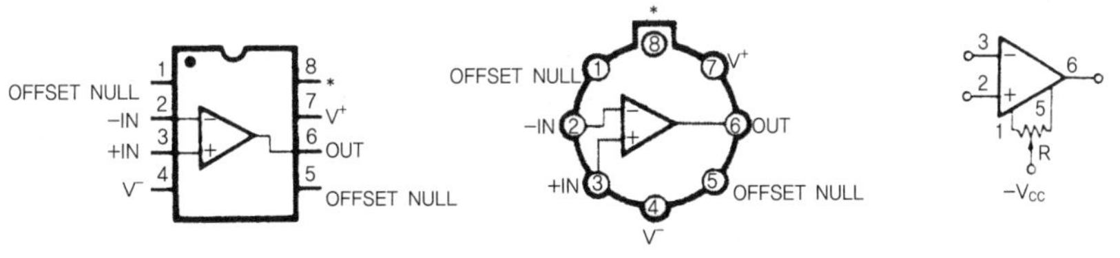 OFFSET NULL 1, -IN 2, +IN 3, V⁻ 4, 8 *, 7 V⁺, 6 OUT, 5 OFFSET NULL / (오프셋 조정단자는 1-5로 -V_{CC}에서)

Ⓐ 범용(R : 10kΩ)		Ⓑ BI-FET(R : 10kΩ)		Ⓒ BI-FET(R : 100kΩ)
8핀 DIP	Metal Can	8핀 DIP	Metal Can	8핀 DIP
μA 741TC LM741CN MC1741CPI μA 741CP μPC151C μPC741C TA7504P HA17741PS MB3609	μA741HC LM741CH MC1741CG μPC151A	LF351N LF441CN LF411CN LF13741N TL091P CA081E CA3420AE	LF351H LF441CH LF411CH LF13741H CA081CS CA3420AS AD547H	μPC801C/4081C TL071P TO081P HA17080PS

				Ⓓ BI-FET(R : 250kΩ)
				8핀 DIP
				TL061P

Ⓔ 고속(R : 10kΩ)	Ⓕ 고속(R : 100kΩ)	Ⓖ J-FET입력(R : 10kΩ~100kΩ)		Ⓗ Low Power(R : 100kΩ)	
8핀 DIP	Metal Can	8핀 DIP	Metal Can	8핀 DIP	Metal Can
NE530N NE531N	NE538N	OPA100G	OPA100M OPA103M OPA104M	LM4250CN μPC802C/4250C NJM4250D	LM4250CH

주요 OP 앰프	8핀 DIP(Top View)
BI-FET : LF356 고속 : LM318 C-MOS : ICL7611	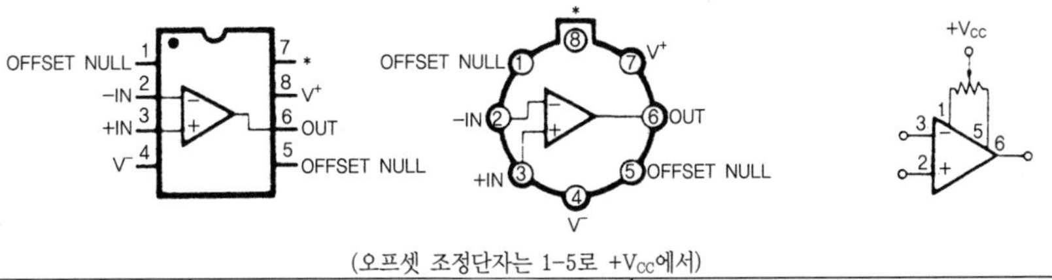 OFFSET NULL 1, -IN 2, +IN 3, V⁻ 4, 7 *, 8 V⁺, 6 OUT, 5 OFFSET NULL / (오프셋 조정단자는 1-5로 +V_{CC}에서)

Ⓐ BI-FET(R : 25kΩ)		Ⓑ 고속(R : 200kΩ)		Ⓒ BI-FET(R : 10kΩ)	
8핀 DIP	Metal Can	8핀 DIP	Metal Can	-	Metal Can
LF356N LF357N μPC806C μPC365C μPC807C μPC357C	LF356H LF357H	LM318N LM318P μPC159C/318C HA17715G	LM318H AD51`8H μPC159D		OP15J OP16J OP17J

				Ⓓ C-MOS	
				8핀 DIP	Metal Can
				ICL7611CPA ICL7612CPA ICL7613CPA TLC271	ICL7611CTY ICL7612CTY ICL7613CTY

■ 2회로들이 OP앰프

주요 OP 앰프	8핀 DIP(Top View)	TO99Metal(Top View)
RC4558 TL072 LM358 NE5532	OUT A 1, −IN A 2, +IN A 3, V− 4, V+ 8, OUT B 7, −IN B 6, +IN B 5	OUT A ①, −IN A ②, +IN A ③, V− ④, V+ ⑧, OUT B ⑦, −IN B ⑥, +IN B ⑤

범용, 단일전원		범용		BI-FET	
8핀 DIP	Metal Can	8핀 DIP	Metal Can	8핀 DIP	Metal Can
LM358N LM2904N LM358N LM2904P NE532N μPC1257C μPC358C TA75358P HA17904PS LA6358 AN6561 AN6562 NJM29040	LM358H LM2904H	RC4558 TL4558P μPC258C μPC4558C TA75558P LA6458D AN6552 AN6553 NJM4558D		LF353N LF412CN LF442CN TL062P TL072P TL082P μPC803C μPC4082C HA17082PS NJM082D CA082E	LF353H LF412CH LF442CH
C-MOS		로 노이즈, 하이 스피드			
ICL7621CPA TLC272 TLC27M2 TLC27L2	ICL7621CTY	NE5532N NE5532P LM833N μPC4556C NJM4556M			

■ 4회로들이 OP앰프

주요 OP 앰프	범용 14핀 DIP(Top View)	범용(단일전원)	BI-FET	C-MOS
LM324 TL084	OUT₁ 1, −IN₁ 2, +IN₁ 3, V+ 4, +IN₂ 5, −IN₂ 6, OUT₂ 7, OUT₄ 14, −IN₄ 13, +IN₄ 12, V− 11, +IN₃ 10, −IN₃ 9, OUT₃ 8	LM423N LM2902N LM324P LM2902P μPC451C μPC324C TA75902P HA17902P MB3614 NJM2902	LF347N LF444CN TL064P TL074P TL084P μPC804C μPC4084 HA17984P NJM064D	TLC274 TLC27MA TLC27L4

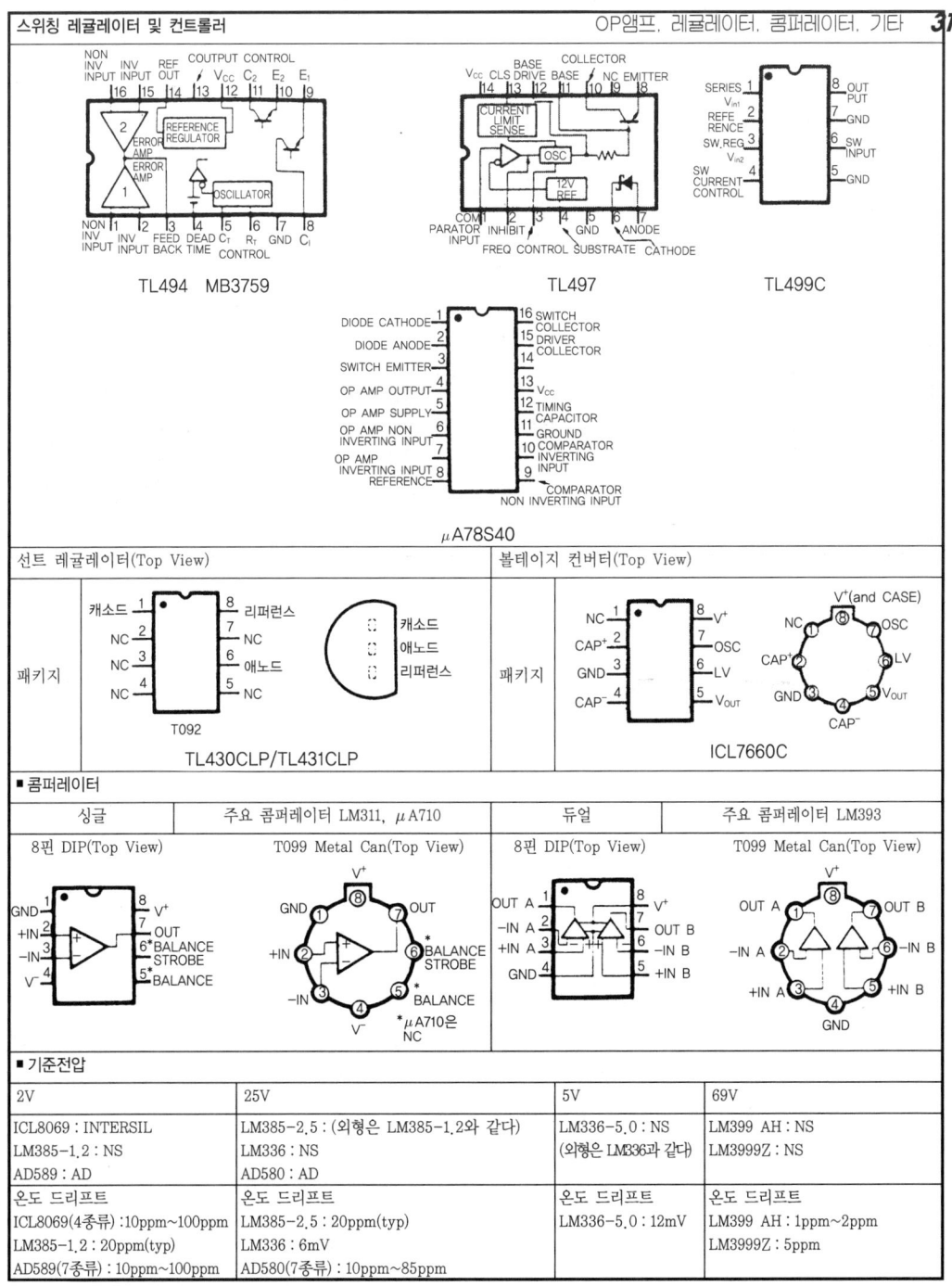

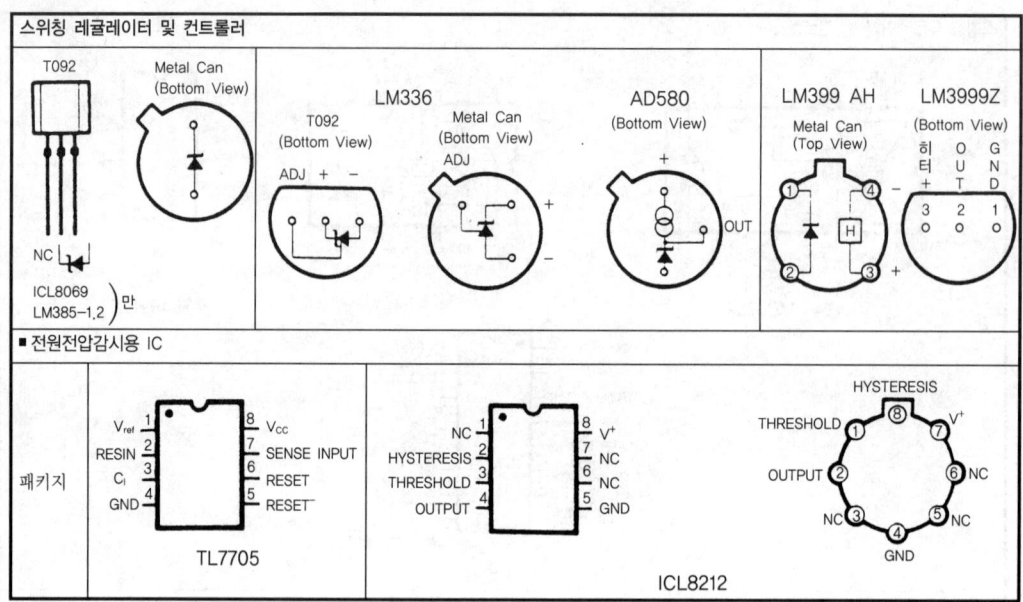

국가기술자격 실기시험 집중 대비서
무선설비 & 통신기기기능사 실기

1판 1쇄 발행	2009. 8. 1
2판 1쇄 발행	2011. 6. 25
2판 2쇄 발행	2013. 1. 5
3판 1쇄 발행	2022. 6. 20

지은이 무선통신 문제연구회
펴낸이 김 주 성
펴낸곳 도서출판 엔플북스
주 소 경기도 구리시 체육관로 113번길 45. 114-204(교문동, 두산)
전 화 (031)554-9334
F A X (031)554-9335

등 록 2009. 6. 16 제398-2009-000006호

정가 **29,000**원
ISBN 978 - 89 - 6813 - 377 - 0   13560

※ 파손된 책은 교환하여 드립니다.
　본 도서의 내용 문의 및 궁금한 점은 저희 카페에 오셔서 글을 남겨주시면 성의껏 답변해 드리겠습니다.
　http://cafe.daum.net/enplebooks